海外中国研究文库

CHINA:
AN
ENVIRONMENTAL
HISTORY

中国环境史

从史前到现代

[美] 马立博（Robert B. Marks）／著

关永强　高丽洁／译

第2版

Second Edition

中国人民大学出版社

·北京·

序

王利华

　　马立博（Robert B. Marks）教授新著——《中国环境史：从史前到现代》（*China：Its Environment and History*）的中译本出版，是一件值得庆贺的事。蒙著者和译者抬爱，命为作序，我深感惶恐。

　　最近两年我在中国环境史课堂上一直向同学重点推荐该书，还曾与研究生们一起专门研读，开阔了眼界，拓宽了思路，还学到了不少环境史的英语词汇和表达方式，受益良多。原想多谈几点学习体会，但最终放弃了这个想法：一则"译者前言"已经详细介绍了该书的主要内容和特色，也中肯地指出了其中的一些偏颇，无须重复；二则慑于相关问题之高度复杂性，深恐率尔妄语可能曲解原意，对读者造成误导。思忖再三，决定只简单地赘言几句，以示隆重推介之意。

　　最近几年，我国环境史研究迅速热起来，修习相关课程的同学明显增多，越来越多的社会读者希望多了解一些中国环境史。遗憾的是，这门新史学的知识体系尚处于艰苦的构建之中，目前国内尚未推出一个上下贯通、内容综合、繁简适中的读本。这部出自外国学者手笔的新著，不论对历史学、环境科学专业的同学还是对一般读者，都是一本很好的入门书籍。

　　该书之撰成得益于作者多年的教学积累，因此它看起来更像是一本纲要或概论之类的教科书。但个人认为：作者的叙事手法、问题意识和思想观点都有颇多新意，也很值得中国环境史同人认真品读。马立博教授是一位严谨、认真并且擅长宏观构思的学者，他所构设的中国环境史叙事解说框架可能还不非常完美，但很具有创造性，值得借鉴。该书以长时分段建章，以重要事项和问题立目，勾勒出了从史前到现代中国自然环境与人类社会互动演变的历史脉络，叙述、探讨了非常广泛而复杂的历史环境问题，谋篇布局匠心独运，起承转合洒脱流畅。这看似容易，实则艰辛，若非自己曾经或者正在编纂这样一部上下贯通、内容综合的中国环境史，很难想象作者在没有任何前例可循的情况下为了设计框架、选择材料而来回踱步、往复沉吟的苦思情景。

该书和不久之前刚刚被迻译、出版的伊懋可《大象的退却：一部中国环境史》（Mark Elvin, *The Retreat of the Elephants: An Environmental History of China*），属于两部不同体例与风格的著述，两者各有建树。作为老一代西方中国学界之翘楚和西方中国环境史研究的开创者，伊懋可教授在提出问题、解读史料等方面或许更显功力，《大象的退却》一书的专题研究性质允许他可以更自由、恣肆地展开叙事和论说；马立博教授的这本书，则因具有"通史"性质，乃不得不在遵循中国历史时间表的前提下，渐次展开自然与社会互动的空间过程，所牵连的历史现象和问题更为广泛且复杂，在框架设计和故事选择两个方面都更加费心劳神，更容易顾此失彼。马立博无疑是成功的，他的这本书更具综合性、汇通性，更具有自然与社会历史的交互融入感。按照学术发展的常规趋向，这两部著作似乎反映了中国环境史研究的两个逻辑阶段：前者重在专题开拓，后者重在整体汇通。整体汇通，乃是以大量专题研究作为基础的。

但这并不是说该书没有任何开拓和创见。事实上，作者不仅广泛吸收了前人的研究成果（包括伊懋可的著述），而且提出了很重要的新课题，关于具体问题的论说更是时有新见。例如，他不赞同把中国环境史仅仅描述成数千年人与野生动物的战争史，而是高度重视汉人与其他族群之间的历史生态关系，以很大篇幅讲述了汉人与众多其他族群在生计体系、资源利用方式等方面的差异，解说了中国辽阔大地上多样化的生产方式和政治体系如何逐渐走向"单一化"，这可能是该书最重要的一个开拓，对我们探讨和编纂中国环境史最具启发性。当然，我们并不完全认同作者的观点。由于西方殖民史研究思想话语的影响，其关于汉人与其他族群彼此接触、互相融合以及农耕逐渐替代其他生业方式的故事叙述带有过分浓烈的"铁""血"腥味，亦显然并不符合中国历史事实。再如，作者注意到数千年中国环境资源破坏与农业持续发展和土地持续利用之间的矛盾现象，曾于多处讲述了地力维持和肥料问题，虽非首创，但持论较为中肯。

作为一位西方学者，马立博教授自然更熟悉西方学术的传统、动态和成果，对该书故事发生之地的本土学术则未免有些隔膜，因而他对相关西文论著可谓广征博引，对中文论著则几乎完全未予引用。这自然有些遗憾，一些本可讲述的故事因此付诸阙如。更重要的是，作者成长于西方学术环境，其研究视角、学术思想、话语概念、问题意识乃至具体观点，无疑都深受西方环境的熏染和影响，该书中的一些偏颇大多与此有关。例如，作者对20世纪以来中国所面临的生态困境给予了一定的历史同情，这是值得欣赏的；但他对当代中国环境及相关政治、经济和社会问题的叙述相当暗涩，不能不令人猜想是受了"中国衰败论"和"中国威胁论"的影响，这些论调在西方世界甚嚣尘上，显著地反映在许多关于中国环境问题的报道和论著之中。尽管本书的作者可能并未意识到甚至并不赞同"中国衰败论"和"中国威胁论"，但他叙述当代中国环境的材料大多援引自西方人士的报道和论著，这些报道和论著有不少带有明显偏见，或多或少地反映在该书中。这是中国读者不能不予以特别留意的。

不过，有些情况从一个角度看可能是缺陷，而从另一角度看却并非完全是坏事。例如，其中引用的大量西文论著，可帮助我们更多地了解"他者"的视角和观点。"他者"视角中的中国历史镜像往往偏离实际，特别是一些人在主观上就爱"斜视"中国，因而更有可能扭曲甚至颠倒事实真相。作为一名西方学者，马立博博采西方众家之论而撰成该书，难免受到一定程度的影响。不过，"他者"视角中的历史镜像，通过该书反射回到故事发生之地，即便存在扭曲甚至颠倒现象，亦有可能给国内同人带来某些思想上的刺激，引起我们对一些曾被忽视的问题的关注。更重要的是，中国同人要想建立自己的环境史学体系，在国际舞台上讲真相，驳谬论，消误解，正视听，就必须认真地了解"他者"。从这个意义上说，我们应该感谢作者不惮辛苦提供了多达数百甚至上千种西方学术文献。

环境史是一门相当年轻但成长迅速的新史学。从全球范围来看，它已经进入了国际史学主流。中国环境史研究相对晚起，尚需在思想理论、研究方法和编纂方式等诸多方面进行艰苦摸索。在设计中国环境史的宏大叙事框架方面，马立博教授率先做了尝试，筚路蓝缕，功不可没，相信中国同人拥有宽阔的胸怀和谦逊的态度给予该书以中肯评价。对于书中存在的缺陷特别是思想偏颇，相信广大读者也有足够的辨别能力。

谨为小序，向马立博教授和两位才华横溢的译者——关永强博士和高丽洁博士表示祝贺！

2015年5月8日撰于空如斋

译者前言

在之前出版的《虎、米、丝、泥：帝制晚期华南的环境与经济》（*Tigers，Rice，Silk，and Silt：Enviroment and Economy in Late Imperial South China*）一书中，马立博教授曾援引布罗代尔的整体史观来阐释环境史学的研究方法，认为中时段社会史和短时段事件史的研究思路已经被学界广泛应用，而长时段中对人与环境关系的思想则少有追随者。本书就是这样一部长时段的环境史研究。大部分社会经济史著作通常都会在开头部分介绍所研究地区的自然地理情况，但这些大都是将环境作为研究的背景而做的静态描述；而本书则在广泛吸纳西方学术界研究成果的基础上，将中国历史上各时期、各地区的自然环境状况联系起来，对从史前到现代的中国环境及其与人类社会的互动关系进行一次全景式的动态考察。

本书内容主要是按照时间顺序和通常的历史分期方法进行组织的，引用材料虽然很多，但叙述上比较顺畅（翻译中的舛漏则是我们译者的责任），因此我们不必过分干扰读者的阅读，在这里只就我们认为书中一些值得深入思考的观点、与作者意见不尽一致之处、本书作者与另一位西方环境史学者伊懋可的不同之处以及译者对环境史研究的一点浅见做一些介绍，谨供读者参考。

一

与政治史和经济史研究主要关注人类的政治、经济活动和赞赏农业对人类社会的积极贡献不同，环境史更多关注的是自然和生态的变迁，而认为农业的发展导致了自然生态环境多样化的减少。本书即指出，中国数千年来为农业生产和提供燃料、木材而进行的大规模森林砍伐，严重破坏了野生动物的栖息地，造成了大量物种的消失；而森林砍伐和水利灌溉工程，又共同引发严重的水土流失和泥沙淤积，进而导致了大面积的生态退化；发达的农业在养活了大量人口的同时，也造成了生态系统的单一化，并且在 19 世纪以后变得日益不可持续。

作者认为，在中国数千年来农业发展和改造自然的过程中，一种独具中国特色的经由市场联系的中央政权和农业家庭相结合的方式，起到了关键的作用。中国政府在战国时期就意识到了家庭农业对国家财政的重要意义，并建立了小农家庭经营、政府从农家收税的基本制度，这深刻影响了中国后来的农业发展和环境变迁。汉朝开创并被后世所沿用的屯田政策，就是通过政府的军事保护和家庭农场来共同把边疆地区新的陌生的自然环境转变为自己已经熟悉的环境，从而增强政府对土地和人民的控制能力。在政府和农业家庭共同改造自然环境的过程中，市场和私人产权也一直扮演着重要的角色，市场体系和劳动分工可以放大或加剧人类对环境的影响，有时甚至会导致某些地区极为严重的生态单一化；市场体系也可以把单个地区对某些商品的有限需求汇聚成为规模巨大的市场需求，在当代的全球化过程中，国际市场的巨大需求就加剧了中国的土地、空气和水污染。

作者还指出，虽然春秋时期就出现了道法自然、重视土地管理与水土保持以及节制开发自然资源的思想观念，道教、儒教和佛教也都表达了对动物命运和福祉的忧虑，倡导人与自然的和谐关系，但环保思想在历史上的实际影响却似乎是微乎其微的，与人口、经济和政治等物质因素相比，对自然的爱恋和对生态退化后果的认知并没能阻止环境的继续恶化，而这也尤其值得今天的我们去深思。

二

作为西方学者撰写的第一部中国环境通史，如前所述，本书是在参考和引用大量已有研究的基础上完成的，而在参考和引用的同时，也不可避免地携带了这些研究的观点，而有些观点则带有深刻的意识形态内涵。

其中最为明显的就是，书中经常套用西方殖民主义的话语体系来理解中国历史的发展和汉族与其他民族的关系，认为历代政府之所以采取屯田政策来开拓边疆，是因为统治者们认为彻底解决土著民族威胁的办法就是把他们的生态环境改造成汉人的农田，从而从生态基础上教化和塑造这些蛮夷。书中经常出现汉民族的农业扩张带来了与土著民族之间的暴力冲突，似乎汉人是在和欧洲人殖民美洲一样消灭土著民族；而对草原游牧生活方式和个别土著民族在游耕之后补种植被的过度阐释也很容易给人一种错觉，似乎土著民族原有的生活方式更加适应环境的可持续发展，而汉族取而代之的农业生产则破坏了生态环境的多样性。

然而事实上，正如本书中所述，当人们进入新的社会和自然环境并与周围互动、随后双方都因此而发生改变时，对身份的认知也会随之而发生游移。汉人在进入新的地区之后，也会向当地的土著民族学习生产和生活经验，变化的不仅是土著民族，也包括汉人，这种互动的结果就是费孝通先生所说的中华民族多元一体格局，或者陈垣先生所说的"华化"，而绝不是欧洲人曾经对美洲印第安人进行的种族屠杀和血腥殖民。如果读者们仔细阅读本书，就会发现书中同样还明确提到，暴力事件和土地掠夺并不仅仅发生在汉人与土著民族之间，土著民族相互间的冲突也非常频繁；土著民族并未有意识地去保护自己的自然环境，他们的生活方式也并不更加有利于生态多样性的保持，而只是他们当时所面临的人口、市场压力还不够大，第四章中的四川诺苏人、第七章中西藏地区和三江并流保护区采取游耕生产的很多民族以及蒙古草原的退化，都表明了这一点。

而书中之所以会出现这种矛盾的表达，关键在于前一种话语体系的出现源于作者大量引用的濮德培、约翰·荷曼、柯娇燕、狄宇宙、罗友枝、米华健、纪若诚、詹姆斯·雷尔登-安德森、林霨、费每尔、贝杜维、蔡红、邵式柏等"新清史"学者的著作，而根据美国学者谢健（Jonathan Schlesinger）近期的一篇文章，环境史正在成为美国"新清史"的研究趋势。

对"新清史"的形成及其影响，国内已经有了很多专业学者的研究，我们无须赘语，这里只将"新清史"潮流与近代日本的东洋史学做一个简单的比较。早在近代日本对中国发动侵略扩张之初，就通过一些学者提出和散布各种充满意识形态色彩的学术观点，包括白鸟库吉的"长城以北非中国论""满蒙一贯独立论"，矢野仁一的"满蒙藏非中国""中国非国论"，有高岩的"满洲独立论"等，恶意夸大汉族与中国其他民族间的冲突和差异，主张把中国分裂成若干个小国，这些充分体现了学术为政治先行、以学术为名而行意识形态之实的特点，正如龚自珍所说的"灭人之国，必先去其史；隳人之枋，败人之纲纪，必先去其史"。而自 20 世纪 90 年代以来的"新清史"潮流，则再度夸大了清代的满族特性、民族间的差异和矛盾，主张用涵化取代汉化，以"多种民族、多种文化、多种政治互动"取代中华民族的多元一体格局，对于这类观点，相信读者一定会有自己的判断和理解。

三

很多读者可能都会将本书作者与另一位西方著名的中国环境史学家伊懋可进行比较，这里也简单提一下我们对这两位学者及其观点的一些初步的看法。

首先，马立博教授更接近于贡德·弗兰克和彭慕兰的观点，很多学者将他也归入了加州学派。马立博在《现代世界的起源：全球的、生态的述说》（*The Origins of the Modern World：A Global and Ecological Narrative*）一书中曾指出，从生态角度而言，前近代的中国和英国都处于旧生态体制之中，面临着同样的生态压力，如果不是美洲殖民地的资源和煤炭的开发，英国也不会发生工业革命，而将遭遇 19 世纪中国同样的命运；在本书中他也认为中国农业虽然在 19 世纪以后面临着严重的养分流失，但在漫长的历史进程中仍然实现了高度成功的养分循环，这使得前近代的中国农业系统拥有远远超过欧洲的非凡的可持续性。而伊懋可教授则认为中国经历了"三千年不可持续增长"，在前近代已经面临比欧洲严重得多的环境和生态危机；同时还认为导致中国没有像欧洲那样发生工业革命的原因并不在于生态约束，而在于"高水平均衡陷阱"。

其次，伊懋可教授认为，中国古代的文献中并没有形成一种将自然界或者荒野与人类分开来讨论并对其加以重视和保护的思想，所有的"自然"都被看作人类社会的工具，大自然所赋予的资源可能会被明智地开发利用，也可能会被不负责任地滥用。而马立博教授则认为，与欧洲长期以来将自然与人类截然分开的文化不同，中国对自然的看法是非常复杂的，而且处于动态之中，中国人既希望主宰自然，又为这样的行为感到歉疚，道教和佛教中都有像对待自己一样珍爱动物和自然的思想及主张。2014 年 5 月在南开大学的一次报告中，马立博教授还进一步指出，在 19 世纪，欧洲人仍然认为物种的灭绝是自然进程和物竞天择的结果，而中国一些知识分子已经意识到是人类的活动导致了一些物种的消失。

<h2 style="text-align:center">四</h2>

环境史的研究除了可以帮助我们拓宽历史的视野、了解环境变迁的来龙去脉之外，还为我们提供了一种有益的视角，即透过历史的进程、借助相对主义的视角来考察各种环境议题，在具体的历史背景和国情中探讨环境变迁的原因、影响和保护环境的办法，既不要将21世纪的环境保护观念强加到古人的身上来对他们求全责备，也应该注意从当前的国情和世情出发，看待我们所面临的环境问题。

我们当然绝不能低估中国目前所面临的环境污染和生态退化状况，也不能忽视一些盲目推崇所谓科学和经济发展目标的做法，但正如书中所述，我们同样也需要把20世纪后半期以来的中国放到数千年的环境演变和从旧能源体制向新能源体制转变的具体历史背景中进行考察。事实上，我国在高速实现工业化的同时也一直都致力于优化产业结构，提高能源利用效率，"十一五"期间已经实现了单位GDP能耗下降19.1%，并将在"十二五"期间继续下降16%。在欧美发达国家的发展过程中，也经历了类似先污染后治理的过程，而发达国家目前环境污染减轻和森林砍伐下降的一个重要原因，就在于污染工业向中国等发展中国家的转移和对东南亚、巴西等雨林的肆意砍伐。如果脱离这些具体的国情和世情，片面地主张环保激进主义，就可能会落入一些西方国家的意识形态陷阱，把环境议题变成所谓自由、民主和人权之后又一个扼杀后发国家工业化和现代化进程的新武器。

最后需要再一次指出的是，本书的一项重要价值就在于广泛参考了英语世界有关中国环境史及相关议题的大量论著，全书引用的注释超过一千条，中国读者可以通过本书较全面地了解西方学者的相关研究。对于书中引用的文献，凡我们了解到有中译本可供参考的，均在注释中做了提示，以便读者参阅。同时，为照顾国内读者的阅读习惯，方便读者利用，我们将原书的书后注改为脚注，虽然这样做可能会影响到书后"索引"中的个别词条。我们也希望本书的译介能够有助于中国读者博参群议，以资博识，推动中国环境史学的发展和理性环境保护思想的传播。

作为译者，我们分别从事经济史和环境科学研究，都不是历史学出身。

在翻译过程中，我们得到了马立博教授和王利华教授的热情帮助，马立博教授还对少数几处文字进行了调整，以免引起歧义。中国人民大学出版社的吕鹏军编辑也对本书进行了极为细心的校对，这里一并致谢。但限于我们的学识和水平，译文中应该还有很多不足甚至错误或遗漏之处，这些都是译者的责任，也敬请读者批评指正。

2014 年 7 月于南开大学

本书中文初版至今已有六年，在此期间，国内外学术界对中国环境史的研究都取得了长足的发展。在国内，环境史已渐成显学，由我国学者编写的中国环境史著作相继出版，既深化了我们对中国历史上环境变迁和人类与环境关系的认知，又为理解和应对当前的环境问题提供了历史的关照；在国外，西方学术界特别是一些青年学者对中国环境史的研究兴趣也在迅速升温，相关成果不断刊印发表，本书就对这些西方最新研究成果进行了详细分析和探讨。当此之际，为拓宽我们的学术视野，了解西方环境史学者的研究方法、视角与立场，进而推动中国环境史学在国际学术界的传播，我们决定及时对本书的第 2 版进行译介。

本次中文第 2 版除了按照英文版进行对应的补充和修改之外，还试图对书中一些不够精确的历史地图统一进行重新绘制，可惜经与外方出版社反复商榷未果，不得已只好割舍了部分地图。本书的翻译得到了马立博教授、南开大学文科发展基金项目"国家治理机制对经济学体系构建的影响研究"和《（新编）中国通史·中国环境史》课题组的大力支持，也凝聚着中国人民大学出版社王婉莹编辑和夏贵根编辑的心血，在此特予致谢。译文中存在的问题，敬请读者批评指正。

2021 年 10 月补录于南开大学

第 2 版前言

在本书第 1 版出版之后的五年里，几项研究上的进展促使我做出修订并更新到了第 2 版。

首先，在过去的五年里中国发生了很多变化，这就需要对第七章（中华人民共和国时期对自然环境的"治理"，公元 1949 年以来）进行更新。2014年中美两国领导人就限制和减少温室气体排放达成的双边协议本身就很重要，因为作为地球上最大的两个经济体，中美两国温室气体排放加起来占到全球的近一半。这一双边协议为 2015 年在巴黎达成的气候变化国际协议铺平了道路。《巴黎协定》被世界各地的环保人士誉为世界各国应对全球气候变化能力和承诺的一次突破。

对中国和世界所面临的来自无节制排放温室气体尤其是二氧化碳的挑战和危险的清晰理解，也促使中国领导人更加意识到解决所面临的日益严重的环境问题的必要性。这种变化是很重要的，因为在过去中国政府虽然在国家层面上采取了非常进步和严格的环境保护法律，但由于衡量地方官员的业绩存在唯 GDP 导向，这些法律在地方层面的执行却不大成功。这种对经济增长的单一关注，助长了地方官员和企业之间的勾结，以"发展"的名义忽视其污染或破坏环境的行为。2014 年和 2015 年，中国政府明确表示，评判官员的职业生涯，不仅要看他们如何促进经济增长，还要看他们如何有效地执行环保法律。

在过去的五年里，中国在环境方面还有很多其他的发展，我也修改了相应章节，以尽可能确保第七章的内容是最新的。除此之外，最近中国在气候变化问题上态度和行动的变化，以及环境法规的实施，让我对中国和世界的环境未来更加乐观，这也反映在我对这一章的构思和修改中。

其次，中国环境史这个研究领域也在不断发展，与五年前相比，越来越多的学者贡献了更大规模、更多样化的作品。很高兴我能够将一些新的学术成果纳入到这个版本中，从而对第 1 版的两位匿名读者和评论人的一些评论、建议做出回应。不过我并没有对所有这些修订逐一进行论述，而是试图构建一个贯穿全书的更大的主题：植物、动物、人类和"自然"在推动中国环境史演变中的能动性。当然，我们知道自然界中的一些事件会对人类社会产生巨大的影响。地震、洪水和气候变化（包括变暖和变冷）震撼并改变了中国，人们已经对这些自然冲击做出了反应和适应。除此之外，我们知道人类活动加剧了全球变暖，且不仅仅是在最近的工业时代。气候学家威廉·拉迪曼（William Ruddiman）认为，与农业的肇始同步，种植水稻和砍伐森林改造为农田，就会释放出甲烷和二氧化碳这两种强力的温室气体。如果是这样的话，中国人很早就在向大气中排放温室气体了。①

就中国的环境历史而言，黄河可以说是人类与不断变化的环境相互作用的典型。有四位学者一直在研究这一历史的各个方面，他们的工作正在改变我们对黄河在中国历史上地位的认识。本书第四章详细介绍了张玲教授关于宋朝的研究成果，她和戴维·佩兹（David Pietz）、穆盛博（Micah Muscolino）都已出版了自己的新书②，另一位学者马瑞诗（Ruth Mostern）也正在撰写一本关于黄河的著作。这一大批关于黄河的新学术成果，为有兴趣的人们提供了许多重要的新探索路径。

对于植物和动物，我们能说它们具有历史的能动性吗？历史学家们和我们的叙述，甚至包括环境史，都倾向于以人类为中心。著名的环境历史学家 J. R. 麦克尼尔（John R. McNeill）在《阳光下的新事物：20 世纪世界环境史》一书中直面了这个问题，并毫无愧色地宣称："本书持人类中心观"，他说："以旅鼠或地衣的角度来撰写世界环境史也许非常有趣，但是我缺乏这

---

① William Ruddiman, *Plows*, *Plagues*, *and Petroleum*: *How Humans Took Control of Climate* (Princeton, NJ: Princeton University Press, 2016).

② Ling Zhang, *The River*, *the Plain*, *and the State*: *An Environmental Drama in Northern Song China*, *1048-1128* (New York: Cambridge University Press, 2016); David Pietz, *The Yellow River*: *The Problem of Water in Modern China* (Cambridge, MA: Harvard University Press, 2015); Micah Muscolino, *The Ecology of War in China*: *Henan Province*, *the Yellow River*, *and Beyond*, *1938-1950* (New York: Cambridge University Press, 2015).

种想象力。"① 不过最近，另一些环境史学家的研究则着眼于人与自然之间的互动，从而弱化（但不是否认）了人类独自创造历史的中心地位。②

在之前一本关于华南环境史的书中，我也曾思考过老虎是否具有历史能动性的问题，但最终我放弃了这个结论。我当时写道："尽管汉人经历了虎患和少数民族起义的威胁，我并不打算将老虎的抵抗归咎于汉人对其栖息地的侵蚀。而当我们想象在老虎的眼中，定居农业的建立和扩张会有怎样的含义时，我必须后退一步，重申这一故事的人类立场。"③

如果我现在来写这本书，我会重新考虑这种退回到人类中心观的立场，原因是最近一些学者的工作展示了植物和动物产生历史能动性的途径。迈克尔·海瑟威撰写了一本关于中国西南地区环境变化的精彩著作，其中关于中国大象的一章令人印象深刻。他以"探讨大象的历史能动性"一节开头，参考布鲁诺·拉图尔对"行动者网络"的研究和杰里米·普雷索特（Jeremy Prestholdt）的"累积能动性"概念，得出结论：大象被挤到云南南部的一个小角落的这一状况，确实塑造了人类的计划和行动，包括为它们创建一个保护区。人与动物的关系看起来可能只是关于人类想要什么和想做什么，但这项学术研究正在向我们展现出动物在与我们的关系当中究竟具有多少能动性。④

那么植物呢？植物怎么会有"能动性"？在第二章中，我向读者介绍了

---

① John R. McNeill, *Something New Under the Sun：An Environmental History of the Twentieth Century*（New York：Norton, 2000），xxiv-xxv. 中译本见 J. R. 麦克尼尔：《阳光下的新事物：20 世纪世界环境史》，韩莉、韩晓雯译，商务印书馆，2013。

② 在第五章，我以贝杜维（David Bello）和迈克尔·海瑟威（Michael Hathaway）在"环境与身份"方面的研究为例进行了介绍，他们都展示了人类与其环境之间复杂的互动是如何促进族群认同，以及在构建这些身份认同时自然界是如何"行动"的。他们的工作受到了布鲁诺·拉图尔（Bruno Latour）的"行动者网络"（Actor-Network Theory）理论的影响。参见 Bruno Latour, *Reassembling the Social：An Introduction to Actor-Network Theory*（Oxford：Oxford University Press, 2005）。

③ Robert B. Marks, *Tigers，Rice，Silk，and Silt：Environment and Economy in Late Imperial South China*（New York：Cambridge University Press, 1998），345. 中译本见马立博：《虎、米、丝、泥：帝制晚期华南的环境与经济》，王玉茹、关永强译，江苏人民出版社，2011。

④ Michael Hathaway, *Environmental Winds：Making the Global in Southwest China*（Berkeley：University of California Press，2013）.

稻和粟的基因突变，这些植物很有可能是因末次冰期结束之后气候变化、太阳辐射增加而从多年生向一年生转变。这关键的一步使得人类能够以每年一次的频率种植和收获它们的种子——这就是"农耕"。如果没有这些植物的转变，农业耕作的可能性就会大大降低，那么中国环境史的其他部分也会如此。最近，埃德蒙·罗素（Edmund Russell）提出了动植物与人类"共同进化"（coevolution）的概念。[①] 我在第六章中引用了他关于蚕、桑树和中国人共同进化的文章。"共同进化"的概念使我们能够探索蚕蛾和桑树的进化轨迹与人类的多种多样的互动方式，以及其中每一物种如何影响其他物种的进化，包括中国的人类及其社会的演变。

最后一个促进本书修订新版的原因是第 1 版的中文翻译与出版。[②] 翻译过程的促进作用源于，来自南开大学的关永强和高丽洁这两位译者都是优秀而严谨的学者。他们提出了很多问题需要我进行澄清，同时也发现了我之前犯的很多错误，所有这些都提升了本书中译本的质量。我从这次翻译中受益，并将我们为中译本所做的修改纳入到了修订和更新的第 2 版中。

---

① Edmund Russell, *Evolutionary History：Uniting History and Biology to Understand Life on Earth*（New York：Cambridge University Press，2011）.

② 马立博：《中国环境史：从史前到现代》，关永强、高丽洁译，中国人民大学出版社，2015。

致 谢

本书是我所有著作中工程最庞大、内容最复杂的一本，虽然作者项只署了我的名字，但如果没有众多学者和机构的帮助，我是不可能完成这项工作的。

我首先要特别感谢阅读全书初稿并提出批评和建议的学者，他们是 David Bello、Steve Davidson、Anne Kiley、John McNeill 和 Mark Selden，以及无数通过电邮、电话或在不同时间、场合的交谈中帮助我解决资料来源或资料阐释问题的学者，包括 David Bello、David Christian、邓钢、Lee Feigon、Edward Friedman、Daniel Headrick、Paul Kjellberg、Peter Levelle、Joseph McDermott、Nicholas Menzies、Andrew Mertha、Ruth Mostern、Micah Muscolino、Anne Osborne、Walter Parham、Peter Purdue、Cheryl Swift、Jonathan Unger、Donald Wagner、Robert Weller、Adam Witten 和张玲；Darrin Magee 不仅惠允本书使用他博士论文中的地图，还对其进行了重绘。

其他学校的一些同行学者曾热情邀请我访问并报告本书的相关研究进展。感谢 Jim Scott 邀请我在耶鲁大学农业研究项目中报告本书第六章的部分内容以及与会者们饶有兴致的讨论。感谢 Tom Lutze 和 Abby Jahiel 邀请我在伊利诺伊卫斯理大学、Scott O'Bryan 邀请我在印第安纳大学介绍本书的研究成果。感谢 Edward Friedman 和威斯康星大学麦迪逊分校东亚研究中心邀请我报告第五章和第七章的相关内容。我曾在纪念 Maurice Meisner 治学五十年研讨会上提交过第七章的部分内容，也感谢与会者特别是 Tom Lutze 和 Carl Riskin 的评论。感谢 Cecily McCaffrey 在威拉姆特大学的款待。Johanna Waley-Cohen 曾邀请我参加纽约大学的会议，虽然当时本书第 1 版的样稿已经寄出，但为会议撰写论文的过程仍有助于我进一步厘清研究思路。

对于第 2 版，我还从南开大学、中国人民大学、厦门大学的同行和学生们对第 1 版的评论中获益良多。

我之所以能够利用整个 2007—2008 学年撰写本书的绝大部分内容，要感谢惠特尔学院（Whittier College）提供的学术休假和美国国家人文学科捐赠基金会的学术研究资助项目（HR-50349-07），以及为我目前所拥有 Richard and Billie Deihl 讲座教授职位提供的基金，感谢所有这些资金上的支持。

我也要感谢多位学界同人慷慨地允许我使用和引用他们正在研究而尚未发表的成果，包括 Kathryn Brunston、Desmond Cheong、Hugh Clark、Jack Hayes、Jeffrey Kinzley、Peter Levelle、Setsuko Matsuzawa、Tim Sedo、Mindi Schneider、Elena Songster、张玲和张萌。

过去几年来参加我中华帝国课程的同学们也曾经阅读并评论过本书相关内容的各种初稿，他们是 2008 年秋季学期的 T. C. Collymore、Cameron Cuellar、Laura Jennings、Ben Mitchell、Leah Sigler、Dillon Trites 和 Victor Velasquez；2009 年秋季学期的 Melanie Abe、Andrew Choi、Matthew Evans、Bryan Herring、Korrine Hilgeman、Avinash Jackson、Brian Mao、Cody McDermott、Melissa Samarin、Chaz Smith、Katrina Thoreson、Andres Villapando 和 Stephen Wishon；2010 年秋季学期的 Courteney Faught、Cookie Fuzell、Timothy Lang、Ryan Raffel、Sue Rubin、Darren Taylor 和 Matt Wiley。此外，我在讲授世界环境史、东亚史和近代中国史课程时也曾经使用过本书的部分内容，感谢所有曾经向我反馈他们阅读、理解本书情况的学生。同时选修我的同事 Cinzia Fissore 的气候变化课程（2014 年和 2016 年秋季学期）和我的帝制中国课程并使用了本书第 1 版的学生们也通过他们的见解和问题使我获益良多，Cinzia Fissore 还帮助我更深入地了解了全球气候变化的复杂性。

在惠特尔学院，沃德曼图书馆的 Joe Dmohowski、Mike Garabedian 和 Cindy Bessler 帮助我从世界各地查找、借阅了不计其数的图书和论文；Robert Olsabeck 使用 Excel 软件帮助我制作了书中的图表；Rich Cheatham 在胶片和制图方面的丰富经验使我在为本书电子版准备老照片时受益良多；Darren Taylor 帮助我翻译了几本中文书的目录和一些段落。惠特尔学院历史系，尤其是 Elizabeth Sage 和现任系主任 José Ortega，一直支持我的工作，并理解我的时常不在学校。历史系助理 Angela Olivas 为第 1 版和第 2 版都提供了宝贵的支持。加州大学洛杉矶分校图书馆中国分馆的程洪也帮助我在他们的馆藏中找到了一些非开架的善本书籍。

出版社的编辑 Susan McEachern 长期以来一直支持这项研究，她不仅阅读书稿和提出改进意见，还帮助我实现了在书中加入好几幅地图和其他图表的愿望；Janice Braunstein 负责本书两版的文字编辑与校对；Susan 的助理 Grace Baumgartner 负责安排本书的出版日程；对于第 2 版，Rebeccah Shumaker 也给予了巨大的帮助。书中有几幅地图的基础图均引自 Map Resources，Josh Brock 在技术上帮助我使用 Adobe Illustrator 和 Photoshop 对地图进行了绘制及调整。感谢 Gregory Veeck、Clifton W. Pannel、Christopher J. Smith 和黄友琴允许我使用他们的著作 *China's Geography：Globalization and the Dynamics of Political，Economic，and Social Change*（也由 Rowman & Littlefield 出版）中的地图。

本书第七章的部分内容曾收入 *Radicalism，Revolution，and Reform in Modern China：Essays in Honor of Maurice Meisner* 一书中出版过，我在这里也想感谢莱克星顿出版社允许我使用这些内容。我还要感谢剑桥大学出版社允许我使用李约瑟《中国科学技术史》各卷中的几幅插图，以及根据我之前出版并拥有版权的《虎、米、丝、泥：帝制晚期华南的环境与经济》一书中的相关内容撰写部分段落。

准备本书的第 2 版也使我能够有机会做出各种修订，我要感谢 Peter Purdue、John McNeill、Dennis Grafflin、韩昭庆，尤其是南开大学的关永强和高丽洁帮助我发现这些需要修订之处。没有上述学者的帮助，本书是无法完成的，我由衷地感谢所有人对我的助益。不过最终，这本书还是由我写作的，无论是书中成功、正确之处，还是错误、遗漏、粗疏或者阐释、推论中存在问题的地方，都由我承担。

最后，我的妻子 Joyce P. Kaufman（一位凭借自身能力而富有成就的学者）和我共同度过了那些常常是非常孤寂的著述时光，并在我写作不顺利的时候给予爱、安慰和容忍。我们的黑色拉布拉多犬 Stanton 为了片刻的欢乐，总会安静地趴在书桌旁等上好几个小时，直到我们中的一个人站起来说："一块儿出去走走！"

目　录

第一章　引言：问题和视角 ………………………………………… 1

本书的安排 ……………………………………………… 10

第二章　中国自然环境与早期人类聚落，公元前 1000 年以前 ……… 15

第一节　自然环境 ……………………………………… 16

第二节　人类聚落与史前史 …………………………… 25

第三节　史前的环境变迁 ……………………………… 40

第四节　中国相互作用圈的形成，公元前 4000—公元前
2000 年 ……………………………………… 42

第五节　中国的青铜时代：技术与环境变迁，公元前 2000—
公元前 1000 年 ……………………………… 45

第六节　环境的变迁，公元前 1500—公元前 1000 年 ……… 54

小结 ……………………………………………………… 61

第三章　国家、战争与农业：上古及帝制早期中国的环境变迁，
公元前 1000—公元 300 年 …………………………… 63

第一节　国家、战争与上古时期中国的环境变迁，约公元前
1000—公元前 250 年 ……………………… 63

第二节　早期帝国的环境变迁，公元前 221—公元 220 年 …… 87

第三节　古代中国关于自然和环境的理念 …………… 105

第四节　早期帝国的尾声 ……………………………… 114

小结 ……………………………………………………… 115

第四章 帝制中期北方的森林退化和南方的拓殖，公元 300—1300 年 ·········· 117

第一节 中国北方：战争、人口减少与环境，公元 300—600 年 ·········· 119

第二节 长江流域的环境变迁 ·········· 125

第三节 帝制中期南北方的重新统一：隋、唐和宋，公元 581—1279 年 ·········· 131

第四节 汉人在南部与东南部的拓殖 ·········· 135

第五节 南北方疾病的机制 ·········· 142

第六节 新型农业技术与环境变迁 ·········· 147

第七节 中古时期的工业革命 ·········· 159

第八节 拓殖四川与对其他族群的分类 ·········· 164

第九节 地貌景观与水利工程 ·········· 169

第十节 塑造的环境：城市和废弃物 ·········· 181

小结 ·········· 188

第五章 帝国与环境：帝制晚期中国的边疆、岛屿和发达边缘区，公元 1300—1800 年 ·········· 190

第一节 新的历史与制度背景 ·········· 190

第二节 边疆地区与边境地带 ·········· 198

第三节 岛屿及其生态变迁 ·········· 223

第四节 土地覆盖、土地利用与土地所有权 ·········· 232

第五节 对发达边缘区的开拓 ·········· 235

第六节 帝国的生态极限 ·········· 249

小结：人口、市场、政府与环境 ·········· 258

第六章 近代中国环境的退化，公元 1800—1949 年 ·········· 259

第一节 中国人的消费及其对环境的影响 ·········· 260

第二节 生态退化与环境危机 ·········· 269

第三节 农业发展的可持续性 ·········· 294

第四节 进入 20 世纪之后 ·········· 303

　　　　小结 ·· 314

第七章　中华人民共和国时期对自然环境的"治理"，公元 1949 年
　　　　以来 ·· 316
　　第一节　社会主义工业化与征服自然 ····································· 316
　　第二节　森林与土地利用的变迁 ·· 330
　　第三节　国家自然保护区与生物多样性保护 ·························· 353
　　第四节　水资源的治理 ··· 362
　　第五节　大气污染 ··· 380
　　第六节　环境抗议、环境意识、环保激进主义与环保运动 ······ 393
　　　　小结 ·· 406

第八章　结论：世界史视角下的中国与环境 ································ 409
　　第一节　中国环境史中的主要议题 ··· 411
　　第二节　局部消失、种群灭绝与保护 ······································ 414
　　第三节　中国环境变迁的驱动因素 ··· 418
　　第四节　世界史视角下的中国环境史 ······································ 425

参考文献 ··· 431
索引 ··· 452

第一章
引言：问题和视角

今天称为中国的这片土地，在四千年前曾经是地球上生物种类和数量最
为丰富的地区之一。而现在，亚洲象——这个曾经遍布于这块广袤土地上的
物种——只在西南的最偏远地区还有踪迹，华南虎已属濒危物种，白鳍豚很
可能已经灭绝，而目前饲养在动物园里的一只黄斑巨鳖很可能也是这一物种
最后的孑遗。这些为我们所知的只是少数的"明星物种"，数以百计的其他
物种已在几乎不为人知的情况下走向了灭绝。生物学家估计，中国将近 40%
的现存哺乳动物种类处于濒危状态，70%～80%的植物种类的生存正在受到
威胁。本书将试图讲述这个巨大的环境变迁故事是如何以及为何发生的。

这个故事里的大部分内容将涉及生活在中国的人群以及他们四千年来对
环境施予的影响。说起来有点矛盾，正是因为这个地区极为丰富的生物多样
性，使得历史上一直占全球四分之一到三分之一的人口得以在这片土地的不
同区域恣意使用着种类丰富、数量众多的自然宝藏并繁衍生息。一开始，人
们只是为生计而狩猎或从森林、草地或湿地中采集食物，他们对环境的影响
是非常小的。大约九千年前，随着农业的发展和扩张，森林让位于农田，人
类影响的程度也发生了戏剧性的变化。而自 20 世纪以来，快速的工业化进
程和消费文化的崛起进一步加速了中国自然环境的变迁与退化。中国人四千
年"成功"建立并努力维持的独特文明形式，正是推动中国生态变迁的主要
原因。

强调"中国生态变迁"是因为，我们吃惊地发现，在世界自然保护联盟
(IUCN) 最近为濒危物种红色名录编制的一幅地图中①，虎（拉丁学名 *Pan-*
thera tigris），这个曾经在中国大部分地区自由徜徉的物种，到 2009 年时已

---

① 世界自然保护联盟濒危物种红色名录，虎（*Panthera tigris*），www. iucnredlist.
org/apps/redlist/details/15955/0。

经从这块版图上消失了。虎的分布范围边界线与中国的边境线基本重合在一起，这种情况并非偶然。

诚然，自然力——特别是气候和气候变化——也是环境变迁的驱动力量。但到 19 世纪早期，中国一些地区的环境变迁显然已经主要是由人类活动造成的。事实上，这时中国完全"自然"、尚未被人类涉足的地方已经少之又少，大部分土地已经被人类耕作（或反复耕作）过。原始的自然区域范围不断缩小，剩下的主要是那些最偏远而最难企及的地方——高山、深谷和地下河。在 21 世纪初，这些地区，以及另外一些同为濒危物种栖息地的地区被划为自然保护区和国家公园。但是现在，这些自然保护区和国家公园又成为试图保护自然和生物多样性与试图"发展经济"这两方争夺的对象。本书也将以对云南三江并流保护区悬而未决争论的探讨作为结束，而这一偏远的地区也许就是中国最后一片富于自然壮美景色和生物多样性的土地。

我们将会发现，在中国环境史中存在着一些看似矛盾之处。本书叙述的主线是中国人怎样通过成功建立一种农业耕作与政府战略利益之间的特殊结合而改变了他们的环境（采伐森林、兴修河道、移山开路等等），我们将会看到，这种环境的变迁不仅范围广大，而且造成间断性和长期性的生态破坏，最终累积形成了环境危机。而另一条叙述线则描述了中国人的农业系统怎样展现出其非凡的长期可持续性，否则我们怎样理解一块三千年前就已开垦的土地直到今天仍然能够继续耕种？一千年前的稻田和灌溉系统至今仍在生产出大量的稻米？当然，部分原因是化肥的使用，但这只是不久以前的事情；在漫长的历史岁月里，中国的农民在将养分回田循环利用方面取得了杰出的成就。

中国环境史并不仅仅是自然环境怎样为人类提供安居之所，以及人类怎样改变环境的故事。这个故事当然会包括自然环境，但它也包括日后成为"汉人"的人们是怎样与周围同样栖居于此的其他族裔互动的。我们会在接下来的章节里看到，这些非汉族裔可以被划分为至少数百个人群（peoples）、部落（tribes）或族群（ethnicities），他们也从这个环境中获取生存资源，只是方式往往与汉人截然不同。他们有的狩猎采集，有的务农，有的游牧——有的兼而有之。正如我们将会看到的，这些人也显著改变了他们生活的环境；"中国"的生态环境变化不仅仅是由"汉人"造成的。中国极富多样化的自然环境意味着这里拥有着总量庞大的小生境，激发这里的人们开拓出种类繁多的生存方式和相应的独特文化。

其中最成功的——至少以他们自己的标准来看——要数汉人。当我们使用某一现代人群或地点的名称——例如"汉人"——来回望（几千年来的）历史时，会产生很多问题。简单来说，在文明之初并没有"汉人"，正如我们如今称作"中国"的这个地方，也是经历了漫长的历史发展而形成的。在历史上，这里曾经被称作夏、殷、汉、唐等等，在一定程度上这取决于当时建构政治体的统治精英们的想法。在此，我倾向于将日后构成今天中国人主体的人群称为"汉人"。"汉"来源于中国早期的一个王朝，当时的人们自称为"汉（人）"，而今天的民族志研究中也常常使用 Chinese 来指代汉人。

记住这些语义模糊而且需要注意的名称之后，我们在后面将会看到，汉人从他们最早的政权所在地即今天的华北和西北出发，不断向东、南、西面扩张，通过军事手段辅之以复杂的社会、经济和政治制度，解决了与当地土著族群的遭遇问题。人类利用各种方法开发了几乎所有的生态系统——沙漠、高山、丛林甚至海洋，这些看起来似乎并不适宜生存的地方，在数千年的中国环境史中都成为不断上演拉锯战的边疆地带。① 事实上，在不同的历史时期，来自北方草原或东北森林的游牧民族也可以高效率地从其生活的自然环境中汲取资源，进而形成对汉人强有力的军事威胁，有时甚至能够征服和统治他们。

在这一不同族群及其环境相互影响的复杂过程中，很多非汉族群逐渐消失、被同化或被驱逐，汉人接管了他们的土地并将这里的生态环境改造成了汉人式的农田。所以，和我们通常以为的不同，汉人并非是从他们位于黄河流域华北平原的核心区向原始的荒野扩张，在这些荒野上，其实早已有其他族群在以自己的方式繁衍生息了。因此，中国环境史在很多方面其实是在叙

---

① 这稍异于伊懋可（Mark Elvin）的观点："（清朝的拓边）只是汉人向自然边界——海岸、草原、沙漠、高山和丛林——扩张的……画面之一。数千年来，汉人的定居模式通过多种方式改变着他们的各种住所，包括为农业开垦、建造房屋和烧炭而将树木砍伐殆尽，如园艺一般精耕细作的农业生产，大大小小的水利系统，商业化，以及尽量靠近水边的城市和乡村。" *The Retreat of the Elephants*: *An Environmental History of China* (New Haven, CT and London, UK: Yale University Press, 2004), 5. 中译本见伊懋可：《大象的退却：一部中国环境史》，梅雪芹、毛利霞、王玉山译，江苏人民出版社，2014。

述汉人怎样从其他族群那里获取已经被他们改造并适合他们生活方式的土地（当然，这些土地在汉人到来之前很可能也已经数易其主了），并按照汉人的方式重新塑造这里的环境，其特征就是以家庭耕作和向中央政府纳税为基础的定居农业。

很可惜的是我们对非汉族群以及他们与环境的关系了解甚少，很大程度上是因为他们没有自己的文字系统，因此也不可能有文献留存，又或者即使有也已经失传或散佚。蒙古人是一个例外，人类学者迪马克·威廉姆斯（Dee Mack Williams）捕捉到了蒙古人对于土地和环境的理解与观点，并在随后与汉人的观点进行了比较。威廉姆斯认为，相较于用边界和城墙将自己围在舒适环境中的汉人而言，生活在亚洲内陆草原上的游牧蒙古人更具有"空间扩张倾向"（Expansive Spatial Orientation），对那些并不适于耕作的干旱荒原（甚至沙漠）有着卓越的适应能力。[1] 我们将会从不同的角度探讨汉人与蒙古人之间的互动以及他们对彼此的看法，因为这个互动过程——在很多方面其实已是共生关系——已经成了本书几乎每章都要谈到的推动中国历史演进的重要动力之一。

除了以上这类特例外，我们对中国环境史的了解主要还是来自汉人的文献记录。汉人具有完整的书写系统，留下了大量历史文献供我们从中挖掘和探究他们与环境之间的关系。一些关于物质文化遗存的考古发现，例如陶器、建筑物地基等，同样给我们提供了很多信息，我们的研究中也将利用到这类证据。

不过在通常情况下，历史学家还是只能依靠汉文文献资料。汉人当然会站在自己的立场上叙述历史，而在很多时候，其他历史学家也会从汉人文献的视角来阅读中国历史。于是我们就会看到，传统的中国历史叙述都带上了一点英雄主义的色彩：汉人将他们高度发达的文明播撒到周遭蒙昧的人群中，让他们也同样从中受益。汉人视自己为文化和文明价值的源泉，所有与他们遭遇的其他族群至多也只是可以被教化而融入中华文明的"蛮夷"。而

---

① Dee Mack Williams, *Beyond Great Walls*：*Environment，Identity，and Development on the Chinese Grasslands of Inner Mongolia* (Stanford，CA：Stanford University Press，2002)，ch. 4. 最近出版的一部小说《狼图腾》（New York，NY：The Penguin Press，2008；中文版见姜戎：《狼图腾》，长江文艺出版社，2004），取材于作者姜戎 1960—1970 年代在内蒙古的亲身生活，也向我们深入展现了蒙古人的价值观及其与草原生态的关系。

那些拒绝归化的蛮夷则要通过军事手段来对付——除非，如我们后面将要看到的，在热带和亚热带的南方地区，一些肉眼看不见的微生物如致命的传染病菌，阻挡住了没有免疫力的汉人的脚步，客观上保护了这里的土著居民。

在遭遇新的环境和族群时，汉人和他们的编年史家总会陷入这样的叙述模式：蛮夷和他们的环境就应该被驯服和教化。持这种观点的历史学家，在他们的著作中总会有意无意地将汉人描述成一股积极进取的力量，而周边的其他族群及其生活的环境，则仅仅是被改造的对象。在这种"自然-文化"二元结构中，以汉人为中心的叙事模式总是将汉人置于"自然"之上或之外，而"自然"则是终将要被汉人"教化"的，其他的族群和环境也都应该接受汉人的改造，事实上也确实如此。① 但这种以汉人为中心的观点常常会忽略的是，周边的环境与族群也在通过一些方式改变着汉人。随着汉人从他们的北方故土向不熟悉的更南面和更西面迁徙，在不同族群之间也开始了一段有趣的互动进程。

因此，史料本身可能会影响我们了解真正的中国环境史，因为它们要求我们只能从汉人的角度去看待历史事件、地理环境与景观。不过我们仍然可以借助于当代对生态过程的一些理解来重新审视这些史料。很多早期特别是二战以后美国和欧洲的生态学思想都接受了稳态顶级生态系统模型的假说，认为生态系统，例如某些主要由一种或多种植物组合所构成的森林，在遭受雷电、山火等造成的严重毁坏后，经过可明确辨识的连续阶段，通过自然过程仍然可以回复到和以前一样的顶级状态。

经历了几十年的发展之后，现在人们普遍认为生态系统的自然过程是异常复杂和混沌而非稳态的，并不一定会经历一系列连续的阶段而最终到达"顶级生态系统"。② 这种观念的转变，在一定程度上是全球气候变化、动物

---

① 这种观点当然不是汉人独有的，很多其他族群也将他们自己与自然隔离开来看待，而不愿意将自己视为和其他动物一样在特定环境中生活的物种之一。事实上，这种争论直到今天仍在继续，这也是环境史学者坚持要将人类的制度与历史放在他们生活的自然环境中来观察和研究的一个原因——忘记人类对自然的依赖实际是在拿我们自己冒险。

② 有兴趣的读者可参阅 Daniel B. Botkin, *Discordant Harmonies: A New Ecology for the Twenty-first Century* (New York, NY: Oxford University Press, 1990); 或者一部近期的教科书 Colin R. Townsend, Michael Begon, and John L. Harper, *Essentials of Ecology*, 3rd ed. (Malden, MA: Blackwell Scientific, 2008)。

种群动态演进以及混沌理论研究进展共同影响的结果，生态系统的自然变化比我们之前预计的要复杂得多，因此也更难了解或预测。而另一个重要原因则在于，人们也越来越意识到，人类本身就是这个生态系统的一部分，他们的行为长期以来一直在影响着环境（也是造成生态系统复杂混沌的一个因素）。人类作为物种之一，从未置身于自然之外，而是一直身处其中并仰赖其生存。

正因为人类从来都是自然环境的一部分，于是一些学者认为，当我们在对环境变化进行阐释时，"文化"应该是一个不可或缺的因素。"态度、价值观、偏好、感知和身份认知"塑造了人们利用（或滥用）土地的方式，尽管创造历史和塑造环境的是具体的人类行为，但这些行为的基础却是（至少部分是）人类的思想和信仰。[1] 因此，本书将多次讨论到这些信仰，而且我们不仅要探讨汉人或其他族群的信仰，在后面的章节中还会涉及那些认为运用科学就可以认识和控制自然的更具全球性和"现代性"的信念。

尽管如此，在试图评估和理解环境变化影响因素的过程中，我仍倾向于将重点更多地放在对实物及其结构动态变化的考察上。生态学家和环境史学家经常论及环境变化的"驱动因素"[2]，其中有些驱动因素来自自然，例如全球气候变化；而另外一些则是人为的，比如人口的动态变化、国家的形成和内部的互动以及对自然环境及其产品的各种汲取、生产、消费和交换方式。正确理解人们的经济行为非常重要，因为几乎所有可算作"经济的"行为都或多或少地改善或破坏了一些地区的自然环境。这一点也直接切入了环境史学家同时也是当代环境研究所关注的核心问题：经济增长、发展和社会进步几乎总是不可避免地需要利用自然资源，同时也显著地改变我们以及其他所有生物赖以生存的自然生态系统，有时甚至会导致环境的退化。

那么，基于以上的观点，关于地球环境系统我们又能从中国历史中学到些什么呢？即使仅从汉人的角度来看待这个问题，文明的进步也不可能不伴随着一些导致逆转和倒退的因素，例如气候变化，其他族群为保护领土所做

---

① 引文出自 Williams, *Beyond Great Walls*, 61。

② 关于"驱动因素"的简要讨论，参见 Millennium Ecosystem Assessment, *Ecosystems and Human Well-Being*: *Synthesis* (Washington, DC: Island Press, 2005), vii（中译本见《千年生态系统评估——生态系统与人类福祉：综合报告》，http://www.millenniumassessment.org/zh/Index-2.html）。

的顽强抵抗，以及一拨又一拨草原游牧民族的入侵并驱赶汉人等等。即便如此，在公元前 300 年的时候，汉人就已彻底改变了他们位于华北的故土，当时的一些文献著作已经出现了对那些曾经的葱郁森林的怀念。① 在两千年前的汉朝（公元前 202—公元 220 年）鼎盛时期，中国的军事力量很可能就沿着丝绸之路触及了遥远的西方，并南下深入到了赤道地区。到一千年前的宋朝（960—1279 年）时，中国作为一个强大的国家已经存在了超过千年，大部分的资源开始日益通过市场来进行配置，经济的"繁盛期"正在将中国引向一场自发式工业革命的边缘②，中国的人口也达到了 1.2 亿，约占当时世界总人口的三分之一。

　　但是中国在成功创建、拓展和维持它特有的从环境中提取能源方式的同时也造成了长期的耗损。到 1800 年，它的森林砍伐程度已相当严重而不得不面临一场前近代的能源危机；它的景观经过人们的多次改变，老虎和大象等动物被排挤到了最偏远的边缘地带；一些中国人也已经开始意识到了物种灭绝的问题。③ 20 世纪前半期的政治崩溃、外敌入侵以及内战更是加剧了中国环境的退化。而当 1949 年中国共产党赢得国内战争的胜利之后，毛泽东及其追随者为了尽快建立起一个工业化的社会主义国家，很快便开始集中力

---

　　① 孟子（活跃于公元前 300 年前后）对牛山森林采伐的批评是其中最著名的代表作，原文可参见 Wm. Theodore de Bary and Irene Bloom, comps. , *Sources of Chinese Tradition*, 2nd ed. , vol. 1 (New York, NY: Columbia University Press, 1999), 151. 译者注："牛山之木尝美矣，以其郊于大国也，斧斤伐之，可以为美乎? 是其日夜之所息，雨露之所润，非无萌蘖之生焉，牛羊又从而牧之，是以若彼濯濯也。"见《孟子·告子上》。此文在全球环境背景下的阐释可参见 J. Donald Hughes, *An Environmental History of the World*: *Humankind's Changing Role in the Community of Life* (London, UK and New York, NY: Routledge, 2001), 66-73. 其他一些中国古代描述环境变化的作品可参见 Richard Louis Edmonds, *Patterns of China's Lost Harmony*: *A Survey of the Country's Environmental Degradation and Protection* (London, UK and New York, NY: Routledge, 1994), 22-41.

　　② Jack A. Goldstone, "Efflorescence and Economic Growth in World History: Rethinking the 'Rise of the West' and the Industrial Revolution," *Journal of World History* 13, no. 2 (2002): 323-390.

　　③ 关于物种灭绝的讨论，可参见 Robert B. Marks, "Explanations of Species Extinction in Nineteenth-Century China and Europe," in *Encounters Old and New*: *Essays in Memory of Jerry Bentley*, eds. Alan Karras and Laura J. Mitchell (Honolulu, HI: University of Hawai'i Press, 2016), ch. 11.

量来支配和控制这个他们认为具有无限可塑性的自然环境。① 自 1980 年以
来，在全球化市场经济背景下的高速工业增长导致了中国环境的进一步退
化，以至于 2008 年北京奥运会的组织者和运动员不得不将严重的空气和水
污染等问题纳入到自己的计划当中。

7

　　然而，即使经历了如此的环境退化，中国目前仍然是世界上最具生物多
样性的地区之一，事实上，中国还是 12 个最具生物多样性国家当中的一员。
而它的生物多样性则主要来自它极其惊人的多样化生态系统。中国拥有世界
陆地的最高点和第二最低点，拥有冰川和珊瑚礁，拥有沙漠和热带雨林以及
其他种类繁多的地区，这些都为这里众多的原生物种提供了不计其数的小生
境。② 中国境内目前生活着 30 000 种种子植物（其中 13 000 种生活在西南偏
远的省份云南——后面我们将会提到，其中很多已经是濒危物种），仅次于
巴西和哥伦比亚的亚马逊雨林。另外，中国还拥有 6 300 种脊椎动物，占到
了世界总量的 14%。不过四千年来中国人对这片土地的支配和改造已经使得
其中将近 400 个物种（这只是我们已知的）面临灭绝的危险，很大程度上是
因为它们的栖息地已被条块分割而陷入破碎化，很难再维持自然健康的种群
存活。③

　　如果从全球视角来看这 400 个濒危物种，我们会发现，自从 1600 年以
来，全世界有记录的已灭绝物种只有 500 多种。④ 而在过去的一千年里，中
国实际灭绝的物种数量很可能远不止这 400 种，其中大部分都是因为栖息地
遭到破坏和破碎化所致。虽然中国的土地曾经几乎全都被森林所覆盖，但如
今主要只在偏远的西南和东北还存留着少量健康的森林。在这样的情况下，
大部分动植物很可能支撑不了多长时间，尽管过去二十年来，中国政府为濒

---

① 夏竹丽（Judith Shapiro）将之称为 "毛对自然的战争"，*Mao's War against Nature* (New York，NY and Cambridge，UK：Cambridge University Press，2001)。

② 根据最近的一项统计，中国拥有 599 个相互独立的（陆地）生态系统类型。参见《中国生物多样性国情研究报告》（中国环境科学出版社，1998），第 1 页。另外一项稍有差别的统计可参见 J. Mackinnon et al.，*A Biodiversity Review of China* (Hong Kong，HK：World Wide Fund for Nature International China Programme，1996)，21。

③ 亦可参见中国科学院生物多样性委员会网站 "Biodiversity in China：Status and Conservation Needs"，http://www. brim. ac. cn/brime/bdinchn/1. html。

④ 《中国生物多样性国情研究报告》，第 13 页。

危物种建立了两千多个自然保护区，但这些补救措施能否奏效还有待观察，而我们所有人也都有责任来参与保护中国生物多样性的工作。

　　简而言之，中国的环境史是一个环境、人类和社会制度不断趋于单一化的故事。与四千年前自然和人类本身所具有的丰富多样性相比，农业和随后形成的耕作制度则塑造了一种非常单一化的生态环境；在汉族人口迅速膨胀的同时，这里曾经生活过的数百乃至数千个不同的族群正在趋于消失；全国各地曾经出现的多种多样的国家体制和社会组织形式，也逐渐统一于汉人的社会模式。我认为，读者会发现这本书中所呈现的累积证据是令人信服的。

　　因此，本书所讲述的中国环境史的故事，不仅对于中国人，而且对于全世界都有着深远的意义，值得我们去深入阅读和理解。从广义而言，环境史探索的是人类与环境之间的互动过程，尤其是环境如何为人类提供安居之所，以及人类如何去改变环境作为回应。而环境变化本身，也改变着人类和自然的历史进程。中国自然环境的历史包括在这里生活过的各种族群，而不仅仅只是一位历史学者所说的数千年来"人与野生动物的战争"①——虽然这也是其中的一部分。当中国不断扩张领土以获取新的资源时，会引起汉族与其他族群之间的冲突——在当时汉人的眼中，某些族群与动物可能也没有太大的差别——而在汉人努力建立对人类社会和自然界霸权地位的过程中，很多族群与自然界的物种都消失了。

　　在简述各章内容之前，我还想对本书可能的读者就书中使用的资料情况做一点说明。因为一些问题本身具有的重要性，同时也是为了让本书能拥有尽可能多的读者，我在这里假设大部分读者对中国环境史并不了解，因此常常会在需要的地方做一些历史背景的介绍。而且，细心的读者在阅读注释时还会发现，本书主要的参考资料都是英文而非中文的研究成果（不过在中文版中，我们也努力提供了与英文文献相对应的中文原文）。在我本人专业研究的帝制晚期和近代中国部分，书中除了给出一些中文史料外，还会对英语世界学者的研究成果进行简要的介绍，以便中国读者多角度地理解中国环境史。这些资料有相当一部分是散落在各处而很难被读到的，因此本书的部分价值也在于将它们综合到了一个更广阔的历史叙述之中。从这些学者的著作中，我不仅借鉴了他们的分析研究，而且还参考了他们从中文原始资料中翻

8

---

　　①　Mark Elvin, *The Retreat of the Elephants*, 11.

译过来的译文。在这一叙述当中，中国的声音应该可以清晰响亮地表达出来。

当然，面对中国及其环境这一宏大的课题，我们必须对已有的了解和推测保持谦虚的态度。在为撰写本书而参阅各类文献的过程中，我愈发感到震撼、敬畏和自身的微不足道。没有前人卓越的研究基础，本书不可能完成。而且，在已有的研究成果中仍然存在着一些空白的领域，它们正在非常缓慢地被那些新的、令人振奋的研究所填补——其中部分最新的成果已经被收入本书。但还有更多的工作需要我们去做，如果有其他学者发现本书的叙述或者我引用的参考文献有所疏漏，又或者就我对文献资料的阐释有所异议，敬请不吝赐教。在这个领域中，还有非常多的问题等待着被提出和解答，我也诚挚地希望本书能有助于激励产生新的学术研究成果。

本书的安排

在我的写作过程中一直存在着这样的矛盾：首先我必须呈现出一部完整的中国环境史，但同时我又不得不提供大量额外的资料以帮助非专业的读者在中国历史的情境下来理解这里的环境变化。绝大多数历史时期划分所依据的都是特定政治单位——通常是近代民族国家——内部主要政治或社会经济的重要发展或变化。但这种政治的分界线并不是空间形成的，而是人类思想意识的产物，世界生态系统却跨越了这些人类的政治分界线，因此，环境史更倾向于一种超越民族国家单位及其历史分期的全球化描述。例如，森林的砍伐、能源来源和利用方法的变化等话题，都超越了民族国家及其历史分期的界线。

既然如此，我们该怎么来组织一部环境史呢？在一本关于 20 世纪全球环境变化的著作中，J. R. 麦克尼尔按照从岩石圈到平流层这些组成地球和地球环境的圈层顺序来进行叙述，并对人类活动改变这些圈层自然状态的方式进行了考察。① 如果遵循这个范例，一部中国环境史就可以按讨论的主题来

①　John R. McNeill, *Something New under the Sun*: *An Environmental History of the Twentieth-Century World* (New York, NY: Norton, 2000). 中译本见 J. R. 麦克尼尔：《阳光下的新事物：20 世纪世界环境史》，韩莉、韩晓雯译，商务印书馆，2013。

确定其章节标题，比如：土地、水、森林、山脉、人口、动物和空气。

虽然我也曾考虑过此种方法，但最终放弃了，这主要有两点原因。首先，我希望这本书也能被非专业人士接受和理解，为此就要遵循比较标准的编年史和历史分期的方法来组织材料。其次，在这种框架下叙述中国环境史也便于我们借此来探讨环境变迁与标准历史叙述之间的内在联系，以及评估人类活动对于中国环境的影响。① 另外，"中国"这个区域非常庞大——包含了将近 600 种生态系统，而本书部分章节还会讨论到自然条件是如何限制了中国不断扩张的。

中国历史通常按时间可划分为上古时期、帝制时期和近现代，其中长达两千一百年的帝制时期又可以按统治王朝分为早期、中期和晚期（见表 1-1）。当然本书不是以王朝来组织章节的，但是书中常常会提到特定的时期和朝代，因此表 1-1 标明了本书各章节所覆盖的王朝和其他历史时期，并简要标示了各时期中国环境史发生的标志性事件。

现有的中国环境史研究要么专注于中华人民共和国成立之后（1949 年至今），要么只考察上古时期或帝制时期，而 20 世纪则因中国共产党的胜利而至今没有一项贯穿性的环境史研究。部分原因在于 20 世纪后半程的中国在政治、经济和社会各方面都经历了急速的变化，这种变化将中国推向了与以往完全不同的另一条发展轨道，使其看起来与之前的中国似乎毫不相干。但通过把中国自新石器时代至今的历史连贯起来，本书可以将中国环境史置于单一的叙事之中，进而为评估当代史究竟在多大程度上成为一个独立并且或许是更重要的时期提供一个参考背景。

本书的章节安排原则是，以环境为主题，将其置于传统的中国历史分期框架之下进行探讨。因为环境变化（特别是人类引起的变化）的脚步通常远远滞后于政治乃至社会变化，因此每一章都会覆盖更长的历史时段。第二章至第四章的每一章都跨越了一千年甚至更长时间；第五章至第七章覆盖的时间稍短一些，不仅是因为我们对此了解得更多，而且是因为这一时期环境变

---

① 例如，我就曾经在课堂上使用本书初稿并配以 Patricia Ebrey's *Cambridge Illustrated History of China*, 2nd ed. (New York, NY: Cambridge University Press, 2010（中译本见伊佩霞：《剑桥插图中国史》，赵世瑜、赵世玲、张宏艳译，山东画报出版社，2002）来进行讲授。

10   表 1-1   中国环境史年表

本书章节	历史年代	大约公元纪年	中国的王朝或时期	技术革新	动力与牵引力	人口规模	社会组织形式	气候	对环境的影响	能源体制
第二章	新石器	公元前9000		火	人力	?	小型游猎部落	变暖	几乎没有	肉体，聚集生物质能
		公元前8000		石和木制工具		?	小型定居部落	暖，湿		
		公元前7000		水稻与稷的培植		?	栽培水稻的村落	暖，干		本地耕种，聚集生物质能
		公元前6000				?	栽培稷的村落	冷，干	黄土耕作	
		公元前5000	仰韶，大坌坑	釉陶		?	定居农业的扩大		清除部分森林	
		公元前4000				?	国家雏形			
		公元前3000	龙山	大豆		?	中国相互作用圈			
	上古	公元前2000	夏	青铜器	牛	?	国家，城市		毁林开荒	粗放农业
		公元前1500	商	本地灌溉，治水，蚕丝	马	400万～500万	书写	约公元前1000年迅速变冷	毁林开荒范围扩大	
第三章		公元前1000	周	战车		400万～500万		气温骤降	拓殖黄河流域	
		公元前500	战国	铁，钢	水力		国家林立，私有财产	变冷	华北平原森林砍伐	
	帝制早期	公元前250	秦 公元前221—公元前207				王朝		国家调控资源	

续表

本书章节	历史年代	大约公元纪年	中国的王朝或时期	技术革新	动力与牵引力	人口规模	社会组织形式	气候	对环境的影响	能源体制
第三章	帝制早期	公元元年	汉 公元前202—公元220	马拉铁犁，挽具	马队	5 800 万	市场		华北平原森林砍伐殆尽，农业集约化	
		公元300	三国两晋南北朝			6 000 万	庄园经济		战争和人口减少	
第四章	帝制中期	公元500	隋 581—618			4 500 万	均田制	变暖	人口向南方迁移	
		公元750	唐 618—907	水稻田		5 000 万	佛教寺院		大运河，拓殖西部与南部	集约农业
		公元1000	宋 960—1279	煤炭用于冶炼铁、钢		6 600 万	市场交易	冷	长江流域圩田，农业高度集约化	生物质，炭使用增加
第五章	帝制晚期（早期近代）	公元1300	元 1271—1368			1.15 亿			西南采矿与森林砍伐	发达的有机能源
		公元1500	明 1368—1644	人痘接种		1.1 亿		变冷，气温骤降	山区开发与森林砍伐	
第六章		公元1800	清 1644—1911			3.5 亿		变暖	征服西北	
		公元1900	中华民国 1912—1949			5 亿	民族国家	变冷	环境退化与危机	
第七章	现代	公元1950	中华人民共和国 1949—1980 社会主义工业化	化肥，煤炭，蒸汽，核武器		5.83 亿		变暖	旧生态体制下的高速工业化	化石燃料
		公元2000	中华人民共和国 1980 年至今	石油		13 亿			高速工业化	核能

11

化的脚步更快了。为便于读者更好地理解和把握，每一章又分成若干节（详见目录）。

第二章考察的是大约公元前 1000 年之前，农业产生和国家形成阶段的环境和人类情况。第三章跨越公元前 1000—公元 300 年这一时段，涵盖上古时期和帝制早期，展现了一个强有力的中央王朝的诞生，以及它是如何建立起一个庞大的帝国，并将其子民从华北核心地区向外推送扩张，与此同时在所到之处发展定居农业并继而在两千年前就几乎伐尽了华北平原原始森林的。第四章将会探讨公元 300—1300 年早期帝国崩溃对环境造成的影响，以及帝制中期新型水稻培植技术在养活更多人口的同时，也改变了迥异于华北的中国中部和南部地区的环境。到公元 1300—1800 年的帝制晚期（第五章），中国已经达到了它的生态极限，就连边境地区也已被开发和改变，而移居到内陆山区的人民则要依靠从美洲引进的粮食作物为生。帝国生态极限的来临，以及农业经济中资源的耗竭，限制了人们获取和加工转换太阳能的能力，其直接结果就是近代以来中国出现的生态退化和越来越严重的环境危机（第六章）。如第七章所述，1949 年成功掌握政权的中国共产党确实拥有足够的组织能力来实现中国经济的高速工业化，但也遇到了一系列新的环境问题和挑战，以及来自国内民众和世界范围的广泛关注。最后的结论部分（第八章），将对中国环境史在中国和世界历史中的意义和重要性进行评论。

第二章
中国自然环境与早期人类聚落，公元前 1000 年以前

本书所跨越的历史时段非常长——从新石器时代至今接近一万年的时
间，几乎已经是人类历史的全部。在开始之前，我想提醒读者，不要简单地用现代人的眼光去回顾中国历史并且假定中国史及其与环境的互动只会以已有的这种方式展开。有时我们会认为现实是以往历史发展的必然结果，而我们是注定的受益者。① 但在大多数情况下（中国的环境史即为一例），现实并不是唯一可能的结果——很多事情本来完全可以是另一个样子，而历史也会由此变成另一个故事。

中国历史演进的路径并不是事先设定的，而是经历了一系列带有偶然性的关键转折点的结果，这些转折点本来有可能会使中国历史及其与环境的关系走向完全不同的方向。当我们探寻中国历史时，必须深刻地理解这些关键时刻，它们对于中国的人和动植物区系都非常重要。

当我们称这一地区和它的人民为"中国"和"中国人"时，实际已经犯了将现实映射到历史上去的错误。在一万年前，甚至四千年前，还没有"中国"，在今天称为"中国"的这个地理区域中，生活着大量语言各异、文化不同的族群；只是由于各种历史原因，经过特定的历史进程，这一地区才逐渐形成"中国"并最终成为一个现代意义上的国家。但是，在书中我们必须有一个简练的词汇来指代这一地区，因而我仍然使用"中国"来表示位于欧亚大陆东部，大约从北纬 20 度到 50 度之间，西起青藏高原，东至太平洋的

① 就像对"西方崛起"（欧洲中心论）的叙述一样，对这种观点的批驳可参见 Robert B. Marks, *The Origins of the Modern World: A Global and Ecological Narrative from the Fifteenth to the Twenty-first Century* (Lanham, MD: Rowman & Littlefield, 2007), 1-20. 中译本见罗伯特·B. 马克斯：《现代世界的起源：全球的、生态的述说》，夏继果译，商务印书馆，2006，第 5-29 页。

15

这片土地。① 正如我们将看到的，这一地区和这里居住的人民之所以能够成为"中国"和"中国人"，是一个极其漫长和充满竞争的历史进程的结果，其中有几个重要阶段直到晚近才告完成。

16　　　本章将首先对中国的自然环境做一个概览。中国的自然环境曾经是极其多样化的，为多种多样的植物和动物提供了数量庞大的小生境。在气候变化和其他因素结束了末次冰期的同时，也为人们提供了培植作物和从事农耕的环境条件。九千五百年至八千八百年前，人们开始在长江流域的一些地方培植水稻；八千年前，在中国北方出现了以种植稷为主的旱地耕作。数千年来，农业生产使人口数量不断增加，以前相对独立的村落逐渐为统一的力量所控制，早期国家开始形成。农耕以及这些国家间的互动、战争和战略影响，极大地改变了中国早期的环境。

第一节　自然环境

地形

无论是地球的气候还是它的陆地一直都在不停地变化着。地质学家知道，所有大陆实际上都在地幔上漂浮，约 2 亿年前泛大陆开始分裂，造就了现今大陆分布的格局。当后来成为欧亚大陆的板块顺时针旋转时，印度洋板块与之发生了碰撞，喜马拉雅山脉随之隆起，青藏高原开始形成。这一结果不仅改变了亚洲的地形，也影响了亚洲的气候。

在喜马拉雅山脉隆起之前，亚洲大陆并没有山脉，暖湿空气可以从赤道附近的海洋上空直接向陆地输送，因此在当时，整个中国区域包括北方都属于亚热带气候。喜马拉雅山脉和青藏高原的隆起使得这里的地形从西到东呈现了三个明显的巨大阶梯。② 到距今约一百万年前，喜马拉雅山脉和青藏高原已经达到了现在的高度，最高点珠穆朗玛峰的海拔超过 29 000 英尺——其

① Kwang-Chih Chang, "China on the Eve of the Historical Period," in *The Cambridge History of Ancient China: From the Origins to 221 B.C*, eds. Michael Lowe and Edward L. Shaughnessy (New York, NY and Cambridge, UK: Cambridge University Press, 1999), 37. *The Cambridge History of Ancient China* 以下简称 *CHAC*。

② Xu Guohua and L. J. Peel, eds., *The Agriculture of China* (Oxford, UK and New York, NY: Oxford University Press, 1991), 6-7.

实整个青藏高原的海拔高度都在 10 000 英尺以上。

亚洲大陆的这一地形变化即新山脉的形成，造成的雨影效应为这里带来了一个全新的气候模式——季风气候（详见后文关于气候的部分）。[①] 随着喜马拉雅山脉和青藏高原的隆起，在它们的北部和东部形成了干燥的"雨影区"，戈壁沙漠开始形成，干燥的西北风每年从这里携带大量的沙尘，随后大范围沉降到整个中国西北部。而在春夏季节，风向会发生改变，从太平洋吹向东亚大陆，为这里带来急需的降水——在南方约 80～90 英寸，北方约 20 英寸。这样，每年冬季的干冷西北风和春夏的暖湿东南风在这里交替转换。我们把这种季节性转换的风称为季风，它给中国自然环境的形成带来了显著的影响。

中国西部地区抬升引起的另一个结果是亚洲内陆的干旱化，造成了新疆的沙漠和内蒙古的干旱草原，以及北部和西北部的黄土高原。冬季干燥的西北风从沙漠地区携带大量沙尘并在向东传输的过程中沉降下来，由此形成了黄土；冰河时期结束时的强风也携带着戈壁沙漠的沙尘，并沉积在后来的黄土高原上。大量的黄土经这一过程不断沉积，某些地方厚度甚至超过 500 英尺，完全掩盖了原来的地形地貌。中国北方至今还因沙尘暴而闻名，北京的居民在沙尘暴来临时就很难将尘土拒之门外，1997 年冬肆虐的沙尘暴尤其强烈，甚至越过了太平洋，在加利福尼亚上空都能见到这种黄色灰霾。然而，黄土对于农业发展又至关重要，它是中国北方几个早期文明发展的一项特殊条件，我们将在后面的章节再次讨论。[②]

季风带来的降水以及这种从西到东直至太平洋逐渐倾斜的地形特征，造就了中国的河流水系，主要有北部的黄河，中部的长江以及黄河、长江之间的淮河，南部的西江。[③] 所有这些河流在中国环境史中都扮演着重要的角色，

---

① Robert Orr Whyte, "The Evolution of the Chinese Environment," in *The Origins of Chinese Civilization*, ed. David N. Keightley (Berkeley and Los Angeles, CA: University of California Press, 1983), 6.

② 有关亚洲古环境的科研成果，详见 Robert Orr Whyte, ed. , *The Evolution of the East Asian Environment*, 2 vols. (Hong Kong, HK: The University of Hong Kong Centre of Asian Studies, 1984)。

③ Zhao Songqiao, *Geography of China: Environment, Resources, Population and Development* (New York, NY: John Wiley and Sons, 1994).

在我们随后提到时会详加讨论。例如，黄河及其支流就是中国早期国家形成过程的一项重要内容，我们会在本章和下一章中有所涉及。

大约一万三千年至八千年前，末次冰期结束，全球开始变暖，这对中国自然环境来说也是非常重要的事件。与欧亚大陆西部或北美洲不同，当时中国大部分地区并没有被冰原覆盖，很多冰期之前存在的物种都保存了下来，包括有 2 亿年历史的叶形奇特而美丽的银杏。末次冰期之后，这些物种在新的小生境中重新出现，增添了中国的生物多样性，形成了数量庞大的物种群。其结果是，在亚洲特别是中国，显得格外郁郁葱葱和富于生物多样性。例如，仅朝鲜半岛一地就拥有 4 500 个植物物种，是末次冰期时曾被冰原覆盖的英国的两倍多。[①] 而在全世界 225 000 个植物物种当中，中国占有 30 000 个，是北半球最为丰富的地区。[②]

在末次冰期时，北半球的冰川封固了地球上大量的水，海平面比现在要低很多，如今分隔北美洲和亚洲的白令海峡在当时是著名的"大陆桥"。还有一点也很重要，日本和朝鲜半岛也与大陆相连，因而当时中国的"海岸线"比现在要往东延伸很多。冰川的融化导致太平洋升高，淹没了"大陆桥"，也把日本与大陆分隔开来，中国的海岸线也随之向西退缩。从此我们今天称为"中国"的物理空间才开始形成。

中国的地理区域

中国极其丰富的生物多样性，当然是由于它极其多样化的地形、气候和土壤造成的。它在纬度和经度上分别跨越了 50 度和 62 度，垂直方向最低点接近海平面以下 1 000 英尺（吐鲁番盆地，位于现在中国西北部的新疆），最高点则为超过 29 000 英尺的世界最高峰珠穆朗玛峰。从地处热带的海南岛和华南地区（年均温度达到 70 华氏度，年均降水量 80 英寸），到寒冷的青藏高原（年均温度只有 40 华氏度，降水极少），再到针叶林覆盖的东北，中国拥有众多的气候类型。它还拥有世界上已知的大部分

① Conrad Totman, *Pre-industrial Korea and Japan in Environmental Perspective* (Leiden, NL and Boston, MA: Brill, 2004), 15.

② Joseph Needham, *Science and Civilization in China*, vol. 6, *Biology and Biological Technology*, part I: *Botany* (New York, NY: Cambridge University Press, 1988), 33. 中译本见李约瑟：《中国科学技术史》，第 6 卷，《生物学及相关技术》，第 1 分册，《植物学》，袁以苇等译，科学出版社，2006。

土壤类型。①

　　借助于这种多样性，地理学家几乎已遍尝各种分类方法将中国分成不同的区域，其中大部分均分为 8~15 个地形/气候区。② 不过出于本书的需要，我们会采取更为常用的划分方法，将中国分为东北、华北、华中、华南、东南、西南、西北等区域。我们关于人类和环境之间的故事将从中国西北的渭河流域开始展开，然后扩展到华北平原的黄河流域（第二章和第三章），同时也包括横亘东北和遥远西部之间、涵盖今日整个蒙古地区的欧亚大草原。第四章中会介绍位于中国中部和东部的长江流域、西部的四川盆地、南部的南岭和珠江流域以及东南沿海地区。西南的高原和雨林，还有西部偏远地带的草原和沙漠将是第五章的核心内容。而青藏高原会在第七章中进行探讨。*19*随着中国国家组织的形成和从核心区域向外扩张，这些地区也需要有一个政治意义上的名称，为了叙述上的便利，我就直接使用了现代各省市区的名称。

　　森林和生态系统

　　我们会在这部分介绍和讨论几种类型的森林以及它们与人类遭遇的情况。现在，我们只需要知道，在中国历史上的绝大部分时期，森林及其动物的存在或消失可以看作中国人对环境影响情况的一个标志。这有两方面的原因。首先，中国东部的土地曾几乎完全为自然的森林所覆盖，其种类之丰富，用林业专家 S. D. 理查德森（Richardson）的话说，是"一个从南方的热带季雨林到北方的山地针叶林的完整序列组合"③。

　　不过，由于进入内陆之后的季风降雨量迅速减少，孟泽思（Nicholas Menzies）认为："中国的森林分布大部分局限在国家的东半部，草地和灌木丛主宰了干旱的西部地区，只在有冬雪消融提供丰沛水源的山区才能有针叶林的存在……历史地理学家文焕然结合影响主要植物群落的生物因素和森林*20*开发史上的人类因素，将中国的森林划分为 5 个区域（不包括西部的草原和沙漠）：（大兴安岭北段的）寒温带林、（东北的）温带林、华北的暖温带林、

---

① S. D. Richardson, *Forests and Forestry in China：Changing Patterns of Resource Development* (Washington，DC：Island Press，1990)，3.

② 一本非常有价值的参考书是任美锷的《中国自然地理纲要》（商务印书馆，1979）。

③ Richardson, *Forests and Forestry in China*, 39.

华中和西南的亚热带林以及华南的热带林。"[1]

由于中国最终建立了一个高效的农业社会，为了开垦农场和农田就必须清除森林以腾出土地。实际上，这个渐进式的森林清除过程用时相当长，从约一万年前农业发展起来并向外扩张之时即已开始。而到了20世纪，森林已如此之少，以至于研究者不得不去寻求一些新的方法才能重建这些地方曾经的景象。[2] 由于森林具有毋庸置疑的重要地位，中国森林为何以及如何被逐渐清除也就成为本书叙述的一项主要和重要内容。

森林并不仅仅意味着一片树木，而正如上文所述，它是一个"群落"。科学家现在已经认识到，森林是一个生态系统，它拥有种类众多的有机体，涵盖了从土壤里的微生物直到食物链顶端的哺乳动物——通常是食肉动物。它们相互依存并且彼此之间以及在与水、土壤和太阳能之间存在着频繁的互动。在生态系统中互动的动植物越多，这个生态系统也就越富于生物多样性和健康活力。

生物学家 E. O. 威尔逊（Wilson）称那些处于食物链顶端的动物为"明星物种"，而将其他的称为"伞护种"。定义明星物种和伞护种的一个重要原因是它们的存在与否可以作为人类闯入和破坏自然环境的晴雨表。例如，亚洲象和虎都需要广袤的栖息地才能存活。象每天需要进食大量的树叶，象群一天内要在领地中边吃边走达数英里，因此当一个地方能够容纳象群时，意味着这里有足够多的树木来提供充足的树叶，也就是说，有象群的地方，就有森林。虎（过去）也是如此，它们在森林中栖息[3]，雌虎领地意识很强，

----

① Nicholas K. Menzies, *Forestry*, vol. 6, part Ⅲ, *Biology and Biological Technology*, *Agro-Industries and Forestry*, of Joseph Needham, *Science and Civilization in China* (Cambridge, UK: Cambridge University Press, 1996), 548-549. 译者注：关于中国古代森林分布，亦可参见文焕然、何业恒：《中国森林资源分布的历史概况》，《自然资源》1979年第2期。

② 关于森林遗迹特别是佛寺周围遗迹的利用，可参见 Robert B. Marks, *Tigers, Rice, Silk, and Silt: Environment and Economy in Late Imperial South China* (Cambridge, UK and New York, NY: Cambridge University Press, 1998), 37-39。中译本见马立博：《虎、米、丝、泥：帝制晚期华南的环境与经济》，王玉茹、关永强译，江苏人民出版社，2010，第36-39页。

③ 我们在此使用过去时态是因为我们不能确定千年来与人类的交往是否改变了虎的习性，有一本引人入胜的关于东北虎的著作，John Vaillant, *The Tiger: A True Story of Vengeance and Survival* (New York, NY: Alfred A. Knopf, 2010)。对亚洲象而言，可能也是一样。

而雄虎则四处漫游寻找猎物。支撑一只虎生存所需要的栖息地面积取决于其中大型猎物的密度——比如说，鹿越多，虎也就越多，最近的研究估计，生存条件良好情况下的 20～100 平方公里范围才能养活一只虎。① 当虎和象这两种动物的栖息地面积不断减少时，它们的数量也就随之下降，这种情况在过去和现在都一样。威尔逊援引生物学方面的研究表明，在雨林面积的缩减和栖息其中的物种减少之间存在"紧密的关系"，当雨林减少 90% 时，物种 _22_ 数量会相应下降 50%。② 大多数中国史学者熟悉的传统资料现在已被用来标记虎和象的活动区域，我们至少可以通过这些观察者所注意和记录下的信息，为中国环境变化的时间和程度寻找更多的证据。③

中国的气候

今天，中国的北部和西北部可以划归温带，冬季寒冷（但少雪）而夏季温暖或炎热；中部地处亚热带，温度很少低于 0 摄氏度，夏季闷热潮湿；南部属于热带，冬季温暖（很少出现霜冻）而夏季酷热多雨。但就我们目前所知，过去的气候曾经有时比现在更冷，有时则更暖。根据气候学家的结论，整个北半球的气候条件是一致的，因此在欧洲或北美洲侦测到的变化同样也会波及东亚，反之亦然。

气候学家已通过绝大部分为"代理变量"的数据——也就是间接的证据——重建了过去的气候，例如树的年轮、冰川内的冰层、湖底的沉积层、湿地、沼泽以及其他一些考古证据。④ 这些证据表明，在末次冰期之后，公 _23_

① John Seidensticker, "Large Carnivores and the Consequences of Habitat Insularization: Ecology and Conservation of Tigers in Indonesia and Bangladesh," in *Cats of the World: Biology, Conservation, and Management*, eds. S. D. Miller and D. D. Everett (Washington, DC: National Wildlife Federation, 1986), 20-21.

② 参见 E. O. Wilson, *The Diversity of Life* (Cambridge, MA: Harvard University Press, 1992), 275-278. 中译本见爱德华·欧·威尔逊：《生命的多样性》，王芷等译，湖南科学技术出版社，2004，第 245 页。

③ 参见 Marks, *Tigers* 及 Mark Elvin, *The Retreat of the Elephants*。中译本见伊懋可《大象的退却》。

④ 参见 H. H. Lamb, *Climate History and the Modern World* (New York, NY: Methuen, 1982), ch. 5. 对于古代中国，参见 David Keightley, "The Environment of Ancient China," in *CHAC*, 30-36, 以及 Robert Orr Whyte, "The Evolution of the Chinese Environment," in *The Origins of Chinese Civilization*, ed. Keightley, 3-19.

元前 6000—公元前 1000 年是以往一万八千年中最温暖、最潮湿的时段。从那时起直至 20 世纪，虽有一些波动，但随着东亚季风逐渐式微，中国整体上经历了一个越来越干燥且越来越寒冷的过程。这个气候变化过程当然会影响到森林内部的组成结构，同时也会波及生活在其中的动物种群。在公元前 6000 年的华北平原，温暖的气候条件下曾经生活着鳄鱼、犀牛、豺和亚洲象，另外还有大量的竹子——所有这些物种后来都要到南面很远的地方才能找到。①

不过中国史学者并不需要完全依靠代理记录才能重建过去的气候。有些更直接的证据可以在文字记录中找到。在全世界所有的文明当中，中国拥有最长的不间断的文字记录。早在公元前 1500 年，当统治者想获知是否应该采取某种行动时，他会求助于占卜者，后者则声称能从烧裂的龟甲和动物肩胛骨的裂纹状态中读取确切的答案。有时这些问题和答案会被刻在龟甲或兽骨上，这就是所谓的"甲骨文"（见图 2-1）。甲骨文于 1899 年被首次发现。两千年前，这些象形文字的书写已标准化，成为今天都能方便阅读的文字。此后的中国留下了大量的文字记录，修史者则定期将它们总结成王朝的历史。约一千年前出现了印刷术和书本，从那之后更多的文字史料被完整或部分地保存了下来。中国最后一个王朝清朝（1644—1911 年），在位于故宫博物院内世界上最大的历史档案馆中留下了超过 900 万种独立文献。正是在充分利用这些文献的基础上，气候学家对中国历史上的气候状况进行了重建。②

第一位利用这些资料重建起中国历史环境一个重要方面的学者是气象学家竺可桢。气候变化这一观点是晚近才提出来的，直到 20 世纪初，人们才对人类历史上的气候基本保持不变这一假设提出了质疑。困扰早期气候学家的一个问题是仪器记录的气象数据只能回溯到 19 世纪末。竺可桢（1918 年获哈佛大学气象学博士学位）则将目光投向了中国浩瀚的历史资料，并在回

① Keightley, "The Environment," 33-36.

② 最近的例子，参见 Q. -S. Ge, J. -Y. Zheng, Z. -X. Hao, P. -Y. Zhang, and W. -C. Wang, "Reconstruction of Historical Climate in China: High-Resolution Precipitation Data from Qing Dynasty Archives," *Bulletin of the American Meteorological Society*（May 2005）: 671 - 679, 以及 GE Quansheng, GUO Xifeng, ZHENG Jingyun, and HAO Zhixin, "Meiyu in the Middle and Lower Reaches of the Yangtze River since 1736," *Chinese Science Bulletin* 53, no. 1（January 2008）: 107-114。

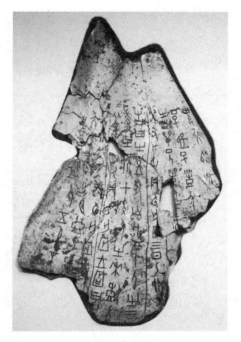

图 2 - 1　甲骨文

资料来源：维基共享资源，http://commons.wikimedia.org/wiki/File%3AShang dynasty inscribed scapula.jpg. 使用许可 CC-BY-SA-3.0。

国后开始了这项整理工作。此后的五十年中，竺可桢从多个方面研究了中国历史上的气候，研究成果于 1972 年发表并谦虚地题为《中国近五千年来气候变迁的初步研究》①。他的研究成果可总结为图 2 - 2②，图中以 20 世纪中期平均温度（摄氏度）为标准，曲线显示了他所重建的历史上的气温与标准 *25* 线之间的偏差。

　　这张图非常重要（也是实至名归），不仅因为这项研究的成果，还因为竺可桢利用中国文献史料的创新研究方法。③ 他将这些史料分成四个时段：

―――――――――

　　①　竺可桢：《中国近五千年来气候变迁的初步研究》，《考古学报》1972 年第 1 期。

　　②　这张图转引自我的另一本书 *Tigers*，49（中译本见马立博：《虎、米、丝、泥》，第 48 页），主要基于竺可桢的文章和 Manfred Domros and Peng Gongping，*The Climate of China*（Berlin：Springer，1988），13。

　　③　关于竺可桢的更多情况，可参见 Chiaomin Hsieh，"Chu K'o-chen and China's Climatic Changes，" *The Geographic Journal* 142，no. 2（July 1976）：248-256。

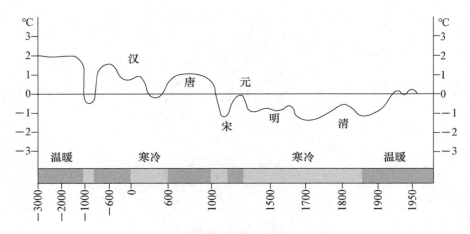

图 2-2　竺可桢重建的中国气候变迁过程

资料来源：马立博：《虎、米、丝、泥》，第 48 页。

（1）公元前 3000—公元前 1100 年（考古时期），信息主要来源于甲骨文；

（2）公元前 1100—公元 1400 年（物候时期），信息主要来源于历代的史书，但除一些诗歌和文学作品外，很少有详细的区域报告；

（3）公元 1400—公元 1900 年（方志时期），信息主要来源于地方志；

（4）公元 1900 年以后（仪器观测时期），信息来源于仪器观测数据。

从甲骨文中，竺可桢汇编了那些有关雨、雪、秋收、春耕和目击动物（例如在中国北方看到大象和犀牛）等的卜文，从这部分史料中得到的结论是：考古时期通常要比 20 世纪温暖。历代的史书和其他补充资料则留下了大量物候观测记录（比如花木开放、候鸟迁徙的日期等）以及降雪、霜冻、河湖封冻等一些特定日期的记录。14 世纪之后，地方官员开始组织编修各府县的地方志，现存超过 5 000 种，这些地方志提供了数量更加庞大的物候记录，使竺可桢重建的历史气候在空间上更加细化。由此得出的结论之一就是，1620 年代至 18 世纪早期是相对较冷的时期，这个发现要领先于后来欧洲对"小冰期"的研究。①

影响中国历史气候变迁的原因非常复杂。我们知道数千年来中国的气候

———————

① 例如，Jean Grove, *The Little Ice Age* (London，UK：Methuen，1988)。

的确发生了变化，而人类、动物和植物对温度以及降雨的时间和量这两方面的变化都做出了响应。① 但是气候变化并没有完全主宰人类的行为，因此也不可能决定其具体的历史和文化形式；人们通过多种多样的办法缓解了气候和环境变化带来的挑战，这类行为也可能会引发其他的问题，但这里的重点是，人类并不是简单地去适应环境——他们也会去改变它。

综上所述，在我们今天称为中国的这个物理空间内囊括了众多的生态系统，从南方的热带雨林和珊瑚海到西部的世界最高峰，再到西北的沙漠和草原，还有从南方直到北部草原之间那绵延不断的森林。由于中国拥有如此众多的生态系统和小生境，而且从未被冰盖所覆盖，因而为不计其数的动植物提供了栖身之所这一点也就毫不令人惊讶了——中国是个物种极其丰富的地方。这样的环境对于同样也谋生其中的另一种动物——人类——来说，自然也是好客而友善的。

第二节　人类聚落与史前史

将本章中的自然环境和人类聚落截然分开的做法是错误的，因为人类及其祖先数十万年来一直都是环境的一部分。直到约 1 万年前，根据一些尚不确定和有争议的考古发现，亚洲的人类还处于普通的进化历程之中。② 在此我只想简单提一下，爪哇岛上发现的直立人化石遗骸可以追溯到 100 万年前，这意味着同时期的亚洲大陆很可能也已经有直立人存在；然后还有距今约 50 万年著名的北京猿人（也是直立人），北京猿人很可能从事狩猎，使用一些粗糙的石质工具，还会使用火，不过目前这些结论尚有争议。

---

① 鉴于中国有如此长时段的历史记录，现在已经有相当多的研究致力于重建中国历史上的气候，参见 Manfred Domros and Peng Gongping, *The Climate of China* (Berlin, DE: Springer, 1988); Raymond S. Bradley and Philip D. Jones, eds., *Climate since a.d. 1500* (New York, NY: Routledge, 1992); Zhang Jiacheng and Lin Zhiguang, *Climate of China* (New York, NY: Wiley, 1992); and Wang Shao-wu and Zhao Zong-ci, "Droughts and Floods in China, 1470–1979," in *Climate and History: Studies in Past Climates and Their Impact on Man*, eds. T. M. L. Wrigley et al. (New York, NY: Cambridge University Press, 1981), 271–287。

② K. C. Chang, "China on the Eve of the Historical Period," in *CHAC*, 37–73; Richard Leakey, *The Origin of Humankind* (London, UK: Phoenix, 1995).

当在解剖学上所定义的现代人类（智人）走出非洲并经东南亚进入东亚时①，会使用火和工具的原始人早已在那里生活了。这些早期人类在大约 5 万年前从亚洲大陆消失（在欧洲是 3.3 万年前至 2.4 万年前），很可能是因为在与技术更先进的智人争夺食物时落于下风而遭淘汰。这些早期的原始人总人口很可能从未超过 1 万，因此他们对环境的影响是微乎其微的。同理，那些早期的狩猎采集者对环境的影响也是很小的，不过一些古生物学家却认为狩猎活动很可能是导致某些大型哺乳动物例如猛犸和剑齿虎灭绝的原因之一。无论如何，可以肯定的是人类与环境之间关系的实质性转变应该发生在农业出现之后。约九千五百年前，除中国之外，全球至少还有四处地方也产生了农业〔美索不达米亚的肥沃新月地区，现在的墨西哥和中美洲安第斯地区，现在的美国东海岸（四千五百年前），很可能还有非洲西部和新几内亚〕。

由此，中国成为世界上少数几个最早发展农业并以此作为社会支柱的地区之一，农业也因此成为中国环境史的核心话题。读者可以尝试采用这一思路去理解：对于狩猎采集者而言，他们的生存需要维持环境基本不变以保证猎物和各种水果、坚果的供应，他们也许会使用火来清除森林中的矮树丛以让新草长出，以便吸引鹿群来觅食而更易于猎杀②，但森林还是会保留下来；然而，定居农业则需要清除森林以便开荒种地，随着农业定居村落的形成，这种对森林的清除会一直继续下去。农耕确保了产量从而增加了食物供给，于是人口增加，继而需要开垦更多的土地。耕作技术和定居农业由此成为人类与生存环境之间重要的互动方式，并且也显著改变了环境。

中国农业的起源

世界部分地区人类生存方式向农业过渡的过程，有时被称为"农业革命"，有时被称为"新石器革命"。两者所指代的都是：曾经从事狩猎采集的

---

① The HUGO Pan-Asian SNP Consortium, "Mapping Human Genetic Diversity in Asia," *Science* 326 (2009): 1541-1545. 国际人类基因组组织（HUGO）的脱氧核糖核酸（DNA）地图分析结论认为，现代人类是从东南亚经由同一次迁徙浪潮进入东亚的。

② 来自 William Cronon 在北美洲观察研究时的发现，*Changes in the Land: Indians, Colonists, and the Ecology of New England* (New York, NY: Hill and Wang, 1983)。

人类（每年或定期会随着果实和谷物成熟的时间或者鹿群或野鸭群的迁徙路线而迁移）开始种植作物和畜养动物。在每一个发源地，从事农业都是一个渐进的过程，刚开始的阶段可能和园艺相似，大部分的食物仍然来源于狩猎采集；随着时间的推移以及一些学界仍在争论的原因（但多半应该包括人口密度增加），越来越多——最终全部——的食物都来自播种或全农业方式的生产。这个过程经历了数千年，因而有学者质疑"革命"一词的使用是否适当。但我认为是适当的，因为无论人类用了多长时间从狩猎采集过渡到从事农业，这一改变都使人类在与环境对话时呈现出一种全新和更强有力的姿态，同时也使得一个全新和更强有力的社会组织形式的出现成为可能。①

学者对中国农业起源和扩张的认识在过去几十年里发生了很大变化。因为农业首先出现在美索不达米亚的肥沃新月地区，早期的研究报告认为农业是从这里"扩散"到全球各地的。但最近的研究表明，全球的农业是在包括中国在内的至少五个地区独立发展起来的。

虽然如此，一些坚持中国农业原生论观点的学者仍然认为，农业最早是从中国北方发展起来，并随着军事和财富的扩张才传播到全中国以及亚洲其他地区的。② 而我们现在知道，农业生产实践几乎同时在中国南方和北方一些地区出现，南方种植和采收的是一年生野生水稻，北方则是两个不同品种的稷。③ 我们目前仍然不知道这一切是如何以及为何在中国或世界其他几个地区发生的。有可能是因为末次冰期结束后全球变暖，于是谷物和草的分布

① 关于农业起源的探讨，可参见 David Christian, *Maps of Time*：*An Introduction to Big History*（Berkeley and Los Angeles, CA：University of California Press, 2004；中译本见大卫·克里斯蒂安：《时间地图：大历史导论》，晏可佳等译，上海社会科学院出版社，2007）第八章；以及 Joachim Radkau, *Nature and Power*：*A Global History of the Environment*（Cambridge, UK and New York, NY：Cambridge University Press, 2008；中译本见约阿希姆·拉德卡：《自然与权力：世界环境史》，王国豫、付天海译，河北大学出版社，2004）第二章。

② Ping-ti Ho, *The Cradle of the East*：*An Inquiry into the Indigenous Origins of Techniques and Ideas of Neolithic and Early Historic China*, 5000 - 1000 B.C. (Chicago, IL：The University of Chicago Press, 1975).

③ Hui-lin Li, "The Domestication of Plants in China：Ecogeographical Considerations," in *The Origins of Chinese Civilization*, ed. Keightley, 21-64；Te-tzu Chang, "The Origins and Early Cultures of Cereal Grains and Food Legumes," in *The Origins of Chinese Civilization*, ed. Keightley, 65-94.

范围得以扩散，使得采集、种植和收获它们成为可能；或者，全球变暖之后也可能增加了狩猎采集者的食物获取，导致人口增长，突破了单靠狩猎采集方式能够供养的人口总量。无论是哪种情况，中国的农业从一开始就以两种模式出现：中部和南部的水稻种植以及北部的旱地稷（随后是小麦和大麦）种植。① 接下来我们会对它们进行深入的讨论。

在亚洲定居的狩猎采集者就如你我一样同是人类，既不无知也不愚蠢。从末次冰期尾声到约1万年前的数千年里，他们逐渐从物种丰富的环境中掌握了大量而深入的关于动植物的知识——毕竟他们需要生存。这些丰富知识的累积为发展农业提供了条件，但农业的成功发展还需要另一项条件，那就是谷类植物自身性质的改变。分布在北半球的狩猎采集者过去一直是从多年生的稻、黑麦、燕麦、大麦、小麦、豆类（很可能还有稷）上面剥取谷粒，而农耕需要的则是一年生作物，种子既用作食物，也要在下一年继续播种。我们至今尚未确切知晓这些植物是如何以及为何转变为一年生作物的，不过植物学家认为气候变化带来的压力——末次冰期后变得越来越干燥，温度升高并带有明显的季节波动——是促使一年生谷类植物开始出现的原因。② 按罗伯特·怀特（Robert Whyte）的描述，约1万年前"在一个极短时期内……一年生（植物）的爆发"使得人类通过每年的耕种和采收即可得到足够的粮食。③ 直到那时才意味着谷类植物开始被"驯化"。

中国中部和南部的水稻环境

长江流域以南的山区被热带常绿阔叶林所覆盖，而热带雨林（包括咸水红树林沼泽）则占据了华南和中国东南部，这些地区在世界上都是物种最丰富的森林区域。根据最早重建中国森林类型的一位专家王启无的研究，"（这

---

① 一个简洁的说明可参见 Yan Wenming, "The Beginning of Farming," in *The Formation of Chinese Civilization：An Archeological Perspective*, ed. Sarah Allen (New Haven, CT and London, UK：Yale University Press, 2005；中译本见张光直、徐苹芳等：《中国文明的形成》，新世界出版社，2004）第二章。

② 多年生植物的植株有很大一部分都在地下——发展根系以吸收水分是唯一可以安然度过干旱季节的办法。而对于一年生植物来说，能量则主要用来发展地上部分以及生产种子。一年生植物不需要为度过干旱季节而生长发达的根系，但代之以生产多得多的种子来获得本物种更大的生存机会。这些信息来自笔者与惠特尔学院植物学教授 Cheryl Swift 的私人通信。

③ Whyte, "The Evolution of the Chinese Environment," 13.

里）热带雨林的组成特征不仅在于极其丰富的植物数量，还有在单位面积上植物种类的极端多样化，这些是令其他任何类型的植物群落都望尘莫及的。雨林中存在广泛的生命形式，适应着各种各样可能的小生境……这里，事实上是一个群落的群落"①。

　　后来的中国人发现了南方森林出产物品的多种用途。明朝的两种《广东通志》（分别刊于 1558 年和 1602 年）中列举了超过 60 个不同的树种，1558年的《广东通志》中还说明了某些树的用途和相对丰富程度。松树是最多的；樟树长得非常高（50～60 英尺），一株即可提供建造半间房屋的木料；柏树可以用来雕刻佛像；杉树可用来建造房屋、船舶和家具；槁树很适合用来制造家具；刺桐可以提供很好的木材。1178 年，周去非还在其书中提到了一种绝好的木材，名为乌婪，发现于钦州，"用以为大船之柂……他产之柂，长不过三丈，以之持万斛之舟，犹可胜其任……唯钦产缜理坚密，长几五丈，虽有恶风怒涛，截然不动……此柂一双，在钦直钱数万缗，至番禺、温陵，价十倍矣。然得至其地者亦十之一二，以材长，甚难海运故耳"②。

　　要利用树木并不一定要将其砍伐，有些树种能够提供油和漆（如漆树和油桐树），有些树的叶子或树皮可用来制造酒曲（板杏），还有的种子或叶可入药（榄树）或杀虫（杭树），另外还有一些可提供织布的原材料（如木棉和桃榔）。有趣的是，把榕树归为"土产"是因为其没有经济用途而形成的新用处："树干拳曲，是不可以为器也。其本棱理而深，是不可以为材也。烧之无焰，是不可以为薪也。以其不材，故能久而无伤。其荫十亩，故人以为息焉。"③

　　对上万年前华中和华南的人们来说，水稻是他们所熟悉的众多植物之一，沿着河塘湖岸或在淡水沼泽里生长；在长江中游的洞庭湖周边，野生水

---

　　①　Chi-wu Wang, *The Forests of China* (Cambridge, MA: Harvard University Press, 1961), 159.

　　②　转引自 Shiba Yoshinobu, *Commerce and Society in Song China* (Ann Arbor, MI: The University of Michigan Center for Chinese Studies, 1970), 8。中译本见斯波义信：《宋代商业史研究》，庄景辉译，稻禾出版社，1997，第 63 页。译者注：周去非：《岭外代答·器用门·舟楫附》。

　　③　转引自 Marks, *Tigers*, 41-42。中译本参见《虎、米、丝、泥》，第 40-41页。译者注：《南方草木状》。

稻尤其丰富。毫无疑问，新石器时代人类长期以来已将野生水稻作为采集物种之一，并对其特性和价值非常了解。遵循古植物学家的看法，白馥兰（Francesca Bray）认为野生水稻发源于包括中国中部和南部在内的东南亚北部至印度东北部的狭长地带。①

31 　　通常来说，野生水稻是多年生草本植物，但作为农作物需要将它转变为一年生品种——在一些有干湿周期的沼泽地边缘，很可能已经生长了一些一年生的水稻品种。经过这一转变之后，还需要进一步的人工干预。考古研究表明，华中和华南的新石器时代人类在 1 万年前采集和食用水稻时并不区分多年生或新的一年生品种。② 中国最早培植水稻的有力证据来自数千年后的长江流域，不过，无论确切的地点和时间如何，华中和华南地区人们对水稻的种植可能都始于把它作为芋头地里的杂草拔除之时。到公元前 5000 年，水稻种植已经广泛分布于长江流域、台湾岛以及现在湖南、江西、广东和广西的一些地区。在这些有明确水稻种植（粳和籼）证据的考古遗址中，还出土了大量野生动物的骨头和甲壳，他们也饲养鸡、猪和狗，使用精心打磨的石斧、锛和箭镞，并烧制陶器。换句话说，到公元前 5000 年，以水稻（见图 2-3）种植为基础的定居式农业群落已经在长江以南的中国中南部广泛存在并确立下来。③

　　我们可以想象这样一幅景象：在水源地不远处的小村落里，人们定期照管那些水稻作物，然后从中挑选出最大、最多产、最可口或最健康的稻谷留待明年播种之用。农学家称之为"选择育种"。我们已经确知这一过程的存在，因为在整个历史时期，为了适应不同的环境和用途，曾经有多达数百个水稻品种出现。事实上，水稻是适应能力最强的一种谷类作物。④

---

　　① Francesca Bray, *Agriculture*, in Joseph Needham, *Science and Civilization in China*, vol. 6, part II (Cambridge, UK and New York, NY: Cambridge University Press, 1984), 481-485.

　　② Gary W. Crawford and Chen Shen, "The Origins of Rice Agriculture: Recent Progress in East Asia," *Antiquity* 72 (1998): 858-866.

　　③ Yan, "The Beginning of Farming," 34-41（中译本见张光直、徐苹芳等：《中国文明的形成》，第二章）；Gary W. Crawford and Chen Shen, "The Origins of Rice Agriculture: Recent Progress in East Asia," *Antiquity* 72 (1998): 858-866.

　　④ Bray, *Agriculture*, 489-495.

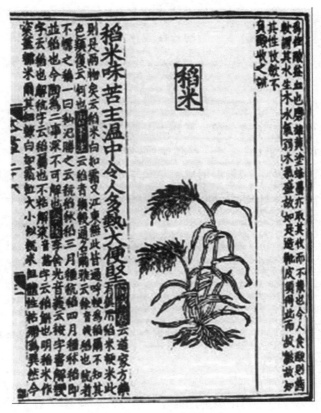

图 2-3 水稻

资料来源：Francesca Bray, *Agriculture*, vol. 6 , part Ⅱ of Joseph Needham, *Science and Civilization in China* (New York, NY: Cambridge University Press, 1984), 483. 获授权使用。

斯蒂文·米森（Steven Mithen）在对考古发现的最近阐释中认为，一年生野生水稻的培植很可能始于公元前 10000 年左右，也就是气候回暖、全新世开始时，最早出现在长江中游地区。湖南彭头山遗址考古发现，狩猎采集者在公元前 9500 年左右开始挑选出一年生野生稻种（很可能是因为颗粒较大），然后在季风带来的洪水退去之后播撒到留下的泥滩中。野生稻通常会在一个月内陆续发芽，而培植的水稻则几乎同时发芽，从而可以在成熟时同时采收。学者在长江下游位于江西省内一个同时期的石灰岩溶洞（上饶仙人洞）遗址中还发现了更多类似的证据。考古发现表明，此后的三千年中，野生和培育的水稻品种是混合使用的。直至公元前 6500 年，在几乎所有遗址中发现的水稻品种就已经全部是培育的了。到公元前 6800 年时，长江中游的人们不仅培育水稻，还会制作陶罐来储存和烹煮稻米。到公元前 5000 年，这套培育水稻的技术进入了下游的长江三角洲。我们将在第三章中看到，正是由于水稻，至公元 1000 年左右，这一地区因农业而成为中国最富有的地区。①

正如古植物学家李惠林所指出的，仅仅依靠水稻是无法支撑起整个农业系统的，新石器时代长江下游流域和华南地区的人们还培植了多种水生开花作物以满足食物需求："通过一些其他地区的人们尚不了解的作物品种，长江流域在其特定的环境中发展形成了一套与众不同的水田农业种植体系……水产养殖……在中国自新石器时代就已经出现了。"② 另外，新石器时代的农人还以鸭子和鱼类丰富他们的餐桌。

水稻农业将从腐烂的植物中产生的甲烷释放到了大气中，这是一种强力的温室气体。气候学者威廉·拉迪曼（William Ruddiman）认为，不仅在中国，而且在东南亚，早期的稻作可能早在六千年前就已经向全球大气中排放了足够多的甲烷，导致了人类活动造成的全球变暖的早期加剧；而由于中国人可能早已占到世界人口的四分之一到三分之一，他们对早期全球变暖的贡献可能也是显著的。③

1. 疟疾

哪里有水以及一种特定类型的蚊子，哪里就很可能会有疟疾。这是一种能令人极度虚弱甚至危及生命的传染病。但与鼠疫、天花或霍乱不同，疟疾并不能在宿主之间直接传播，而需要借助一种感染了疟原虫的特殊蚊子（按蚊）。因此疟疾只能在特定的环境中存在，并且无法超越这个环境传播，华南和西南地区就具有这种类型的环境。

覆盖中国南部和长江流域的热带森林中会有大量滞留或缓慢流动着的

---

① Steven Mithen, *After the Ice*：*A Global Human History*，*20*，*000 - 5*，*000 BC* (Cambridge, MA：Harvard University Press, 2003), 359 - 369. 亦可参见 Crawford and Shen, "The Origins of Rice Agriculture," 858 - 866.

② Hui-lin Li, "The Domestication of Plants in China：Ecogeographical Considerations," in *The Origins of Chinese Civilization*, ed. Keightley, 43.

③ William Ruddiman, *Plows*，*Plagues*，*and Petroleum*：*How Humans Took Control of Climate* (Princeton, NJ：Princeton University Press, 2016), 65 - 75, 76 - 83, 204 - 205.

水，毫无疑问这是所有寄生虫的温床。疟疾很可能与智人一样源于非洲，随着智人的迁徙而广泛散布到环境适宜的欧亚大陆，包括中国南部。[①] 不管疟疾是何时何地入驻华南和西南的，它肯定存在于培育和种植水稻的新石器时代人类当中。当时人们对疟疾的自然免疫能力如何，从自然界采获哪些药物进行治疗，还有为避免感染采取何种措施以及有效程度如何，我们都不得而知。但如果要继续在那里生活，就必须要有方法来适应它。到公元前 2 世纪，一本中医论著已经确认，青蒿是治疗疟疾的有效药材。[②] 那么长江流域和南部沿海地区的人们也了解青蒿的作用吗？这是有可能的，我们将在后面几章中继续深入讨论这一问题。

2. 长江流域

长江流域那些种植稻米的人们所生活的环境与华南稍有不同。长江从一片落叶阔叶和常绿阔叶混交林中流过，现在的平均温度仍在零摄氏度以上，而公元前 5000 年时还要温暖得多，因此拥有比华南地区面积更大的亚热带森林。在海拔相对较高、温度相对较低的地方，森林中除了橡树、杨树、枫树和很多更常见的树种外，还有著名的"活化石"——在地球上已存在数亿年、叶子在秋天会变得金黄美丽的银杏树；针叶树种则有杜松、松树和杉树等。

尽管在公元前 5000 年之前，这里的人们就已经在种植水稻，但这并不妨碍他们继续在周遭的池塘、河、湖中采集一些菱角、蕹菜和香蒲。他们沿河岸打入高出水面的木桩，然后在上面建造房屋，饲养猪、狗还有水牛，制造陶罐储存和烹煮食物。而上游的人们则生活在村落里，同样也烧制陶器，并带有龙的纹饰。从这时开始，长江流域特别是长江下游地区逐渐发展成为

　　① 最近三项关于疟疾的研究包括：Sonia Shah, *The Fever：How Malaria Has Ruled Humankind for* 500, 000 *Years* (New York, NY：Farrar, Straus, and Giroux, 2010)；James L. A. Webb, Jr., *Humanity's Burden：A Global History of Malaria* (New York, NY：Cambridge University Press, 2009)；and Randall M. Packard, *The Making of a Tropical Disease：A Short History of Malaria* (Baltimore, MD：The Johns Hopkins University Press, 2007).

　　② Elizabeth Hsu, "The History of *qing hao* in the Chinese *materia medica*," *Transaction of the Royal Society of Tropical Medicine and Hygiene* (2006), 505 - 508.

中国农业最富有和最发达的地区之一。①

中国北方稷的生长环境

当我们转向中国北方关注这里的新石器时代人居和环境时，我们会发现这里与南方截然不同。从长江以北经过华北平原直至东北东部，主要是以橡树和枫树为主的落叶阔叶林，松树等针叶林在较干燥或海拔较高的地区比较常见；而到了东北地区，茂密的针叶林会覆盖整个山峰和峡谷。

不过在更西面，黄河向东入海之前最后一道弯以西的地区，就是我们称之为黄土高原的地方。这里的地貌与东部完全不同②，我们前面曾经提到过，数千年来，风从更遥远的西部和北部沙漠携带沙尘至此沉降下来而成为黄土。黄土覆盖区主要有两块，其生成途径也不同。西部的一块，也就是今天的甘肃、陕西和山西西部，主要由沙尘暴带来的沙土沉降而成，厚达 250 米，在这些黄土高原上，之前很可能并没有森林而只有低矮的蒿丛。③ 经过数百万年的时间，这些黄土慢慢因侵蚀作用而由黄河携带至下游东部地区，在它位于河北、河南和山东的冲积平原上再次沉积下来，而这些地区，曾经覆盖有橡树和枫树林。

从一开始，黄土的很多特点就赋予了这里的农业诸多与众不同的特性。黄土非常肥沃，易于耕种，而且最厚的地方往往并没有覆盖茂密的森林，而是低矮的草地，这里极有可能的景象是一片稀树草原，沿着河流和小溪零星有一些树木。正如李惠林所述，草原并不适于前农业时代的狩猎采集者生存，他们需要森林来提供食物和更多的保障。"森林并不能提供那些……能

---

① Yoshinobu Shiba, "Environment versus Water Control: The Case of the Southern Hangzhou Bay Are from the Mid-Tang through the Qing," in *Sediments of Time: Environment and Society in Chinese History*, eds. Mark Elvin and Liu Ts'ui-jung (Cambridge, UK and New York, NY: Cambridge University Press, 1998), 137-138. 中译本见刘翠溶、伊懋可主编：《积渐所至：中国环境史论文集》，"中央研究院"经济研究所，1995，第 271-294 页。

② 照片参见 Cressey, 80, 133。

③ 关于黄土高原是否曾经被森林覆盖有相当大的争议，张光直认为有，而何炳棣认为没有，参见 K. C. Chang, *CHAC*, 43; Ping-ti Ho, *The Cradle of the East: An Inquiry into the Indigenous Origins of Techniques and Ideas of Neolithic and Early Historic China*, 5000-1000 B.C. (Chicago: University of Chicago Press, 1975). 我的观点更接近于何炳棣另一篇稍做修正的文章，"The Paleoenvironment of North China—A Review Article," *Journal of Asian Studies* 43, no. 4 (August 1984): 725-726, 即黄土高原是一个"半干旱草原"，而黄河流经之处以及东部的华北平原则"覆盖着大片的森林"。

作为人类主食的植物。重要的粮食作物都是喜阳和高能量产出的……农耕开始的地方，应该是在林地和草地之间边界地带的稀树草原。"①

　　孟泽思曾总结指出："中国北方的原始景观……既不是茂密的森林也不是瘠薄的草原，而是一幅不同植被的拼贴画。在河流和水源地周边有葱郁的森林，而整个平原可能被稀疏的落叶林覆盖，在西北部，也就是今天的山西北部和内蒙古鄂尔多斯草原则是开阔的草地，其中点缀着零星的树丛和灌木。在一些山脚下可以找到浓密的落叶林地，向阳的南坡上则是耐旱的灌木和草丛。海拔 1 500 米以上是针叶林的领地，落叶松和云杉构成了林木线以下生长位置最高的树种。"② 　34

　　在这一环境中，稷（包括粟 [Setaria italica] 和黍 [Panicum miliaceaum]，见图 2-4）最早被人类驯化成了一年生物种，前一年采收的籽实即可在下一年播种，因此十分利于种植。稷还有其他值得推荐的特质，比如它可以自花授粉，也很容易与其他品种杂交，使其具有很强的对不同环境的适应能力。最近的考古学研究显示，八千年至七千年前，随着黄土高原的气候变暖和雨水增多，稷的种植也在这里的草地和森林交错区开始发展；在温 　35 暖湿润的气候条件下，耕作范围曾一度向北扩展到今天的蒙古，只是在三千五百年前气候再次变冷、变干，驱使农人不得不再次往南回迁。③ 离今天西

---

　　①　Li, "The Domestication of Plants," 23.

　　②　Menzies, *Forestry*, 558. 最近一项关于孢粉研究的成果证实了孟泽思的观点："根据统计数据，我们认为最近十万年以来，除了一些特别适合森林生长的短时期（例如末次冰期期间），黄土高原上并没有森林。"Xiangjun Sun, Changqing Song, Fengyu Wang, and Mengrong Sun, "Vegetation History of the Loess Plateau of China during the Last 100,000 Years Based on Pollen Data," *Quaternary International* 37 (1997): 25-36.

　　③　Chun Chang Huang, Jiangli Peng, Qunying Zhou, and Shu'e Chen, "Holocene Pedogenic Change and the Emergence and Decline of Rain-Fed Cereal Agriculture on the Chinese Loess Plateau," *Quaternary Science Reviews* 23 (2004): 2525-2535. 感谢孟泽思向我推荐了这篇文章。译者注：按照现代植物学的分类方法，"黍"属于禾本科的"黍属"（Panicum），栽培黍的学名是 Panicum miliaceum；"粟"属于禾本科的"狗尾草属"（Setaria），栽培粟的学名是 Setaria italica。两者是两个不同"属"（genus）的作物，但它们在栽培条件的要求方面非常相似，地理分布也很一致。但"稷"究竟指的是哪一种至今尚有争论。在北魏以前，汉晋的注释家大都释稷为粟，近代以来受李时珍《本草纲目》的影响，认稷为黍的看法占主流，也有学者仍坚持稷应为粟。本书作者引用的观点中将黍和粟归为稷的两个品种显然并非定论。读者可参考相关文献，如游修龄：《论黍和稷》，《农业考古》1984 年第 2 期。

安不远的半坡遗址是这里研究最多的新石器时代农业村落文化遗址，距今已有五千年。①

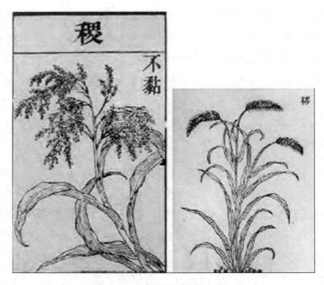

图 2-4 稷（包括粟和黍）

资料来源：Francesca Bray, *Agriculture*, vol. 6 part Ⅱ of Joseph Needham, *Science and Civilization in China* (New York, NY: Cambridge University Press, 1984), 438, 439. 获授权使用。

正如史学家何炳棣所说，黄土非常肥沃，在雨后土壤里的毛细管作用下营养物质能源源不断向地面输送。而由于地下水位非常之低，几乎没有哪种树木能生长出发达的根系进而枝繁叶茂，于是在黄土之上形成了草地而非林地。"很有可能的情况是⋯⋯农人一开始焚草开荒，使用石制的锄和锹，很可能还有用于挖掘的木棒，翻开这块未经开垦的土地。当时的人们没有多少农耕经验，在翻地之后可能立即就开始稷的种植。他们应该也没有花费多少时间就明白了头一年的收成非常微薄，但第二年和第三年就好得多了。这是因为第一年时，土壤中原有的氮元素大部分被微生物消耗了，这些微生物也是分解植物残体的主力军；到了第二年，当（前一年的）农作物残体被分

---

① 参见 Zhongpei Zhang, "The Yangshao Period: Prosperity and the Transformation of Prehistoric Society," in *The Formation of Chinese Civilization: An Archeological Perspective*, ed. Sarah Allen (New Haven, CT and London, UK: Yale University Press, 2005), 68-71.

解，各种微生物无须再从土壤中汲取氮元素，反而能释放出氮元素来滋养
种子。"①

　　稷历经几个世纪发展出了无数个品种，有些是通过杂交，有些是偶然培 *36*
育得到。因此就像水稻一样，早在五千年前，几乎每一种生长环境下都有稷
的适应品种存在。② 虽然（每单位播种量）稻的产量比稷要高，但与欧亚大
陆西部更受欢迎的小麦相比，稷的产量仍要高很多。我们在好几处中国北方
地区早期文明的遗址中发现，当时的人们已经发明了杵和研钵等很多处理谷
物的工具，同时也饲养猪和狗，混合在厨房堆积物中的大量野生动物遗骨则
表明人们仍然依赖于自然界的食物来源。正如考古学家张光直所提醒的，我
们不应当低估这一时期文明的复杂程度，在出土的笛子和骨头上已经出现了
类似后来象形文字的符号。

　　到公元前5000年，这里的人们已经发展起了数个文化区域，区分它们
的主要依据是各自生产的陶器在种类、器形和纹饰上的差别。华北平原上的
大部分遗址（超过1000个）属于仰韶文化（历经三千年，止于公元前2000
年），是新石器文化中最为著名也是研究最多的，人们以村落形式聚居，种
植稷，有些还供养巫师。在仰韶文化以东，山东半岛低矮的山丘和湖边则居
住着大汶口文化的人群，他们同样种植稷，不过陶罐的器形和颜色与仰韶文
化稍有不同。而在南方，长江流域的河姆渡、青莲岗文化，东南沿海的大坌
坑、越文化则是以稻米种植为主。③

　　虽然关于中国农业起源和发展的问题非常之多，而且很可能永远也不会
得到完满的解决，但农史学家白馥兰认为："毫无疑问……早在公元前5000
年，中国就已经出现了分别与今天中国北方和南方农业相似的两种不同农业
传统：一个是位于北部平原和高原地区，以稷为主的旱地农业；另一个则是
位于淮河以南（大约位于长江和黄河之间）江河流域或三角洲地带，主要种

---

① 　Ho, *The Cradle of the East*, 49—50.

② 　Bray, *Agriculture*, 442.

③ 　参见 Richard Pearson, with the assistance of Shyr-Charng Lo, "The Ch'ing-li-
en-kang［Qing-lian-kang］Culture and the Chinese Neolithic," and William Meacham,
"Origins and Development of the Yueh Coastal Neolithic: A Microcosm of Culture
Change on the Mainland of East Asia," both in *The Origins of Chinese Civilization*, ed.
Keightley。

植水稻的水田农业。"①

氮和肥料

为了让农业耕作能够年复一年地持续下去，尤其是在同一地块上，农人必须学会为农作物提供除了水和阳光之外的其他营养物质，其中最重要的是氮。氮是叶绿素中的一个元素，叶绿素能够在阳光的作用下将二氧化碳转化为植株必需的营养物质。虽然空气中有足量的氮，但气态氮并不能直接被植物所利用——氮必须"固定"在土壤中，这在自然界主要是经由死亡后腐烂的植物释放，或者雷电作用②而产生。但为了能捕获足够的能量以满足农业集中生产的需要，农人必须为他们的作物找到其他补充氮肥的方法（即使他们并不知道这其实是氮的作用）。

37 绿肥（碎叶和其他有机物）和动物粪肥都富含氮，另外还有一种获取氮的途径是利用豆科植物——在中国特产的品种称为大豆。豆科植物通过寄生在根系上的根瘤菌来固氮，而这个过程并不会破坏这种营养素。因此，轮流种植大豆和其他作物就可以有效地将氮元素回田而非一味消耗。野生的大豆可以在中国南部和东部的潮湿低地中找到，此外还有台湾岛和朝鲜半岛。大豆的培植多半要晚于谷类作物，有可能在公元前 2000 年左右，但到约公元前 1000 年时，种植大豆已经成为农作中不可或缺的一环，只是要求种植的地区必须雨量丰富或有充足的水源供应，因为大豆需要大量的水。③

本节小结

末次冰期结束之后，人类开始在中国北部、西北部、中部、东部和南部众多的小生境中栖息繁衍，从他们生活的环境中找寻生存的机会。尽管在考古学上还没有找到充分的证据，但人类的活动范围很有可能扩散到了中国大部分地区。例如秦维廉（William Meacham）就认为，新石器时代人类曾在大陆架也就是今天的中国东南海域定居，由于冰盖消融，海平面上升了 100 英尺之高，迫使他们向内陆迁徙，于是（或许永远）淹没了他们在此定居的

---

① Bray, *Agriculture*, 47.

② 译者注：使空气中的氧分子和氮分子电离并结合生成氮氧化物，再由雨水携带下落至土壤。

③ Chang, "The Origins and Early Cultures of the Cereal Grains and Food Legumes," in *The Origins of Chinese Civilization*, ed. Keightley, 80-81. 亦可参见 Ho, *Cradle of the East*, 76-78。

证据。① 不过像中国这样物种丰富的地方，总可以让生活在其中的人类有无数的机会找到生存的方法，即使到今天也仍然如此。

　　大多数情况下，人类周围的环境都是森林，这既提供了狩猎的场所，也导致了危险环伺的状况。在整个热带和亚热带森林里都有毒蛇出没，而其他森林则有虎、豹和狼。但世界各地的很多人依然以在森林中狩猎采集为生，直到今天仍然如此（例如在婆罗洲和亚马逊丛林），关键在于他们掌握了有关这种环境的知识。李惠林指出，中国新石器时代人类的生活区域包括毗邻湿地的森林、草地、海岸或稀树草原等，正是他们从各自所处的特定环境出发，利用谷物从多年生变成一年生植物这一极其重要的自然转变，才开始了最早的农业种植——有意识地为获得种子为食而耕作。已有的证据表明，这种情况在中国至少发生在两个地区——首先是长江流域（可能还有整个东南沿海），发展了水稻种植；然后是黄土高原，主要的种植作物是稷。

　　随着时间的推移，无论是黄土上的稷种植还是水稻农业，其自身的特性都对中国的历史进程产生了至关重要的影响。它们都是高度"自我维持"的系统。在北方，由于黄土肥沃且易于耕种，农人可以年复一年地劳作，不用担心肥力被耗尽或者需要很长的休耕期。与之类似的是，在水稻种植地区，*38* 稻株可以直接从水中获取大量的营养物质，土壤的类型倒是无关紧要——在多年的耕作之后它就会"成为"稻田。事实上，随着时间的推移，这两种农业区的人们都发现了添加肥料（无论是绿肥还是粪肥）可以带来产量的提高，而这两个农业系统也都滋养了越来越多的人口，同时由于不进行休耕，可以用来畜养牲畜的牧场则越来越少了。

　　其结果是，中国的农业逐渐向集约型粮食作物的生产集中，这可以供养更多的人口，他们世世代代在田地里耕作，也在田地附近的村落里生活②，而畜养牛或马的土地则被压缩到了最小（同样减少的也包括中国人餐桌上的肉食数量）。简而言之，新石器时代中国的各种环境为生活在其中的不同人群提供了各式各样的生存机会，其中，至少在两个生态环境中发展出了两种不同形式但都能够在同一个地方连续耕作而无须休耕的农业。这些特定的环境条件促使中国南北方都向家庭单位的小规模农业发展，而几乎没有给牲畜

---

① Meacham，"Origins and Development of the Yueh，" 153.

② Ho，*Cradle of the East*，116−120.

留下多少空间。而这些特点又都对中国式农业的发展起到了至关重要的作用，正是在这种中央政权的保护下、以家庭为单位耕作小块土地的中国式农业，在此后直至 20 世纪，主导并彻底改变了中国的面貌。

第三节　史前的环境变迁

从约一万两千万年前末次冰期结束，经过新石器时代，到公元前 2000 年时，中国的环境发生了很大的变化。其中既有自然的原因，也有人类活动导致的变化，这两方面的因素在整个史前时期乃至此后的四千年直至今天，都是相互影响并相互作用的。也许是因为历经了数千年之久，这次最大的环境变迁看起来似乎显得很自然。特别是给中国大陆带来降水的东亚季风，我们在前面已经提到。随着季风在这数千年中的日渐减弱，气候也逐渐变得冷而干燥，于是亚热带森林和其中的动物不得不从华北平原向南撤退到了长江流域。

季风形势的变化至少对新石器时代黄河的两次改道产生了重要的影响。在新石器时代的大部分时间里，黄河都是向北流入渤海湾，而在公元前 3650—公元前 3000 年之间的某个时间，黄河改道向南经过山东山区南部注入黄海。另一次改道发生在公元前 2900—公元前 2200 年之间，这一次黄河又返回了它北面的河道并固定在此约两千年之久。①

对于在华北平原生活和耕作的人们来说，黄河改道即意味着可怕的洪水。按照考古学家刘莉的观点，洪水还会导致海平面升高，继而造成严重的"海侵"，海岸线向西后退可达 100 公里，于是沿海的居民不得不面对洪水的
39 威胁。刘莉认为，这造成了当时人注意到的大量人口迁移②，她还认为："气候的波动并不是造成洪水的唯一原因。新石器时代黄河中游以及支流沿岸黄土区农业日益发展造成的土壤侵蚀，很可能增加了黄河携带的泥沙量，进而抬高了河床和河岸，导致东部平原的洪泛区范围更加扩大。"③

40 这些无疑成为早期中国大洪水神话的故事背景，它们经过人们世代的口

① 　Li Liu, *The Chinese Neolithic：Trajectories to Early States* (Cambridge, UK: Cambridge University Press, 2004), 27-31. 中译本见刘莉：《中国新石器时代——迈向早期国家之路》，刘星灿等译，文物出版社，2007，第 25 页。

② 　Ibid., 186. 并可同时参阅第 31、193、197 页。

③ 　Ibid., 30.

口相传，最终被文字记录成了各种各样的版本。在这些神话中，圣人大禹将原本混沌一片的洪水世界汇聚为四条主要的河流：黄河、渭河、淮河和长江。① 中国人对自己以及与环境关系的看法对于我们理解环境变化的过程非常重要，这也是后面章节中的一个重要话题。

无论新石器时代黄土高原上耕作的农人对造成洪水是否负有责任，他们的农业确实改变了中国的环境。到公元前 5000 年，中国的好几个地区都已经出现农业。这些史前区域性的农业社会群体被统称为仰韶文化，它是"中国相互作用圈"（Chinese interaction sphere）中的一员，并在后来建立了中国最早的国家形态。鉴于中国如此丰富多样的环境，我们有理由认为还有其他人群也同样开始了向农业生产的过渡，只是目前还没有考古记录来予以证实。但以上所讨论的这些人群的确都采用了农业技术，并在随后的三千年，也就是公元前 5000—公元前 2000 年间，开始通过农业改变中国的地貌景观。

稷的种植发源于黄土高原渭河流域的半干旱稀树草原，随着迁徙的人群先向北扩散（如前所述），然后向东进入森林覆盖的黄河流域和华北平原。这里的土壤多数也是黄土，主要由黄河千年来的泛滥和改道沉积而成。随着农业村落在这一地区的逐渐形成，它们与长江下游种植稻米地区的往来也开始建立，并且当时的气候较现在既暖且湿，于是水稻也成为黄河下游种植的作物之一。由此在公元前 3000 年前后的华北平原建立和发展起来的农业村落，被称为龙山文化。

耕地需要被预先进行清理，因此仰韶文化的人们逐渐发展出了一套清除森林以开垦农田的方法。起初，在村落附近的森林中开辟出一块土地就够了，但时间一长，随着技术的进步，很可能还有人口增长的压力，更多的森林不得不遭遇毁灭的命运。但即使拥有精心打磨的石斧，伐木依然费时费力，而简单地纵火焚烧森林既不可控也相当危险，需要非常精准的控制。后来的文献中记述了一种通过环剥树皮来清除单棵树木的方法，即从树干上剥掉一圈树皮，阻止从根部吸取的水分和养分向上输送："草干即放火，至春而开。其林木大者劙杀之，叶死不扇，便任耕种。三岁后，根枯茎朽，以火烧之。"② 这样，在预先规划好需要的土地大小和形状之后，即可利用这种方

41

---

① Mark Edward Lewis, *The Flood Myths of Early China* （Albany, NY: State University of New York Press, 2006）.

② 转引自 Bray, *Agriculture*, 97。译者注：《齐民要术》卷一。

法来精确清除指定数量的树木。于是，在农田和森林之间，"自然"和"文化"之间，出现了一条清晰的界线。

虽然本章前面曾提到过，从稻田释放到大气中的甲烷可能在人类历史的极早期就造成了温室气体和全球变暖，但还没有证据表明新石器时代从事农耕的人们曾经大范围改变过中国当地的环境。农人居住的村落一般只有数百人，最大的也就 1 000～1 500 人，村落占地不过四个橄榄球场那么大。在公元前 3000 年左右，有多少这样的村落点缀在中国北方的土地上呢？这很难估计，不过一千年之后，也就是公元前 2000 年，村落的数目可能已达到了1 000 个。① 不管这些新石器时代农业村落是大是小，或者它们的数目达到多少，它们都确确实实是人类开始脱离周围环境的标志。这些人不再生活在林间和依靠狩猎采集来为生——他们或者住在稀树草原上的村落里，或者通过清除森林来给自己还有农田和驯养的牲畜腾出空地，但也因此而使他们的庄稼更容易成为被征用的目标。

第四节　中国相互作用圈的形成，公元前 4000—公元前 2000 年

无论定居农业是由于哪些原因，以及何时何地通过何种方式在中国（和世界其他地方）建立起来，气候变化毫无疑问都会是其中的原因之一。但一个变冷或变暖的气候会是刺激农业发展的最重要因素吗？现有的证据都相当含混不清。在我们探讨的这数千年里，中国的气候既有变冷也有变暖，但农业始终在向前发展。不过，我们也基本可以相信，一个温暖湿润的气候确实会促使农业的收成增加：一方面，生长季变长，甚至在一个生长季中可以收获两种农产品；另一方面，农作物在更多水分以及更多日照下自然长势也会更好。收成的增加意味着新石器时代的农人可以有更多的余粮储存以抵御其他人、动物或者气候等外来的威胁；同时，余粮的存在也意味着有部分人无须再在田间劳作也能衣食无忧，而通过他人自愿或被迫向他们供给所需，于是统治集团产生了。总体更加暖湿的气候、余粮储存的增加以及统治集团的出现，在公元前 4000—公元前 2000 年的两千年间，逐渐在中国北方形成了一个由数个政权和政权雏形之间相互联系相互作用的系统，史学家张光直将

---

① 根据宋镇豪《夏商人口初探》（《历史研究》1991 年第 4 期）数据推导而得。

其命名为"中国相互作用圈"。

从上述以农业为基础的地区性文化开始出现到公元前 4000 年的这一两千年中，农业技术和基于农业的人类社会都日趋复杂，这些政权之间的互动也变得愈加频繁。张光直总结道："当我们按照时间顺序仔细探寻各种类型的文化和系统时会发现，很明显到约公元前 4000 年时，一些相邻的地区性文化之间开始了接触，而这也是（领土）扩张的必然结果……"① 对张和其他一些研究者来说，这些"相互作用圈"的形成有着格外重要的意义，"这是第一次……这个相互作用圈可以被称为'中国的'。……到公元前 3000 年时，这个中国相互作用圈已经可以正确而恰当地被称为中国了，因为自此之后历史进入了一个新阶段，中国的历史全面展开，其中有定义明晰的角色、事件、动机和叙事线索"②。

毫无疑问，由于农业带来的财富和实力，这个"相互作用圈"在中国北 44 方以最快的速度得以强化，考古学家在这里发掘并研究了大量村落遗址，第一个真正意义上的国家形态也在这里出现。为什么这一切都发生在华北平原，而不是中国南部、东部或中部呢？我们至今还没有答案。无疑中国北方特殊的环境条件使得稷能够在最大范围内广泛种植，而水稻所要求的那种潮湿环境显然没有那么多，而且也不那么容易复制。考古学家确实在中国南部、东部和中部找到了一些能反映出农业和社会复杂程度的遗址，但其数量却远不如中国北方。因此只有在北方，农业积累的财富才将社会引向了一个可区分为统治集团与务农人口的新结构。正如何炳棣所指出的，新石器时代的农业已经相当发达，一个农业家庭所生产的农产品足以养活超过本家庭的人口数量，"从而释放出部分人口从事非农业劳动，由此产生了一定程度的社会分工；同时也为人口持续增长奠定了基础"③。

由这些以村落为基础的从事农业和具有一定社会分工的混合体之中很可能发展出了某种村落联合体，以便团结一致抵御外侮。在这些村落联合体中，第一个国家形态出现了。我们难以确知发生的具体时间和地点，但历史学家和考古学家确认在公元前 2400—公元前 1000 年间，中国出现了三个政

---

① Chang，"China on the Eve of the Historical Period，" in *CHAC*，58.

② Ibid.，59.

③ Ho，*Cradle of the East*，89.

权——夏、商和周——在时间和空间上或许会有重叠。它们是相互斗争和抗
衡的政治团体，但拥有共同的文化。张光直认为夏首先出现，核心区域位于
黄土高原和华北平原的边缘地带，也就是农业最初发展的地方；商随后在夏
的东面、丛林密布的华北平原建立起了国家；最后是周，位于西边的渭河流
域。根据张光直的考订，夏存在的时间为公元前 2400—公元前 1200 年，商
为公元前 1800—公元前 1100 年，而周为公元前 1400—公元前 700 年。①

很明显，这些位于北方的文化正是基于一个不断从事战争的统治集团以
及供养这一集团的众多农业人口，才形成了早期的国家。由武士和巫师组成
的统治集团并不从事农耕而完全由农业生产的剩余来供养。社会分层出现的
证据主要来自整个中国相互作用圈里的考古墓葬发现，这些证据清晰地表明
少数人聚敛了明显多于其他人的财富，并用众多的随葬品来彰显其政治权
力。我们不知道当时的人们如何看待来世，但这些行为清楚地印证了古代历
史学家所称"万邦"的产生，它们的统治集团负责征收、分配财富和组织对
外战争。

学者尚不清楚夏朝和早期商朝的城市发展程度。这里的城市指的是大量
非农人口（数千人）聚集的地方，这些人主要包括统治集团、武士、祭司和
工匠。统治集团当然会希望将其墓葬安置在他们认为重要的地方，很可能就
是他们的住处附近。我们无法知道他们是怎样从农人手中征收谷物的，但其
中无疑会包括一些军事和原始宗教的力量，尤其对于新近征服的农人更是如
此。我们在下面即将看到，到约公元前 1500 年，商实际上已经建立了城池。

在统治者中很可能会有一些人更擅长于从农人手中聚敛财富，更善战，
更善于制造有力的武器，或者更善于开疆拓土、增加人口。正如后来一种文

---

① 参见 K. C. Chang, "Sandai Archeology and the Formation of States in Ancient China: Processual Aspects of the Origins of Chinese Civilization," in *The Origins of Chinese Civilization*, ed. Keightley, 495 – 522; K. C. Chang, *Shang Civilization* (New Haven and London: Yale University Press, 1980; 中译本见张光直：《商文明》，张良仁等译，生活·读书·新知三联书店，2013），特别是第二部分；K. C. Chang, "The Rise of Kings and the Formation of City-States," in *The Formation of Chinese Civilization: An Archeological Perspective*, ed. Sarah Allen (New Haven, CT and London, UK: Yale University Press, 2005; 中译本见张光直、徐苹芳等《中国文明的形成》），第五章。

献中对这些早期政治体的描述，"国之大事，在祀与戎"①。当然这很可能是个渐进的过程，从公元前 4000 年到公元前 2000 年，历经了两千年之久。到公元前 2000—公元前 1500 年，随着社会的发展，中国除已经明确形成了一些中心城市及彼此间存在战争的国家外，还产生了青铜制造技术和文字。②在结合了统治集团、对外的战斗力、先进的技术以及一套书面记录当地和宇宙事件的方法的基础上，第一个明确的中国国家——商，在华北平原出现了。在深入讨论商朝的细节之前，我们还需要对青铜——这个商朝统治者掌握的强有力的新技术做一些了解。

第五节　中国的青铜时代：技术与环境变迁，公元前 2000—公元前 1000 年

众所周知，当人类试图从自然界中获取能量以维持生存并进行再生产时，技术是人类赖以与环境互动和改变环境的工具。简单来说，获得的能量越多，人口增长的可能性就越大，技术变革则通常表现为获取能量和利用资源时更高的效率。火的利用和农业的兴起就是这样的技术，而在所有人类创造的伟大技术飞跃中，以青铜为起点的冶金技术即是一例。青铜一开始似乎并不用于农具，而是铸造统治集团使用的武器，用以控制人民和从自然环境中攫取资源。

青铜是一种以铜为主，加入锡（有时还有其他金属元素）以提高其硬度的合金。目前已知中国最早的青铜铸造地位于西北地区最西面的边缘地带，时间约在公元前 2000 年。虽然出现的时间要晚于伊朗和伊拉克，不过研究中国青铜器的专家确认，中国的青铜技术是独立产生的。③

---

① Chang, "China on the Eve of the Historical Period," in *CHAC*, 64. 译者注：《左传·成公十三年》。

② 但这并不意味着青铜的使用引起了社会变化并导致了"文明"的产生，前哥伦布时期一些清晰可辨的美洲文明，就没有使用任何金属。

③ Noel Barnard, "Further Evidence for Support of the Hypothesis of the Indigenous Origins of Metallurgy in Ancient China," in *The Origins of Chinese Civilization*, ed. Keightley, 237–277. 亦可参见 Paul Wheatley, *The Pivot of the Four Quarters: A Preliminary Inquiry into the Origins and Character of the Ancient Chinese City* (Chicago, IL: Aldine Publishing Co., 1971), 36。

铜和锡需要从地层沉积的矿石里提取，而与金、银等矿物质以及煤炭、石油等有机物质一样，这些矿石并非均匀地分布在地表。它们的形成，也是构成大洋和大陆的宏大地质过程所造成的结果。正如一些地区有煤炭和石油的沉积一样，在另一些地区也有铜和锡的沉积。① 中国相互作用圈所在的位置之下恰好拥有大量的铜矿和锡矿。没有这些矿藏或对它们的挖掘，这里的人们就不可能发明青铜器，后来的中华"文明"很可能也就不会这样向前发展了。

中国青铜工业的发展有别于世界其他地区，部分是由于好运气（大量的矿藏），部分也是由于中国国家的发展提供了大量非农劳动力来从事这项工作。此外，当时已很先进且复杂的陶瓷工业也提供了很多专业人员，他们熟悉黏土容器加热和成型的一般原则，知道将金属加热熔融后更容易铸造成他们熟悉的各种形态。经过这样的一系列工序，中国青铜器就通过铸造而非捶打的方式制造出来了。由于铜和锡的充裕供应，中国当时生产了大量的青铜礼器、武器和工具。考古学者罗伯特·巴格利（Robert Bagley）注意到，铸造会对社会产生显著的影响："相较于捶打而言，铸造更能鼓励劳动分工，对于那些规模仅受限于资源和统治者要求的工场而言，铸造也更有利于引入高效的组织管理。"②

正如富兰克林（Ursula Franklin）所总结的："在早期中国的背景下，青铜的制造规模和它精美的工艺一样令人叹为观止。如此高水平的青铜工艺需要一个重要的先决条件，即组织严密的大规模开采和冶炼工业。在我看来，没有一个数量庞大的强制劳动力群体是不可能支撑起这个工业的，其数量甚至要远远大于真正从事青铜器制造的劳动力数量。"③ 我们将看到，商朝社会秩序的特征之一就是有大量的非自由劳动力，他们或者被迫务农，或者从事采矿和冶炼这样令人不快而危险的工作。

① 关于煤炭和石油是如何通过地质过程而形成的，一个可读性较强的探讨可参见 Anthony N. Penna, *The Human Footprint: A Global Environmental History* (Malden, MA: Wiley-Blackwell, 2010)。中译本见安东尼·N. 彭纳：《人类的足迹：一部地球环境的历史》，张新、王兆润译，电子工业出版社，2013。

② Robert Bagley, "Shang Archeology," in *CHAC*, 141.

③ Ursula Marius Franklin, "On Bronze and Other Metals in Early China," in *The Origins of Chinese Civilization*, ed. Keightley, 279-296.

　　最初，青铜产业的规模很小，但到公元前 1500 年时，已经有规模达到三个橄榄球场面积（1 万平方米）的大型铸造场在日夜忙碌了。这些大型铸造场分布在现在的洛阳周边以及更南面长江支流上的江西省新干县，很可能还有其他地区，但考古证据暂未发现。① 在世界其他产生青铜铸造技术的地区，这种铸造厂或者只临近铜矿，或者只位于锡矿附近，这就需要长距离的贸易输送。就我所知，对中国的金属制造工人来说，这两种矿石供应都很充足，不过仍然很有可能是属于不同的方国，因此发生战争的一个重要原因，很可能就是某些政权出于战略需要希望能够同时控制两种矿藏而无须再通过贸易获得矿石。在商朝晚期约公元前 1200 年时，铜和锡甚至可能是从数千英里以外的地方运到都城安阳的。②

　　公元前 1500—公元前 500 年生产的青铜器数量相当惊人，巴格利将之命名为"中国青铜时代"毫不为过。在过去的一个世纪中，出土了大量用于贮存、准备或盛放饮食——很可能是用于礼仪场合——的青铜器。其中，约公元前 1200 年铸造的后母戊鼎重达 875 公斤（将近 1 吨），而公元前 5 世纪的曾侯乙墓中更随葬了多达 10 吨的青铜器件。③

　　中国的青铜器铸造技术需要大量的金属原料，其中很多都在制作过程中浪费掉了。铜和锡矿石的充足供应使得中国的青铜时代迥异于世界其他国 47 家，尤其是近东地区，这些地区由于金属原料异常珍贵，青铜器都是通过捶打成型而避免有所损失。巨大的青铜制造量也意味着中国当时必然拥有规模宏大的采矿业和运输业，将加工过的矿石不断运往位于城市里的铸造场。

　　商朝的青铜铸造因此也焚烧了大量木材用以开矿、冶炼和铸造。由于铜和锡需要从遥远的矿山运抵都城，矿石都需要先经过选炼并分成不同等级再予以运输，毫无疑问，这些矿山首先对周遭的环境造成了重大影响。随着后几个世纪冶铁业的发展，这些金属制造业的生产逐渐开始受限于当地木材的供应：当森林被耗尽时，这个矿山也就会被遗弃。铜和锡运抵都城的铸造场之后，还需要更多的木材来提炼熔合成为青铜坯料，以便于最后的铸造。在

---

　　①　一个有用的探讨和地图可参见 Barnes，*The Rise of Civilization in East Asia*，122。

　　②　Chang，*Shang Civilization*，152. 中译本见张光直：《商文明》，第 157 页。

　　③　Bagley，"Shang Archeology，" 136-137.

此过程中到底需要多少木材不得而知，不过当铸造场里的熔炉开启时，当地的空气质量无疑是恶化的。附近的森林是否提供了充足的材料？商的都城一再迁址是否跟周围森林的减少有关？或者，随意处置的工业和生活废弃物是否污染了水源？面对这些问题，我们同样没有答案。

巴格利认为，大量青铜器铭文重构起的记录表明："城市社会在（公元前）第二个千年的前半期开始在黄河中游地区兴起。大约（公元前）1500 年时，一个重要的政权（商）建立起来并不断向外扩张和——也许只是短暂地——占领了大片土地；而到（公元前）1300 年时，（商）可能是迫于边境上新势力的兴起而有所退却。在此之后的数百年，几个政权之间互动形成的关系网构成了中国文明。"[1] 这些互动，无论是和平的贸易、迁徙、结盟，还是暴力的战争，都共同创造和分享了它们的文化元素，例如青铜技术、等级制社会结构——由中心城市、军队和被强制从事制造业和农业的劳动者所构成的国家。这些国家的建立和它们之间的相互作用无疑增加了对资源和能源的需求，也加大了人们对中国环境的影响。

青铜时代的商朝，公元前 1500—公元前 1046 年

有清晰的证据表明，商，这个后来在华北平原的相互作用圈里处于中心地位的早期政权，具有广袤的领土和稠密的人口。它的统治者坐镇宏伟的都城，管理乡野并组织对外作战。在一处约公元前 1500 年的早期遗址（二里头，靠近今天的洛阳）上发掘的一座房屋地基边长超过了 100 米，显示了其宏大的建筑结构，这很有可能是宫殿的遗迹。[2] "如果这是用来举行仪式的大厅，"巴格利设想，"那么它将可同时容纳数千听众。"[3] 公元前 1500—公元前 1300 年的另一处稍晚遗址（二里岗，位于郑州附近）规模更大，面积达到 25 平方公里，有将近 7 公里长的城墙，夯土基址宽 60 英尺，高 30 英尺，各段长达 2 385 英尺。按照保罗·惠特利（Paul Wheatley）的估计，这需要 1

---

[1] Bagley, "Shang Archeology," 156-157.

[2] 关于二里头文化的描述和出土的早期青铜器照片，参见 Lu Liancheng and Yan Wenming, "Society during the Three Dynasties," in *The Formation of Chinese Civilization: An Archeological Perspective*, ed. Sarah Allen (New Haven, CT and London, UK: Yale University Press, 2005), 144-150。中译本见张光直、徐苹芳等《中国文明的形成》。

[3] Bagley, "Shang Archeology," 160.

万名劳动力花 18 年的时间才能完成。①

可见，商朝人是城市和城墙的建筑家，他们建于今洛阳和郑州附近的几 48
个都城均规模可观，居民达到数万甚至十万，其中包括王室成员、祭司和武
士，还有大量从事青铜铸造、陶瓷和军需物资制造的劳动者。这些城市并不
是因中国北方广大村民之间的频繁交易而产生的，而是建在统治集团所选定
的特殊地理位置上，并由高大的城墙所包围。城墙由夯土筑成，即利用木制
模板将混合的石块和泥土压制成合适的尺寸，然后垒砌到需要的高度。这些
城墙是防御性的，用来抵御其他国家的战争侵略，而不是为了防备周围森林
里的象和虎。在邻近的国家里有多少这样的城市不得而知，不过从后来文献
中提到的"万邦"来看，应不在少数。这个数字显然是修饰性的，但也表明
当时有相当数量的国家，其组织结构与商类似。张光直称在商的记载中与之
有过联系的、有确切名字的国家达到了 33 个。②

1. 安阳

在所有关于商的考古发现中，规模最为宏伟的当属公元前 1200 年前后
的安阳城。在安阳发掘出的证据表明，这是一个高度等级化的城市社会，有
一个结合紧密的统治集团，有大量的工匠以及高效的农业，他们的青铜器不
仅用于礼仪或烹煮，还用于军事，其中有熟练弓箭手用的弓和数匹马拉的战
车或运输车，另外最重要的是，他们还拥有相互之间或与祖先和神灵之间交
流的文字系统。在商建都安阳的时候，它已经是一个成熟的国家了，其中很
多元素构成了日后中国组织社会经济及与自然环境互动方式的重要特征。

安阳还因出土了大量文字史料而闻名，从这些文字中，我们了解到了很
多当时的人物、事件及其动因。这些文字史料都刻在"甲骨"上（参见图 2-
1），商王的占卜师用这些甲骨向未来寻求一些启示——例如，王应不应该去
打猎，孩子出生能否顺利，是否要亲征，另外还有很多是贞问农事（收成、
开荒等等）或战争，而得到的启示则显示在烧热的骨头或龟壳的裂纹上。

因为在安阳出土整理的甲骨文字达到了约 1 000 个，并且这些文字已相
当完善，考古学家推测文字书写系统应早已发展，只不过因为媒介可能是
草、竹或其他易腐烂降解的材质才没有留存下来。骨质的稳定性令 20 万片

---

① Wheatley, *The Pivot of the Four Quarters*, 76.

② Chang, *Shang Civilization*, 248. 中译本见张光直：《商文明》，第 275 页。

甲骨和刻在上面的文字得以幸存，其中已有 4.8 万片得到了学者的研究。随着 1920 年代甲骨的大量发掘，大部分的甲骨文已经被破译，部分原因是语言学家发现，甲骨文就是中国沿用了三千多年的汉字系统的早期形式。①

2. 商朝的社会组织

49

考古和文字记录显示安阳作为商的都城，前后经历了九个王，始于约公元前 1200 年的武丁，终于一百五十年之后中国北方另一个竞争对手周的征服。安阳城很大，面积达到 15～24 平方公里，不过很可能并没有城墙。城市中央是王宫、庙宇和祭坛，周围围绕着青铜、陶瓷、玉器和武器的制造场所。再远处则是一些半地下的小型房屋，很可能是工人和士兵的居所。在它们的另一边则是墓葬，其中大部分隶属于王室。城外是一些农田环绕的村落，还有王室的庄苑。在商的政治和军事直接控制范围（介于 10～50 英里）之外就是敌对的其他政权了。

商的社会非常复杂，等级分明。王代表了王室世袭的血统，从约公元前 1200 年的武丁上溯至约公元前 1500 年共有 16 代君王。这些先祖受到后人的礼祀，后人也定期通过占卜来询问他们的意见和喜好。王室包括了王的儿子们以及以他们为首的宗族谱系，还有血缘关系更远一些拥有自己谱系的宗族。另外一些与王室没有血缘关系的权势家族也有自己的谱系，他们率领自己的士兵为王征战疆场，并获准铸造有他们宗族标志的青铜器。还有约 120 名神职人员，他们虽然与王室关联，但不能自行举行祭祀仪式。都城之外分布的则是次等的官员和首领，他们很多都要征召和亲自率领士兵为王征战。更外围的首领们则主要通过进贡物品来表示效忠，大部分贡品是用于占卜的龟甲和牛肩胛骨，他们的初次受封在时空上与商王越远，似乎也越具有独立性。

---

① 吉德炜（David N. Keightley）在他的书中翻译了大量甲骨文，参见 *The Ancestral Landscape：Time，Space，and Community in Late Shang China* (*ca.* 1200 - 1045 *B.C.*) (Berkeley, CA: University of California-Berkeley Center for Chinese Studies, 2000)。甲骨文首次发现是在 1899 年。最近在山东省济南市附近又发现了 4 块甲骨，详情参见 "China Unearthed Shang Oracle Bones Again, 104 Years after the First Discovery," http://englishpeopledaily.com.cn/200304/09。译者注：此处所指即大辛庄遗址，在 2003 年的发掘中发现甲骨文，该遗址是迄今发现的商代中期向东推进最远的据点，按其规格，应为商的一处重要都邑。

商王非常关注农业的各个方面，经常占卜贞问合适的收获时间，规划开荒种植，视察农田和农人的劳动等等。农作物包括两种稷以及水稻和桑树——这是"蚕的首要食物，甲骨文中详细记录了桑树、蚕和丝的特征"。考古发现的丝制品遗存表明到商代时，养蚕早已是中国农业系统的一个重要组成部分了。① 显然，王的这些财产是用来供给王室、统治集团、铸造工人和其他工匠、军官以及专职军队的。王还亲自率众打猎，不仅为统治集团提供了丰富的肉食，而且也相当于军事训练。火的使用不仅驱动了狩猎者的游戏，还为耕作提供了更多的土地。

3. 野牛的驯化和灭绝

如前所述，我们之所以能够了解商代的社会、政治、经济组织及其对华北环境的影响，部分原因就在于甲骨文。最近，研究人员一直在用新的 DNA 技术"解读"这些甲骨。这些 DNA 分析向我们讲述了一个公元前 1900 年前后华北地区牛类种群的有趣故事——包括可能源自近东的驯化黄牛（Bos taurus）、本土的野生原牛（Bos primigenius）和野生水牛（Bubalus mephistopheles）——所有这些牛种的肩胛骨都曾被用于商代的占卜，如今又都被 *50* 现代研究者用于恢复和分析保存下来的古代 DNA。这些 DNA 分析表明，本土野生原牛和野生水牛都已经灭绝，不过灭绝的时间和原因尚不清楚。研究人员指出，驯化牛和野生牛之间的杂交可能是自发的，也可能是通过人类干预而实现的。② 但很难想象本土野生原牛和野生水牛的灭绝也是自然过程的结果，更有可能是由于商朝时期人类活动的影响，驯化牛才在栖息地和食物的竞争中战胜了野生牛。

4. 食物

农耕的目的，自然是为了提高食品供应量，不仅要保证人类生存，还要使得人口数量不断增加。因此，对食品的需求量总是大于维持现有人口所需要的量。稷或稻本身并不是"食物"，它们还需要经过一系列的加工处理才能成为即使不可口但也能入口的食品和饮料。

---

① Keightley, *The Ancestral Landscape*，149.

② Katherine Brunson, Xin Zhao, Nu He, Xiangming Dai, Antonia Rodrigues, and Dongya Yang, "Ancient DNA Reveals the Presence of Aurochs Oracle Bones and Wild Water Buffalo in Ancient China ca. 1900 cal B. C. Alongside Domestic Cattle," *Journal of Archaeological Science*（2016）.

稷和稻都会被烹煮成一种粥状的主食，对贵族来说，还会加入切碎成能"一口吃下"的肉或鱼，此外还有盐和醋等调料以及各种豆类（公元前1000年大豆在食物中已变得很重要了）。我们对贵族的饮食了解比平民要多，因为贵族经常会将各种仪式和节日宴会场合的饮食记录下来。

《楚辞·招魂》就为我们提供了一些线索。在这篇文章中，作者用尽各种美食来吸引那个深受其爱戴的人魂魄归来。在他所列举的食物中，既有家养的，也有狩猎采集来的——稻米、高粱、稷、盐、"膈若芳些"的牛腱、炖甲鱼、煲野鸭，还有玉液琼浆。①

除了各种谷物和蔬菜，商朝人饮食中的肉类大部分来自狩猎。人们在商的遗址中发掘出了大量鹿骨，尤金·N. 安德森（E. N. Anderson）据此推断鹿在当时可能已经被驯化。不过，他同时总结认为："当时狩猎规模很大，人们用网捕捉各种猎物，从象、犀牛到兔子与鹿。各种鱼和龟都被食用。剔去了肩胛骨和甲壳的献祭动物大概是捆起来放进炖锅的。贸易为这里带来了一些外来的手工制品，华中是龟的出没之地，有些品种甚至原产于华南。海贝与鲸骨则表明了与沿海贸易的存在。"②

因而，商的食品供应并不仅仅依赖于种植的稷或农田里饲养的动物，还包括了种类繁多的野生动物以及水果、坚果和浆果。商朝也许已经开始将华北平原改造为农田，但当时这里仍有大片的森林可以提供种类丰富、风味各异的食物，这些都依赖于自然而非农耕气候和收成的多少。另外，森林对于那些不愿受制于商朝的农人来说也是个逃亡的好去处。

5. 商"文明"与其他"蛮夷"

商朝大部分的人口是生活在乡野村落里的非自由民，他们开荒、犁地、种植和收获，被征召参加战争，伐木并运往城内用于燃料和生产，修筑城墙，铸造器皿，修建王室墓葬等等。在商王武丁妃子妇好的墓中，出土了大量青铜器、玉器和其他器具，其中很多青铜器都超过了200公斤，需要调集大量的人工和原材料，还有其恢宏的墓葬结构，都无一不显示了商王室的强

① 转引自 K. C. Chang, ed., *Food in Chinese Culture: Anthropological and Historical Perspectives* (New Haven, CT: Yale University Press, 1977), 32。

② E. N. Anderson, *The Food of China* (New Haven, CT: Yale University Press, 1988), 20. 中译本见尤金·N. 安德森：《中国食物》，马孆、刘东译，江苏人民出版社，2003，第19页。

大。人们首先要为墓葬挖掘一个 40 英尺的深坑，然后建造墓室，再以一层一层的夯土填实整个墓坑，据历史学者伊佩霞估计，这需要数千名劳动力。不仅是妇好墓，其他数百个墓葬都有清晰的证据表明人祭的存在。人祭通常被斩首，和车马一样埋入墓中。文字记录还显示，妇好在贵族中是一个活跃的成员，亲自主持礼仪，管理都城外的封邑，甚至领兵作战。她曾经率领 13 000 人的军队征讨西方、西北方和东方的敌人。[①]

对于商以外的人群，有几点值得一提。商朝西面的羌人很可能居住在大草原上，因为他们是牧羊的，羌还是商的一个很好的战俘来源，被抓回商的羌人通常被迫去开荒和劳作，或者用作人祭。在公元前第三个千年的某个时候，小麦（多半还有大麦）很可能从更西面的地区被引入了羌地。商朝人并不种植小麦，但却会在礼仪活动时用到它，于是他们窥探邻近部落小麦成熟的日期，然后商王"根据这些情报，进行武力掠夺"[②]。周恰好位于商以西的渭河流域，因而成为商最大的敌人，并在公元前 1046 年灭亡了商朝。基于其他一些学者的研究成果，吉德炜绘制了商与其他政权相互关系的地图，形象直观地展示了华北平原上这个密集的"相互作用圈"，其中很多方国并不受商的辖制。[③]

因此，事实上华北平原拥有大量的人群和方国，并不仅仅只有商。商与这些方国连年征战，直至公元前 1046 年，被对手之一的西面的周彻底打败。周随后宣称其所建立的国家不仅取代了商，而且"普天之下"都是周的国土。由于现存关于这段时期的资料都来自胜利者周，历史学家通常认为失败者商承认了周的地位，但还不知道为什么这个相互作用圈里的其他政权也要臣服于周（或者并未真的臣服）。因此我们毫不奇怪，在下一章所描述的周早期历史中，大量时间都在与其他部族作战，而"文明"的中国人与其他"蛮夷"之间的分野也开始出现。[④]

---

① Patricia Ebrey, *The Cambridge Illustrated History of China* (Cambridge, UK and New York, NY: Cambridge University Press, 1999), 25-27. 中译本见伊佩霞：《剑桥插图中国史》，第 15 页。

② Chang, *Shang Civilization*, 148-149. 中译本见张光直：《商文明》，第 154 页。

③ David Keightley, "The Late Shang State: When, Where, and What," in *The Origins of Chinese Civilization*, ed. Keightley, 538-539.

④ Magnus Fiskesjö, "On the 'Raw' and the 'Cooked' Barbarians of Imperial China," *Inner Asia* 1 (1999): 139-168.

第六节　环境的变迁，公元前 1500—公元前 1000 年

我们将周的征服与建国放在下一章，在这里我想总结一下我们对公元前 1500—公元前 1000 年的环境变化过程都有哪些了解。大多数情况下，我不得不从确切已知的信息中向外延伸做一些推测，因为关于这个问题几乎没有直接的证据可言。

52首先，商朝聚落（包括城市和村落）范围北部和西部的边界恰好与今天气候条件下 20 英寸降雨量的地区边界一致。如前所述，公元前第二个千年的气候相较于现在更加温暖和湿润，因此这个区域每年的降水量很可能比现在要多。无论具体数字是多少，20 英寸雨量线以西和以北的地区都是不适于农耕的草原和沙漠，草地或许可以用来放养山羊、绵羊和马——但没有证据显示周人或商人曾经在这里这样做过，不过正如我们将在下一章中看到的，其他人群确实开发了这个生态系统。商人定居的南部界线恰在长江以南不远。我们能够确定的是，商文明当时所辖的土地从以橡树为主的落叶阔叶林，向南一直延伸到混合了落叶林和亚热带森林的长江流域，商人也逐渐成为从这些森林生态系统中开发资源的专家。

如果说新石器时代早期的人们是以在森林中开荒而突破了他们与环境之间固有关系的话，商人则是用修筑城墙来标记他们与乡野和森林的清晰界线。他们都城的人口通常都有几十万，以公元前 1200 年的安阳为例，人口达到 23 万，大部分都是工匠或其他劳动者。而安阳并不是商唯一的城市。有多达 700 个地方都拥有自己的地名，很可能这些都曾是城墙围起的前哨站点，由那些有族系姓氏的贵族镇守。我们不清楚这类地方的确切数目，不过后来的文献显示有数百个。由于这些"方国"都没有在与商及后来周的竞争中胜出，我们对它们的社会组织形式或人口规模等都知之甚少。不过总的来说，当时可能共有 400 万～500 万人口居住在华北平原的各处地方。①

那么，养活如此规模的人口需要多大面积的农田呢？它应该是由农业产量（给定种子数能获得的收成）、狩猎获取的食物数和农业技术所决定的。

---

① 宋镇豪：《夏商人口初探》，《历史研究》1991 年第 4 期；亦可参见葛剑雄主编：《中国人口史》，第 1 卷，复旦大学出版社，2002，第 216—281 页。

在本章所涵盖的这上千年中，上述这些因素都出现了变化，农业生产变得更为高效——当然很可能还是比不上后来的情况，公元前 1 世纪的一篇文献大致反映了当时的农业发展水平，其中给出的北方特别是黄土区域的稷产量比这个时候要高很多。①

商朝的农人也养牛（如前述这也是粪肥的一个来源），用木制或石制的犁开垦土地。目前为止还没有发现青铜制的犁，不过有朝一日如有出土，农史学家白馥兰也丝毫不会感到意外。白馥兰认为，即使完全没有金属的犁，以商朝当时在新石器世界遥遥领先的农业技术，它的农人要供养一个统治集团、军队和工匠组成的非农人群也是绰绰有余的。已有证据显示青铜曾被制成包括镰刀在内的多种农具，白馥兰认为所有这些技术也推动了农业的扩张和人口的增长。② 犁和肥料的使用也意味着定居农业的产生，在同一块土地上连续耕作数年的方式取代了刀耕火种。此外，定居也有助于统治集团监视农人，以防他们逃跑。

鉴于实际用于清理土地和耕作的工具是木制或石制的，例如被称为耒的木制锹，还有石斧，因此张光直认为农业中最重要的投入是受制于王命的非自由劳动力，他们才是改变华北平原环境的最重要原因。有一条甲骨文是这样记载的："（王）大令众人曰：协田，其受年。"③ 根据另一位中国史学家的观点，这里的众人"是农夫，是当兵打仗的人。他们……经常处于卑下的地位，与奴隶主贵族相对立。他们对于土地没有所有权……被牢固地束缚在农业共同体中，受奴隶主统治者的支配当兵、纳贡、服徭役。当兵被俘要变成奴隶，不当兵不卖命要一家人（父母妻子）立即变成奴隶。他们的生命财产都掌握在王和贵族手中，他们实质上是王和贵族的工具和财富"④。我们将在随后几章中看到，从此以后，中国的政府在驱动经济发展和环境变化中起到了显著的作用。

---

① 转引自 Bray, *Agriculture*，127。

② Bray, *Agriculture*，159-161. 根据白馥兰的记述，在东京地区（今越南北部）出土了青铜制的犁，而时间上与商是同时代的，并且当时这些国家之间是有联系的。

③ 转引自 Chang, *Shang Civilization*，225。中译本见张光直：《商文明》，第 245 页。

④ 同上引，226-227，中译本见张光直：《商文明》，第 247-248 页。

假设商晚期（约公元前 1100 年）（北方）人口达到 400 万～500 万，粮食产量达到每亩约一石，那么意味着中国北方应有约 4 000～5 000 平方英里的橡树森林被清除（若是连续的一片，那么边长为 60～70 英里）。我们前面已经看到，这样清理出的土地通常会位于森林中间以便于狩猎活动的开展。当然，在安阳、郑州、洛阳周边这些人口密集的都城周围，乡野的土地基本都被清理用作农田了，而其他一些定居点周围的森林则是被一块块清理的。不过，如果从空中俯瞰此时的中国北方，大部分仍然是茂密的森林，只是中间有一些小块的农田。这个景象在一篇甲骨卜辞关于"农"字的图画中得到了佐证，伊懋可形容其显示了"树木之中的持续活动"①。

商还为了夺取农田而与邻国开战。另一位历史学者这样描述道："殷王国到其他方国去开荒种田，这种事有些奇怪，但也不难理解。古代的许多方国，经济生活不一样，社会发展不平衡，农业的先进国人口增多了，有了开垦的要求，四处找荒地，把邻近的猎区和牧区变成农田。这在古代有个词叫'寄田'。……所谓'寄田'就是到旁国种田。"②

于是，早在三千年以前，中国人已经对当地环境施予了显著的影响，也可能影响到了当时的全球气候模式。农耕在古代中国开创了"文化"与"自然"之间的新界线，并且事实上也是人类与自然互动的新阵线。成熟的稷（或是南方稻）吸引了各种昆虫，有些还能用各种方法驱赶，而大一点的动物例如鹿和野猪，则会破坏大片的庄稼，甚至让一个村落损失大量的谷物。很有可能庄稼的存在让农田边缘森林的鹿和猪数量增加，而它们同样也是虎喜欢的猎物，因此很有可能虎会向这些新的猎物增加地区迁移。我们对商人的民间信仰知之甚少，不清楚他们是否认为虎能够减少鹿和猪的数量，或者对他们也是一个威胁，或者两者兼有。但是虎和象的形象确实出现在了青铜器上，其中最著名的很可能就来自妇好墓。③

象也生活在中国北方的森林中。还有犀牛，它们喜欢栖息地里有每天可以洗澡的池塘。这三种动物都体形硕大、强健有力，同时也相当危险，不太

---

① Mark Elvin, *The Retreat of the Elephants*, 44. 译者注：详见张钧成：《商殷林考》，《农业考古》1985 年第 1 期。

② 转引自 Chang, *Shang Civilization*，254-255. 中译本见张光直：《商文明》，第 282-283 页。

③ 参见 *CHAC*，199。

像是村人捕猎的对象。不过商王室确实有狩猎活动,不仅猎鹿来供应肉食,也猎杀虎、犀牛和象。这三种动物当然能提供肉和其他的美食,但我们可以想象猎杀它们也起到了彰显统治者军事力量的作用,通过展现将野兽赶跑(或至少阻止它们来犯)的能力还可以在民众中建立起统治的威望。王室狩猎大量猎杀周围森林中野生动物的情况也得到了甲骨卜辞的证实,有条卜辞记载,一次狩猎捕获了 348 头麋鹿。[①]

张光直认为圈养家畜才是王室餐桌上肉食更主要的来源。狗、黄牛、水牛、羊、马和猪的遗骨或被挖掘出土,或在甲骨卜辞中被提到。"在仪式中使用的牛数量相当惊人:一次用了 1 000 头,一次 500 头,一次 400 头,三次 300 头,九次 100 头,另外还有更多的记录……我们可以从中看出一些牛群规模大小的端倪。"张光直同时提到,麋鹿虽然不能圈养,但很可能将它们围在一个很大的苑囿里,以方便随时取用肉食。[②]

黄河与战车为我们提供了另外两个角度去看待早期中国的土地清理问题。首先,商朝的甲骨文中将黄河简称为"河",我们已经知道黄河的黄色来源于黄土沉积层遭侵蚀产生的淤泥,黄土沉积层大部分被前述的橡树林所覆盖。刘莉认为新石器时代的农业增加了公元前第三个千年里黄河淤泥的数量,从而使得河水泛滥、黄河改道,同样的情况在商朝也发生过,只不过没有引起黄河改道而已。一千年以后的汉朝才首次将黄河命名为"黄"河,在那时土地清理和随后的侵蚀已经向黄河输送了大量淤泥。

其次,战车需要大片的开阔空间才能起到作用。事实上,大部分研究商朝的考古学家和历史学家都认为战车并不用在战场上,而很可能是在军官或王室成员监察战事准备工作和进展时用来载乘他们的。战车体积相当大,车轴长度最长可达 9 英尺,需要多匹马来牵拉。根据巴格利的分析,战车在公元前 1200 年左右在华北平原突然出现,意味着这里已有来自中亚的马和熟练的驭手。这也意味着商与西北草原上的游牧民族已经有了规律的(即使不是友好的)往来,通过他们来提供马和熟练的驭手。

能量机制

所有的生物都需要能量来生长和繁殖。有一些生物能通过地热或化学反 55

---

① 参见 *CHAC*,142。

② Ibid.,143.

应传送的能量来维持生命，除此之外地球上大部分生物都是直接或间接地依靠太阳提供能量。植物通过日照生成叶绿素和其他物质，有些动物以植物为食，另一些动物则以食草动物为食，而死去的有机体则被微生物降解，释放出的矿物质在土壤中重新提供给植物作为营养。

在人类大部分的历史，亦即本书涉及的大部分时段中，人们都是从每年周期性的日照能量中获取一部分来供给自身所需。耕种得到的食物消化后，产生能量供给肌肉运动而产生热量，有时这就足够保持体温了。衣物和遮蔽物也为御寒提供了保护，但要熬过华北平原的冬季还是不够的。人们需要火来取暖，而烧火需要木材。

对商朝和中国北方的早期居民而言，幸运的是，这个地区所覆盖的主要是以橡树和榆树为主的落叶硬木林。我们在本章中也已看到，大部分商朝的农田都是由森林砍伐清理得到的。使用的方法是一棵一棵地清除，而非焚烧整片的森林。如果焚烧森林，不仅危险，还会浪费大量可用作燃料的木材。商朝人单棵伐树的方式可能不仅出于自我保护，还有对燃料的需求。

商朝时期400万~500万的人口每年需要多少木材作为燃料，以及为此要砍伐多少树木，目前还停留在猜测阶段。商王室只占了人口的一小部分，他们自然也会燃木来取暖。不仅青铜工业需要大量的木材，在巨大的青铜器皿内烹煮食物同样需要燃烧很多木料。那么普通民众的情况又是如何的呢？我们一无所知，我们甚至不确定他们是居住在单独的住所里还是群居在较大的房舍中。用来煮制食物的灶台很多就砌在屋内，这样在冬天可以借此取暖。在过去的一千年里，当华北平原的森林已经消失，取暖用的燃料木材日益短缺时，这里的村民在建房时会在屋内的灶火上用砖砌起一个平台，称为炕，到了夜晚就是一家人温暖的床。在三千五百年前也会有类似的设计吗？就像中国的稻田向大气中排放甲烷一样，中国北方为获取耕地而进行的森林砍伐也会向大气中排放二氧化碳。气候学者威廉·拉迪曼认为，自从新石器时代的农业革命以来，这里乃至整个北半球的人类一直在加剧全球变暖。[1]

环境史学家现在越来越倾向于将能量的储存和使用方式作为界定社会和经济发展阶段的重要标志。能量用于劳作，因此越多的能量开发和越有效的

---

① Ruddiman, *Plows*, *Plagues*, *and Petroleum*, 84-94.

使用，就能产生越多的劳作量，于是也就能够实现更多的财富和权力。①　对 ‹56›
商这样的农业社会来说，储存能量以备未来之需永远是一个问题。谷物最多
储存几年就会腐烂，树木虽然能存在上百年甚至更长，但砍伐树木也需要消
耗人体的能量。显然，日照驱动的农业能量机制中更有效的储存方式还是人
和动物。J. R. 麦克尼尔称这种工业化之前的能量机制为"肉体能源模式"，
因为其运作方式需要依靠人类和动物的肌肉运动。那么，对于这些国家来
说，越多的人力受统治者驱使，也就意味着有越多的能量用以抵御外敌或用
作其他用途。而对于平民来说，从事农作的耕畜和其他禽畜也是能量的储
存，可以通过用它们劳作和食用它们来完成能量向人体的传递。②　对于这种
日照驱动的肉体能源模式来说，到达地表被植物吸收的日照能量的变化对于
生存至关重要。

　　所以，大量的殷商卜辞都是关于农业和年收成的预测也就毫不奇怪了。
根据吉德炜的说法，从春季一直到晚秋，"王和占卜师们会持续而迫切地进
行一系列旨在保护和维持谷物苗壮成长并保证其采收和储藏安全的祈祷、预
测和仪式"。他们担心或早或晚出现的致命的霜冻、干旱、蝗灾、风和
雨——更不用说还有敌人的攻击——"一场丰收意味着王朝的持久，也证明
了权力的合法性。这是农夫、占卜师和王共同努力的结果。当储存的谷物减
少、变陈，以及无情的季节周期再次来袭时，这些仪式、焦虑和最后的胜利
又将年复一年地上演"③。

　　虽然存在这些对收成的威胁，吉德炜认为，商朝实际上还是经历了一个
"相当仁慈的气候以及富饶的环境……给予了人类对自然和生存条件普遍的
乐观情绪，这些也构成了早期中国宗教、传说和哲学的特点"④。不过与现代

---

　　①　一些例子可参见 Edmund Burke III, "The Big Story: Human History, Energy
Regimes, and the Environment," in *The Environment and World History*, eds. Ed-
mund Burke III and Kenneth Pomeranz (Berkeley and Los Angeles, CA: University of
California Press, 2009), 33-53; 以及 I. G. Simmons, *Global Environmental History*
(Chicago, IL: University of Chicago Press, 2008)。

　　②　John R. McNeill, *Something New under the Sun: An Environmental History
of the Twentieth-Century World* (New York, NY: W. W. Norton, 2000), 11-12. 中
译本见 J. R. 麦克尼尔：《阳光下的新事物》，第 9-10 页。

　　③　Keightley, *Ancestral Landscape*, 15-16.

　　④　Keightley, *CHAC*, 36.

社会十分相似的是，商朝人也将他们对自然世界的假设建立在气候稳定的基础上，并对气候变化可能会引起整个社会系统的震荡毫无准备。

气候的变化与商朝的衰落

青铜时代的商朝气候比现在要潮湿和温暖——温度可能要高出 5～8 华氏度。华北平原上的降雨也比现在的频率更高，使得这里的农业条件更为有利。甚至有些卜辞描述安阳地区一年内可以成熟一季稷再加一季稻。但是，当生活方式完全建立在气候不变的前提下时，一旦气候发生变化，问题就来了。商在约公元前 1100 年时就遇到了这样的问题，气候学家尚未知晓其中的确切原因。就在商迁都安阳后不久，气候突然变得寒冷而干燥，令商王面临很多棘手的问题，并很有可能加速了商在周的攻击下于公元前 1046 年左右的瓦解。寒冷的气候缩短了作物的生长期，并在播种和采收的季节带来致命的霜冻，这些都会令粮食减产。一些地区颗粒无收，不仅让当地村民粮食短缺，更重要的是还将使统治集团、士兵和工匠面临饥荒。粮食短缺还会引起生育率下降，人口随之减少，大量村民逃往森林或邻近国家，这也就意味着可供商王室驱使的军事力量和劳动力大幅下降。毋庸置疑，这时的商王会更频繁地占卜问农。

当然，寒冷的气候会影响这里的所有国家而不仅仅是商的农业。事实上，邻国周由于地处更西且海拔更高的地方，相比环境舒适的商而言，它所受的影响可能更大。有可能是农业的减产使得周更好战，对商更加垂涎而动武吗？又或者周在社会或农业方面有了突破和创新，使得它在气候变冷的条件下仍然保持了经济、政治和军事力量的稳定？同样，我们对此还是一无所知，后来的周朝文献中也没有提供这方面的信息。

周的记载只告诉我们商为何灭亡而周是如何取得胜利的：末代商王暴戾残酷，而周王则仁慈善良。用周的说法，这种基于道德的合法性可以描述为"天命"：上天命王来管理天下，天下意指宇宙、自然和人类事务，只要王履行他的职责，他的王权就可以保留。如果扰乱了天下，例如末代商王的暴戾统治，使得他治下的人民生活困苦并纷纷逃亡，那么上天就会收回成命，另觅人选——这就是周。只要周能够保持天下的秩序，就能尽可能长久地将王权留在自己手中，并很可能将气候变冷归咎于商的道德缺失。

周受命于天的说法将它与商置于相互竞争的地位，但为何如此我们并不清楚。周的记载将我们现在知道与商交战过的其他国家全部抹去了，尽管周意图阻断记忆和重构历史，事实则是战争主导了当时的整个中国：备战，参战，然后再备战。从公元前 1500 年至公元前 1000 年，我们称之为方国间战争的状态构成了这些方国和人民的日常生活。这个事实对理解上古时期中国的环境变化过程非常重要。

小结

从定居农业在中国北方和南方起源开始，在本章所覆盖的历史时段里，人们主要是在开发利用所处环境提供的各种机会，包括我们今天仍然知之甚少的多年生稷和稻向适于农业种植的一年生的转变。事实上，那些不断观察和实验的人们必须具有敏锐的洞察力才能抓住这些变化的机会，他们也的确是这么做的。此外，适合稷和稻种植的特殊环境从一开始就赋予了中国农业一种独特的形象。稷种植所在的中国北方，土壤是特殊的黄土，营养物质非常丰富，年复一年的地表蒸发将这些营养物质通过毛细作用源源不断地输送到土壤表层，耕种这样的土地并不需要休耕。南方的情况殊途同归，水稻主要从水中获取营养，因此土地也同样不需要休耕。这种中国农业发展的一个结果，就是足以供养起一个不断增加并日趋密集的人口规模。

58

人类在与周围环境的互动过程中创造出的新方式——农业，也因砍伐森林以让出耕地而显著改变了环境。不过，在中国新石器时代以及早期国家时期，人们虽然已经改变了环境以使之更利于人类居住以及植物与动物的种植和驯养，但他们还是特别受自然的眷顾，尤其是气候。一个社会能够变成农业和定居模式，需要气候年复一年地保持稳定，这样才能准确计划（期望）维持生计的收成。无疑，商王花费了大量时间来向他们的神灵询问收成的好坏或掠夺邻国的合适时机。商朝从清除森林而建立起的特定形式的农业生产中获得了更多资源，使得这个中央政府可以集中调配各种资源，用于制造青铜武器和调遣军队。于是，商朝（中国北方）的人口增加到了 400 万～500万。这个适应机制一直运行得相当成功，直到气候突然变冷进而加速了商的衰落和周的兴起。

到约公元前 1000 年时，有足够的证据表明，日后成为中国人祖先的这个人群已经对环境施加了显著的影响。他们开采和冶炼青铜，建造城市，为农业生产而毁林开荒；他们的稻田和为获得耕地而进行的森林砍伐会增加温室气体的排放，从而可能加剧了全球变暖。在与他人竞争的过程中，他们建立起了国家，进而恣意使用自然资源和管理非自由劳动力。统治集团深知农业的价值，并严格保障食物供应以确保人口持续增长，进而巩固其政权。随着等级社会的形成，以及统治精英尽最大可能从环境中汲取资源以增强和延续自身的权力，他们对环境施加影响的速度也明显加快，并在下一个千年急剧加速，这也是下一章我们将会看到的内容。

第三章

国家、战争与农业：上古及帝制早期中国的环境变迁，
公元前 1000—公元 300 年

在前一章中我们看到，到公元前 1500 年时，诸多驱动环境变迁的因
素，包括不断发动对外战争的商王朝的建立，不仅推动了农业的持续发展
和支撑了国内人口的不断增加，而且促进了用于日常生活和战争的青铜器
冶炼技术的进步。结果到公元前 1000 年时，规模达 400 万～500 万的人
口，为了开辟耕地和获取青铜冶炼及日常所需的燃料，砍伐了大片的落叶
阔叶林。

在这片日后成为中国的土地上，发展起了两个相对独立的定居农业体
系，一个是在北方以稷为主的旱地耕作，而另一个则是南方的水稻种植。
这两个区域的分界线位于长江和黄河之间，大体是沿着淮河一线。在约七
千年前的新石器时代，全世界仅有四五个地区的定居农业产出能够超过农
业从业者自身所需，中国就是其中之一。在本章中，我们将会把视野从华
北平原向北面和西面拓展，关注草原上的游牧民族，考察他们是如何学会
开发草原生态系统的特殊资源，以及如何与从事农业的中原人进行互
动的。

第一节　国家、战争与上古时期中国的环境变迁，约公元前 1000—公元前
250 年

农产品剩余催生了统治集团，它们建立城市并在其中居住，也与其他结
构相似的群体发生战争。到公元前 1200 年，商只是中国北方诸多相互竞争
的政权中的一员。因此，中国不仅是全球少数几个农业起源的地区之一，同

时也是少数几个最早出现战争的地区之一。① 国家、战争和农业，显著地驱动了中国的环境变迁。

66　定居农业、战争与精英集团的共同作用导向了一个新的局面，促使统治者具有强烈的愿望去开发环境资源以壮大自身实力进而与敌国对抗。让我们来更精确地考察一下国家力量和自然环境之间的关系。人类需要能量来生存，一个群体所汲取的能量超过自身生存和再生产需要越多，这个群体——通过国家政权——所能支配的力量也就越大。在使用化石燃料之前，绝大部分的能量来源途径只有一个：植物吸收并转换太阳能，再被人类或动物食用并吸收，农业就是人类集中获取稷和稻等作物中所积累太阳能的主要方式。因此，人作为一种能量的储存器，无疑也是很好的俘获对象。

在这样的世界中，扩张农业就是扩大能源供给；人类和动物本质上就是能量的储存器——就像小电池一样，如果你愿意接受的话。② 权力即意味着控制和调配这些人类和动物能源的能力，当然这个基于太阳能的能量体制极大地限制了所有前工业时代国家的实力。对商而言，组织和利用能量的方式主要是在统治集团的直接控制下，利用非自由劳动力进行耕作、战争和毁林开荒。商非常善于调配人力来从事改变环境的活动，这促使它将增加人口和农业产出视为头等大事，也在很早的时候就给中国的森林带来了相当的压力。我们不知道具体在什么时间，这种清除森林开辟农田的行为达到了毁林（deforestation）的程度，考古学者吉娜·巴恩斯（Gina Barnes）认为在公元前 1000 年前后这种情况已经发生了："毫无疑问，新石器及之后历史时期的农业活动造成了绵延黄土地带东部和中原地区的大量森林被毁"③，而且还令

① 根据两位政治学者的研究，"在上古世界至少三个最早出现战争的地区——美索不达米亚、中国和中美洲，战争和政治都具有某种跨文化的共性，是从各个社会最初状态中自发产生的现象，而不是某种文化扩散的结果"。Claudio Cioffi-Revilla and David Lai, "War and Politics in Ancient China, 2700 B. C. to 722 B. C.," *The Journal of Conflict Resolution* 39, no. 3 (1995): 467.

② 关于这种能量体制的详细讨论可参见 J. R. McNeill, *Something New under the Sun: An Environmental History of the Twentieth-Century World* (New York, NY: Norton, 2000), 10-12. 中译本见 J. R. 麦克尼尔：《阳光下的新事物》，第 8-10 页。

③ Gina L. Barnes, *The Rise of Civilization in East Asia: The Archeology of China, Korea and Japan* (London: Thames and Hudson, 1999), 107.

人惊讶地向大气中释放了大量的甲烷和二氧化碳。

森林不仅是树丛，还是一个生态系统，其中所有的生物组成了一张复杂的食物网——微生物以腐烂的有机体为食，释放出矿物质和营养物质供新的植物生长，这些植物（有些）被别的动物食用，如此类推。伐倒树木开辟农田则意味着这些非人类的"野生"物种——不受人类控制的动物的栖息地被迫缩减。我们在前述章节中看到，中国北方的森林曾是众多物种的栖息场所，包括象、虎、犀牛、种类众多的鹿、野猪、鸟类以及各种植物，所有这些动植物都需要在森林中生存。当树木被砍伐、森林被条块分割时，首当其冲受影响的是大型动物，它们的消失可以当作粗略的指标来划定环境变化的范围。例如，我们知道，到公元前 1000 年前后，象的活动范围从最开始遍布中国（包括华北平原）到向南退到了淮河流域。①

说公元前 1000 年时中国北方的落叶阔叶林已经消失，有些言过其实，事实也并非如此。公平地来说，在上古时期的中国，农业和人口的增长、技术的发展、统治者及其观念、战争还有环境变化，所有这些因素纠缠在一起，要分清到底哪个首先出现就如同要分辨鸡生蛋还是蛋生鸡一样困难。在此我只想说，在中国，一个经济、社会、政治和军事力量的复合体在公元前 1000 年就已发展到了相当完备的程度，并作为一个持续的驱动力在接下来的三千年中不断地改变着中国的环境。

67

本章所关注的历史时段为约公元前 1000 年至公元 300 年，在这个时段内，了解中国的政权及其行为对理解上古时期的环境变化非常重要。当然，在任何跨越了长达一千三百年的时段内，事物都会发生很大的变化。此一时段始于周征服商，在整个中国北方建立了政权，同时向东方和南方扩张领土。几代过后，周的统治开始瓦解，各诸侯国纷纷独立，从而形成了数百个小国家，它们之间时而发生战争。这些战争导致了不断的吞并，最后剩下更大、实力更强的地方政权在相互争夺。到公元前 250 年，诸侯国之一的秦开始着手征服其他国家和统一天下，并在公元前 221 年建立起中国历史上的第

---

① Richard Louis Edmonds，*Patterns of China's Lost Harmony：A Survey of the Country's Environmental Degradation and Protection* (London, UK and New York, NY：Routledge, 1994), 29；亦可参见 Mark Elvin, *The Retreat of the Elephants*, 10。

一个帝国。虽然秦祚不长，但其后的汉朝承继了秦的诸多革新，因此我们可以将秦和汉统称为中国的"早期帝国"，其后政权更迭直至公元317年（西晋灭亡），游牧民族入侵终结了（当时）任何再次统一天下的希望。秦汉时期对于中国历史来说如此重要，英语中"China"即来源于秦（发音"chin"），而之后的中国人则自称为"汉（人）"。

这一时期的另一个重要之处在于，秦汉所创立的农业帝国模式成为随后两千年中绝大部分中国王朝组建国家的方式，一直延续到20世纪初。我们将看到，中国农业帝国模式的一个特征就是，家庭式农业通过与货币化的市场经济相连接的税收和劳动力，构成了中央集权制官僚政府的基础。① 这看似很简单，而实际上，这种经由市场联系的中央政权和农业家庭相结合的方式，成为一种独具中国特色的社会组织形式，同时也造就了中国改造自然的方式。

在这段时期内，由两个完全不同的生态环境，以及身处其中并学会在各自生态系统中开发能源资源的人们之间建立的互动关系，成为当时最重要的动态过程之一。到目前为止我们关注的焦点还仅限于农业何以产生于中国北方和南方的环境中，利用突变的植物和其他自然资源为人类维持一个安定的生活方式。而西面和北面的草原地带对人们来说则不是那么热情好客。越往西和北，季风带来的降水越少，气候越发干燥，覆盖地表的草丛也越发稀疏，渐次变为半干旱沙漠和完全的沙漠。在中国人尝试发展农业和组建农业社会的同时，其他人群也正在草原上学习如何开发资源维持生计和组建社会。

---

① 李安敦（Anthony Barbierri-Lowe）认为："帝制早期的中国提供了一个独特的经济范本，即当国家还处于强烈依赖农业和再分配的阶段时，商业活动已开始蓬勃发展。和其他古代文明不同，帝制早期的中国是在货币经济中运转的，几乎所有的东西都可以使用由国家铸币机构按照标准大量铸造的钱币来购买……尽管从理论上来讲，中国的政府是倾向于重农抑商的，但又颁布了一系列的市场法律和条令，极大促进了商业的发展。近年来发掘的法律文本表明，帝制早期的中国政府已经建立了一套相当成熟的具有执行力的合同法，以保证市场交易安全可靠，保护财产权利，降低道格拉斯·诺斯所说的那种在其他前近代经济中阻碍了市场活动的交易成本。"Anthony J. Barbierri-Low, *Artisans in Early Imperial China* (Seattle, WA and London, UK: University of Washington Press, 2007), 18.

草原上的游牧民族

本章起始部分的主题将不再继续关注农业以及它如何影响中国环境，而将目光投向更远的北方和西北方广袤的草原，考察那里的人和环境。这片欧亚大草原自中国的东北地区绵延向西直至匈牙利平原。乍看之下好像有些奇怪，因为它的范围似乎超出了中国环境史探讨的地域界线，但又是必要的，不仅因为中国涵盖了这片草原东部的部分，更重要的是这片草原和草原上的游牧民族对中国历史产生了深刻的影响。

正如中国北部和中部提供了稷、稻农业出现的特殊环境，广袤的欧亚草原同样为人类提供了完全不同的适应条件：成为驰骋于中亚马背上的游牧民。马约在公元前 4000 年被驯化、放牧，此后不久即有证据显示人们已开始骑马（为了放牧）。有了这项技术之后，随之而来的就是突袭劫掠，不过马上箭术和军事化游牧则很可能要等到铁器时代和复合短弓发明之后，也就是公元前 1000 年左右才会出现。在公元前第四个千年，骑马的牧民就已赶着他们的羊群和马群，从黑海以北的乌克兰穿过欧亚大草原向东迁徙至阿尔泰山脉，并在公元前 2000 年之前进入了塔里木盆地北部的绿洲。[①]

托马斯·巴菲尔德（Thomas Barfield）曾这样评价游牧民族在世界历史上 *69* 的重要意义："虽然在人数上相对较少，并且看起来似乎连基本的国家组织也很缺乏，他们还是在超过两千五百年的历史中设法建立起了伟大的帝国，持续威慑并时而征服那些位于中国北方、伊朗、阿富汗还有东欧的强大的定居王国。"[②] 匈

---

① David W. Anthony, *The Horse, the Wheel, and Language*: *How Bronze-Age Riders from the Eurasian Steppes Shaped the Modern World* (Princeton: Princeton University Press, 2007), 199-201, 221-224, 237, 267, 311. 关于游牧民族的性质和起源、骑马和整个中亚草原内的战争有非常多的争论，除安东尼（David W. Anthony）的观点之外，还可参见 Michael Frachetti, *Pastoral Landscapes and Social Interaction in Bronze Age Eurasia* (Berkeley and Los Angeles, CA: University of California Press, 2009); Christopher Beckwith, *Empires of the Silk Road*: *A History of Central Eurasia from the Bronze Age to the Present* (Princeton, NJ: Princeton University Press, 2009)。非常感谢大卫·克里斯蒂安（David Christian）介绍给我后两本专著，并与我分享他即将发表的关于这三本专著的综述文章 "'Pots Are Not People': Recent Books on the Archeology and History of Central Asia"。

② Thomas J. Barfield, *The Nomadic Alternative* (Upper Saddle River, NJ: Prentice Hall, 1993), 131.

奴王阿提拉和成吉思汗只是为欧洲和中国熟知的最为著名的两位，而事实上成功的游牧帝国还有很多。由于它们在与中国人共同建立起的非常重要的共生关系中扮演着重要的角色，是中国历史和游牧民族历史进程中的关键驱动力之一——因而事实上也成为中国环境史的一部分——所以，我们需要来考察一下游牧民族产生的环境及其历史。

欧亚大草原的北边以俄罗斯和西伯利亚的茂密森林、沼泽和苔原为界，南部则止于中亚和中国的农业文明，从西端的黑海一直延伸至东端的中国东北地区，其间被阿尔泰山脉、帕米尔高原和天山阻隔分为东西两部分：西边这部分为俄罗斯和哈萨克草原，几乎与海平面等高，与东欧和近东地区接壤；东边这部分则位于蒙古高原，海拔约4 000英尺，进入中国境内。[①] "在历史上，骑马的游牧民族占领了这片草原和高山牧场……（这里有）青草覆盖的起伏平原、灌木林地以及山峦穿插其中的半干旱沙漠。"[②]

因为人类的肠胃无法直接消化青草，也因为每年稀少的降水使得这里无法发展农业，数千年来欧亚大草原成了人类聚落触角扩张的巨大屏障，从而也将这块广袤土地和生态系统留给了食草的动物们。事实上，在这片草原上生活的动物数量庞大并且种类繁多。其中最重要的是马，马的驯化在游牧生活方式的兴起中发挥了重要作用。

还有一个重要的物种是蒙古野驴，它们被描述成"跑得几乎与赛马一样快……差不多一出生就能躲避主要的捕食者狼……就像其他生活在干旱区的有蹄类动物一样，蒙古野驴的适应能力相当强，在某些季节能以干草和苦咸水为生"。而人类对蒙古野驴和普氏野马（即蒙古野马）的驯化从未成功。欧亚草原上另一种原生动物是野生双峰驼，很有可能是现在驯化的双峰骆驼的祖先。高鼻羚羊同样也来自这片草原，它们能够抵御凛冽的寒风和极寒冷的天气："它那凸出鼻子的作用就像外观一样奇特：鼻孔朝下开合，以免风雪和沙尘进入鼻腔。"这里还有一种体型庞大的鸨，重达30磅，不善于飞，而善于走。在草原上，旱獭会挖掘出连成网络的地洞，将地底的土壤推出洞

---

① Owen Lattimore, *The Inner Asian Frontiers of China* (Boston, MA: Beacon Press, 1967), 21–23. 中译本见拉铁摩尔：《中国的亚洲内陆边疆》，唐晓峰译，江苏人民出版社，2008。

② Barfield, *The Nomadic Alternative*, 136.

穴堆成高达 4 英尺的土堆，由此改变了土质而让羽毛草、羊茅等草类得以生长。① 这里的捕食者则是草原狼。

简而言之，草原对动物来说并非不热情好客。事实上很可能在公元前 5000 年前后时，欧亚草原上的马、野驴、骆驼和羚羊的种群数量即使不庞大，起码也是相当可观的。青藏高原的高山草甸上直到 20 世纪晚期仍有大量的有蹄类动物存在。② 安德鲁·伊森伯格（Andrew Isenberg）估计，1800 年左右的北美洲中部草原上生活着多达 3 000 万头野牛。③ 由此可以想见，欧亚草原上拥有相似规模的食草动物也在情理之中。

中亚草原成群的动物自然吸引了人类的目光。人类学家认为，公元前 4000 年左右，在乌拉尔山以东的中亚地区，人类首次尝试了抓获和驯化马。"这里的环境为饲养动物创造了更为有利的条件，在一定程度上也适合于农业生产。"④ 马的驯化最初是用来提供食物的（尤其在寒冷的冬季），并与山羊和绵羊群一同放牧，很可能同时也开始有了骑马的行为，而到公元前 3000 年则可能出现了马拉货车。"马车和骑马使得一种新的、更为机动的游牧方式的出现成为可能，有了马车满载帐篷和物资，牧人可以将牧群带出河谷地带，持续数周甚至数月在主干河流之间的开阔草原上游牧。"⑤

到公元前 2000 年前后，青铜技术使得马车更为轻便，移动性能更强，因此无论在运输上还是在战场上都有用武之地。"离开了河谷的保护，他们带着大批的牧群在草原上迁徙"；到公元前 1200 年，战车上的游牧部族侵入

---

① Francois Bourliere, *The Land and Wildlife of Eurasia* (New York, NY: Time Incorporated, 1964), 85, 87, 102–103, 104–105. 姜戎的小说《狼图腾》也敏锐地洞察了 20 世纪蒙古东部草原上的蒙古人、马、狼、羚羊、旱獭、老鼠和猛禽之间的生态关系。

② George B. Schaller and Gu Binyuan, "Ungulates in Northwest Tibet," *National Geographic Research and Exploration* 10, no. 3 (1994): 266–293.

③ Andrew C. Isenberg, *The Destruction of the Bison: An Environmental History, 1750–1920* (New York, NY: Cambridge University Press, 2000), 25.

④ Nicola Di Cosmo, *Ancient China and Its Enemies: The Rise of Nomadic Power in East Asian History* (Cambridge, UK: Cambridge University Press, 2002), 23. 中译本见狄宇宙：《古代中国与其强邻：东亚历史上游牧力量的兴起》，贺严、高书文译，中国社会科学出版社，2010，第 27 页。

⑤ Anthony, *The Horse, the Wheel, and Language*, 300.

了伊朗和印度①；正如我们在上一章所看到的，这种马车也几乎同时突然出现在中国的商朝。② 虽然在古代中国人、希腊人和罗马人眼里，游牧民族只不过是野蛮人，或至多也是很落后的族群，然而它们"其实达到了一个相当复杂的经济专业化程度"③，并且创造了人类在这一广袤生态系统中生存的方式，利用马、牛、山羊、绵羊、骆驼转化和储存青草中的能量以备人们使用。草原上的人们以放牧为生，因此他们活动的范围就是牧区，而牧群会不停地追寻春天发芽的新鲜青草，他们就随着牧群不断迁移，所到之处也就成了游牧的地区。马和马车能让人们更为有效地适应草原生态系统，也将这些人和他们的生活方式扩展到整个欧亚大草原。

骑马很可能在马驯化的同时，亦即公元前4000年左右就已开始了，但直到约公元前1000年，马鞍、改良的嚼子和缰绳才让游牧者能够更好地控制他们的马④，骑射手们原来只是有经验的猎人，当合成弓出现之后，他们就成为骑兵。"于是草原游牧民族将一个强有力的移动军事体与一个移动经济体结合起来，产生了一种新的文化，迅速取代了那些半游牧的和沿河流农业定居的人群，甚至开始威胁周围的定居文明……为了在中亚草原上更有效地生存，来自中国边境的农人，来自西伯利亚的森林猎人，还有其他草原上的定居人群最后都采用了完全的游牧方式。"⑤ 换句话说，游牧的生活方式在这个尚未开发的生态系统中是如此成功，使得来自不同地区、操不同语言、拥有不同文化的人们最终都选择了这一方式，并由此产生了一种新的通用的横跨整个欧亚大陆的草原文化。

游牧生活也以年度周期为基础，在这个周期当中，牧人赶着他们的羊群、牛群、骆驼群，当然还有马群辗转于各个牧场。这样的转场有时是水平

---

① Barfield，*The Nomadic Alternative*，133.

② 亦可参见 Di Cosmo，*Ancient China and Its Enemies*，28。中译本见狄宇宙：《古代中国与其强邻》，第32页。

③ Barfield，*The Nomadic Alternative*，137.

④ 狄宇宙认为："骑马者的生活要在实践中转变为真正意义上的游牧生活，会是一个漫长的过程，很有可能直到公元前第一个千年初才彻底完成这一转变。而最早的斯泰基马上弓箭手，则在公元前10世纪或公元前9世纪才出现。"Di Cosmo，*Ancient China and Its Enemies*，27. 中译本见狄宇宙：《古代中国与其强邻》，第31页。

⑤ Barfield，*The Nomadic Alternative*，134-135.

方向的，牧群跟随发芽的新草从南部平原转移到北部；有时则是垂直方向 *71*
的，由春入夏时，牧人需要将牧群从河谷赶到山上。无论哪一种，牧人都需
要跟随季节迁移，他们因此开发出了一种便携式居所，称为穹庐（蒙古包，
也称吉尔，gir），可以一年四季跟随他们在固定的营地和牧场中流转。如果
一切顺利，牧群会在秋季长得膘肥体壮，可以挺过寒冷的冬季或供宰杀。[1]
气候变化也影响了草原上游牧民族的活动。更温暖、更湿润的天气会让草更
加茂盛，牧民的牧群规模因此也会更大，而更冷、更干燥的条件会迫使他们
为牧群去寻找更好的饲料。无论气候条件改善或恶化都有可能使牧民南迁，
与定居的中国农民接触。[2]

　　游牧民族给草原环境带来了多少影响我们无从知晓，不过某些部分还是
可以估计一下的。牧群所需的青草也是其他野生动物的食粮，因此野生动物
的数量会因这些驯化的羊群和马群而有相当规模地减少。这些牧群对草原的
踩踏是否破坏了旱獭的生存环境，并干扰了它们对改变草原土质的作用？牧
群迁移时一路留下的粪便是否让不同种类的青草从一个地方移植到另一个地
方？这些粪便是否改良了牧群的草场，又或者更利于牧草而不利于本地物种
的生长？这些问题的答案我们都无法得到，但可以肯定的是，游牧民族肯定
不是简单地穿梭于草原生态系统之中而没有通过任何未知但实质性的方式对
环境造成任何改变。

　　虽然马在牧群中傲视群英，但通常山羊和绵羊才是牧群中数量最多的物
种，并且也是游牧民主要的食物来源。这两种动物的繁殖速度比马或牛要
快，草原上所有植物几乎都是它们的食物；它们活着的时候提供羊毛和
奶——宰杀后还能提供肉和皮。牧群中所有动物的奶都能酿成奶酒，而羊毛
则用来制成毛毡，做成遮风御寒的衣物或者蒙古包上的覆盖物。总之，牧群
中的动物将草原提供的能量转化成了人类可以使用的物质。如果没有这些重
要的联系，人类在草原上的生活将举步维艰。

　　凭借游牧的生活方式，人类在欧亚大草原上安顿了下来，到约两千年前

---

　　①　Barfield，*The Nomadic Alternative*，140–144.
　　②　关于气候变化的一般讨论，参见 Ts'ui-jung Liu，"A Retrospective of Climate Changes and the Impacts in China History," in Carmen Meinert, ed.，*Nature*，*Environment and Culture in East Asia*：*The Challenge of Climate Change* (Leiden：Brill，2013)，107–136。

人数很可能已达到了 100 万。最小的社会群体可能就是跟随着自己的牧群辗转于世代流传的牧场之间的一个个家庭。在冬季，较大的营帐主要由男性成员占据，不过女性在其中也仍然有自己的位置以及很大的活动空间。这些游牧民的群体通常以家族为单位——除非，像下面我们将会看到的，当与外界其他游牧民或者汉人这样的定居社会发生关系时，催生出类似部族或同盟这样的泛游牧组织。[①]

这些广义政治组织产生的原因之一是，游牧方式在满足基本需求之外能产出的剩余并不多，因此几乎没有给统治集团形成留出多少空间。不过我们的确知道游牧民族发展出了一个武士精英阶层，从中选出他们的领袖（汉人称为单于），其他人都追随他。所有男性的游牧民（有时也包括女性）只要接到命令就要立即成为战士，因为突袭其他部落或农业社会会带来战利品，并由领袖分配给他的追随者。[②]"草原王国的统治者……并不打算从他们的游牧所获中抽取资源以支持其统治，而恰恰相反，他们利用追随者集合的军事力量去外面抢掠，得来的物资不单用来维持帝国的统治，还会用来安抚那些有可能叛逃的部落。"[③]

游牧民通过这样的方式进入"历史"：那些被他们袭击的人，例如伊朗人或中国人，他们拥有文字，并将这些袭击者写入了史册。对华北平原的中国人来说，这样的接触往来直到约公元前 500 年的战国时期才开始，本章稍后将会讨论到这一时期。由于所有关于游牧民族的记录都来自受到他们威胁的人群，例如汉人，这些记录也就会反映出这些"文明人"对他们世界内部和周围其他人群的看法。而实际上，游牧民族对中国人来说远不是"戎狄"那么简单。

其他非周室族群

在公元前 1000 年左右，中原人自称为夏或华，认为他们的住地处于中原（中国），围绕着他们周边生活的族群，无论是已知的还是想象中的，都不如他们"文明"，于是这些人群就只是各种"野蛮人"。北方的统称为"狄"，南方的统称为"蛮"，东方的都是"夷"，而西方的全为"戎"。在这些粗略的大类当中，中原人对于攻击过他们的人还给予了其他具体的称呼。

---

① Barfield, *The Nomadic Alternative*, 145-150.

② Ibid., 144-145, 149.

③ Ibid., 149.

根据考古学和语言学上的证据，我们现在知道上古时期在中国的土地上，曾经生活着一大批拥有不同文化和语言的族群，其中就包括了北方的游牧民族。

　　而我们面临的一个问题是，这些族群的名字散落在中国的典籍当中，而这些典籍总是倾向于把其他的族群都定义为"蛮夷"。这样的标签很多都出现在中国的神话作品当中，而在其他作品中它们指代的又是不同的人群——又或者，在同一个地方，生活的族群已经更换，而中国人仍然以相同的名字来称呼它们。马思中（Martin Fiskesjö）注意到，中国的"文明"其实是需要"蛮夷"来衬托和区分的，并在他的著作中举了一个宋朝（960—1279 年）汉人重新发现"古苗族"的有趣例子。[1] 白海思（Heather Peters）则在将可以通过考古明确辨识的古代越文化，与一些后来的族群和现代的民族（特别是傣族）联系起来时探讨了类似的问题，越人曾经生活在长江以南，也从事水稻种植，利用水牛耕田，在水边的木桩上建造他们的房屋并在脸上刺青。[2]

　　蒲立本（E. G. Pulleyblank）认为，汉人称为苗和瑶的族群居住在南方从长江流域直到操泰语和越南语（孟-高棉语族）族群生活的区域。泰语族群的语言是现在泰国和老挝的官方语言，该族群在上一个千年前后迁出了中国南方（可能是被汉人排挤出去的）。其他中国南方操泰语的民族有侗族、壮族、湖南的（五）溪，可能也包括西南的仡佬族或仫佬族。[3] 南岛语族的分布范围非常广，从夏威夷一直到马达加斯加，台湾岛内的一些语言也都与其相关。越人沿着东南沿海分布，他们的语言则属于孟-高棉语族，就像生活在淮河沼泽向北远至山东的夷人一样。继续向北进入河北东北部后则是貊的领地，而再往北进入东北南部和朝鲜半岛，则生活着濊貊和东胡。[4] 我们

---

　　[1]　Martin Fiskesjö, "On the 'Raw' and the 'Cooked' Barbarians of Imperial China," *Inner Asia* 1 (1999): 139-168.

　　[2]　Heather Peters, "Tattooed Faces and Stilt Houses: Who Were the Ancient Yue?" in Victor Mair ed., *Sino-Platonic Papers* no. 17 (1990): 1-27.

　　[3]　译者注：据江应樑《傣族史》（四川民族出版社，1983），泰国学者的考古发现证实，泰族在四千年前就已在中南半岛活动，并非从中国南方迁入或被汉人驱赶至此；侗族虽然也属于侗泰语族，但并不属于泰语支，而属于侗水语支。

　　[4]　E. G. Pulleyblank, "The Chinese and Their Neighbors in Prehistoric and Early Historic Times," in *The Origins of Chinese Civilization*, ed. Keightley, 411-466.

现在无法一一确定，不过所有这些操不同语言具有不同文化的族群肯定在各自独特的生态环境中找到了生存的方式，有些从事农耕（定居或游耕），不过大部分还是依靠狩猎、采集、捕鱼为生。考古发现也证实了在周的境内及周围，有数量众多且各自不同的非周人部落存在。① 当中原人巩固势力并向外扩张到这些族群的领地上时，我们会更多地关注到他们。这种扩张将这些族群放在了一个复杂的互动过程中，也迫使他们在面对更强大的汉人时选择离开。

周的征服：拓殖地与森林，公元前 1050—公元前 750 年

到公元前 1050 年，中原地区众多被商蹂躏的族群开始奋起反抗。商朝经常抢掠粮食的行为无疑激起了众怒，其中尤以羌人的村落最频繁地遭到商人的突袭并被掳走用于祭祀。不过周才是反商联盟的领袖，周是生活在商以西的一个族群，领地位于渭河即将注入黄河之前的那块冲积平原上。在这个反商联盟中除了羌，还有庸、蜀、髳、微、卢、彭、濮等。② 公元前 1046 年，周领导的联盟击败了商，建立了自己的国家，也就是此后享祚 700 多年的周朝。由于流传至今的文字史料全部来自周，因此基本上我们所能看到的都是周善良而高尚，商邪恶又暴政。其他参与伐商的族群则几乎都从这些史料中消失了，不是通过通婚而并入周，就是被周征服而灭亡。③

周的核心区域位于渭河流域，后来被称为"关中"，意思是"四关之中"。这里就是旱地农业在中国最先发展的地方（参见前章）。到公元前 1000 年时，这片黄土沉积的盆地上的人们和他们驯养的动植物已经在很大程度上取代了天然的灌木植被，只有海拔 3 000 英尺以上的秦岭才有一些时段被森林覆盖。同时消失的还有野牛、马、水牛、瞪羚、几种鹿，以及可能包括犀牛和大象这些早于人类和他们的刀耕火种方式之前生存于此的

①　Lothar von Falkenhausen, *Chinese Society in the Age of Confucius* （1000-250 BC）：*The Archeological Evidence* （Los Angeles，CA：Cotsen Institute of Archeology, University of California-Los Angeles，2006），ch. 5.

②　Stephen F. Sage, *Ancient Sichuan and the Unification of China* （Albany, NY：State University of New York Press，1992），35.

③　Von Falkenhausen, *Chinese Society in the Age of Confucius*，240，244-252.

动物。① 易耕作的黄土可以年复一年地种植而无须休耕，渭河则提供了新鲜的水源，而建造房屋和取暖用的木材可以从南边的秦岭中得到。秦岭的存在还充当了一个天然的屏障，而渭河在注入黄河之前也挡住了东边来犯的通道。周在渭河的南岸建立了都城镐。

为了能控制他们新近获得的领土，周的统治者创造了一套权力下放的政治制度，有时也被描述为封建制度。周王派遣他的家族成员、战争中的盟友甚至是可以信任的商朝贵族作为诸侯国君，分别去管理那些以他们名字命名的封地。周王室则在都城周围沿着渭河为其保有相当规模的土地，称为宗周。作为受赐封地的回报，诸侯国君须向周王室效忠，在需要的时候出兵勤王。

周所派遣的这些拓殖者也是改造当地环境的执行者。在受封到荒野或新近征服的土地上之后，这些诸侯随即建起城镇或要塞以宣示主权，有的又将土地分封给自己的下属，这些人则开始清除森林开辟农田，并用英雄主义和军事化的语言把这些行为写入了诗歌，将树木森林描绘成敌人，而将毁林开荒和建立城防描述成正义的行为。②

为控制环境而付出最大努力的是在关中东面的黄河冲积平原，原本住在这一地区的族群被称为（东）夷。这里地势平坦，森林茂密，但由于黄河会定期泛滥，这里不是一个适合务农或建造城池的所在，城池都只能建在河道以南或以北的高地上。尽管如此，这片冲积平原还是相当肥沃的，只要建好堤坝防止黄河泛滥，这里就是定居的乐土。我们将会看到，在此之后，黄河堤坝的建设工作就已开始，而这也给华北平原的环境和历史造成了深远的影响。

各种资料显示，在周朝初期，华北平原甚至周的核心地带渭河流域仍然存在着大片的未开垦土地。举例而言，在公元前800年左右，周的一个诸

---

① Brian Lander, Environmental Change and the Rise of the Qin Empire: A Political Ecology of Ancient North China, Ph. D. dissertation (Columbia University, 2015), ch. 2. 关于关中本地动物的详细名单，请参阅书中第73-75页的附录"文中提到物种的学名和中文名"(Scientific and Chinese Names of Species Mentioned in the Text)。兰德尔（Lander）的研究是迄今为止对中国古代北方环境最好的重建，对我们了解中国环境史做出了重要贡献。

② 转引自 Mark Elvin, *The Retreat of the Elephants*, 43。

侯国郑国因某种原因要从原来的封地迁往更东面的地方，这片新的土地位于周的都城也就是宗周附近，但即使在这里，也要"斩之蓬蒿藜藋"，根据历史学者许倬云所述，"到这里定居的人们不得不付出相当大的努力来开垦田地"①。

因此我们看到，在周早期（约公元前 750 年之前），清除森林的范围已经从华北平原上商朝的核心地带向东、东北和西北扩展，这一过程自然也伴随着明显的生态变化。我们对当时位于长江流域的楚国、位于四川盆地的蜀国以及出现在南方的吴国政权都知之甚少。对于这些非周室族群的了解都只能基于考古发现，而证据显示这些族群在技术上的发达程度都不逊于周，甚至在有些方面——尤其是铁器制造上很可能比周还要先进。这些族群的社会同样等级分明，有统治集团和普通务农者。不过因为现存文字史料的关系，我们还是对周早期的社会组织方式更为熟悉。

早期的周虽然在一些基本观念上与商有所差异，但其社会与商非常相似。王和王室处于社会最顶端，坐镇都城统治全国，公元前 770 年之前的都城在宗周，后来东迁到了洛邑。被周王派遣到封地的王室成员、盟友和一些前商朝的王室也都建立了贵族体系来管理自己的领地并对周王室效忠，当周王召唤时，这些贵族必须出兵。贵族们都居住在有城墙的城市中并从这里发号施令，这些城市与都城之间有道路相连，可以通行战车和货运马车。因为青铜器具的大量铸造，我们可以推测，从商统治的年代起就有大批工匠和铸造工人生活在城市内部或周边；在王室和贵族的土地上耕作的则是受束缚程度不同的农人；几乎所有的东西——食物、衣物等等——都可以在诸侯自己的领地里生产。②

直到约公元前 500 年铁器得到广泛使用之前，周的农人都是用石制或木制的犁来开垦土地，有些石犁由人力拉动，另一些则要使用一组牛；此外，锄头也是开挖土地的工具之一。在极易受侵蚀的黄土地上，犁地的技术中还包括起垄，以最大限度地减少土壤侵蚀。两种稷仍然是主要的作物，不过小麦和大麦已经变得越来越重要；在不向周进贡的长江流域和中国南方地区则依旧种植着水稻。在商代，商王靠占卜来决定播种时间，而到了周时期，对

---

① Hsu, "The Spring and Autumn Period," *CHAC*, 550.

② Ibid., 576.

历法的使用和对树木灌丛等开花时间的观察则变得常用起来，显然，这是更加准确的方法。

白馥兰曾总结认为，商和周的农业产出都是非常丰富的，能供养一个具有相当规模、不从事农业的统治集团和附属于他们的工匠群体。她同时注意到商朝时就已使用牛拉犁，"没有高产作物，甚至没有灌溉……来提高农业产量，因此商朝的农人肯定是使用了牛拉犁来耕种他们的土地。这样的做法有其经济必然性，他们对动物牵引的原理很熟悉，而用犁耕田的方法……很可能在他们的祖辈那里就已经有所了解，同样处于青铜时代的（越南）东京地区已经使用了这种技术"①。

76

与商类似，早期的周也拥有大片土地和相对较少的农作劳动力。在这种情况下，诸侯为了不让手下的农人逃入森林，必然会采取各种方式来对他们进行控制。而我们将在下面看到，进入战国时期（公元前 481—公元前 221 年）以后，情况有所改变，当农人对他们在某一位诸侯手下的前景感到不满并希望能改变命运时，他们可以逃往另一个在雇佣方面更有吸引力的国家。但在周早期，要想不再辛苦劳作供养贵族，唯一的方法只有逃进森林。

农人必须留在村庄里从事农业生产，因为人口的减少和粮食产量的下降对于一个诸侯国来说是灾难性的。在周朝早期诸侯国相互敌对或者还有草原劫掠者不时来犯的情况下，人口和粮食就是国家的实力，而对这些实力来源的控制对一个统治者来说是必不可少的，因此它们关注的主题必然始终放在农业上。

当可供清除的森林面积减少而人口数量却在增加的情况下，土地规模和劳动力供应量的天平就发生了倾斜，防止农人从土地上逃入森林的理由也随之淡化了。这种改变的迹象很早就已出现，在公元前 913 年，根据一件青铜器铭文的描述，该地区未经开垦的土地已经出现了短缺，一位诸侯国君不得不从他人手中购买土地，在买方支付完成后，卖方却反悔了，由此形成了一场诉讼。一个王室的专门小组听取了这些证据后，判定这些土地已售出，将土地从卖方手中划给了提起诉讼的买方。② 很显然这只是众多类似事件中的一件，大部分这类案件都由周的司寇来裁定。然而，当周王室的实力和影响

---

① Bray, *Agriculture*, 161.

② Shaughnessey, "Western Zhou History," 326–328.

力下降时，各地方的诸侯就开始用自己手中的军事力量来解决土地纠纷。而当旧领主被打倒，土地重新分配给新的家族后，后者的入驻又会与邻邦产生新的领土争端，继而使这个问题更加复杂。随着周王室的统治日渐衰落，上百个新兴的小国家崛起，对土地和资源的争夺令它们之间的冲突愈演愈烈。而这些国家为备战而不断索取资源的行为也使当时的环境承受了更大的压力。

周朝初期的中国渐渐发展出了一种思想，认为人类应该去主宰和控制自然，这个思想在几百年后的汉朝得到了全面的阐述和落实。周用一种新的观念解释了它对商的胜利——天命，这个观念认为，上天授命于商，不仅让它来统治人间，还要求它好好地统治——维持宇宙间的秩序井然。末代的商王滥用了这种信任，周朝的史料将其描绘成了恶魔，随意残杀自己的臣民，令他们饥寒交迫。周对于自己战争胜利的解释是，上天收回了对商的成命，并将其授予了周①，周最终战胜商并制服了自然，由此重建了秩序。周统治者于是"驱虎、豹、犀、象而远之，天下大悦"②。

在周早期的记述当中有很多杜撰的成分，不过也的确展现了中国早期关于环境的信条和行动——环境是应该去开发和改变的，这些信条不仅在周初尚武时期很受推崇，对这个国家在和平与文明建设时期的影响也不容忽视。也就是说，正确的自然秩序应该是由人类来主宰环境，野生动物则应被尽数驱赶。当然，虎、豹和大象对人类来说确实是危险的，尤其是在人类持续破坏它们的栖息地、让生存变得愈加艰难的时候。很显然，上古时期的中国对如何按照人类的方式改造环境的兴趣远比"天人合一"要浓厚得多。

战争、春秋战国和第一个帝国的创立，公元前 750—公元前 200 年

在公元前 771 年犬戎逼迫周王室东迁之后的约五百年中，中国经历了非常显著的变化，所有这些变化也都影响了中国人理解环境和与环境互动的方式。从政治方面来说，周王室对诸侯国控制力的下降促使上百个新兴国家相

---

① 早期周的统治者对上天是把天命授予整个王室抑或仅仅王本人存在着分歧，这场辩论以后一种说法的取胜而告终，中国的统治者从此以后也就被称为"天子"。Shaughnessey，"Western Zhou History," 315.

② James Legge，*The Works of Mencius*（London，UK：Trübner，1861），vol. 2，156. 在伊懋可的书中使用了一个稍有不同的较长的翻译，*The Retreat of the Elephants*，11. 译者注：《孟子·滕文公下》。

继建立，它们大多相互之间时有战争爆发，有时还会去联合周边非周室族群。这些战争导致了领土的兼并，到公元前 400 年，这个列国混战的系统中只有约 20 个最有实力的主要国家留存了下来。统治集团会伴随着国家的灭亡而崩溃并向社会下层流动，而具有管理国家和作战能力的人则因其军事才能而非出身地位上升。于是，关于一个国家该如何最好地利用自然资源和人力的理论以及如何构建一个理想国家的理论在此时得到了详细的阐述。国家的收入逐渐集中于对收成的课税，这导致了土地的私有化和农人家庭可以自行决定生产，于是土地和农产品市场也发展了起来。一些位于南方和东方并不属于周的国家也逐渐参与到了这场混战之中，从而把其他一些今天也成为中国一部分的地区也拉进了这一政治和军事互动区。铁器在公元前 500 年前后开始出现，其使用范围很快扩展到了农业（尤其是犁）和此后的战争领域（例如大规模生产的铁剑、箭头和弩）。农业产量的提高促使人口显著增加，而战争的规模和破坏程度也随之扩大，有时投入战争的军队人数超过了十万之众。大范围的森林砍伐和环境破坏此时变得显而易见，而一些警告的声音也已经出现。

这些状况一直延续到战国之一的秦在约公元前 250 年发起旨在消灭所有对手的战争。秦最终于公元前 221 年统一了中国并建立起第一个帝国，在这个帝国兴衰的过程中，影响此后中国两千年的政治、经济、社会以及环境的模式也逐渐定型。回溯历史，我们会发现，从公元前 750 年到公元前 200 年的这段时间，就是一个从列国混战的体系到大一统农业帝国的转型期。在这五百多年中，有记录的战争达到 1 000 多次，其中大部分发生在后二百五十年中，因而将其命名为"战国"（公元前 481—公元前 221 年）也是恰如其分的。

一个竞争性的列国体系对这些国家的组织方式和它们与自然环境的互动方式都产生了显著的影响。所有国家，包括在长江流域及以南活动的吴、楚、越等，都非常清楚，作战、备战和为战争筹款是所有这些国家日常活动的重中之重，因此这些优先事项也创造了一整套符合和熟悉战争需要的政治、社会和宗教机制。对他者的支配意味着要同时支配社会和自然环境，农业发展的主要目的就是提供更为坚实的"战争力量"。[①] 国家安全的需求推动

---

① Mark Elvin, *The Retreat of the Elephants*, 101.

了政治概念的形成和农业的创新，当然还有人口的增加，而所有这些都被投入了战争的车轮。

战争驱动着政治革新、社会变化和对自然的侵入。为了找到一条获取农业人口财富的通道，一些无情的统治者废除了他们的贵族制度，逐渐创造出一个官僚化的体系，管理民生和军事的官员忠于国君并从国君那里直接获得任命。越来越多的国家收入来自税收，这将贵族的领地逐渐变成了私人的财产。各国之间边境的建立，使得被视为荒地的森林受到重视，统治者纷纷将其开辟为农田以招募农人；那些给出更好"待遇"的国家，包括土地所有权、个人无须考虑出身而有提升社会经济地位的可能性——比如秦、魏、韩、赵——吸引了众多的移民，并由此扩大了农业人口规模。正如许倬云所指出的，"于是，一定数量的平民成为自由的农民，为属于他们自己而非贵族领地的土地耕作"[①]。这也意味着有更多的森林变成了农田。

随着人口的增长，城市的数量与规模也随之膨胀。说起来虽然有点矛盾，战国时期却是中国城市化和商业化发展的时期。齐国的城市临淄，人口达到 35 万～40 万，其中有工匠、商人和各种服务人员。各国在国内修路，铸币，与其他国家频繁开展贸易往来。如果一个国家实力过于强大，其他国家就会联合起来与之抗衡。总而言之，这段时期的流动性相当大，一些人的社会阶层得以上升，而另一些人则出现了下降；一些人变得有钱有势，而另一些人则失去了他们的财富或政治资本。在这个混合体中，还诞生了一项强大的新技术——冶铁。

古代中国的铁和钢

青铜冶炼技术在中亚草原的发展早于中国，冶铁也是一样。[②] 到公元前1000 年，当青铜冶炼技术在周早期日臻精进时，铁器已经成为游牧经济和政治发展的一个组成部分，在生活和战争的各个方面都会用到它。

在今天中国的版图内，明确的冶铁证据可追溯到公元前 500 年，不在中原诸国的核心区域，而在长江以南的吴国。吴国人在周征服商之前就已经居

---

① Cho-yun Hsu, *Ancient China in Transition* (Stanford, CA: Stanford University Press, 1965), 111. 中译本见许倬云：《中国古代社会史论》，邹水杰译，广西师范大学出版社，2006。

② Di Cosmo, *Ancient China and Its Enemies*，31-32，39，45-47. 中译本见狄宇宙《古代中国与其强邻》。

住于此，并拥有相当成熟的青铜技术，他们不仅像周人一样用青铜制作礼器，还将其打造成农具，为水稻种植中使用的木铲加上青铜的刃口，还用青铜制作收割用的镰刀和锄头，由此可见其农业发展程度至少是不逊于周的。到公元前 6 世纪也就是战国时期，吴国已成为一个强大的国家，北方诸国也承认了它的实力。不过吴国后来被更为强大的越国征服，之后越国的领土又成为位于长江流域的楚国的核心地区。

铁长期以来被看作青铜冶炼的副产品。历史学者华道安（Donald Wag-ner）推测，吴相较于周来说，等级制不那么明显，对发展农业兴趣浓厚，致力于寻找一种比青铜廉价的材料用于工具的制造。吴国人也确实做到了，到公元前 500 年，吴国人的墓葬中就有了铁器；而到了公元前 4 世纪，冶铁技术已经在长江流域广泛传播开来。① 这种冶炼技术和铁器的高质量可能引起了北方诸国的注意，它们也开始大量制造铁器。由于北方的游牧民族和南方的吴国都拥有冶铁技术，这种技术有可能是由西部的非周室族群向南传入的，也有可能是各自独立发展起来的。而当诸侯国了解了这项技术和它在战争中的用途后，冶铁也就在这些国家中得到迅速的扩散。 *80*

铁矿在中国的分布很广，因此一旦这项技术广为人知，冶铁的作坊便很快扩散开来。矿山大多会开在森林中周围有小溪或河流经过的矿石沉积层上，冶铁场实际上更像是一个森林中的大工厂（需要木材烧成木炭供给熔炉熔炼铁矿石），它还需要溪水或河流提供水力（来鼓动风箱）。华道安估计，年产 800 吨生铁——这应该是这些冶铁场能达到的产能——需要约 4 平方英里的森林。"前工业时代冶铁业的稀缺资源，"他认为，"是木材而非矿石。"② 于是，继人口膨胀、农业扩张和战争之后，冶铁业的出现又新增了对木材的需求和对空气中二氧化碳的排放，这对环境来说无疑是雪上加霜。我们将在下一章看到，到了公元 1000 年左右，华北平原和附近的山丘已被砍伐殆尽，再没有木炭可供炼铁之用，不过此时煤炭却适时被发现并用于相同的场合。

铁可用来制成剑、刀、钻头、锯、弩的部件、皮带钩、头盔以及拘押奴隶用的手铐、脚镣、枷锁等，在农业方面则有锄头、铁锹、铲子，特别是犁

---

① Donald B. Wagner, *Iron and Steel in Ancient China* (Leiden, NL: E. J. Brill, 1993), 60-106, 406-407.

② Ibid., 258.

头，很多铁匠都因此变得非常富有。无论在农业上还是战争中，铁器的使用都提高了效率，增加了产出，为各国人口增长做出了贡献，同时也扩大了军队的规模并增强了它们的破坏力。

炼铁场所需的木炭是否也加剧了森林减少还存有争议。李安敦认为："不加选择地砍伐树木生产木炭造成的森林减少会导致严重的侵蚀，甚至永久性地改变气候。在一次汉朝发生的悲惨事故中，有100多名工匠因此而丧生。这个故事是以一个名为窦广国的少年口吻记述的，他年幼时家境贫穷，年仅四五岁（约公元前190年）就被人掳走并出卖为奴，几经转手之后最终在今河南洛阳附近的宜阳一家私人炼铁场里以烧炭为生，他和其他奴隶同伴的劳作显然已经几乎伐尽了附近山坡上的树木。一天夜里当他们都睡下后，整个山体突然垮塌，将100多人全部掩埋，唯独他侥幸逃生。"[1]

而华道安则认为冶铁业并没有造成森林的减少。他指出，用来生产木炭的树木数量固然很多，但一片专用于生产木炭的森林在适当的管理和维护下，有充分的能力提供足量的木材而不会造成生态的破坏。[2] 不过在本章下一部分有关资源约束的讨论清楚地表明，这样管理森林的水平在早期帝国似乎还没有达到。

战争以及对自然资源的利用

战争和列国体系的出现，伴随着新阶层崛起而旧阶层没落的社会快速变化，城市化所带来的人口集中和通过货币与市场获得自己并不生产的粮食和物品，以及新的冶铁技术的出现，所有这些都给自然资源带来了压力，也催生了一种新的观念，认为自然资源并不是无限的——这一全新的观念为战争中的国家以及它们对自然的索取带来了一线曙光。

编纂于约公元前250年的《管子》一书中这样写道："国侈则用费，用费则民贫……故曰：'审度量，节衣服，俭财用，禁侈泰，为国之急也。'不通于若计者，不可使用国。"[3]

《管子》一书还对如何节俭加以细述。"山林虽广，草木虽美，禁发必有

---

① Barbierri-Low, *Artisans in Early Imperial China*, 98-99.

② 与 Donald B. Wagner 的私人信件交流。

③ Allan Rickett, *Guanzi*：*Political*，*Economic*，*and Philosophical Essays from Early China*：*A Study and Translation*（Princeton，NJ：Princeton University Press，1985），vol. 1，228. 译者注：《管子·八观》。

时。……江海虽广，池泽虽博，鱼鳖虽多，罔罟必有正。舡网不可一财而成也，非私草木，爱鱼鳖也，恶废民于生谷也。故曰：'先王之禁山泽之作者，博民于生谷也。'"①

显然，《管子》表达了一种意识，即自然资源是有限的，一个成功的国君应该对开发本国资源的行为做出严格的限定，以免资源枯竭。但对于当时的统治者来说，首要问题是如何保持这个国家的实力，而不是保护环境。似乎有点矛盾的是，战国时期鲜有国家实际取得了成功，因此《管子》无疑是在众多国家失败例子的基础上对统治者提出的警告。不过，战争带来的压力相比节约资源的建议，显然更加不可抗拒。

对于统治者来说，增加粮食产量从而保持和增加人口以便调遣显然是最重要的事情。因此，《管子》对如何进行成功的农作提供了很多农业和生态基础方面的信息，其中首要的就是农业历法。书中还将地下水位的高度和旱涝的可能性进行了联系，并用一整节来叙述土壤的分类（《地员》）。译者李克（Allyn Rickett）注意到，《管子》"在土壤和植物生态方面细致入微的描述独树一帜，并且毫无疑问也是这个领域当中全世界最早的著述之一"②。

《管子》根据植被特征、地下水位高度和哪一种谷物最适宜在此生长，将土壤分为五类，并将植物品种与其特定的生长环境联系起来。例如，"山之上命之曰悬泉，其地不干，其草如茅与走，其木乃櫄，凿之二尺乃至于泉。……山之侧，其草菖与蒌，其木乃品榆，凿之三七二十一尺而至于泉"③。

古代中国如此详尽的生态知识与巨大环境压力甚至环境破坏的同时出现，并不令人感到意外，（后文将会谈到）现代环保运动也是在类似的情况下兴起的。 *82*

各诸侯国与非周室族群

中原诸国不仅相互之间争斗，还与非周室族群发生战争。周在将这些族群归类为蛮夷时，部分依据的也是这些族群的饮食喜好及方式："中国戎夷，

---

① Allan Rickett, *Guanzi: Political, Economic, and Philosophical Essays from Early China: A Study and Translation* (Princeton, NJ: Princeton University Press, 1985), vol. 1, 230. 译者注：《管子·八观》。

② Ibid., 112, 254.

③ Ibid., 265-267. 译者注：《管子·地员》。

五方之民，皆有性也，不可推移。东方曰夷，被发文身，有不火食者矣。南方曰蛮，雕题交趾，有不火食者矣。西方曰戎，被发衣皮，有不粒食者矣。北方曰狄，衣羽毛穴居，有不粒食者矣。"①

戎和狄分布的地区从中原诸国的西北方一直到东北方，多半是牧民，但并不游牧，担当着更北方草原上的游牧民族和中原诸国之间的缓冲角色。狄可能是"在此生活了几千年的山民后裔"②。在与诸国长期接触（多半因为战争）的众多非周室族群中，狄虽然令诸国头痛，但也在无意间分隔了周文明和北方草原游牧民，中原诸国很有可能甚至从未知晓游牧民族的存在。狄与周各诸侯国争斗了几百年，也筑起城市，组建军队，发展经济来保卫领土；而在公元前 4 世纪中期，狄也构筑了针对北方草原游牧民的防御工事。虽然狄和戎并非游牧民族，但周仍将其认作野蛮人，"耳不听五声之和为聋，目不别五色之章为昧，心不则德义之经为顽，口不道忠信之言为嚚"③。我们没有狄或戎的任何资料，但或许也会相当好奇，它们是如何看待其南面的周朝诸国的呢？

与此同时，历史学者狄宇宙认为，从公元前 9 世纪到公元前 3 世纪，整个欧亚草原"马、牛、羊等牧群在不断地增长……在亚洲内陆各个地区，伴随着（游牧）经济的成长，一个好战的军事贵族阶层逐渐兴起"④。换句话说，当中原诸国相互征战之时，戎、狄以北的草原人民却在经济、军事和政治上不断发展壮大。而狄宇宙认为中原人似乎对"草原上正在发生的重大事件"毫无察觉。⑤

但周确实十分关注戎和狄，并不断侵占它们的土地。公元前 771 年，戎的进攻迫使周王室放弃了关中的都城东迁至洛邑。在接下来的一个世纪里，周的诸侯国尤其是齐国，留下了不计其数与戎交战的记录。公元前 7 世纪，戎最终为诸国所灭。而另一个诸侯国晋国则对狄的土地颇为觊觎："狄之广

83

---

① 转引自 Chang, *Food in Chinese Culture*，42。译者注：《礼记·王制》。

② Von Falkenhausen, *Chinese Society in the Age of Confucius*，258.

③ 转引自 Nicola di Cosmo, "The Northern Frontier in Pre-Imperial China", in *CHAC*，949。译者注：《左传·僖公二十四年》。

④ Di Cosmo, *Ancient China and Its Enemies*，87。中译本见狄宇宙：《古代中国与其强邻》，第 94 页。

⑤ Ibid.，90。中译本见狄宇宙：《古代中国与其强邻》，第 96 页。

莫，于晋为都。晋之启土，不亦宜乎?"① 晋在公元前 7 世纪到公元前 6 世纪无数次袭击狄，掳获战利品并侵吞土地，最终导致狄在公元前 5 世纪灭亡，融入了中国的版图。到公元前 400 年左右，（由于各种原因）戎和狄都已消失，因此位于北方边境的秦、赵、燕等国家就不得不直接面对草原游牧民族了。

游牧民和游牧"侵略者"

草原上的人们与不断扩张的各诸侯国之间是注定要在约公元前 450 年至公元前 330 年间发生军事冲突的，问题是双方基于自身立场的述说完全不同：中国的典籍倾向于将这种关系描述为"蛮族"不断袭击和侵略中国，而游牧民族则视诸侯国向北扩张是为了侵占它们的土地。根据狄宇宙的观点，在戎和狄消亡之后，中原诸国开始向北推进，它们的军队与游牧民对峙，在缺乏马匹或骑兵的情况下，诸侯国采用了它们在互相交战和与南方楚国作战时所用的技术，修筑城墙。第一条"长城"由齐国筑成，用来防御楚的攻击。之后诸国也陆续仿效，在它们之间纷纷筑起了类似的工事。

于是，各诸侯国都学会了如何用夯实的土石筑起蜿蜒的长城。它们将游 *84* 牧民族赶出牧场和家园，随即筑起长城防御它们的攻击：魏在公元前 353 年，秦和赵约在公元前 300 年，燕在公元前 290 年。按李约瑟（Joseph Needham）的描述，"修筑长城的目的在于粉碎游牧民族的骑兵袭击战术，或采用（某个）同类战术的诸侯国的攻击"②。于是，到公元前 300 年左右，长城在"一大片草原的中间"建立起来，区隔了北方的游牧民和长城以内（或以南）的牧民与农耕人群。在随后的一个世纪中，中原人对游牧民——中原人统称之为"胡"——土地的侵占迫使分散的游牧部落联合组成了草原上的强大联盟——匈奴，匈奴也逐渐成为中原人"可怕的对手"。③

新的匈奴联盟击退了中原的势力和移民，于是秦国开始修建一条"长"

---

① 转引自 Di Cosmo, *Ancient China and Its Enemies*, 110。译者注：《左传·庄公二十八年》。

② Joseph Needham, *Science and Civilization in China*, vol. 4, part III, *Civil Engineering and Nautics* (Cambridge, UK：Cambridge University Press, 1971), 53. 中译本见李约瑟：《中国科学技术史》，第 4 卷，《物理学及相关技术》，第 3 分册，《土木工程与航海技术》，汪受琪等译，科学出版社，2008，第 58 页。

③ Di Cosmo, "The Northern Frontier in Pre-Imperial China," 953.

城来巩固其在草原上的利益。从这个角度来说，秦汉所筑的长城其实是为了保护它们从匈奴手中夺取的土地而做的防御工事，匈奴与中原人作战是对中原进犯的回应，而并非"野蛮"的匈奴侵袭"文明"的中原。

然而，这时所筑的长城（在 15 世纪又建立了类似的长城，参见第五章）确实成为一个重要的分界线，分隔了两种迥异的生活方式及其与自然之间的互动方式。中原人和游牧民族在边境上的关系也成为之后两千年中国历史的一个关键部分。秦长城规模如此浩大，以至于一些学者如李约瑟表达了对其"过度干扰自然界固有面貌"的担心。将军蒙恬受始皇派遣负责长城的设计和施工，在始皇死后即被赐死，蒙恬感叹道："恬罪固当死矣。起临洮属之辽东，城堑万余里，此其中不能无绝地脉哉？此乃恬之罪也。"① 这有可能是后来中国人风水信仰的一个早期佐证，当然，也有可能不是。但它的确表达了一种矛盾的心理，既希望主宰自然，同时又为这样的行为感到歉疚。

长城并没有完全阻隔农业的中原和游牧的草原，所有的互动方式——借用一位蒙古史学者的话②，"和平、战争和贸易"——使得中原人在随后的两千年与马背上的游牧民族紧密地联系在了一起。不过在这里，关于游牧民和长城之间还有两点值得一提。第一，长城的确在其南面定居的农业中国和其

北面草原的游牧民族之间起到了某种边界的作用，只要中原人还无法征服游牧民族，他们就会一直视其为威胁。基于对不同环境的适应而产生的两种截然不同的生活方式在东亚地区建立了起来，通过持续的接触和互动，他们都将彼此定义成"对方"。第二，汉文史料总是将他们自己描绘成"文明的"，是被觊觎粮食和丝绸的"蛮族"无端抢掠的受害者，游牧民与汉人缔结的和平条约中也的确经常包括定期奉送粮食、丝绸和黄金。但草原上的游牧民并不（像一些人认为的那样）把中国农业生产的粮食作为自己获取充足碳水化合物的唯一方式，根据狄宇宙的研究，只要条件允许，牧民随时随地都会种粮，而汉人不是他们用马匹交换粮食的唯一选择。因此对游牧民而言，并不存在一个结构性的需求来袭击中原，反倒是中原地区的国家更有可能需要草

---

① 转引自 Needham，*Civil Engineering and Nautics*，53。译者注：《史记·蒙恬列传》。

② Sechin Jagchid and Van Jay Symons，*Peace，War and Trade along the Great Wall*（Bloomington，IN：Indiana University Press，1989）。

原上的资源，尤其是骑兵所需的马匹和放牧用的草场。①

无论是什么原因造成了他们经常性的接触，至少到公元前 200 年，中原人和草原游牧民在两种完全不同的生态系统之间建立了某种共生关系。有时中原国家的领土会推进到大草原上，试图控制或消灭游牧民族的势力，但胜利几乎都不长久；有时游牧势力又会攻击中原国家的前哨阵地，甚至有一次（13 世纪蒙古的侵略）征服了整个中国。直到 18 世纪中期，中国的统治者才对游牧民"问题"尝试了一种"持久的解决方案"，这部分内容将在第五章中涉及。在那之前，游牧民族及其特殊的环境一直是中国历史不可或缺的一部分。

本节小结

公元前 250 年的中国与之前五百年的情形完全不同，周王朝让位于一个充满活力的或者说暴力的列国体系。这些战争促使对自然资源的利用更加密集化，并催生了一种新的意识，即自然的馈赠是有可能耗尽的，而那些耗尽本国资源的国家会产生相当严重的问题，甚至灭亡。在这个层面上来说，这段时期也是中国人自然观念的形成时期，这个话题我们将在本章后续部分予以讨论。

公元前 250 年的中国人已经经历了超过二百年的列国时代，并且也看不到多少向其他方向发展的迹象。毕竟在欧洲，公元 1500 年前后出现的多国体系延续了五百年，也没有什么证据表明这个状态会发生变化。但是在中国，这种体系在三十年之后就消亡了，列国之一的秦于公元前 221 年征服了最后一个敌人并统一了天下，统治者嬴政也给自己冠以一个全新的头衔"始皇帝"。不过战争虽然结束，对自然的开发却并没有减少。相反，在长治久安的汉朝（公元前 202—公元 220 年），人口增长到近 6 000 万，农田的扩张摧毁了华北平原上的大片森林。

第二节　早期帝国的环境变迁，公元前 221—公元 220 年

"早期帝国"虽然将两个具有显著差异的王朝合并在了一起，但事实上　*86*
从秦（公元前 221—公元前 207 年）到汉是有明显连续性的。最重要的一点

① Di Cosmo, *Ancient China and Its Enemies*, 156-157. 中译本见狄宇宙：《古代中国与其强邻》，第 183-184 页。

是，秦开创了一个中央集权的官僚政体，而汉继承了这一点，并以儒学作为官方的意识形态柔化整个结构。当秦打败所有对手统一全国之后①，许多向秦王建言的谋士都认为重建一个类似周那样的封建制国家体系是最为合理的。而他们当中最有影响力的一个人——李斯却认为秦王应该抓住这个机会将封建制度和诸侯国扫入历史的垃圾堆，代之以一套新的制度来管理国家，同时秦王也应该使用一个新的头衔——皇帝。作为中国第一个皇帝，秦始皇于是任命了一批官员作为他的代表去管理地方事务，如果他们没有充分贯彻那些具体的规章和条令，始皇就会撤换他们。

秦不仅仅建立了官僚制度，还尝试在全国范围内推行一体化。度量衡、货币以及文字都得到了统一，私人武器被没收，国家还试图控制知识及其传授，并且压制那些对国家无用的思想。当李斯听到某些学者"厚古薄今"的言论时，随即建议集中烧毁那些犯上的书籍，根据后世的传说，还活埋了 460 名学者。

秦王朝的短命有很多原因，不过主要是因为秦始皇死于公元前 210 年而他的诸子治国乏术，国家课税很高，还强征大量劳动力修建始皇的宫殿和陵寝以及加固长城。这些工程都异常浩大，为了供应修建宫殿所需的木材，内蒙古高原和附近山中的森林都遭到了破坏，一段 250 英里的长城也耗尽了附近所有的森林。② 因此，当起义在修建长城的农民之中爆发时，几乎没有任何支持秦的声音出现，而对这种变革却颇有赞同者。

在随后的内战当中，效忠于布衣将领刘邦的军队最终战胜了贵族（项羽）的部队。刘邦建立了汉朝，并沿用了秦新创的头衔，自称为"皇帝"。由于秦的统治被公认为是苛政，刘邦于是恢复了周朝那种松散的控制体系，将大量土地分封给他的家族成员和部下作为诸侯国让他们去统治，但保留了任命地方官员和向他们问责的权力。

这种新的封建制度的弱点很快就显现了出来，于是汉朝第五任皇帝武帝（公元前 141—公元前 87 年在位）意图遏制贵族的力量并将其税赋收归中央。为此武帝需要财政收入和军队，然而富有的地主——汉朝的贵族以及聚敛土

---

① 秦征服四川在统一中国过程中所起的核心作用，参见 Sage, *Ancient Sichuan and the Unification of China*。

② 马忠良、宋朝枢、张清华编著：《中国森林的变迁》，中国林业出版社，1997，第 15 页。

地的商人——阻挡了他的道路，武帝于是利用各种借口没收了他们的庄园，　*87*
并强行规定这些人的后嗣都有平等的继承权，借此拆分他们的土地、财富和
势力。最后，国家成了最大的地主。为了获得治理国家的人才，他与儒家学
者达成了谅解，在首都长安建立太学，传授儒家经典，并将其作为官员的培
养场所。为给国家和军队积聚更多财富，他还垄断了铁、盐、酒的生产和销
售，并控制了粮食批发市场。

汉朝的拓殖政策、匈奴的结局以及荒漠化的开始

汉时的匈奴已经组织成为一个更加强大的联盟，因此，扩充军队抵御匈
奴的侵犯也就成为促使汉武帝重新确立中央权威来为国家增加财富的一个主
要原因。我们在前面曾提到，公元前 215 年秦在河套地区侵吞了游牧民的大
片土地，并筑起长城巩固战果。在这些损失的刺激下，草原上的首领集结了
各个游牧部落并组成一个大联盟，称为匈奴。在秦王朝覆亡之后，匈奴仍然
在陆续收编其他亚洲内陆的游牧部落并借由它们继续壮大自己的势力。[1] 在
很短的时间内，匈奴就控制了亚洲内陆草原的大片区域，面积很可能达到
200 万平方英里（大于秦和汉早期的控制范围），人口也超过了 350 万。"此
外，"历史学家张春树认为，"基于他们游牧的生活方式，每一个身强力壮的
匈奴人都是一个具有战斗力的骑兵——一个天生会骑射的士兵——而他们的
人数达到 50 万之众。"[2]

汉武帝的先辈们都曾试图应对匈奴的威胁。刘邦刚刚建立汉朝两年之
后，就派遣了战车辅以步兵的军队去与匈奴作战，但匈奴骑兵轻而易举地打
败了移动缓慢的汉朝军队，刘邦不得不求和。和约中不仅包括给予匈奴粮
食、布匹和黄金，还要求汉朝送一个公主来和亲，以显示匈奴与汉朝平起平
坐。以长城为界，匈奴统治长城以北"所有控弦之人"，而汉朝则统治长城
以南的这些峨冠博带者。[3] 这个"和亲"政策随后维持了 70 年，而匈奴和汉

---

[1]　Di Cosmo, *Ancient China and Its Enemies*，174-186. 中译本见狄宇宙：《古
代中国与其强邻》，第 205-216 页。详见 Chun-shu Chang, *The Rise of the Chinese
Empire*, vol. 1, *Nation, State, and Imperialism in Early China*, ca. 1600 B. C. -A.
D. 8 (Ann Arbor, MI: The University of Michigan Press, 2007), 193-201.

[2]　Chang, *The Rise of the Chinese Empire*, vol. 1, 158.

[3]　Di Cosmo, *Ancient China and Its Enemies*, 190-196. 中译本见狄宇宙：《古
代中国与其强邻》，第 220-223 页。

朝也都在不断增强自身的实力。在此期间，匈奴一共袭击了汉朝 13 次，其中 2 次威胁到首都长安。站在汉人的立场来看，"和亲"政策是无效的，但他们当时还未从内战中得到恢复，并且甚至也没有一名骑兵来与匈奴对抗。显然，在与华北平原农业文明养育的笨重汉军的竞争中，草原生态环境下培养出来的以马背上的骑兵为主的灵活机动的军事力量取得了优胜。

于是，武帝着手改变汉朝的军队，装备起了一支强大的骑兵队伍，利用匈奴先进的军事技术以牙还牙。在公元前 129 年开始长达四十年的时间里，经过一系列的交战，汉军摧毁了匈奴和另外五个中亚王国，总计"动员了超过 1 250 万人……汉军士兵推进到了中亚内陆和戈壁沙漠的边缘"①。这些从战场上退下来的老兵又被派遣到遥远的云南西南部和越南地区，去那里开疆拓土。

武帝的这些军事动作和对新领土的征服拥有非常重要的环境和生态基础，而这些行动也给环境和生态带来了非常显著的影响。首先，中国的农业系统在过去（至少两千年中！）还没有多少可以用来畜养动物的牧场，由于中国农业密集地耕种那些不需要休耕的土地，因此农家通常只喂养猪、鸡等家禽家畜，而没有马、山羊或绵羊——这些动物都需要在草原上游牧。②

在第一次遭受对匈奴作战的失败耻辱之后，汉朝统治者就意识到需要一支骑兵，这就需要马匹。于是在武帝即位之前，汉朝就已经在北部和西部边境地区建起了 36 个牧场，用于畜养战马，约 3 万名奴隶被遣往这些牧场负责养马。到武帝时，马匹数量增加到 45 万多，其中最好的被挑选来进行军事训练，对骑兵的训练也在同时进行，这是一项了不起的成就。在武帝用来征服匈奴的 50 万大军中，有一半是骑兵。新的汉朝移动大军不仅消灭或俘虏了数万匈奴人，还在两次战役中掳获了大约 100 万马、牛、羊以及其他已驯化的动物。③

武帝所希望的不仅是打败匈奴，还要将其彻底歼灭。为了这个目的，杀掳匈奴人是远远不够的。武帝了解游牧生活方式的生态基础，因此决定，彻

---

① Chang，*The Rise of the Chinese Empire*，vol. 1，155.

② Ho，*The Cradle of the East*，91-120.

③ Chang，*The Rise of the Chinese Empire*，vol. 1，151，159，table 6，164-173. 我们不知道这些教授如何饲养马匹和训练骑兵的人从何而来，但很可能来自具有这些技术的人们——也就是生活在草原上的人们。

底解决匈奴问题的方法只有将占领的匈奴土地从草地变为农田，由汉人去那里耕种定居。在两个大型的拓殖方案下，多达百万的汉人从人口密集的华北平原迁到甘肃的"河西走廊"，并由此拓展到西北的塔里木盆地。留在这里的匈奴人并没有被杀掉，而是定居在"河西走廊"附近，汉人预期（或希望）定居的乡村生活和适当的教化能将他们改变成文明的中国人。只要汉朝的势力能够达到这里并有效保护汉人和教化匈奴人，上述努力就是有效的，但这些条件仅限于汉王朝存在的期间。

张春树的研究表明①，拓殖和随后的草原环境改造计划详尽到了每一个细节。首先建成军事瞭望塔，随后在水源和可耕地的附近选址修建驻防市镇，由军民将这些处女地开垦成农田；然后建造房屋，配备家具和农具，将迁移来的汉人安置在此并开始耕作。随着拓殖计划的进行和取得的成功，军事统治让位于文官管理，于是整个地区也就并入了汉朝的版图。②

对曾经被匈奴占有的草原的拓殖带来了持久性的环境影响：当汉朝的势力衰退之后，被犁开的草地开始风蚀和荒漠化。"从经济的角度来看，"张春树总结道，"它表现了一个地区从未开垦的游牧文化区进入农业领域的改变过程……河西走廊的拓殖显示了农业社会对游牧社会的胜利，这在东北亚是 *90*一个持续的过程，这里的游牧民族在农业文明扩张的面前日渐萎缩……这种改变是由汉朝政府通过一项巧妙的设计——屯田来逐步完成的。从汉帝国'旧世界'来的移民填充了这里的人口，这些移民来自帝国的各个地区，通过系统周详的计划和严格的组织来到这个新世界定居。"③ 再往西去的塔里木盆地则是以沙漠为主，人们在这里"开发"了绿洲而非草场④，实践表明，

---

① 详见 Chang, *The Rise of the Chinese Empire*, vol. 1, chapters 4–5 and Chun-shu Chang, *The Rise of the Chinese Empire*, vol. 2, *Frontier, Immigration, and Empire in Han China, 130 B.C. -A.D. 157*（Ann Arbor, MI: The University of Michigan Press, 2007）。

② 汉朝拓殖机制的前身很有可能是秦在征服四川盆地蜀国之后采取的一系列政策和行动。虽然我们不知道具体的细节，不过秦的官员确实进行了重大的改革，不仅把土地分给了本地的农民，还有数万甚至十万从秦国迁来的移民也得到了土地。"大量从秦和中原来的移民填充了这里的人口，通过这种方法，蜀才被彻底重塑成为秦的模样。"参见 Sage, *Ancient Sichuan and the Unification of China*, 132–134, 196。

③ Chang, *The Rise of the Chinese Empire*, vol. 1, 211–212.

④ Ibid., ch. 5.

从长期来看，这种方式更具有可持续性。

在接下来的章节中我们将看到，屯田这种汉朝开发的军事－农业联合拓殖机制被后世很多朝代所采用——尤其是唐（618—907年）、宋（960—1279年）、明（1368—1644年）和清（1644—1911年），在一些重要方面，也为今天的中国政府所采用——都是为了相同的目的，也得到了类似的结果。张春树总结认为："汉的边境系统对于整个帝制中国的历史和政治来说是一个伟大的遗产。"① 然而，这个"遗产"的后果也包括了有争议的种群灭绝和环境破坏。不仅仅是非汉族群遭到淘汰，还有从草地转变为农田的区域要完全仰赖中原王朝的保护。即便张春树本人也承认，这些新的拓殖区域"在中国衰落时就不属于这个国家了"②。但此时的农田却不能简单地自行恢复为草原，草原的演化需要上千年的时间，当铁犁翻开草皮到达土壤，作物的水分来源不是通过降雨而是从每年融雪形成的河流处引渠而来时，一个新的完全依赖汉人农民维持的"人工环境"也就此形成了。没有他们的维护和水源，曾经是草原的地方就会变成荒漠③，这与1930年代美国中西部部分地区成为尘暴区的事件如出一辙。④

这样，在秦汉时期，我们今天称为"中国"的大部分地区第一次进入了一个单一政治实体的控制之下。秦的军队征服了南方远达越南的越国，将这块区域也并入了帝国。虽然秦朝存在的时间很短，但此后的汉朝继承了它的军事事业，在公元前第二个世纪向遥远的西北持续推进，切断了匈奴与其青藏高原同盟者羌的联系，并在中亚帕米尔高原地区建立了一个受保护的领地。汉军的规模浩大——10万～30万，战争也持续了很多年。从公元前221年第一个帝国建立开始，在长达4个世纪的时间里，中国拥有了广阔的领土和丰富的资源，以供国家调配之需。之所以能够组合和展现出这样的实力，在于中国逐渐增强了自身挖掘和组织人力及自然资源的能力，并创造出了一种交流网络来集中控制这些资源。

---

① Chang, *The Rise of the Chinese Empire*, vol. 1, 212.

② Ibid., 237.

③ 参见张春树书中的照片，*The Rise of the Chinese Empire*, vol. 2, 插图3。

④ 对两个不同尘暴的有趣的探讨，参见 William Cronon, "A Place for Stories: Nature, History, and Narrative," *The Journal of American History* 78, no. 2 (Mar 1992): 1347-1376。

汉朝的道路系统和新土地的开发

道路是政治与经济整合的工具，同时在为经济进一步发展而开发新地区以及移民边境时也是必不可少的。所有的经济行为几乎都会带来环境方面的 91 后果，（修建）道路也会促进环境的变化，正如现在的亚马逊雨林所提醒我们的一样。在两千年前的中国，秦和汉不仅是帝国的缔造者，同时也是道路的修筑者。在统一全国之前，秦已经建立了广泛的道路系统，宣布建立帝国之后，秦始皇即下令修筑以首都咸阳为中心的通往全国各地的驰道："（秦）92 为驰道于天下，东穷燕、齐，南极吴、楚，江湖之上，濒海之观毕至。道广五十步，三丈而树，厚筑其外，隐以金椎，树以青松。为驰道之丽至于此，使其后世曾不得邪径而托足焉。"①

汉朝的皇帝延续了秦修建道路的计划，并将从首都辐射出去的主要道路从五条增加到七条。根据李约瑟的描述，令人印象最为深刻的是从首都向西南穿过秦岭到达"天府"四川盆地的道路。李约瑟形容此路的修建是"筑路英雄的真正考验"，从这条路的修筑难度来看，这种形容是非常贴切的。这条路修建的目的不仅是保证秦在这里的军事控制，同时也是为了获取这里丰富的农业和环境资源。②

这些道路不仅将整个帝国联结在一起，同时也促进了它们所联通地区尤其是南部、西南部和西北部的农业发展。汉朝的工匠"始开西南夷，凿山通道千余里，以广巴、蜀"③；还有一条道路则进入了朝鲜半岛。虽然这些通往边疆地区的道路一开始是出于战略目的而修建的，但也起到了为中国人"开辟"新定居点和联系帝国其他地区的作用。林业产品从云南运出，沿着西江到达南海（广州），而东北南部、鸭绿江附近的平原地区也为中国人提供了定居和农耕的场所，随着道路的修建，越来越多的环境开始被人类所改变。

总的来说，秦、汉两朝一共修筑了 2 万～2.5 万英里的干道。这些干道大都有九车道那么宽：内道是专供帝王使用的，商人和其他人则使用外道。

---

① 转引自 Needham, *Civil Engineering and Nautics*, 7。译者注：《汉书·贾山传》。

② Ibid, 16，19-21. 中译本见李约瑟：《中国科学技术史》，第 4 卷，《物理学及相关技术》，第 3 分册，《土木工程与航海技术》，第 13、16-18 页。

③ Ibid., 25. 中译本见李约瑟：《中国科学技术史》，第 4 卷，《物理学及相关技术》，第 3 分册，《土木工程与航海技术》，第 21 页。译者注：《汉书》卷二十四下。

这些道路还是邮政系统的主干（驿道），几乎每 2 英里就有一个邮亭，备有马厩和信差听候调遣，每 10 英里有一个可以投宿的驿站，约每 15 英里有一个供应物资的市场。这些道路和邮政系统发挥效用的时间长达两千年，从汉一直到 20 世纪初最后一个王朝覆灭。

中国人筑起长城包围草原绝不意味着关上了与欧亚大陆其他地区联系的大门。为了包抄匈奴，汉武帝派遣使者穿过塔克拉玛干沙漠来到今天的新疆，再越过帕米尔高原沿着怛罗斯河进入中亚寻找同盟。虽然他并没有找到任何足以遏制匈奴的军事力量，却发现了一些商业发达的城市，甚至是连中国人也称之为"文明"的地方。使者回国后将这些信息都报告给了武帝。于是，一条从首都长安出发向西到达这些绿洲的道路被建立起来，沟通了中国和中亚地区的商贸往来，这就是后来的"丝绸之路"，一路向西最终到达地中海东部和罗马帝国。其最初的两千英里沿线全部由延伸的长城保护，在绕过塔克拉玛干沙漠时分岔为南北两条路，一条从北边绕过，另一条则从南边连起一串高山融雪养育的绿洲。① 欧文·拉铁摩尔还补充指出了丝绸之路选择在绿洲之间蜿蜒前行的环境原因——塔克拉玛干沙漠可以保护商人们免遭草原游牧民族的劫掠。②

沿着丝绸之路，贸易是分段式进行的，很少有人会单独走完全程。③ 桃、梨和杏等蔬果经此从中国传出，而葡萄和苜蓿（后来成为汉武帝马匹的草料）则传入了中国。丝绸当然是从这里运往西方的，同时大量来自南方的肉桂也从这里输出，还有少量中国的铁器（西面的国家此时还不能自行制造）和玉石也属于贸易的物品。在汉朝早期，"骡驴駞驼，衔尾入塞"④。我们很快就会看到，看不见的病菌可能也已经伴随着这些商品而来，导致了疫病的

---

① Needham, *Civil Engineering and Nautics*，17. 中译本见李约瑟：《中国科学技术史》，第 4 卷，《物理学及相关技术》，第 3 分册，《土木工程与航海技术》，第 14 页。

② Lattimore, *Inner Asian Frontiers*，172-173. 中译本见拉铁摩尔《中国的亚洲内陆边疆》。

③ 本段和下一段的内容主要参考了 S. A. M. Adshead, *China in World History*, 2nd ed. (New York, NY: St. Martin's Press, 1995). 中译本见艾兹赫德：《世界历史中的中国》，第一章，姜智芹译，上海人民出版社，2009。

④ 转引自石声汉：《氾胜之书今释》，科学出版社，1959，第 49 页注 7。译者注：桓宽《盐铁论·力耕第二》。

暴发。这个过程与哥伦布来往新旧世界时发生的事件比较相像，只是规模较小。①

就中国与世界其他地区的大宗商品贸易而言，更重要的通道其实是在南方，从南部城市南海（后来称为广州）出发，穿过马六甲海峡进入印度洋，与已经到达这里的来自红海和波斯湾的商贸路线相衔接。对于大宗商品，水路运输比陆路要方便得多，也便宜得多。有证据表明，在中国和印度洋之间存在着非常活跃的海上贸易，有多达数百艘的商船，每艘都可以搭载 600～700 名乘客和 260 吨货物。此外，学者目前正在确认另一条通商道路，有些人称之为"西南丝绸之路"。这条路以云南为中心，连接中国西藏、东南亚、缅甸和印度洋的孟加拉国。所有这些事实都说明了一点，古代"中国"并没有与世隔绝——古代亚洲内部实际上早已有了紧密的联系，无论是人员、物品、农产品、动物或疫病都已频繁往来。②

帝国、农业和森林减退

秦和汉不仅创造了一个中央集权的官僚帝国，标志着与封建制度的彻底决裂，还自觉地将帝国的基础建立在农业上，倾向于向众多单独的农户收税来获得财政收入，而不允许商业或工业财富在帝国控制力之外聚集形成其他的权力中心。我们将会看到，这些决定意味着，虽然中国仍然要解决土地集中带来的问题，但它终究成为一个农业帝国。

但是汉人与环境互动和改变环境的方式以及产生的结果，却并不是必然和唯一的。成为中华帝国的这块地方也很有可能会变成一个由城市和城市工商业发展所推动的列国体系。许倬云坚持认为："在公元前 5 世纪到公元前 3 世纪这段混乱的时期，发展出一个主要以城市为中心的经济生活的可能性远

94

① Alfred Crosby, *The Columbian Exchange: Biological and Cultural Consequences of 1492* (Westport, CT: Greenwood Press, 1972). 中译本见克罗斯比：《哥伦布大交换：1492 年以后的生物影响和文化冲击》，郑明萱译，中国环境科学出版社，2010。

② Bin Yang, "Horses, Silver, and Cowries: Yunnan in Global Perspective," *Journal of World History* 15, no. 3 (2004): 281-322. 中译本见杨斌：《马、海贝与白银：全球视角下的云南》，载刘新成主编：《全球史评论》，第 3 辑，中国社会科学出版社，2010。

比建立一个农村为基础的农业经济体的可能性要大很多。"① 市场、城市、利润、契约性互惠等都已在这一时期出现，而中国却最终发展成了一个农业帝国。它们与环境的互动方式以及对环境的改变对这一结果起到了相当大的作用，而这一过程主要是在早期帝国时期得到了巩固。

对于农业生产来说，基本所需的各种元素早在前一个世纪的战国时期就已配备完成。对铁犁、肥料（主要是人畜粪肥）的认识和使用，为特定的土壤选择合适的谷物种类，整地备耕等等知识都已掌握并记录进了指导农耕的书籍中。其中最重要的一点是，一个由独立的小型农户组成的新阶层诞生了，国家是通过向该阶层课税来保证收入的。这对一个国家来说是有意识的选择。相较于战国那种自由流动的、商业式的城市生活，秦始皇更倾向于农业经济，因此他鼓励农耕，抑制商业。汉武帝也是如此，他垄断了全国的主要工业（尤其是铁和盐），抑制贸易，对商人课以重税——所有这些都是为了能给农民提供土地授予和税务豁免，以鼓励他们去开发边疆地区的农田。②

来自中亚的新作物的加入，稷和稻的集约化耕种，小麦和大麦等秋播春收作物的推广，桑、麻、芝麻油、靛蓝等经济作物的种植等等，都推动了这一时期的中国尤其是华北平原地区农业的增产和人口的显著增长。虽然我们无法知晓汉朝初年以来人口的确切增长数，不过根据公元 2 年的一份普查报告，当时人口已经达到 6 000 万，主要集中在长江北部和西部的四川盆地。有部分汉人迁移到了南方以及西南的云南，或者作为（屯）田卒驻守在西北边境，不过，这些人的数量都只有数十万。

农业的日益高效使得农民生产的剩余也不断增加，可以供养一大批非农业人口——大部分是士兵、政府官员及工作人员，另外还有工匠和商人。铁质犁头和犁壁的搭配，再加上一组牛的牵引，使得单个农人可以翻耕和播种的土地面积较以往大大增加，铁制的大小镰刀则加快了收割的速度，各种铁制的农具都提高了农业生产力。犁逐渐趋于专业化，其中一些专门用于开垦

---

① Cho-yun Hsu, *Ancient China in Transition*，"Conclusion," 175−180. 中译本见许倬云《中国古代社会史论》。

② 农业方面可参见 Cho-yun Hsu, *Han Agriculture：The Formation of Early Chinese Agrarian Economy*（Seattle，WA：University of Washington Press，1980）。中译本见许倬云：《汉代农业：早期中国农业经济的形成》，程农、张鸣译，江苏人民出版社，1998。

新清理的土地："带有尖锐铧头的犁是用来开荒的，犁头巨大的重犁则用来开挖沟渠，而最常用的是带有犁板、犁头宽阔的板犁，用于翻耕土地。犁地时抛甩出的大块土块需要敲碎，于是拖耙（耱）在汉朝末年发展了起来。沟垄系统更适合进行规整的行列种植而不是简单的播撒，于是在汉朝还出现了专门的条播工具。"① 犁不仅在北方旱地稷、麦种植中使用，在南方水稻种植中也同样得到了广泛应用。

犁的选择与北方的两种土壤和生态类型密切相关：关中地区的黄土较轻，而黄河冲积形成的土壤则相对厚重。我们在前述章节已了解到，黄土非常肥沃而质地较轻，农人面临的主要问题是如何保持土壤的水分。② 在黄土高原上，犁一般都较轻，深入土壤只有三四英寸，农业也相当高产。石声汉做了这样的总结："（关中地区）是以旱农为主的、干旱地区颇为进步的农业。"③ "而沿黄河顺流而下，"白馥兰解释道，"则出现了另一个农业种植系统，以应对这里更为厚重的土壤……（需要）用到板犁……利用板犁来起垄还有额外的好处……可以更容易地给植株之间留出恰当的空间，锄草变得很方便……（并且）如果将种子有序地条播进土壤而非播撒的话，种子用量会节省很多。"④ ＿＿｜95｜96

汉朝的人口密度分布情形隐含着一个信息，即到了汉朝中期，华北平原的森林已基本砍伐殆尽，又或者，更早时期情形就已如此：秦始皇曾下旨在他途经的道路两边广植树木，此外还要种植一些纪念性的森林。到了汉朝，山东半岛上曾经被森林覆盖的山丘已经种遍了果树等经济林木。⑤ 渭河流域大部最初就是黄土稀树草原，而黄河河谷和华北平原曾经覆盖着茂密的橡树和枫树林，农人的铁斧伐倒了这些森林，并在这些土壤厚积的土地上开垦，同时也向大气中释放着二氧化碳。除了太行山和秦岭还维持着森林覆盖的面貌，华北平原的其他地区已然再无森林，森林中的动物自然也随之消失了，自然的生态系统被农业生态系统所取代。

① Bray, *Agriculture*, 179.
② 关于农业技术的第一手资料，参见石声汉《氾胜之书今释》。
③ 同上书，第 49 页。
④ Francesca Bray, "Agricultural Technology and Agrarian Change in Han China," *Early China* vol. 5 (1980), 4.
⑤ 马忠良、宋朝枢、张清华编著：《中国森林的变迁》，第 37 页。

水利

中华帝国早期对环境的改变是令人印象深刻的。与游牧民族的战争使得汉人开始在草原上拓殖并从事农耕；在国家的鼓励和全国性路网系统的促进下，农业不断发展和扩张；人口的增长加剧了华北平原土地利用的需求，导致森林砍伐愈演愈烈。此外，还有一个改变环境的因素就是水。

从周朝到早期帝国，治洪以及储存和控制灌溉用水的技术取得了重要的进步。白馥兰列举了三种类型的灌溉系统。在南部长江流域、四川以及广东的稻米种植区，每个农户都会挖池塘和储水池，在雨季的时候收集雨水，并在需要时将这些水分配到各块稻田里。而在华中地区，人们会在河中筑坝形成水库，水库中的水通过重力作用经过水闸进入人工开挖的沟渠，流向各个田间地头。在北方的黄河流域，历朝都组织人力并出资修建了一些以等高水渠为特征的大型水利工程，之所以如此命名是因为这些水利工程都是通过一些沿着土地等高线分布的水渠从河中引水灌溉农田，其中最著名的就是郑国渠。

后来统一中国的秦于公元前 246 年开始在渭河以北的黄土高原上修建郑国渠。这个工程的计划是修建一条长 120 英里的等高水渠，将泾水中的水引到洛水，并沿途放水灌溉农田。在这条水渠被应用的最初几十年中，灌溉的农田面积超过了 400 万亩（约 65 万英亩，或 10 000 平方英里），大大增强了秦国的国力。①

但郑国渠的使用很快就带来了生态方面的难题，在之后的几个世纪里，不得不投入大量的资本和人力维持它的正常运作（但每次持续的时间都不长）。一开始时，泾水带来了大量的淤泥，最初这对农人来说是一个福音，因为它"且溉且粪"②。但淤泥很快就抬高了洛水的水位，因而不得不清淤，同时泾水的河床却受到侵蚀下切，使得水位逐渐低于取水口，携带的淤泥也因来自深层的土壤而变得贫瘠。人们不得不修建一个辅渠系统来维持郑国渠

---

① 据汉朝史学家司马迁所述，郑国渠极大地增加了秦国的财富和权力。他写道："渠就，用注填阏之水，溉泽卤之地四万余顷，收皆亩一钟。于是关中为沃野，无凶年，秦以富强，卒并诸侯。"（译者注：《史记·河渠书》）Lander, *Environmental Change and the Rise of the Qin Empire*, 262.

② 转引自 Elvin, *The Retreat of the Elephants*, 122。译者注：《郑白渠歌》（见《汉书·沟洫志》）。

灌溉农田的作用。①

　　秦的另一项水利工程都江堰则声名显赫，因为在两千二百余年后的今天，它依然在发挥着作用。不晚于公元前 300 年时，秦征服了在它西南面的蜀国，也就是今天的四川地区。四川是一个盆地，河流从大山中奔涌而下进入这里宽阔的平原，蜀国的工程师们早前已在岷江进入盆地之处修建了水利灌溉系统。但问题在于岷江是自北向南流的，没有向东流过蜀国都城所在的肥沃的成都平原，而那里才是种植水稻需要水源灌溉的地方。秦的工程师们提出的解决方法是，将岷江水分流出一半向东引入一条新渠。为了达到分流的目的，人们修建了一个设计巧妙的人工岛，叫作"鱼嘴"。而为了修建新的水渠，又不得不将高耸的峭壁凿通，移走大量的土石，并不断向东开挖直至连接入长江。这个水利系统不仅至今仍在发挥着作用（不过，在第七章中我们会看到，它正面临着水电站修建计划带来的威胁），而且，根据斯蒂芬·塞奇（Stephen Sage）的观点，它的建成，使得四川盆地的稻米产量大大增加，这笔额外的资源对于当时秦统一中国的计划是十分必要的。②

　　最后一个例子来自遥远南方的灵渠。为了征服南方（现在的广东和广西），秦的军队必须穿过一段分隔长江流域和中国南方的低矮山脉。无疑水路运输是快速而经济的，尤其对于携带辎重的大部队更是如此。于是秦的工程师们试图开挖出一条通路，连接一条北向的长江支流（湘江）和一条南向的西江支流（漓江，汇入南海）。在监御史禄的监督下，工程于公元前 230 年完工。灵渠的建成，连接了两个在分水岭两侧流向完全相反的水系，解决这个问题的方法至今仍是一项天才的杰作，其复杂程度难以用语言解释，足以

98

---

　　①　参见 Elvin, *The Retreat of the Elephants*, 122 – 123, 以及 Pierre-Etienne Will, "Clear Waters versus Muddy Waves: The Zheng-Bai Irrigation System of Shaanxi Province in the Late Imperial Period," in *Sediments of Time*, eds. Mark Elvin and Liu Ts'ui-jung (Cambridge and New York, NY: Cambridge University Press, 1998), 283 – 343. 中译本见刘翠溶、伊懋可主编：《积渐所至》，第 435 – 505 页。关于郑国渠，亦可参见 Mark Elvin, "Three Thousand Years of Unsustainable Growth: China's Environment from Archaic Times to the Present," *East Asian History*, vol. 6 (1993), 7 – 46。

　　②　Sage, *Ancient Sichuan and the Unification of China*, 148.

说明这条渠叫作"灵渠"是十分恰当的（见图 3‑1）。^①

这些主要水利工程和其他数不胜数的小型水利项目的成功给予了古代中国人信心和信念，认为他们——或者至少他们的帝王，即"天子"，可以主宰和控制自然。不过，这个信念在之后的两千年中不断受到黄河的考验。

图 3‑1　灵渠

照片显示，溢洪道（铧嘴）的修建抬高了北向的湘江水位，将其分入两条河道，其中新的、水位更高的那条与 16 公里长的灵渠衔接，进而与南向的漓江相连。

（黄）河^②

原本只简单地被称为"河"的河流究竟在何时变成了众所周知的"黄河"，是一个学术讨论的议题^③，不过早在公元前 1 年，中国的工程师们就已

---

① 详见 Needham, *Civil Engineering and Nautics*, 299‑306；Marks, *Tigers*, 34。中译本见李约瑟：《中国科学技术史》，第 4 卷，《物理学及相关技术》，第 3 分册，《土木工程与航海技术》，第 338‑345 页；马立博：《虎、米、丝、泥》，第 33 页。

② 本部分主要参考了 Needham, *Civil Engineering and Nautics*, 227‑254；中译本见李约瑟：《中国科学技术史》，第 4 卷，《物理学及相关技术》，第 3 分册，《土木工程与航海技术》，第 266‑293 页。一个简短的讨论可参见 Elvin, "Three Thousand Years of Unsustainable Growth"。

③ Heiner Roetz, "On Nature and Culture in Zhou China," in *Concepts of Nature：A Chinese‑European Cross‑Cultural Perspective*, eds. Hans Ulrich Vogel and Gunter Dux (Leiden, NL：Brill, 2010), 203, n. 20.

估计黄河水中含有约 60% 的泥沙，这个数字高得令人难以置信，但已得到了
20 世纪一些研究成果的证实。由于周围的土地已被清理出来用于农业、冶炼
青铜和冶铁，大量的黄色泥沙流入了河中。黄土是粉尘状的，如果没有植被
覆盖，很容易就被侵蚀，使得晚近时候在黄土高原上留下很多深深的沟壑。
战国时期和早期帝国的农人已经知道需要保持土壤的水分来把侵蚀降到最低
程度，因此采用了很多方法来留存雨水和保持土壤湿润，而不是任其流走。
尽管如此，这些方法仍然不足以防止径流和侵蚀。

农人同样知道，黄河冲积平原上长年累积的淤泥一定非常肥沃，因此他
们还在那里垦殖——但由于每年定期洪水带来的危险，他们并不在那里修建
村庄。统治者当然也了解这里定期的洪水，他们选择去修建堤坝来规避洪水
和随之而来的各种问题，而不是任由它们发展。黄河上最早的堤坝建于公元
前 7 世纪，位于黄河下游的齐国，这条堤坝的建成将九条河道归并为一条，
从而增加了可耕地的面积。

堤坝阻止了洪水，但却带来了另一个困扰华北平原人们两千五百年的问
题，也给政府和工程师们带来了挑战。由于华北平原的降雨大部分来自夏季
季风时期，在随后的干燥季节，河水的流速自然就变慢了。缓慢流动的河水
使得泥沙在河床中堆积，于是河床每年都会抬高一些，平均速度大约是 1 个
世纪 3 英尺。当河床抬高之后，洪水泛滥的风险就增加了，于是如何治洪的
问题又紧迫起来。

围绕黄河的治洪和清淤问题，形成了两派思想，大致分别反映了儒家和
道家的观点（我们将在本章稍后部分继续予以讨论）。那些倾向于道家思想
的人主张应该让河流（主要）按照自己"自然"的方向流动，在离河床很远
的地方筑起相对较低的堤坝——基本上等于是简单地圈定了一个洪泛区。而
儒家则认为有必要建起更高的堤坝，将河水限制在更窄的河道里（就像儒家
想规范人们的行为一样）。在之后的两千年，没有一种方法被证明是完全有
效的，而黄河的河堤却因为淤泥抬升河床而越建越高——直至一些罕见的大
雨冲垮堤坝，洪水淹没周围的平原。黄河河堤第一次被冲垮是在汉早期的公
元前 168 年，之后在公元前 131 年再次溃堤（直到公元前 109 年才合龙）。食
邑位于黄河以北的贵族遭受了洪灾，吵嚷着要加长并加高这些沿着河道修建
的堤坝，这导致了公元前 39 年和公元前 29 年更多的溃堤事件。李约瑟总结
认为这些堤坝"无论如何，不是解决问题的办法，因此到了公元 11 年，终

于发生了历史性的决口"①，这一次决口造成了黄河的改道。尽管其后为了控制黄河还有更多更加英勇的尝试，但它在之后的两千年中依然定期冲破堤坝，甚至更具破坏性地数次改道。在以后的章节中，我们将会讨论其中两起颇为引人注目的事件，分别发生在 12 世纪和 19 世纪。

城市和食物

早期帝国自觉地以农业立国并不妨碍它拥有数个当时世界上最大、运行最为良好的城市的事实，即使与罗马帝国相比也毫不逊色。这些在战国时期发展起来的城市并没有衰落和消失，相反，它们逐渐成为中国宏大的交通运输系统中的节点。都城长安可能有接近 50 万的居民（或者更多），都城内各功能区域齐全，有教育业、制造业以及繁华的商业区。三万名学员在太学中学习儒家经典，以备将来成为国家行政机构中的官职人员。

所以帝制早期的中国并不是一个没有城市、除了农业还是农业的国家，只是它的社会确实是建立在课税农业基础之上，这些税收来自各个小型而稳固的农业家庭，支撑了城市居民的生存和生活方式。

至于人们一般都吃些什么——会因他们是生活在城市还是农村而有所不同，我们确实对达官显贵在重要礼仪场合的饮食信息掌握更多一些，这些菜单上的饮食无疑是丰富多样的。除了煮制的稻米和粟米之外，张光直还列举了七个肉类菜肴，包括来自野生动物的熊掌和豹胎；七个禽类菜肴，除鸡外都是野生的，其中有雪雁和鹤；有鱼和鳖；蔬菜中还有可能是从沼泽里采集来的植物嫩芽；作为香辛料的肉桂是由只生长在遥远南方的一种树皮制成的；而榛子和蜂蜜则采自森林；另外，宴席中还提供好几种酒精饮料，大部分是由粮食酿造而成。而根据汉代的史料，穷人则很可能只以大豆和小麦为生，尽管"粗劣……却也足以果腹"②。因此，虽然彻底成为农业社会，汉代的中国人仍然消耗了大量狩猎采集来的食物，这也暗示着在这些城市不远的地方仍然有森林存在。

皇家猎苑

如果确如许倬云所主张，汉代的农人认为收成的好坏与他们的努力而非

---

① Needham, *Civil Engineering and Nautics*，235. 中译本见李约瑟：《中国科学技术史》，第 4 卷，《物理学及相关技术》，第 3 分册，《土木工程与航海技术》，第 273 页。

② K. C. Chang, *Food in Chinese History*，67-68，73.

天气更相关，那么当时的大众就会相信，他们对自然能够有所控制，这种信念在统治阶层中更会得到强化。自商朝以来，统治者一直拥有皇家猎苑，不仅是为王室成员丰富餐桌，同时也是为了训练军队和将领，并越来越多地作为狩猎仪式的展示地，显示人类（或至少是帝王）对自然的统治："周朝强调狩猎是一种实际的操练，也是一种保障祭牲数量的切实有效的方法；但汉朝的官方狩猎行为却是一场显示皇权无所不达的盛会，而皇权的范围也包括了各种野兽和植物。"①

秦始皇在渭河北岸的都城咸阳旁边有一个极大的皇家猎苑，而汉武帝则在渭河对岸与长安城相连的地方修建了范围更大的上林苑。鲁威仪（Mark Lewis）将汉朝的皇家猎苑称为"自然保护区"，在那里，皇帝"主持宗教仪式，举办皇家宴会，接待外国客人，举行大型的祭祀狩猎，甚至还有农耕和放牧等世俗行为。里面有山有水，有野生动物、各种珍稀植物，以及无数宫殿"②。一篇纪念上林苑的赋中提到这里有野猪、野驴、骆驼、中亚野驴、母马、公马、驴和骡。③ *101*

在一年一度的冬季狩猎中，皇帝通过大规模的屠杀野兽来显示他们对自然的统治和帝国无所不至的实力。按照鲁威仪的观点，这也显示了他们在人类世界中面对其他族群拥有同样的威慑力："人类与野生动物之间的暴力力量对比业已成为汉朝统治者展示他们生杀大权的基本方法之一。"④于是，战争也通过"自然"得以体现。当然，将人类社会的暴力与自然等同起来有它的风险，因为这样会对汉统治者认为他们同样拥有的"文明使命"形成一种质疑。汉朝统治者认为，他们有责任给自然和非汉族群带去普遍的文明，这才是大汉王朝的权威和荣耀，所以中国人从此都自称为"汉"人。

本节小结

早期帝国对于之后的两千年是非常重要的，因为指导中国人与环境之间互动的模式在这一时期确定了下来。正如最近布赖恩·兰德尔（Brian Lan-

---

① Mark Edward Lewis, *Sanctioned Violence in Early China* (Albany, NY: State University of New York Press, 1990), 150.

② Ibid., 151.

③ Ibid., 151-152.

④ Ibid., 154.

der）所阐述的观点："秦的统治方式……在整个（东亚）的自然生态系统被人为生态系统取代的过程中发挥了重要作用。"① 中国人建造长城来阻止游牧民族的入侵，由此也确定了中国式农业文明的北部边界。在长城以内，秦和汉的技师与工匠们建造了通行全国的高速路网，将帝国的都城与东部、南部、西部和西南部连接在了一起，官员、指令、士兵和邮件可以从帝国的一端迅速送到其他地方，而数百万吨的粮食也可经由路网运往都城和其他城市。在大多数情况下，农人根据市场和价格的走向来自行决定种植何种作物。对于数量达到数百万的农户来说，要支撑起一个有效的中央政府，每户只需承担很轻的税赋即可。财富的集中和向土地投资，虽然造成了一些农户因豪门富户的兼并而失去土地所有权，但他们仍可以佃农的身份留在原来的土地上耕作，并向地主交租。我们即将看到，中央集权政府所创造出的动态变化，组建军队对抗游牧民族入侵，以独立小型农户为基础的农业与大地主之间的关系，这些共同影响了随后两千年大部分的中国历史。

102 　　中国历史的发展曾经有可能会与实际情况截然不同。因为战国时期的政治、经济、社会与后来的秦是很不相同的，在当时，商业和城市财富的重要性要突出很多。关于秦为什么以及如何决定要结束这种列国系统是一个非常有趣的议题，我们无法在此展开详论，在这里只需要知道的是，当秦始皇统一六国之后，他的大部分谋士都建议他重建一个类似周那样的封建体制，但其中一位却坚决主张创造一个新的更强有力的体制——中央集权的帝国——并借此"传诸万代"。②

　　在中国历史进程中有两个非常重要的转折点，它们也是秦汉早期帝国的统治者共同决定的。首先，以农业立国，抑制私有商业和制造业，这样个人财富和权力只能从农业当中获取。其次，农业的基础是建立在各个独立的小农户之上，而不是倚靠那些拥有大规模庄园、强迫没有人身自由的农奴为其劳动的地主。庄园制经济或许也有所发展，并在后来

---

　　① 　Lander, *Environmental Change and the Rise of the Qin Empire*, 359.

　　② 　关于该位谋士（李斯）的传记和他对创建中央集权国家制度的影响，可参见 Derk Bodde, *China's First Unifier：A Study of the Ch'in Dynasty as Seen in the Life of Li Ssu*（Leiden, NL：E. J. Brill, 1938）。

的某段历史中得以强化，但中国农业的生态和技术继续倾向于自由生产的小型农户耕作的小块土地。事实上，这些农户可能会失去他们的土地成为佃户，但他们仍然是为自己的利益而耕作。我们将会看到，只要有帝国的支持，这个系统几乎可以永不休止地在各地铺展开来，而这种政府与农户的组合在改造环境、使之变得更为"中国"方面也发挥出了强大的力量。

第三节　古代中国关于自然和环境的理念

在讨论"中国关于自然的理念"之前，我们需要先弄清楚"自然"在英语和汉语定义之间的差异，而这两种定义其实都存在着问题并产生了很多的争论。在欧洲的传统当中，长期以来认为"自然"是与人类截然分开的，并假设在"自然与人文"或"自然与人类"之间存在对立或分裂。希腊神话的故事主线就是将人置于与其他人、与自身或与自然的对立中推进的，欧洲将人类排除在自然之外的宗教或哲学传统也是将人类及其需求置于自然之上的。晚近以来，在全球生态危机不断加剧的情境中，生态学家和哲学家已经开始将人类看作自然的一部分，于是人类与自然的命运交织在了一起。但是，争论从未停止。

在早期的关于中国人与自然环境之间关系的讨论当中，字词的歧义让我们对这一问题的理解更加含混不清。一直到 20 世纪之前，汉语当中没有一个词的字面或隐含意义是与英语中的"nature"（自然）这个分离了人类与"外面的世界"的词汇一致的。之前的中国哲学家在讨论"人性"（human nature）或"事物的本性"（nature of things）时使用了一个词语"性（或本性）"，意为"事物的内在品质"。当周击败商并将其解释为是"天"给了它"（天）命"时，它所指的"天"似乎也与英语的 nature 比较接近，或者至少是指代一个超越人类的永恒存在，魏乐博（Robert Weller）将其描述为"一种内在的力量……指导着整个世界"[1]。还有一些组合的词语也 *103*

---

[1]　本段关于"自然"的讨论主要参考了 Robert P. Weller, *Discovering Nature: Globalization and Environmental Culture in China and Taiwan* (Cambridge, UK: Cambridge University Press, 2006), 20–23。

比较接近英语 nature 的概念，例如"天地人"，或"天地"，后者即指代宇宙之中除人类以外的所有事物。① 在现代，意义上最接近的词可能就是汉语的"自然（自己成为这样）"了。② 然而，其中没有哪一个词的意义是静态的，过去两千五百年的争论显示它们始终处于动态之中。③ 简而言之，在中国，关于"自然的概念"存在一个漫长而有趣的历史，我们在这里只能介绍这么多。④

由于对这些字词的意义和解释长久以来争论不断，汉语中并不存在一个基本的、一成不变的（西方意义上的）"中国关于自然的理念"。而通常我们都假设这是存在的，尤其是那些在欧洲或美国试图证明"西方人与自然"的关系具有破坏性，继而提议建立一个类似"东方"特别是中国式"人与自然更为和谐"的关系的人们。这种观念被一些欧洲或美国作家广为传播⑤，另外，中国自唐朝（618—907 年）以来流传了千余年的山水画风格也给人以这种印象，在这些画作中，山川河流宏伟磅礴而其中的人物则通

---

① 关于这些困难的讨论，以及一项有助于我们理解早期关于帝制晚期"自然"概念的探讨，可参见 Paolo Santangelo, "Ecologism versus Moralism: Conceptions of Nature in Some Literary Texts of Ming-Qing Times," in *Sediments of Time*, eds. Mark Elvin and Liu Ts'ui-jung, 617-656。中译本见刘翠溶、伊懋可主编：《积渐所至》，第 917-970 页。

② 对于汉语"自然"的详尽介绍，可参见 Christoph Harbsmeier, "Towards a Conceptual History of Some Concepts of Nature in Classical Chinese: ZI RAN and ZI RAN ZHI LI," in *Concepts of Nature: A Chinese-European Cross-Cultural Perspective*, eds. Hans Ulrich Vogel and Gunter Dux (Leiden, NL: Brill, 2010), 220-254.

③ Helwig Schmidt-Glintzer, "On the Relationship between Man and Nature in China," in *Concepts of Nature*, eds. Hans Ulrich Vogel and Gunter Dux, 526-527.

④ 研究这一问题的两个基本读物是 Mary Evelyn Tucker and John Berthrong, eds., *Confucianism and Ecology: The Interrelation of Heaven, Earth, and Humans* (Cambridge, MA: Harvard University Press, 1998; 中译本参见安乐哲主编：《儒学与生态》，彭国翔、张容南译，江苏教育出版社，2008) 和 Hans Ulrich Vogel and Gunter Dux, eds., *Concepts of Nature: A Chinese-European Cross-Cultural Perspective* (Leiden, NL: Brill, 2010).

⑤ 一个简短的讨论可参见 Heiner Roetz, "On Nature and Culture in Zhou China," in *Concepts of Nature*, eds. Hans Ulrich Vogel and Gunter Dux (Leiden, NL: Brill, 2010), 198-200。

常都渺小。① 不过纵观本书就会发现，中国人与自然关系和谐这一观念其实与历史事实相距甚远。

就目前为止如我们所见，虽然商很热衷于将自然环境改造成农田，但商代的统治者还是倾向于将农业收成以及他们的命运更多地交托于"天"，而非他们自身的行动。前面已经提到过，周初（约公元前1000年）将其取代商的统治归因于受"天命"。"天命"的想法，部分地体现了中国的这种"关联宇宙观"，即现实中的行为与"天上"是相关的。② 自周初引入了这个观念之后，思考人类与宇宙之间关系的这种思路在汉朝通过一位哲学家（董仲舒）而得以蓬勃发展。比如这位学者主张，汉字"王"的三横分别代表了天、地和人，它们通过中间的一竖，也就是帝王紧紧联系在了一起。

在公元前500年左右，随着一个叫作"士"的特殊社会阶层的兴起，中国对"自然"与人类之间关系的反思开始出现。周初向外拓殖的努力大大推动了对自然环境的改造，加之战国时期各国相互争斗，为了避免战争的失败和国家的灭亡也都千方百计挖掘自然资源，在这样的背景下，我们也就不会太奇怪在当时百家争鸣的过程中，为什么会出现一种早期中国哲学争论来探讨"把自然仅仅看作实现人类目的的工具的破坏性甚至毫无同情心的方式"③ *104*了。这些学派当中最著名的是儒家、道家和法家，后者或许更应该被称为"国家主义者"，该派学者认为国家和它的权力凌驾于一切之上。有一点很值得注意的是，这些思想都是在以黄河冲积平原和黄土高原为自然环境特征的

---

① 中国山水画的范例几乎可以在任何一本艺术史教材中找到，不过描述特别出色的是 Wen C. Fong and James Y. C. Watt, eds., *Possessing the Past：Treasures from the National Palace Museum*, *Taipei* (New York, NY：The Metropolitan Museum of Art, 1996)；台北故宫博物院馆藏特展中的两个图录：《夏景山水画特展图录》(1993)，《冬景山水画特展图录》(1996)；以及高居翰（James Cahill）的几本著作，包括那本概论性的 *The Painter's Practice：How Artists Lived and Worked in Traditional China* (New York, NY：Columbia University Press, 1994；中译本见《画家生涯：传统中国画家的生活与工作》，杨宗贤、马琳、邓伟权译，生活·读书·新知三联书店，2012)。

② John B. Henderson, "Cosmology and Concepts of Nature in Traditional China," in *Concepts of Nature*, eds. Hans Ulrich Vogel and Gunter Dux, 181-197；伊懋可还在其著述中使用了"道德气象"（moral meteorology）这一概念，参见 *The Retreat of the Elephants*, 414-420。

③ Heiner Roetz, "On Nature and Culture in Zhou China," 201.

中国北方形成的。我们在下一章将会看到，当中国人开始向环境迥然不同的、更为温暖湿润的南方迁移时，又会出现一些新的观念。

孔子

孔子（公元前 551—公元前 479 年）生活在一个政治、社会、经济剧烈变化的时期，当时周的封建统治正趋于崩溃，社会进入了列国时代，旧贵族渐渐失去了地位，新的社会阶层正在升起。孔子既不喜欢也不赞成这些变化，并试图就如何重建和保持他所理解的由周王朝建立的社会秩序给出一些答案。他认为，保持父系家庭、各阶层之间严守各项行为和礼仪规则是保障社会和政治秩序井然的有效途径。他十分关心人的行为和秩序，而对类似宗教观念之类（例如是否存在神或神与人的关系）则不怎么在意。因此，具有儒家思想的国家治水机构都希望用严格可控的河渠来归拢河水，而当遭遇到其他族群时，具有儒家思想的人也会通过观察服色、饮食以及弹奏的乐器等来判断这些人是否（或有可能变得）"文明"。

那些受孔子思想启发的人（"儒家"）力求发展和推广这些思想。总的来说，"儒家极力倡导发展一个脱胎于自然的文明世界，而在其中自然是作为对立者出现的……（儒家）把人类与动物严格区分开来，认为人之所以异于禽兽，正是因为人所特有的道德、礼仪和社会等级"[1]。儒家认为人类会组成社会，恰恰是因为单独一个人只能屈服于野兽，于是人们"序四时，裁万物，兼利天下"，由此形成的社会才是"人之性"的体现。

道家

道家认为儒家对社会规范的主张过于僵硬和划一，作为回应，道家认为人应该遵从本性（nature），循"道"而行。人随本性，就像水自然地从高往低流一样，是简单而和谐的方式。道家理想的世界是小国寡民，老死不相往来。显然，现实中日益增加的人口和战国时期的最终降临都是与其理想相悖的。

105   在所有的学派当中，道家尤其对"文明"带来的好处持怀疑态度，这个文明指代的是儒家认为必须而且应该是善的、与自然相分离或者主导自然的人类社会。道家向往的那个时代，人类尚未从宇宙中分离，还是其中和谐的一部分。"故至德之世，"一位道家代表说，"其行填填，其视颠颠。当是时

---

[1]   Heiner Roetz, "On Nature and Culture in Zhou China," 209.

也，山无蹊隧，泽无舟梁；万物群生，连属其乡；禽兽成群，草木遂长。是故禽兽可系羁而游，鸟鹊之巢可攀援而窥。"①

然而随后国家的建立、战争以及大规模的经济活动——这些人类建设"文明"的举动——彻底打破了这种和谐。道家用"天人合一"的理念对比"文明世界"，并指责文明（和儒家）破坏了这种原始的和谐。② 不过，很多道家学者并不因此而热衷于去摧毁文明和文化，他们寻求的是个体化的解决方案。遁入山林，过起隐士的生活，在那里他们可以"循道而行"，脱下文明的外衣，成为自然的一分子。

孔子之后的儒家

道家所劝诫的"道法自然"提出了这样一个问题，什么是"自然"（nature），什么是"人性"（human's nature），这个问题之前从未有人提起，而公元前4世纪的儒家接受了这个挑战，尤其是其中关于人性的部分。孔子之后，最重要的儒家思想继承者是孟子（公元前372—公元前289年），对于什么构成了人性这个问题，孟子倾向于将其归纳为"善"，并用了一个有趣的有关环境的比喻来探讨这个问题：

> 牛山之木尝美矣，以其郊于大国也，斧斤伐之，可以为美乎？是其日夜之所息，雨露之所润，非无萌蘖之生焉，牛羊又从而牧之，是以若彼濯濯也。人见其濯濯也，以为未尝有材焉，此岂山之性也哉？虽存乎人者，岂无仁义之心哉？其所以放其良心者，亦犹斧斤之于木也，旦旦而伐之，可以为美乎？③

我们不知道孟子指的是哪个国家，也不知道是否确有牛山这个地方。他只是用牛山上的森林砍伐这个故事来证明人类与生俱来的善，以及培养这种善的必要性。通过这个比喻，不仅我们，公元前300年的人们也能明白这些道理，因为他们亲眼看到了这些山上森林砍伐的过程，也很清楚这个森林退化的原因和结果。而孟子根据现实构造的这个寓言，也证明了战国时期由国家驱动的环境变化是多么普遍。

---

① 转引自 Heiner Roetz, "On Nature and Culture in Zhou China," 205. 译者注：《庄子·外篇·马蹄》。

② 参见伊懋可 *The Retreat of the Elephants* 第109-110页引自《淮南子》的长文。

③ *Sources of Chinese Civilization*, 2nd edition, 151. 译者注：《孟子·告子上》。

孟子并不仅仅是一个"哲学家"，他还认为自己的这些思想应该对战国各国都很有用处。他和同时代的其他思想家一样很看重土地的管理，认为应该实施水土保持的措施。孟子认为人类是高于动物的，是它们的主人，但他也承认，人类在看到一头牛被杀之前那种恐惧瑟缩的状态会感到很难过，因此人们（包括帝王）在对待其他人时可以并且也应该抱着同情和怜悯的态度。孟子认为王室的大量财富都是通过掠夺农人和动物生存的土地而得到的，因此王室和富人应该过一种有节制的生活，以免资源耗尽。不过在下面我们就会看到，包括孟子在内的思想家提出的这些建议在统治者那里并没有得到足够的重视。[①]

106

荀子（公元前312—公元前230年）接受了儒家关于文化和社会是有益的这个基本前提，但不同之处在于荀子认为人性本恶，人的本性应得到抑制和控制，主张对人的教化和约束。因此，"荀子主张人类在对待自然时采取一种积极的调控者的态度……以人类需要为基础'驯化'自然以建立一个涉及方方面面的新秩序，使人类在其中能够达到最佳的状态"[②]，而无论是人类还是人类主宰的自然，都需要强有力的国家调控来维持它们的秩序。这种思路也被秦国的谋士商鞅（卒于公元前338年）和韩非子（公元前280—公元前233年）所采用，他们创造的政治哲学就推崇国家权力凌驾于人类和自然之上。

法家

法家对如何推动国家拥有至高无上的权力和地位最为感兴趣，相信人与自然都需要被控制。正如《管子》所述，"治人如治水潦，养人如养六畜，用人如用草木"（《七法》），耕作和粮食是一国权力的基础。与秩序井然的国家如秦国相比，一些较差的国家则"田畴荒而国邑虚……其士民贵得利而贱武勇，其庶人好饮食而恶耕农，于是财用匮而食饮薪菜乏"[③]。

[①] J. Donald Hughes, *An Environmental History of the World：Humankinds Changing Role in the Community of Life*（New York，NY：Routledge，2001），72. 中译本见 J. 唐纳德·休斯：《世界环境史：人类在地球生命中的角色转变》（第2版），赵长凤、王宁、张爱萍译，电子工业出版社，2014。

[②] Roetz, "On Nature and Culture in Zhou China," 213.

[③] 转引自 Elvin, *The Retreat of the Elephants*，102-103. 译者注：《管子·五辅》。

　　秦国担心劳动力短缺，不仅是为了农业生产，还有军事方面的需要，于是引进了多项改革措施来吸引他国农人逃离故土来到这里，其中改革土地所有权、将其从贵族手中分散给普通百姓这一条尤为引人注目。相较于其他仍然保有贵族的国家，秦国的农人已具有人身自由，并可以拥有土地，自己进行垦殖决策。向农人课税并不是秦发明的，早在公元前594年鲁国即向农人课10%的税，但秦国的抽税比例高达50%，国家收入即来源于此。

　　由于高税负，秦国的农人都必须让土地变得高产，因而他们也受到了农业大臣的助功。农业大臣的职责是"垦草入邑，辟土聚粟，多众"（《管子·小匡》）。在他的手下，虞师专事"修火宪，敬山泽林薮积草，夫财之所出"；司空则"决水潦，通沟渎，修障防，安水藏，使时水虽过度，无害于五谷。岁虽凶旱，有所粉获"（《管子·立政》）；而由田的职责则是帮助农人适时耕种，在他们种植各种作物时提供正确的技术指导。① *107*

　　法家的思想对中国历史的进程以及中国人与环境的关系影响深远，因为秦武力统一了中国，建立了新的帝国政治制度，随后两千年中的历朝历代虽然普遍反感秦朝的残暴统治，但这一制度却得到了普遍的采用。更进一步而言，秦的法家人物也并不是仅有的对环境持这种观点的人。

　　资源约束和控制"自然"

　　整个战国时期让人们逐渐认识到这样一个事实，即自然的恩惠并不是无止境的，需要适时的维护才能防止耗尽这些资源，尤其是食物的来源："国君春田不围泽，大夫不掩群，士不取麛卵。岁凶，年谷不登。君膳不祭肺，马不食谷"（《礼记·曲礼下第二》）。附加的告诫还包括不要破坏鸟巢甚至杀死昆虫："毋杀孩虫胎夭飞鸟，毋麛毋卵。"②

　　秦和汉制定了名为"月令"的法律条文，从中我们可以看到，它们已经意识到人类的不受约束的极端行为不只会干扰重要的自然生态过程，还会损害人们的营生，耗尽自然资源，并毫无必要地猎杀动物。其中有两条特别有先见之明，"毋竭川泽，毋漉陂池"和"毋焚山林"。然而虽是"条令"，人

-----

　　①　转引自 Elvin, *The Retreat of the Elephants*，105-106，原文引自《管子》。译者注：秦国的农业大臣称为治粟内史，但此处所引出自《管子》，在管仲所在的齐国，这个官名叫作大司田，以下虞师、司空、由田等官职名称也都因引自《管子》而沿用，秦国官职设置实际与齐国有所不同。

　　②　转引自 Anderson, *The Food of China*，33。译者注：《礼记·月令》。

们却并没有去遵守。①

"月令"的这些内容表明，人们已经越来越意识到人类对自然环境的影响。同时，对于无节制的采收对自然生长的野生食物所带来的后果，人们也开始提出警告，指出这不仅仅会导致诸如"草木蚤落"，还会让"国时有恐……其民大疫……首种不入"②。

到公元前 200 年，中国人和他们的国家已经学会了如何利用人力和自然资源来将自己的控制范围扩大到其他族群及其所处的环境之上——只要国家足够强大，这种情况一直到早期帝国仍在延续。秉持儒家和道家传统的知识分子可能对这种持续的国家驱动的农业发展提出了一些警告，然而农业发展带来诸多利好的观点总是更加强势，并占据着主导地位。

历史学者许倬云对战国和汉朝时期农业问题的研究在本章中已有过介绍，他的研究还提供了一些关于当时的农民如何理解自然力与收成之间关系的有趣观察。他认为，战国时期的农人已经非常清楚天气条件对收成来说比其他都重要。许倬云总结道："自然显然比人类对作物施予的影响大多了。"③事实上，对于自然的这种认识我们早在殷商时期就已看到了。而到了汉朝，通过关于土壤和植物的知识和在需要地点兴修水利设施的能力，国家和农人已经大规模改变了地表的形态，于是，它们的能力以及它们对自然的认识也发生了很大变化："人类至少是可以控制一部分自然条件的，如果没有这一信念，汉朝的农人也不会坚持不懈地去找寻提高农业产量的方法。"④

虽说有学者文人的相关警告以及一些中国人与环境"和谐共处"的艺术化描述，但这一时期中国式农业的观点仍然可以归结为：农人自信能够——也应该——将自然改造成农田。汉代华北平原的原始森林也确实经历了这一

---

① Charles Sanft，"Environment and Law in Early Imperial China（Third Century BCE-First Century CE）：Qin and Han Statutes Concerning Natural Resources，" *Environmental History* 15（2010）：708-709. 陈力强（Charles Sanft）认为，尽管这些法规和类似的条令都意在保持水土，但"这些并没有导致有效的、长期的保护"。鉴于本书中给出的一些证据，这个观点可能有点过于保守了。译者注：《礼记·月令》。

② 转引 Anderson，*The Food of China*，33。译者注：《礼记·月令》。

③ Cho-yun Hsu，*Ancient China in Transition*，134. 中译本见许倬云《中国古代社会史论》。

④ Cho-yun Hsu，*Han Agriculture*，108. 中译本见许倬云《汉代农业》。

命运。

毋庸置疑，控制自然的冲动在当时非常强烈，但即使是在上古时期，在这种影响之下去改造自然也并非中国人与自然环境相关联的唯一方式。无论是城市还是乡村的居民，都无法看到全面的情况。

瘟疫

早期帝国为疫病的流行和大暴发提供了近乎完美的温床。现代医学发现大多数人类传染病如麻疹、腮腺炎、水痘和流感都起源于家养的禽畜。当这些病原体首次从动物传染到人类身上时，所导致的疾病无疑是致命的，但经过几代的接触之后，人体也建立起了多种免疫反应。即使在三千年前，这些疾病也已成为我们今天所说的"儿童"病，虽然让孩子们讨厌和不适，但除了对那些在童年没有接触和感染过这类疾病的成人以外，它们并不致命。另外，人畜共同生活主要是在农村，因此这些病原体的传播可能也具有局域性。

在帝国早期尤其是汉朝，农人的数量逐渐增多，他们与家禽家畜朝夕相处，培育了更多的病原体，而修建的道路和交易的市场还将他们定期聚集到村镇和城市，在那里疾病会迅速在大量、密集的人群当中传播。在这之后，高效的高速路网系统又将疾病扩散至全国，甚至通过陆路和海上通道传遍亚洲。

令人稍感意外的是，疫病在古代中国的传播——至少通过书面证据显示——却是轻微的。[①] 我们所知的至少一起发生在公元前 243 年的疫情，唐纳德·霍普金斯（Donald Hopkins）认为是在数年前通过欧亚草原上的匈奴人传播到这里的天花。[②] 之后几次瘟疫（很有可能还是天花）陆续在汉初和后来暴发，但日益频繁则是在公元 151 年之后，无疑这是导致汉王朝在公元 220 年崩溃的原因之一。 *109*

我们无从得知这是何种疫病——虽然霍普金斯十分肯定就是天花，但无疑是致命的。根据公元 16 年的一份文献记录，在一个将领的队伍中每十人就有六到七人受感染而死亡，公元 46 年的另一份记录显示疫病夺去了三分

---

① 以下这段内容主要参考 William H. McNeill, *Plagues and Peoples*（Garden City NY：Anchor Books，1976），26–61，117–119。中译本见威廉·H. 麦克尼尔：《瘟疫与人》，余新忠、毕会成译，中国环境科学出版社，2010。

② Donald R. Hopkins, *The Greatest Killer：Smallpox in History*（Chicago, IL：The University of Chicago Press，2002），18，103–105. 中译本见霍普金斯：《天国之花：瘟疫的文化史》，沈跃明、蒋广宁译，上海人民出版社，2006。

之二人口的生命，公元 208 年的一次暴发也达到了类似的数量。一位 3 世纪晚期的医生所描述的患者症状也让我们将之与天花联系了起来："比岁有病时行，仍发疮头面及身，须臾周匝，状如火疮，皆戴白浆，随决随生。不即治，剧者多死。治得瘥后，疮瘢紫黑，弥岁方减。"①

第四节　早期帝国的尾声

汉朝末期，瘟疫扩散的速度不仅和社会、经济、人口的发展有关，大量生活条件日渐困苦的城市和农村贫困人口的存在也应该是原因之一。很多农民已失地相当长时间，他们虽仍在耕种，但须给那些拥有越来越多财富和权势的豪强士族交租。我们无法全面了解当时农村的贫困情况，但有趣的是城市富裕人群对此却有所体察，其中一个人曾描述当时的农人"肤如桑朴，足如熊蹄"，与其说是人，毋宁说更像是草木或禽兽。②

中国的农业直到汉朝一直是极其成功和高产的。然而农人却是无足轻重的，因为他们选择的生存方式使得无论是他们自身还是他们生产的农产品都是可被控制和调配的。如果说人体是病毒、细菌或其他微寄生的宿主，那么国家和地主就是农人身上的巨寄生。③

失地、瘟疫、饥荒、政权旁落于腐败官员和宦官手中等等，不管出于何种原因，深重的苦难都在农村中蔓延，尤其是在东部地区，这里的农人同时还失去了进行市场交易的机会，由此推动了大规模的农民起义。及至公元 184 年，随着道教千年王国宣扬的崭新美好世界即将来临的宗教思想传播，汉王朝很快陷入了崩溃，三位负责镇压起义的将领分别建立了自己的王国，汉朝最后一位皇帝于公元 220 年禅位。④

---

① 转引自 McNeill，*Plagues and Peoples*，118。译者注：葛洪：《肘后备急方》。

② 转引自 Arthur F. Wright，*Buddhism in Chinese History*（New York，NY：Atheneum，1969），19-20。中译本见芮沃寿：《中国历史中的佛教》，常蕾译，北京大学出版社，2009，第 13 页。译者注：崔骃《博徒论》。

③ 有关巨寄生和微寄生的一些深入讨论，可参见 McNeill，*Plagues and Peoples*，5-7。中译本见威廉·H. 麦克尼尔《瘟疫与人》。

④ Howard S. Levy，"Yellow Turban Religion and Rebellion at the End of the Han，" *Journal of the American Oriental Society* 74，no. 4（1956），214-227.

三国鼎立的状态一直持续到公元 280 年，继起的晋朝统一了全国。但这 *110* 一努力维持的时间并不长，公元 311 年人口约 60 万的都城洛阳遭到了匈奴人的洗劫，留下的是残垣断壁里成堆的尸体和逡巡的野狗，随后公元 317 年长安也遭此厄运。这两个城市的毁灭，断绝了任何延续早期帝国的希望，也标志着这一段中国历史的结束和另一段的开始，我们将在下一章中继续深入探察。

小结

在本章所覆盖的一千三百年中，中国在社会和政治组织以及环境方面都经历了显著的变化。商代晚期的墓葬有很多饰有大象和老虎图案的青铜器，而周朝早期的文献则在恭贺统治者通过驱逐这些动物而驯服了整个世界，到了一千年后的汉朝墓葬，则出现了绘有厨房和动物的农庄画像砖。没有什么能比这个场景更能显而易见地说明长江以北自然环境的驯化过程了：从商代以森林为主、其间散落着一些农田，到 6 000 万人口聚集于此的非常典型的农村景象。至少在华北而言，农田取代了森林，猪和牛取代了只在森林中生活的虎和象。到了早期帝国，华北的大量森林已经消失并变成了农田。

但这不仅仅是农田，还意味着一种特别的中国式的农田和农作方式。这种特别来自两个方面的原因：一是秦国决心结束战国时期，将天下统一成一个中央集权的帝国；二是汉朝的统治者同样青睐农业立国的方式，从而使中国的农业逐渐建立在各个自立的小型农户之上。土地的所有权经过一段时间后可能会集中到豪强士族的手中，但他们并不耕作，也不监督农民耕作，而只收取租金。虽然国家、农民和大地主之间的这种关系在接下来的两千年中会有所变化（我们将在后续章节中涉及），但这个三元结构却成为大多数汉人应对环境方式的基础。

如果说农业是人类适应环境的一种形式，那么游牧则是另外一种。游牧民随着他们的牧群在广袤的中亚草原上不停地迁徙，逐渐成为骁勇的战士，并在争夺自然资源时变成了汉人强有力的竞争者，尤其是在草场和马匹方面，因为这两者对军队来说都是极为重要的。基于不同的生态环境，游牧民和汉人组成了不同的社会和军事力量并在秦汉时期首次发生了冲突，而事实证明，武帝统治时期的汉朝更为强大。但是，要将游牧民置于掌控之下或至少阻止他们来犯，还需要汉人去占领荒凉的草原，而汉人唯一能做的就是将草原变成农田，然后移民到此定居。只要国家强大，足以保护这些处于边境的农业拓殖者，这个策略就是奏效的，至少在短期内是这样。但随着时间推移，尤其是当国力衰弱或国家崩溃之时，这些农田即遭荒弃，翻转的草皮被风吹走后，沙漠又向前更进了一步。正如国家、农民和大地主之间的互动关系一样，处于不同生态环境下的汉人和游牧民之间的互动也是随后两千年中国历史演进的一个重要动力。

在这一千三百年中，华北平原的人口从 500 万增加到了 6 000 万。橡树和枫树林已遭清除，农田取代了原生的植被。随着汉人军队将游牧民从草原逐往更北的地方，汉人定居者也将草原变成了农田，还为此重新规划了河渠以扩大灌溉面积。道路把这个庞大的帝国内部联系起来并渗透到一些新的地区，以便汉人去取代当地的土著。由于侵蚀和淤积作用，"河"变成了黄河，筑堤防洪随之被付诸实施。中国的政治理念和架构、社会和家庭组织特别是特殊的农作方式，取代了之前多种多样的人与自然相处的方式。之前中国北方多元化的人居和自然环境，已经从根本上变得单一化了。

但为什么汉人只注重他们在北方的力量膨胀，而忽略了南方呢？当然，部分的原因是马背上的游牧民族带来了更大的威胁。但无论是秦还是汉，也都将它们的军事力量向南一直触及了越南北部，只是南方的环境带来了北方草原所没有的其他障碍。除了怀有敌意的当地人群之外，这里湿热的气候也不适于北方汉人种植的几种谷物的生长——尤其是两种稷以及从中东传入的小麦和大麦，另外这里原生的多种致命性疾病也让北方人感到恐惧。总之在南方，陡峭的疾病传播梯度（steep disease gradient）使汉人无法轻易跨越，或者说至少在他们还没有因更为强大的游牧民族威胁而向南迁移，并学会怎样将南方潮湿的环境改造成高产稻田之前是这样的。而这正是下一章所关注的内容。

第四章
帝制中期北方的森林退化和南方的拓殖，公元 300——1300 年

在公元 300——1300 年间，中国的环境和历史都发生了重大的转变。华北 119
平原上的森林自汉朝时就已遭大量砍伐，黄河经历了长达一个世纪的淤积和
溃堤，废弃了之前进入黄海的河道，向南经一条新的河道注入东海，在华北
平原留下了大片的黄泛区。这个历史性重大转变的发生主要有两方面的背
景：一是蒙古人不断南侵并在 13 世纪征服了整个中国；二是蓬勃发展的钢
铁制造业彻底摧毁了华北的森林，并激发起以燃煤为基础的产业革命，但随
后又因蒙古的入侵戛然而止。在游牧民族军队和征服者的压力下，汉人开始
向南方开垦拓殖，中国人口聚集的中心地带也从北方转移到了南方（参见图
4-1）。

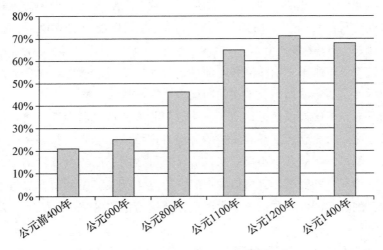

图 4-1　中国南方人口占全国比例的历史变化

资料来源：Robert M. Hartwell, "Demographic, Political, and Social Transformations of China, 750-1550," *Harvard Journal of Asiatic Studies* 42, no. 2 (1982)：368.

　　本章所涉及的这一千年开始于公元 4 世纪游牧民族的一次入侵，这次入侵导致汉人失去了对北方故土的统治；结束于另外一次发生在 12—13 世纪、由成吉思汗领导的、历史上最强大的游牧军队对整个中国的征服。因此，在这些世纪中，由东亚不同环境培育而成的两股强大力量——游牧民族和汉人——继续在令人不安的共生关系下展开了较量。秦汉早期帝国结束后的数个世纪里，都没有一个重要的中央政权出现，直到公元 581 年隋朝（581—618 年）的建立。隋重建了中华帝国，在它之后是国祚较长的唐（618—907 年）和宋（960—1279 年）。蒙古人征服和统治中国时期建立了元朝（1271—1368 年），它是中国从帝制中期向帝制晚期的过渡。帝制晚期将在下章中进行探讨。

　　面对生态和军事的双重压力，汉人开始大规模南迁，利用水田稻作新技术改造新的环境，也迫使原来居住在此的其他族群迁往更为偏远的地方。①主要是在游牧民族的攻击下，中国的政治、经济和人口的中心逐步从西北向东并最终向南迁移，从最初周、秦和汉定都的西北地区特别是渭河流域，在唐朝从长安向东迁到洛阳，北宋（960—1127 年）时又进一步向东迁至开封，并在南宋（1127—1279 年）时南迁到了杭州。汉朝时有将近 80％的人口都生活在中国北部和西北部，到 7 世纪初这一比例下降至 75％。而南方人口的比例在汉朝时只占到 25％，而到了 750 年则上升至将近 50％；随后"（南方）人口比例在 1080 年攀升至 65％，1200 年达到 71％"②。中国人口分布的这一历史性转变也带来了中国西部和南部环境与人类之间的遭遇，而造成这一状况的原因就是唐宋时期积极推动的向这些地区拓殖的政策。

　　当汉人——确切说是被迫的——从他们北方的环境向南迁移时，他们不得不去适应一个全新的更潮湿温暖的环境，这给他们带来了很多挑战，也让他们心生恐惧——尤其是不仅有来自被汉人打败南逃的非汉族群的敌视，还有疟疾（瘴气）和登革热等可怕的疾病。不过，汉人移民到南方之后也掌握了一项新的强大的农业技术——水田稻作，这给他们带来了巨大的财富和实

---

　　①　相关概述可参见 Herold J. Wiens, *Han Chinese Expansion in South China* (Hamden, CT: The Shoe String Press, 1967)。

　　②　Paul J. Smith, *Taxing Heaven's Storehouse: Horses, Bureaucrats, and the Destruction of the Sichuan Tea Industry, 1074 - 1224* (Cambridge, MA: Harvard University Press, 1991), 3.

力来对抗北方的敌人，同时还可以去征服和改变南部、西南部以及西部的
环境。

公元 4 世纪，汉人纷纷从北方也就是历史上中国的核心区域撤离。逃离　　*121*
的汉人不断回望故乡，除了害怕游牧骑兵的追赶，他们还心存希望，有朝一
日能回到这片他们熟悉和热爱的土地。然而这却不可能发生了，一个多世纪
之后，这些流亡者才真正接受了长江流域作为自己的家园。当这些人定居到
南方后，北方出现了权力真空，于是未逃离的、驻守在要塞及坞堡里的汉人
和各个相互竞争的草原部落，将这里变成了你争我夺的战场。这就是中国南
方社会发展的开始，它与同时期的北方地区形成了鲜明的对比，同时也造成
了中国南北区域的分化。并且，南方地区很快就成为汉人的主要聚集地。　　*122*

第一节　中国北方：战争、人口减少与环境，公元 300—600 年

311 年，晋都洛阳毁于游牧入侵者的兵燹；317 年，曾经是汉朝都城的
长安也遭到同样的厄运，这些事件给 2 世纪晚期以来改变北方的历史进程画
上了一个惊叹号。随后，农民起义伴随着瘟疫、饥荒和歉收——很可能是由
于气候变冷（参见图 2 - 2）——造成了人口的急剧下降。当然，这既有死亡
率升高的原因，也有人口大量南迁长江流域下游避乱的原因。汉朝的人口在
公元 2 年的那次普查时达到 6 000 万，150 年后这一规模稍有缩减，降到了
5 600 万，其中大部分人生活在北方，包括周朝建国所在的渭河流域以及肥
沃的四川盆地；其他的地区，从长江流域向南到广州，人口就稀少很多了，
这里的居民只有少数是汉人，更多的是非汉族群。历史学家杨联陞曾写到，
到汉王朝崩溃的 220 年，当时的一些人认为，"天下户口减耗，十裁一在"[①]。

毫无疑问，出现这个数字的缘由主要是逃亡而非死亡。当然，人口死亡
的数量肯定也很大，我们从人相食之类的证据中可以看出，北方很多地区都
在因食物供应不足而经历着人口危机。此外，还有数百万人离开家园向长江
流域迁移。无论是什么原因，无论留在北方的汉人到底还有多少，总之继承

---

① 　L. S. Yang, *Studies in Chinese Institutional History* (Cambridge, MA：Har-
vard-Yenching Institute, 1961), 126. 中译本见杨联陞：《中国制度史研究》，彭刚、
程刚译，江苏人民出版社，2007，第 101-102 页。译者注：《三国志》卷八《张绣传》。

汉王朝的三国统治者都开始致力于重建农业生产，他们通过移民军屯，分发给移民农作需要的种子和工具，要求移民纳税以供军需。不过这些政策的效果如何我们不得而知，到280年晋统一三国的时候，人口也仅达到1 600万。同样，这个数字仍然是低估的，因为这个新建立的王朝还没有足够的资源去精确统计辖下的所有人口，大地主们也会隐瞒他们的雇农数量——不过这些证据足以显示出，当时存在一场汉族人口危机的真实性是不容置疑的。

晋惠帝时期的八王之乱令中国北方在4世纪初依旧战争频仍，满目疮痍。根据《晋书》的记载："人多饥乏，更相鬻卖，奔迸流移，不可胜数。……大蝗……又大疾疫，兼以饥馑。百姓又为寇贼所杀，流尸满河，白骨蔽野。……人多相食，饥疫总至。"①

123 于是，当晋都洛阳在311年、长安在317年遭遇游牧入侵者的兵燹之后，幸存者已所剩无几，中国北方人口极端稀少的景象频繁出现，令人印象深刻。依照芮沃寿（Arthur Wright）所述："一位当时巡视各地的见证者的报告表明，曾经丰饶的土地如今一片荒芜，只有20％的人口留存下来——其中绝大部分都是老人和弱者。"② 在洛阳遭劫之后，一位来访的粟特商人在家书中写道："城市和宫廷陷入了火海……洛阳已不是昔日的洛阳，邺城也已经不是昨日的邺城！"③ 匈奴军队盗掘了王室墓葬，并把战利品带回了草原。数年之后，长安城再遭洗劫，统治集团大批地——数十万人——逃往长江流域，并在那里建立了新的政权。我们很快还会详细讲到，正是从这里起，汉人真正开始了在中国南方从长江流域直到南海地区的定居生活。

早在洛阳和长安陷落之前，中国社会就已经日趋军事化，主要是因为那些拥有大片土地的豪强士族已越来越像世袭的军事阶层，从日益衰落且需要其帮助的政府那里获得社会地位，而其武装力量则主要由那些为了躲避其他

---

① 转引自 David A. Graff, *Medieval Chinese Warfare*, *300–900* (London, UK and New York, NY：Routledge, 2002), 47。译者注：《晋书》卷二十六《食货志》。

② Arthur F. Wright, *The Sui Dynasty* (New York, NY：Knopf, 1978), 24.

③ 转引自 Arthur F. Wright, *Buddhism in Chinese History* (Stanford, CA：Stanford University Press, 1959), 42。中译本见芮沃寿：《中国历史中的佛教》，第32页。译者注：原文引自粟特商人 Nanai-vandak 的信札，1907 年在敦煌发现，详见安妮特·L.朱丽安娜、朱迪思·A.莱莉：《古粟特文信札（Ⅱ号）》，苏银梅译，《考古与文物》2003 年第 5 期。

武装团伙和军事组织而来投靠的农民组成，豪强士族还渐渐组织起了骑兵，人员来自那些汉朝时就已定居在长城以内的匈奴人。西晋灭亡、统治阶层仓皇逃往南方之后，门户洞开的中国北方地区迎来了一波又一波相互缠斗、争夺战利品的游牧民族，汉人则退居到易守难攻的城墙或山上的坞堡里。4 世纪到 5 世纪，中国北方有数百个这样的坞堡，汉人的"首领之间为争权夺利争执不休，胡人统治者也对他们时而压迫，时而示好……在西晋崩溃（311年）之后好几代人的时间里，这种防御性的避难群体构成了中国北方地方势力的基础"①。

这个"稳定的状态"送走了一批又一批的统治者，大部分游牧胡人政权都调集了数以万计的骑兵以及更多的步兵来保障它们的财富，抑或去攫取别人的财富，但其中却没有一个能维持很长时间。中国北方地区在一个多世纪里始终是一个巨大的战场，这些死亡、毁灭和战争的残酷叙述起来是令人沮丧的②，不过在某种程度上，这些入侵者也逐渐意识到了在他们的战利品中还应该包括储存能量的人——确切地说是汉人农民——用来耕作和生产粮食。不过他们并非通过找到一个农业社区并"控制"这个地区来达到目的——因为大部分汉人都躲到坞堡里去了，他们的办法是抓获数千个汉人，再把他们围禁到自己占领的安全地带去。

汉朝时期的华北平原人口密集，相对于大量的人口来说，土地供应则显得相对稀缺。4 世纪时的情况则相反，在被完全摧毁、人口稀少的北方，土地变得相当充足，劳作的农民却很少，因此也变得非常宝贵。"于是，人成了重要的战利品，一次战役的凯旋往往伴随着数千甚至数万名从新近占领地区掳掠而来的俘虏。在某些时候，一次战役无异于一场大型的劫掠奴隶行动，而将人掳走后，这些占领的土地即遭遗弃。通过这种方式抓去的俘虏往往最后都集中到了征服者的都城附近。"③

所有这些条件——人口减少、大量抛荒的土地、数万人被迫移居他处而余下的都躲进了坞堡——看起来似乎都为中国北方某种类似农奴制度的出现做了几近完美的铺垫。无论是新组织的保护当地人口的汉人军队，抑或是来 *124*

---

① Graff, *Medieval Chinese Warfare*, 56.

② 一个简短的例子可参见 Graff, *Medieval Chinese Warfare*, ch. 3。

③ Graff, *Medieval Chinese Warfare*, 60.

犯的游牧骑兵，都对在他们自己控制的土地上保存相当数量的农民兴趣浓厚。也许恐惧使得中国北方的大量农民不敢逃跑，也有可能他们的"保护者"懂得了这些能够从事生产的农民是自己生存的基础。这些农民也许是没有人身自由的，但他们对农业生产还没有失去决策权。无论是怎样的动力或原因，看起来各种旨在促进农业生产和农村经济的举措似乎都在暗示着，基本的生产单位仍然是汉人农户。即使是在汉末，当时帝国已被各个军事将领瓜分，而其中最著名的曹操还在已经荒弃的土地上建立了军屯并将地块分给农户，作为回报，农民则缴纳税粮支持他的军队。

4世纪和5世纪的游牧征服者也采取了类似的政策，并将它们写入了律令当中。汉朝崩溃和游牧民族入侵的大屠杀之后，体现农田大面积减少的一个标志就是，北方地区各种汉人或非汉人的统治者都尝试了大量的方法来让农民重新回去耕田，包括保障供给耕地、严格限定富人能拥有的土地数量等。然而其中还有很多复杂的因素，"首先，这里面通常有很多的对立，一方面，包括游牧民和农民之间、作为征服者的鲜卑人和被征服者的汉人之间；另一方面，在与汉人士族联合起来的部落贵族和普通的士兵、牧民、农奴所组成的落后贫穷的部落大众之间，也产生了日益显著的鸿沟。其次，一旦战争停止，北方人口结构的问题——被暂时的入侵所打断——就会重新显现，甚至破坏力更强，这个问题就是，最肥沃地区人口迅速增长所带来的持续压力"①。不过在当时来说，即使是这样的地方，也仍然有充足的土地供应。

但是土地本身并不能给游牧入侵者提供构建国家或者说国家雏形所需的足够基础，他们需要农民来耕作固定的、纳税的土地。因此这些侵略者意识到，他们不能杀光北方所有的汉人，或不给后者生存所需的资源。不过强行将大量人口移往他处，以及北方人口总体的减少，也造成了大量的农田被遗弃长达好几代人的时间。那么一个重要的生态问题又来了：这些土地上发生了什么呢？

125   一方面，战争以及人口的灾难性骤减通常会给环境以喘息的时间来从人类开发中得以恢复。因开垦农田或冶铁燃料而砍伐的森林可以在数个世纪内

---

① Etienne Balazs, *Chinese Civilization and Bureaucracy*, ed. and intro. Arthur F. Wright (New Haven, CT: Yale University Press, 1977), 107.

重新恢复，因农业活动而淤塞的河流湖泊（包括黄河）也可以重新清澈地流动起来，而当生态系统愈合之后，动物种群也能得以恢复。大多数情况下，从森林里切分出来的农田在弃耕后通常会恢复成郁郁葱葱的森林，就像新英格兰部分地区自 1950 年前后以来所发生的情形那样，或如人类学者周新钟（Sing Chew）所引述的那几个例子一样①，其他还有一些地区（例如罗马帝国崩溃之后的意大利和法国部分地区），也在相同的状况下出现了森林的再生。

因此，一份公元 6 世纪早期关于农业的文献中就建议，要从"荒山"中重新"开垦"农田："凡开荒山泽田，皆七月芟艾之，草干即放火，至春而开。其林木大者齐杀之，叶死不扇，便任耕种。三岁后，根枯茎朽，以火烧之。耕荒毕，以铁齿镵楱再遍杷之，漫掷黍穄，劳亦再遍。明年，乃中为谷田。"②

但也有很多理由让我们怀疑在汉朝灭亡之后的几个世纪里，中国北方的森林和动物种群是否得到了恢复。首先，森林的再生需要种子，很有可能出现的情况是汉朝时大片的森林已经被砍伐殆尽，几乎没有留下任何种子的来源；其次，中国北方的土地上一直有军队穿行来去，在这种情况下，连灌木丛也很难生长，更不要说重新恢复起健康的森林了。

不过我怀疑，最主要的原因恐怕还是游牧民族带来的食草动物。366 年，一个游牧部族曾夸耀说其"控弦之士数十万，马百万匹"。这只是一个部族而已，还有其他很多部族所拥有的数目也需要叠加上去，华北平原之前的汉人耕地变成数百万匹马的牧场在当时也并非完全不可能。除了马，还有山羊和绵羊——它们在抑制树木和灌丛再生这一点上很可能贡献更大，50～100头羊就可以啃光一座小山并让这里很长时间都没有树木再生。所以，北方人口相对减少和土地弃耕并不一定会导致森林的恢复，这里最有可能的还是成为游牧民族牧场的延伸。

而且，"人口相对减少"并不意味着没有人烟，即使是 280 年，极低的人口数字下也仍然还有 1 600 万，或者有可能更多，而其中大部分都是农民。

---

① 　Sing Chew，*The Recurring Dark Ages*：*Ecological Stress*，*Climate Changes*，*and System Transformation* (Lanham，MD：AltaMira Press，2007).

② 　Francesca Bray，*Agriculture*，96-98. 译者注：《齐民要术》卷一。

汉朝时，在华北平原的部分地区尤其是黄河冲积平原，人口已经相当密集，即使在经历了 4 世纪的死亡和毁灭之后仍然会留下一些。370 年，前秦灭前燕后，得郡 157 个，农户 250 万户，或者说接近 1 000 万的人口。① 很显然，这些人继续留在了当地务农并缴纳税赋。

126　　　游牧侵略者还通过另一项改变来帮助他们长期占领中国北方地区。他们意识到，马背上得天下但不能马背上治天下，于是其中一些统治者很快就开始利用汉人来为他们出谋划策。文化和学识并没有随着汉朝一同消亡，很多汉人在持续学习传统儒家经典并熟悉那些在汉朝时实行良好的治国政策，而他们必须面对的问题是，是否应该在入侵者的朝中寻求仕进。不过，其中最终选择入仕的人数已经足够帮助征服者建立起一个健全的，有统治阶层、法律和税收的国家了。那些最成功的征服者还采用了汉字来命名他们的国家，并自视为正统，虽然这些朝代的政权是留给他们的儿子还是被他们的对手消灭还未可知。草原人同时还面临着这样一个问题，即他们能在多大程度上使用汉字（语），或变得"像"汉人，而不至于失去他们对自身原有身份的认知。这或许是个有争论的话题，因为当人们进入一个新的社会和自然环境并与周围互动、随后双方都因此发生了改变时，对身份的认知也会随之而发生游移，而通婚更是大大促进了那些基因和社会的变化。换句话说，就像汉武帝的军队不得不去适应草原战斗的不利条件而创造了骑兵部队一样，草原民族也不得不去适应华北平原的文化和环境。

　　　回顾历史，北方游牧族群中最成功的当属鲜卑，其最终击败了所有对手，包括南方的汉人政权，于 581 年建立了隋朝，并于 589 年重新统一中国。早在 493 年，北魏孝文帝就开始采纳汉人的习俗、语言和执政方式，在朝堂上禁止说非汉语和穿着部落服装，并且还采用汉人的姓氏。最重要的是，他将大量的官员和士兵重新向南安置到了洛阳。当时的洛阳已经在两个世纪前的那次兵燹之后荡然无存了，留下的至多只能称得上是一个驻军哨所，城市需要重建，而建成之后，它又成为当时世界上最大的筑有城墙的城市。② 以

---

① Graff, *Medieval Chinese Warfare*, 64.

② Ping-ti Ho, "Lo-yang A. D. 495-534: A Study of Physical and Socio-Economic Planning of a Metropolitan Area," *Harvard Journal of Asiatic Studies* 26 (1966): 52－101.

15 万鲜卑人为核心，洛阳迅速成长为拥有 60 万人口的繁华都市，在那里生活的鲜卑人越来越像汉人，不仅全盘接受汉族文化，还与上层汉人女子通婚。不过鲜卑人在这一政策上的意见并不一致，分歧导致了多次内战，并在 534 年再一次洗劫了洛阳。不过鲜卑国家（此时为北周）的实力仍然在增强，直到它成为争夺中国北方的三强之一。到 580 年，鲜卑人打败了北方所有的对手，隋国公杨坚随后夺取政权，于 581 年建立隋朝，并于 589 年征服了中国南方。

也许，气候变化也有助于冷却北方势力的争夺，并削弱了南方的政权。汉朝末年以来气候普遍转冷，而到了 6 世纪情况似乎有所缓解。鲜卑人重建洛阳和巩固其在北方的势力恰好是在这个时间点上。[1] 不过地质学家认定，在 536 年，也就是内战摧毁洛阳的两年之后，在拉包尔（Rabaul），即今天新 *127* 几内亚的近海发生了剧烈的火山喷发，大量的火山灰随着烟羽进入大气当中，产生了后来被称为"核冬天"的现象[2]，数年之内，本应到达地表的太阳辐射都会部分地遭到阻挡。全球变冷使得生长季节缩短，国家倚赖的税收和粮食产量也因之而缩减。这次气候变化是鲜卑人成功控制全中国的原因抑或只是巧合，其中的关系尚未厘清。[3]

第二节 长江流域的环境变迁

早在洛阳（311 年）和长安（317 年）陷落之前，数十万汉人——有可能达到 100 万左右——就已逃向南方相对较为安全的长江流域，甚至继续深入，到达了南海（后来的广州），而秦朝军队的戍边和汉朝的开发政策在更早时候就已将一些汉人移居到这里，因此当新一拨难民抵达时，南方已经不完全是边疆或者未知的领域了。

南迁避乱的大军中有一个二十多岁的年轻人名叫葛洪。葛洪的祖辈在汉朝时就已南迁并定居到长江北岸，还曾在汉朝和晋朝为官。303 年，葛洪率

---

[1]　Liu, "A Retrospective of Climate Changes and the Impacts in China History," 113-114.

[2]　一个令人恐惧的描述可参见 Jonathan Schell, *The Fate of the Earth* (New York, NY: Knopf, 1982)。

[3]　T. H. Barrett, *The Woman Who Discovered Printing* (New Haven: Yale University Press, 2008), 57-59.

兵成功镇压了当地的叛乱，但他没有选择留在北方接受皇帝的封赏，他的一位故友时为广州刺史，邀请他做参军，葛洪于是欣然前往。

葛洪的这位好友在他动身前往广州时被人杀害，不过葛洪仍然去了南海郡，并最终遁入南海郡以东的山林中做了隐士。葛洪以道教学者、炼丹家为人所熟知，他的一些著作也得到了保存。① 他从道家思想的角度出发去探究心灵和身体的内在意义，还炼制了很多种丹药来治病和寻求长生不老，他的儒学知识则用在了思考国事上面。不过最近在他的其他方面著作中所发现的一些新信息，又将他置于了中国环境史当中。中国南方的很多地区都有瘴气存在，而在葛洪的著作《肘后备急方》中，除了记录各种丹药、药水和草药之外，还记录了一个配方来治疗一种发热疾病，也就是我们今天所称的疟疾。他在其中建议将青蒿叶子泡水后绞汁饮用，在第七章中我们会看到，20世纪晚期中国的研究人员重新发现了这个文献，并科学地证明了青蒿（*Artemisinin annua*）确实含有一种有效成分可以治疗疟疾。②

出于本章论述此事的目的——在科学论证该草药治疗作用之前的一千七百年——我们推断，葛洪可能是从他所遇到的当地人中搜集到了这个治疗方法，有可能是在低洼地带务农的泰语族群，或者是如瑶和壮这类为躲避汉或隋统治而逃入南方山林中的非汉族群。③ 也许是这些人发现了青蒿能够治疗疟疾，但这个知识在南方各族群中有多普及我们无从得知。奇怪的是，虽然葛洪在他的书里记录了这个配方，但一千七百年以来汉人却完全将它忽略了，这个高效的治疗方法——而不仅仅是治标——并没有得到广泛传播，而任由疟疾在中国南部、中部和西南地区肆虐。疟疾成了一种地方性的疾病，等待着北方新鲜血液的到来。④

---

① 其中一部文献的英译本可参见 James R. Ware, *Alchemy*, *Medicine*, *Religion in the China of A. D. 320*: *The Nei P'ien of Ko Hung*（*Pao-p'u tzu*）(Cambridge, MA: The M. I. T. Press, 1966)。魏鲁男（James Ware）还翻译了葛洪的自传。

② Elisabeth Hsu, "Reflections on the 'discovery' of the antimalarial qinghao," *British Journal of Clinical Pharmacology* 61, no. 6 (2006): 666-670.

③ Wiens, *Han Chinese Expansion in South China*, 140-141.

④ 有关中国在 1300 年前后对疟疾的治疗方案中没有包括葛洪和他的青蒿疗法的详细描述，可参见 Saburo Miyasita, "Malaria (yao) in Chinese Medicine during the Chin and Yuan Periods," *Acta Asiatica*: *Bulletin of the Institute of Eastern Culture* 36 (March 1979): 90-112。

随着 4 世纪初晋都城的陷落，除王室之外，还有曾经住在都城地区的贵族，也带着随行的家人、护卫、佃农甚至请求庇护的邻人——浩浩荡荡数十万之众——来到了长江流域。在长江南岸，他们建立了一个新的城市建康（即后来的南京）作为流亡晋朝的首都。这些人带来了他们的思想、制度和文化规范，并希望能在南方将这些重建起来。

从某种程度上来说这几近奢望，因为南方的自然环境与北方截然不同："这里的景色完全不同：原始的长江峡谷，广阔的湖面，沿着海岸线则有陡峭的高山从狭窄的沿岸平原拔地而起。人文景观也是陌生的，长江流域的方言北来的人往往根本听不懂，这里的传统和习俗北方人也从未接触过。此外，在这些南方汉人聚居地以外——通常也就是周围——就是原住民的居所，而这些人的生活在当时尚未受到汉人的影响。"①

除了新首都及其周边地区外，最近的汉人聚居地在建康东南方向几十英里处的太湖周边和杭州湾，还有一些汉人聚居地则要上溯到长江中游与汉江交汇处，或者更远的四川盆地。除了这些，在中国近海，南海郡和交州（今天的越南）也散布着一些边远的汉人居民点。在接下来的一千年里，汉人农民在政府的保护下，彻底改变了整个南方地区的自然环境，这里也由此成为世界上最丰产、最富饶的农业区。

华北平原的交通运输主要依赖道路和马车，而到了南方，河流和船只接替了这一功能。"所有这些（新的）定居点都位于地势很低的平原和河谷之上，那里的地形非常适合水稻种植。在这些农田之间则是茂密的山林，居住着蛮、僚、俚和溪这类原住民，他们中绝大部分还没有受到汉族生活方式的同化。这个温暖、潮湿、多山而森林茂密的环境，与北方尘土飞扬的平原是那么的不同。长江和它的主要支流如汉江、湘江和赣江把南方这些汉人聚集的中心都串联了起来。"②

汉人在南方的军事实力虽然一开始很弱，但随后得以发展并被用于"开化"南方的前沿地区。例如，一位将军包围了长江口以北的一大片沼泽地，继而纵火，将逃出来的上万户平民悉数抓获充为军户。我们在后面将会看到，这些平民在当地原本都以种稻为生。另外一些将领则袭击和抓捕山区的

129

---

① Wright，*The Sui Dynasty*，26.
② Graff，*Medieval Chinese Warfare*，77.

居民来扩充军力，居住在四川盆地周围山区的僚人，还有位于长江流域与最南面的广东之间南岭地区的俚人以及广泛分布的蛮人都受到了这样的冲击，其中蛮人对汉人的抵抗最为强烈，特别是在 5 世纪时期。在一次行动中，一位将领抓获了 2.8 万名蛮人，而另一次则超过了 20 万，这些人都被编为军户以作为汉人的兵源。虽然经过了这些大规模的军事行动，但他们并没有那么轻易或全部被征服。我们将会看到，这种冲突在此后又延续了长达一千年之久。汉人针对这些原住民的战争，也就是针对当地环境的战争，因为赶走这些人之后，汉人在此定居就是为了将这里改造成一派田园风光——不是北方的旱地农田，而是水稻田。

水稻种植

南方的土地河湖密布，还有茂密的森林覆盖着山地和丘陵，并不适宜开展农业种植。因此要将这里变成农业景观需要付出很多的努力，投入大量的人力和物力。而这些通常都是由与王室关系密切的门阀世族提供的，后者获取了新开发地区的大片土地，其中特别是太湖周边地区逐渐成为开发的中心并最终发展成世界上最富有的农业区之一。这些门阀世族不仅有朝廷的支持，自己也有武装力量用以防卫，必要时位于建康的东晋朝廷还会派兵帮助。这些门阀世族首先围起栅栏，随后筑起围墙，从长江下游开始，逐渐将南方的土地改造成了精心管理的水稻田。某种程度上，这些新开发的地区与周朝的拓殖地很相似，并且也有着相同的目的：用农田替代森林和沼泽。

我们已经在第二章中了解到，无论是长江下游、中游甚或是在后来成为南海郡的边远地区，南方水稻种植都已经有了数千年的历史。这里的非汉族群早已发展起一套复杂的水田稻作技术，到了战国时期，楚国依靠这里稻米种植积累的财富，组建起了一个富有而强盛的国家并与北方诸国争霸。所以，在 4 世纪北方游牧民族将汉人赶到南方长江流域的时候，这里既不是无人区，也并非一潭死水。

汉人很快就学会了水稻种植，并以此为基础支撑起他们的国家。这其中最好的范例来自长江入海口以南的下游地区，也就是今天杭州和苏州等城市的所在地，这里逐渐成为长江三角洲农业财富的中心区，产出大量的稻米，不过这也是历经几个世纪的努力后才实现的。在这一过程中，汉人发明了将南方多水的土地改造成高产稻田的技术和发展模式。

当汉人第一次迁徙到这里时，当时的长江三角洲和杭州湾地区还不适合人类居住。公元前 3 世纪时盘踞在这里的越国也只是定居在地势较高的丘陵、斜坡高地或者冲积扇上，而不是沼泽和河谷低洼地带。事实上，这类低地"虽然面积很大，但其中充斥的都是苦咸水，在很长一段时间里都杜绝了人们的造访。这些水域无论是面积还是水位高度波动都很大，因为从高地流下的溪水量存在着季节变化，同时还配合有潮汐的周期性波动……处于地势较高平原上的人们可以照常维持他们的农业生产活动，而身处杭州湾附近低洼平原以及东部沿海沙地的人们则从事盐业和渔业"①。

因此对于汉人来说，要在这些潮湿低洼的河谷中定居和耕种，需要的不仅仅是稻种，还得有一整套将沼泽湿地改造成农田的方法。人们后来为此建造了绵延数英里的土石工程，称为"圩田"，每一个圩田都需要耗费大量的人力和物力。但这些条件都要等到宋朝时才能实现，我们在本章稍后部分会提及。而在此期间，一些小型工程也在这些新开发的地区逐渐展开。

秦汉早期帝国时期长江下游人口稀少，直到公元 140 年之后，人们通过围堤筑坝，将众多从山区高地流下来的河溪截流，部分汉人才涌入了这一地区。筑坝造就了一个名为镜湖的大型人工水库，周长达到 148 公里，面积 20 600 公顷。在镜湖上有 43 个调节水位的闸，这些闸门定时开启，为农民开辟大片的农田创造了条件。数年之后，公元 173 年，另一个人工水库南湖也诞生了，它为正在成长中的杭州城提供了水源，同时也灌溉了大片的农田。到了公元 300 年左右，人们还开通了连接西兴镇和曹娥江、专用于商业运输的运河。所有这些水利工程都是由政府设计、指导和组织施工的。

如何来理解所有这一切的重要意义呢？首先，水稻种植有其特殊性，需要精确控制水量和灌水的时间。为了确保水稻良好的生长，整个稻田里的水位必须保证是一致的，这意味着不仅在耕种前需要把土地充分整平，还要在每块田地周围筑起围堤，并配有水闸来排水和灌水。鉴于这些要求，为了保证土壤能够平整以用作种植，稻田往往面积较小。

其次，水稻与其他粮食作物有所不同，它生长所需的大部分营养来自

① 　Shiba Yoshinobu, "Environment versus Water Control: The Case of the Southern Hangzhou Bay Area from the Mid-Tang through the Qing," in *The Sediments of Time: Environment and Society in China*, eds. Mark Elvin and Ts'ui-jung Liu (New York, NY: Cambridge University Press, 1997), 141.

水，因此土质反而不如水质重要。事实上，要经过不断地浸泡和排干之后，土质才变得最适合水稻生长，与旱地种植的土壤不同，稻田是随着时间推移越来越肥沃和高产的。"稻田的独特性在于，无论土壤的原始肥力如何，经过数年的连续耕种之后，它的肥沃程度会达到一个很高的水平并几乎可以无限期地保持……这种改变需要长年定点的辛勤劳作，没有数个世纪也得有数十年。"[1]

再次，稻米营养丰富且十分高产，尤其是与旱地作物例如稷或麦相比。对于旱地种植来说，农民需要留出四分之一到三分之一的收成来作为种子以备明年耕种之用；而稻米由于产量相当高，只需留出 5％ 即可。此外，水稻生长在更为温暖的环境中，因此农民可以在同一块田地里通过水稻和其他作物的轮作实现一年两收甚至三收，由此支撑起一个越来越庞大而密集的人口。

最后，鉴于水稻种植所需的劳动量以及稻田的小块面积，白馥兰令人信服地指出，水稻种植更青睐家庭式农作，而非由地主或其代理人监督管理的农民耕作。要监督农民确保土地平整、作物都以相当的速度生长以及锄草除虫，需要投入的劳动量几乎要和实际的农作一样多。白馥兰认为这一事实将天平向实际劳作的人们倾斜，并阻断了庄园式经济——那种不仅大量土地归地主所有，而且农民们也归土地所有者管理并为他们工作的方式——的发展。所以，虽然富人们，譬如 4 世纪初刚刚逃到南方的那些贵族，能够拥有大量的土地，但最终对他们来说更合适的方式还是将土地租赁给各农业家庭，让他们自己去决定种什么、怎么种以及什么时候种。[2]

132

这种家庭式的水田稻作技术首先是在长江下游地区发展起来，随后再由政府将其推广到整个中国南方。正如斯波义信（Shiba Yoshinobu）所述："从一开始，汉人就因他们普遍趋向于居住在河谷低洼地区而与众不同，他们向世人证明了他们有这个才能，能够为排干和驯服低洼土地发展出一套先进的技术以及相应的组织方法。"[3] 整个长江流域的河谷地区都经过了这样的

---

[1] Franscesa Bray, *The Rice Economies：Technology and Development in Asian Societies*（Berkeley and Los Angeles，CA：University of California Press，1994），28-29. 着重号为作者所加。

[2] 完整的论述参见 Bray, *The Rice Economies*，ch. 6。

[3] Shiba, "Environment versus Water Control," 135.

改造，不过水田稻作技术还不仅限于排干和驯服河谷低洼地带，在专业农民的指导和监督下，人们还将眼光投向了山区的坡地，他们修建的坡改梯田一直通向了山顶（参见图 4 - 4 左下角图）。虽然这种结果并非是必然的，但我们将看到，到 20 世纪早期，中国南方大量的低洼地带都已被改造成了灌溉的稻田。

正如人们在北方将橡树林改造成农田，将生态系统转变成单一的、由农民操控的农业生态系统，并尽最大可能从农作物中获取能量一样，开发南方的水稻田也是要建立一套新的农业生态系统，其目的显然与旱地农业是相同的。不过积水会吸引各种鸟类的到来，特别是当农民将鲤鱼等鱼类引入稻田之后，这些鱼类还可以吃掉杂草和蚊蚋幼虫并最终被捕捞上来。青蛙也很适合在这个泥泞多水的环境里生活，并吸引了掠食性动物如虎等来此捕食。

水田农业在宋代（960—1279 年）持续扩张到中国南方各地的故事将在本章后续部分详细介绍。这里的要点是，由于南方的环境与北方迥然不同，汉人需要开发出新的技术，稻田就是这项技术的基础，再结合能控制洪水的堤坝，从而大规模地改造了南方潮湿的环境。

第三节　帝制中期南北方的重新统一：隋、唐和宋，公元 581—1279 年

经过近四个世纪的分裂，中国于 589 年由隋（581—618 年）重新实现了统一。隋的统治者杨坚具有突厥和汉人的血统与背景，谥号为"文帝"，虽然后续的事实证明他和他的儿子所推动的统一是持久的，但隋朝本身存在时间很短。之后的唐朝（618—907 年）军事实力强大并积极扩张，将中国人的势力范围向遥远的西北重新推进，一直达到了汉武帝统治时帝国的基本轮廓。751 年，唐朝的扩张因与中亚穆斯林军队的怛罗斯之役而受阻，755 年安史之乱爆发，唐朝进入了一段很长的、逐步衰落的时期。 *134*

当中华帝国在宋代（960—1279 年）重获生机时，它的面积比唐时小了很多，北部和西北部大片的土地再度落入游牧民族的掌控之下。[1] 尽管有着

---

　　[1]　Herbert Franke and Denis Twitchett, eds., *The Cambridge History of China*, vol. 6, *Alien Regimes and Border States* (New York, NY: Cambridge University Press, 1995). 中译本见傅海波、崔瑞德编：《剑桥中国辽西夏金元史（907—1368 年）》，史卫民等译，中国社会科学出版社，1998。

南方新的高产农业带来的财富和实力、新兴工业支撑的军事实力以及翻番的人口，宋朝仍然无法抵挡游牧民族的铁蹄，并于 1127 年失去了北方的领土。一个新的游牧帝国在成吉思汗的带领下逐渐强大，其孙忽必烈最终于 1279 年彻底终结了宋王朝。

尽管受到游牧民族的持续攻击并最终被其所覆灭，宋朝依然是一个帝国。而帝国的重新统一和保持这一状态并非必然，事实上，中国在当时很有可能分裂成四国（或更多）并立的局面，每一部分在经济和文化上都或多或少会有所差别。然而最终，出现的还是一个帝国而非相互竞争的多国体系，这对于中国的历史进程以及中国人与环境的关系有着重要的意义。芮沃寿列举了很多原因，不过其中最重要的是：第一，中国在历史上曾经是一个统一的帝国，而掌握这些历史知识的学者——儒学家——认定，汉朝不仅是历史上的黄金时代，同时也是可以复制的。第二，隋的奠基者杨坚曾经残酷而野心勃勃地做过尝试。①

然而这个任务是艰巨的，不仅因为军事上的挑战，还因为帝国辖下的自然环境差异也很显著。我们已经看到了中国人在汉朝时征服和占据草原的努力与失败。而草原上的骑兵虽可以在华北平原适应良好，到了与干旱平坦的北方截然不同的南方泽国却是寸步难行：在这里马匹已很难在战争中使用，将北方与南方有效连接起来也很困难。

隋朝（581—618 年）再次统一中国后的战争与水利

许多传说、戏剧、诗歌及小说都描绘了隋朝开国者杨坚统一中国的故事，这方面文献十分充足，有兴趣的读者可自行参考。② 在此只需说明的是，统一北方各个部族相对来说比较容易，也没有太多的伤亡。而对当时长江流域的汉人政权即陈的征服看起来就比较困难了，虽然当时北方拥有更多的资源和人口：6 世纪中期北方人口超过了 3 200 万，与之相比，长江流域只有约 500 万且大部分集中在长江下游的都城建康附近，不过他们有天堑长江作为

① Arthur F. Wright, *The Sui Dynasty*, chs. 1-2.
② 例如，Denis Twitchett, ed., *The Cambridge History of China*, vol. 3, *Sui and T'ang China*, 589-906 (Cambridge and New York, NY: Cambridge University Press, 1979; 中译本见崔瑞德编：《剑桥中国隋唐史（589—906 年）》，中国社会科学出版社，1990) 第一部分；Wright, *The Sui Dynasty*; Graff, *Medieval Chinese Warfare*。

保护。因此杨坚在上游的四川以及沿海地区大量地准备舰只，而令人惊讶的是，陈朝很快就瓦解了，隋进入之后只要提供安全和地位（以及十年的特别免税）就换取了南人的顺从。

作为隋的开国皇帝，杨坚将主要的精力投在了建立统一后所需的体制和文化元素上，其中包括在历朝历代选址建都的渭河沿岸，靠近长安的地方建 *135* 造一座新的都城。杨坚 604 年逝世（死于一些学者认为可疑的原因），他的次子炀帝在粉碎了其兄夺取王位的图谋之后，即追随他的脚步"将汉朝的模式填充到帝国每个角落"①。隋炀帝精力充沛，大刀阔斧地在黄河下游建起了一座新都城洛阳。这是一座在历史上几起几落的城市，曾经是晋的都城，随后被毁，之后再修，再毁。他还承继了父亲已着手开始的大运河工程，鉴于运河在中国环境史上的重要地位，我们应该在进入唐朝之前先将其仔细审视一番。

大运河

隋的创始人很可能并没有那么宏大的视野去将中国的北方和南方通过一条内陆运河连接起来。他一开始只是重新挖掘了一条约一百英里的汉朝时的旧运河，将位于渭河边的都城与黄河联系起来，以获得条件优渥的华北平原的粮食供应。他的儿子在 605 年开始了一个野心更大的计划，往南继续延长运河，将从黄河直到长江三角洲以南的杭州之间所有的水系都连接起来。他还修建了一条东北方向的渠道，西起黄河与洛河的交汇处，终于今天的北京。修建这些工程所需的确切人数我们还不清楚，但每一次的工程报告都记录有动员了 100 万～500 万男女劳力。② 无论调动了多少劳力，这项浩大的公共工程在很短的期限内就完工了。

在 13 世纪蒙古征服中国并将首都选址大都之后，又改变了大运河的方 *136* 向。蒙古人舍弃了运河通往长安和洛阳的部分，改为一条向北穿过山东省的更直的路线，其间他们解决了一条绵延千余里的运河上出现的众多工程问

---

① Wright, *The Sui Dynasty*, 163.

② 参见 Joseph Needham, *Science and Civilization in China*, vol. 4, part 3, *Engineering and Nautics* (Cambridge, UK and New York, NY: Cambridge University Press, 1971), 306-320（中译本见李约瑟：《中国科学技术史》，第 4 卷，《物理学及相关技术》，第 3 分册，《土木工程与航海技术》，第 345-362 页）以及 Wright, *The Sui Dynasty*, 177-181。

题，包括两次超过 100 英尺的水位抬升。正如李约瑟所述："这确实是一个伟大的工程，而当人们意识到它连接的是世界两条最大的河流（长江和黄河），而其中一条还是最为多变的河流（黄河）时，更能体会到它的惊人之处。"①

大运河对随后中国历史的进程以及中国人与环境之间的关系有着非常重要的意义。在大运河再加上天然水路的连接下，中国成为一个单一的政治和经济体，身处北方的统治者可以开发取用全国的自然和农业资源。此外，四川盆地与长安之间早在汉朝时就已通过陆路联系在一起，"灵渠"也穿过遥远的南岭山脉，将长江流域和珠江流域通过湘江与漓江联系了起来；另一个连接长江流域和南方的陆路通道建于 8 世纪中期，当时的宰相（张九龄）在南岭中"开凿"了一条通道，将赣江的源头和直通广州的北江联系了起来。

"运河还有政治上的功能，"按照芮沃寿的观点，"当时的中国在经历了长时间的分裂后刚刚通过武力统一，新任君主有能力将财富和威严运达全国是一个重要的优势，尤其是通过船只将兵丁和辎重运往可能反叛地区的能力更为重要。长江以南的广大地区已经有越来越多的人定居，而将运河系统扩展至杭州，也极大地促进了这一地区从开发前沿基地发展成一个繁荣商业城市的进程。"②

尽管新的运河系统有着这样的重要性，但隋及隋以后的朝代也都没有放弃早期帝国时期就已建立起来的陆路系统。事实上，有迹象表明，运河的建造者沿河还另外修建了很多道路。这两个系统的用途各不相同，陆路主要用于帝国的邮政和其他通讯往来，水路则主要用于商贸和大宗物资的运输。其中尤其是稻米，从长江三角洲的产地向北运往隋、唐和宋的首都。粮食等大宗货物如果用陆路运输，即使是车拉而非人扛，也会变得非常昂贵。水路虽然不至于"极度便宜"，但在 19 世纪铁路出现之前，这是唯一可以将大量谷物从产地长距离运往另一个地区的可行方法。

137   至此，大部分的河流都能直通下游的城市和港口，上游的农民们可以种粮，再运往下游发展中的城市地带，然后再从这里的市场中购买盐等制成品

---

① Needham, *Engineering and Nautics*, 319. 中译本见李约瑟：《中国科学技术史》，第 4 卷，《物理学及相关技术》，第 3 分册，《土木工程与航海技术》，第 361 页。

② Wright, *The Sui Dynasty*, 179-180.

或生活必需品。正如我们将要看到的，整个南方水网体系的发展历经了数个世纪，而一个需要多项（并非预先设计好的）重大变革配合的综合市场体系的形成也直到唐代中期才得以完成（后文将会论及）。但是，如果没有7世纪早期中国历史上第一次通过修建大运河建立起的水网运输体系，这些都不可能发生。

建设和维护大运河极大地改变了华北平原的环境，这种改变让生活在那里的人们从这时起时而受益，时而遭厄。为了保持运河的水量，不让河水排入北部的黄河或南部的淮河和长江，水闸和堰坝的阻隔（然后再通过机械装置让运粮船只越过或穿过这些阻碍）是不够的，人们还要将向西流入山东半岛的小溪和河流重新定向和阻流，保证这些水都进入运河。黄河及其支流带来的泥沙也会沉积在运河里，因此还需要定期清淤。运河与几条主干河流的交叉口都需要密集的维护，这要求人们对水文知识有深入的了解。由于大运河对于向北方的军队和朝廷运粮至关重要，因此直到19世纪晚期之前，它都是历朝历代最为重要的战略资源，需要投入大量能源物资来维持它的正常运行。一旦这些投入有所迟滞，这个设计先进的水利系统就有可能会崩溃，并给华北平原带来灾难性的洪水。

第四节　汉人在南部与东南部的拓殖

对于身处北方的中国人来说，"南方"的含义是变化的。最初它意指长江流域和长江下游地区，在4世纪初洛阳和长安相继陷落之后汉人逃到了这里，对他们而言，南方是一片温暖而且有稻米种植的泽国。而到了隋唐重新统一中国时，汉人已经在长江中下游有了二百多年的生活和农耕的历史，"南方"开始指代更为遥远的南部，即南岭以南的地区，或称"岭南"，也就是包括现在广东和广西在内的"华南"。东南沿海则被称为闽，在那里的定居要更晚一些。

汉人主要是通过两条路线跨过长江流域的南界——南岭进入华南地区的。其中一条通过第三章所说的灵渠进入桂林附近喀斯特地区的北部（见图4-2）；另一条则在东边，沿着江西南部的赣江溯流而上，随后步行穿过梅岭关，再经由北江的一条支流顺流而下，即可直达广州。为了改善后一条通道，生于岭南的唐朝宰相（张九龄）主持"开凿"了梅岭关，并修建了一条更为通畅易行的道路（见图4-3）。

138

图 4-2 桂林附近漓江沿岸的喀斯特地貌

资料来源：作者拍摄。

图 4-3 梅岭关

资料来源：作者拍摄。

　　唐宋时期，汉人被迫或自愿地开始定居于岭南的众多山谷之中，于是加速了这些地区与中原的融合。在这里，起伏的地表之下汇聚着众多暗河，而山谷的景致与平坦的华北平原也相去甚远。此外，在这个新世界的几乎每个角落都已有非汉族群在此定居，岭南和东南地区对汉人而言是尚待开发的新领域，而对于早已在此定居的其他族群，这里就是他们的家园。

　　岭南

　　整个长江以南的新开发地区几乎就是一个族群和环境的万花筒。四川有　*139*
滇、僚、彝，云贵高原上有西爨，再加上贵州、湖南境内的獠、蛮等族群以及东南沿海的东瓯、西瓯、闽、越。越过南岭进入遥远的南方，这里的山谷中生活着以农耕为主的操泰语的壮族。海南岛的高地上生活着黎族，疍民则枕河而居，而苗族位于更为偏远的山林中，瑶族在稍晚时期也加入了其中。岭南不仅包含了今天的广东和广西，还有现在属于越南北部的安南地区，因此岭南的族群中还应涵盖生活在安南的各个族群以及区隔安南和岭南的山脉中的乌浒人。对于汉人来说，所有这些族群都统称为"蛮"或"僚"。①

　　与中国其他地区的人们一样，生活在南方的族群也制定出了各种策略来应对不同的生活环境。大多数情况下，岭南地区从事水田稻作、生活在河谷低地的人群，和在山区从事狩猎采集兼及游耕农业的人群之间是截然分开的。那些操泰语、生活在低地山谷中的人们已经在这里种植水稻长达数个世纪，因此很可能就是这里的原住民。生活在山区的人们则采用放火烧山然后耕种一两年再转移至其他地方的游耕方式，早在汉朝，"通无鞋屦"的莫徭　*140*
人就开始"火种开山脊"；秋收之后，他们即在高地山林中从事狩猎，"林红叶尽变，原黑草初烧"②。燃烧荒草可能是为了促进新草生长，吸引鹿群来觅食，以便人们来追捕或猎杀。

　　这些高地上的居民也采用环剥、摘心和砍伐等方法来清除山林，在浓密的树盖中间辟出一块空地，让阳光能够照到地面，以便能够种植芋头等块根

---

　　① 所有这些族群的介绍可参见 Edward H. Schafer, *The Vermilion Bird*: *T'ang Images of the South* (Los Angeles and Berkeley, CA: University of California Press, 1967), chs. 1 - 3。亦可参见 Wiens, *Han Chinese Expansion in South China*, esp. chs. 2-3。

　　② 转引自 Schafer, *The Vermilion Bird*, 51, 52。译者注：刘禹锡《莫徭歌》《连州腊日观莫徭猎西山》。

作物。有时放火烧山以开辟空地吸引鹿群或者从事农耕的场面是相当壮观的，正如一首 8 世纪的诗所述：

> 何处好畲田？团团缦山腹。钻龟得雨卦，上山烧卧木。
> 惊麏走且顾，群雉声咿喔。红焰远成霞，轻煤飞入郭。
> 风引上高岑，猎猎度青林。青林望靡靡，赤光低复起。
> 照潭出老蛟，爆竹惊山鬼。夜色不见山，孤明星汉间。
> 如星复如月，俱逐晓风灭。本从敲石光，遂至烘天热。
> 下种暖灰中，乘阳坼牙蘖。苍苍一雨后，苕颖如云发。
> 巴人拱手吟，耕耨不关心。由来得地势，径寸有余阴。①

北方的汉人首次征服岭南是在公元前 3 世纪，当时秦始皇的军队经由"灵渠"穿过南岭来到这里，并留下了数万部队驻守此地。士兵中的大部分都与当地人通婚，当秦的政权摇摇欲坠而汉帝国开始在中原大地巩固势力时，这里的最高指挥官赵佗将军选择了画地自守并自封为"南越武帝"。尽管赵佗最后与汉朝达成了和解（他不再自称"皇帝"而改回了"王"的称号），但他实际上基本是独立的。正是他的军队持续南下攻取了安南即今越南北部，并将此地划归为他的统治范围。到了 7 世纪，隋和唐重新统一帝国，也派遣军队再次南下岭南并在此拓殖。

在岭南，唐（618—907 年）与当地人的战争起始于 7 世纪初的一些小规模冲突，这样的冲突到了 8 世纪末变得尤为激烈。我们在本章后续部分将会看到，当宋朝政府与四川原住民发生战争时，岭南的土著族群还试图响应并将汉人赶出这片土地。正如薛爱华（Edward Schafer）所观察到的："唐朝军队再次征服（岭南）原住民并在那里建立州县……给了我们一个终局的假象。其实（汉人）从未取得对（原住民）的彻底胜利。"②

有唐一代，薛爱华列举了共 84 次需要唐朝军队做出反应的岭南原住民"叛乱"，这些"叛乱"大部分来自安南地区和岭南西部即今广西地区，安南最终脱离了中国政府的直接辖制而独立。出于尚不明确的原因，岭南中部和东部的原住民似乎接受了汉人的统治和习俗，他们在唐朝的教化之下已相当

---

① 刘禹锡《畲田行》。
② Schafer, *The Vermilion Bird*, 61.

地"熟"；相对而言，广西，包括那些所谓的羁縻地区，土著族群则仍然十分地"生"。

由于所有的资料都来源于汉人的文献记录，我们无法确切知道这些反抗的真正原因，但这些汉人所谓的"土著叛乱"的后果往往非常严重。728 年的暴动规模浩大，来势汹汹，攻陷了 40 余座城池，而随后唐朝政府进行了无情镇压，斩首了 6 万土著。756 年的"叛乱"则聚集了 20 万土著，烧毁了汉人位于西部行政区的定居点，并将汉人掳去作为奴隶。薛爱华简短地总结说，由于唐朝军队的大规模驻扎和镇压，这里"到 866 年之后才终于迎来了相对的和平"[1]。

为了巩固对被镇压族群的统治，唐朝仿照汉朝在西北地区的做法，利用参与过战争的士兵，在这里建立了屯田制度。正如我们在前述章节所见，秦与汉的策略是相似的，因此唐朝的统治者没有理由不遵循先例。9 世纪早期，岭南的 5 个都督和都护府中共设置屯田 24 所[2]，这也显示了来自北方的汉人移居到遥远南方的困难程度。另一个旨在控制领土的机制是在这些地区广布行政网络，在可靠的地区任命汉人官员，而在瘴气流行、敌视汉人的那些羁縻地区则委任当地的首领来监管。在岭南，这些地区大部分位于西半区，也就是后来的广西。

在本章后面我们将看到，岭南的定居点与四川的有所差别。在四川，当土著居民被同化或驱赶至山林之后，汉人农民很快就在那些河谷中定居下来并着手清理土地，因此到 11 世纪时很多地方森林都已砍伐殆尽。而在岭南，瘴气将汉人阻挡在低洼的河谷之外，使他们更倾向于定居在北部的山区，对瘴气免疫的泰语族群在低地耕种，而俚、苗、瑶等则通过烧山在地势较高的地区从事游耕农业。

因此，土著族群和汉人移民都为了生存需要而在改变着环境，不过证据显示，在唐代，岭南的大部分地区仍然为森林所覆盖。[3] 当然，高地上的原生落叶阔叶林或许已被烧光而继之以次生的针叶和杉树林，而那些由具有经济价值的树种构成的山林也消失了，尤其是桂林北部山区中密集生长的、出

---

① Schafer, *The Vermilion Bird*, 69.

② Weins, *Han Chinese Expansion in South China*, 193-194.

③ 马忠良、宋朝枢、张清华编著：《中国森林的变迁》，第 22 页。

142 产桂皮香料的肉桂树林。根据薛爱华的论断，到约 1000 年，"看起来追寻肉桂的人们和刀耕火种的土著居民一起……将（桂林）的原始森林砍伐了相当大的部分"①。

种类繁多的棕榈植物也提供了很多资源——食物、燃料、纺织纤维和房屋建材。其中最著名的是香蕉和椰子，还有可以用来编织耐水绳索的椰棕。槟榔结出的果实经过加工和不停的咀嚼（即槟榔果）会产生类似咖啡因的醉酒效果，而"棕榈酒"则是由糖松的汁液发酵而得。②

珍珠是岭南另一种珍贵的天然资源，产自雷州半岛附近的牡蛎养殖场。珍珠自汉朝早期就已输往北方，而到了唐朝，定期的过度捕捞使其几乎已到了崩溃的边缘。742 年的一次滥捕直接导致了一个监管部门的设立，以限制珍珠的捕捞数量和维护牡蛎海床，这样经过二十年之后，珍珠产量才得以恢复。③

即便如此，南方更为彻底的环境变化还要等到汉族人口更为庞大和密集时才会发生。汉人的军事实力和统治手段在瘴气面前束手无策，所以岭南西部的大片地区（后来成为广西的地方）及以西更为遥远的云南一直掌握在当地土著的手中。在下一个世纪，这里才会引来汉人军队与土著（还有他们潜在的盟友，携带疟疾的蚊虫）之间再一次的系列战争，这将是下一章的议题。

东南沿海

本部分将对汉人移居到非汉族群定居区的关注视线转移到了东南沿海，也就是今天的福建省。④ 那里的原住民叫作越，祖先来自南海各海域，语言属南岛语族，主要以渔猎为生，可能还从事一些刀耕火种式的稻作。福建南部（闽南）人们生活的环境很多都是类似咸水沼泽的区域，这里也是大型且

---

① Schafer, *The Vermilion Bird*, 195.
② Ibid., 173-176.
③ Ibid., 160-162.
④ 这三段关于福建的介绍主要参考了 Hugh R. Clark, "Wu Xing Fights a Jiao: An Allegory of Cultural Tensions"（paper presented at the 2009 AAS annual meeting, Chicago, IL）。在这篇文章中，柯胡（Hugh Clark）教授向我们展现了一个中国的民间故事是怎样既概括了一位汉人官员在驯服蛮荒边境地区时的"英勇"事迹，又揭示了土著越人与新的汉族移民之间的紧张关系。

危险的咸水鳄的栖息地。而内陆的山峦也阻断了汉人进入这里的脚步，因此汉人来到东南沿海要比他们进入岭南晚得多，也慢得多。

到了 8 世纪，这里的汉人移民开始增多，其中很多人都希望通过在这艰难的环境中务农来积累财富。历史学者柯胡在著作里重现了一个名叫吴兴的汉人的故事。在这个故事中，吴兴在木兰溪上建造了一个拦河坝，既保证了淡水能够回流灌溉附近的农田，又能防止潮涌时咸水进入稻田。"延寿陂是 　*143*这一系列工程中的第一个，这些工程开拓的土地一直到 11、12 世纪仍然在供人们集约利用和密集定居。通过利用蓄水池和堤坝网络，拦河坝同时控制了从……北边洪漫滩上流下来的小溪和木兰河的主干道，并阻止了可能把大片平地滩涂变为盐碱荒地的潮汐的入侵。"

汉人不仅要与环境和咸水鳄搏斗，还要与当地的土著竞争。他们迫使越人离开河谷，用军队来对付那些山区的"刁蛮"分子，唐朝政府还在这里设置了军事屯田区来进行控制。很多土著都逃离了，很可能是逃到了山区[①]，其余则"选择留下来（与汉人移民）共同生活，并且接受了"他们的文化。越人与咸水鳄都消失了，取而代之的是汉人和他们的农田以及文化。

这样，有唐一代，岭南和东南沿海地区都是由汉人和其他几个非汉族群共同居住的。与我们后面将看到的四川不同，汉人在岭南取代低地耕作的泰语族群并不那么容易。部分原因是早期的汉人征服者曾与这里的泰语族群通婚，"南越王"赵佗当时就曾通过与泰语族群头人联盟和通婚来建立自己的势力。不过阻止汉人前往低地定居的一个更大障碍是可怕的疾病——疟疾。"徐松石认为，在唐朝之前，（岭南仍然是）一个被森林覆盖，到处是沼泽的地方。这里生活着大象、犀牛、蟒蛇、狮子和老虎。"[②] 在很多次汉人军队针对南方土著的行动中，单是疟疾就让其损失了四分之一的兵力。9 世纪晚期声势浩大的黄巢起义，也在因疟疾而导致"死者十三四"之后撤出了岭南地区北上。[③]

---

① 参见 James C. Scott, *The Art of Not Being Governed：An Anarchist History of Upland Southeast Asia*（New Haven，CT：Yale University Press，2009），138 - 141。

② Weins, *Han Chinese Expansion in South China*，335.

③ Schafer, *The Vermilion Bird*，65，77，102.

_142_

第五节 南北方疾病的机制

南方的疟疾①

在北来的汉人看来，整个岭南都是疾疫遍布，借用刘恂的话，"岭表山川，盘郁结聚，不易疏泄，故多岚雾作瘴"（《岭表录异》）。我们今天当然知道，瘴气就是由一种特殊的蚊子——按蚊传播给人类的疟疾。由于寄生虫、蚊子和人类宿主之间的这种联系，疟疾有赖于一系列特定的环境条件，因而无法超越这些条件范围进行传播。因此，不像鼠疫、天花或霍乱那样，无论人们生活在哪里都能迅速而广泛地在人群中传播，疟疾是限定在某种特殊环境之中的。

岭南原生的热带森林是各种寄生虫的温床。但是，引起疟疾的寄生虫——几种属于疟原虫属的单细胞原生动物——则是迁移到这里的，而并非一开始就在那里等待人类宿主送上门来。可以肯定的是，在猴子、猿、鼠、鸟类和爬行动物身上都发现有疟疾，这些动物很多都生活在岭南的热带丛林中，但_144_ 这些形式的存在是不会传染给人类的。人类感染的疟疾是一种非常古老的疾病，不仅随着人类不断进化，甚至还影响了自然的选择过程。这种疾病很可能来源于热带的非洲，随着新石器革命而传播到了世界其他地方。② 疟疾到底是由最初的定居者带到这里的，还是经由后来移民而传播的，还不得而知，但无论疟疾是在何时以何种方式进入到南方人群中的，早在第一批汉人移居此处之前，它就已经存在于土著的泰语族群当中了。

按蚊能够携带三种对人体有害的疟原虫，每种都各自能引起一种疟疾。

---

① 这部分摘自 Robert B. Marks, _Tigers_, _Rice_, _Silk_, _and Silt_: _Environment and Economy in Late Imperial South China_ (Cambridge and New York, NY: Cambridge University Press, 1998), 71-76。中译本见马立博:《虎、米、丝、泥》，第68-74页。

② 关于疟疾的历史，可参见三种近期的文献：James L. A. Webb Jr., _Humanity's Burden_: _A Global History of Malaria_ (New York, NY: Cambridge University Press, 2009); Sonia Shah, _The Fever_: _How Malaria Has Ruled Humankind for 500,000 Years_ (New York, NY: Sarah Crichton Books, 2010); Randall M. Packard, _The Making of a Tropical Disease_: _A Short History of Malaria_ (Baltimore, MD: Johns Hopkins Press, 2007)。

其中有两种会引起间歇性的发热，即使是在没有免疫力的人群中危害也并不大，但恶性疟原虫却能够引起"最危险的疟疾"①。根据疟原虫的种类不同和裂殖方式与阶段的差异，疟疾感染者会出现各种临床表现（包括突发的或非突发的高热、出汗、打寒战、呕吐、腹泻、贫血以及脾硬化）。12 世纪晚期，周去非已通过发热级别来区分这三种疟疾，"轻者寒热往来"，而"重者纯热无寒"，"更重者蕴热沉沉，无昼无夜"②。周去非用发热周期的长短来对病症严重程度排序可能并不正确，但他确实清晰地确认了三种发热，并与疟疾的科学认识是一致的。其中哪种在华南地区占据主导，我们只能凭借猜测，不过基于一般流行病学对寄生虫种类的理解，以及这一地区的疟疾总是对新来者是致命的这一事实来看，最常见的很可能是恶性疟原虫。

随着春夏雨季的来临，温度也进入了最适宜蚊子繁殖的范围。在地表聚集的水洼里，尤其是河湖系统每年泛滥留下的沼泽中，空气湿度相对很高，无论是寄生虫还是按蚊都会在此大量滋生。由于这些寄生虫在人类和蚊子身上都有存在，因此这样的环境给两者之间的联系搭建了桥梁，为疟疾的传播提供了场所。人类作为寄生虫的宿主，也为疟疾的存在提供了一个先决条件：没有人类，就没有疟疾。

移民来此的汉人自然既不知道疟疾的起因，也不懂得它与按蚊的环境联系，但他们获得了足够的经验来辨别哪里会有这种疾病而哪里没有，这足以指导他们选择定居在何处以及避开哪些地方。或许，他们也得到了葛洪著作中记载的当地治疗疟疾的方法。他们大多是通过梅岭古道或灵渠进入岭南，而后定居于广东及广西的北部，这部分或许是因为这些地区是他们越过南岭后率先到达的，也有一部分原因是因为这里没有疟疾的肆虐。一旦定居下来，汉人即倾向于长久留居此处了，而他们做此决定的主要原因也是其他地方都有疟疾。根据祖籍在南岭南雄地区的汉人族谱记载，宋朝时，即使是在面临广东北部人口压力持续增加的状况下，对疟疾的恐惧也仍然令他们不敢迁往岭南的其他地方。

汉人定居的方式也间接证明了，疟疾大多存在于南方主要河流的下游

---

① Brian Maegraith, *Adams and Maegraith：Clinical Tropical Diseases*（Oxford，UK：Blackwell Scientific，1989），201.

② 转引自 Marks, *Tigers*，72。译者注：周去非《岭外代答》。

145　冲积平原，而非上游地区。离开了人类宿主为其提供的"感染储藏库"①，疟疾就无法存在，因此没有人类定居的地方是不会有疟疾的。而如前文所述，泰语族群在其生活的沿海和河谷地区，充当了感染储藏库的角色，并让疟疾成为一种地方性疾病：未受感染的按蚊从受感染的人体身上携带走了那些寄生虫，然后传播给另一个从未受感染或最近未受感染的人体。而有趣的是，疟疾肆虐地区的人群也形成了对这种疾病一定程度的免疫力。

　　南方的泰语族群，尤其是那些生活在下游河谷地带的人们，可能早就知晓了青蒿的药用价值，并在汉人还没到达这里之前就已具备了一定程度的对疟疾的免疫能力。但是对于那些尚未具有免疫力的人——比如那些北来的汉

146　人——这种疾病就有可能是致命的。除了疟疾，其他热带疾病也毫无疑问在蹂躏着新来的移民，并对随后来到的人们发出了警告。事实上，避开冲积平原而生活在山区的瑶人，很可能主要就是由于对这些热带疾病的恐惧才选择在此生活，而并非喜欢在山区居住。如果疟疾是汉人（和瑶人）最初不在南方河谷地带生活的一个原因，那么要定居在这里，汉人要么必须获得像泰语族群那样的免疫能力，要么就得改变这里的生态环境，使之不再适合按蚊繁殖。明代王临亨的一篇记述很好地提供了一份人们逐渐获得免疫能力的直接证据，"岭南瘴疠，唐宋以来皆为迁人所居。至宋之季，贤士大夫投窜兹土者更未易指数"②。

　　北方的传染病和流行病

　　疟疾是一种局限于特殊环境且需要载体（蚊子）的疾病，它可能是致命的，但并不直接由人传染给人，而是要通过受感染蚊子的叮咬。霍乱的传播与此类似，传染霍乱的弧菌存在于受污染的水、人类排泄物或者食物当中，人们通过接触这类物品而受感染。在中国历史上，与现代霍乱特征十分相似的疾病曾经周期性地蹂躏着大量人口。③ 肺结核也有可能在汉代就已出现，

---

①　Maegraith, *Clinical Tropical Diseases*, 201.

②　转引自 Marks, *Tigers*, 75。中译本见马立博：《虎、米、丝、泥》，第 73 页。

③　关于中国古代霍乱的简短描述，参见 Kerrie L. MacPherson, "Cholera in China, 1820-1930," in *Sediments of Time*, eds. Elvin and Liu, 492-499。中译本见刘翠溶、伊懋可主编：《积渐所至》，第 747-796 页。

并在 19、20 世纪达到了流行病的程度。① 在古代中国可以达到流行病规模的，有肺结核、霍乱，特别是天花，这些疾病都可以通过微小的传染媒介在人群中直接传播——都具有高度的传染性。此外，这类疾病还都是沿着将中华帝国连接起来的主动脉——运河和航道而传播的，如果没有这些，疾病只会存在于当地而不会蔓延成为流行病。

因为这些疾病的传播需要接触人群，通常在城市里人群才能达到这样的密度，而城市之间则通过贸易路线相互连接，因此流行病的存在也需要某种特殊而又并非自然形成的环境。这样的条件在唐朝得到了满足，当时暴发了至少两轮高度传染且致命的流行病，一次在 630 年代，另一次是在两个世纪之后的 830 年代。然而，由于史料中将关于此类疾病的暴发都笼统地称为"疫"或"大疫"，历史学者无法确切知晓每次究竟都是哪种疾病。崔瑞德（Denis Twitchett）解释道："到唐代，中国人认识天花至少已经三个世纪了。它第一次出现在 317 年前后，是草原上的蛮族横扫整个中国北方时将这种疾病带进来的。而伤寒、痢疾和霍乱也已广为人知。最后，对于鼠疫的首次描述……出现在由皇家组织编纂并于 610 年完成的一部著作（《诸病源候论》）中。因此，究竟是哪种疾病引起了（唐朝的）流行病暴发……是无法从中文史料中判断出来的。"②

第一轮的疫病暴发始于 636 年，就在唐都城长安附近。崔瑞德认为，由于当时鼠疫已在中东和君士坦丁堡肆虐，因此"中国于 636 年暴发的流行病很有可能是从伊朗和粟特沿陆路扩散到此的鼠疫"，这也就是古老的汉代丝绸之路，唐朝军队曾沿此路向西挺进。"无论这次疫病的源头在哪里，在中国境内的传播我们都可以按照贸易路线来按图索骥。"他最后总结道："这是唐代唯一一次我们可以实际追踪进度的鼠疫事件。疫病几乎完全是通过运粮船只通行的水路或是主干驿道传播的。"③ *147*

① Zhang Yixia and Mark Elvin, "Environment and Tuberculosis in Modern China," in *Sediments of Time*, eds. Elvin and Liu, 521–523. 中译本见刘翠溶、伊懋可主编：《积渐所至》，第 797–828 页。

② Denis Twitchett, "Population and Pestilence in T'ang China," in *Studia Sino Mongolia：Festschrift für Herbet Franke*, ed. Wolfgang Bauer（Weisbaden, DE：Steiner, 1979），42.

③ Ibid., 43–45.

148　　　与第一波大暴发不同，后来在 8 世纪发生的疫病似乎都是从东南沿海长江口以南直至广州的海港开始向外扩散的。例如在 762 年，太湖周边暴发了一次可怕的瘟疫，当时这里产出的稻米正供应着一个庞大而密集的人口，而随着大运河的竣工，整个地区已成为长江和大运河向南延伸线上"一个水路交通的枢纽"，从这里起航出海还能到达日本和朝鲜。而且，这里并未发生饥荒或其他食物短缺问题，但仍然"死者大半"，崔瑞德认为："这看起来很有可能是从海外来的新型传染病，当地的汉人对此几乎没有任何免疫力。"①

　　　832 年开始并持续了将近十年的那次瘟疫"是一场全国范围的灾难"。很可能这是一次"以前所未有规模暴发的"鼠疫，疫情过后一连串的大洪水冲毁了大片庄稼，不仅引起了北方的饥荒，还第一次在南方造成了粮食短缺。尽管崔瑞德无法像 636 年那次一样给这次瘟疫画出清晰的暴发路线图，他还是很确定这次是通过水路迅速扩散，并在有水路联通的城市之间跳跃前进的。洪水、饥荒和瘟疫共同造成的损失和破坏，"也可能是造成这个地区日渐罔顾法纪的一个因素，而 830—840 年代间政府对长江沿途省份控制的丧失，更使得土匪、海盗和贩私盐成为主要的问题"，这些问题都促成了起义的大规模爆发并最终在 907 年拖垮了唐王朝。②

　　　除了造成这些社会和政治上的结果外，"疫病显然对人口变化趋势也有着很大的影响。这两次疫病暴发均伴随着相当高的死亡率，至少在当地是如此"。尽管崔瑞德意识到"这类损失很难量化"，但 636 年的瘟疫之后"几乎可以确定的是人口（统计数字）确实下降"了接近三分之一。832 年的那次瘟疫之后并没有人口方面的统计数字，但是根据传闻的描述，其结果的严重性还要大于前一次。崔瑞德总结认为，这些疫病必然会影响到人口规模，或许因而使得唐朝的人口限制在 1 000 万户以内，也即汉和隋时的水平。我们在下面将会看到，下一个王朝宋朝（960—1279 年）随即冲破了这一限制，这在很大程度上应归因于新型农业技术的推广促进了粮食产量显著的增加。

---

① Denis Twitchett，"Population and Pestilence in T'ang China，"47.
② Ibid.，50—51.

第六节 新型农业技术与环境变迁

如本章之前所述，即使是在中国农产最为丰饶的长江三角洲地区，汉人 *149*
的定居和水稻种植一开始也只局限于地势较高的区域。直到 9—12 世纪新的
水利技术发明之前，低洼地带始终是无法有效垦殖的区域，在这里务农的挑
战并不仅仅来自遍布的常绿阔叶林——如前所述，汉人清除森林的历史至少
已有两千年，来自环境方面的主要障碍还是疟疾和洪水，每年季风性降水给
长江造成的大洪水会在中游直至入海口长达 1 000 英里的范围内溢出河岸，
进入平原、湖泊和沼泽地带。

因此，农民面临的主要问题是洪水泛滥。当农民打算清除森林从事农
耕时，每年在秧苗正在生长或者稻谷即将收割之际，夏季和秋季的洪水都
会淹没整片农田。汉人想到的解决方法是圩田，即用土堤坝将一个区域完
全包围起来，不让洪水进入。在这种情况下，内部耕地的水平高度将会低
于环绕周围的洪水或河水，使得人们在防洪的同时还能有充足的灌溉水源
（参见图 4－4）。①

不过像圩田这样的工作已经超出了单个农户的能力，它需要大量的资本
和劳力。一些特别富有的地主能够完成这样的项目，最初有些是通过侵占已
建成的水库而达成的，但是这样的举动侵犯到了那些依靠水库灌溉农田的土
地所有者的利益，于是也引起了官方的注意。随着唐王朝在 907 年的覆灭，
其后是一段分裂的五代十国时期（907—960 年），在这之后，一个新的强有
力的王朝宋（960—1279 年）开始了它的统治。

面对北方游牧民族的威胁，宋帝国一直在不断改善和增强其军事实力，
供养着多达 100 多万当时世界上最为庞大的常备军。要养活士兵，政府需
要从农业上获得足够的税赋，因此对如何提高农业产量有着相当大的兴
趣。政府组织人力物力在长江三角洲的低洼地区建了很多巨大的圩田，在
大量增加农田面积的同时也得到了更多的收成和税赋。据史料记载，从 11
世纪晚期到 12 世纪早期，长江三角洲地区以这种方式开辟了数百万英亩的

---

① Yoshinobu, "Environment versus Water Control," 141，151-158.

150

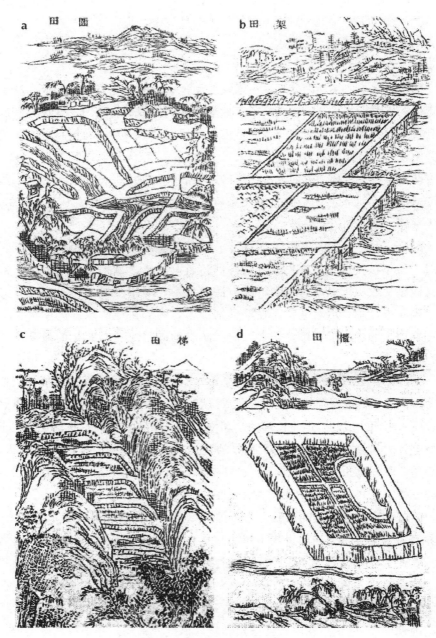

图 4-4　南方地区的特殊农田类型

资料来源：《王祯农书》（*Wang Zhen's Agricultural Treatise*）（n. p.，1911），6a，11a，10a，12a。

田地。① 这一广大的地区因此而呈现出这样一番景象：密布的水网连接起一块块的稻田，既提供了灌溉水源，也成为交通的网络。

11 世纪初，宋朝北边的游牧民族对手辽国还促使宋在北部边境开挖了一连串的塘泺来阻止契丹骑兵的战马跨越。为了给这些塘泺灌水，工匠们设法引入海水，改变河道，筑起堤坝。可以想见这些塘泺一旦建成，日后的维护将耗费巨大。因此，那些熟悉长江下游水稻种植技术的宋朝政治家们想出了一个绝佳的主意：让负责建设和维护这些塘泺的军民通过种植水稻来自给自足，但由于气候过于寒冷，这个屯田计划以失败告终；不过这些塘泺确实阻止了辽军来犯的脚步，也给巨蚊和黑蝇提供了滋生的温床。② 这里的尝试虽告失败，但长江三角洲那边的圩田工程确实取得了成功。

圩田的建立，加上其他方面改进措施的配合，大大增加了粮食的总产 *151*量，提高了农田的生产效率，尤其是对水稻而言。通过选择育种，农民开始开发新型水稻品种以适应当地的环境条件，包括土壤、养分甚至口味。③ 与其他植物一样，水稻在太阳辐射破坏其脱氧核糖核酸（DNA）后也会引发突变。当然，并非所有突变都对农民有利，但确有一些引起了农民的关注因而

———————

① Mira Ann Mihelich, *Polders and the Politics of Land Reclamation in Southeast Chinese during the Northern Sung Dynasty* （*960-1126*）（Cornell University Ph. D. dissertation, 1979），192-193. 米赫利奇（Mihelich）认为共开垦了 3 400 万亩的土地，相当于堪萨斯州的面积。这个数字也有可能是用中国的亩来计算的，一亩约为六分之一英亩，因此也仍然达到了 560 万英亩的面积。

② Ling Zhang, "Ponds, Paddies and Frontier Defence: Environmental and Economic Changes in Northern Hebei in Northern Song China（960-1127），" *Journal of Medieval History* 14 no. 1（2011）：21-43.

③ 一位专家认为："任何特定品种的改变都有着很多的影响因素，植物当中的规则就是著名的杂交。由于风媒、虫媒或其他不能充分控制的方法，杂交一直都在进行着，水稻也不例外。由此产生的混合物种，稳定的或不稳定的，都使得品种更加复杂。突变无疑也会如此，在偶然的或受控的新环境下，自然的或人为的选择都揭示了某些潜在的差异，给了它们各自表现的机会。这些幼芽中秉承的基因上的差异在特定的环境下有可能会表现出其他一些新的不同，这些新的差异并非来自它们在遗传物质上的差别，而是对一个新环境的响应，并与之长时间保持一致。低地种植、高地种植以及生长季节只是导致形态和生理表现发生改变诸因素中的三种。"转引自 Ping-ti Ho, "Early-Ripening Rice in Chinese History"，*The Economic History Review*，New Series 9，no. 2（1956）：210 n. 1. 中译文见何炳棣：《中国历史上的早熟稻》，谢天祯译，《农业考古》1990 年第 1 期。

被择优选取，其中最重要的一种适应性改变就是早熟品种的开发。这方面的飞跃是由 11 世纪早期的进口品种带来的，来自占城（今越南北部）的新型水稻品种成熟期仅需 60 天，远小于一般品种的 150～180 天。早熟耐旱稻种的加入，意味着在同一块农田里可以实现水稻或水稻与小麦轮作的一年两熟甚至三熟。

有了几十年或数个世纪的水稻种植经历之后，地势较高地区的农民发现，每年给稻田排干一次水会提高它的性能、肥力和生产效率，于是在这些地区，人们会在种植一季水稻之后再加种一季小麦或者蔬菜。而在那些经由建设圩田而新近开垦的低洼农田区，要排干田块里的水分再种植小麦或蔬菜，即便不是不可能，也是非常困难的。随着时间的推移，人们发明了一些新的方法，将圩田细分成更容易管理的小地块，同时建立了跨村合作的灌溉管理机制，从而使这些甚至如沼泽般的田地也能达到一年一排干的水平。随着这些条件的具备，一年两熟和三熟耕作的范围也得以不断扩展，将越来越多的森林和沼泽变为了农田。①

早熟品种的另一个贡献是将水稻种植区域扩大到了水分充足的圩田以外。根据何炳棣的观点，"由于适合本土中晚熟稻种植的低地面积相当有限，而耐旱早熟品种的发展又带来了土地利用的重大革命，使中国的水稻种植面积扩大了一倍以上。通过直接加倍扩大中国的稻作区面积和间接地改进栽培方式，早熟稻种对中国的粮食供应和人口增长所产生的长期作用是巨大的"②。中国在汉唐顶峰时期人口均超过了 1 000 万户，而在宋代则达到了 2 000 万户，或者说 1 亿～1.2 亿人。

早熟稻带来的革新在整个中国南方缓慢扩散，"在占城稻传入后的两个世纪内，中国稻作区东半部的地貌发生了彻底的改变。到了 13 世纪，长江下游和福建很多水源、气候或土壤条件并不适宜种植（中晚熟稻种）的丘陵地区都被改造成了梯田"。在随后的几个世纪里，早熟品种和一年两熟甚至

---

① Li Bozhong, "Was There a 'Fourteenth-Century Turning Point'? Population, Land, Technology, and Farm Management," in *The Song-Yuan-Ming Transition in Chinese History*, eds. Paul Jakov Smith and Richard von Glahn (Cambridge, MA: Harvard University Asia Center, 2003), 150–153, 159–161.

② Ho, "Early-Ripening Rice in Chinese History," 201. 中译文见何炳棣：《中国历史上的早熟稻》，谢天桢译，《农业考古》1990 年第 1 期。

三熟的模式传遍了整个南方地区。①

　　长江下游农业的技术进步，还包括为规范进入农田的灌溉用水而设计完
备的水闸，以及往灌溉渠中注水（或排水）的脚踏水泵和水车。所有这些被 *152*
伊懋可称为"农业革命"的改进，使得长江下游成为中国农业生产率最高的
地区。宋元时期，单是长江下游一个地区就贡献了全国税收的 40％，从一个
侧面反映了这里粮食的高产。

杂草和鱼类

　　无论在地球的哪个地方，只要当地环境受到了干扰，不管是自然的火
灾、山体滑坡甚至小行星碰撞，还是人为除去天然植被并转变为园林或农
场，某些特别善于在空旷裸露地表取得优势地位的植物就会迅速占据这些地
方。对于人类来说，这些并不需要的植物就是"杂草"。"通常，它们是进化
来填补裸露地面的小角色……而在新石器时代农民用镰刀或犁清除的广阔土
地上，它们也有着很好的适应性。"② 由于农业的目的就是要为耕种的作物供
给最多的光照、水分和养分以得到转移的能量供人类消费，因此不需要的植
物——杂草——必须要除掉。

　　无论在哪里，杂草都是农民的烦心事。和世界各地的农民一样，杂草也
是人类与环境、与他们从众多本地植物中筛选出来并在田地里大量种植的农
作物之间互动的结果。在中国北方，主要是哪些植物在充当着杂草的角色我
们不得而知，但我们确实知道北方的农民是出色的锄草者，他们开发了很多
技术和工具（各种各样的锄头）来确保将不需要的植物清除出他们的农田。
锄头的使用很可能从农业在北方地区发展的最初阶段就已开始，到了汉朝
时，农民已经为各种作物专门配备了各种锄头、铁锹和铲刀。此外，由于
"气候干燥，几个世纪的施肥已经在土壤表面形成了一个薄薄的、不透水的
盐壳，只有在每次下雨过后立即用锄头松土才能使植物获得这些水分"③。

　　而在水稻生长的南方，淹没土壤的灌溉方式可能是抑制杂草的方法之

①　Ho，"Early-Ripening Rice in Chinese History," 211–214，215.

②　Alfred W. Crosby, *Ecological Imperialism: The Biological Expansion of Europe*, *900–1900*（New York，NY：Cambridge University Press，1986），28. 一个基于英国历史的有趣探索，参见 Richard Mabey, *Weeds: In Defense of Nature's Most Unloved Plants*（New York，NY：HarperCollins，2011）。

③　Bray, *Agriculture*，300. 有关农具的例子，参见该书第 302–317 页。

一，一位汉朝的史学家就称当时南方的农民是"火耕而水耨"①。尽管如此，在南方的稻田里还是有各种杂草和沼泽植物与水稻植株竞争，白馥兰认为亚洲稻田里最具侵略性的杂草是"稗"。农民们学会戴上保护趾（指）头的除草爪用脚趾或手来将杂草和其他一些植物推倒在稻田的淤泥里作为绿肥，此外，田块还需要两到三次的抽水排干，不仅是为了除草，还有给土壤通气和促进根系发育的目的。② 除草可以让稻田的产量增加 45%，这也从反面证实了：杂草是特别善于从农作物那里最大限度地抢夺光照、水分和养分的。③

153 除草是一项令人厌烦的工作，因此在北方，整个村庄的人们会通力合作；而在南方，农民们则引入鱼类来做他们的帮手。虽然早在战国时期就已有了几个诱人的引述，但并没有明确的记录表明这些做法到底是何时开始的。到了唐宋时期，稻田规模极大扩展，人们也已经了解了稻田养鱼并把这种做法推广了开来，唐朝的一位作家曾这样描述当时的南方："新、泷等州山田，拣荒平处，锄为町畦。伺春雨，丘中聚水，即先买鲩鱼子散于田内。一二年后，鱼儿长大，食草根并尽，既为熟田，又收鱼利。及种稻，且无稗草，乃齐民之上术。"④

用作稻田养鱼的鱼类主要有鲤、鲫、草鱼或鲢鱼，这些鱼类不仅能吃掉杂草，它们的粪便中还含有作物生长必需的氮和钾。此外，鱼还会吃掉昆虫和它们的幼虫，这其中就包括了传播疟疾的按蚊。⑤ 稻田养鱼应用的广泛程度我们不得而知，同样，对农民是否了解这些鱼减缓了疟疾的肆虐我们也无从知晓。最有可能的是，他们知道鱼能吃掉杂草，能丰富他们的餐桌，还能卖掉获得收入。

---

① 转引自 Bray, *Agriculture*，99。译者注：《史记·货殖列传》。

② Ibid.，318.

③ Ibid.，299.

④ 转引自 Cai Renkui, Ni Dashu, and Wang Jianguo, "Rice-Fish Culture in China: The Past, Present, and Future," in Kenneth T. MacKay ed., *Rice-fish Culture in China* (Ottawa: International Development Research Centre, 1995), 4。译者注：刘恂《岭表录异》。

⑤ Wu Neng, Liao Guohou, Lou Yulin, and Zhong Gemei, "The Role of Fish in Controlling Mosquitoes in Ricefields," in MacKay ed., *Rice-Fish Culture*，213；Wang Jianguo and Ni Dashu, "A Comparative Study of the Ability of Fish to Catch Mosquito Larva," in MacKay ed., *Rice-Fish Culture*，218-219.

一位著名的历史学家曾经发现，在大部分的人类历史上，那些食物的直接生产者（村民、农夫、农民）的能量是同时被微寄生（细菌、病毒、侵害人体的原虫）和巨寄生（收租的地主、收税的国家）所削弱的。微寄生引发疾病，提高了死亡率，而巨寄生同样也会缩短他们的寿命。[①] 而在这些农业寄生虫中，我们还可以再加上那些夺取农作物营养，影响它们生长、直立或收成的杂草和害虫。就像人体击退致病源一样，农民（尽己所能）抵制社会和政治精英们施加于他们的苛捐杂税，同时也花费大量的时间和精力，充分发挥他们的创造性与农业寄生虫做斗争。

技术的传播

新的水稻种植技术也从长江下游扩散到了南方其他地区。由于中国是一个统一的帝国，官员在被派往各地时也给那些不发达的地区带去了新的技术知识。中国于 9 世纪发明的雕版印刷技术，为传播这些最好的农业实践技术做出了贡献。有两本农书尤其令人印象深刻，一是官修的《农桑辑要》，二是私人编纂的《王祯农书》[②]，此外还有更早的《齐民要术》，记述了在黄土高原上农耕的最佳方法，也在这一时期刻印出版。[③]

新农业技术的发明及其通过新印刷技术的传播，也并不一定意味着这些技术就会立即在整个中国南部得以应用。因为即使晚至宋代，有效使用这些技术所需要的大量资本投入和大量劳动力在南方的很多地区仍不具备。南方的很多地区仍然是亚热带的边远地带，以至于宋朝的帝王们都将批评者流放此地，希望他们死于这里的热带疾病——或者至少不再听到他们的声音。不 *154* 过在南方人口缓慢的自然增长之外，还叠加了北方游牧民族的入侵和征服，首先是 1127 年北方被女真人占领，最后是 1279 年整个中国全境被蒙古人征服，这两次征服使得更多的汉人逃向了南方。宋于 1127 年丢失了都城开封，先是转移到南京，后来更进一步南下并定都杭州。不过在转换到中国历史及其对环境的影响过程这个部分之前，我们必须先来探讨一下中国社会与经济

---

① William H. McNeill, *Plagues and Peoples* (Garden City, NJ: Anchor Press, 1976), 5-13. 中译本见威廉·H. 麦克尼尔《瘟疫与人》。

② Mark Elvin, *The Pattern of the Chinese Past* (Stanford, CA: Stanford University Press, 1971), 116.

③ Sheng-han Shih, *A Preliminary Survey of the Book Ch'i Min Yao Shu, an Agricultural Treatise of the Sixth Century* (Beijing, CN: Science Press, 1962).

所发生的巨大改变，因为这些改变也在影响着环境。

田产

自晚唐至宋，农业方面的一个主要变化就是大型私有田庄这种土地所有权模式的出现，这种新模式改变了中国南方的经济和土地景观。隋以及唐前半期的均田制在 755 年爆发的安史之乱后被打破，官员和一些富有的家族开始抢夺土地，组建自己的私有田庄，利用获得的财富和收入巩固其政治地位。同时不断吞并邻近的田地，使用各种形式的非自由劳动力在田庄上劳作。在宋朝最不发达的地区，这些田庄很可能是由绝大部分均为非自由劳动力耕种的整块土地，而在经济最发达、人口最稠密的地区，尤其是长江下游和东南沿海，田庄则很可能是由大量农户耕种并向地主支付租金的小型田块组成的。除此之外，历史学者大多估计，当时有大量的土地仍然是归小型农户所有并由其耕作。①

尽管小农经济区以及非汉人口大量持有南方土地的情况都仍然存在，但只有大型田庄才拥有资源可以投资大规模的圩田和水利灌溉项目。葛平德（Peter Golas）认为："与大多数的小农业主不同，大地主们拥有足够的资本可用来投资于新工具、耕畜、水利及其他设备以提高收益。"② 虽然宋朝政府也对在全国范围内推广这些技术革新很感兴趣，但真正去实施的主要还是那些富人。在宋朝接近 1 亿英亩的耕地上③，生产率的提高支持了它的人口从唐朝的 5 000 万～6 000 万跃升到了宋中期的 1 亿～1.2 亿。

佛教寺院

在中华帝国的中期，佛教寺院令人意想不到地成为改变环境的一股力量。早在汉朝，佛教思想就已通过丝绸之路上的商人渗透进来，不过在长安

---

① 关于对宋代土地所有权复杂情况的探讨，可参见 Denis Twitchett, *Land Tenure and the Social Order in T'ang and Sung China* (London: University of London School of Oriental and African Studies, 1962); Mark Elvin, "The Last Thousand Years of Chinese History: Changing Patterns in Land Tenure," *Modern Asian Studies* 4, no. 2 (1970): 97–114; Peter J. Golas, "Rural China in the Song," *The Journal of Asian Studies* 39, no. 2 (1980): 291–325; Joseph P. McDermott, "Charting Blank Spaces and Disputed Regions: The Problem of Sung Land Tenure," *The Journal of Asian Studies* 44, no. 1 (1984): 13–41.

② Golas, "Rural China in the Song," 309.

③ Ibid., 302.

太学里养尊处优的学者眼中，佛教不过是存在另一个先进文化的某种有趣的证据罢了。而到了汉朝末年，日益贫困的农民阶层已经受尽了苦难，不过直到经历了汉朝覆亡、游牧民族入侵和洛阳、长安在 4 世纪初相继毁于兵燹所带来的死亡与破灭之后，佛教四圣谛说的第一条才得到了广泛的信仰：生命即是受苦。 *155*

佛教思想不仅在北方被征服的贫苦汉人中得以迅速传播，而且在逃往长江下游建立流亡政府并希望能重塑汉朝辉煌的贵族当中也流传甚广，甚至胡人统治者也开始接受佛教，由此在所有这些人群中创造了一套普适的信仰，同时也为南北方建立起了某种联系。

佛教得以传播还不仅仅在于其主要学说契合当时很多人的处境，或者它的思想丰富而复杂，足以引起那些有闲情雅致的贵族们的兴趣，它的传播主要是因为各个政权的统治者都乐于支持建立佛教场所尤其是寺院。佛教在 6 世纪时迅速壮大，当时统治者捐资大规模建造佛像，给予寺院收取附近田地赋税的特权，并允许那里的土地建在山丘和高地上，它们是属于"国有"而不参与"均田"重新分配计划的。为了确保自己的名字能够被永世铭记，富有的地主们也会将自己乡间的田产或城里的宅院赠予寺院。这种情形从分裂的 4 世纪一直持续到隋唐。

到了 7 世纪时的隋朝，共有 4 000 多座大型寺院分布在中国南北各地①，每一座都有 20～40 名僧人来监督大量农民和奴仆为其耕种数百英亩的土地。谢和耐（Jacques Gernet）估计，有多达 300 万的农奴、奴隶以及其他没有人身自由的人在这些大型寺院的田庄上劳作，所以，这些寺院实际上是一些大型的产业。②

这并非因为除了寺院就没有别人拥有大田庄了。自 7 世纪以来，唐朝的贵族们也拥有类似的产业，但佛教寺院有一个很有趣的差别：寺院一般都建在从未开垦的山区丘陵地带或其他未使用过的土地上。谢和耐认为，"唐朝

① Jacques Gernet, *Buddhism in Chinese Society：An Economic History from the Fifth to the Tenth Centuries*, trans. Franciscus Verellen (New York, NY：Columbia University Press, 1995), 7. 中译本见谢和耐：《中国五—十世纪的寺院经济》，耿昇译，甘肃人民出版社，1987，第 17 页。谢和耐指出，这些机构中还不包括 3 万～4 万座仅有一两名僧人的小型寺院。

② Ibid., 115. 中译本见谢和耐：《中国五—十世纪的寺院经济》，第 144 页。

初期的法律很显然致力于保护农民的土地和维护（均田制）的终生有效性，但在涉及荒地时，它相反倒表现得比较宽松：它们很容易被占用"并被改造成寺院。并不是说这些从未被利用过的土地就是荒弃的，它们只是没有被用来种植谷物："它们植有树木，包括花园和牧场，位于山岭、小丘或山谷中……寺院常常是建筑在那些水浇地中间荒芜的孤岛上，或一些不平坦的地带、山坡、山谷或山麓。"①

而佛教僧人也并非只是在山中打坐冥思，寺院是一个个规模很大而且实力雄厚的经济单位，承载了把山区土地"开垦"为农田、牧场、果园和木材林的功能。在当时非常艰难的条件下，这些工作还需要投入大量可供驱使的劳动力和信徒捐赠的资金，707 年，一位官员（辛替否）就曾抱怨道："方大起寺舍，广造第宅，伐木空山，不足充梁栋；运土塞路，不足充墙壁。"②

谢和耐认为寺院的建造导致了某些地区森林的减少，但这些森林的损失"只是在长时间之后才会被发觉，而且也丝毫没有为此而使人感到焦虑不安"③。对此缺乏关心的原因看来是双重的。首先，寺院将原始的森林变成了各种多产的乔木林或灌木林，如茶园、果园（尤其是橙最为常见），或者马和羊的牧场。崔瑞德也指出："山区高地上最重要的产业很可能是伐木业，我们有充分的证据表明，木材和竹子，即主要的建筑材料，成为一项重要的贸易品……木材……经常被长途运输……在这个行业中，寺院对人力的控制权必然成为它们的重要优势。"④ 除了作为森林砍伐的执行者，当资产减少时，那些山中的寺院还会间接地对破坏森林做出一点贡献。一座位于山西山区的大型寺院，曾经因持有大片土地而非常富有，但经过一段困难的时期之后在 836 年衰败了下来，于是"我们……得知它的森林被砍柴者毁坏——这也证实木材在当时已成为一项重要的资源"⑤。

---

① Jacques Gernet，*Buddhism in Chinese Society：An Economic History from the Fifth to the Tenth Centuries*，116-117. 中译本见谢和耐：《中国五—十世纪的寺院经济》，第 145-146 页。

② Ibid.，20. 中译本见谢和耐：《中国五—十世纪的寺院经济》，第 37 页。

③ Ibid.，17. 中译本见谢和耐：《中国五—十世纪的寺院经济》，第 34 页。

④ Denis Twirchett，"The Monasteris and China's Economy in Medieval Times," *Bulletin of the School of Oriental and African Studies* 19，no. 3（1957）：535-541.

⑤ Ibid.，536-537.

善于从山区高地汲取资源的佛教寺院，从历代政府致力开荒的政策中也受益颇多，尤其是在西部（四川）、岭南和西北地区。本章前述已提及，唐王朝使用了大量武力来镇压西部和南部的土著族群，随后架构起行政管理的网络来加强汉人的统治。为了在这些地区建立起经济基础，位于北方的中央政府创造了营田和屯田的方式，其中前者是将北方的农民强行迁移到重新纳入版图的西北干旱地区定居，但这还不是全部：这些农民被安置之后"即为僧祇户……为佛寺提供农业劳动力"①。

但谢和耐疑惑的是为什么政府会将这个任务托付给佛教寺院——在边疆地区进行垦殖和发展农业，通常这应该是由政府亲自来主持的。他认为"这种权力的转移具有多种因素"，而其中有一条，"建立屯田和垦殖需要巨额资金，而当时的（佛教）寺院由于正处于宗教信仰的高潮而变得非常富有，所以拥有购买耕畜、农具和各种设备所必需的资金"②。

我们对寺院经济活跃程度的了解很大一部分来自唐朝在 840 年代的灭佛运动，这一运动摧毁了寺院经济，将它们的土地变卖给了更愿意缴纳赋税的人，但由于大部分的土地是被官员以及其他致力经营自己田庄（并力图逃避缴税）的人所掌握，唐政府增加税收的目的并未能得以实现，而它的衰败和覆灭也就是几十年后的事。

奇怪的是，5 世纪到 9 世纪的佛教寺院之所以会在环境史上抹下浓重的一笔，是因为它们是引起生态变化的直接执行者，但那些保存到 20 世纪晚期的寺院，却因有助于重现原始森林的样貌而成为重要的资源。由于当代中国已经进入了工业化时代，人口的增加也迫使那些梯田一直修到了山顶，而佛教寺院，尤其是南方的佛寺，在此期间却保持了它们宁静的氛围和周边的森林样貌，给生态学家提供了重要的线索去探究过去几个世纪里环境可能的本来面目。

唐代对自然的态度（与实践）

虽然佛教寺院带来的生态变化给中国的野生动物造成了看不见的灭顶之灾，但其秉持的观念，尤其是不杀生的戒条，却使得唐代有文化的城市居民

---

① Gernet, *Buddhism in Chinese Society*, 100. 中译本见谢和耐：《中国五—十世纪的寺院经济》，第 127-128 页。

② Ibid., 102. 中译本见谢和耐：《中国五—十世纪的寺院经济》，第 130 页。

耳目一新，和儒家与道家典籍中的相关内容一样，为培养他们对自然的新情感做出了贡献。唐代的政府为了保护长安城免遭周围山陵水土流失之祸，保持城内的街道和水渠整洁干净，同时为了提高对自然环境的保护意识，颁布了法令，对那些随意将秽物丢到街道或下水道的行为予以严惩。许多诗歌和绘画作品也表现出对美丽山川和清澈溪流的欣赏之情。

对于很多唐代早期的画家而言，"写生是一般的做法"，由此形成了对马、鸟、虫、花等主题的"逼真描绘"。但这种再现绘画技法在唐中期以后就被山水画风格所代替①，这是一种更少写实而更多隐喻的画风。在那些不朽的山水画作品中，往往是山川与河流的全貌占据了画作的主体，人物则作为极小的角色点缀其间。一位绘画理论家是这样描述的："山大于木，木大于人。山不数十百如木之大，则山不大；木不数十百如人之大，则木不大。"中国的山水画并非对自然的真实表现，而是"对一个复杂的、层次有序的人类社会范式的整体呈现"，其中"大山堂堂，为众山之主，所以分布以次冈阜林壑，为远近大小之宗主也。其象若大君，赫然当阳，而百辟奔走朝会，无偃蹇背却之势"②。

然而薛爱华认为，这股升泛起来的对自然的爱恋，以及对森林退化严重后果的认知（在玄宗年间［712—755 年］表现得尤为强烈），"并没有能够成功拯救中国的森林"③。他指出，对燃料的需求使长安干道沿线种植的大量树

---

① James Cahill, *The Painter's Practice*: *How Artists Lived and Worked in Traditional China* (New York, NY: Columbia University Press, 1994), 98 - 100. 亦可参见 James Cahill, *Hills Beyond a River*: *Chinese Painting of the Yüan Dynasty* (New York, NY: Weatherhill, 1976)。中译本见高居翰:《画家生涯: 传统中国画家的生活与工作》, 第 108 - 111 页;《隔江山色: 元代绘画（1279—1368）》, 宋伟航译, 生活·读书·新知三联书店, 2009。

② 转引自 Wen C. Fong and James Y. C. Watt, *Possessing the Past*: *Treasures from the National Palace Museum*, *Taipei* (New York, NY: The Metropolitan Museum of Art, 1996), 127-128。译者注: 郭熙《林泉高致》。

③ Edward H. Schafer, "The Conservation of Nature under the T'ang Dynasty," *Journal of the Economic and Social History of the Orient* 5, no. 3 (1962): 298. 薛爱华从他的资料中推断出的结论"所有这些最文明的艺术形式……对华北大部分森林的减少负有责任"很可能是错误的; 就我们目前所见, 为开垦农田而清除森林具有更大的影响力; 在本章稍后部分, 张玲指出, 维护黄河的堤防很可能才是太行山失去植被的原因。

木都被砍倒，为获取松烟制墨以供应政府官员和学者，太行山上的松林都被伐尽。"禁止屠杀动物的尝试"也遭到了对保护物种经济需求的抵制，包括"翠鸟，它的羽毛可用于饰品……麝，提供了极受欢迎的香氛……貂，皮毛可装饰武士的帽子……短吻鳄，坚韧的皮可用作鼓膜。另外还有上千种其他动物也因身体某一部分的用处而有了需求市场……不可避免地，有些动物因此而走向了灭绝，其他种类也变得非常稀少"①。薛爱华痛心地总结道，虽然"产生自然保护政策所需的所有心理元素……在唐代都已具备……然而最终结果还是归于无效"②。即使这种想法曾被一个强有力的政府那样坚持过，但满足日益增长人口的物质需求还是压倒了保护自然的呼声。

　　佛教信仰至少还有一次燃起过关注动物命运的星火，那是在 8 个世纪后的晚明时期（下一章将会述及这一时期）。当时社会动荡，人民日益贫困，商业却呈现爆炸式扩张。一位 16 世纪晚期的僧人不仅重新唤起了戒杀生的信条，还提出了"放生"的思想，戒杀和放生的双重行动不仅是从蜘蛛网上释放苍蝇之类的行为，还包括购买和释放笼中之鸟以及待宰杀的动物等。这类对动物的同情举动至少还促进了某些中国精英人士对穷人和弱者的关注。③

第七节　中古时期的工业革命④

　　从 9 世纪到 13 世纪，也就是晚唐至宋这段时期，是中国历史上的一个分水岭，我们若要理解和阐述在此之后的千年中国环境变化过程及原因，就必须重视这一时期。隋和初唐统治者重新统一帝国主要借助了两种方法：一是武力，同时辅之以精心运用佛教来充当统治者与被统治者以及地区间的黏合剂；二是建造京杭大运河（和其他水利工程），继承和恢复秦汉以来修建的

<page number="158" />

---

　　① Edward H. Schafer, "The Conservation of Nature under the T'ang Dynasty," *Journal of the Economic and Social History of the Orient* 5, no. 3 (1962)：301-302.

　　② Ibid. , 308.

　　③ Joanna Handlin Smith, "Societies for Liberating Animals," in *The Art of Doing Good：Charity in Late Ming China* (Berkeley and Los Angeles, CA：University of California Press, 2009), 15-42.

　　④ 这个概念来自 Mark Elvin, *The Pattern of the Chinese Past*，Part 2, 111-199。

道路和邮政系统，将长江流域与北方的政权中心联系起来，并强化了整个帝国内部的紧密联系。

　　尽管军事上非常强大，其他方面也异常灿烂，唐王朝却存在着结构性的弱点，这导致了它最后的灭亡，也催生出一套将整个帝国更加紧密结合到一起的新制度。直到 755 年安史之乱爆发前，唐朝都曾在"均田制"系统下严格执行过定期的土地再分配政策，并且维持着一个国家监管的市场体系。①而在安史之乱后的一个世纪或更长的时间里，唐政府失去了定期再分配土地或控制市场的能力。由此，土地成为私有财产——大部分被有钱有势的人所攫取，剩下大量无地农民，商品、土地和资本的市场开始自由运作。在接下来的千年里，土地的私有权和劳动力、土地、资本的市场，将成为中国制度体系的基本组成部分。并且，如我们在后面几章中即将看到的，这些制度也对自然环境的变迁造成了显著的影响。

159　　　单单这些变化似乎就足以让公元 1000 年之后的中国历史远离之前的发展方向了，然而事实上还有更多影响深远的变化在推波助澜。宋朝（960—1279 年）的开创者宋太祖回顾了唐朝灭亡的原因，认为唐朝军队的相对独立性，以及从贵族中选拔将领是一个致命的缺陷。为巩固加强中央的实力，宋太祖将面向社会所有阶层的科举制作为遴选官吏的主要途径，消除了贵族对政府部门的垄断，促进了社会向上的流动，还建立了文官领导军队的制度。②就像私有财产和自由市场一样，直到 20 世纪，科举制都一直是中华帝国的标志之一。然后，为了避免富人财富的世代积聚给中央政府造成威胁，宋太祖还规定家庭财产必须均分给每一个子嗣。

　　此外，自晚唐至宋还发生了一些社会和经济方面的变化。到 750 年，因汉末之后的灾难而减少的人口恢复到了约 7 500 万；到 1200 年，人口已至少增加到了 1.2 亿，也就是又额外增加了 4 500 万人口（见表 4-1）。食品供应必须大幅度增加才能满足这些人口的需要，如果这些人想享受更高水准的生活，供应量就还要进一步加大。单这一点就足以对中国的自然环境带来显著

　　① Denis Twtichett, "Chinese Social History from the Seventh to the Tenth Centuries: The Tunhuang Documents and Their Implications," *Past and Present*, no. 35 (1966): 40-42.

　　② F. W. Mote, *Imperial China, 900-1800* (Cambridge, MA: Harvard University Press, 1999), 133-134.

的影响了。

表 4 - 1　中国的人口和耕地面积，公元 2—1848 年

年份	人口（百万）	耕地面积（百万亩）	人均耕地面积（亩）
2	59	571	9.68
105	53	535	10.09
146	47	507	10.79
961	32	255	7.97
1109	121	666	5.50
1391	60	522	8.70
1581	200	793	3.97
1657	72	570	7.92
1776	268	886	3.31
1800	295	943	3.20
1848	426	1 154	2.71

资料来源：Kang Chao，*Man and Land in Chinese History*：*An Economic Analysis*（Stanford：Stanford University Press，1986）.

　　最重要的是，有唐一代中国北方的森林已基本砍伐殆尽。这个过程当然 *160*
是很漫长的，可以简单地总结为：北方的黄土高原是最早的国家——商和
周——建国的地方，那里很可能一开始就没有森林覆盖，而当商和周沿着黄
河向东扩张时，华北平原上的森林即开始被清除并将土地用作农田；这一转
变的进程在汉朝开始加快，铁制的斧和犁让开荒变得更加容易，汉朝的人口
也因此上升到了近 6 000 万；汉朝覆亡之后的灾难造成了人口急剧下降，再
加上游牧民族的侵略，这些也许给了自然环境在人口压力方面喘息的机会，
然而北方的森林却很可能并未因此而恢复——即使有一个世纪甚至更长的时
间，因为大片曾经的农田如今变成了马和羊的牧场，这些都使得森林无法重
新生长；之后帝国在隋朝重获统一，并在唐代得到了超过一个世纪的和平环
境，北方的人口又重新恢复，牧场变回了农田。另外正如我们所见，数千座
佛教寺院的建立，且其中很多位于北方的山岭和多树的地方，也为森林的减
少做出了贡献。

　　鉴于公元 900 年之前森林大量减少的事实，我们不禁要担忧一个日益滋
长的能源危机的出现。显然，人们需要燃料来取暖和做饭，还有我们即将看
到，工业也同样需要燃料，而所有这些几乎都来自木材。事实上，宋代已经
明确出现了钢铁行业的木材短缺，而民众能源短缺的证据则相对间接一些。

当然，烹饪所需的燃料还是足够的，正如当时流传甚广的话里所说："盖人家每日不可阙者，柴、米、油、盐、酒、酱、醋、茶。或稍丰厚者，下饭羹汤，尤不可无，虽贫下之人，亦不可免。"①

与此同时，今天被看作"中国式"的烹饪方法——在铁锅里翻炒小块的蔬菜和肉类——在当时逐渐成为食物烹调的主要方式。不同于汉代人们将谷物整粒蒸煮和将肉类炖或烤来食用——它们需要几个小时的烹调时间和把大量燃料塞入炉膛，快速翻炒以节省燃料。此外，还有证据表明许多食物是不经烹调直接生吃的，一位从印度来访的僧人不仅发现与他家乡的食物相比，中国的饮食平淡无味，并且震惊于"在中国，人们几乎都是生食蔬菜和鱼类"②。在宋代，吃切成薄片的生鱼和生肉成为一种时尚，尤其是在城市居民和富人中间，这就是"刺身"。③ 虽然可看作中国饮食的一个独特元素，但翻炒和"刺身"也反映了燃料短缺因而更为昂贵的事实——尽管不是完全没有供应，但某些时候确已实行了配额制。④

木材的短缺也给钢铁工业带来了难题。一直到宋朝时，钢铁冶炼都是依靠木炭作为燃料；木炭是由木材在缺氧状态下加热形成的，当它再次燃烧时可以达到冶铁所需的"白热"温度（参见第三章）。但是当宋朝对钢铁的需求飙升时，木柴和木炭的短缺促使人们去寻找煤炭作为替代品。宋朝经济上的扩张，例如铸币或者打造农具需要用到铁，钢铁的另一个更主要的需求是出于战略上的考虑，为了对抗北方的游牧民族。宋朝的军队膨胀到了125万，需要相应地配套钢制箭镞和刀剑，铁则用途更广，从战车到瞭望塔甚至舰船。为了满足这些需求，郝若贝（Robert Hartwell）估计在850—1050年间，中国铁的产量翻了12倍，达到15万吨，十倍于汉朝时的产量，并与18

① 转引自 Michael Freeman, "Sung," in *Food in Chinese Culture：Anthropological and Historical Perspectives*, ed. K. C. Chang (New Haven, CT：Yale University Press, 1977), 151。译者注：吴自牧《梦粱录·鲞铺》。

② Ibid., 127.

③ E. A. Anderson, *The Food of China* (New Haven, CT：Yale University Press, 1988), 67-68. 中译本见尤金·N. 安德森：《中国食物》，第64页。

④ Robert Hartwell, "A Revolution in the Chinese Iron and Coal Industries during the Northern Sung, 960-1126 A.D.," *The Journal of Asian Studies* 21, no.2 (1962), 159-160.

世纪初工业革命之前的英格兰产量相当。①

这个增长是由煤炭支撑起来的。如果只使用木炭的话，每年将需要 22 000 棵中等大小的树木——如此规模的森林在北方铁矿区附近早已不复存在，作为替代，所需的 27.6 万吨燃料里的大部分都来自煤矿。此外，煤炭也开始代替木柴进入了北方家庭，以供取暖和做饭，尤其是在都城开封，还供给烧制砖瓦的工场。到了 1100 年，京城的市场上就只有煤炭出售了，"一位观察者发现开封已如此依赖煤炭，以至于没有一处宅院还在烧木柴了"②。

在开封这种规模的城市——11 世纪时居民可能已达 100 万——燃烧这么多的煤炭，肯定会对空气质量产生影响，尤其是在冬季，当然我们对此也无从知晓。再加上数百英里之内还有钢铁冶炼场，城市即便不是笼罩在一片灰霾中，至少空气也是周期性污浊的。要了解这段短时期内井喷式的以化石燃料为基础的工业发展对空气质量的影响，还需要开展更多的研究。我们目前能确切知道的是："在北宋最后的 75 年里，中国北方逐渐成为燃料来源发生显著——或许可称为革命性改变的中心，煤炭在此时成为这里工业和民用燃料的最重要来源。"③ 如果将中国这一工业革命的雏形时期与英国 19 世纪早期相比，我们有理由相信，两者或许经历了类型及规模都类似的工业污染。

用"革命"一词来形容宋朝无疑是恰当的，伊懋可创造的术语"中古时期的经济革命"更强化了这一概念，它包括农业（如前所述）、水利、货币和信贷、市场和城市化以及科学和技术等各方面的革新。④ 但这个工业革命的开端并没能得以延续⑤，历史学家几十年来一直在对"为什么没有发生"这个问题展开讨论，并提出了很多常常是非常复杂的观点，其实最简单的原因可能仅仅是因为宋朝遭到了游牧民族一系列的入侵、征服和破坏。契丹、

---

① Robert Hartwell, "A Revolution in the Chinese Iron and Coal Industries during the Northern Sung, 960 − 1126 A.D.," *The Journal of Asian Studies* 21, no. 2 (1962), 155−158.

② Ibid., 161.

③ Ibid., 161.

④ Mark Elvin, *The Pattern of the Chinese Past*, Part 2, 111−199.

⑤ 在 *The Pattern of the Chinese Past* 一书中，伊懋可提出了"高水平均衡陷阱"的假设来解释中国为什么没有出现工业革命，更广泛的讨论参见 Jack Goldstone, "Efflorescences and Economic Growth in World History: Rethinking the 'Rise of the West' and the Industrial Revolution," *Journal of World History* 13, no. 2 (2002): 323−389.

党项和女真，每一个都在 10—11 世纪时建立了自己的国家，女真更是在 1126—1127 年攻陷了开封，迫使宋政府南逃至长江下游，在杭州重建了都城。女真在北方建立的金国与宋的边境大约位于长江和淮河的中间，宋位于山东半岛的铁矿和煤矿因此也落入了敌手。一个世纪之后，女真为蒙古所取代，后者继续与宋对战并在 1260 年代给予了宋朝最后一击。宋朝的最后一位皇帝亡于 1279 年，随后蒙古统治了中国全境。这些战争、入侵和外族统治所带来破坏性的一个显著指标就是人口数量的下降，大约从 1200 年顶峰时期的 1.1 亿～1.2 亿回落到一个半世纪后的 7 500 万——损失了惊人的 3 500 万～4 500 万人口，这足以使任何工业发展陷入停滞。仅开封一地，到 1330 年居民就减少到了不足 9 万人。①

162 第八节　拓殖四川与对其他族群的分类

同时，与之前的汉唐一样，宋朝也对在边境地区拓殖并为维持强大的军事实力而汲取更多资源表现出了强烈的兴趣。汉朝花费了大量精力向西北扩张，唐朝的目标是南方的岭南地区，到了宋朝，关注点则转移到了西部的四川。

与偏远而颇有异域色彩的岭南不同，四川在战国时期就已为汉人熟知，秦国于公元前 4 世纪就已征服这里的蜀国和巴国并将其纳入了自己的版图。这个地区后来成为四川省（和重庆市），一个群山环抱的盆地，通过秦汉时期建成的穿越秦岭的道路，以及稍晚时候通过长江穿过"三峡"向东入海的水路而与中国其他地区相联系。这个三峡，就是目前世界上最大的水力发电设施的大坝和水库所在地，此部分内容将在第七章中论及。

与云南交界的四川东部和南部是多山的丘陵地带，覆盖着亚热带常绿阔叶林。在四川旁边的云南地区，很早就有居民定居在河边的坡地以及滇池周围，公元前 1200 年（也就是差不多商都安阳兴盛的时期）就已出现了水稻栽培；到战国时期，一个汉人称之为滇的族群在此创造了基于水稻种植和饲

①　Robert Hartwell, "A Cycle of Economic Change in Imperial China: Coal and Iron in Northeast China, 750–1350," *Journal of the Economic and Social History of the Orient*, no. 10 (1967): 151.

养动物（尤其是牛）的文化，并拥有了相对成熟的青铜工业。在公元前 4 世纪征服此地以后，秦人也带着他们的铁犁与斧头迁入了滇人所定居的低洼地区，在接下来的数个世纪里，滇人渐渐为汉人所同化，到公元 1000 年时已几乎绝迹。

在四川的北部，还有一个被称为僚的"好战的部落联盟"，在 4 世纪的时候突然出现，很有可能是迫于汉人的压力而从更东面地区迁徙而来的。僚人栖居于沿河的低地，采取游耕农业的生产方式，焚毁部分森林后在草木灰里种植芋头和小米，以此获得数年的收成，直到烧毁森林留下的养分被耗尽后再迁往下一片森林。他们的这种行为是否遵循一定规律，在二三十年后返回当年焚毁如今又重新长出森林的地方，抑或只是持续不停地向新地区迁移，我们就不得而知了。

我们知道的是，僚人主要从低洼地带获取食物，并承受着汉人扩张带来 *163* 的冲击。汉人是农业方面的专家，凭着手中铁制的犁与斧，他们可以更轻易地清除森林并翻开厚重的土壤。当汉人迫使僚人离开低洼地区时，他们部分撤退到了山区丘陵地带，而这些地方早已有其他人群栖居（下面即将谈到），但绝大部分则选择了适应汉人的生活，接受他们在经济和政治上的统治。这主要是因为汉人拥有组织良好的政权和军事力量作为后援，这一故事我们后续还将简要述及。

第三个族群，是属于藏缅语族的诺苏人，通常也称为彝人，他们也在汉人来到之前就已定居在此。不过他们是高地人群，更愿意在山中生活并从这里获取资源和保护。他们创造了一种位于山顶的具有防御工事的村庄，通常只容一条窄道进出，里面有淡水供应，有花园，还有畜养着牛、马和羊的小型牧场。彝人并不那么容易被汉人征服或同化，他们还有自己的文字书写系统。① 而他们对自己的环境也并不友善温柔，事实上，根据万志英（Richard von Glahn）的说法，是彝人改变了这一地区的自然环境。②

彝人在山中放火烧林不是为了获取农田，而是为了给牲畜放牧提供草

---

① 至少到帝制晚期已经如此，参见 Magnus Fiskesjö，"On the 'Raw' and the 'Cooked' Barbarians of Imperial China," *Inner Asia* 1（1999）：147。

② 关于四川的内容主要参考了万志英的研究，Richard von Glahn, *The Country of Streams and Grottoes：Expansion，Settlement，and the Civilizing of the Sichuan Frontier in Song Times*（Cambridge MA：Harvard University Press，1987）。

场。这种生活方式是相当成功的，因此，当彝人因人口增长而渐次往山下迁移直到进入低地森林时，他们仍然采取了烧荒的方式，并进而转向了游耕农业。当汉人与他们争夺低地时，彝人撤回到了山顶的堡垒。"即使当汉人定居者推进到了更为偏远幽深的河谷地带，他们周围的山岭和森林中仍然散布着当地土著的'巢穴'。"[1]

在这同一块区域里杂居的各个人群之间，以及人们与自然环境之间的互动关系要经过几个世纪的时间才逐渐展开。即使在隋朝重新统一中国和唐朝建立之后，这里的情形依旧复杂，究竟是谁或者哪种生存策略在此更占优势并不明朗。可以确定的一点是，在汉人迁入之前、之时和之后，滇、佬和彝都在为满足自身需求而改变着这里的环境。在四川，汉人面对的并非一片未经人涉足的荒野，而是一个早已处在人类行为改变之中的环境。

进入宋代（960—1279 年）之后，汉人建立起了他们的文化霸权，并在随后根据他们自身的需要改变着四川的环境。早在唐朝，有钱有势的汉人——用万志英的话说是"当地的权贵"——已经在利用他们的戍卫武装不断侵占周围的土地。汉人农户白天在这些地里劳作，到了晚上为安全起见则退到城墙里面，由于佬人和彝人并未放弃用武力夺回他们土地的企图，这些劳作的农民同时还成为本地权贵的武装力量。汉人可能是在慢慢地一点点夺走土地并最终成为主宰，不过在 11 世纪，宋朝已经将四川视为支撑其军事需要的一个来源——当然就必须制服或摧毁本地的佬人和彝人族群。继 11世纪中期的流血冲突之后，宋朝推行了普遍的边疆扩张政策，将征服其他族群居民的战争从四川扩大到了整个南方的新开发地区。

宋朝政府对四川的铁矿及盐矿资源很感兴趣——尤其是可以从国家垄断开采和销售当中获利，不过对原住民的战争主要是为了保护汉人农户的安全。国家给移民提供土地、种子和农具，并蠲免数年的赋税。汉人人口的增长将非汉族群排挤出了低洼地带，而当他们将低地填满之后，眼光又转向了丘陵山地。对于农民来说，山坡种稻的主要技术难题在于灌溉，在低地和河谷，这些要求都能满足，但山区不同，他们的解决办法是将山坡挖成梯田，积蓄当地充沛的雨水，然后种植早熟稻种。就这样，四川的很多地区都因此

---

[1]　Richard von Glahn, *The Country of Streams and Grottoes*: *Expansion*, *Settlement*, *and the Civilizing of the Sichuan Frontier in Song Times*, 33.

而被改造。

　　大量破坏森林的不仅是各个族群的农业活动，伐木业也雪上加霜。"1136 年的一位请愿者抗议说，沿着四川南部整个边境地区的汉人居民都在从事木材砍伐、造船和兵器制造业，其结果是原本区隔汉人与土著族群领地的'禁山'已几乎完全没有树木了。"①

　　组织背景

　　在本节中，我们还需要考虑造成四川环境变化的组织背景。清除森林、开垦土地，都需要大量的劳动力，更遑论采矿和伐木了，这些工作同时还需要有将劳动力协调组合成一个整体的能力。我们确实不知道滇、佬或彝是如何自我组织的，不过后两个曾被形容为"部落"，这是一个并不精确的词语，通常指的是由一个（或一组）受人尊敬并具有洞察力（如果不是魔法的话）的长者领导的一个家族群体，这些长者能够指挥这个群体中的所有其他劳动力。

　　汉人的组织方式则与此不同。前面已经提到，汉人是通过"当地权贵"来领导农户们侵占周围土地的。这个组织的基本元素是农户家庭：丈夫、妻子、孩子，可能还有一两位祖父母。正是这样的家庭单位在从事农业活动，最终决定种什么、卖什么以及种多少和卖多少。在四川，宋朝为边疆扩张政策而建立军事支撑的举措，削弱了当地权贵的权力和地位，也鼓励了由政府直接组织和管辖的村庄这种形式的形成，由村长（通常是村里比较富有的人）来负责组织本村上缴赋税及服徭役等事宜。在其他一些省份，如邻近的湖南，还出现了另外一种组织方式——宗族——将各个家庭都捆绑在一起，通过集体的努力来提供资源，不过这与村庄的形式是同时存在或者是在村庄领导之下的。

　　因此，不管究竟是谁真正"拥有"农户耕种的土地（国家、大地主、农户、"权贵"，正如我们即将所见，这可能非常复杂），做决定的经济单位还是农户，它们中的绝大部分都生活在各种村庄之中，有些村庄仅有几户而有些则多达数百。当然，凭农户自己在武力上也是无法与组织更好且通常更"残忍"的土著对抗的。因此当隋唐重建中华帝国并在宋代得到延续的情况

---

　　① Richard von Glahn, *The Country of Streams and Grottoes*：*Expansion*，*Settlement*，*and the Civilizing of the Sichuan Frontier in Song Times*，191.

168

下，汉人政权拿出军事力量来"安抚"这些土著，无论是通过胁迫、武力、合作抑或招安的方式。

165 ## 汉人对"蛮夷"和其他物种的看法

鉴于边疆地区如此复杂的自然和社会环境，从唐代开始的历代政府都在此设置了一个行政网络来实施占领、主张主权以及进行管理。那些已经属于汉人的地方——主要是有汉人农业村落定居的低洼地带——被设立为"县"，由那些皇帝直接委派并向其效忠的官员来负责管理。而对于仍属"土著"控制的地区，汉人则设法扶持那些顺从帝国统治的世袭酋长，这些人通过定期向中央纳"贡"以示忠心，这些地区也称为"羁縻"区。

1. "生"与"熟"

上述政策当然是从汉人，尤其是帝国统治者的角度出发制定的，也被边疆或境内的非汉族群所接受（有的或许没有接受）。从周朝或者可能更早的商朝开始，汉人就将他们领土以外的人群称为"蛮夷"。周将这些蛮夷分成四类（东夷、西戎、北狄和南蛮），而当汉人遭遇到更多的外族时，他们开始赋予他们其他名称（例如佬、苗、倮倮以及其他在本书中提及的名字）。中国人视他们从汉至宋（以及我们在后续章节中会看到的，贯穿明清直至现代）的拓殖扩张政策为"教化"那些"蛮夷"：通过让"蛮夷"接受汉人的主权、汉人的教育以及将当地环境重塑成汉人式的田园来改变（"化"）"蛮夷"。

汉人将那些接受如此安排的族群称为"熟"蛮，而将那些抵抗汉人统治的称为"生"蛮。假以时日，熟蛮甚至可能变成汉人（也就是彻底的同化）。而"生"则表现在很多方面，不仅指生活在那些不受汉人控制地区——例如詹姆斯·斯科特（James Scott）研究中的 Zomia[1]——的族群，也包括那些汉人无法改造的生态和环境。从这个角度来说，"生"蛮也就是兽性未除的意思，在汉人的书写系统中，它与"虫"、"狗"或"兽"属于同类，而"生"蛮栖居的环境也抵制了汉人改造的企图[2]，我们在下一章还会继续这一话题。

2. 动物

166 那么，动物的境况又如何呢？我们不可能知道所有物种的情况，我在引

---

[1]　Scott，*The Art of Not Being Governed*.

[2]　Fiskesjö，"On the 'Raw' and the 'Cooked，'" 139–168. 亦可参见 Scott，*The Art of Not Being Governed*，chs. 4–6.

言里也介绍了一种评估生态变迁的方法，即追踪两个"明星物种"——象和虎。它们的存在即意味着整个生态系统直到最底层在地表分解落叶的昆虫和细菌都是健康而有序的。

我们知道，直到汉覆亡之后的分裂时期，北方地区仍然有虎存在。虎的生存需要有森林，因此 5 世纪时能在北方一些地区发现虎的踪迹即表示当时附近应该还有森林存在。不过即使有，森林可能也已不太多了，因为当虎开始攻击人类并"食人"时，说明它们的栖息地和食物来源都遭到了破坏。因此即使是在 5 世纪之前的中国北方，虎的活动空间也已经在收缩了。我们可以十分确定，当隋唐时期农业发展进一步清除森林时，同时也清除了虎的栖息地。到宋代时，虎在北方很可能只存在于一些残余的森林以及淮河与长江之间的大片沼泽里了。

大象的遭遇也与之类似。公元 600 年之前，象的踪迹遍及整个华北，而随着隋唐统一中国和华北平原不断推进森林砍伐的活动[1]，象也就从这个地区消失了。到了宋代，有关象和虎的记录绝大部分都来自南方地区。根据薛爱华的记述，"9 世纪（岭南）山中仍有大量的象，如果我们读到 10 世纪岭南沿海有象群出没也毫不奇怪"[2]。伊懋可认为到 11 世纪中期，象群不仅被排挤出了华北，长江流域也已不是它们的活动范围。如果是这样，那么覆盖这些地区的森林应该也已不存在了，虽然看起来长江以南的丘陵山区似乎还有一些留存。这些地方能继续为虎提供栖身之处，但习惯在低洼地带生活的大象已无法留在此地[3]，到 1400 年，中国统治的大部分地区都已经没有了象的踪迹。[4]

第九节　地貌景观与水利工程

华北

虽然唐朝时华北的森林已遭清除，象和虎也基本被排挤到了长江以南，

---

①　主要证据来自林鸿荣：《隋唐五代森林述略》，《农业考古》1995 年第 1 期。

②　Edward H. Schafer, "War Elephants in Ancient and Medieval China," *Oriens* 10, no. 2 (1957): 289.

③　Mark Elvin, *The Retreat of the Elephants*, 10, 12—14.

④　Marks, *Tigers*, 44—45. 中译本见马立博：《虎、米、丝、泥》，第 43—44 页。

但这并不意味着华北就成了一片毫无特点的平原。很多地方都建起了有城墙的县以及更大一些的城市；而在乡村，土地被分割成条状，长度一般有几百码，这主要是由于长期以来"均田制"对土地重新分配造成的，牛犁翻耕土地也是原因之一。无论这些条状分布是在隋唐时或在这之前就已形成，又或者按照弗兰克·利明（Frank Leeming）的说法沿袭自上古周朝的"井田制"，毫无疑问的是，所有农民的土地形制都是按此规划的，华北平原大部分地区的地形也因此而趋于一致，都是南北向或者东西向的直线（见图 4 - 5）①，

167　小径和大道也都是沿着这些矩形的线条铺开。如果通过 20 世纪（甚至现在，见图 4 - 6）华北的乡村景观辨识方向的话，我们还会看到，村民们也沿着这些线条种植树木。不过丘陵、山脉或海岸不是直线条的，因此我们还会在大片农田中看到一些绿色的隆起。

图 4 - 5　华北平原的直线型农田布局

资料来源：George B. Cressey, *Asia's Lands and Peoples*（New York：McGraw-Hill, 1963），130。

利明十分肯定中国北方的这种直线条景观在南方是不可能出现的。我的观点也是这样，因为南方稻作农业的要求阻止了这种规划的形成。另外，南方的地形就像一张揉皱了的纸，无数小溪和河流自山川丘陵中流淌而下，并

---

①　Frank Leeming, "Official Landscapes in Traditional China," *Journal of the Economic and Social History of the Orient* 23，no. 1/2（1980）：153-204.

图 4 - 6　中国北方的农田，约 2000 年

资料来源：作者拍摄。

非可以轻易划出规矩条块的平地。因此，中国南北的差异不仅体现在地理、 *168*
文化或历史上，还有景观也完全不同，华北平原的大部分地区都是非常平坦
的，这也给试图"治理"黄河的计划带来了水文方面的难题。

1. "治理"黄河

汉朝崩溃之后，"黄"河很可能迎来了一个喘息的机会，因为一位 5 世
纪时的游牧民族首领在河套地区扎营时，曾惊叹于这里的美丽和一望无际的
草原、树林，还有清澈的河流。[1] 但是到了唐朝，黄河就已经因它所携带的
从黄土高原侵蚀下来的大量泥沙而被通称为"黄河"了。[2] 汉人和游牧征服
者不得不与这条河流做斗争，制定一系列的策略来处理它的泥沙，是通过加
高河堤、收窄河道来定期冲刷河床呢，还是让洪水在宽阔的河床中自由
流淌？

无论是哪一种方式，不管将河道放宽还是收窄，随着河床的持续升高，

---

① Ling Zhang, "Manipulating the Yellow River and the State Formation of the
Northern Song Dynasty（960-1127）," *Environment and Climate in China and Beyond*,
ed. Carmen Meinhert（Leiden, NL: Brill, 2013）.

② Roetz, "On Nature and Culture in Zhou China," in *Concepts of Nature*, eds.
Vogel and Dux, 203 n. 20.

黄河上都陆续建起了堤坝。河堤每年都需要维护和修理，因此政府承担了这项组织工作并要求当地的村民们都必须去河堤服数天的徭役，而政府则提供必要的工具和资金。加高河堤需要的土从附近挖掘而来，这样人为降低了附近土地的地势高度，并增加了它们和河流之间的高度差。渗流将很多这类的低洼地带变成了沼泽，而且由于水中含有的盐分无法排走，造成沿着河流约 2 英里宽的带状区域都变成了无法耕作的盐碱地。①

而当隋朝的统治者修建了大运河并将黄河和长江两大水系连接在一起的时候，一系列全新的问题出现了：运河接收了黄河来水，同时也就接收了携带的泥沙。② 因此，运河也需要清淤，有时要阻断与黄河的入水口，将运河抽干继而挖河泥来达到这一目的，但这意味着运河每年都需关闭数月，这与开挖运河的主要目的，即保证长江下游的粮谷源源不断地北运至都城和更为重要的北方抗敌的军队手中，是相左的。水在此时具有了重要的战略意义。

新兴的宋朝将都城建在了开封，新都位于黄河与大运河的交汇处，因此这两者的战略重要性在帝国官员的心目中都有了显著的提升。而宋的敌人就在北方的不远处——宋与辽国的边界就是注入渤海湾之前的那一段黄河。于是，黄河将敌方的骑兵阻挡在了河对岸，甚至到契丹辽国为女真所取代之后仍然如此。

在黄河掉头向北奔向渤海湾的这一段上，面对季风性降水以及冰雪融水带来未知水量的压力，宋朝官员从过去的管理者那里沿袭了很多的治理经验：可以通过导流渠减轻干流压力，或者加强维护堤防系统，有时是通过深入河道建一些防波堤以降低水流冲击力，有时是有计划地铺设大量的植被来保护河堤。尽管如此，黄河还是定期地溃决，1019 年淹没了 30 座城池，1048 年再次决口并形成了几条新的河道，此后数次堵口回流均以失败告终。1048 年的洪水还开启了黄河长达八十年不断向北方溃决的历史，洪水淹没了

① Jiongxin Xu, "A Study of the Long-Term Environmental Effects of River Regulation on the Yellow River of China in Historical Perspective," *Geografiska Annaler*, *Series A*, *Physical Geography* 75, no. 3 (1993)：61－72.

② 以下内容主要参考了 Christian Lamouroux, "From the Yellow River to the Huai：New Representations of a River Network and the Hydraulic Crisis of 1128," in *Sediments of Time*, eds. Elvin and Liu, 545－584. 中译本见刘翠溶、伊懋可主编：《积渐所至》，第 829－875 页。

农业发达的河北省，对经济、人口、环境都造成了巨大破坏，这一部分我们将很快述及。

面对黄河日益频繁地冲破堤防、淹没周围的田地和村庄，宋朝的官员开始争论究竟应该如何来维持这条河流作为对抗女真的天然屏障，并将计划纳入国家预算，导致了众多为控制这些资源而起的政治斗争以及对资源短缺无法完成这一目标的抱怨。

这场纷争终结于 1126 年女真南下围攻开封和次年的再次来袭。1128 年冬，东京留守为解京都之困，决开了开封以北约 50 英里的黄河大堤，希望洪水能阻止金人的入侵，解救京畿。但这次人为的决河并未能够阻止金兵的南进，而且，到 1194 年，洪水和淤积的泥沙最终导致了黄河改道向南并先后侵占了清河和淮河河道，在它于山东半岛以南入海之前形成了一个新的巨大的湖泊，人们形象地称之为"洪泽湖"，这片海域也因为黄河的注入而成为"黄海"。此后，黄河一直从这里入海，直到 19 世纪中期再度改道和 20 世纪中期又被用来延缓敌人的军事进攻，这一事件我们会在第六章详细讲述。

黄河改道也让这条河流与它的入海口重新回到了汉人手中——如果这可以称得上是一种成功的话。蓝克利（Christian Lamouroux）认为："水力措施作为对抗敌人优势兵力的最后一招，并非一般的军事选择：将黄河收入帝国版图是必要的，因为宋王朝已将它作为一个对抗外部侵略的战略资源经营了一百多年。不过，大自然的作用确实实现了这种防御规划，因为黄河改道侵占了淮河下游河道，并由此成为南逃杭州的宋与金之间的新边界。"[1] 也因此，整个宋朝分为北宋（960—1127 年）和南宋（1127—1279 年）两个时期。

黄河入海口的南移还带来了其他生态方面的后果，主要起因于泥沙冲积形成的三角洲以及几个新的入海通道。不过奇怪的是，洋流还能将这里大量的泥沙携带到 200 英里外的杭州湾沉积下来，也就是我们之前讨论过的为增加水稻产量而发展圩田技术的地区。简而言之，黄河带来的泥沙给江苏沿海的农民增加了土地面积，由此在这本就以农业而富庶的地区又增加了稻米的产量。而且，由于宋朝南逃后定都在杭州，因而也获得了长江下游地区现成

170

---

① Christian Lamouroux, "From the Yellow River to the Huai: New Representations of a River Network and the Hydraulic Crisis of 1128," in *Sediments of Time*, eds. Elvin and Liu, 546-548. 中译本见刘翠溶、伊懋可主编：《积渐所至》，第 832 页。

的农业和财富。①

2. 华北平原的环境衰退，1048—1128 年②

将近一千年来，黄河一直取道山东以北注入渤海湾，1194 年的向南改道夺淮给环境造成了极大的后果，在第六章中我们将特别考察 19 世纪的严重情况。但并不为人熟知的是，在人为造成黄河改道向南之前，1048 年开始的洪水泛滥还在之前并未遭受洪灾的河北部分地区形成了一条"北流"河道。

171   1048 年，由于不确定的原因，黄河冲破了位于开封以北 50 英里的堤防。汹涌的洪水向北漫过平原，在今天津市附近注入渤海。历史学者张玲估计有多达百万的人口因此死亡或者逃亡。官员也猝不及防，不知如何应对，事实上他们随后花了八年的时间才确定好行动方案。毫无疑问，长期的原因肯定是大量泥沙淤积致使下游的河床不断抬升，水位也随之不断升高。1048 年的溃决之后，约有 70％的河水进入了"北流"河道，每隔一两年就要泛滥一次并造成了巨大的破坏；其余 30％的水仍留在原来的河道中。官员曾经想过让两条河道里的水量更平均来降低洪灾的可能性，但是少量而流动缓慢的河水只会造成泥沙更多的淤积。1068 年，泥沙淤积导致了另一次可怕的洪灾，并造就了另一条更为向西的河道。此后，1086 年、1087 年、1093—1094 年、1099 年和 1108 年，洪灾频繁发生。

黄河泛滥和改道的过程对环境造成了严重的后果。华北平原上无数的小河流被沉积的泥沙所壅塞，致使它们集体改道或干涸。为了修复河堤，当地居民伐光了附近山陵中的乔木和灌木用于支撑堤坝，用张玲的话来说，"他们为该省的毁林过程添上了最后一笔"③。到 1070 年代中期，太行山已"失去了它的松树林，变得光秃秃的"④。

---

①   这个故事来源于 Mark Elvin and Su Ninghu, "Action at a Distance：The Influence of the Yellow River on Hangzhou Bay since A. D. 1000," in *Sediments of Time*, eds. Elvin and Liu, 344-407。中译本见刘翠溶、伊懋可主编：《积渐所至》，第 507-577 页。

②   这部分主要参考了张玲一篇极佳的论文，Ling Zhang, "Changing with the Yellow River：An Environmental History of Hebei, 1048-1128," *Harvard Journal of Asiatic Studies* 69, no. 1（2009）：1-36。

③   Ibid. , 12.

④   Ibid. , 24.

由于华北平原非常平坦，洪水无法随地势排走，导致了土地受涝并盐渍化。一位官员描述道："河水所淤之地，不生寸草而白碱是生。"① 再加上贫瘠无养分的泥沙覆盖，大片土地失去了原来的植被。风裹挟着沙尘吹过整个平原，形成了一个个的沙丘："水土流失随之而来，不仅使得土地沙化成为严重的环境问题，也使得这一问题成为河北自 11 世纪直至现代的一个特征。"② 湖泊与池塘被淤塞，甚至一个城市都"埋在了黄河的泥沙之下"③。并且淤泥很快就变得非常贫瘠，宋代的历史记录如此描述："水退淤淀，夏则胶土肥腴，初秋则黄灭土，颇为疏壤，深秋则白灭土，霜降后皆沙也。"④华北平原上很多曾经肥沃的土地都变成了沙地。在宋代官员试图通过决开河堤阻击金人对开封的攻击之后，1194 年黄河最终因此而改道向南，留在北方的那条被遗弃的河道则成了沙源，风起时沙尘暴会肆虐整个华北地区。几个世纪后，一位朝鲜来访者的记录还提及这里"白沙平铺，一望无际。旷野无草，五谷不生，人烟鲜少"⑤。沙尘暴困扰这里已经长达 9 个世纪。

张玲认为，1048 年造成黄河改道向北的这场洪水"开启了此后长达八十 *172* 年的环境退化过程"⑥。而随着环境的恶化，农业、经济活动、人口密度都随之下降了。我们在第六章会看到一个类似的故事在 19 世纪中期时展开，泥沙的淤积与政府执政能力的下降造成了那时黄河的再一次改道。

华南：塑造珠江三角洲⑦

这些令人不可思议的战争与自然之间的互动过程也同样影响了南方，促成了中国另一个重要的农业区——珠江三角洲的形成。这是因为，在汉人进

---

① Ling Zhang, "Changing with the Yellow River: An Environmental History of Hebei, 1048-1128," 26. 译者注：晁说之《嵩山文集·朔问下》。

② Ibid., 12.

③ Ibid., 16.

④ Ibid., 28. 译者注：《宋史·河渠志》。

⑤ Ibid., 32. 译者注：崔溥《漂海录》卷三。

⑥ Ibid., 34.

⑦ 这部分摘自 Marks, *Tigers*, 66-70。中译本见马立博：《虎、米、丝、泥》，第 64-68 页。亦可参见 Robert B. Marks, "Geography Is Not Destiny: Historical Contingency and the Making of the Pearl River Delta," in *The Good Earth: Regional and Historical Insights into China's Environment*, eds. Abe Ken-ichi and James Nickum (Kyoto, HK: Kyoto University Press, 2009), 1-28.

入岭南后的第一个千年里，我们今天称为珠江三角洲的这个地方，也即仅次于长江三角洲的中国第二大丰饶高产之地，还是一片较浅的开阔海湾，而不是一个三角洲。对居住在当时称为"南海"的广州居民而言，眼前只是一片点缀着岛屿的海湾。

而在图4-7所示1975年的卫星照片上，广州处在中间的位置，恰好位于两条河流汇合点的西面，以西和以南如今是三角洲的地方在两千年前是一个开阔的河流入海口。照片还显示，汇入珠江入海口的河水携带着大量的淤泥，看起来，珠江三角洲似乎是由河流携带泥沙沉积在此而自然形成的，但事实并非如此。

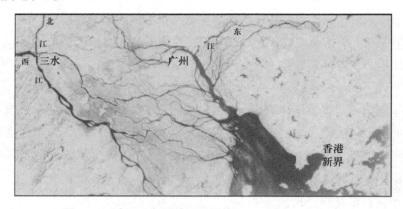

图4-7　珠江三角洲的卫星照片，1975年11月14日

西江、北江和东江携带的泥沙确实是在海湾中沉降分离，慢慢形成了三角洲的顶端部分。但由于这些河流的泥沙含量很低，自然形成三角洲的过程是异常缓慢的。然后，从11世纪（宋代）开始，三角洲成长的速度明显加快，到了14世纪（元代）进一步加速。从汉至唐的7个世纪里，三角洲几乎没有变化，海湾仍然充满了海水。到了宋代，广州以南的三角洲面积已足够阻挡住从广州南望大海的视线；而到元代时，冲积形成的沙洲出现在了东江入海口沿岸。毫无疑问，元代之后才是为珠江三角洲面积增加贡献最大的时期。自汉朝建立起，9个世纪都几乎没有变动之后，1290—1582年约三百年间，香山岛却逐渐与大陆连接起来。无论是长期以来珠江三角洲形成过程中形状的变化，还是变化的速度，都是显著而有趣的问题：是什么造就了这两者呢？

在本节的题目中，我使用了"塑造"（making）一词，目的在于突出这 174
是人类的行为，因为——比其他原因都重要的——是人类造就了珠江三角
洲。按照时间顺序，这个故事里包含了：早期汉人移民的定居模式和农业技
术；西江、北江和东江下游的水利建设；1270 年代蒙古人入侵中国南方，汉
人从广东北部逃向珠江口的岛屿；以及在入海口的这些岛屿之外开辟新的
土地。

我们不知道定居者烧掉了多少原始森林，也不知道森林在再次被烧荒之
前是否有足够的时间恢复到常绿阔叶林的状态，又或者是被矮小的马尾松所
取代。看来能够确定的只有这一点，这个水系上游的刀耕火种农业方式加重了
山区的水土流失现象，于是更多的泥沙顺水流入了东江、西江和北江之中。

直到 11 世纪，大量泥沙还并未到达珠江三角洲地区，而是在三条江下
游的冲积平原上就沉积下来。就像浇花的水管遭遇高压时一样，当季风带来
的降水在河道中汹涌而下时，这些河流的下游河道会从一个入海口移动到另
一个入海口，饱含泥沙的洪水形成了冲积平原。当洪水退去，淤泥和营养物
质留在了这里。显然，这些江河下游尤其是东江与北江交汇处附近的冲积平
原是非常肥沃的，具有巨大的农业生产潜力。但也有两个相关的问题：洪水
和疟疾。在未来的珠江三角洲顶部尚未成为人口稠密、农业发达的华南经济
中心之前，汉人或者要改变西江、北江和东江冲积平原的沼泽环境，或者要
适应这种环境。对北来的汉人而言，华南的低洼地带并不是友善好客的。

1. 洪水治理①

华南地区主要有两个治水方面的问题：要么水太多导致发洪水，要么在
作物生长的季节水又太少或来水不规律。而夏季季风性降水模式和珠江水系
的特征又加剧了这两个问题。季风通常在夏季的那四个月给岭南带来降水，
注满接近干涸的河床。西面的雨水通过集水盆地汇集后注入西江，通过梧州
进入广东境内；北面的雨水则全部汇入北江。西江与北江在广州城以西约 10
英里的三水汇合，形成了珠江三角洲的源头。东面的降水则流入东江盆地，
并在广州东面汇入珠江。

因此，即使是正常的降水也会在短时间内将大量的雨水汇入这个水系，

---

① 这部分摘自 Marks, *Tigers*, 76-79。中译本见马立博：《虎、米、丝、泥》，
第 74-76 页。

175   一般来说这些河流的下游每年都会发洪水，携带着越来越多由于上游焚烧山林而侵蚀下来的泥沙沉积到这里。早在 809 年（唐代），就建造了围基以防止南来的西江北上和北江汇合。这种围基不仅让洪泛区可以用于农业生产，而且使得携带着大量淤泥的洪水继续涌向下游。因此，西江和北江汇合处的洪水治理（围基）也成为华南地区最早的一项大型水利工程。

公元 1100 年前后，桑园围工程开始动工，完成时整个堤坝长约 28 英里，保护了约 10 万英亩的土地免遭洪水浸泡，开创了这一地区农业发展的新时代。大约在桑园围修建的同时，沿着海岸线的防波堤也在施工当中，绍兴年间（1131—1162 年）建成了将近 48 英里的海防堤，通过阻挡周期性的海潮和台风，增加了 16 万英亩的耕地，不过当然，这里的红树林也因此而消失了。

根据叶显恩和谭棣华的搜集和统计，宋代在珠江三角洲的上游共修建堤围 28 条，长约 125 英里，保护了近 40 万英亩的农田；元代除维修旧围外又新修堤围 34 条，将长度增加了约 100 英里。换句话说，到元代时，堤围的总长度达到了约 200 英里（或者说相当于约 100 英里两边都建有堤围的河道），保护着广东约 20% 的耕地。

防洪堤可以将各条河流限定在固定的河道中，在雨季到来时，不会蜿蜒流出或暴溢成很多河道，这样河水就可以直接流进海湾了。于是，原来的洪泛区也就变得适宜农业种植。宋代开始的这些水利工程还有另一项环境影响，那就是，由于洪泛造成的沼泽和水洼地带的水被排干，从而改变了原本适宜作为疟疾宿主的按蚊的生态环境，也就使得这些地区对于北来的移民而言不那么危险了。

同样重要的是，防洪工程形成的河道将原本会沉积在洪泛区的泥沙进一步冲到了下游的珠江河口，作为山区刀耕火种农业生产和水利控制工程的共同结果，从 11 世纪以后，注入珠江的泥沙总量有了明显的增加。泥沙沉积量增加对于珠江三角洲造成的改变可以从珠江三角洲地图上明显地看出来。但图中看不到的是，当泥沙进入三角洲顶端时，它完全有可能继续流入海湾而不是沉淀下来，如果不是因为 1270 年代蒙古入侵，逃到海湾岩石岛屿上生活的人将它们"截留"下来的话。

由于对蒙古侵略者的恐惧要远大于疟疾或恶劣的环境，或者是寄希望于发现其他的海上逃离路线，这些逃亡者离开了蒙古入侵路线上那些没有疟疾的山区，在珠江河口的一些小岛上定居下来，即使是今天，在一些因泥沙淤

积而从过去岛屿变成的小山上，还能发现当时人们定居的遗迹，最典型的是　*176*
位于三角洲中部和一个岛屿南坡的沙湾镇，沙湾的意思是"多沙的海湾"，
显然在 1276 年的时候它应该就是这样的。

　　我们不知道 14 世纪时像沙湾这样的地方有多少可耕作的土地。毫无疑
问，自然作用已经形成了一定的泥沙淤积，或许还因人们在山区采用刀耕火
种的农业生产方式而略有加速。随着西江和北江流入海湾和这些岛屿的周
围，水流在岛屿"下风口"的流速较缓，从而沉淀下泥沙。但进入湾区的新
移民并不满足于等待自然进程去形成他们所需要的耕地。

　　2. 填海造地①

　　在后来形成珠江三角洲的地区，移民们在沙洲上开垦出了新的耕地，这
些沙洲主要形成于因水流缓慢而得以较多沉淀的地方，大多位于岛屿的下游一
边（"下风口"）或者河流回流处的外侧。这些新开垦的地区被称为"沙坦"或
"沙田"（参见图 4-8）。不同于圩田或将沼泽或沿海平地的水排干形成的耕地，
珠江中的沙田是淤积的泥土在水下不断升高而形成的原来没有的新土地。

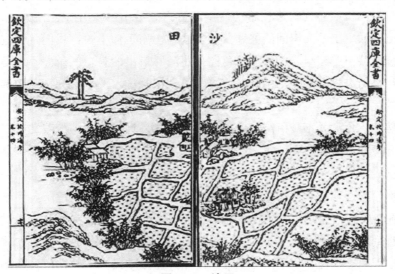

图 4-8　沙田

资料来源：鄂尔泰：《钦定授时通考》，1742 年版（商务印书馆，1983 年重印），v. 732，201。

————————

　　①　这部分摘自 Marks, *Tigers*，80-82。中译本见马立博：《虎、米、丝、泥》，
第 77-79 页。

177   珠江河口特殊的地形和水文条件以及堤防的作用共同导致了沙田的形
成。在位于三角洲入口的桑园围和其他堤坝建造之前，西江和北江的洪水常
常会漫过河岸，在河道边的沼泽中沉积泥沙；一些泥沙则被冲到更远的海湾
中，形成三角洲。但防洪堤建成之后，河道被固定下来，沉淀物基本都被冲
进了海湾里。

当然，一些沙田是自然作用形成的，但大部分是人为塑造的结果。形成
沙田的过程相对比较简单，但要成为可耕作的土地还需要若干年的时间。当
自然作用导致沙洲逐渐升高到接近水平面时，人们会往沙洲的四周投下岩
石，这不仅可以固定已经存在的沙土，也可以阻拦更多的沉积物。在建成更
为牢固的围栏后，还可以种植豆类植物（可以在土壤中固氮）以改造沉积
物。经过三到五年以后，沙田就可以种植稻米了。按照 17 世纪学者屈大均
的说法，一般是耕作稻米三年后再休耕三年。

沙田一旦形成，就会有更多的泥土沉积在它的下游，通过上述的方法，
更多的泥土可以被阻拦下来形成更多的沙田，长此以往，直到系列沙田组成
数千英亩的耕地。这些连接着的沙田被称为"母子沙田"，以比喻最初的沙
田和由其派生出的沙田间的关系。顺着这种比喻延伸下去，我们可以说是沙
田的家族甚至宗族组成了珠江三角洲。还需要指出的是，三角洲不仅是人类
劳作与自然进程共同作用的结果，而且也是在蒙古入侵华南的特殊情况下才
产生的。

珠江三角洲并不是由纯自然进程而形成并一直在那里等待着北方汉人移
民去开垦的。事实上，三角洲的形成是一系列复杂的因果链的结果。移民岭
南的汉人早期由于害怕南部河流地区的疾病而倾向于定居在广东北部的山
区，他们的土地清理工作最终导致了泥土流失而被河流裹挟南下，但绝大部
分的泥土并没有到达海湾地区，而是沉积在了北江、东江和西江下游的洪泛
区。直到宋代建造了防洪堤坝设施以后，河水才携带着泥沙直冲入珠江河
口。但即使是这样，如果没有蒙古南侵导致北方难民南下并在海湾岛屿地带
拦沙造田的话，泥沙还是有可能被继续冲到海湾更远的地方。珠江三角洲的
产生和它后来成为岭南人口稠密、农业富庶的中心区是一个历史的偶然结
果，而非自然决定的。我们可以猜测如果没有蒙古入侵这一"偶然事件"，
这一过程是否还会发生。无论结果怎样，当 1368 年蒙古人被逐出中原而农
民军领袖朱元璋建立起明朝时，珠江三角洲的发展就已经开始了。

第十节　塑造的环境：城市和废弃物

早在商代，人们就已开始筹划和建造都城。这些都城不仅是国家统治的　*178*
心脏，同时也被视为天下的中心，它代表着天意，并受命于天来管理世界。
几乎所有的城市都有城墙，利用夯土建造城墙的技术在商代就已出现，这项
工程需要征召大量的劳动力；建筑物的架构几乎都是木梁和木柱，因此城市的
建成和维护也需要大量的木材。并且，尽管有大规模的城墙等防御措施，作为
政治中心的都城在政权更迭时几乎全部遭到征服和洗劫，以表明一个政权的覆
灭和另一个政权的兴起，于是，重建的计划又要从更远的地方调运木材。

从秦建立第一个中央集权国家开始，遍布整个帝国的城市也陆续建立了
起来，或作为地方官员的行政中心，或作为军队的驻防之地。一位历史学家
计算出，从上古直到 17 世纪的时间里，中国一共建了 4 478 座城池。① 并非
所有城市都是因政治原因而建立的，战国时期经济增长迅速，中国也由此而
开启了一个更为"自然"的城市化过程，作为生产和分配的中心，这些城市
连接起一个巨大的商业化经济网络，并进而将整个帝国整合起来。在下一章
中我们将对这些城市和市场经济进行详细的讨论。

在本章涉及的这千余年时间里，中国出现了很多座都城，有的是 4 世纪
南逃的汉人所建，有的则是众多入侵的游牧民族在北方定居下来之后建立
的。自隋朝在 6 世纪末统一中国之后，共有四个城市成为帝国的首都：隋唐
时期的长安、宋代的开封和杭州以及蒙古人的大都（北京）。针对其中每一
个都城，都有大量的研究成果②，所以我在这里将会把重点放在唐朝的都城

---

① Ho, "Lo-yang," 52. 这个数目包括中国史料中记载的曾经建造、毁坏、遗弃
和仍在使用的城市。

② 关于开封，参见 Robert Hartwell, "A Cycle of Economic Change in Imperial
China," 102 – 159; and Lawrence J. C. Ma, *Commercial Development and Urban
Change in Sung China* （*960 –1279*）（Ann Arbor, MI: University of Michigan Depart-
ment of Geography, 1971）; Pei-yi Wu, "Memories of Kaifeng," *New Literary Histo-
ry* 25, no. 1 (1994): 47–60. 关于杭州，参见 Jacques Gernet, *Daily Life in China on
the Eve of the Mongol Invasion 1250 – 1276*, H. M. Wright trans. （Stanford, CA:
Stanford University Press, 1962）。

长安，并将其（并通过它延伸到其他城市）置于中国环境史这一更大的背景之下进行考察。

城市的典范：唐长安

长安最早是由汉初的帝王于约公元前 200 年修建的，与秦始皇所建的都城咸阳隔渭河相望。[①] 渭河流域是中国早期政权的中心，选择它有战略上的考虑，这里南有山脉、北有丘陵，是一个易守难攻的碗状盆地——关中地区，与东面海拔低了数百英尺的黄河平原之间有两座关隘相连。渭河流域本身很肥沃，北边黄土覆盖的丘陵地带也很容易开垦，这些都为秦、汉两朝提供了农业的基础。往西即是丝绸之路上的沙漠和绿洲，也就是说，长安还扼守着通往中国的贸易之路。

317 年遭匈奴人破坏之后，长安与中国北方的其他地区在之后的战争中不断遭受毁灭和人口下降而趋于衰落，直到隋朝建立并再次选择它作为都城。但隋文帝并没有在原址上重建长安城，而是选择了在旧城的旁边建造一座新城。新的长安城规模宏伟——东西长近 6 英里，南北也超过 5 英里，全部由夯土城墙围绕。在城墙里面，文帝的建筑师们设计了一个网格状的城市，有南北向大道 11 条，东西向 14 条；南北向主干道宽达 482 英尺，东西向的也超过 200 英尺（与之相比，纽约第五大道宽 100 英尺），街道两侧都植有树木，并设计有排水沟。

在这些网格中建有坐北朝南的皇宫和政府办公区，城东和城西分设有两个大型集市，此外还有彼此相邻的 106 个坊，是为城内居民设计的居住场所。隋文帝迁入长安城时，这座城市仍在施工当中，他使用各种办法增加新城的人口，包括要求他的儿子们以及其他显贵将自己的宅第建在这里，还捐建多座佛教寺院等等。尽管如此，这座巨大城市里的很多地方仍然是空着的，城南很大部分都弃作了农田，还有一个大湖的周围被建成了园林。长安一直要等到唐朝时才迎来它真正的繁华景象，它的兴盛是在 8 世纪。

但即使到那时，长安 31 平方英里的城区仍未填满，不过它已经拥有了当时世界上最大的聚居人口规模——约 100 万。西市是一处文化多元的喧闹

---

① 这段关于长安的内容主要参考了 Arthur F. Wright, *The Sui Dynasty* (New York, NY: Alfred Knopf, 1978), 85-90; Edward H. Schafer, "The Last Years of Ch'ang-an," *Oriens Extremus* 10 (1963): 133-179.

集市，集结了来自全国各地以及通过丝路贸易输入的商品，这里还有各种形式的娱乐活动。与西市主要满足平民的需求和小商人的利益相比，东市则是一个更为安静的所在，吸引的都是富户大贾。城里有将近 100 座寺院，城南还有一处美轮美奂的水上园林。皇室居住的大明宫则从城内搬迁到了城北，一直延伸到渭河的巨大的皇家猎苑里。

9 世纪下半叶对于长安和它的居民来说是灾难深重的时期，881 年的黄巢起义攻陷了这座城市，很多建筑遭到破坏。进入 10 世纪之后，随着唐王朝的衰落和崩溃，长安也随之湮灭。唐代之后，宋朝将都城迁到了东边的开封，"长安自此遂丘墟矣"。位于那座水上园林中心的湖泊也干涸并被辟成了农田，虽然还有兵丁及闲杂人等偶尔会来造访一下这座遗址，平民会来这里砍下柳、槐、榆树当作柴火，1100 年时一位好奇的来访者却只看到"遗址屹然可辨。自殿至门，南北四百余步，东西五百步，为大庭，殿后弥望尽耕为田"[①]。关于中国人和他们的环境之间的关系，长安城和它的历史能告诉我们些什么呢？

这是一个宏大的课题，不过一般来说城市——长安也不例外——代表了一种脱离自然环境的状态，一种新型的、塑造出来的环境。长安城通过城墙与周边乡野隔离开来，城门在夜晚也是关闭的。当然，中国北方的乡野已经是一片田园景色，因此也是一个很人性化的环境了，但长安城里的上百万居民则根本不用出城就可以得到他们所需的一切。事实上，很多长安的市民很可能就从未离开过这里，一辈子生活在城墙之内。

所有生活必需品在城内都有供应，说明长安不仅是一个政治中心，也是一个消费中心。每天，一百万居民所需的食品和燃料都经由陆路或者连接城市与渭河、黄河（并由此与大运河相连）的运河运往城内的两个主要市场，然后在此存储、展示，最后售卖。有些食品和香料来自很远的地方——具有异国情调的南方或遥远的西域（今中亚），因此人们吃的不仅是"食物"，还有配置各种菜肴的烹饪艺术。

在所有输入和再造的物品当中还有一种可称为"自然"。富人们在他们的宅第里建造花园，花园的池塘中放养着鹅、鸭和鲤鱼，池边的树上还栖着

180

---

①　Schafer, "Ch'ang-an," 170. 译者注：《资治通鉴》卷二百六十四；邵博《闻见后录》。

鹦鹉及一些会唱歌的鸟儿。他们致力于打造一个"自然、野趣"的花园，"里面还有奇石和古松，就像画中一样古朴"。园中遍植各种开花乔木和灌木，其中特别珍贵的是粉色或紫色的牡丹。牡丹花季在春天，因此一到这时，花市就会备好大量的扦插枝条。8 世纪时有一段时间，牡丹的鉴赏家竞相拥有最美丽的花朵，据说当时曾有人花数万钱换回一枝牡丹。而一些公共的花园，也是如此精心装扮的。①

今天，我们无法确定这一切对当时的中国人意味着什么，不过在我看来，它代表了一种在被迫与自然分离的城市生活中渴望存在于自然世界里的心态（即使不是完全的自然），另外还有一个潜在的假设，即自然过程可以人造，因此也能控制。到唐朝这个时期，人们已不再惧怕自然，至少对于城市居民来说，自然更像是一种异域风情。

对自然的控制——或至少是圈占——最有力的表达就是皇家猎苑。② 就像他们居住的城市一样，唐朝的皇帝并没有去建立由自己独享的猎苑。皇家狩猎的传统可明确追溯到周朝，唐在长安城北建造的猎苑明显是以汉朝猎苑为蓝本的，而汉朝又继承自秦始皇。虽然唐朝的这个版本相对较小（周长仅40 英里），里面却畜养着几乎所有可用于观赏和狩猎的动物——熊、虎、狐狸、鸭、鹅乃至大象和犀牛。狩猎有两个功能：在皇家节日中增添肉食以及展示帝王征服自然的能力，并以此昭告帝王脚下所有的臣民，"天子"是来统治"天下"的。

薛爱华认为，汉朝帝王采取的显然是大规模的围猎活动，并在猎苑中大量宰杀动物，而这一态度到唐朝发生了改变。儒家关于人与人之间"仁"的思想扩大到了人与动物之间，道家遵循万物本性的思想也引起了对善待圈养动物这一问题的关注，但最有影响力的可能还是佛家戒杀生的思想和戒律。薛爱华认为这三个传统的融合，导致官方出台了限制杀生和明确狩猎时段的法令。"（儒家）人道（仁）原则不仅适用于人，也适用于一切植物和动物，即使是在天子用来彰显其天授威严和无情统治的猎苑里。"③

---

① Schafer, "Ch'ang-an," 152-153.

② Edward H. Schafer, "Hunting Parks and Animal Enclosures in Ancient China," *Journal of Economic and Social History of the Orient* 11，no. 3（1968）：318-343.

③ Ibid.，343.

不过在这里我们必须停下来思考一下那些声称持有这种自然观念的人，他们的行为和观念之间的关系。正如薛爱华所总结的："长期以来这些高尚的思想对于帝国施政的影响很可能是微乎其微的，森林继续遭到破坏，野生动物也持续遭受捕杀。唐代的这些理想日渐衰微，直至消亡。"[1]

唐代的例子引发了这样一些问题：人和社会究竟对自然和保护自然持何种看法，实际上又是怎么做的。伊懋可认为中国人虽然会对某一树种产生偏爱，但并不喜欢成片的森林[2]，倾向于将其转变成更为人工化的田园风光，位于其中的城市则供统治阶层居住。不仅一千多年前的中国人是这样，J. R. 麦克尼尔在 20 世纪的研究也表明，即使环保思想已成为一个广泛的共识，依然阻止不了个人开私家车或者过度消费，给本已严重污染的环境雪上加霜。[3] 环境史学家 J. 唐纳德·休斯给出了一个合理的解释："许多人，特别是那些当权者，总是把眼前利益看得比长远利益和可持续发展更为重要……在大多数社会中，那些开发利用资源的少数群体滥用了大多数人赋予他们的权力，破坏了生态环境，而社会多数群体的真正利益是要维护资源的可持续利用，但并不是每个人都能清醒地认识到这一点。"[4] 而多数的农业社会，包括中国，都找到了避免被自己的废弃物所包围的方法。

废弃物、可持续发展和养分循环

在最基本的层面上，城市是人口集中的地区，城市居民不直接生产食物，而是通过征收或市场交换从农村生产者的手中获取。农田是一个特定的能量转换和集中的地方，人们清除掉原有的、难以从中获取能量的植被，代之以更易被人体消化、吸收、转换能量（或作为体脂存储）的作物（例如谷物、蔬菜和水果）。通过光合作用，植物用太阳能将从土壤中提取的水和养

---

① Edward H. Schafer, "Hunting Parks and Animal Enclosures in Ancient China," *Journal of Economic and Social History of the Orient* 11，no. 3 (1968)：342.

② Elvin，*The Retreat of the Elephants*，xvii.

③ 转引自 J. R. McNeill，*Something New under the Sun*，比较第 336-340 页和第 310-311 页。中译本分别见 J. R. 麦克尼尔：《阳光下的新事物》，第 344-348、316-318 页。

④ J. Donald Hughes, *An Environmental History of the World*：*Humankind's Changing Role in the Community of Life* (London，UK and New York，NY：Routledge，2001)，8-9. 中译本见 J. 唐纳德·休斯：《世界环境史》，第 9-10 页。

分转变为能量储存起来。

因此所有农业都会汲取土壤的养分，当养分降低到一定水平以下，作物无法再存活时，农民就要搬迁到另一块土地上（例如之前提到的游耕农业），否则原来的土壤就会变得十分贫瘠，没有任何植物能在此生长，土地永久性退化（比如荒漠化）。为了保持生产力，定居农业就需要掌握养分循环回土的方法。即使是新石器时代的人们，由于生产和消费多半在同一区域，他们也需要找到给土壤施肥的办法。豆科植物能帮助固氮，绿肥和禽畜粪便也能将养分送回到土壤里。

但是想象一下当大量——足够供给数百万人——的食物从乡村生产并运往城市时，中国社会将会面临多大规模的土地缺肥问题。由于某些生态上的特点，中国农民有一些超过世界其他地区农民的优势，千年以来，北方地区大量覆盖的黄土通过毛细作用不断将土壤深层的养分输送到地表，水稻植株也有着吸收水中养分的能力。尽管如此，在大部分人类历史当中，农民需要面对的主要问题仍然是肥料的短缺，中国也不例外。①

无论是旱地农业还是水田农业都需要额外补充养分，而城市则成为主要的供给源，给土地送回养分——人类的粪便，作为供给食物的回报。一位美国农学家在19世纪到20世纪之交旅行中国时估计，100万的人口每年可以排出50万吨排泄物，其中含有600万磅的氮以及数吨的其他养分元素。② 农田自然是可以利用这些废弃物的，而官方显然也不愿意让人们简单地将这些废弃物倾倒在河里而污染水源。因此每天晚上都会有人来收集粪便（由此得了它的别名，"夜土"），用车载到驳船上，运回农村，以备在田间使用。

这个庞大回收利用工程的全面史实还有待进一步的研究，不过学者对帝制晚期"夜土"的研究成果已经进一步揭示了中国农村与城市之间的生态联系。这一实例针对的地区是以杭州为中心的长江下游，农民不仅远途来到城区收购"夜土"，他们还组织日间的收集，由此保证了城镇能够更加卫生和

---

① Radkau, *Nature and Power*, 2. 中译本见约阿希姆·拉德卡《自然与权力：世界环境史》。

② Frank H. King, *Farmers of Forty Centuries*, *or Permanent Agriculture in China*, *Korea*, *and Japan* (Madison, WI: Mrs. F. H. King, 1911), 194. 中译本见富兰克林·H.金：《四千年农夫：中国、朝鲜和日本的永续农业》，程存旺、石嫣译，东方出版社，2011。

健康。① 他们还给"夜土"的质量分出等级，而这个等级主要与城市居民的饮食相关：富裕的人群，他们规律性地摄入高质量的、富含蛋白质的食物，包括鹅、鱼和肉类等，因此"夜土"质量最好——价值最高，价格也最高。②

同样，村民们也在凹坑或者大缸里收集他们自己的废弃物，通常会在其中沤几周或几个月，让分解产生的热量杀死寄生虫的幼虫和卵。然而这个方法也并非万无一失——至少到 20 世纪，血吸虫病仍困扰着从事水田稻作的农民，血吸虫是一种通过淡水钉螺传播到人体的寄生虫，会引起肠道炎症、腹部鼓胀以及肝硬化。目前仍然不清楚它是从什么时候开始折磨中国稻作农民的。

村民们还会进行堆肥，往田地里撒杂草、青草、草鞋、粉碎的砖块和土坯——任何能给土壤增加养分而不是禽畜饲料的东西。③ 还有一个养分的重要来源是河泥，河泥从运河里挖出后即堆置在运河边的田地里④，毋庸置疑，离城市或者运河最近的田地是最为受益的，因为随着距离渐远，运送这些肥料的成本将直线上升。离城市越远，土地获得的肥料越少，人们也就越贫穷。

我们无法确定中国的农民是从何时开始如此密集施肥的。一位 18 世纪早期欧洲来华的旅行者皮埃尔·普瓦沃（Pierre Poivre）曾对这里从不休耕的农作方式惊讶不已："这里的耕作计划令欧洲人感到不可思议，因为他们从不让土地休耕……（于是一块田地）每年两熟，而再往南方去经常是两年五熟，中间未有一季休耕。"能够连续耕作的原因在于大量的施肥："他们常用的是草木灰，还会利用盐、石灰以及各种动物粪便，不过最重要的是，不 *183*

---

① 程恺礼（Kerrie L. MacPherson）在她的关于 19 世纪霍乱暴发的研究中援引了一份 18 世纪的英国文献，其中提到由于中国人都喝煮开的水，并小心地处理粪便，"污染的危险"很可能已降低到了"最低限度"。Kerrie L. MacPherson，"Cholera in China," 503.

② Yong Xue, "'Treasure Nightsoil as if It Were Gold'：Economic and Ecological Links Between Urban and Rural Areas in Late Imperial Jiangnan," *Late Imperial China* 6，no. 1（2005）：41–71.

③ E. N. Anderson, *The Food of China*（New Haven, CT：Yale University Press，1988），102. 中译本见尤金·N. 安德森：《中国食物》，第 98 页。

④ King, *Farmers of Forty Centuries*，167–170. 中译本见富兰克林·H. 金《四千年农夫》。

同于我们把小便倒进河里，他们还将尿大量用于施肥，每家每户都会在自己家中仔细储存尿液，然后售出以获利。总之一句话，将产自土地的一切都小心翼翼地送回到土地当中。"① 这个高度发达的系统已经存在并发展了好几个世纪。

一方面，中国在北方和南方的两种耕作方法，以及尤其是对自城市中收集的人类粪便的使用，构成了乡村和城镇之间的一种养分循环，使其农业系统的可持续性远远大于欧洲。认为中国农业具有这一特性的观点一直持续到现在。② 而事实也是如此，宋朝时的耕地一直到现在仍在使用（尽管自 1970 年代以来开始利用化肥）。从一定程度上来说，中国的农业在环境上是可持续发展的。

而另一方面，对任何环境来说总有一些能量和养分的流失是无可挽回的，我们将在下一章中以另一个南方"桑基鱼塘"的例子来说明这一点。科学上的术语称这种不可挽回的能量损失为"熵"，要阻止它发生需要额外的能量输入来重组"秩序"。因此，一个人为改造的环境是需要投入大量精力来维持的。

中国的政府也一直在寻找各种扩充资源和能源的途径，并因此而不断寻求领土的扩张。通过以中国的方式耕作土地从而获取养分本身也是中国拓殖工程的一个动力。（当它有能力时）向北扩张即与游牧民族对抗，向东向南则与其他非汉族群竞争，在下一章我们还将看到它向西南和西部扩张的过程。在每一次扩张过程中，当地自然财富的宝库都被置于汉人的掌控之下，并回流到中国的核心区域。因此，这些核心区域的"可持续性"部分也是由于中国征服和开发了曾经是非汉族群居住地区的资源而得以维持的。因此，中华帝国的建立、维护以及扩张（或收缩）都是有其基本环境进程为基础的。

小结

在本章所覆盖的千年（300—1300 年）中，中国及其环境都经历了一些

---

① Pierre Poivre, *Travels of a Philosopher* (trans. from the French, London, UK 1769), 153.

② Radkau, *Nature and Power*, 103-104. 中译本见约阿希姆·拉德卡《自然与权力：世界环境史》。

显著的变化。游牧民族的入侵和早期帝国的崩溃使得大量汉人抛弃了华北平原上的家园，逃向了未知的、潮湿而野蛮的南方。这也标志着中国主要人口从北方转移向南方这一漫长过程的开始。汉人继承了长江流域土著已经开发的水田稻作技术，并做了相当多的改进，包括建造堤圩保护新稻田、引进早熟稻种大幅增加粮食产量等。正如马匹曾拉着犁在华北平原上翻耕一样，水牛也在南方的水稻田里牵引着沉重的铁犁。随着这些新技术的开发，以及一个重新统一的国家在军事上的支持，汉人移民们进一步向岭南、四川和福建 *184* 沿海推进，不仅改变了当地的景观，还迫使当地的土著要么同化，要么逃跑或者反抗。

　　到 1100 年前后，也就是宋朝的鼎盛时期，华北平原已基本没有森林覆盖，新兴的钢铁工业不得不转向以煤炭作为燃料。煤还用在了都城开封的居民取暖方面。很多历史学家认为当时的中国已经处在工业革命的边缘，然而游牧民族的入侵和都城南迁杭州让这一切戛然而止。在整个南方，水田稻作技术让汉人改变了当地沼泽众多的环境，将河谷变为稻田，同时也迫使当地的土著转移到山区高地。土著不得不在那里的落叶和常绿阔叶林中继续他们刀耕火种的游耕农业。

　　无论在华北平原或是南方河谷，农民都发展出了集约型的养分循环技术，因而能够同时向城市和农村地区提供足够的粮食产品。自然的生态系统为农业系统所取代，将太阳能集中到更能为人类所利用的形式上，不仅维持了中国已有的人口规模，而且当 16 世纪美洲新作物引入时促进了人口的大量增长。在下一章中，我们将重点讲述这部分内容。

第五章

帝国与环境：帝制晚期中国的边疆、岛屿和发达边缘区，公元 1300—1800 年

　　帝制晚期中国环境变迁的社会背景与之前的历史时期有所不同，其中最为重要的变化，就是人口特别是南方人口的迅速增加和市场交易成为经济活动的支配性方式。人口规模、人口密度和经济的商业化都对环境产生了十分重要的影响，到 1800 年时，中国已经几乎没有哪个地区还未曾被人类接触和开发了。随着中华帝国的版图面积达到其顶点，帝国范围之内的边疆、岛屿和发达边缘区（inner periphery）的环境也都日渐得到了开发和改造。更多的森林遭到了砍伐，而且，如下一章我们将谈到的，一场环境危机也正在酝酿之中。

第一节　新的历史与制度背景

人口规模与分布

　　如前所述，人类在中国自然环境中的存在已经有相当长的一段时间了，在此期间，人类不断地从中获取食物、衣服、燃料和居所等各种生活必需品。处于狩猎采集阶段的人类大概是对自然环境影响最小的，这既是因为这一时期的人口规模还比较小，也是因为此时人类的生活还十分有赖于自然环境的持续发展以维持生存。即使是进入刀耕火种或游耕农业阶段以后，人类也还是每隔二三十年才回到原来的耕种地点，烧掉在此期间生长起来的草木。后文我们将会提到，在中国南方、东南和西南的一些山区和丘陵地带，这种刀耕火种的生产方式一直持续到了 19 世纪甚至 20 世纪。游耕生产方式确实会导致砍伐原生树林并代之以更易于收获的次生树种，但由此产生的一个问题是，这些被人工种植的单一种类的杉树，究竟应该算作是一片森林还

是另一种类型的农业？

　　定居农业则同时改变了人类与自然界和人类与自然环境之间的关系。到1000年时，几乎整个华北平原都已经变成了农田，这种农田当然仍旧可以被称作"环境"，但已经不再是"自然环境"了，而是一种类似于城市或城墙的"人造环境"。人类的改造使得环境更适于集中种植可以吸收和转换太阳 *192* 能的粮食作物，从而增加了可用于支持人类和人类社会运转的能量。因此，早在距今两千年以前，中国的人口就已经达到了 6 000 万左右，并一直持续到 1000 年前后（参见图 5-1）。

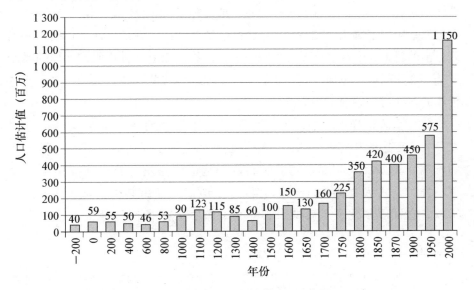

图 5-1　中国历史人口，公元前 200—公元 2000 年

　　华北地区的环境条件，特别是寒冷冬季对每年主要收获季节的约束，在一定程度上限制了粮食作物的种植。随着汉族向较温暖的长江流域尤其是下游地区的拓展，水稻种植所需要的稳定灌溉条件得到了满足，一些早熟品种也得以推广，于是在同样的地块上就可以一年种植两季作物，有些地区甚至达到了一年三熟。而且，由于稻田可以不断补充肥料，水稻也可以从水中直接吸收养分，田地也就不再需要像以往那样定期休耕了。唐宋时期农业产量的大幅度提高，支撑了汉族人口的增加，到 1200 年时增至约 1.1 亿～1.2 亿。

　　用了 13 世纪里大部分时间才完成的蒙古征服对中国造成了巨大的破坏。

到 1290 年时，中国人口下降到了 6 500 万～8 500 万，并一直停留在这一水平，直至 1400 年。① 历史学者托马斯·爱尔森（Thomas Allsen）曾写道，蒙古军队"用蹂躏乡村孤立大城市的手法，意味着城市和农村居民都要遭受严重伤亡和穷困"②。他们和几个世纪前的游牧侵略者（参见第三章）一样，对中国北方的被征服地区进行了惩罚性的蹂躏和残害，摧毁城市，"屠戮民众，甚至企图把中国北方变为他们的放牧场"③。

成吉思汗的大军所到之处，城墙和农业设施都被夷为平地。"从高塔到地窖，整个城镇被彻底摧毁，如同发生过一场地震。水坝也不复存在，用于灌溉的水渠被切断，只剩下一片沼泽。粮食种子被付之一炬，果树被齐根锯倒，原来用于抵御风沙或保护农作物的防护林被砍伐在地，几千年以来人工开垦出的耕地又变成了草场，果园失去了保护，任由来自草原或沙漠的风沙侵袭，那些绿洲……现在已经变成了干草原，借着蒙古游牧人的力量，荒凉干燥的草地再次控制了一切。"④

蒙古军队这样做的主要原因并不是为了恫吓对手（虽然这也是目的之一），而是因为其对于什么才是土地和环境的正当用途有着不一样的评判标准。正如汉人高度重视定居农业和把他们拓殖来的土地改造用于耕种一样，蒙古人更倾向于"不去耕作土地，而任由其恢复成为草原"⑤，所以，在征服华北平原后的一百年里，蒙古人把他们的牲畜也放牧到了

---

① 四川所遭受的摧残尤为严重，该省有记录的人口数字在 1200 年至 1300 年间下降了超过 90%，从近 300 万户减少到了仅 12 万户。Paul J. Smith, "Commerce, Agriculture, and Core Formation in the Upper Yangzi, 2 A. D. to 1948," *Late Imperial China* 9, no. 1 (1988): 1-3.

② Herbert Frank and Denis Twitchett, eds., *The Cambridge History of China*, vol. 6, *Alien Regimes and Border States*, *907 - 1368* (New York, NY: Cambridge University Press, 1994), 362. 中译本见傅海波、崔瑞德编：《剑桥中国辽西夏金元史（907—1368 年）》，第 422 页。

③ Ibid., 36. 中译本见傅海波、崔瑞德编：《剑桥中国辽西夏金元史（907—1368 年）》，第 42 页。

④ 转引自 Dee Mack Williams, *Beyond Great Walls: Environment, Identity, and Development on the Chinese Grasslands of Inner Mongolia* (Stanford, CA: Stanford University Press, 2002), 67-68。

⑤ Ibid., 68.

这里。①

　　蒙元时期的中国人口较 1200 年前后的 1.2 亿的高峰急剧下降了 30%～40%，在此过程中，鼠疫的影响究竟有多大，甚至是否扮演了主要的角色，目前尚无定论。肆虐于 1347—1350 年间的黑死病导致了"欧洲、中东和北非大约 40%～60%人口的死亡"②。中国的河北省在 1331 年也曾发生过瘟疫，一位历史学者称"史书记载 1331 年后中国人口死亡了三分之二"③。尽管环境史学者拉德卡（Joahim Radkau）似乎很确定是瘟疫造成了人口的急剧下降，但中国的历史学家则并不确信是流行病导致的死亡，而且即使如此，这一流行病也未必就是黑死病。④

　　无论事实如何，蒙古的征服都进一步推动了中国人口从北方向南方的迁移。在此之前，北方人口占中国总人口的三分之二，南方占三分之一，而蒙古的征服则把这一比例颠倒了过来（参见图 4-1）。这在一定程度上是因为中国南方的很多地区并没有经历北方所遭受的蒙古军队的烧杀抢掠。1260年，忽必烈成为蒙古大汗之后不久，就在他新选定的国都大都（今天北京的前身）做出决定，发起对整个中国的征服。忽必烈了解南方汉人的经济力量，也希望能够获得这些力量为自己所用，而不是摧毁它们，因此采取了不同于北方的政策，明令在征服南方后，维持当地汉人统治精英和地主的地位不变。不过尽管如此，如上一章所述，当蒙古大军攻入南宋时，还是有大量

---

　　① 蒙古人将中国北方大片土地变成牧场的做法后来遭到了忽必烈的禁止，因为这样会减少粮食的供应，并增加蒙古对于从南方输入稻米的依赖。Herbert Franz Schurman, trans., *Economic Structure of the Yuan Dynasty* (Cambridge, MA: Harvard University Press, 1956), 29-30.

　　② Monica H. Green, "Editor's Introduction to 'Pandemic Disease in the Medieval World: Rethinking the Black Death'," *Medieval Globe* 1 (2014), 9.

　　③ William McNeill, *Plagues and Peoples*, 143-146; Robert Gottfried, *The Black Death* (New York, NY: The Free Press, 1983), 35. 译者注：这里所引述的部分西方学者的观点是非常唐突和缺乏史料支撑的，目前尚无任何资料表明西方黑死病的病菌源自中国，关于学术界对中国历史上鼠疫问题的研究，可参见威廉·H.麦克尼尔：《瘟疫与人》，第 97 页译注。

　　④ Radkau, *Nature and Power*, 155. 中译本见约阿希姆·拉德卡《自然与权力：世界环境史》。Carol Benedict, *Bubonic Plague in Nineteenth-Century China* (Stanford, CA: Stanford University Press, 1996), 7-10.

汉人逃往更南边的地区。到 1279 年时，最后一支南宋军队被消灭，整个中国成为元帝国的一个部分。

蒙古对中国北方的征服虽然是野蛮残酷的，但它的统治却在事实上把长期以来分裂成南北两部分的中国重新合并成了一个统一的国家。① 在忽必烈相对温和的统治时期（至 1294 年）之后，蒙古诸王对汗位继承权的争执导致了他们对中国关注程度的下降和 14 世纪中期大量蒙古人退回草原故地。随着元朝统治的崩溃和明朝（1368—1644 年）的建立，中华帝国再次回到汉人的统治下，和平得以重建，人口也开始了似乎是不可遏制的增长，并一直持续到今天（其间仅有很少的几次被战争短暂打断），从 1400 年前后的 8 500 万左右，增加到 1600 年的约 2 亿（并因战争等原因而停留在这一水平，直至 1700 年），1750 年的约 2.25 亿，以及 1850 年的约 4.25 亿。人口的增加既是耕地面积扩大、农业技术改进、粮食供给状况改善和市场体系发展的原因，又是其结果，而所有这些因素也都对中国的环境产生着影响。不过到 19 世纪时，由于中国政府的军事行动和市场的高效率，这些人口增长又加剧了自然资源的日益短缺和环境危机的严重性。

市场

乡村的地方市场在中国已经存在了很长时间，其历史至少可以追溯到周朝晚期和战国时期，村民们在这里交易自己种植或制作的产品，有时使用货币，有时则是以货易货。城市里的市场也有着悠久的历史，市民们通过这些市场购买来自乡间的食物、服饰和其他用品。因此，各式各样的市场早已遍布中国的绝大部分地区直至边疆地带。② 但从唐代晚期开始，市场及其在中国经济与社会中的地位发生了某种重要的变化，并在宋代变得越来越制度

① 关于蒙古对中国统治影响更为全面的评论，可参见 F. W. Mote, *Imperial China*, *900—1800*（Cambridge, MA: Harvard University Press, 1999）, chs. 17—20。

② 李安敦认为中国至迟在汉代就已经形成了市场经济："和其他古代社会不同，帝制早期的中国是在货币经济中运转的，几乎所有的东西都可以使用由国家铸币机构按照标准化大量铸造的钱币来购买……尽管从理论上来讲，中国的政府是倾向于重农抑商的，但其又颁布了一系列的市场法律和条令，极大促进了商业的发展。近年来发掘的法律文本表明，帝制早期的中国政府已经建立了一套相当成熟的具有执行力的合同法，以保证市场交易安全可靠，保护财产权利和降低道格拉斯·诺斯所说的那种在其他前近代经济中阻碍了市场活动的交易成本。"Barbierri-Lowe, *Artisans in Early Imperial China*, 18.

化，以至于明清两朝或帝制晚期经济的很多方面都可以被定义为一种"市场经济"，并具备了很多被历史学家在世界其他地区称为"早期近代"（early modern）的特点。

在详细介绍过去一千多年来中国市场体系的发展情况之前，让我们先简单了解一下，为什么市场对于理解环境变迁的进程那么重要。尽管很多环境变迁是由自然因素（如气候、火山、野火等）引起的，但我们主要考察的还是人为的驱动因素，本书所关注的也是人类与环境的交互影响。人口的数量和密度确实是衡量环境压力的一个重要指标，这主要体现为人类对食物以及由此引致的对耕地的需求；而市场体系则可以放大和加剧人类对环境的影响，因为市场的存在使一些地区的人们相信自己可以专注于生产某一种或几种产品，而通过稳定的市场交易来获得食物和其他那些自己不必再去生产的生活必需品。这种专业化分工不仅意味着市场体系的所有参与者都可以获得更多的产品和服务，而且会导致某种有时甚至可能是极为严重的单一化，使得原本具有复杂生态系统的自然环境让位于大面积的单一作物种植，如水稻或小麦等，这样一来，人类就把原来可以支持多物种生存的生态环境变得只适合于单一作物了。

市场也可以把单个地区人们对某些商品的有限需求汇聚成为规模大得多的消费者群体和市场需求，从而使得从某些很遥远的地区生产和收获这些产品在经济上成为可能。后面我们将会看到，林业产品和木材采伐就尤为如此，人们可以把砍伐的木材顺着江河漂流而下，以满足城市里建筑和取暖的需要。这些城市地区对木材的需求有时候可以被市场传到千里之外的山区，促使当地的人们专业从事于利用山区资源采伐和运输木材，并发明了先进的金融工具，如建筑用木材的期货市场和证券化。

本章后面还将详细考察帝制晚期中国市场对环境变迁发生影响的各种途径，现在，我们还是先花点时间了解一下中国市场体系的概况，以及它究竟把多大的空间整合进了自己的体系。[1]

---

[1]　特别参见 G. William Skinner, "Marketing and Social Structure in Rural China," Parts I, II, and III, *Journal of Asian Studies* Vol. 24, No. 1 (Nov, 1964), 3–43; Vol. 24, No. 2 (Feb., 1965), 195–228; and Vol. 24, No. 3 (May, 1965), 363–399. 中译本见施坚雅：《中国农村的市场和社会结构》，史建云、徐秀丽译，中国社会科学出版社，1998。

196

　　直到唐代晚期，中国各地的市场都是由政府设立和管制的。自周朝以来，市场交易一直都是"限于城内官设商业区"，或者"根据需要，可经官府之手在交通干线上设市"；即使到了中唐时期，"在州县治之外的场所滥设市则（仍）为法令所禁止"①。

　　唐朝政府不但控制市场的设置，而且规定市场开启和关闭的日期、时辰，最重要的是，货物和产品的价格也受到政府的管控，为此，市场管理者和调查官员还要编制和呈报详细的价格簿册。不仅唐都城长安的东市和西市是这样，甚至连远离政治和经济权力中心的边塞市场也是如此。②

　　唐朝政府这种控制经济的能力在 755 年爆发的安史之乱中意外地遭到了摧毁。③ 在此之前，唐政府不仅设置和管理市场，而且能控制大量的土地并定期对其进行重新分配，但 756 年以后，唐政府已经无力再重新分配土地了，于是大量土地落入豪强富室的私人之手，市场也由此而摆脱了束缚，直到 1949 年中国共产党建立新政权以前都没有再回到政府的控制之下。在这一千多年的时间里，私有产权和自由市场成为中国经济的主要特征，并影响着它与自然环境的关系。

　　在宋代，无论是在人口不断增加而日益稠密的地区，特别是中国人口密度最高的长江下游地区，还是主要位于南方的那些需要把山区产品运到平原市场交易食品、服饰和盐等生活必需品的地区，乡村定期集市的交易活动都已经越来越频繁起来。在宋代，特别是明清两朝，这些集市开始彼此相互联

---

　　① Shiba, *Commerce and Society in Song China*, 140, 141. 中译本见斯波义信：《宋代商业史研究》，339 页。

　　② 对相关有趣史料的一个早期评论，可参见 Denis Twitchett, "Chinese Social History from the Seventh to the Tenth Centuries: The Tunhuang Documents and Their Implications", *Past and Present*, no. 35. (1966): 28-53.

　　③ 关于这一问题的简单探讨，可参见 Valerie Hansen, *The Open Empire: A History of China to 1600* (New York, NY: W. W. Norton, 2000); and Patricia Ebrey, *The Cambridge Illustrated History of China* (New York, NY: Cambridge University Press, 1998). 中译本见芮乐伟·韩森：《开放的帝国：1600 年前的中国历史》，梁侃、邹劲风译，江苏人民出版社，2007；伊佩霞《剑桥插图中国史》。译者注：作者下文对唐代土地制度的介绍比较笼统且深受唐宋变革论的影响，而学界也有一些研究认为唐宋之际土地制度的性质似乎并未发生根本性的变化，参见杨际平：《唐宋土地制度的承继与变化》，《文史哲》2005 年第 1 期；耿元骊：《唐宋土地制度与政策演变研究》，商务印书馆，2012；等等。

结并发展成一个具有等级结构的市场体系，从而通过商业把帝国的绝大部分地区联系了起来。

气候变化

在本章所涉及的这五百年时间里，中国（也包括北半球）的气候相较之前的千年处于持续变冷之中（参见图 2-2），一些历史学家就将这一时期中很长的一段时间称为"小冰期"。[①]在本章稍后我们将会看到，极度寒冷的天气的确降临到 17 世纪的中国，导致了气温和作物产量的下降，并造成当时中国和许多其他国家在政治、社会和经济上普遍遭遇到一场大危机。[②]

但是气候也不是一直在变坏，给人们的生活带来苦难，在 15 世纪中期那场可能是因为火山喷发物阻挡阳光照射而引起的气候变冷之后，该世纪最后四分之一的时间不仅出现了气候回暖，而且中国的经济也开始复苏，并在 16 世纪的全球经济中得到了令人瞩目的扩张。[③]大量白银从日本流入中国，作物的产量也不断增加，欧洲人于是乘坐着小型卡拉维尔帆船努力寻找着通往亚洲最富庶国家的航路，并在这一过程中发现了新大陆及其巨量的黄金、白银财富和玉米、甘薯、花生、西红柿等新作物，而这些美洲作物也都随之进入了中国和其他国家人们的农业轮作体系。这些全球性的气候、经济和环境变化的组合是如此重要，以至于一位学者就把这种各大洲、人民和经济之间较以往更为紧密的联系看作现代世界史的开端。[④]本章所探讨的中国环境史也就是在这样一个更为宽广的背景之下发生的。

---

① Jean Grove, *The Little Ice Age* (London, Methuen, 1988).

② 相关文章详见 Trevor Aston, ed., *Crisis in Europe*, *1560-1660* (New York, NY：Doubleday, 1967)；Geoffrey Parker and Leslie Smith, eds., *The General Crisis of the Seventeenth Century* (London, UK：Henley and Boston, 1978)。关于这场"普遍危机"对亚洲的影响，可以参见 *Modern Asian Studies* 24, no.4 (1990)：625-697 的一组论文。

③ 特别参见 Andre Gunder Frank, *ReOrient*：*Global Economy in the Asian Age* (Los Angeles and Berkeley, CA：University of California Press, 1998)。中译本见贡德·弗兰克：《白银资本：重视经济全球化中的东方》，刘北成译，中央编译出版社，2000。

④ William S. Atwell, "Time, Money, and Weather：Ming China and the 'Great Depression' of the Mid-Fifteenth Century," *The Journal of Asian Studies* 61, no.1 (2002)：83-113.

第二节　边疆地区与边境地带

197　　本章所考察的帝制晚期阶段，大致相当于 1800 年之前的元朝（1271—1368 年）、明朝（1368—1644 年）和清朝（1644—1911 年）的大部分时间。这一时期基本确定了今天中国的版图。首先被纳入中国政府管辖的是后来成为云、贵两省的西南地区，这里最初是由于蒙古军队迂回包抄南宋而被征服，明朝政府延续了对这一地区的统治；在清代，满族军队不断向西进军，将西藏、新疆和内蒙古都纳入了帝国版图之中，而满人自己在东北的故土当然也成为中华帝国的一部分，同样在清代回归中国统治之下的还有台湾岛。这些边疆地区也就构成了我们研究帝制晚期中国环境的"热点地区"。①

　　另一些热点地区则是南方长江流域的丘陵和山区。随着长江流域地势低平地区人口的不断增加，以及北方人口继续向南方的扩展，累积性的压力促使一些人选择向外迁出。② 他们有的迁往西部和南部耕地条件相近的地区，有的迁往边疆，而另一些人则找到了在山区和丘陵地带继续谋生的办法，后者我们或许可以称之为"山区开垦专家"，而他们能够在山地和丘陵定居并对其进行改造，也得益于市场体系和 16 世纪早期以来美洲粮食作物的引进。这一部分中国环境史的主题或许可以因此而总结为"外迁与上山"（outward

---

① 边疆（frontier）和边境（borderland）概念往往是非常模糊的，关于其含义更为充分的探讨，可以参见 Hugh R. Clark, "Frontier Discourse and China's Maritime Frontier: China's Frontiers and the Encounter with the Sea through Early Imperial History," *Journal of World History* 20, no. 1 (March, 2009): 1-33；关于边境的讨论，参见 Janet C. Sturgeon, *Border Landscapes: The Politics of Akha Land Use in China and Thailand* (Seattle, WA: University of Washington Press, 2005), 4-7。译者注：作者的叙述不够明确，这里所说的疆域扩大主要是相对于晚唐和宋代而言。事实上，战国时期，楚国将领庄蹻就已经建立了滇国，秦汉在云南和贵州设有郡县，只是唐代中后期云贵一度由南诏统治，宋代在贵州设有羁縻州，云南一带则为大理国。东北地区在秦汉时期也已设置郡县。新疆的很多地区在汉唐时期就已在中国疆域之内。西藏在元代也已被正式纳入中央政府的直接管辖之下。

② 与大部分其他近代早期国家对人口迁移的限制不同，中国的农民可以根据人口压力或经济的吸引力自由迁徙，正如彭慕兰所指出的，这种差异对于中国 18、19 世纪的经济发展有着非常重要的意义。彭慕兰：《大分流：欧洲、中国及现代世界经济的发展》，史建云译，江苏人民出版社，2004。

and upward)。让我们首先从中国的西南边疆开始。

环境与身份认知

正如我们在本书中看到的，中国环境史的一个重要部分涉及生活在不同生态系统中的不同族群之间的相互作用，他们以各自的方式从环境中获得生计，并构建起彼此各异的政治制度和文化规范。当这些不同族群之间发生接触——通常是汉人家庭农场获得强大的军队和组织良好的国家支持时，会形成一种膨胀力，而中华帝国的拓殖历程也由此从史前开始，经过帝国早期、中期和本章讨论的晚期，并将一直延续到当代。

显然，中国西北森林地区的猎人，蒙古的牧民，或西南地区的渔民和从事刀耕火种的农人们，会形成与农耕汉人不同的文化、语言和政治。汉人也注意到了这些差异，并对此提出了各种解释，主要就是基于我们所说的环境条件。在第四章中，我们曾提到过宋朝人将"蛮夷"划分为"熟"蛮和"生"蛮。

到 17 世纪，一位生活在明末清初动荡时期的儒家学者王夫之（1619—1692 年），提出了另一种"夷夏之说"。他认为中国——指的是汉人居住、耕种和统治的地区——被一种特定的他称之为"气"的物质和能量所激发，从而赋予了中国以独特的品质。历史学者贝杜维将其概括为"以扩大耕地区域为基础的汉人空间"（Hanspace arablism），也就是汉人根据自己的组织方式和谷物种植方式来界定的那一部分世界。①　*198*

毫不奇怪，在王夫之的理念中，"夷狄之于华夏，所生异地。其地异，其气异矣。气异而习异。习异而所知所行蔑不异焉。乃于其中亦自有其贵贱焉，特地界分、天气殊，而不可乱"②。

这种汉人与其他族群根本不同的观念在中华帝国过去几千年的扩张中得到了体现。为了将其他族群纳入自己的统治之下，汉人设计出各种方式方法来管理一个拥有大量不同生态系统和族群的帝国。这种挑战一直延续到清朝，并呈现出新的复杂方式——作为征服者的满人适应了"汉人空间"的生

---

①　David Bello, *Across Forest*, *Steppe*, *and Mountain*：*Environment*, *Identity*, *and Empire in Qing China's Borderlands*（New York, NY：Cambridge University Press, 2015），23-25.

②　Ibid. , 24.

活并由此出发建立起他们的统治，同时又一直在边境线上接触和统治着其他族群。在不同族群与各自环境中动植物的复杂交互作用之外，又增加了与汉人的接触，因而，在此基础上形成的不同族群的身份认知并不是一成不变的，而往往具有相当大的变动性。环境、植物、动物和气候——特别是动物——与汉人和其他族群的相互作用在帝国晚期的身份构建过程中有着重要的意义。东北地区的满人竞相追逐着猎物，草原上的蒙古人骑马和放牧着羊群，西南地区的蚊子和携带疾病的寄生虫也限制着汉人和满人直接统治当地土著族群的能力。[1] 不仅是边境地区的自然环境——茂密的森林、高山、沙漠或草地，也包括那里的人民，都成了中华帝国和汉人农业种植模式扩张的限制因素。

西南地区

和长江以南逐渐融入中华帝国的其他地区一样，西南地区——后来的云南、贵州和广西西部——的定居社会已经有了上千年的历史，但这里的大部分居民在语言和文化上更接近于侗泰语族和藏缅语族，而与汉语族有所不同，或者说，他们不是汉人。但他们也不是那种原始的从树林和河流中谋求生计、"与大自然融为一体"的部落居民，他们的社会已经有了精英和平民（有时候是奴隶）的阶层区分以及复杂的政治管理，具备了足够的能力来与汉民族和其他敌人进行斗争，甚至还能用自己的语言文字记录他们所取得的这些成就。

尽管一直都被中央政权看作依附性的周边地带，但以云南为中心，包括中国西藏、缅甸、越南和孟加拉的一部分在内的这些地区，也逐渐形成了一个高度融合的经济系统，在有些地方还被称为"西南丝绸之路"。在其中流动的主要商品包括从云南运往西藏的茶叶和马匹（所以也被称为茶马古道），运往孟加拉的银锭、铜锭，以及丝绸、金属、翡翠、象牙、木材、草药、香料、锡和棉花等。云南出产的马匹可以分为两类，一类在气候较凉爽的地区，另一类在亚热带地区，藏民对前一类非常感兴趣，而历代中原王朝也都与云南有着繁荣的马匹贸易，特别是宋代由于失去了北方的草原地带，只能

199

---

[1] David Bello, *Across Forest*, *Steppe*, *and Mountain*: *Environment*, *Identity*, *and Empire in Qing China's Borderlands* (New York, NY: Cambridge University Press, 2015), 2-3.

在四川和广西设立了十多个马市以寻求马匹来装备自己的骑兵。①

因此，对于正准备征服中国的蒙古人而言，云南就有了重要的战略意义。1253 年，他们攻克大理国，不仅切断了南宋的马匹供应，而且打开了宋朝最西面的大门。元朝政府非常重视云南的银矿，设定了开采的限额，并对其征收矿税。明朝建立后，云南的白银（乃至云南）具有了更为重要的战略性地位，明政府继续把白银作为自己的主要货币，云南也占据了帝国经济体系中更为中心的地位，其银产量大约占到了明帝国全部产量的一半。②

于是，在这几个世纪里，云南首先从西南丝绸之路贸易区的中心地区转变成了中华帝国的边疆地区。约翰·荷曼（John Herman）认为："在 1400 *200* 年至 1800 年间，中国的西南边疆……还从一个少为人知和罕有人至的半边缘地带转变成了中华帝国的一个重要组成部分。在这四百年里，中国的西南边疆发生了重大且根本性的变化，从一个经济上未开发、定居农业人口稀疏且主要为非汉人土著的边疆地带，发展成为由汉人移民主导的日益商业化的地区。"③

在今天的云南省一带，8 世纪时曾出现过一个由六个当地部族组成的南诏国。唐朝显然是希望通过扶持南诏来抵御吐蕃，因此向南诏王室赐以爵位和封赏；南诏的统治者也深知自己在唐王朝和吐蕃之间举足轻重的地位，因此其立场也不断根据双方给自己的好处而摇摆。由于某些不明确的原因，南诏和吐蕃均与唐王朝大约同时衰亡，在云南地区取而代之的是大理国，其统治一直延续到 1253 年蒙古人的征服为止。从已知的资料来看，大理国的主要人口属白族，他们在地势较低的地区从事农耕，有自己的语言文字并建立了独立的国家。

---

① Bin Yang, "Horses, Silver and Cowries: Yunnan in Global Perspective," *Journal of World History* 15, no. 3 (2004): 281-298. 中译本见杨斌：《马、海贝与白银：全球视角下的云南》，载刘北成主编：《全球史评论》，第 3 辑。

② Ibid., 298-322.

③ John E. Herman, "The Cant of Conquest: *Tusi* Offices and China's Political Incorporation of the Southwest Frontier," in *Empire at the Margins: Culture, Ethnicity, and Frontier in Early Modern China*, eds. Pamela Kyle Crossley, Helen F. Siu, and Donald S. Sutton (Berkeley and Los Angeles, CA: University of California Press, 2006), 135.

西南地区的生态丰富多样，在各异的生态环境中生活着很多不同的族群。① 从汉人的角度来看，最边远的是勇猛的佤族，该族属于孟-高棉语族，生活在缅族和掸邦之间的高地地区并建有自己的政权组织。佤族的中心区人口稠密，建有牢固的定居场所，而其他的佤族聚居区则距离较远且与缅族人或汉族人相联系。根据马思中的研究，佤族人能够联合起来一致对抗缅族人或汉族人，但其内部也常常发生争斗，"他们彼此之间的争斗……往往会割取对方的头颅作为战利品，尤其是随着可以用于游耕的未开垦土地日趋减少，他们的战斗也更加激烈……大部分的牺牲者都是佤族人，不过也有一些冒险进入佤族中心区的外族人被砍掉了脑袋"②。

在云南最南边的西双版纳，群山起伏，河流密布，在这里生活着的众多族群也都与周围的自然环境建立起了各种各样的特殊联系。克木人生活在"山脚下的丛林里"和竹林深处，而在他们之后到达这里的其他族人，往往会来争夺克木人的土地，他们的生活空间也就随着这些斗争而不断地沿着山坡向上或向下移动。在这里，游耕的生产方式一直延续到了 20 世纪，人们也根据这种周期性的耕作方式来了解自己的年龄（在某块土地开垦的那一年出生）。大象构成了克木人生活的一个重要组成部分，他们长期以来一直驯养大象③，直到现在，这些茂密的丛林地带仍然是中国大象最后的庇护所之一。

西双版纳的阿卡人属于藏缅语族。"在过去两千年的大部分时间里，阿卡人都生活在中国和东南亚大陆交界处的山区，在多树的丘陵地带以游耕方式种植旱稻和多种蔬菜……阿卡人的种植方式与山地的复杂环境紧密相关，在不同的地带，海拔和小气候都很不一样，阿卡人充分利用这些差异，种植了种类惊人的野生或培育的树木和其他植物。"在深入了解山区生态状况的基础上，阿卡人"根据他们日常生活和各种紧急情况的需要改造了自己的生

① 目前我们对这些族群的认知，可参见 Stevan Harrell, *Ways of Being Ethnic in Southwest China* (Seattle, WA: University of Washington Press, 2001).

② Magnus Fiskesjö, "On the 'Raw' and the 'Cooked' Barbarians of Imperial China," *Inner Asia* 1 (1999): 145-146.

③ Li Daoyong, "The Kammu People in China and Their Social Customs," *Asian Folklore Studies* 43, no.1 (1984): 15-28. 中文版亦可参考李道勇：《勐腊的克木人概略》，《中央民族学院学报》1982 年第 1 期。

态环境，避开了政府的税收，同时还向市场提供了自己的产品"①。阿卡人的 *201* 经历为我们提供了一个有趣的启示，人类是有可能以可持续发展的方式改造自然环境的。

贵州山脉绵延纵横，湍急的河流穿越其间，原住于此的彝族人早先主要生活在山区，但随着时间的推移，也逐渐迁至河谷低地从事农业种植，并在过去的几个世纪里占据了贵州的大部分地区。由于耕地有限而人口压力不断增加，彝族内部分裂成了几个支系，彼此间存在着异常血腥的冲突，失败者往往被迫迁往另一条河流附近生活。彝族人"为了能控制肥沃的耕地、稀有的水源和未被破坏的牧场，不仅和外族人发生冲突，而且内部也争斗不息"②。

在南诏对抗唐朝的时期，彝族人已经建立了慕俄格王国，其统治区域接近现今贵州省的全境。为了获取他们在对南诏斗争中的支持，唐王朝对慕俄格王国进行了册封，彝族也由此进入了中原王朝的视野，成为可能归化中原文明的众多"蛮夷"之一。显然，贵族武士社会的彝族人非常能征善战，而慕俄格王国的统治者，也希望能从与中原王朝的交往中获得封号、印玺和冠带。这种朝贡关系一直持续到宋朝，彝族的领袖们总会定期将上千匹马送到南宋都城临安。③

蒙古对南宋的征服决策同时也导致了云南大理国和贵州慕俄格王国的灭亡，为了从西面和南面包抄南宋，当时总领军国庶事的忽必烈在1253年至1255年间发起了灭大理和慕俄格之役。战争结束后，蒙古人更希望通过已有的政治结构来实现统治，因而建立了授予当地首领世袭官职的土司制度。一个世纪以后，蒙古人被逐出中原，明朝建立，朱元璋沿用了土司制度来管理西南地区。在后文介绍清代的云南时我们还会注意到，土司制度和任用当地官员还与中原人对疟疾和其他热带疾病的恐惧有关。

正如约翰·荷曼所指出的，蒙古军队对西南的征服是该地区历史上的一

① Sturgeon, *Border Landscapes*, 8. 对阿卡人种植方式和不同地区地理、植被、野生生物的详细介绍，可参见该书第120-126页。
② John E. Herman, *Amid the Clouds and Mist: China's Colonization of Guizhou, 1200-1700* (Cambridge, MA: Harvard University Press, 2007), 21.
③ Ibid., 66-70.

个重要转折点，它使得中国人日益认识到，这一地区是中华帝国的一个组成部分，进而有计划地把中原的汉族人口迅速迁移到西南。不过，对于汉人而言，西南地区也并不是那么容易进入的。[①]

整个云南、贵州和广西西部构成了一个从西北向东南倾斜的多山高原区，其东南面的西江平原适合大面积的农业种植。詹姆斯·斯科特将这一地区看作他和其他学者称为 Zomia 的一部分，指包括中国西南地区在内的东南亚高地地区。[②] 中国境内的 Zomia 山区大部分为石灰岩喀斯特——一种在大规模地质作用引起的升温和局地小气候作用下形成的神奇地貌（参见图 4 -

202 2）。这一地区广泛分布着石灰岩，有很多河流也会在某一段消失不见而成为地下暗河，还有水潭、溶洞、落水洞和峡谷等很多特色景观。在云南西部，长江（金沙江）、澜沧江和怒江竞流而下，穿越于高达 8 000 英尺的崇山峻岭之间（我们在第七章还会回来讨论被称为"云南三江并流地区"环境的命运），无法通航，要游历这一地区的人们就只好翻越这些层叠的山峰。这里只有 6% 的陆地地势较平坦且土壤含有足够养分，能够用于农业耕种。森林则主要是常绿阔叶林，只在一些低海拔的地方有热带季雨林生长。

贵州位于云贵高原的东部，有着和云南一样显著的喀斯特地形，70% 的面积都覆盖着石灰岩，除了 1% 多一点的河谷地带外，均不利于农业种植。贵州也像云南一样多山和水流湍急，交通运输和水利灌溉都很不便利。有人形容贵州"地无三里平，天无三日晴，人无三分银"，云南的气候温和主要是因为该省大部分地区海拔都在 5 000 英尺或以上，而贵州则更加多雨，雨日多达 160 天。贵州南部的山坡和山谷一般生长季雨林，其他热带地区则以常绿阔叶林为主。

广西西部与贵州的自然环境有很多相似之处，包括喀斯特石灰岩地貌、贫瘠的土壤和常绿阔叶林等。而广西东部沿西江及其支流区则更适于农业种植，因而人口密度也最高。

由于自然环境如此特殊，加上"亚热带迷宫般的山峰和幽深的峡谷"这

---

① C. Patterson Giersch, *Asian Borderlands*: *The Transformation of Qing China's Yunnan Frontier* (Cambridge, MA: Harvard University Press, 2006), 20.

② James C. Scott, *The Art of Not Being Governed*: *An Anarchist History of Upland Southeast Asia* (New Haven, CT: Yale University Press, 2009), ch. 1.

样的小生境又特别多，这里承载了种类非常繁多的动植物。"蛇、猴、虎、鹿以及许多其他动物和鸟类在森林里繁衍生长，有些地方藏有瘴气，而另一些地方则很安全。"① 直到 20 世纪末，据称这一地区仍然蕴藏着中国约 25% 的动植物区系，在整个世界范围内也占有相当的比例。在第七章中我们将继续探讨该地区生物多样性的重要性和人们为了保护它所付出的努力。

西南地区人类族群的多样性一直以来也特别丰富。② 在这些瘴气弥漫的河流低地居住并从事农耕的大部分人口应该属于侗泰语族的泰语支，他们可能也是新石器时代最早在此定居的人类。但也有另外一些族群，而且在西南地区的不同族群之间，有过相当大规模的迁移。③ 在云南，阿昌族主要生活在西部山区，但有些也在河流附近的平坦地带从事农耕或饲养牲畜。信仰佛教的布朗族生活在南部山区的山坡之间，采用刀耕火种的农业生产方式，并从属于泰语支的民族。哈尼族和基诺族善于在山坡上种植野生茶树，大山深处的拉祜族和傈僳族则主要从事渔猎，佤族原本也以狩猎采集为生，但在 13—18 世纪间迁移到了低地地区，只是在傣族和汉族人占据了最好的农田时，才被迫撤退回山区。④　*203*

在贵州，主要生活着七大族群——苗族、布依族（仲家）、仡佬族、彝族（倮倮）、瑶族、侗族和壮族（侬族）。中国最早将这些土著民族分为 13 个族群，到了清代，为了更好地征服和管理这一地区，又将贵州土著民族最终划分为 82 种。⑤

无论西南地区有多少个土著民族，人口总数也并不很多，其对于环境的

---

① Elvin, *The Retreat of the Elephants*, 216.

② 遗传学者目前认为东亚地区的现代人类是在同一次迁徙浪潮中经由东南亚移入的，因此中国人类族群的多样性在西南和南部地区最为丰富，随着人口向北方的迁移而趋于减少。参见 The HUGO Pan-Asian SNP Consortium, "Mapping Human Genetic Diversity in Asia," *Science* 326 (December 11, 2009): 1541–1545。

③ Nicholas Menzies, "'The Villagers' View of Environmental History in Yunnan Province," in *Sediments of Time*, eds. Elvin and Liu, 112–113. 中译本见刘翠溶、伊懋可主编：《积渐所至》，第 175–207 页。

④ Giersch, *Asian Borderlands*, 22–24.

⑤ Laura Hostetler, *Qing Colonial Enterprise: Ethnography and Cartography in Early Modern China* (Chicago, IL: University of Chicago Press, 2001), 105–114, 135–148.

影响也并不算很大。直到 1400 年前后汉人大批来到这里时，仍然在大量的
文献资料中提到了老虎和大象的出没以及广袤的森林，这些都表明这里的生
态系统仍然保持良好。虽然泰语民族的农人已经把一些山间的河谷地带开垦
成了农田，少量其他民族的人们也在从事着刀耕火种的农业生产，但这里高
山和深谷太多，非常难以到达，人们尚无法在很多地方安家落户，因而少受
影响。

在成功驱逐蒙古并于 1368 年建立新的汉人政权明王朝之后，开国皇帝
朱元璋向西南地区所有曾经听命于元朝的土司们颁布谕旨，授之以原官，继
续实行由当地首领世袭管理的土司制度，以维持帝国形式上的秩序和这些地
区对中央的贡赋，当地的首领也由此成为世袭土司，并受命全权管理属下的
人民。尽管如此，明军还是要到 1382 年才击溃了云南的蒙古军队，而对当
地反对势力的镇压又花去了十年的时间。①

为什么刚刚建立的明王朝会对西南地区如此重视呢？对于一个农业帝国
而言，西南地区并不适合农业生产，乍看起来也没有多少征收农业税的机
会。朱元璋之所以将大量汉族人民和官员迁入西南，其驱动力主要来自对蒙
古和西藏安全的考虑，以及对一些战略性资源特别是银、铜等矿产和其他自
然资源的需求，同时也可以通过在西南"无人居住的地区"② 推行卫所和屯
田制度增加一些税收。军队与农业拓殖相结合的屯田制度在中国有着悠久的
历史，汉代就曾用于开拓和驻守西北边疆，唐宋时期也曾在四川和岭南地区
推行过。

随着对当地土司的任命和对军事反对派的讨平，明朝建立的卫所和军屯
也逐渐遍及西南各地，有 25 万汉人士兵携带家眷在河谷地带建立了工事日
益坚固的卫所，获得土地，并开始从事农业种植。到 1400 年，已经有约 100
万甚至更多的汉人移居到了西南地区，并且用历史学者约翰·荷曼的话说，
这"仅仅是个开始"③。

另外两次汉人向西南地区的迁徙浪潮或者是政府强制命令的移民，或者
是由政府许诺免费提供种子、农具和三年免税所推动的。在汉人大量到来之

---

①   Herman，"The Cant of Conquest，" 135−168.

②   Herman，*Amid the Clouds and Mist*，10.

③   Ibid.，87.

前，西南的农业开垦仅限于适宜种植的耕地，而且非常缺乏铁犁等农具，土 *204*
著族群所使用的木制器具只能开垦河谷地带比较轻的冲积土壤，而不适合开
垦森林地区的重壤土，也没有牛来拉犁。因此，明朝政府不仅为汉人移民配
备了铁犁，而且提供了数以万计的耕牛——仅在 1385 年至 1390 年这五年间
就有三万头——来拉动沉重的铁犁，开垦森林中的土壤。①

最初，"几乎所有分配给这些屯田士兵的土地都是从当地其他民族那里
夺取来的"②。但到 1400 年和 1441 年，云南和贵州已经分别又清理开垦了
130 万亩和 100 万亩的土地；到 1597 年，又开垦了 170 万亩。所有这些土地
都依照汉人的土地占有特别是所有权观念进行管理（因此也可以进行买卖）。
当然，云南、贵州和广西西部的各土著民族也会经常对此进行抵制，而这又
会引来更多政府军队对这些"叛乱"的镇压。在 15 世纪和 16 世纪，有十万
乃至更多士兵被派往这些地区，他们与当地民族之间的战争持续了十年甚至
更长的时间。而具有讽刺意味的是，这些军队中的大部分士兵，其实是被征
召的另一些地区的土著人。③

其中规模最大且史料记载最多的一次，是发生在 1465 年广西西部浔江
流域的大藤峡瑶民起义。大藤峡得名于当地瑶民用以攀附渡江的一根大藤，
也是一个瘴气纵横的地方。无论这一事件是如何触发的，其核心问题总与汉
人对瑶民土地的挤压有关。据官方正史记载，在首领侯大狗（苟）的领导
下，瑶人对明朝军队采取游击战术，"出没山谷，守吏不能制"。明政府兵部
尚书于是奏请派遣将领韩雍统率明军三万及西江土兵十六万（他们似乎能够
抵抗当地的瘴气），进攻大藤峡"叛乱"的瑶民。明军首战擒获千余瑶民，
并斩首三千二百余级。④ 但这并没有遏制住瑶民的"叛乱"，于是韩雍再度发

①　Herman, *Amid the Clouds and Mist*, 136.

②　Ibid., 131.

③　除前述 Giersch 和 Herman 的著作以外，还可参见 Leo Shin, *The Making of
the Chinese State：Ethnicity and Expansion on the Ming Borderlands*（New York,
NY：Cambridge University Press, 2006）。这些暴力事件和土地掠夺并不仅仅发生在汉
人与土著民族之间，土著民族之间的冲突也非常频繁，这部分是因为土司们会掠夺周围
部落的土地并希望能够获得汉人政府的支持或宽恕，部分则是因为汉人政府往往很不了
解当地的具体情况，从而混淆了土著民族之间的战争和它们对明朝政府的"叛乱"。

④　David Faure, "The Yao Wars in the Mid-Ming and Their Impact on Yao Ethnic-
ity," in *Empire at the Margins*, eds. Crossley, Siu, and Sutton, 176.

起进攻，封锁了大藤峡的所有出口并纵火烧山，瑶人四处溃逃，韩雍"饬兵穷追，伐山通道"，攻至山寨。在诱敌接战后，韩雍又以火炮轰击，"发火箭焚其栅"，再斩首三千余级。因为这些征服西南地区的战争有计划地破坏了动物的栖息地，所以历史学者伊懋可也将其称为"生态战争"[1]。

即便如此，战争还是从16世纪一直持续到了17世纪。和汉、唐、宋代一样，解决"叛乱"的最终办法还是要把这些不同的生态环境改造成农田，从而摧毁这些异族非农业生活方式的生态基础，进而消除它们的抵抗。在17世纪早期明帝国的一项计划中就指出："地益垦辟，聚落日繁，经界既正，土酋不得侵轶民地……以耕聚人，不世其伍。"[2]

不过将森林改造成耕地的并不仅仅是汉人，在1570年代的贵州，一些得到朝廷任命的当地土司也领导自己的人民，从一直以来的刀耕火种转向汉族的犁耕生产。（水西纳苏）倮倮的首领们也意识到，通过采用汉族的耕种方式可以获得比传统生产方法更多的收入。而新的耕作方式需要比他们治下人口更多的劳动力，因此这些纳苏首领们就"劫掠汉人定居点获得俘虏，为他们耕作已开垦的土地，到16世纪末17世纪初时，已经形成了一个庞大的贸易网络……来为水西日益扩大的政治经济体提供奴隶"[3]。

因此，西南地区的环境转变是一个复杂的中央政府通过政治压力和经济诱惑与土著民族既有政治与阶级机构相互作用的结果，运用汉族方式对土著首领的拉拢收买和回报，是明代政府向西南地区拓殖的必要组成部分。

向西南的拓殖一直持续到了清代，康熙皇帝继续实行土司制度的间接统治方式，但他的继任者则对有效获取西南矿产和木材更感兴趣，因而试图对这一地区进行直接管理。无论采取哪种方式，清政府都为此花费了大量的资源，据曾被康熙皇帝派往贵州测绘地图的一位法国耶稣会士说："为了能够控制或者至少遏制他们，汉人花费了难以置信的成本在地势险要处修建大型的堡垒……结果使得苗人中最强大的部落都被这些堡垒和市镇阻隔开来，尽管这些屏障花费了政府大量的资金，但确保了当地的平安……"[4] 被派往贵

---

① Elvin, *The Retreat of the Elephants*，227.

② 转引自上书，229—230。译者注：朱燮元奏疏，见《明史·朱燮元传》。

③ Herman, "The Cant of Conquest," 151.

④ 转引自 Hostetler, *Qing Colonial Enterprise*，113。

州的汉族士兵恢复了屯田的体制，继续从土著民族那里获取土地，并用军事力量保护自己免受由此而产生的怨恨和攻击。有的汉族居民也会以抵债的方式从拖欠借款的当地居民那里获取土地，还有一些汉族男子通过与非汉族女性的通婚继承了她们的土地。①

由此，西南地区的汉族人口迅速飙升，到 19 世纪中期时，贵州的汉族人口已经超过了土著的其他民族。根据历史学者李中清的研究，"西南地区的人口增长可以分为两个阶段……1250—1600 年间西南人口从 300 万增至 500 万，增加了接近一倍；而在 1700—1850 年间，人口则增长了三倍，从 500 万增至 2 000 万"②。第一阶段的人口增长主要是西南地区农业拓殖所带动的，而在增幅更大的第二阶段，正如李中清所指出的，几乎全都是汉人移民云南开采铜和其他矿藏的结果，这也是明朝政府最初决定开发西南地区时的一项重要战略考虑。

云南、贵州和广西西北部一带最先吸引汉人的矿藏就是银矿。宋元时期曾经使用过纸币，但到 1400 年时，由于种种原因，纸币已经不再受青睐，商贾和其他人都更愿意使用白银；到 1430 年代，中央政府也开始接受用白银来缴纳税款，纸币的价值则下跌到仅有票面价值的 2%，中国由此转向以银作为基础货币的经济，从而引发了对白银的巨大需求。③ 虽然从西南地区开采了一些白银并用于经济流通和税收，但由于中国经济体是如此巨大，对白银的需求也是如此之多，明代的中国还从日本输入了数量庞大的白银，后来随着新大陆及其巨大白银矿藏的发现，历史学家估计，在 1500 年至 1800 年间出产的美洲白银中，多达一半到三分之二都流入了中国，中国也对这一时期整个世界的经济和环境都产生了重要的影响。④

206

---

① 转引自 Hostetler, *Qing Colonial Enterprise*，121-122。

② James Lee, "Food Supply and Population Growth in Southwest China, 1250-1850," *Journal of Asian Studies* 41, no. 4 (1982): 712.

③ 关于这一复杂的故事，可以参见 Richard von Glahn, *Fountain of Fortune*: *Money and Monetary Policy in China*, *1000-1700* (Berkeley and Los Angeles, CA: University of California Press, 1996).

④ Dennis O. Flynn and Arturo Giraldez, "Cycles of Silver: Global Economic Unity through the mid-18th Century," *Journal of World History* 13 (2002): 391-428. 译者注：流入中国的美洲白银，是通过贸易而非欧洲殖民者那样掠夺的方式。

　　和农业使用的耕地一样，开矿也会导致一些土著民族的土地被剥夺，有一些当地居民还被迫充当矿工。在 15 世纪，这里开采和提炼了数十万盎司的白银，并在 1500 年前后达到了产量的顶峰。此后，中国开始大量输入日本及美洲白银。除银矿石外，人们还用汞从矿砂中提取白银，而汞是一种从朱砂中提取出来的含有剧毒的液态金属，西南地区也有大量的朱砂矿藏。

　　当时一位汉族官员对开采朱砂和银矿所造成的环境破坏如此批评："沿村野老，接涧孤茕，措斗引竿，漉末拾零。足浸溪而蚀趾，目注粒而损睛。波涛为之尽赤，襟袂为之顿颒。苟锱铢之可取，虽纤忽其敢轻……更呼为汞，改号曰朱……此一物也，既不足充耳目之玩，乃妄传服食之神。"①

　　这些矿工所受之害来自汞的毒性，尤其是在开采和提炼白银时，矿工必须将汞带入矿井，而汞中毒则会引起头发和牙齿脱落并腐蚀软组织和内脏器官，严重的器官衰竭可能会导致死亡。

　　在银矿之后，云南的铜矿开采也在 18 世纪和 19 世纪兴盛起来，其产量在 18 世纪中期达到了顶峰。② 铜通常被人们铸造成硬币并用于日常流通，它和银一样由于成为货币而产生了巨大的需求，两者的官方兑换比率为 1 000∶1（也就是说，1 000 枚铜钱可兑换 1 盎司白银）。铜也和银一样需要开采和提炼，这就需要大量的木炭作为燃料。"滇铜还有个大困难，即山荒。当时炼铜全用柴炭，精炼还必须松炭。……平均出铜 100 斤需耗炭 1 000 斤。滇铜盛时年产 1 000 余万斤，即需炭 1 亿斤以上。开采愈久，贫矿愈多，耗炭也更巨。开采愈久，附近山林伐尽，炭价也日贵。……燃料的枯竭比矿藏的衰萎来得更快，而老林砍伐，生态破坏，又加重了水患。所以，硐老、山荒，滇铜就一蹶不振了。"③

　　除此之外，复杂的地形和缺乏交通工具也使得将精铜从云南运往华中和207 华北的铸币厂非常困难。"云南地处边域，矿硐又在山区。据说千余万斤铜，需十万头牛马，没有牛马只好以人易畜。张允随疏理金沙江航道，颇有贡献，但后来又淤塞了，仅通黄草坪以下，由此运泸州入长江。后期的大厂在

---

　　① Herman, *Amid the Clouds and Mist*, 142. 译者注：田雯《黔书·朱砂》。

　　② 年产量接近一万吨，参见 E-tu Zen Sun, "Ch'ing Government and the Mineral Industries before 1800," *The Journal of Asian Studies* 27, no. 4 (1968): 841.

　　③ 许涤新、吴承明主编：《中国资本主义发展史》（第一卷），2003，第 531-532 页。

滇西，不通江河，须驮运到罗星渡入东，就更困难了。"①

正如宋朝拓殖四川时有着为战争获取资源的战略性考虑一样，明清政府对西南地区的云南和贵州也有着类似的兴趣。尽管经济方面的驱动力似乎要多于战略性的需要，但在本章后文论及清代云南时我们还会详细谈到，清政府曾有计划征服与云南南面紧邻的缅甸，只是被按蚊传播的疟疾（瘴疠）阻挡了；与此同时，中央政府的压力也不断地迫使越来越多的人口或者从事定居农业，或者为了躲避朝廷和当地官府而逃入山林。

鄂尔多斯沙漠与长城

尽管明朝政府积极的军事战略在西南地区取得成功，并将其纳入到帝国的控制之下，但在北方草原地区则遭遇了挫折，进而被迫采取完全不同的策略，修筑长城来阻挡蒙古人。不过，在15世纪和16世纪逐渐完成并不断被加固的明长城，最初产生于15世纪中期的一场重大军事灾难。

对于刚刚建立的明王朝来说，统治者最大的担心是蒙古人从草原地带再次入侵中原。蒙古军队在云南的存在就是促使明朝关注云南的最初原因，而作为蒙古人故乡的北方草原，也是朱元璋最为关注的边疆地区，因此他发兵攻克了北元的都城哈拉和林，其继任者（朱棣）也继续对草原地带发起进攻，并于1420年代把首都从长江流域相对安全的南京迁到了接近前线的北京（在元大都基础上修建），北面就是宋代为防御辽国契丹人而开凿的一连串塘泺。一些历史学者把迁都看作一种更加"趋近蒙古人"的防御措施，而林蔚（Arthur Waldron）则认为，明朝初期的这几位皇帝实际上只是希望把草原地区纳入到帝国的疆域中。

这种观点对于一些中国史学者而言似乎非常新颖，因为他们一直以来都倾向于把中国等同于定居农业，而把草原和游牧生活、畜牧业联系在一起，似乎这两种不同的"文明"分别是基于"草原"和"播种"这两个不同的生态系统而形成的，但为什么中华帝国就只应该向南拓展，而不能向北扩张并将草原地带纳入自己的版图呢？我们将会看到，它实际上确实这样做了，长城的修筑只不过是农业中国与草原地带及其游牧民族的表面界线而已。

---

① 许涤新、吴承明主编：《中国资本主义发展史》（第一卷），第531-532页。

209   早在战国时期（公元前 481—公元前 221 年），中国人就已经适应了草原环境，其中赵国表现得尤为成功。事实上，赵国的一位国君已经用夯土修建了一段防御匈奴与胡人骑兵的长城，但这段城墙位于黄河河套的北面，并把很大一部分草原地带及其游牧经济都纳入了赵国领土。正如欧文·拉铁摩尔所说，赵国的统治者是吸纳了"胡人"机动战术的"拓边者"，其军队的给养也更多来自草原上的牛羊肉而不是耕地出产的粮食。赵国"是一个处于边疆地带的国家，因接触游牧民族而深受其影响，在这些区域，税收和政府管理的方式都不同于（赵国南部汾水和渭河流域）密集的灌溉农业"。拉铁摩尔认为，赵国之所以没能继续适应草原地区的环境，是因为它被秦国征服和吞并了（参见第三章）①。

        在明代，黄河河套的鄂尔多斯沙漠有着特别重要的战略意义，是明军拱卫中原和防御蒙古骑兵的要地。根据林蔚的研究，"鄂尔多斯沙漠位于黄河几字形拐弯的内部……面积大约五万平方英里，接近新英格兰地区的大小……地形紧凑，易守难攻……境内混合有不同的生态环境，有些部分完全是沙漠……而另一些部分则是良好的草场，非常适合游牧民族生活……而且，这里能引黄河水进行灌溉，汉人也可以在此从事定居农业"。到明代后期，鄂尔多斯（河套）地区已经开凿了总计 369 英里长的水渠，灌溉着数千英亩的耕地。② 不仅如此，"明代西北地区的气候可能也比现在更加宜人，修建长城的鄂尔多斯南部地区也比较湿润，适于农业生产……这从一些地名如'榆林'中也可以看得出来……似乎曾经有森林覆盖，虽然它目前正面临着荒漠化的威胁"③。

        鄂尔多斯或河套地区的战略意义在于黄河可以作为明朝的防线，特别是从宁夏折向北再向东直至东胜这一段，而其内部的生态环境又使得游牧民族可以以此为据点，向东面和南面进攻汾水、渭河和黄河流域的汉人城市。在明代建立以前，中国人早已明白了这一点，只是历朝历代都没有找到一个简单甚至可行的办法来维持对鄂尔多斯地区的控制。朱元璋时曾经在此设有卫

---

        ① Owen Lattimore, *Studies in Frontier History：Collected Papers，1928-1958* (London，UK：Oxford University Press，1962)，108-109.

        ② Arthur Waldron, *The Great Wall of China：From History to Myth* (Cambridge，UK and New York，NY：Cambridge University Press，1990)，62-63.

        ③ Ibid.，64.

所，驻军防御，但到 1430 年时，除了一个卫外，其他均已撤到了内地，而其原因历史学家至今仍不清楚。

不管是出于什么原因，这些卫所撤离的后果是灾难性的。蒙古各部落开始联合起来，并在 1440 年代产生了一位共同的领袖，其联盟区域从朝鲜半岛一直延伸到新疆。在以和平方式要求明朝提供更好的互市条件而遭拒绝后，蒙古首领挥军南下，扬言要"比先大元皇帝一统天下"①。时年仅 21 岁的明朝正统皇帝，忽视了兵部尚书的劝告，不仅决定先发制人，在一个明军已经不熟悉的地方对蒙古军队发起进攻，而且还御驾亲征。结果在北京西北大约 60 英里外的土木堡附近，明军遭到伏击并被击溃，正统帝也被俘，"土木堡的战败对汉人而言是一场灾难"②。

被迫采取守势的明朝决定放弃对蒙古的军事进攻，转而从鄂尔多斯开始修建城墙，将草原地带与农耕社会隔开。这道城墙在抵御蒙古骑兵方面所取得的成功，激发此后一个多世纪人们不断修筑城墙的热情，从而形成了后来的长城，但其修筑成本也消耗了明帝国大量的财政开支，最终削弱了明朝政府并加速了它在 17 世纪中期的崩溃。同时，明朝驻军每年还要烧掉长城北面 50 里到 100 里宽的"荒地"，以使"胡人骑兵的马匹得不到粮草"。正如明末一位政治思想家所说的，"虽有一时之劳，而一冬坐卧可安矣"③。

遗憾的是，长城最终被证明无法挡住北方的侵略者，而只是明朝留下的一个巨大的纪念碑。17 世纪中期，中国新的征服者再度出现在长城以北，不过是来自东北森林和平原地区的满族，而不是草原上的蒙古人，其所建立的大清帝国（1644—1911 年）把草原地带纳入了中国的版图，也逐渐融合了蒙古人和草原上的其他民族，而长城则失去战略意义，成为历史的遗迹。

210

---

①　Arthur Waldron, *The Great Wall of China*: *From History to Myth*（Cambridge, UK and New York, NY: Cambridge University Press, 1990），87.

②　Ibid. , 91.

③　Eduard B. Vermeer, "Population and Ecology along the Frontier in Qing China," in *The Sediments of Time*, eds. Elvin and Liu, 238. 中译本见刘翠溶、伊懋可主编：《积渐所至》，第 391 页。

17 世纪普遍性危机①

在 17 世纪，中国遭遇了无数彼此交织重叠的危机：农民骚乱和起义、土匪和海盗、国际和国内贸易引起的混乱、流行性疾病、满人入关以后长达 40 年的战乱以及数十年严寒天气导致的农业歉收。战争、饥荒、疾疫导致了人口的大量死亡，所有这一切都造成了整个帝国人口的严重下降，从 1600 年的约 1.5 亿减少到 1650 年的 1.2 亿，直到 1680 年代以后才逐渐开始恢复。

研究 17 世纪世界的历史学家都会发现当时普遍存在的社会和政治混乱，不仅是中国，俄国、英国和法国也都如此。在这一全球性的背景下，历史学

———————————

① 关于这次普遍危机的范围和原因，学界有着很多的争论，参见 Trevor Aston ed., *Crisis in Europe*, *1560 - 1660*（New York：Doubleday, 1967），以及 Geoffrey Parker and Leslie Smith, eds., *The General Crisis of the Seventeenth Century*（London：Henley and Boston, 1978）。关于这次危机对亚洲的影响可以参见 *Modern Asian Studies*, 24, no.4（1990）特别号中的系列论文。正如艾维四（William Atwell）所准确指出的，"普遍性危机"一词在欧洲史中的含义是有些模糊的。首先我们来看"危机"，欧洲史学家最初在研究 17 世纪时对"危机"一词的使用并不准确，批评者于是指出"我们现在所说的'危机'通常只限于 17 世纪某些确定性发生的事件，而历史学家使用的危机已经快要变成其他世纪'历史'的同义词了"。在这种批评的基础上，西奥多·拉布（Theodore Rabb）对危机进行了界定：危机必须是短期的事件，或许为二十年左右，而且应与危机发生之前和之后有着截然的区别。这后来被艾维四用于 17 世纪东亚的研究中，认为这次危机的时间"发生在 1630 年代初到 1640 年代末之间"，对于华南来说，危机的时间要稍晚一些，从 1640 年代中期开始，延续到 1650 年代末。另一个概念"普遍性"的含义同样也是很模糊的，它可以表示一个发生在很广阔范围内的事件，如中国或东亚；也可以指一连串的危机深刻地影响某个地区的社会、经济和政治各个方面。艾维四在两篇探讨东亚普遍危机的杰出论文中采用了前一种定义，强调危机影响了很广阔的地域，然而危机的影响同样也是深刻的：17 世纪中期有四到五种不同类型的危机涉及了华南人民生活和生计的各个方面，部分是由食物短缺、流行病和战争带来的人口危机导致了人口的急剧下降，农业产量下降、国际贸易和白银输入的中断引起的经济危机导致了大量人口的失业，贼匪、海盗和农民起义撕裂了社会的结构，明清朝代更替的政治危机带来的国家战争也给华南带来了人口死亡和经济破坏。此外还有思想文化方面的危机，不过这一领域已经超过了本书研究的范畴，我们在这里的目的是揭示这些危机并考察其后果。参见 William S. Atwell, "A Seventeenth-Century 'General Crisis' in East Asia?" *Modern Asian Studies* 24, no.4（1990）：664-665；"Some Observations on the 'Seventeenth-Century Crisis' in China and Japan," 223-244。中译本见《清史译丛》，第十一辑，商务印书馆，2013。

家对 17 世纪全世界的普遍性危机充满了好奇，并试图寻找它们的共同原因。其中最显著的一个共同之处就是全球气候的"小冰期"。① 它所界定的是 14 世纪末到 19 世纪中叶这一时期，"小冰期"指的不是气温的均匀下降，也不是逐年下降，事实上，即使是在"小冰期"里，有几年甚至几十年都相当温暖。但总的来说，全球气温还是明显下降的，并导致了冰川的持续增长。在最近的一本书中，杰弗里·帕克（Geoffrey Parker）探讨了他称之为"致命协同效应"的小冰期低温与世界各地的政权崩溃，从而导致他说的"17 世纪全球危机"。②

中国气温最低的时期主要出现在 1610 年代、1630 年代、1650 年代和 1680 年代。小冰期的影响甚至在南方亚热带的岭南地区也可以看到，在 1614 年突然变冷之后，从 1616 年的晚收开始发生了长达两年的旱灾，一直持续到 1618 年春季的冬小麦收获，这次旱灾影响了广州府和惠州府人口最密集的地区，广东东部各县大都出现了"饥"、"大饥"和"骚动"的报告，日常从外地输往惠州归善的粮食断绝，迫使当地官员组织了一次小规模的赈济。③

1614 年前后的气候显著趋于干冷，对农业生产造成了很大的影响。④ 干旱，尤其是长达一年以上的干旱加上雨季未能按时到来而导致的旱灾，显然会导致农业产出的严重下降，形成当时方志所记载的"饥"或"大饥（荒）"。更为不易被觉察的低温和少雨也会降低粮食产出，虽然没有 17 世纪关于这一现象的明确史料，但我们可以从 18 世纪的史料和现代研究中了解到，低温会缩短作物的生长季从而降低产量：作物每天的生长时间越短，最终的产量也就越低。⑤

在华南的丘陵和山区，如广东北部，农民通常只种植一季作物，因此，

---

① Jean Grove, *The Little Ice Age* (London, UK：Methuen, 1988), 1.

② Geoffrey Parker, *Global Crisis：War, Climate Change and Catastrophe in the Seventeenth Century* (New Haven, CT：Yale University Press, 2013).

③ Marks, *Tigers*, 139-140. 中译本见马立博：《虎、米、丝、泥》，第 135 页。

④ 魏斐德（Frederic Wakeman）在探讨 17 世纪危机对东北的影响时，还认为"迫使满族寻找新的粮草来源的压力，肯定因小冰期气候的异常寒冷而有所增强"，而这"可能对刺激满族的军事征服起了不小的作用"。*The Great Enterprise* (Berkeley and Los Angeles：University of California Press, 1985), 58, 48. 中译本见魏斐德：《洪业：清朝开国史》，陈苏镇、薄小莹等译，江苏人民出版社，1995，第 42、50 页。

⑤ 相关资料可参见马立博：《虎、米、丝、泥》，第六章。

气温下降对于产量的影响可能要小于种植两季或三季作物的南部地区。而在土地肥沃的珠江三角洲地区，农民原本可以收获两季甚至三季作物，生长季的缩短则迫使农民在几种情况之间做出选择：或者在第一季作物尚未完全成熟之际就对其收割以确保第二季作物能够按时种植和收获，或者冒第二季作物来不及充分成熟的风险，或者为了避免第二年遭受霜冻的风险而少种一季作物。随着 1610 年代的气候变冷，农业歉收、粮食短缺以及由此而引起的饥馑都不断增加，并在 17 世纪中期达到了顶峰。①

在岭南以北，1580 年代和 1640 年代的两次流行病席卷了城市和乡村。这两次时疫都与自然灾害引起的饥荒接踵而至，邓海伦（Helen Dunstan）曾对 1640 年代长江下游地区的这些突发事件进行过总结："1640 年连绵不断的暴雨引发了洪水，1641 年的干旱和蝗灾，持续到 1642 年和 1643 年的旱灾和饥荒，再加上 1642 年夏末毁灭性的洪水，导致了米价的上涨……到 1641 年冬天时，'市面上已经没有稻米出售了，或者即使有，也没有人会过去询问'。"普通百姓吃的是"糠皮、树叶、树皮、草根……人肉、雁粪和泥土"②。

饥荒和食物短缺会降低人们对各种疾病的抵抗力，这往往是饥荒期间人口大量死亡的实际原因——并不是单纯的饿死。在干旱和很差的卫生条件下，伤寒病菌会迅速传播，斑疹伤寒和痢疾是最常见的"饥馑热"。但由于大部分中文史料仅用"疫气"指代这些传染病，我们还无法确知 17 世纪中期从长江下游传播到华北平原的时疫究竟是哪一种疾病。邓海伦基于第一手的史料，认为当时有痢疾、某种致命性的发烧、疑似脑膜炎和鼠疫等好几种传染病。在被这些疾病直接传播到的地方，死亡率可能高达 90%，当然并不是所有疫病传播地区都是如此，但历史学家都相当肯定 1640 年代的死亡率和破坏性是非常严重的。③

上述危害并不能完全归因于自然灾害、饥荒和流行病，因为这些都是与两次大规模农民起义相伴而生的，后者既是这些灾害和疾病的原因，也是它

---

① Marks, *Tigers*，138-140. 中译本见马立博：《虎、米、丝、泥》，第 134-135 页。

② Helen Dunstan, "The Late Ming Epidemics: A Preliminary Survey," *Ch'ing-shih wen-t'i* 3, no. 3 (1975): 14.

③ Ibid. , 14-32.

们的结果。其他著作已经对这些起义的细节进行了介绍①，我们需要知道的是，这些农民起义直接导致了 1644 年大明王朝的终结和最后一位皇帝崇祯缢死在紫禁城北面的煤山上。但这些起义的农民并没能建立起一个新的王朝，长城以北的满族在气候变冷从而导致收成下降的压力②以及一位更倾向于满族而不是农民军的明朝将领的帮助之下，侵入中原并统一了中国，在此之后，满族不仅统治了长城以内的广大地区，而且在 18 世纪中期征服了北面和西面残存的草原游牧帝国。

东北地区的大规模捕猎

从 1644 年进入北京到 1683 年收复台湾，满族征服全中国用了近四十年的时间。在此期间，满族致力于通过追捕明朝残余的效忠者、争取汉族精英阶层放弃对满族的对抗以及镇压摧毁明朝的农民起义军来巩固自己的政权。③

在问鼎中原之前，满族刚刚把长城东北面森林和草原地带的很多部族统一起来。其杰出领袖努尔哈赤开始将这些众多的部族纳入到他的单一政权之下，并创制了用于促进民族统一的满文。通过王子和公主间的世代通婚，满族政权与西面的蒙古各部建立了密切而牢固的联系，一些通晓满人习俗和语言的"本地化"的汉人也来投效满族政权。1616 年，努尔哈赤称汗，并定国号为金（后金），表明他承袭了六个世纪以前曾从宋朝手中夺取中国北方部分地区的女真政权，也体现了满族染指中国北方部分地区的意图。后来，他的继任者将国号改为"清"，以彰显其征服全中国这一更宏大的目标。满族的确做到了这一点，其建立的清王朝统治中国超过 250 年，直到 1911 年才宣告结束。

满族统治者在巩固对中国统治的同时，还决定将自己在长城以北的故土　*213*
封禁起来，以维持满人的战斗力和对本民族身份的认同。几千年来，汉人早已移居进入东北南部的平原地带，并在这里和蒙古地区都拥有了立足点，这些都得到了帝国政府的允许；但满族则决心通过修筑和种植"柳条边"，把汉人隔离在东北地区以外。④ 满族统治者认为他们的生活方式与汉人的是根

---

① James B. Parsons, *Peasant Rebellions in the Late Ming Dynasty* (Tucson, AZ：University of Arizona Press, 1970).

② J. Parker, *Global Crisis*, 135-147.

③ 详见魏斐德《洪业：清朝开国史》。

④ Richard L. Edmonds, "The Willow Palisade," *Annals of the Association of American Geographers*, 69, no. 4 (1979)：599-621.

本不相容的，而汉人的生活（饮酒、赌博和奢侈的盛宴）会腐蚀满人。① 同时，满人也禁止游牧民族逗留在长城周边50里以内，这一政令对于当地植被的恢复和减缓荒漠化，有一定的正面效果。②

尽管满人也在一些河谷地带从事农耕，但东北大部分地区都覆盖着原生松树林，其中生活着数量庞大的野生动物，从位于食物链顶端的东北虎和棕熊，到水貂等毛皮动物和各种鱼类（包括巨大的鲟鱼）、鸟类（包括鹳），此外还有中国人认为拥有各种药效、价值高昂、生长在森林地面的人参。有了这些种类丰富的野生生物，狩猎和采集也就成为满人生活的重要组成部分，同时也在培养和训练满族战士以及加强他们自身身份认知方面起到了重要的作用。

在占领北京、住进明朝的皇宫后，清统治者仍然依靠东北地区为他们和皇族提供各类食物和毛皮。贝杜维认为，在清朝统治初期的半个多世纪乃至更长时间里，仍依赖"东北地区多样性的生物资源来满足其饮食需要"③，因而颁行了仅允许满人在东北狩猎和采集的"帝国猎食"（imperial foraging）政策。清政府还建立了一套完整的官僚机构来监督这些食物的采买和从东北各指定围场、牧场的进贡，同时也向征收者发放牌照和分派进贡数额。于是，虎、熊、豹、鱼、禽类、鹳和松子等林业产品，都从东北的森林中被捕猎、征集并运到了北京。

到18世纪初时，"（京城）精英们的需求已经形成了大规模的消费"并导致了供应短缺的出现，这也引起了满族统治者的关注。"有资料表明，（为满足统治者需要的）密集的狩猎和采集……以及与（违法）汉人移民有关的非法偷猎和环境恶化，似乎已经造成了资源的枯竭"。但是，清统治者并没有意识到这些"短缺"可能意味着野生动物的种群数量已经被破坏到了接近崩溃的地步，而是"从人类的角度将这种供应的减少归于下属的懒惰、无能或贪婪"，因而进一步强化了这种征收。在那些从前很容易采集到松子或果

① David Bello, "The Cultured Nature of Imperial Foraging in Manchuria," *Late Imperial China* 31, no. 2 (2010): 4.

② Vermeer, "Population and Ecology on the Frontier," 239. 中译本见刘翠溶、伊懋可主编：《积渐所至》，第391-392页。

③ Bello, "Imperial Foraging," 3.

实很低垂的地方，到18世纪后期时，"取得松子和松果的唯一办法只能是把树木砍倒"。贝杜维的结论是，虽然清帝国的猎食和汉人的不断移入还没有永久性地耗尽东北地区最宝贵的资源，但"到19世纪初时，这样的榨取已经被证明无法再继续下去了"①。满族或许并没有伐尽东北地区的森林——事实上，我们在第六章和第七章将看到，这些森林被保留到19世纪上半叶并被日本人和俄国人所砍伐，中华人民共和国建立后也仍在继续开采——但的确已经耗尽了这里的野生动植物。②

中国的西征③

在17世纪初清帝国建立的同时，西部的准噶尔盆地也正在出现一个新的蒙古政权——准噶尔汗国。准噶尔汗国由西部四个长期以来一直相互争斗的蒙古部落所组成，而其东面的蒙古部落则已经与满族建立了密切的联系，它的出现自然也就成为新建立的大清帝国的一个主要威胁。准噶尔汗国虽然位于草原地区，但完成统一的第一位大汗为了拓展本国的资源，曾鼓励在适宜的草原地带特别是伊犁河谷和塔克拉玛干沙漠（几个世纪前丝绸之路曾经通过这里）周围的绿洲城镇发展定居农业，并且曾经开采矿藏和铸造大炮。

与此同时，俄罗斯帝国也向东推进到了西伯利亚，并在这一地区沿着黑龙江（阿穆尔河）与清帝国展开了多次交锋。在1689年和1727年，俄国和清王朝分别签订了《尼布楚条约》和《恰克图条约》，划分了两国的边界。关于这两个条约，至今仍有很多方面值得我们关注，对本书而言最重要的是，条约议定的中国领土包括了现在内蒙古和外蒙古这些草原地带以及由此向南的所有地区，包括准噶尔和青藏高原。人们可以由此认为，清朝与俄罗斯的条约是一种地图上的帝国主义，它意味着清朝军队可以自由地去征服那

① Bello, "Imperial Foraging," 12, 20-23, 24.
② 我们也可以把满族的经历放在世界狩猎的大背景下进行考察，并将其与西伯利亚的俄国人进行比较，参见 John F. Richards, *The Unending Frontier：An Environmental History of the Early Modern World* (Berkeley and Los Angeles, CA：University of California Press, 2003)。
③ 本部分内容主要参考了濮德培同名著作的部分章节，Peter C. Perdue, *China Marches West：The Qing Conquest of Central Eurasia* (Cambridge, MA：The Belknap Press of Harvard University Press, 2005)。亦可参见费每尔的简短评论，Vermeer, "Population and Ecology along the Frontier," 245。中译本见刘翠溶、伊懋可主编：《积渐所至》，第396页。

些俄国无意竞争的领土，而反之亦然，俄国也可以从整个西伯利亚任意索取它的贡品，他们也确实是这么做的。[①]

于是在 17 世纪末，清朝立即向准噶尔发起了进攻。康熙皇帝（1662—1722 年在位）本人作为一名满族的勇士，认为能否击败准噶尔的领袖噶尔丹，事关他个人的荣辱，并为此花费了大量的时间和精力。不过清朝最初的一些尝试还是遭遇了挫败，因为准噶尔人拥有丰富可靠的草原防御经验，在与清军交战时可以撤退到草原地带，从而迫使依赖北方补给线的清军把后勤保障体系拉到极限，最后要想避免战败，就只好撤退。

1697 年噶尔丹的死亡意味着清朝取得了对准噶尔的胜利，而康熙皇帝似乎也更感兴趣于个人之间冲突的胜利而不是直接统治准噶尔，所以他同意以策妄阿拉布坦担任准噶尔新的大汗，并向大清帝国臣服的方式作为解决方案。但对清统治者来说，中国的西北地区只不过是表面的平静而已。

准噶尔汗国不仅得以保存，而且在 18 世纪上半期继续发展壮大，但1745 年最后一位大汗噶尔丹策零的去世导致了准噶尔内部的自相残杀，给清军再次进攻准噶尔提供了机会。这次战争的发起者是乾隆皇帝（1736—1795 年在位），他不仅要击败准噶尔的统治者，而且希望能像汉武帝对待匈奴人那样，彻底消灭准噶尔汗国甚至准噶尔人。在中国经济蓬勃发展、商业机会不断拓展以及商品、资本和劳动力市场流通体系畅通的基础上，乾隆皇帝积累了大量的资源，最终不仅成功地击溃准噶尔，而且通过消灭准噶尔部而在长期切断了从草原地带进攻中原的可能。

乾隆皇帝还颁布了几项灭绝准噶尔人的法令，"对这些叛军不予丝毫怜悯，只有老幼妇孺能得以免死"，历史学者濮德培认为："乾隆帝为了消灭准噶尔，有意杀死了所有年轻力壮的男子……得以幸免的老人、孩子和妇女也都被作为奴隶送给其他蒙古部落和满族旗人，从而失去了对本部族身份的认同。"[②] 其结果正如后来的一位政治思想家所评论的："计数十万户中，先痘死者十之四，继窜入俄罗斯、哈萨克者十之二，卒歼于大兵者十之三……数

① John F. Richards，*The Unending Frontier：An Enviromental history of the Early Modern World* （Berkeley and Los Angeles，CA：University of California Press，2003），242-273.

② Perdue，*China Marches West*，283.

千里间，无瓦剌一毡帐。"对此，濮德培总结道："剩下的准噶尔成为一个空白的社会空间，留待那些由政府支持的数百万汉族农民、满族旗人、突厥斯坦绿洲居民和（穆斯林）回民等移民再行填充起来。"[1]

新征服和清理出来的准噶尔地区被更名为"新疆"，对于准噶尔人而言，这里并不是边疆，而是一个核心区域；而对于满族统治者而言，它是一个新的疆土[2]，也是在他们的手中，将准噶尔地区变成了一个边疆地带。通过屯田这一传统的军事-农业拓殖方式，中国军队驻扎在这一区域并着手将草原的肥沃土地不断改造成农田。并不是所有的草原都能变成耕地，但那些附近有灌溉水源的地区和塔里木盆地绿洲周围的沙漠土地是可以的，在后者那里，融雪形成的河流也可用于农田灌溉。在 1760 年到 1820 年这 60 年间，有超过 100 万亩的土地被开垦为农田，汉族农民就像约两千年前汉代的祖先们（参见第三章）一样，耕种着这里的草原。

草原地区的开垦需要气候的配合，要有足够的水用于灌溉，以及能维持表层土壤肥力的农作技术，这些条件在 18 世纪和 19 世纪的绝大部分时间里都能得到满足。但我们在第七章中将会看到，这些草原在被犁耕过以后，就很可能会在成为生产性农田的同时也造成水土流失，而草原的荒漠化一旦出现就很难再得到恢复。

清朝征服准噶尔并将其改造成可耕种和可开发的边疆地带的过程，是中国西部环境变迁的一个部分，而另一个部分则包括了疾病特别是天花的影响。在本书所涉及的绝大部分时段里，中国的草原游牧民族和定居农民都曾经有过从战争到贸易的定期接触和交流，尽管如此，草原与农耕的生态完全不同。它们各自发展出了自己从环境中获取生活必需品的不同方式，也由此而导致了这两个生态区的疾病池（disease pool）基本上仍然是彼此分离的。[3]

这种分离被证明对草原人民是非常危险的，因为他们不像南面中国其他人口稠密的地区或西面的俄国那样经历过天花的肆虐，因而也就没有机会形成某种程度的群体免疫力。即使是在那些已经具有了一定程度免疫力的社会

216

---

[1] Perdue, *China Marches West*, 285. 译者注：魏源：《圣武记》，中华书局，1984，第 156 页。

[2] 译者注："新疆"本意应为"新附旧疆"而不是新的疆土。

[3] 关于草原地区的生态，也可参见 Joseph Fletcher, "The Mongols: Ecological and Social Perspectives," *Harvard Journal of Asiatic Studies* 46, no. 1 (1986): 11-50.

中，天花的暴发还可能会造成四分之一感染者的死亡，那么在这种几乎没有经历过该疾病的地区，人口的死亡率也就要高得多了。实际上，中国人已经积累了不少对付天花的经验，他们了解天花的病因，并且知道如何选择时机和怎样在房屋与居民区进行隔离。在 16 世纪，中医甚至已经掌握了一种早期的预防接种方法，通过将受感染病人的痘痂粉末吹送进儿童的鼻孔中，用已经被削弱的天花病毒来激活其免疫系统。这一过程因使用痘痂而被称为"种痘"，后来也被清统治者用来给他们的孩子进行接种。康熙皇帝之所以能在众多兄弟中被选中来统治国家，原因之一就是他童年曾感染天花并得以痊愈，因而对此免疫，1687 年，康熙开始对皇室推广种痘。

蒙古人也知道天花的危害并限制与汉人的接触以防被传染，与汉人互市，以马匹交易粮食、茶叶和布匹的蒙古人都是被精心挑选出来的。只要知道某个部落被传染了天花，他们就会把帐篷隔离开来，并且只从上风口输送食物和水。尽管如此，与汉人联系不仅增加了草原地区蒙古人感染天花的机会，而且还可能将其传播到黑龙江以北西伯利亚地区的森林部落。在那里，天花病毒导致了当地接触人口中 50％～80％ 的死亡。[①] 因此，准噶尔"痘死者十之四"也就不足为奇了。就这一点而言，其不幸遭遇和北美洲及太平洋群岛的土著有着相似之处。

用濮德培的话说，"（准噶尔）汗国的灭亡，使中国（满族）统治者控制的疆域空前辽阔，包括了现在的中华人民共和国、蒙古国、哈萨克斯坦共和国境内的伊犁河谷、吉尔吉斯共和国的一部分以及黑龙江以北西伯利亚的部分地区"[②]。几乎与此同时，帝国在西南的扩张也达到了顶点。不过，关于 18 世纪中华帝国向新地区和生态系统的拓殖过程，还有一个组成部分，那就是台湾和海南这两个大型岛屿的开发，只是那里所发生的故事和准噶尔的遭遇迥然不同。[③]

[①]　Perdue, *China Marches West*, 45-48，91-92. 译者注：需要特别强调指出的是，准噶尔与美洲等地天花传播的最大区别在于，后者是欧洲殖民者为了屠杀土著而蓄意造成的。

[②]　Peter C. Perdue, "Military Mobilization in Seventeenth-and Eighteenth-Century China, Russia, and Mongolia," *Modern Asian Studies* 30, no. 4 (1996)：759.

[③]　关于不同生产生态（ecologies of production）对清朝政策的影响，可以参见 Peter C. Perdue, "Nature and Nurture on Imperial China's Frontiers," *Modern Asian Studies* 43, no. 1 (2009)，245-267。

第三节 岛屿及其生态变迁 _217_

在帝制晚期的中国，海南和台湾这两个地处热带和亚热带的大型岛屿完全融入了中国的政治经济当中，并且经历了和西南边疆地区类似的环境变迁，尤其是汉民族所推动的农业发展和森林采伐。尽管这两个岛屿的面积相近（大约 3.5 万平方公里，相当于马萨诸塞州的面积），但它们的生态系统和与大陆地区交往的历史却并不相同。海南岛距离北面大陆的雷州半岛仅有 15 英里，是一个位于北回归线以南的热带岛屿；而台湾岛则稍向北一些，正位于北回归线上，距离大陆东南沿海地区约 100 英里。由于台湾海峡的距离和航行上的困难，台湾岛在 16 世纪以前一直处于与中央政权相对隔离的状态；而海南岛则自汉代以来时而被纳入中央管辖，时而脱离中央的控制。

海南岛

海南岛的北面分布有大面积的珊瑚礁和生产珍珠的牡蛎繁殖区，岛上覆盖着各种热带森林，包括沿海低地的季雨林，岛上中部山脉低坡地区的热带常绿林和落叶林，以及东南部迎风坡的热带雨林。海南岛的物种虽然没有南美洲或东南亚热带森林那么丰富，但也有超过 3 500 种植物。汉人很早就已经知道这里"亡（无）马与虎"，但海南的森林里生活着豹子、鹿、麂、长臂猿、猕猴以及数百种蛇（其中很多都有毒）。这里也有疟疾，很可能是由早期的移民带来的。

谁是这里最早的居民呢？考古学证据表明近三千年来，这里持续有黎族人居住，不过他们常常自称"赛"、"哈"、"岱"或"詧"。[①] 和华南、西南地区的一些其他土著民族一样，黎族也属侗泰语族，并用刀耕火种的方式种植山薯和旱稻，兼以森林狩猎和采集为生。在此过程中，黎族人也在改造着他们的环境，不过由于人数较少，他们对海南生态系统的影响并不算大。公元前 200 年前后，秦始皇的军队第一次登上海南岛，此后汉朝的军队和官员也来到这里，他们发现了在低地地区到处生活着的黎族人，以及黎族人已经相当成熟的农业经济和纺织技术。

---

① Edward H. Shafer, *Shore of Pearls* (Berkeley and Los Angeles, CA: University of California Press, 1970), 28.

据公元 80 年前后完成的汉朝正史记载，这里"民皆服布如单被，穿中央为贯头。男子耕农，种禾稻纻麻，女子桑蚕织绩。亡马与虎，民有五畜，山多塵麕。兵则矛、盾、刀、木弓弩、竹矢，或骨为镞"①。

汉族人与海南岛和黎族人民早期的交往有起有伏，汉人在海南的存在也主要限于北部琼州海峡沿岸的平坦地带。到了唐朝（618—907 年），汉人向政府呈请并获得了整个沿海地带的控制权，此后的低地地区尽管仍有黎人生活，但在汉人的记录中，黎人变得更加深入山区了。同时，低地地区和山区的贸易往来也发展了起来。其中特别受汉人珍视的"沉香"，是一种含有受创伤后所分泌树脂的伽南木或沉香木心材，其质地致密，放在水中会下沉。山区的黎民常用这些芳香植物和精致的纺织品来换取食盐、粮食和铁制的大小斧头等。②

宋代在海南岛建立了更为持续性的政府管理体制，汉人的居住范围也扩散到了岛上几乎所有的低地地区，他们把岛上的黎族人分为"熟黎"和"生黎"，前者已经接受了汉文化和中央政府的管辖，是比较安全的，而后者则还比较原始和危险，与汉人保持着距离并保有自己的独立性。③ 但并非所有的汉人移民都坚持要让黎族人接受自己的农业生产方式，有些人还从黎族人民那里学习如何在岛上生活，他们接受了黎族人的生活方式，并最终加入了黎族。④ 但是，就像宋朝在四川和一些地区的推进政策导致了汉人与当地民族的冲突一样，宋代海南岛的汉人和黎人之间也发生了 18 次主要的暴力事件。我们尚不确知这些冲突究竟是不是由汉人争夺土地或者强制推行汉族的管理或军事统治所导致的，但从本书中其他边疆地区的史料推断，最有可能的是前者。正如蔡红（Anne Csete）所谨慎指出的："尽管我们没有汉族农民定居模式的精确数据，不过这种黎族人对汉族客民的攻击很可能是为了抵制

---

① 转引自 Schafer，*Shore of Pearls*，11。译者注：《汉书·地理志》。

② Anne Alice Csete，*A Frontier Minority in the Chinese World：The Li People of Hainan Island from the Han through the High Qing*（SUNY-Buffalo Ph. D. dissertation，1995），39. 亦可参见 Anne Csete，"Ethnicity，Conflict，and the State in Early to Mid-Qing：The Hainan Highland，*1644−1800*，" in *Empire at the Margins*，eds. Crossley，Siu，and Sutton，229−252。

③ 亦可参见 Fiskesjö，"On the 'Raw' and the 'Cooked' Barbarians，" 143−144。

④ Csete，*A Frontier Minority in the Chinese World*，19.

汉人的侵蚀和维护自己的土地。"① 汉族农民需要清理森林和种植水稻，而黎族人的游耕农业虽然也会定期烧掉部分森林，但他们的生活还是要依赖于森林的持续存在。

元朝时期，对黎族人的战争仍在继续。虽然有相当数量的黎族人接受了蒙古人的统治，但仍有大量黎民不肯降服，这导致了 1290 年代的大规模军事行动。"元军洗劫了岛上的每一个黎族定居点，并迫使 626 峒归降……元军第一次攻入了海南岛的腹地，并在五指山脚下刻石留迹：'大元军马到此'。"② 除了征服黎族以外，元朝还对海南岛进行了一次普查，发现岛上居住的黎族人和汉族人规模几乎相等，各约 15 万人。

虽然遭受了蒙古的军事剿杀，黎族人仍然在继续抵制中央政权对他们土地的侵蚀。随着 14 世纪初蒙古统治的崩溃，黎族的峒首和他们身经百战的部队从元朝逃离的官员那里接管了这一地区。到 1368 年明朝建立时，黎族人已经控制海南岛数十年了。

明代（1368—1644 年）海南岛的耕地数量扩大了一倍，从 1400 年前后的约 200 万亩增加至 1615 年的 380 万亩。其中大部分都由汉族农民耕种，而且有不少都是 16 世纪中期从黎族地区获取的。到这一时期，海南岛和其他边疆地区一样，都以土司制度的方式接受了中央政府较为松散的管辖（羁縻）。明朝政府授予黎族峒首以世袭土司的职务，以换取其臣服中央和定期朝贡，并继续允许海南岛产品的贸易和出口。这样，低地地区与山区在唐代建立的粮食、丝绸、铁制品与芳香植物及其他林产品贸易得以继续发展，汉人在河谷地带的定居也不断向岛内渗透，而他们与"生黎"间的接触也越来越多。

16 世纪初，持续不断的汉黎冲突发展成了一场全岛范围的战争，主要是富有的汉族客民购买军屯的耕地并进一步侵蚀黎人土地的结果。1550 年，一些当地官员和海南出生的右都御史海瑞一同上书，请求在岛内的重要区域加大推进汉民的开垦，从而消除黎民及其对中央统治的威胁。他们的想法是将那些在黎人已归化地区驻扎的屯田军队向岛内纵深地区推进。一位当地官员"指出黎人各峒地方土地肥美，建议开辟十字道路……通往山区腹地"。海瑞

220

---

①　Csete，*A Frontier Minority in the Chinese World*，58.

②　Ibid.，62.

也认为："其间虽多峻岭丛林，彼之出入来往，自有坦夷道路……大兵一退，即旋转耕其田、处其地……开道设县，今日可及为也……招民、置军、设里、建学。"[1]

但并不是所有的明朝官员都把黎族人看作敌人，毕竟很多黎族人已经接受了汉人文化和中央政府的统治，并采用了汉人的定居农业生产方式，向国家缴纳税赋。从汉人的角度来看，他们已经归化了。一些政府官员认为，真正的敌人其实是危险的环境，而随着黎族人被教化得越来越像汉族农民，他们的状况也就改善了。"国初所以不立州县屯所者，盖其时黎民鲜少，土地荒芜，山岚瘴气犹未消灭故也。方今（1503 年）生齿众多，土地垦僻，山岚瘴气已消灭八九。"[2] 汉人和他们的定居农业生产方式显然被认为是一种成功的方式，征服了蛮荒和危险的环境并将其改造得更加适宜人居（至少对汉人而言）。正如海瑞所暗示的，汉人由此而认识到，自己不仅有能力教化黎族人和把生黎变成熟黎，而且还能改善他们的环境。

到 16 世纪中叶，汉人已经深入岛内，沿着南渡江从北面的入海口向南一直到达了海南岛的心脏地带。官员于是认为其他地区也应该适合汉人定居，并开始关注位于海南岛西南的昌化江流域。我们不知道汉人具体从黎人那里获取了多少土地，又改造了多少农田。但可以知晓的是，政府鼓励这些定居者在河谷地带和山区放火烧掉了森林，不断的烧荒使得森林无法恢复，却为一种在菲律宾和越南类似环境中也有的热带白茅草的生长提供了机会。到 1950 年时，海南岛的森林只有 7% 还依然存在，而大部分地区已经变成了热带稀树草原、草地或灌木丛。[3] 这一转变的绝大部分进程发生在 18 世纪中期以后，但这一过程的开端则是在 1550 年前后。

对于海南岛上的森林和各种物种来说，政治的动荡或许是一种幸运。明朝崩溃，满人征服中国，使得海南岛在 18 世纪初之前得以相对免于外部力量的入侵。明末清初的战争导致人们大批逃离附近的城镇或军事卫所，海南

---

[1]　Csete, *A Frontier Minority in the Chinese World*, 91-92. 译者注：海瑞《平黎疏》。

[2]　Ibid., 99. 译者注：韩俊《革土舍峒首立州县议》。

[3]　Catherine Schurr Enderton, *Hainan Dao: Contemporary Environmental Management and Development on China's Treasure Island* (UCLA Ph. D. dissertation, 1984), map 3.1, 69.

岛几乎无法进行有组织的农业生产，很多土地也被抛荒，以至于清军占领海南岛时，已经可以任意挑选最好的房屋和土地了。①

　　当1700年前后清军到达时，岛上的人口要相对稀少一些。一位官员 *221*（罗启相）曾写道，"极目荒丘，破落残村，杳无烟火"。不过，对于沉香的需求仍然保持强劲，另一位官员（张擢士）就担心黎民私人采集沉香和出售给汉族商人，会很快耗尽这种稀有的香料。② 一直持续到1700年的大量黎民暴动似乎也表明人口的下降并不特别严重。通过以黎治黎，以及向那些愿意与新王朝合作的人授予职位和官阶，清政府逐渐消解了黎族人的抵抗，而海南岛在1700年到1760年间也享受了60年的相对和平。

　　海南岛人口的增长主要是由于汉人缓慢而稳定的迁入，以及随市场体系（特别是海南岛北部市场）兴起而带动岛内与大陆经济整合的加强。与之前几个世纪主要依赖山区和森林特产相比，到18世纪时，甘蔗和水稻这两种大宗商品已经成为海南的主要输出品。官员就如何处理那些仍然由生黎居住的深山地区展开了争论，一些人仍旧主张开辟道路、安置汉人定居，但大部分人则认为应当听其自便，他们认为生黎们会愿意采纳汉人的农耕方式并与汉族商人进行和平的贸易。"其人忠信朴拙，浑然有太古迹遗其后。黎人渐分生熟，熟黎纳税公家，生黎自食其力。然熟黎颇趋巧诈，生黎未剖天真，至外奸缘以为利，多方诱之，即生黎亦渐非其旧也。"③

　　在相对和平的18世纪前半期，海南岛人口和汉族移民不断增加，中国经济的持续商业化也给山区资源和汉黎民族关系不断造成压力，最终导致了1767年的黎民"叛乱"。"叛乱"的直接原因是汉族商人重利盘剥和汉族地主任意欺凌黎族雇工，两名黎族的首领于是决定赶杀汉人客民。④ 最终结果可想而知，黎族首领被抓获并斩首，从犯被囚禁，汉族客民得到了军队的保护，不过政府官员对如何将汉人安插到黎族土地上心存顾虑。

　　到1767年"叛乱"时，汉人和黎人在经济上已经变得非常地相互依存了。汉族商人先贷款给熟黎，再由熟黎与生黎签订契约，由后者清理土地、

---

① Csete, *A Frontier Minority*，118.
② Ibid.，119.
③ Ibid.，184. *译者注：彭端淑《黎岐纪闻·序》。*
④ Ibid.，191.

种植槟榔与甘蔗和采集沉香。一些官员认为最好能够把黎人和汉人分开，从而保护黎人免遭汉人中奸猾之徒的诱骗；但更高级别的官员则已经意识到低地汉人与山地黎人之间贸易的重要性："琼南藤板香料以及杂货等物，多出自黎峒山谷，今既禁客民、黎人私相借贷，重利放账，若不酌筹交易之法，则货弃于地，黎人未免拮据。应饬各地方官各于附近州县城外汛防地界，设立墟场一二处或两三处，按一四七、二五八、三六九定以墟期，俾源源赶墟，彼此交易。"[1] 这一方案允许汉黎之间的市场交易，但由官员来调节价格和市场交易的时间，而且，真正的生黎仍然被排除在外，"生黎深处五指山内，向来不纳粮课，窠居野食，顽蠢鸷悍，无异犬羊，仍听其自便"[2]。

留给这些生黎的空间是五指山地区最后剩下的一些人迹罕至的荒野。但是，与大陆上那些难民总能找到更偏僻的山区藏身不同，海南岛的生黎正在被越来越多的熟黎和汉人所包围并推向五指山脉更高处的山区。到 18 世纪末，汉人和已经接受了政府统治与汉族文化特别是汉族农业生产方式的熟黎，逐渐占据了几乎整个海南岛，他们耕种这些土地，并用山区的各种资源来换取白银。为了获得这些越来越稀少的山区特产，汉人和熟黎也会同其他黎人进行交易，"或借官司名色，或借差吏横眉，饬取贡香、珠料、花梨、大枝、渡船木料、豹皮、棉花、黎铜、藤竹、鹿茸、鹿鞭、熊胆、花竹、苏木等货，奔走无期，犹索脚步陋规，膏脂尽竭"[3]。

这个相当长的清单，体现了海南岛的生态系统正在因其自然资源而遭受劫掠。黎族人也尽其可能进行了抵抗，19 世纪是黎民"叛乱"和汉人报复事件最为频繁的一个时期，到 19 世纪末，政府官员再次提议改善这一地区，修筑一条贯穿全岛的道路，以解决当地黎族的暴力事件问题。直到 1950 年，中国共产党建立的新政权才给海南带来了稳定的政治秩序。此时，岛上只剩下 25％的地区仍然有森林覆盖，而且在接下来的二十年里，来自北京的大量发展计划又使得这一比例下降到只有 7％。[4] 1988 年，海南岛成为一个独立的省份，并从那时起开始迅速地将自己转变成为"中国的夏威夷"和高尔夫

---

[1] Csete, *A Frontier Minority*，205.

[2] Ibid.，207. 译者注：乾隆三十一年五月二十八日两广总督杨廷璋、广东巡抚王检奏折。

[3] Ibid.，210. 译者注：《奉宪□□碑》，载《黎族古代历史资料》，第 839 页。

[4] Enderton，*Hainan Dao*，73.

球场等等。

台湾岛

如果不是因为 17 世纪初的荷兰人，中国政府很可能一直都不会对台湾岛产生浓厚的兴趣，它的环境变迁历程肯定也会变得完全不同。台湾岛距离福建省沿海约 100 英里，在本书目前已经涉及的大部分时间里，它都没有引起中原王朝多少关注。虽然时而会有一些汉族渔民或农民到达这里，但他们的人数和造访的频次都不算很多。进入 16 世纪以后，先是葡萄牙人，然后是西班牙人，再后是荷兰人和英国人，都试图从亚洲蓬勃发展的海上贸易中分一杯羹。1624 年，荷兰在台湾建造了一个堡垒并盘踞在这里，直到 *223* 1661 年被忠于明朝的郑成功部队驱逐出去，此后郑氏对台湾的控制一直持续到 1683 年。至此，清政府已经深刻地认识到了台湾岛的重要战略地位。①

台湾岛的地形很有特点，它较海南岛略大一些，形状就像一片茶叶。东海岸是一线非常陡峭的山脉，地势崎岖，几乎没有什么峡湾或者可供人类居住的空间。东海岸的山脉迫使季风沿着迎风坡爬升并形成大量的降雨，而西面约占全岛三分之二面积的背风坡地势则较为平坦，降水量也较少。岛内的植被并不都是森林，也有很多草地。根据邵式柏（John Shepherd）的研究，"在 17 世纪的台湾岛，茂密的森林和草地覆盖着台湾大片未开垦的平原和山区，到处都生活着鹿群，有时候两三千只鹿在一起活动"②。

大约三千年到四千年之前，最早的原住民到达台湾，此后又有好几支其他的民族也来到这里。到 16 世纪人们开始关注台湾时，岛上已经存在着二十种左右互不相通的方言了，这些土著居民大致可以划分为山区（高山族）和平原（平埔族）两大族群。荷兰人占据了岛上生态资源最为丰富的地区，并发现这里虽然有人居住，但当地人并不善于农耕，因而不得不招纳大陆农民在他们的堡垒（热兰遮城）周边开垦土地，为他们

---

①　关于台湾岛的环境史，亦可参见 John F. Richards，*The Unending Frontier：An Environmental History of the Early Modern World*（Berkeley and Los Angeles，CA：University of California Press，2003），89-111。

②　John Robert Shepherd，*Statecraft and Political Economy on the Taiwan Frontier，1600-1800*（Stanford，CA：Stanford University Press，1993），37-38；Magnus Fiskesjö，"On the 'Raw' and the 'Cooked' barbarians，" 144-145.

提供食物。①

　　台湾的土著总数有五万左右，主要以狩猎和采集为生。他们的人口密度很低，通常居住在较为固定的村庄里，并在他们自己的草原和森林里猎杀数量丰富的鹿和野猪，必要时也进行刀耕火种的农业生产。他们的村庄周围有"坚硬茂密的竹篱笆"保护，显然是为了应对部族间不断的交战。②

　　如果只是说汉人和荷兰人遭遇了非常凶猛的台湾土著族群，那似乎有点轻描淡写了。台湾岛上盛产鹿，"数量最多的品种是水鹿、梅花鹿和麂，大角水鹿和麂会吃旷野和农田的青草和草本植物，以及树林和灌木丛中的树叶、细枝和嫩芽，短角的小鹿（山羌）则更喜欢在深山密林里分散觅食"③。当地居民也很善于屠宰它们，而在中国大陆和日本都有对鹿皮、鹿脯和其他鹿制品巨大的市场需求，荷兰人急于占据这个市场，通常会用铁、盐和布来与当地原住民交易鹿皮。

　　17世纪和18世纪台湾所发生的故事现在已经为大家所熟知，不过其中也还有一些重要的区别。在18世纪，中国大陆特别是台湾海峡一侧的福建、广东两省人口不断增加，促使越来越多的汉人迁到台湾。这些汉族农民开始将鹿场转变成农田，不过有趣的是，他们并没有取代原住民或把他们赶进山里，由于既有的村落结构和原住民在土地所有权方面的某些原因，村落的首领们将他们的土地租赁给了汉人。但这并不意味着汉族和平埔族的土著之间就没有冲突了，矛盾仍然是存在的。而且，随着汉人客民的增加，耕地的开垦逐渐向山区扩张，他们与高山族原住民之间的冲突愈演愈烈，并引起了清政府的关注和政策干预。④

　　根据邵式柏的研究，清政府主要担心的是占领岛屿和维护当地汉族人群所需要的大量花费，尽管农民会缴纳田赋，但这些税收并不足以支付政府管理和驻军的成本。鉴于台湾岛在战略上的重要性，清王朝绝不能弃岛，但它

　　① Liu Ts'ui-jung, "Han Migration and the Settlement of Taiwan: The Onset of Environmental Change," in *Sediments of Times*, eds. Elvin and Liu, 167-170. 中译本见刘翠溶、伊懋可主编：《积渐所至》，第300-301页。

　　② Shepherd, *Statecraft and Political Economy on the Taiwan Frontier*, 33.

　　③ Ibid., 38.

　　④ 亦可参见 Liu, "Han Migration and the Settlement of Taiwan," 166, 175, 179。中译本见刘翠溶、伊懋可主编：《积渐所至》，第300、306、310页。

也不愿意继续与高山族原住民无休止地进行战争。或许它从在海南岛与黎民之间一直绵延到20世纪的战争中吸取了教训。[1] 因此，清政府试图用修筑城墙和挖掘壕沟的办法，把汉族客民和平埔族原住民与山区隔离开来，并于1722年立石为界，禁止汉人进一步向高山族原住民的领地迁移。在汉族客民已经定居的地区，清政府也建立了府县行政机构对他们进行管理。[2] 在后文中我们将会看到，这种通过修筑城墙把已经归化的熟番（平埔族）和那些强硬的生番（高山族）隔离开来的办法，也曾被用于对待湘西山区的苗族。

225

　　汉族人口仍在持续增加，而越来越多的人口也对高山族原住民的保留地造成了更大的压力。1683年清政府收复台湾时，汉族客民和平埔族原住民的总人口约为13万，一个世纪以后就增加到了80多万（增加的人口主要来自移民），到1900年时，已经达到了250万（或更多）。[3] 清政府多次试图强化汉人与高山族原住民之间的隔离，"但是，政府缺乏足够的资源和决心来严格执行这一政策，以阻止无地农民的不断涌入；清政府也曾多次重新划定边界，但最终还是做出了让步，不再全面禁止汉人开垦原住民的土地……而这些原住民部落大多无力抵抗汉人对土地的开垦"[4]。

　　然而值得玩味的是，对清王朝统治台湾最大的威胁并非来自原住民，而是汉族客民的反清斗争。移居到台湾的汉人有三个主要群体，其中两个分别来自福建的泉州和漳州，第三个是客家人（他们是山区开垦专家，我们将在下一节进行更深入的探讨）。出于各种原因，福建的族群在大陆时就有着长期不和的历史，并把积怨也带到了台湾，而客家人也被迫捍卫自己的特殊文化习俗。因此，社区间的冲突非常频繁，并导致了众多暴力事件的发生，直到1786年大规模的林爽文起义。林曾打算联合山区的原住民，但是政府的密探成功争取到了这些原住民的支持，并"晓谕生番"林爽文将会来掠夺他们的土地，而叛军的行为似乎也证明了这一点。结果，这些高山族原住民不仅成为清政府的帮手，而且在平息"叛乱"后，清政府还"于该处熟番内挑

　　① 关于台湾的各种观点，可参见 Emma Jinhua Teng, *Taiwan's Imagined Geography: Chinese Colonial Travel Writing and Pictures, 1683-1895* (Cambridge, MA: Harvard University Press, 2004)。

　　② Shepherd, *Statecraft and Political Economy on the Taiwan Frontier*, ch. 7.

　　③ Ibid., 161.

　　④ Ibid., 304-306.

选四千名，作为屯丁，为十二屯"，把高山族原住民和汉人分隔开来。① "到19世纪时，台湾西部平原的状况已经和大陆的福建或广东地区非常相似了，17世纪初的大量鹿群已经消失，森林也已被清理，汉人的定居农业取得了胜利。"②

不过台湾汉人不同群体间的矛盾并没有消失，而是一直持续到了19世纪，平原地区的驻军被无数次派去镇压汉人的反清起义或盗匪武装，而直到19世纪末都只是用平埔族原住民来对付高山族原住民。与此同时，根据邵式柏的保守估计，"汉族移民稳步扩大的农田开垦在19世纪初开始也对那些已经汉化的平埔族原住民形成了挤压"，迫使他们大量向东部沿海狭窄的平原区和河谷地带迁移，对于在东北部平原居住的噶玛兰族人（最晚汉化的平埔族）而言，19世纪初汉人移民突然到来时，"他们对于汉人的冲击还完全没有准备"③。

在19世纪后期，随着外国轮船频繁侵入中国海域，船上的水手往往在台湾沿海地带遭到原住民猎杀，这也迫使清政府推行各种"开山抚番"的措施，并派遣平埔族军队进攻高山族原住民。这些"1880年代后期针对高山族原住民的政策措施，目的是要结束猎杀的方式和打破过去汉番隔离的状况，让农民借助蓬勃发展的国际市场，发展台湾的茶树和樟脑种植业"④。1894—1895年中国在甲午战争中的战败，导致台湾在此后直到1945年间一直被日本占领，并被其转变成为向日本国内输送大米和蔗糖的殖民地。⑤

第四节　土地覆盖、土地利用与土地所有权

大部分因汉人开垦拓殖而失去土地的少数民族都曾经采用过某种集体行

① Shepherd, *Statecraft and Political Economy on the Taiwan Frontier*, ch.10.
② Richards, *The Unending Frontier*, 110.
③ Shepherd, *Statecraft and Political Economy on the Taiwan Frontier*, 359.
④ Ibid., 360.
⑤ 1950年以后台湾岛的环境变迁，可参见 Kuo-tung Ch'en, "Nonreclamation Deforestation in Taiwan, c.1600-1976," in *Sediments of Time*, eds. Elvin and Liu, 693-727; and An-Chi Tung, "Hydroelectricity and Industrialization: The Economic, Social, and Environmental Impacts of the Sun Moon Lake Power Plants," in *Sediments of Time*, eds. Elvin and Liu, 728-755. 中译本见刘翠溶、伊懋可主编：《积渐所至》，第1017-1115页。

为的方式来使用它们的土地，我们很难把这种安排称为"所有权"，因为对于那些因追逐水草、放牧牛羊或从事游耕农业而不断迁移的人们来说，私有产权的概念并没有多大意义。这些由亲属关系、寺院或部落组织起来的集体，的确可以决定谁在什么时间使用哪一块土地，这往往体现了该社会的阶层结构，什么人处于更高的位置并可以获得更多更好的资源。这些少数民族并不是平等主义者，也没有去保护自己的自然环境，有不计其数的案例都表明它们曾经广泛地改变了这些自然环境，在第六章中我们还将看到，青藏高原和中国其他西部偏远地区的人们大面积地急剧砍伐了山区和峡谷地带的森林，把这些地区改造成牧场，放牧自己的牦牛、绵羊和山羊。

汉人则具有一种完全不同的以私人土地所有权为基础的财产制度。这种土地所有权并不源自农民保护自己权利的愿望，而是因为国家需要一个可靠而且可增长的税收基础以增强政府的力量。农民的耕地私有权最初产生于战国时期，因为各国都需要争夺霸权；到汉代时，这已经成为中国政府的财政基础；隋唐时期虽然推行过均田令以抑制大土地所有者对农民的土地兼并，但其目的仍在于建立一个向农民有效征税的体系。土地所有者（无论是大是小）保护自己财富的努力虽然催生了各种巧妙地避税和隐藏实际土地所有权的手段，但这些做法并不妨碍中国政府希望实现纳税人和土地"税收明晰"(fiscally legible)① 的政策目标。

227

直到明朝，那些帝国政府一直以来认为没有农业生产力的土地（主要是山区）才被纳入到私有财产制度体系当中。伊恩·米勒关于江西吉安县的一项案例研究表明，随着时间的推移，帝国对山地的控制权逐渐让位于宗族势力的私有权，而宗族这种基于共同祖先的大规模谱系组织也在明清时期的中国农村地区变得日益重要起来。山区土地私有化的驱动力来源于市场经济的普遍发展，特别是对树木和木材的需求。宗族势力则往往以保护家族墓地的风水为名占据了山区的林地，这里的"风水"是一种可以通过理解和运用弥散于世间的风和水的力量来人为引导好（或坏）运气的信仰。米勒总结认为，江西宗族势力利用风水理念和实践来保护自己对山地林地的所有权，并致力于可持续开发的林业实践，使其土地一直到 20 世纪都保持

---

① 詹姆斯·斯科特从李中清那里借用这一词汇并丰富了它的含义，参见 *The Art of Not Being Governed*，91—94。

着林木的繁茂。①

在很大程度上，汉族人口向华南、东南和西南地区的扩张，既受到了政府扩大税基目标的驱动，也是中国北部和东部核心区人口密度（参见图5-2）增加的结果。这些地区的人口密度与地势平坦的可耕地（华北平原和长江下游的稻田）面积和早期的定居、耕作情况紧密相关。此外，斯科特认为，在定居农业、国家政权（不仅中国，而且也包括东南亚）和拓殖压力之间存在着一种逻辑关系："定居农业会产生土地产权、父权制家庭组织和对大家族的推崇，后者也得到了政府的鼓励。只要不发生疾病、饥荒或人口过剩，粮食的耕作本质上意味着一种扩张和繁衍，而疾病、饥荒或人口过剩又会迫使人们迁移和拓殖新的土地。"②

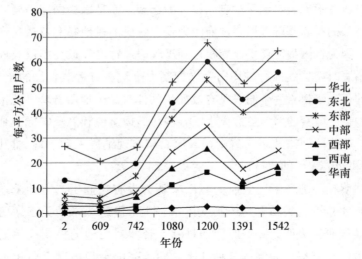

图5-2　中国各地区的人口密度，公元2—1542年

资料来源：Robert Hartwell, "Demographic, Political and Social Transformations of China, 750-1550," *Harvard Journal of Asiatic Studies* 42, no. 2 (December 1982): 369.

228　　如前所述，汉、唐、宋、明、清时期中国的拓殖事业，使得原本用途各异的土地都被纳入了汉人的土地利用规则，这一过程在部分地区进展很快也很直接，而在其他地区则经历了很长一段时间，采取了一些非直接的方式，

① Ian M. Miller, *Roots and Branches: Woodland Institutions in South China, 800-1600*, Ph. D. dissertation (Harvard University, 2015).

② Ibid., 9.

如南部、西部和西南部新拓殖地区所广泛采用的土司制度。土地利用管理形式的转变也带来了土地覆盖的变化，主要体现为森林砍伐，这不仅发生在汉人拓殖的边疆地区，也包括下一节我们将探讨的发达边缘区。

在这些地区，丘陵和山区森林及其他土地的所有权是比较模糊的，因为清政府对这些土地拥有绝对的控制权。"虽然国家所有权并未明文规定，但只要人们开始开发这些土地资源，不同使用者之间发生争执，政府就会对使用权进行分配并开征税收，从而以默认的方式来确立其所有权。"[1] 除了这些私人之间对"荒地"所有权的竞争和冲突外，清代的一些政府官员有时也会作为开发者，和富户或朋友合谋获取对大片土地的控制权，在 18 世纪初期的广西，就有这样一个相当令人震惊而且资料翔实的案例。[2] 但是，由于清政府最为关注的是税收收入的最大化，因而它所感兴趣也还是让尽可能多的人开垦尽可能多的"税收明晰"的土地，所以也就自然会继续鼓励对"荒地"的开垦了。[3]

第五节　对发达边缘区的开拓

明清两朝政府的战略考虑，推动了对西南地区和台湾、海南两岛管理的加强和这些地区的生态变迁；将中国"文明"的农业帝国和北部、西部游牧部族分割开来的需要，导致了长城的修筑；而人口与经济的力量则促进了长江中下游地区、东南、西南和最南部山区与丘陵地带的开垦。

山区开垦专家：客家人与棚民

在长江流域直至岭南地区的众多河谷地带，随着人口逐渐恢复到蒙古征

---

① Vermeer, "Population and Ecology on the Frontier," 257. 中译本见刘翠溶、伊懋可主编《积渐所至》。

② 参见 Marks, *Tigers*, ch. 9; and William Rowe, *Saving the World: Chen Hongmou and Elite Consciousness in Eighteenth-Century China* (Stanford, CA: Stanford University Press, 2001), 59-65. 中译本见马立博：《虎、米、丝、泥》，第九章；罗威廉：《救世：陈宏谋与十八世纪中国的精英意识》，陈乃宜等译，中国人民大学出版社，2013。

③ 参见 Vermeer, "Population and Ecology on the Frontier," 259-266（中译本见刘翠溶、伊懋可主编《积渐所至》）；以及 Marks, *Tigers*, ch. 8（中译本见马立博《虎、米、丝、泥》）。

服之前的水平，由河底泥形成的肥沃农田就显得越来越不敷使用。于是新迁入的居民为了寻找耕地，就不得不深入林木覆盖的山区并向当地人学习各种技能。而当地的族群已经掌握了利用这些山区生态系统的方法（就像前述云南的阿卡人那样），而且也都愿意分享他们的经验，从而使得这些新来的人也逐渐成为开发山地生态系统的专家。中国各地市场的形成已经有了很长的一段时间，而明代的人口增长进一步推动了更广泛的市场整合，从而使得一些人有可能专业从事非粮食作物的生产，而依靠市场为他们供应食物。对于从低地地区进入山区的大批汉人而言，尤为重要的是一些来自美洲的新作物竟然特别适合于这里的环境。正是市场体系和美洲新作物的结合，促进了对中国内陆山区资源的不可持续的开发和对环境的破坏。

由艾尔弗雷德·克罗斯比首先提出的"哥伦布大交换"，通常是指哥伦布"发现"美洲之后，新世界和旧世界，特别是和欧洲及地中海地区的生物物种交流。[①] 但玉米、马铃薯、甘薯、花生、烟草等阿兹特克和印加农民种植的作物，也被迅速传播到了中国并产生了戏剧性的生态影响。所有这些作物在中国的明确书面证据出现在1550年代，这一领域的前辈权威历史学家何炳棣先生认为，在人们注意和记录这些作物之前，它们应该至少已经被种植了二三十年。[②] 就像1000年前后引入的早熟稻种曾经推动了巨大的经济变化和发展，并最终导致中国南方的环境变迁一样，美洲作物的引进对中国农业生产也有着划时代的重要意义，它使得中国内陆山区新农田的开发和山区环境的改变成为可能。

在16世纪至20世纪，从事山区环境开发最多的两个人群分别被称为客家人和棚民。在经过一个非常有趣的过程之后，客家人成为至今仍然存在的

[①] Alfred W. Crosby, *The Columbia Exchange：Biological and Cultural consequences of 1492* (Westport，CT：Greenwood Press，1972). 中译本见克罗斯比《哥伦布大交换：1492年以后的生物影响和文化冲击》。

[②] Ping-ti Ho, "The Introduction of American Food Plants into China," *American Anthropologist*，New Series 57，no. 2，part 1（1955）：191-201. 中译本见何炳棣：《美洲作物的引进、传播及其对中国粮食生产的影响》，《世界农业》1979年第4期。近年来，中国人口统计学者曹树基也对这一问题进行了探讨，其简要归纳可参见Vermeer，"Population and Ecology on the Frontier"，266（中译本见刘翠溶、伊懋可主编：《积渐所至》，第417页）。

一个特定族群，而棚民的存在则相对较为短暂。尽管他们定居的区域不同，但两者仍有着很多重要的相似之处。

客家人的起源目前尚不清楚，历史学者和民族学者对此也仍有争议。但最新的研究认为，他们很可能是在自汉代到宋代再到清代的好几次移民浪潮中，迁入现在江西、福建和广东省交界山区的汉族人。当这些客家人到达这里时，所遇到的当地土著民族是畲族，而畲人在此以前已经形成了一整套依靠粗粮和原始工具的刀耕火种农业生产方式。畲人和客家人似乎实现了融合同化，到 1500 年前后，这一地区基本已经成为客家人的安身之处，他们的方言和习俗和低地地区的汉人农民有明显的差异。

在引入美洲粮食作物的基础上，客家人形成了新的生存策略——砍伐山地森林，形成开阔的田野种植玉米——并借此得以在华南各地的山区迁移。 *230*
"在迁入一个新地区时，甘薯或玉米，特别是甘薯，通常首先被种植在新开垦的（山坡）森林地带。"① 但畲人或瑶民都是在山区自给自足的土著，与低地的汉人社会很少或根本没有接触，而客家人则利用市场体系来销售山区的产品。"这种生存型农业更多是一种手段而不是结果，其最终目标是为市场而生产，这不仅包括矿工、烧炭工、伐木工和造纸工人……也包括许多（客家）农民，大麻、苎麻和靛蓝是客家人种植最广泛的经济作物……茶树、甘蔗和烟草也是许多客家聚居地的重要经济作物。"②

自 16 世纪中叶开始，客家人从历史学者梁肇庭（William Skinner）称为"客家腹地"的这一区域，向中国南部和东南部各地的山区迁移。不过根据梁肇庭的研究，最有趣和显著之处在于他们的迁移并不是随机的，而是专门迁往那些靠近主要水系支流的区域。中国南部有着众多的山区和丘陵，而汉人的村庄和市镇大多位于河流的沿岸，这种地形使得客家人有可能利用其山区生活技能的优势，向附近市镇销售他们的产品。"随着资本的积累，他们也可以从汉族地主（山主）那里租种大片的山地……并从上杭等地招募贫困

---

① G. William Skinner, "Introduction" to Sow-Theng Leong, *Migration and Ethnicity in Chinese History：Hakkas，Pengmin，and their Neighbors*, ed. Tim Wright (Stanford，CA：Stanford University Press，1997)，7. 中译本见梁肇庭：《中国历史上的移民与族群性：客家人、棚民及其邻居》，冷剑波、周云水译，社会科学文献出版社，2013。

② Ibid.

的畲民，以刀耕火种的方式清除森林。"① 简言之，市场体系和美洲作物使客家人对中国南部山区亚热带森林的改造成为可能。

虽然和客家人同样具有开发山区的特点，但棚民开垦的山区主要位于比客家人更靠北面的江西、安徽和浙江，他们也没有形成一个特定的族群。"棚民"最早是 17 世纪中叶政府对当时一些新流动人口的称谓，这个称谓"具有很大的弹性，泛指一系列的人群、生存模式和经济行为"②，但通常都是指那些搭建临时窝棚、开发山地并在地力耗尽后继续迁移的人——其中大多数为男性。和客家人一样，美洲作物和山区产品的市场体系也促进了棚民对山区的开发。

早在汉代，汉族移民就已经开始在江西的赣江流域定居，此后逐步向上游迁徙，可能取代了当地的瑶民和畲民；到唐宋时期，更多的汉人到达这里，并在南宋后期占据了赣江流域的低地地区。根据韦思谛（Stephen Averill）的研究，"直到 16 世纪和 17 世纪大批棚民到来之前，这里大部分森林茂密的山区都没有被汉人采伐过"。这些棚民很可能并非来自北方，而是源自东面和南面的广东和福建山区，他们可能是客家人，也可能是畲族人，但肯定是来自那些已经"有大量人口居住而且山林特产种类丰富（也包括美洲作物）的山区，并且拥有在山坡、森林地带开垦种植的长期经验"③。

和客家人一样，江西山区的棚民很多也都是矿工、伐木工和造纸工人，他们的食物全都来自对山边森林的刀耕火种。据一位官员所说，"粤、闽穷民"迁至江西山区，"只身入境，求主佃山……佃者依山搭寮，以前五年为辟荒，则自种旱稻、姜、豆、薯、芋等物。后五年为熟土，始以杉苗插地，滋长未高，仍可种植食物。如此前后十年之内，专利蓄余，彼已娶妻作室，隐厚其基"④。

韦思谛写道，在海拔较低和可以筑塘蓄水灌溉的地区，稻田"沿着那些曾经是树林和灌木丛的山坡蜿蜒拾级而上，狭窄的道路在周围的山坡间纵横

---

① G. William Skinner, "Introduction" to Sow-Theng Leong, *Migration and Ethnicity in Chinese History*: *Hakkas*, *Pengmin*, *and their Neighbors*, ed. Tim Wright, 47.

② Ibid., 97.

③ Stephen Averill, *Revolution in the Highlands*: *China's Jinggangshan Base Area* (Lanham, MD: Rowman & Littlefield, 2006), 25.

④ Ibid., 26-27. 译者注：周埙《泉邑物产说》。

交错，人们借此在山坡的小块土地上种植甘薯、花生、茶树和其他旱地作物，并从大片的树林和竹林中收获林木产品和一些药用的植物根茎"①。虽然这种山区生态系统的改造听上去还比较"可持续"，但它却会产生一些长期后果。韦思谛进一步指出："多年来，森林的砍伐和水土流失越来越明显……到 20 世纪时……随着植被的减少，洪水和其他与水土流失相关的问题也越来越严重。其后果之一就是该地区一些较大的河流逐渐被淤塞……严重限制了船只或大木筏的使用。"② 相对于江西山区比较缓慢的环境破坏而言，长江流域其他地区的这一进程则要快得多，其后果也更加严重。

对森林产品的开发至少在中国的三个内陆山区创造出了从山区林地获取树木和木材以运往城市消费中心的市场体系，同时还在两个地方建立起了能够转移长期经营和潜在不确定性业务风险的成熟期货市场。本章之前曾引用伊恩·米勒关于江西的研究指出，出于保护墓地风水等原因，宗族已经实现了对山区林地的私有化并发展出了可持续的木材采伐制度。

此外，周绍明（Joseph McDermott）的研究还展示了皖南徽州府的人口压力和土地短缺是如何促使那里的汉人宗族从关注稻田转向关注林地，以获得维持其群体活动所需资源的。与水稻作物不同，树木通常需要二三十年的时间才能成材，由于林地所有者和在林地上劳作的佃农们不能或不愿等那么久才获取利润，他们会在树木采伐之前若干年就开始出售"分（份）"或"股"以换取现钱。于是，这些股分（份）交易的市场发展了起来，而这实际上是一个期货市场。作为一种非常复杂的金融工具，期货市场一般被认为是直到西欧资本主义的早期阶段才出现的。③

然而不仅是徽州，在贵州和湖南交界山区的苗族人（下一节还会继续讨论）当中也出现了木材期货市场，而汉人的宗族势力在这里并没有发挥什么作用。张萌在最近的博士论文中指出，推动徽州木材期货市场发展的经济过程和逻辑，也同样促进了一千多英里之外内地木材期货市场的发展。张萌认

---

①　Stephen Averill, *Revolution in the Highlands：China's Jinggangshan Base Area*，27.

②　Ibid.

③　Joseph McDermott，*The Making of a New Rural Order in South China*，volume 1，*Village*，*and*，*and Lineage in Huizhou*，*900-1600*（New York，NY：Cambridge University Press，2013），ch. 6.

为，至少在整个 19 世纪，贵州苗族的木材期货市场还引致了当地种植和重新种植树木等林业活动，以保持山区的森林覆盖。[1] 如果确实如此，木材期货市场的创新——或许至少独立存在于中国两个不同地区——揭示了一段与其他地区森林砍伐完全不同的历史。

在这些木材期货市场兴起的内陆山区，汉人和苗人都种植和经营着以杉木为主要树种的人工林。一些史料显示，种植林木的农人们还会在树木生长期间种玉米等农作物，直到树冠郁闭时再予以清除。但这种育林方式最终留下来的只有用于市场的单一杉木树种，而不算作真正意义上的森林。就此而言，它们还不是"可持续"生长的森林，而是山间的林木农场。

长江中游地区：湖南和湖北

湖南和湖北是华中地区跨越长江的两个省份，其名称中的"湖"指的就是今天中国的第二大淡水湖——洞庭湖，在过去的上千年里，洞庭湖一直为调节长江水位发挥着非常重要的作用。长江源起于青藏高原的冰川融水，它蜿蜒经过云南、四川，灌溉成都盆地，再通过"三峡"倾泻而下，进入广阔的华中平原。

长江在华中地区有两大支流，南面是湖南省最大的河流湘江，它从南岭山脉发源，向北注入洞庭湖，再汇入长江；长江北面的汉水则向东南流经湖北，在现在的武汉市汇入长江。汉水的下游形成了一个内陆三角洲，其无数条支流既满足了当地农民的灌溉需求，又不断与长江沟通，尤其是在高水位时期，发挥着十分重要的作用。[2] 汉水是在长江更东面的江段汇入的，因而并不直接流入洞庭湖，但它在发洪水时可以形成一道水墙，把长江的洪水推

① Meng Zhang, "The Mountain Land Economy in Southeastern Guizhou: Co-ownership, Securitization and Risk-Sharing, 1700-1900." 该文曾提交 2016 在华盛顿西雅图召开的美国亚洲协会年会，内容主要基于她的博士论文（暂定名 Timber Trade along the Yangzi River: State, Market, and Frontier, 1750-1911, University of California Los Angeles, 2017）。

② 本部分关于湖北的内容主要参考了魏丕信的论文，Pierre-Etienne Will, "State Intervention in the Administration of a Hydraulic Structure: The Example of Hubei Province in Late Imperial Times," in The Scope of State Power in China, ed. Stuart Schram (New York, NY: St. Martin's Press, 1985), 295-347. 中译本见魏丕信：《水利基础设施管理中的国家干预——以中华帝国晚期的湖北省为例》，魏幼红译，载陈锋主编：《明清以来长江流域社会发展史论》，武汉大学出版社，2006。

回到洞庭湖中。因此，洞庭湖也就成为长江华中段自然水文的一个关键环节。

　　毗邻华北平原的长江中游湿地地区，在秦汉之前曾经是楚国的一部分。汉朝政府进驻这里时，很可能直接继承了楚国之前已经修筑的堤坝，因为近期的考古发现表明，汉朝建立不久就设有地方官员对堤坝进行管理。① 史料记载，汉朝在几百年后为抵御长江洪水侵袭古江陵郡（后来的荆州府）才修建了第一个堤防；而汉水南岸在 10 世纪建成的堤防则是为了保护湖北中部的农田。宋代为躲避女真入侵而迁都杭州（参见第四章）以后，又在汉水和长江之间修建了一些堤坝，并构筑起了一道连续的水泊以阻止游牧骑兵进入长江流域和入侵下游地区的南宋。南宋时期沿长江北岸新修筑的堤堰还保护了更多的土地免遭洪水侵袭，并鼓励了大批移民到此开垦新的农田。他们不仅把长江下游的水稻种植技术带到了这里，而且在整个江汉内陆三角洲不断围湖造田，还开始把剩余的稻米出售给长江下游的城市。 *233*

　　明代加大了对汉水和长江水域的控制力度。和其他地区一样，朱元璋在湖北也设立了屯田的卫所，把士兵和他们的家眷安置在这里修缮已有的堤坝和建立新的水利设施，同时招募更多的移民来此开垦农田。1394 年，朱元璋又派遣国子监的学生来组织这些水利设施的重建。根据魏丕信的研究，"在那年冬天，共建造了 40 987 座塘堰、4 162 条河和 5 418 个陂渠堤岸"②。

　　明朝政府在这些堤防建设中的积极政策一直持续到了 16 世纪，国家鼓励开荒、移民和修建灌溉系统。其结果是，许多大土地所有者都修建了自己的河堤和圩田，并招募佃农来开垦耕种所围的土地。随着湖北人口和农田增加，为了防御汉水和长江的洪水，就需要投入更多的资源来加强堤防建设。与此同时，嘉靖皇帝（1522—1566 年在位）又下令加修汉水长堤来保护他父亲位于此的墓地。堤坝保障了冲积平原农业的安全，而负责此事的太监于是借机为自己和家人大肆圈占了这些受堤防保护而可以开垦的土地。 *234*

---

　　① Brian Lander, "State Management of River Dikes in Early China: New Sources on the Environmental History of the Central Yangzi Region," *T'oung Bao* 100 - 4 - 5 (2014): 325-362. 这篇文章对利用新的考古资料揭示长江中游地区的早期环境史具有开创性意义。

　　② Will, "State Intervention," 308-309. 中译本见陈锋主编：《明清以来长江流域社会发展史论》，第 626 页。

这些堤防建设所造成的后果与导致珠江三角洲形成的那些堤坝（参见第四章）比较类似。在正常的情况下，夏季降雨会提高汉水水位，多出来的水会溢到南面的众多湖泊和沼泽中，待水位下降后再逐渐汇入长江。但现在由于汉水南岸堤坝的修建，使得水流无法通过，河床越升越高，河流也更加湍急，大大增加了发洪水的危险，特别是在下游地区。由此，汉水的堤坝导致了上游和下游居民之间利益的分歧，尽管他们能在一定程度上理性地合作采取控制措施，但更为常见的还是村庄之间的争执和政府的无所作为。结果，那些生活在下游的人们开始修筑自己的堤坝来保护他们的居所，并进而开垦了更多的沼泽和湖泊。到明朝后期，整个汉水流域的水文状况已经遭到人类行为的彻底改造，人们相信自己可以控制这些河流。

当然，他们不能。随着明末战争和满人征服带来的大量人口死亡或流徙，湖北这种大规模复杂的水利控制系统陷入了难以为继的状态，堤坝受损后无法及时得到修复，很多地区被淹（或者更准确地说，回到早期的自然状态）达数十年之久。清朝建立后，为了安置人口、恢复农业生产和重建帝国的和平与繁荣局面，又投入了大量资源来支撑湖北境内的汉水堤防。这项工作始于 1650 年代，但实际直到 1680 年代平定吴三桂叛乱之后才正式动工。

清朝官员可以选择的一个办法是在堤坝上打开缺口泄洪，以降低水位，减少洪灾的危险。但中国的政治家已经就此争论了很长时间，可以一直追溯到黄河大堤的问题，虽然有人支持这种手段，但也有很多人主张不惜任何代价筑堤。随着 18 世纪中期人口压力的加大和全国各地米价的不断上涨，增加粮食供给成为摆在皇帝面前的头等大事，持后一种观点的人也越来越多。但随着地方富户私人筑坝圩田进一步限制了江水的自然流动，官员又开始转向另一派主张，因为对于湖泊、沼泽和滩涂的开垦，不仅增加了汉水下游流域遭遇洪灾的危险，还可能进一步危及位于帝国农业中心的长江下游三角洲地区。为了继续了解这个故事，我们还需要看一看湖南的情况。①

235 　　洞庭湖在长江的正常水文周期中起着核心的作用。每年六月开始，长江水位随着源头高山积雪的融化而不断上升，在八月或九月达到峰值，由此形

---

　　① 本部分关于湖南的内容主要参考了濮德培的著作，Peter C. Perdue, *Exhausting the Earth: State and Peasant in Hunan, 1500–1850* (Cambridge, MA: Harvard University Press, 1987)。亦可参见 Richards, *The Unending Frontier*, 120–125。

成的洪水会注入洞庭湖,可使其水位上升到高于最低水位 40 英尺。洞庭湖还是四条河流的出口,其中最大的是流贯湖南的湘江。由于东、南、西三面环山,夏季季风带来的降水会不断聚集并向北流入洞庭湖。在正常情况下,洞庭湖会吸纳长江和湖南一些河流的过剩水量,到秋季和冬季长江水位下降时再释放出来。对于下游地区而言,洞庭湖的这一功能保证了长江在一年中大部分时间的稳定。

但是,如果在四川或长江以北出现暴雨,这些水流也会陆续注入长江,尤其是汉水,那么湖南汛期的河流就会遇上洞庭湖的水墙,导致水流因无处可去而向周围区域漫延。不过,所有这些情况都是很"自然"的,直到人们在洞庭湖周边定居并改变了它和长江的水文状况之前,都没有酿成水灾。

人们在湖南定居的历史和长江以南的其他地区差不多。早在汉代,汉人就开始迁入这些已经居住着各种土著民族的地区,把后者排挤到山区,并在河谷地带从事农业活动。汉人的数量开始并不多,直到宋元时期,该地区依然人烟稀少。和其他地区一样,明太祖朱元璋在湖南也设立了军屯卫所,以保护随之迁入的汉人。不过尽管如此,到 1400 年时湖南全省仍然只有 200 万人左右,绝大部分都集中在洞庭湖周边和湘江东岸。二百年后,湖南人口增加到了五六百万。人口最大规模的激增发生在 18 世纪,在 1800 年达到了 1 700 万人,1850 年又进一步增至 2 000 万人。

和其他地区一样,汉人的涌入也把在河谷地带从事农业的其他民族人口排挤到了周围的山区。在湖南,这些人大多被汉人称为苗族,而在湘西与贵州则称为赫蒙族。到清朝初期,已经有数以万计的苗人"在狭窄的山谷和高原上从事密集的农业生产,兼以捕鱼和狩猎"[1]。苗人既进行狩猎、采集,也从事农业,被认为是一群好斗的人,拥有"可怕的火枪、弓弩、长矛和刀",还会制作银饰品、铁农具和铁制武器。[2] 在 18 世纪初,清朝官员也曾就生苗、熟苗问题展开过争论。在判定为生苗后,清政府在 1720 年代对其发起了一次"毁灭性"的军事行动,并随后采取了包括没收土地等改造苗族社会

---

① Donald S. Sutton, "Ethnicity and the Miao Frontier in the Eighteenth Century," in *Empire at the Margins*, eds. Crossley, Siu, and Sutton, 190. 一个简短的评论可参见 Vermeer, "Population and Ecology on the Frontier," 245-246(中译本见刘翠溶、伊懋可主编《积渐所至》)。

② Richards, *The Unending Frontier*, 133.

和文化的政策。这导致了 1737 年的一场大规模苗民起义，"通过果断而残酷的措施，清政府将放任的经济开发引入了贵州的土地，并对当地人推行严厉的同化政策"①。但这并未取得成功，却加剧了民族关系的紧张和摩擦，最终酿成了 1795 年的苗民大起义。最终的结果并不是这一地区向汉民族开放和苗人的战败或被挤出，而是两者间的和解，苗人主要生活在湘西的山区，这里在 1950 年以后被中华人民共和国确认为湘西苗族自治州。② 他们的农业、渔业和伐木活动似乎并没有对周边河流注入洞庭湖造成太大的问题，不过汉族移民的活动的确产生了一些影响。

在 15 世纪和 16 世纪，人们移到湖南主要是因为听闻这里土壤肥沃，而洞庭湖周边和湘江流域人口也相对较少。他们引入长江下游先进的水稻种植技术，在沼泽和滩涂周围筑坝圩田以防洪和提供灌溉，将这些土地改造成了稻田。一些早期的圩田面积非常大，可达成千上万亩。在 17 世纪圩田建设因明末战争和满族征服而趋于平静之后，18 世纪的堤防建设规模再次激增，这主要是清政府为恢复农业生产而资助了大量工程项目的结果。紧随这些政府资助工程之后的是一些政府许可的民间设施，以及大量非法的私人堤坝建设。

结果，洞庭湖日益陷入了堤坝的包围之中，其面积随着圩田而不断萎缩；而且，到 16 世纪初时，很多与长江沟通的水道都被堵塞了。正如濮德培所说："随着水道的减少和堤坝的加高，长江以更为猛烈的水势直接涌入湖南，提高了洞庭湖的水位并导致了更为严重的洪水。"③ 由于地方势力竭力保护其圩田，18 世纪限制堤防建设的计划最终归于失败。到 19 世纪时，堤防维修的频率也因费用高昂而日益减少，洪水终于酿成了灾难，在 1831 年至 1879 年间，有 18 次大洪水摧毁了大片的农作物、城市和堤防。类似的故事在长江下游的浙江湘湖地区也曾经发生过。④

从 16 世纪开始，"山区开垦专家"——江西的棚民逐渐向湖南迁移，到

---

① 　Richards, *The Unending Frontier*, 137.

② 　Sutton, "Ethnicity and the Miao Frontier in the Eighteenth Century," 190 - 192.

③ 　Perdue, *Exhausting the Earth*, 211.

④ 　Keith Schoppa, *Xiang Lake—Nine Centuries of Chinese Life* (New Haven, CT：Yale University Press, 1989). 中译本见萧邦齐：《九个世纪的悲歌：湘湖地区社会变迁研究》，姜良芹、全先梅译，社会科学文献出版社，2008。

18 世纪，其人数已经有了较大的增加，他们对洞庭湖周边山区森林的砍伐也进一步加剧了低地地区的洪水。和在广东、福建、江西等省一样，这些新移民"发展了林产品和木材的贸易，同时也种植甘薯、烟草和高粱等粮食作物。这些江西移民还控制了木耳的贸易……他们砍倒枯树并在上面培植木耳，到冬天再把收获的木耳卖给店铺"[1]。

结果，到 18 世纪中期，濮德培有证据表明："土地的清理和开垦已经接近极限……人们为了最大限度地获得耕地，几乎伐尽了山上的树木，排干了所有的沼泽。随着耕地的铺开，那些曾经富产树木、竹子、苎麻、纤维和木炭的森林也被耗尽了所有的资源……即使是在山野地区……1720 年代汉人刚刚到来时，还曾经虎豹横行……到 1760 年代时，这些野生动物也已经消失了，所有的山都已经被垦成了农田。"[2] 随之而来的是，泥沙从裸露的山坡滑入河流并继续向下流进洞庭湖，导致湖床升高，洪水发生的可能性也随之增加。

到 18 世纪中叶，官员已经开始就是否应该在洞庭湖周边兴修越来越多的堤坝展开了争论，一派认为随着人口的不断增加和粮食价格的上涨，必须开垦更多洞庭湖周边的沼泽和滩涂之类的"荒地"；另一派则认识到这一地区不断扩大的定居人口和农业种植正在增加当地发生洪水的风险，并担心政府是否有能力来应对这种突发事件，以及为洪灾发生后不可避免的救援和堤坝修复提供资金。然而，1747 年颁布的一条禁止新建堤垸或在高地围垦湖泊的谕令还是在很大程度上被人们忽视了，私人的垦荒活动仍在继续。

19 世纪初，官员更加清晰地意识到了他们所面临的生态危机，而且危险并不仅限于当地（洞庭湖周边地区），实际上还一直向下游延伸到了长江三角洲地区。魏源就认识到，洞庭湖周边大量的堤垸虽然或许可以保护当地的圩田免于洪灾，但洪水会继续向下倾泻，并危及长江下游整个帝国人口最稠密、农业最发达的四个省份，"数垸之流离，与沿江四省之流离，孰重孰轻?"[3] 为了保护这些下游地区，魏源主张除那些用于防护城镇的以外，洞庭

---

① Perdue, *Exhausting the Earth*, 97.

② Ibid., 86-87.

③ Ibid., 223. 译者注：魏源《湖广水利论》。

湖周围的堤垸应当全部掘毁。那些经济利益可能因此而受损的当地人于是积极反对破坏堤垸，而应当执行这些政策的地方水利官员也推脱称自己忙于追捕水寇、保护洞庭湖的船只安全，结果什么也不去做。堤垸不仅得以保留，而且常常年久失修，导致洪水多次淹没这一地区。[①]

人们可能会想，既然湖南的行动迟缓导致了当地的水灾，那么下游省份或许可以因此免于洪水侵袭了。然而，长江下游地区也正在经历其自身的生态问题。

长江下游的山区[②]

在前面的章节中我们已经了解到，长江下游是 8 世纪到 13 世纪水稻农业革命的中心地区。从杭州向北经太湖直至江苏苏北一带，众多堤坝不仅实现了控水灌溉，还将这一地区的大片土地都改造成了不仅是中国，很可能也是全世界最高产的农田。这些所在皆是的高产稻田，需要人们定期定量地供水灌溉来维持其生产。

杭州周边的山峰从江南低洼的平原地带拔地而起，高度超过 3 000 英尺，有些顶峰高达 6 000 英尺左右，由于山势非常陡峭，看起来似乎比实际海拔还要更高一些。虽然 16 世纪时，这里的低地地区就已经被开垦成了农田，但直到 18 世纪，长江中下游的山区还有一些盆地和河谷地带尚未被开发。官员这样形容其中的一个地区（徽州）："处万山之中，无水可灌，抑苦无田可耕，峣埆之土，仅资三月之食。"[③] 这一评论当然是假设仍然采用低地地区的日常耕作手段，而不是那些山区开垦专家——棚民的开发方式。

在前述 16 世纪中期的迁移过程中，一些棚民已经进入了该地区，但他们的人数还非常少，山区大量的乡村还和上一段中所描述的情况相似，"湖

---

① Perdue, *Exhausting the Earth*，200-202.

② 本部分内容主要参考了安·奥思本的著作，Anne Osborne, *Barren Mountains, Raging Rivers：The Ecological and Social Effects of Changing Landuse on the Lower Yangzi Periphery in Late Imperial China*（Columbia University Ph. D. dissertation, 1989）and "Highlands and Lowlands：Economic and Ecological Interactions in the Lower Yangzi Region under the Qing," in *Sediments of Time*，eds. Elvin and Liu，203-234（中译本见刘翠溶、伊懋可主编：《积渐所至》，第 349-386 页）；亦可参见 Richards, *The Unending Frontier*，126-131。

③ Osborne, *Barren Mountains, Raging Rivers*，41. 译者注：道光《徽州府志》卷四《水利》。

郡西，诸山绵亘，绝壑穷崖，石多土薄，不宜黍稻，从未有耕稼者"①。但是，在 18 世纪，官员开始注意到棚民已经开始进入这些地区，并开垦山区的土地。

重要的是，这些棚民并不是前述 16 世纪以来迁入山区的那些棚民，而是由于人口增长对资源形成的压力，而被挤出河谷地带村落的本地汉人。他们看到早先的棚民能够在山区谋生，于是学习和采用了他们开发山区的方法。但正如施坚雅所指出的，"在传承的过程中，一些处理生态环境的技巧可能已经被丢失了"②，因为在他们之后，长江下游山区的环境遭到了大面积的破坏。

这些进入长江下游山区的棚民并没有像广东、广西和江西山区的客家人那样大量种植甘薯和杉树，其中杉树可以涵养山区的土壤、减少水土流失和在河流中的淤积。他们选择了另一种美洲作物玉米，而这也对生态环境产生了重要的影响。

据安·奥思本（Anne Osborne）的研究，种植玉米除了比甘薯需要更少的劳动力外，还有一些其他优点，它可以在一年中的绝大部分时间里进行种植，整个生长期内都不太需要人照料，玉米的秸秆可以保护它免遭雨水或虫害。玉米收获后还可以直接挂在棚子的横梁上晾干存储，而不需要投资修建贮藏设施；玉米也可以磨成粉后烘焙食用或搅拌成玉米粥；玉米芯可以喂猪，玉米还能加工成酒精或烧酒。③ 对于那些对种植杉树、涵养水土并不特别感兴趣的棚民来说，玉米的这些优点显然产生了巨大的吸引力，促使棚民"布种苞芦，获利倍蓰，是以趋之若鹜"④。

在砍伐原始森林并将木材出售给下游地区或充作燃料之后，棚民开始在当地偏酸性而又具有适中腐殖质含量的土壤中种植玉米。作为一种需要大量肥料的植物，玉米耗尽了山区土壤一二百年来积蓄的肥力，导致土壤板结而无法继续进行耕种，棚民于是被迫移动到另一片森林，再重复这一过程。到 *239*

---

① Osborne, *Barren Mountains*, *Raging Rivers*, 162. 译者注：凌介禧《少茗文稿漫存》，亦载光绪《乌程县志》卷三十五，第 28 页。

② Skinner, "Introduction," 13.

③ Osborne, *Barren Mountains*, *Raging Rivers*, 158−167.

④ Ibid., 167. 译者注：道光《徽州府志》卷四《水利》。

18 世纪中叶，山区的棚民已经非常之多，以至于一位官员曾抱怨说："流民日积日多，棚厂满山相望。"①

棚民及其开垦方式不断扩张导致了山地生态环境日益严重的退化。用安·奥思本的话说："森林植被破坏导致的土壤直接暴露，加上高耗肥作物的种植，促使土壤迅速退化到缺乏腐殖质和酸性、灰壤化或砖红壤化的状态。在这样的土壤中，无论是玉米还是传统的旱地作物，都无法正常生长……土地经常被抛荒，棚民于是继续迁移，但当地人已经扎根在狭窄的河谷和平原地带……随着山区的水土流失……沙砾、碎石和底层的泥土从伤痕累累的山上冲刷下来，毁坏了他们的良田。"②

到 19 世纪初，当地人和官员都已经清楚了解了这些对环境的破坏。据一位官员（梅曾亮）说："问诸乡人，皆言未开之山，土坚石固，草树茂密，腐叶积数年，可二三寸。每天雨，从树至叶，从叶至土石，历石罅滴沥成泉，其下水也缓，又水下而土不随其下。水缓，故低田受之不为灾；而半月不雨，高田犹受其浸溉。今以斤斧童其山，而以锄犁疏其土，一雨未毕，沙石随下，奔流注壑涧中，皆填污不可贮水，毕至洼田中乃止；及洼田竭，而山田之水无继者。是为开不毛之土，而病有谷之田；利无税之佣，而瘠有税之户也。"③

然而，在这些土地变得日益贫瘠的同时，一些有钱有势的地主还在把其他地区的湖泊、水塘和滩涂变成耕地。和洞庭湖区的情况一样，大土地所有者在介于杭州和长江之间的太湖、南湖和镜湖等地区不断筑堤圩田，并导致了这些湖泊蓄水面积的缩小，进而增加了无雨季节遭遇干旱和雨季暴发洪水的可能性。我们在第七章中将会看到，自然蓄水面积的缩小，迫使中华人民共和国政府在 1949 年以后采取紧急措施来建设水库，而这一决定也会对中

---

① Osborne, *Barren Mountains，Raging Rivers*，175. 译者注：阮元《抚宪院禁棚民示》，嘉庆六年。

② Ibid.，169-170. 亦可参见 Mark Elvin，"Three Thousand Years of Unsustainable Growth：China's Environment from Archaic Times to the Present，" *East Asian History* 6 （1993）：7-46。

③ Osborne，"Economic and Ecological Interaction，" 218-219 （中译本见刘翠溶、伊懋可主编：《积渐所至》，第 368 页）；亦可参见 Mark Elvin，"Three Thousand Years of Unsustainable Growth，" 34-35，另一位官员的看法。

国人民和环境产生持续的影响。

到 19 世纪中叶，长江下游地区的官员试图通过"禁止在长江下游大部分地区的水边进一步开垦，禁止外地人进行任何新的丘陵地开垦……禁止当地人或外地人种植玉米，并以能保持土壤的作物来替代之，整批地逐出短期迁入的劳工"等办法，来处理他们所面临的山区生态危机。然而，低地地区 *240* 和山区士绅的经济利益相互冲突，国家无力强制执行上述这些禁令；而且，受到威胁的棚民，更进一步加强了对山地资源的开发。"以丘陵开垦为基础的经济增长显然是不能持久的"①，但它并没有停止。

第六节　帝国的生态极限

开垦山区和丘陵地带的技术能力，促进了汉族移民向西南边疆地区特别是云南的迁移。除了本章前面所讨论的铜矿开采外，汉人的农业生产也给西南地区的自然景观带来了巨大变化。直到 18 世纪以前，大多数汉人仍然居住在河谷地带几个有驻军的城镇周边。但 18 世纪初，清政府对云贵地区采取了更为积极的拓殖政策②，运用行之有效的军屯措施，并在随后鼓励汉民迁入。紧随军屯之后，在 1720 年代和 1770 年代，出现了两次大规模的移民浪潮。

早期汉族移民是在很少的几个河谷地带实行密集的农业生产，但 18 世纪美洲作物的引入以及从客家人和棚民那里学到的开垦技术，使得汉人可以深入西南"漫山遍野的大片森林"了。西南山区的土著族群和客家人一样，仍在采用刀耕火种的农业生产方式，在两次烧荒之间会给森林留出二三十年的重新生长期；对照一下长江下游的山区，我们看到，玉米的引入已经耗尽了当地土壤的肥力。据纪若诚（Charles Patterson Giersch）的研究，"到 19 世纪初，汉人移民对土地的开垦已经到达了（云南）最偏远的山区，他们迅速地砍伐树木并在山区引入新作物种植，连土著族群也放弃了山区的狩猎和

---

① Osborne, "Economic and Ecological Interaction," 229.

② 对这一问题的概述可参见 Frederick W. Mote, *Imperial China*, 902 - 903, 较详细的介绍见 Kent C. Smith, *Ch'ing Policy and the Development of Southwest China: Aspects of Ortai's Governor-Generalship, 1726 - 1731* (Yale University Ph. D. dissertation, 1970)。

采集"。当时的一位欧洲旅行者"发现（滇南）的深山密林几乎已经完全消失了，取而代之的是在裸露土地上的密集农作物和山上的茶林"①。

那么，种植茶树算是一种对丘陵和山区环境的可持续利用吗？

茶树是一种原产于云南热带和亚热带山区的多年生常绿植物。早在汉代，茶树就已成功种植到了四川盆地，汉帝国中心的居民也已经可以喝到制好的茶了。到了唐代，茶已经成为中国人饮食不可缺少的一部分，被认为是日常生活的必需品之一，并出现了一本论述茶叶沏泡、饮用和鉴赏的重要著作（《茶经》）。在宋代，云南的普洱茶开始享有盛名，并成为宋朝为装备骑兵而用以和藏族部落交易马匹的重要商品。②

241   随着茶树种植从云南到四川，再到华南和东南部山区的传播，茶树的品种也在发生着变化，从云南地区高达 20 英尺至 60 英尺的乔木型单一植株，发展成树高 9 英尺，修剪后仅两三英尺，易于采摘的多分枝灌木。在良好的条件下，茶树可以一直茁壮生长上百年。宋明时期，茶树的种植随着需求的扩大而广泛传播；到了 18 世纪，外国特别是英国的需求，推动了茶树种植和生产的再一次增加。③

正如一位 18 世纪福建东北产茶区的官员所说："曩耕于田，今耕于山；曩种惟稻黍菽麦，今耕于山者若地瓜、若茶、若桐、若竹、若松杉，凡可日用者，不惮涉山巘岩、辟草莽，陂者平之，罅者塞之，计岁所人，以助衣食之不足。"④ 在福建西北部，茶树就种植在稻田以上的丘陵地带，竹子和树木的位置则更高。

18 世纪茶叶产量的增加显然有一部分是山区棚民的功劳，由此引起的一些结果前文已经论及。到 1820 年代中期，"近因开垦（茶），山不停注，溪流

---

① Giersch, *Asian Borderlands*, 128-145, 165-178.

② Paul J. Smith, *Taxing Heaven's Storehouse：Horses，Bureaucrats，and the Destruction of the Sichuan Tea Industry，1074-1224* (Boston, MA：Harvard University Press, 1991), 24-25.

③ 这两段内容主要参考了 Robert Gardella, *Harvesting Mountains：Fujian and the China Tea Trade，1757-1937* (Berkeley and Los Angeles, CA：University of California Press, 1994), 9-10, 21-31, 33-40.

④ 转引自 Evelyn Rawski, *Agricultural Change and the Peasant Economy of South China* (Cambridge, MA：Harvard University Press, 1972), 51. 译者注：乾隆《安溪县志》卷四。

易竭，竟有十日无雨则无禾之势。且大雨时行，沙土溯腾而下，膏腴变为石田，五谷不生，空负虚粮，故山农与平地农动成斗殴，酿为讼端"①。

因此，尽管森林变成了灌木茶林，一些茶场甚至经营了数百年，但在棚民响应市场需要而不断开发山区资源包括植茶的情况下，茶林并不足以制止水土的流失。热带和亚热带的森林有好几个层次，即使是强降雨，也要经过无数层树叶的阻挡才能最终掉落到铺满落叶的森林地面上。而在华南和东南部的丘陵地带，只有矮小的茶树挡在强降雨和被侵蚀的丘陵之间。实践证明，无论是在滇南山区的原产地，还是在移植的这些地区，茶林都不足以阻挡雨水，保护土壤。

茶树在这些丘陵地带被广泛种植的另一个原因是，在这种海拔高度的地区，瘴气比较稀薄。正如贝杜维所指出的："云南 84％的面积都是山地，属于横断山脉的三条山脉和三大水系交错穿越省境，由此产生的一个结果就是瘴疬主要出现在江河流域、森林和山麓，而在海拔较高的地区则基本没有。"② 长期以来，汉人、蒙古人先后征服和管理云南的努力都遭到了瘴气的阻挡，它使得北方汉人难以在此定居进而直接统治云南的大部分地区，从而导致了间接进行管理的土司制度的诞生。正如一位满族官员所说，"前明流土之分，原因烟瘴新疆，未习风土"③。

和汉人在其他地区拓展领地时所遭遇的别的土著民族一样，长期居住在云南的苗族（赫蒙族）人，也被分成了接受中央政府统治并获得爵位和国家支持的熟苗，及尚未归化的生苗。在云南，这两种土著都生活在疟疾流行区，这也是汉族官员和士兵没有进入这一区域的主要原因。不过，如上文所述，很多汉人涌入西南地区开矿，并要求清政府罢黜土司，以便使自己能够生活在汉人的统治之下。直接进行管理所能带来的一些制度如建立土地所有权法律等，也促使清政府考虑将这一区域纳入政府的直接控制之中。一个主

242

---

① 转引自 Gardella, *Harvesting Mountains*，43。译者注：陈盛韶《问俗录》卷一《茶讼》。

② David A. Bello, "To Go Where No Han Could Go for Long：Malaria and the Qing Construction of Ethnic Administrative Space in Frontier Yunnan," *Modern China* 31, no.3（2005）：283-317.

③ 转引自 Bello, "Malaria and the Qing"，296. 译者注：《清史稿》卷五百十二，鄂尔泰奏疏。

要问题是，那些尚未归化的土著部落大多在与缅甸接壤的边界无人区出没，要建立直接的控制，就必须与缅甸接触，并击败甚至将其纳入中华帝国之中。

但清朝在 1760 年代后期发起的军事行动最终却以灾难而告终，一位官员曾回忆道："观缅甸不过西南一部落耳。人非勇健，器非铦利。不及中国兵远甚，惟恃地险瘴重，聊以自固。"① 连经略缅甸战役的乾隆皇帝也承认："缅地恶劣，人不能与天时水土争。徒使精兵勇将毙于瘴疠，甚可悯也。是以决不用兵。"②

贝杜维曾研究过瘴疠对汉人在云南扩张的影响，这不仅意味着瘴疠对汉人可以直接管理区域的限制，甚至也不仅是瘴疠对于帝国扩张的限制，他的复杂分析表明："瘴疠可以在生物伦理学的层面划定和区分云南的行政空间。"③ 无论生苗、熟苗，都或多或少地拥有一些汉人所缺乏的对瘴疠的抵抗力，这成了汉民和苗民之间的一个显著差异。"瘴疠也由此而成为清政府管理云南边疆基本结构的一个重要组成部分，这种由疾病而产生的环境约束在物理层面将汉人和苗人分割开来，而这种分割又使得土司制度成为帝国对边疆省份管理体系的有机组成部分，虽然仍有很多缺乏管理的部落会经常破坏帝国的统治……而这种有争议的空间划分并不完全是人类野心冲突的结果，因为在部落和帝国创建者喧嚣的背后，还有按蚊无休止的诉说。"④

疟疾并不是汉族移民进入云南时遭遇的唯一致命性疾病。当时的中国人认为疟疾一直是环境的一部分，称之为"瘴"或"瘴疫"，主要存在于温暖的低洼沼泽，那里雾气缭绕，腐烂的动植物把水域都染成了深褐色。他们不知道带菌的按蚊才应该对疟疾向人类的传播负责，但他们知道，如果能避开这些类型的环境，或者搬离这些地区，他们就不会感染瘴疠。

鼠疫的情况与此有所不同，这种疾病可以从一个地区迅速蔓延到另一个环境状况完全不同的地区，古代的中国人往往将其记载为"疫"或"大疫"。在地方志中，"瘴"往往被记录在"地理志"里，而"疫"或"大疫"则常

---

① 转引自 Bello, "Malaria and the Qing," 283。译者注：周裕《从征缅甸日记》。

② Ibid., 283–284. 译者注：王昶：《征缅纪略》，第 33 页。

③ Ibid., 300.

④ Ibid., 306, 310.

被记载在"大事考"中；"瘴"是某一地区的地方病，而"疫"或"大疫"则只是偶然发生的。不过，云南还是有两个后来流行病学所称的疫源地（plague reservoir），鼠疫杆菌存在于当地一定数量的黄胸鼠中。啮齿动物和人类都会因昆虫的叮咬而感染这种疾病，最常见的就是鼠蚤。

如果某个走进疫源地的猎人或樵夫，偶然接触了已经感染的老鼠，他很可能会在三到五天内死去。腺鼠疫的病菌只要不感染到肺部（肺鼠疫）并通过飞沫传播，其他人被感染的危险并不大。但云南地区的疾病生态状况意味着，这种危险一直没有远离人类。鼠疫杆菌大量存在于当地的绒鼠和田鼠种群中，这些啮齿动物似乎对这种病菌具有一定的抵抗力，但寄生在它们身上的鼠蚤会去叮咬黄胸鼠，而黄胸鼠不仅生活在野外，还会在收获季节偷吃农民储存的粮食，并藏身于阁楼或屋顶中。即使这样，只要这些老鼠能够吃得好并一直活着，鼠蚤通常也会继续停留在老鼠身上。但如果出于某种原因，老鼠开始快速地死去，那么鼠蚤就会跳到各种新宿主如人类的身上，在人们携带这些饥饿的鼠蚤一段或长或短的时间以后，致命的鼠疫会突然暴发出来，杀死三分之一到一半的感染人群。

鼠疫早在12世纪到14世纪之间就已经存在于云南了，它也可能从云南传播到华北地区并造成了1331年的那场瘟疫。① 历史学者卡罗尔·本尼迪克特（Carol Benedict）认为，云南在18世纪和19世纪暴发的一次疫情很可能就是腺鼠疫，而且，她还把云南发生疫情的很多地区与本章前述云南地区随着人口和经济发展而兴起的商业路线联系了起来，认为："随着穿过丽江县（云南西部的一个疫源地）的生意人不断增多，他们可能会在不经意间沿着西藏—丽江的商路把疾病从西藏带入云南，也可能会经过某个已经出现动物疫情的地区。无论是哪种方式，他们都可能会接触到携带鼠疫的跳蚤，并最终把它们带回到地区中心的城镇中。"她在书中所列出的云南疫情暴发地区名单是非常令人震惊的。②

类似的适合鼠疫存在和蔓延的地区还包括东北平原，在下一章我们还会

---

① 译者注：作者这里的猜测深受西方一些学者的影响，是完全没有史料支撑的，在某种程度上带有西方"黄祸论"的种族主义意识形态，详见本章第一节相关注释。

② Carol Benedict, *Bubonic Plague in Nineteenth-Century China* (Stanford, CA: Stanford University Press, 1996), 19-20, 29.

对此进行探讨，这里需要提到的是，中国政府对西南边疆地区的政策引入了大批的汉族移民，他们在这里从事农业、贸易、采矿和伐木等，会把产品销售到距离云南当地疫源地非常遥远的市场上。随着人员和货物在贸易路线上的流动，疫病也在传播。市场体系和政府的行动都将整个中华帝国更紧密和更频繁地联系到了一起，这就像在下一章中我们会看到的，中国本身与世界其他地区也正在建立着更广泛和更频繁的接触。

244

中国西南与 Zomia

最近，詹姆斯·斯科特已经将汉人在华南和西南地区的军事、政治和生态征服与人们在中国西南直到东南亚一带他称为 Zomia 的高地地区定居联系了起来。斯科特认为，几个世纪以来，有很多人脱离中央政权的统治，躲进南部的山区和丘陵地带，以寻求逃避国家的控制、税收和各种政府盘剥。这些高地居民本身或许并没有多么特别，但他们对于国家而言却是异类，"随着税收和国家的消失，民族和部落成为他们的组织单位"①。

汉人的迁移得到了国家的支持，政府的军队从其他土著族群那里夺取了河谷地带，并将土著居民驱往其他山区或丘陵，这一过程非常漫长，本书仅仅涉及了其中的一部分。② 斯科特认为，这些难民脱离了政府的控制之后，会采取自给自足的生产和生活方式，这部分也是为了抵制政府管理（不只是中国，也包括缅甸和东南亚其他国家政府），而特别采取的一种不在同一地区停留太久的战术。因此，刀耕火种的游耕农业和种植块茎和块根作物成为一种政治策略，使"采取汇集人力和粮食资源政策的国家政体难以掠取他们"③。从这个角度来看，烧荒垦田并不是早期社会生产方式的遗留，而是一种为适应因中原王朝展示政治力量所引致的政治环境而采取的策略。就这一点而言，我们所看到的那些少数民族对中国西部、南部和西南地区山区环境的改变，也是一种对中国政府力量的"遥相感应"。

关于利用（和滥用）自然资源的争论

在本章中，我们已经无数次地看到中国古代的官员不得不面对因各种特

---

① Scott, *The Art of Not Being Governed*, x-xi, 138-141.

② 更详细的资料和案例可参见 Wiens, *Han Chinese Expansion in South China*, 186。

③ Scott, *The Art of Not Being Governed*, 178.

殊形式开发帝国资源而带来的社会和经济后果，他们对此多次展开争论，也展现出了在保护自然区域和生态过程方面的智慧。官员努力寻求平毁洞庭湖周边和珠江三角洲堤坝的办法，以维持正常的水文周期而不至于加剧洪水泛滥。① 他们担心黄河堤防不断加高所隐藏的危险，并就如何清理泥沙以保障大运河通航进行争论。他们了解岭南山区烟草栽培和江西丘陵地带玉米种植对土壤的影响和侵蚀，并对这些行为颁布了禁令。在台湾岛和海南岛，官员还试图保护一些土著居民的利益免遭低地汉人的侵害。他们也对粮食价格上涨的原因和后果深感忧虑。②

　　有些官员开始意识到大自然的恩惠正在因人们的不断攫取而趋于耗竭。　*245*
早在18世纪中叶，王太岳就在《铜山吟》中写道："矿路日邃远，开凿愁坚珉。曩时一朝获，今且须浃旬。……阴阳有禽辟，息息相绵匀。尽取不知节，力足疲乾坤。"农民也知道，那些新开垦土壤的肥力很快就会被耗尽，他们于是不得不继续迁移。虽然清朝对移居辽东半岛的人民没有征收赋税，但一个被流放的官员（方拱乾）指出："地贵开荒。一岁锄之犹荒，再岁则熟，三四五岁则腴，六七岁则弃之而别锄矣。"③

　　到18世纪后期，一位名叫洪亮吉的官员对人口不断增加的状况及其对土地资源造成的压力深感忧虑，并就这一即将发生的危机向帝国的官员提出了警告。他指出，长达百年的和平时代当然有它的好处，但一个易被忽视的后果是一代一代人口的不断倍增，以及由此造成的土地和其他财产被分割得越来越细碎。

　　在这样的情况下，洪亮吉认为："（地）亦不过增一倍而止矣，或增三倍

---

①　更多的案例可参见 William T. Rowe, "Water Control and the Qing Political Process," *Modern China* 14, no. 4 (1988): 353–387; and Peter Perdue, "Lakes of Empire: Man and Water in Chinese History," *Modern China* 16, no. 1 (1990): 119–129。

②　参见邓海伦的两种论著，Helen Dunstan, "Official Thinking on Environmental Issues and the State's Environmental Roles in Eighteenth-Century China," in *Sediments of Time*, eds. Elvin and Liu（中译本见刘翠溶、伊懋可主编：《积渐所至》，第877–916页）；以及 *Conflicting Counsels to Soothe the Age: A Documentary Study of Political Economy in Qing China* (Ann Arbor, MI: University of Michigan Press, 1996)。

③　转引自 Mark Elvin, "Introduction," in *Sediments of Time*, eds. Elvin and Liu, 11. 中译本见刘翠溶、伊懋可主编：《积渐所至》，第14–15页。

五倍而止矣，而户口则增至十倍二十倍，是田与屋之数常处其不足，而户与口之数常处其有余也。……治平之久，天地不能不生人，而天地之所以养人者，原不过此数也。"① 洪亮吉常被称为"中国的马尔萨斯"，英国经济学家马尔萨斯也曾认为清代的中国对人口增长缺乏积极的抑制，而只能通过饥荒或战争这样的灾难来进行现实性抑制。不过马尔萨斯误解了中国②，洪亮吉的警告和建议也被忽视了。

事实上，中国的人口在 1750 年到 1950 年间从 2.25 亿激增至 5.8 亿，增加了近两倍。这些不断上涨的数字表明，中华帝国的人们能够从他们的环境中获取越来越多的能量，支撑人口的农业生态系统取代了支持其他物种的生态系统。当然，各地人口的增长并不均匀，中国中部和东部核心区的人口增长非常缓慢，而边疆地区的增长则快得多。这种快速增长部分是因为汉族家庭对生育控制的放松和溺女婴现象的减少，部分则是来自核心区人口的大量迁移。有大约 1 000 万甚至更多人口从中国中部迁至四川，1 200 万人口从华北迁往东北，此外还有数以百万计的短距离迁移。③

尽管洪亮吉和其他官员表达了他们的忧虑，但中国环境所承受的压力仍在与日俱增，并在 19 世纪达到了危机的水平。一直延伸到帝国最偏远角落的农田和忠诚的纳税人，增强了清帝国的力量和影响，使其能够找到对付那些西北地区讨厌家伙的最终解决方案。但经济发展往往并不能带来我们解决生态问题所需要的知识，官员甚至发现有些物种已经快要灭绝了。

到 1800 年时，老虎和大象这两个我们一直用来定期衡量中国环境从健康、可持续的生态系统向农田或被剥蚀的丘陵、山脉转变过程的"明星物种"，已经被推到边缘的边缘，并在中国的大部分地区绝迹了。华南虎在主要位于广东、江西交界和福建的最后几个山区勉强维持，随着人类不断侵占

① Hong Liangqi, "China's Population Problem," in *Sources of Chinese Tradition* 2nd ed., vol. 1, eds. de Bary and Bloom (New York, NY: Columbia University Press, 2005), 175. 译者注：洪亮吉《治平篇》。

② James Z. Lee and Wang Feng, *One Quarter of Humanity: Malthusian Mythology and Chinese Realities* (Cambridge: Harvard University Press, 1999). 中译本见李中清、王丰：《人类的四分之一：马尔萨斯的神话与中国的现实：1700—2000》，陈卫、姚远译，生活·读书·新知三联书店，2000。

③ ibid., 115-118.

和破坏它们的栖息地，老虎伤人的事件在 18 世纪和 19 世纪急剧增多，随后又因老虎数量的锐减而陡然下降。[①] 亚洲象则被进一步推到了云南和缅甸接壤的偏远地区。

历史学者伊懋可认为这些物种的消失是"三千年来对动物战争的结果"[②]。用"战争"来描述这些野生动物的遭遇或许并不是一个恰当的比喻。虽然老虎和大象（以及其他的野生动物）确实是被猎杀了，既为防止它们对人类的危害，也是为了销售其身体的某些部位；但猎杀本身并不是导致这些物种濒临灭绝和其他一些物种被遗忘的根本原因。真正的原因是对它们栖息地的破坏，这主要是为了开垦农田、安置不断增加的汉族人口和实现政府对这些区域的控制。就这一点而言，野生动物的消失与其说是一场战争，不如说是一种破坏的结果。

伊懋可认为，虽然帝制晚期自然界的状况已经非常严峻，但中国古代文献中并没有形成一种将自然界或者荒野与人类分开来讨论并对其加以重视和保护的思想。他指出，所有的"自然"都被看作人类社会或者更具体地说是汉族文明的工具，大自然所赋予的资源可能会被明智地开发利用，就像战国末期《淮南子》所阐述的那样；也可能会被不负责任地滥用，即如清朝后期。不过，伊懋可的表述可能有点言过其实了，正如我们在本书其他部分所看到的，道教和佛教中都有像对待自己一样珍爱动物和自然的思想和主张。[③]

---

① 参见 Marks，*Tigers*（中译本见马立博《虎、米、丝、泥》）；Chris Coggins，*The Tiger and the Pangolin：Nature，Culture，and Conservation in China*（Honolulu，HI：University of Hawaii Press，2003）。

② Elvin，*The Retreat of the Elephants*，ch. 2，11.

③ 有关环境思想的历史非常复杂，主要是文化、思想和社会史学者的研究成果，除本章及以前各章所涉及的资料外，对帝制晚期中国环境思想感兴趣的读者还可参阅 Ulrich and Dux，eds.，*Concepts of Nature*；Georges Métailié，"Concepts of nature in Traditional Chinese Meteria Medica and Botany（Sixteenth to Seventeenth Century），" 345-367，and Benjamin Elman，"The Investigation of Things（*gewu*），Natural Studies（*gezhixue*），and Evidential Studies（*kaozhengxue*）in Late Imperial China，*1600 - 1800*），" 368-399，以及 Elvin，"Introduction，" in *Sediments of Time*，eds. Elvin and Liu，13（中译本见刘翠溶、伊懋可主编：《积渐所至》，第 16 页）。

小结：人口、市场、政府与环境

在本章所考察的 1300 年至 1800 年这五百年的时间里，中国的人口翻了两番，从元代的约 7 500 万～8 500 万，增长到 1800 年清代鼎盛时期的 4 亿左右。各类自然资源，从森林、水、矿物到土壤肥力，都开始承受着压力。帝国的疆域也空前辽阔，南到热带的海南岛，西南至云南、贵州，西括新疆、青藏高原，北含蒙古，东北抵外兴安岭。特别是明、清两代，在政府的支持

247
和军事保护下，汉族移民从北部和南部的农业核心区逐渐进入到新拓殖的地区。在这里，汉族人口迅速增加，而当地的一些土著族群则遭到了排斥。华北和华中定居已久的核心区人口的持续增长，也加剧了向南方山区和丘陵地带的移民趋势。

随着边疆地区汉族移民的大量进入和一些内陆偏远地区人口的显著增加，中华帝国也已经达到了其生态的极限。在 1800 年仍或多或少地禁止汉人迁入的一些地区，特别是东北和青藏高原，到 19 世纪末和 20 世纪时，也已经出现了大量的汉族移民。市场体系的存在，使得帝国的部分人民可以专业种植某种农作物，并依赖从其他地区输入的食物生活；市场体系也使得清政府能够聚集资源从而征服准噶尔。汉人的农业生产取代了土著民族的方式，市场的力量将木材、沉香和木耳等各种林产品送到了山下乃至更下游的消费者手中。在下一章的开头我们将会看到，在急剧增加的人口，强有力并且富于拓殖、扩张精神的政府，以及高效率的市场体系的联合作用下，中国的森林砍伐日益严重，并承受着环境退化的后果。

第六章
近代中国环境的退化，公元 1800—1949 年

1400 年至 1800 年的中国是全世界人口最多的政治体，占世界总人口的 1/4 到 1/3，无论是农业产量还是工业产量都位居世界第一，1750 年中国的工业产出也约占全世界总量的 1/3。在历史学家通常称之为"早期近代世界"的这数百年间，中国巨大的消费力和产量成为推动全球经济活动的主要引擎。①

早期近代中华帝国财富和权力的基础在很大程度上源于对中国环境资源的开发。前面的章节已经向我们展示了中华帝国是怎样向北面、南面和西南面扩张的，这有时候源自游牧民族的军事压力，有时候则是出于对战略性资源的需要。随着帝国疆域的扩大，历代政府均推动了汉人的移民，以便将当地的环境改造成可以向帝国纳税的农田。只要帝国有能力，这种将各族人民都纳入帝国范围内的扩张战略就会一直持续下去。在明、清两代，帝国的扩张逐渐达到了极限，这种限制在一定程度上是因为遇到了其他强有力的国家——越南在 15 世纪初抵挡住了明朝的扩张，俄国在 17 世纪后期与清朝相抗衡；不过，帝国扩张也受限于环境因素，包括南部和西南部的热带疾病，

① 参见 Andre Gunder Frank，*ReOrient：Global Economy in the Asian Age*（Berkeley and Los Angeles，CA：University of California Press，1998）；Kenneth Pomeranz，*The Great Divergence：China，Europe，and the Making of the Modern World Economy*（Princeton：Princeton University Press，2000）；R. Bin Wong，*China Transformed：Historical Change and the Limits of European Experience*（Ithaca，NY：Cornell University Press，1997）；Robert B. Marks，*The Origins of the Modern World：A Global and Ecological Narrative from the Fifteenth to the Twenty-first Century*（Lanham，MD：Rowman & Littlefield，2007）。中译本见贡德·弗兰克《白银资本：重视经济全球化中的东方》；彭慕兰《大分流：欧洲、中国及现代世界经济的发展》；王国斌：《转变的中国：历史变迁与欧洲经验的局限》，李伯重、连玲玲译，江苏人民出版社，1998；罗伯特·B. 马克斯《现代世界的起源：全球的、生态的述说》。

或北方和西北的干旱草原。

在不断向外拓展并达到极限的过程中，一些可能已经抵达了边疆地区的人们开始开发他们的内部边疆——在种植美洲作物经济上可行之前人们尚难以定居生活的山区和丘陵地带。随着 19 世纪大面积环境危机的出现，对资源的需求开始产生了全国性的生态影响。而且，这种生态影响也逐渐扩展到了国界以外的地区。

第一节　中国人的消费及其对环境的影响

258　　在上一章中我们看到，为了给不断扩大的人口和经济提供货币，中国在 1500 年至 1800 年间吸收了全世界所生产白银总量的 1/2 到 2/3。这既包括国内采矿者在西南边疆地区对白银、铜和其他贵金属的开采，也包括（欧洲人为了掠夺白银并与东方进行交易而）对墨西哥和玻利维亚银矿的大规模开采，两者都导致了当地经济与环境的剧烈变化。中国可以生产世界上最精美的瓷器、最华丽的丝绸和最结实的棉布（也包括印度），全世界的贸易商和冒险家都知道最可靠的致富途径就是在对亚洲贸易中获取一席之地，于是纷纷涌向中国和印度口岸，那里的商店和仓库里堆满了茶叶、丝绸、香料、瓷器和其他西方人渴求的商品。1498 年，欧洲贸易商进入印度洋，随后又通过马六甲海峡抵达中国海域。在 16 世纪和 17 世纪，葡萄牙和荷兰商人依靠日本、中国和南海港口间的转口贸易赚取了大量的财富，于是越来越多的英国、法国和美国商人也在 18 世纪和 19 世纪加入其中。①

关于欧洲人到达中国海域之前和之后中国对外贸易的体制与状况，有着大量的研究文献②，其中一些我们在本章后面还会谈到，不过现在我们还是先简短地专门考察一下中国与太平洋地区的贸易，从中也可以看到中国对于国界以外地区日益扩大的生态影响。

---

①　参见 Frank，*ReOrient*。中译本见贡德·弗兰克《白银资本》。
②　参见 Takeshi Hamashita，*China，East Asia and the Global Economy：Regional and Historical Perspectives*（New York，NY：Routledge，2008）。中译本见滨下武志：《中国、东亚与全球经济：区域和历史的视角》，王玉茹、赵劲松、张玮译，社会科学文献出版社，2009。

太平洋群岛与檀香

在绝大多数情况下，欧美商人从中国购买的商品——特别是越来越多的茶叶——要远远多于中国人愿意从他们那里购买的商品，所以这些商人需要不断地寻找那些有助于平衡贸易赤字的解决办法。部分答案来自太平洋群岛的特产，其中最重要的就是檀香树，一种广泛存在于太平洋群岛、树高可达 20 英尺的芳香乔木。岛上的土著居民几乎没有利用过这种植物，只会将其砍伐燃烧从而清理出土地用于耕种。而在中国，却有着对檀香的巨大市场需求，将其广泛用于装饰、制作可以驱虫的箱子、家具、盒子以及烧香（特别是葬礼上）、香料和制药等。直到 19 世纪初，中国绝大部分的檀香需求都是由印度来满足的。

但欧洲商人很快就发现了太平洋群岛的檀香，并将其用于满足中国需求。"发现了檀香（在广州）价值的商人们首先来到斐济（1804—1816 年）；然后到马克萨斯岛（1815—1820 年）；接下来，再转向夏威夷（1811—1831年），在那里，王室垄断特权的威力加快了掠夺的步伐；最后，他们到达美拉尼西亚特别是新赫布里底群岛（1841—1865 年）。在夏威夷，国王和部落酋长们派遣了数千平民砍伐檀香树，他们烧掉干枯的森林，以便能顺着香味找到这种珍贵的木材（只有心材才具有高价值，因此树干被烧焦也没有关系）。在夏威夷檀香贸易的鼎盛时期，每年会有一二百万公斤的心材被运往中国……各地的檀香树迅速而大面积地消失，而且在绝大部分地区都几乎绝迹。150 年前的商业机会，对太平洋群岛的植被构成造成了持久的影响。"[①]

欧洲人的出现对太平洋群岛造成了广泛的环境破坏，不过他们实际也是在为中国的市场服务。"除捕鲸外，整个 19 世纪对太平洋地区檀香、海豹皮、海参，有时甚至是木材的掠夺，主要都是为了供应中国市场。欧洲、美国和澳大利亚的商人们组织了这些用西方工业品获取太平洋群岛特产，再用这些特产交易中国丝绸和茶叶的转口交易。从 1790 年代到 1850 年的这种环球'三角贸易'将太平洋群岛与欧洲、北美洲和中国的经济和生态系统联系

259

① 　J. R. McNeill, "Of Rats and Men: A Synoptic Environmental History of the Island Pacific," *Journal of World History* 5, no. 2 (1994): 322. 中译本参见 J. R. 麦克尼尔：《人鼠之间：太平洋群岛的简要环境史》，载夏继果、杰里·本特利主编：《全球史读本》，北京大学出版社，2010，第 224 页。

到了一起，而对其中最小和整合程度最低的地区却产生了最为深远的影响。"①

西伯利亚与毛皮

中国对于优质动物毛皮也有着很大的需求，特别是西伯利亚的貂熊和美国西海岸的海獭。北京位于寒冷的华北平原北端，皮草既可以给人们带来温暖和舒适，也可以彰显身份，因而很受重视。满族贵族和汉族高官所需要的动物毛皮中，有相当一部分都是通过第五章中所谈到东北地区的"帝国猎食"来供应的。这些毛皮很多都来自东北满族故土的最北部地区，但到 1700年前后，或者是因为需求逐渐超过了供给，或者是因为这些动物资源已经基本耗尽了（毛皮的供应逐渐呈现不足），一个新的毛皮来源适时地出现在中国人的面前。②

自 16 世纪后期以来，俄罗斯一直在向东穿过西伯利亚，不断扩张领土，迫使他们所遇到并征服的当地人向其进贡，大约相当于每个成年男性一张貂皮。约翰·理查兹（John Richards）指出，这些毛皮贡赋为早期近代的俄国提供了资金上的助益，因为当时的俄国几乎没有其他产品可以出口欧洲以换取金币和金条。于是，这种需求促使俄罗斯的探险者不断地向东推进并穿越西伯利亚，直到 17 世纪后期遇到了同样也在向北推进到黑龙江流域西伯利亚地区的清朝。在 1689 年《尼布楚条约》划定边界后，中俄两国之间的贸易得以开展，"中国市场愿意为西伯利亚的各种毛皮支付高昂的价格，紫貂和狐狸皮都可以卖上好价钱，而貂熊的价格还要更高。作为回报，（俄国）商人可以带回瓷器、丝绸、金、银、茶叶、宝石、半宝石和象牙"③。

我们不知道究竟有多大比例的俄国毛皮出口到了中国，但中国人对西伯

---

① J. R. McNeill, "Of Rats and Men: A Synoptic Environmental History of the Island Pacific," *Journal of World History* 5, no. 2 (1994): 319. 中译本见夏继果、杰里·本特利主编：《全球史读本》，第 221-222 页。译者注：作者这里的介绍尚不全面，欧美殖民者对太平洋群岛的破坏并不仅仅是为了满足对华贸易的逆差，他们还大量掠夺这里的劳动力用于捕鲸、采集鸟粪和种植甘蔗，并把流感和天花等病毒带到这里，造成了高达 90% 以上土著人口的减少，这些都与中国无关，而纯粹是由欧美殖民者犯下的罪恶。

② Bello, "Imperial Foraging."

③ Richards, *The Unending Frontier*, 537.

利亚毛皮的巨大需求——理查兹称之为"无法满足"——的确对西伯利亚的生态产生了影响。实际上，这一地区的人口很少，随着对毛皮动物的大量宰杀，到 1690 年代，紫貂已经从西伯利亚的很多地区消失了；而当地稀疏的人口即使逃过了天花造成的大批死亡，也因这些贡赋而变得一贫如洗了。①

美国西海岸：海獭与海狸的毛皮

中国在生态方面的影响甚至波及了太平洋彼岸的美国西北部。对于那些 *260* 刚抵达哥伦比亚河不久的美国和英国商人而言，位于现在华盛顿州和俄勒冈州土地上广袤的自然财富正向他们敞开了大门，而他们则立即将这些资源与"中国市场"联系了起来，在 1820 年代用数艘船只满载着美国西北部的海狸毛皮，直接驶向了中国的广州港。然而，这些商人在位于亚热带的华南地区并没有找到他们所期望的毛皮市场，到 1828 年，海狸毛皮交易宣告失败。取而代之的是一个更复杂的系统：由美国船只在包括夏威夷在内的太平洋群岛间进行美国西北部出产的毛皮、木材和鱼类贸易，最后再把沿途获取的商品包括前述的檀香运到广州。②

不过，海獭的毛皮却获得了中国市场的青睐。海獭的栖息地位于从阿拉斯加直到加利福尼亚州长达 4 000 英里的美国西海岸，黑色光滑的海獭皮在 18 世纪末的广州市场上价值高达 40 个西班牙银元，但三十年后，它只能卖到 2 个银元。原因并不是中国需求的萎缩，而是供给的爆炸性增长。"宰杀海獭……需要非常专业的技巧和本地的猎人"，特别是阿拉斯加的阿留申人和科迪亚克人。通过一场（美国和俄国商人）肮脏的交易，俄国的掮客们以这些土著中的妇女和儿童作为人质，强迫他们的男子为北美洲西海岸一带的英美商人工作，"整个海岸迅速变成了一个大屠宰场……这一地区的海獭种群很快就面临灭绝了"③。

---

① Richards, *The Unending Frontier*, 536, 538, 540-541.

② Richard Mackie, *Trading beyond the Mountains: The British Fur Trade on the Pacific 1793-1843* (Vancouver: UBC Press, 1997), 51-55. 亦可参见 *James R. Gibson, Otter Skins, Boston Ships, and China Goods: The Maritime Fur Trade of the Northwest Coast, 1785-1841* (Seattle, WA: University of Washington Press, 1992).

③ David Igler, "Diseased Goods: Global Exchanges in the Eastern Pacific Basin, 1770-1850," *American Historical Review* 109, no. 3 (2004): 714-715.

除了中国消费需求对遥远美国西海岸产生的生态影响外，主要由美国和英国船只建立的太平洋贸易正在不断扩张，并将欧亚大陆和北美大陆之间巨大的太平洋地区，逐渐编织成了一个以檀香山和广州为主要枢纽的大型贸易网络。戴维·伊格勒（David Igler）指出，在这些商品交易的过程中，来自欧亚大陆的一些疾病如天花和流感，也被传入了太平洋群岛并经常造成灾难性的结果，因为当地人从来没有接触过这些病菌。[①] 结果，太平洋上的这些船只开始将整个区域都联结进了一个特殊的生态系统，人类的疾病、技术、思想和货物在其中都能够更容易地进行远距离交换。在后面我们将会看到，19 世纪末涉及鸦片生产的贸易网络也把中国西南地区的瘟疫传播到了世界其他地区。

印度与鸦片

欧洲和美国商人之所以急于在新殖民地上搜寻中国市场可能需要的商品，是因为他们从中国人那里买入了大量的茶叶、瓷器和其他商品，而用他们本国的产品无法支付这一贸易逆差。中国的需求及其漫长的供应线对欧洲和美国人而言是一种激励，促使他们不再像狩猎采集那样从大自然摄取资源以供自己的生存，而是将这些自然资源转化成商品，卖到中国市场。然而，尽管西伯利亚、太平洋群岛和美国西北部已经为此而遭到了生态破坏，这些产品也还是不够。最终，中国最需要的还是白银，欧洲和美国的飞剪船将越来越多的白银运到中国南方的广州港，码放整齐并经过鉴定之后，在这里每年举行的交易会上换取中国的茶叶和瓷器。

当时的欧洲各国正处于激烈的竞争之中，对于邻国和战争的担忧使得重商主义政治经济学成为主流思想：一个国家应该积极开展对外贸易，并不断积累贸易盈余所产生的黄金和白银，以备战争之需。因此，大量白银被运往中国购买茶叶的情况引起了各国的战略关注。首先是英国，然后是美国，开始从事一种特殊商品的买卖，这种商品可以以很低的成本大规模生产，并用间接的、原本是非法的手段来交易广州港里存储的中国商品，这就是鸦片。

J. R. 麦克尼尔曾指出这种环境上的讽刺："到 1850 年时，要享受中国的茶叶，已经不再需要追捕所剩无几的海豹或砍伐檀香树了，鸦片提供了打开

① David Igler, "Diseased Goods: Global Exchanges in the Eastern Pacific Basin, 1770-1850," *American Historical Review* 109, no. 3 (2004): 693-719.

对华贸易大门的钥匙。随着英国东印度公司将孟加拉的大片土地用于鸦片种植，中国的贸易圈也发生了转移，太平洋转口贸易逐渐失去了重要性……经过几十年的狩猎或采伐，海豹、檀香树和海参日渐稀少，对华贸易已经开发掉了这些资源的精华部分。"[①] 土耳其的鸦片为美国的飞剪船省下了残存的海狸，美国东部地区出产的动物毛皮相对于国内和欧洲市场突然变得供过于求了，因为欧洲的上流人士更喜欢戴毡帽而不是松鼠皮帽子。正如麦克尼尔所提示的，孟加拉地区从种植其他农作物特别是棉花向种植罂粟（鸦片是其提取物）的转变，毫无疑问会给当地带来生态方面的影响，不过这个故事并不是本书所关注的内容，我们更感兴趣的问题是，鸦片贸易与19世纪后期世界腺鼠疫大暴发之间的关系。

鸦片与世界性流行病

由鸦片贸易催生的商业路线同时也造成了两种疾病在世界范围的流行。一种是从印度被带到中国并在1820—1821年造成了一次全国性疫情的霍乱，同样的霍乱弧菌，在1930年之前，已经在中国发生了六次大流行。[②] 另一种是腺鼠疫，在1894年造成了一场从中国西南地区直至全世界的大暴发。这些流行病菌乘坐着蒸汽轮船，被传播到了全世界的各个地方。

在第五章中，我们曾经讨论过云南的一些地区汇集了黄胸鼠、一种寄生于黄胸鼠的鼠蚤（印鼠客蚤）、鼠疫杆菌和人类等腺鼠疫疫源地的条件。随着云南被纳入帝国和贸易路线对省内市场的日益整合，鼠疫疫情也逐渐在云南省内传播开来。但如果不是因为鸦片贸易，鼠疫疫情很可能会一直停留在云南省内。

在致瘾性的作用下，广州港周边和城内有数十万中国人都在吸食大量由英国和美国船只走私来的鸦片。由于贩运的长距离和风险，鸦片的价格当然非常昂贵。事实上，中国的历史学家确信正是鸦片消费，逆转了几个世纪以来直到1833年中国人手中积累的白银流向。在此之后的短短几年中，中国国库就面临白银短缺了。

---

①　McNeill，"Of Rats and Men，" 325－326. 中译本见夏继果、杰里·本特利主编：《全球史读本》，第226页。

②　Kerrie L. MacPherson，"Cholera in China，1820－1930，" in *Sediments of Time*，eds. Elvin and Liu，487－519. 中译本见刘翠溶、伊懋可主编：《积渐所至》，第747－795页。

鸦片作为一种药材，长期以来在中国的部分地区包括云南省一直都有种植。在 18 世纪末或 19 世纪初，开始有商人在云南大规模种植罂粟[①]，提炼鸦片，然后通过陆路和水路经广西运往中国鸦片贸易的中心——广东。沿着这一连接云南与广东沿海的新贸易路线，鼠疫也在 1860 年代、1870 年代和 1880 年代先后暴发，最终导致了 1894 年在香港、广东的大流行和数十万人死亡，鼠疫还进而沿着轮船航线一直传播到印度、越南、美国的旧金山和英国的格拉斯哥，成为世界历史上继 6 世纪查士丁尼瘟疫和 14 世纪更著名的黑死病以来的第三次鼠疫大流行[②]，曾经是中国局部地区的环境与生态关系已经具备了全球性的、病毒性的影响。

鸦片与战争

用鸦片来解决与中国的贸易逆差既不令人愉快，也不是一件道德的事，这一事件最终的结果是鸦片战争（1840—1842 年）的爆发和中国被英国打败。[③] 就我们理解中国环境史而言，鸦片战争的意义包括几个层面。首先，中国的失败开启了此后列强对华长达一个世纪的侵略战争，虽然没有变成某个或某几个列强的殖民地，但 1900 年时的中国已经成为"半殖民地"，因这些战争而签订的一系列条约——中国人称之为不平等条约，因为这些条约都是中国政府在枪口下被迫签订的——成为一种制度性的框架，将中国纳入了由西方列强主导的全球化体系当中。其结果是，中国政府被迫将它的注意力、资源和能源从传统的治国方略转向了保护民族国家免遭外国攻击这一更加现代的政治目标。

考虑到进口鸦片高昂的价格和中国商人的活力、进取心以及他们的组织，我们不难理解此后中国人为什么开始自己种植和生产鸦片——一种早期

---

① 这一直延续到 1950 年代，见 Nicholas Menzies, "'The Villagers' View of Environmental History in Yunnan," in *Sediments of Time*, eds. Elvin and Liu, 115–119（中译本见刘翠溶、伊懋可主编：《积渐所至》，第 189–190 页）插图。

② 本部分关于鸦片和流行病关系的内容主要参考了 Carol Benedict, *Bubonic Plague in Nineteenth-Century China* (Stanford, CA: Stanford University Press, 1996)。

③ 特别参见 Frederic Wakeman, Jr., *The Fall of Imperial China*（中译本见魏斐德：《中华帝制的衰落》，邓军译，黄山书社，2010），几乎所有近代中国的教科书都或多或少包括一些有关鸦片战争可参考的内容。

形式的"进口替代"。罂粟种植与鸦片提取最早的国内中心在中国西南，特别是云南（那里的鸦片贸易在前述第三次全球鼠疫暴发中扮演了重要角色）、贵州和四川，从这些内陆省份出发，各种档次的鸦片首先由陆路运出，然后或者经西江运往广州，或者经长江运往上海。在19世纪后半期，罂粟和鸦片也传播到了北面的陕西、甘肃和东面的福建。[①] 到1900年，中国生产和消费了全世界鸦片的70%～90%。[②]

罂粟种植的大面积扩张本身似乎没有对中国的自然环境产生多大影响。 *263* 在大多数情况下，农民会在已开垦的土地上用罂粟替换掉原来的作物，"为了实现更高的产量和最大的商业利润……罂粟占据了最肥沃高产的土地和大量的人力看护"[③]。在那些稻麦轮作的地区，稻米仍然会被继续种植，但小麦则被拥有更高市场回报的罂粟所替代。至于为什么偏远的西南地区会成为罂粟种植和鸦片生产的中心，贝杜维认为既是因为那里的自然环境适于规模化种植罂粟，也与中央政府在当地控制力较弱有关。[④]

在中国和世界的努力下，19世纪和20世纪之交的鸦片生产经历了一段短暂的下降，但到1910年代末，罂粟和鸦片又泛滥起来，"1922年中国生产了超过全世界总量80%的鸦片"[⑤]。事实证明，中华民国政府无力制止鸦片

[①] Joyce A. Madancy, *The Troublesome Legacy of Commissioner Lin: The Opium Trade and Opium Suppression in Fujian Province, 1820s-1920s* (Cambridge, MA: Harvard University Press, 2003).

[②] Edward R. Slack, *Opium, State, and Society: China's Narco-economy and the Guomindang, 1924-1937* (Honolulu. HI: University of Hawai'i Press, 2001); Li, Xiaoxiong, *Poppies and Politics in China: Sichuan Province, 1840s to 1940s* (Newark, DE: University of Delaware Press, 2009); Allan Baumler, *The Chinese and Opium under the Republic: Worse Than Floods and Wild Beasts* (Albany, NY: State University of New York Press, 2007); Carl Trocki, *Opium, Empire, and the Global Political Economy: A Study of the Asian Opium Trade* (London, UK: Routledge, 1999). 几乎所有这些学术著作都集中在鸦片的生产和消费方面，而极少关注罂粟种植及其是否对环境产生过重要影响。

[③] Li, *Poppies and Politics in China*, 30.

[④] David Bello, *Opium and the Limits of Empire: Drug Prohibition in the Chinese Interior, 1729-1850* (Cambridge, MA: Harvard University Press, 2005), 222-223.

[⑤] Slack, *Opium, State, and Society*, 4.

生产，而且还对鸦片以直接或间接的方式进行征税，以至于历史学者爱德华·史雷克（Edward Slack）将其称为"中国的毒品经济"，最终把这个巨大的社会和经济问题遗留给了 1949 年的中国共产党政权。

中国在鸦片战争中遭遇失败的第三层重要意义，与英军所凭借的工业革命初期锻造的利器——完全使用钢铁制造、蒸汽动力的尼米西斯号战舰有关。[①] 尼米西斯号战舰标志着英国已经开始迅速地摆脱旧生态体制下的能源约束，而中国直到 20 世纪中叶仍然受限于此。这些新能源——首先是煤，其次是石油——将这种武力上的优势赋予了那些在 19 世纪拥有了新技术的强国们——先是欧洲列强和美国，然后是日本，再后是俄国。[②] 但这些新技术需要使用和消耗非常巨大的能量，由此对自然环境造成的影响也要大于世界历史上以往任何时候。而中国还要等到 1949 年中国共产党人取得胜利之后，才会真正进入新的工业社会，这一部分我们将在下一章中进行探讨。在这里我们只需要知道，此前的中国仍然停留在旧的生态体制中，其自然环境的生命力和对人民与社会制度的支撑能力正在变得越来越脆弱和危险。

与此同时，中国也正在饱受国内暴动、叛乱和革命的痛苦。首先是 1851 年至 1864 年的太平天国运动（或者更恰当地说，也是一场革命），这也是世界历史上规模最大的叛乱之一，到太平军完全被镇压时，已经造成了 2 000 万～3 000 万人口的死亡，大多集中在长江下游地区。列强的入侵、战争和不断的叛乱最终导致了 1911 年最后一个帝制王朝——清朝的结束。此后中央政府唯一能够正常运作的一个短暂时期，是国民党或国民政府领导下的"南京十年"（1927—1937 年）；但在 1937 年日本全面侵华后，南京政府日趋式微，日本占据中国东部的大部分地区，直到 1945 年。而兴起于 1920 年代前后的两个主要政党——中国共产党和中国国民党，虽然曾经一同合作抗日，但还是在 1945 年到 1949 年兵戎相见。在这场决定由谁来统治中国的战争中，共产党取得了胜利，国民党撤往台湾。

---

① Daniel Headrick, *The Tools of Empire*: *Technology and European Imperialism in the Nineteenth Century* (New York, NY: Oxford University Press, 1981)；梗概性的介绍可以参见 Marks, *Origins of the Modern World*, 2nd ed., 115-117（中译本见罗伯特·B. 马克斯：《现代世界的起源》，第 157-160 页）。

② 彭慕兰将这一变化称为"大分流"（The Great Divergence），J. R. 麦克尼尔则称之为"阳光下的新事物"（Something New under the Sun）。

帝国主义列强与中国的环境

鸦片战争和此后国内的鸦片生产当然对中国环境造成了显著的影响，但帝国主义列强对中国的影响绝不局限于这一点。事实上，鸦片战争以后的 19 世纪大部分时间里，欧洲其他国家和日本先后以各种各样的手段对中国进行掠夺，尤其是 1895 年甲午战争失败后，中国面临被列强瓜分的威胁。法国划走与其印度支那殖民地接壤的云南作为其势力范围；日本也夺取与台湾岛隔海相望的福建作为势力范围；德国得到了山东；英国的势力范围则包括华南地区（香港已经被其吞并，并在那里实行殖民统治）和长江流域，同时还支配着上海的发展和管理；在东北，俄国和日本对当地影响力的角逐最终导致了 1904—1905 年的日俄战争。

在所有这些地区，占主导地位的帝国主义国家都获得了开采、运输当地资源或修筑铁路以便出口的优先权。[①] 非常遗憾的是，我们还没有足够了解帝国主义对中国资源的掠夺及其与中国环境史的关系，目前所能够隐约了解到的一些情况，正在吸引着我们对许多问题做进一步的考察。例如，费每尔曾指出："20 世纪初俄国和日本对东北地区森林的破坏是有史以来最广泛和组织最好的。"在 1930 年代和 1940 年代，直到 1945 年战败前，日本"（从东北）掠夺了 7 000 万立方米的木材，占当时中国全部木材储量的十分之一"[②]。

从 1800 年清朝盛世到中国共产党人取得胜利的这 150 年，社会状况极其错综复杂，国家内部腐朽，外敌入侵，并夹杂着不断的叛乱和革命。这一个半世纪，无疑是社会、政治和经济危机不断的一个时期，也是一个环境危机不断加剧并与其他危机相互产生连锁效应，进而导致中国出现普遍性危机的时期。

第二节　生态退化与环境危机

前几章所提到的几个世纪以来的森林砍伐和对野生动物栖息地的破坏，

---

①　新疆的情况有所不同，参见 Jeffrey Kinzley, "Oil and the Making of an Economic Borderland: Xinjiang, Republican China, and the Russian/Soviet Empire, 1912–1921," paper presented at 2011 AAS annual convention, Honolulu, HI.

②　Eduard B. Vermeer, "Population and Ecology along the Frontier in Qing China," in *Sediments of Time*, eds. Elvin and Liu, 252–254.

并非完全没有引起人们的注意。正如第四章所谈到的，中国的官员很了解摆在他们面前的日趋严重的水文问题，以及大量砍伐主要水系上游山区森林的后果。① 到19世纪初，至少有一位官员（邓启南）已经记录下了物种灭绝的现实和他的思考②，在位于广东最南端雷州府的1811年地方志中，他写道：

265

> 物产因地而生，亦随时而异。执古书以求今物，常者之存十有八九，异者之存十无一二。非地之不宜，时之不同也。考《北户录》谓雷产黑象，《尔雅注》谓徐闻有犦牛，《交州记》谓徐闻有大蜈蚣……及《通志》所载雷州之野多鹿，又产香狸，脐可代麝……皆今日之所无者也。无者不记之，是以前人之说为诬不可无者，而犹记之，是殊时相沿、异世相袭……昔时有之，今时无之者，附记于此，俟博物者考焉。③

我们可以从中体会到作者的一种失落感，而这正是物种灭绝和生态退化的反映。在汉人通过依赖于太阳（能）的农业资源来获取越来越多能量的同时，其他生命形式包括土著族群、森林、老虎、大象等等，所能获得的能量却在逐渐下降，有时甚至降低到了难以维持这些物种生存的程度。大约在19世纪初，华南森林里的老虎已经趋于消失，只在一些偏远的森林角落还有少量存活到了20世纪。④ 与此同时，在遥远的东北，虽然满族统治者仍将活的东北虎用于军事训练，但旗人在1822年以后已经无法再捕获到熊和豹子运往北京了。⑤

清除森林开垦农田和中国生态系统的单一农业化不仅导致了生物多样性的减少，到19世纪时，还造成了广泛的环境退化。环境退化与生物多样性

---

① 相关的例子还可参见 Vermeer, "Population and Ecology along the Frontier," 272-277。

② Robert B. Marks, "People Said Extinction Was Not Possible: 2000 Years of Environmental Change in South China," in *Environmental History: World System History and Global Environmental Change*, ed. Alf Hornberg (Lanham, MD: AltaMira Press, 2007), 41-59.

③ 转引自 Marks, *Tigers*, 331-332. 译者注：嘉庆《雷州府志》卷二，第67页。

④ Marks, *Tigers*, ch. 10. 中译本见马立博：《虎、米、丝、泥》，第十章。

⑤ Bello, "Imperial Foraging," 10.

减少的不同之处在于，它意味着环境状况的下降已经非常严重，生态系统中维持生命体所需要的营养物质基本耗尽而且很少有机会再得到恢复。此后的环境会进入一种低能量水平的状态，越来越无力支持能产生生命的复杂生态系统，从而导致那些依赖于特定生态系统的物种陷入危机，甚至在该地区局部灭绝。因为人类也嵌入在生态系统当中，随着各项制度的环境基础被不断削弱，人类也会出现社会、经济和政治方面的危机。

正如布莱基（Piers Blaikie）和布鲁克菲尔德（Harold Brookfield）所指出的，土地退化并不是一种客观现象或自然结果，事实上，退化的原因与当地人类社会对于土地的看法有着很大的关系，是人类行为对自然进程的有害干扰导致了土地的退化。就中国而言，砍伐森林以开垦更有价值的农田，并不必然会导致土地的退化。但是，下一节所要探讨的山区水土流失和耕地生产力下降，确实会造成土地的退化。[①]

布莱基和布鲁克菲尔德认为，并不是所有的土地都同样容易退化，有些土地比较容易得到恢复和修复，而另一些则无法挽回。他们使用了"敏感性"和"弹性"这两个概念来表示不同土地在易退化程度上的这种区别。例如，那些对人类干预敏感性较低和从所遭受影响中恢复弹性较强的土地，更 *266* 适合通过人类的管理而进行修复，沼泽湿地或许就是如此；而另一方面，那些对人类行为高度敏感和恢复弹性较低的土地，则很容易迅速地退化而且非常难以恢复，如干旱的草原。

在本章中，我们将集中考察中国各地的森林砍伐情况和由此引致的河谷洪水，以及中国土地恶化和退化的具体情况。

西北地区

在 20 世纪上半期，甚至早至 1850 年时，中国北方的森林砍伐就已经导致渭河流域及其以北和以东的黄土高原出现了明显的环境退化的迹象（参见图 6－1）。[②] 不过，在相对人迹罕至的秦岭山脉，直到 1930 年代都还保持着

---

　　① 本段和下一段内容主要参考了 Piers Blaikie and Harold Brookfield，"Defining and Debating the Problem," in *Land Degradation and Society*，eds. Piers Blaikie and Harold Brookfield（New York，NY：Methuen，1987），1-26。

　　② 关于渭河流域的森林砍伐，详见 Eduard B. Vermeer，*Economic Development in Provincial China：The Central Shaanxi since 1930*（Cambridge and New York，NY：Cambridge University Press，1988），ch. 4。

森林覆盖，而此时的渭河流域已经"树木稀少"了。①

图 6-1　中华帝国晚期的采木

资料来源：Needham，*Science and Civilization in China*，vol. 4，part 3，244（中译本见李约瑟：《中国科学技术史》，第 4 卷第 3 分册，第 283 页）。获授权使用。

在东面的山西省，一项 20 世纪早期的研究发现："没有别的什么地方比（山西）因森林砍伐而造成的破坏更加严重，太原府周边所有那些曾经树木繁茂的山峰都只剩下了光秃秃的骨架。走进该省，除了寺院周边，人们在山上山下都看不到树木……森林植被一旦消失，雨水就会把山坡的泥土冲刷下来，进而堵塞溪流和河道。通过那些将要汇入汾水的小溪或小河，这些沉积物还会继续堆成巨大的冲积锥……锥体表面所覆盖着的数十英亩有时甚至可达数平方英里的淤泥和沙石，过去曾经都是肥沃的土地，然而此后再也无法得到恢复了。"②

图 6-2 的照片向我们展示了淤泥沉积的惊人结果："大桥建成以来，从被毁林的山区冲刷到这里河床中的泥土已经淤积了 20 英尺高，小溪也不再

---

①　Norman Shaw，*Chinese Forest Trees and Timber Supply*（London，UK：T. Fisher Unwin，1914），134.

②　Ibid.，125.

汇入山林间流淌的清泉，而变成一缕细流……"① 淤泥很可能来自黄土高原，这一地区自汉代以来就一直遭受着水土流失，但到 19 世纪和 20 世纪时，情况变得日趋严重（参见图 6-3）。1870 年代，德国地理学家李希霍芬（Ferdinand von Richthofen）曾提到："从汉口到北京，所有的山峰和丘陵都极度缺乏森林和灌木，呈现出一派非常荒凉的景象……如果不是黄土（的结构使其储存了大量水分），华北地区可能早已变成了沙漠。"②

图 6-2　山西的淤泥，约 1910 年

资料来源：Norman Shaw, *Chinese Forest Trees and Timber Supply*（London：T. Fisher Unwin，1914），第 126 页插图。

---

① Norman Shaw, *Chinese Forest Trees and Timber Supply*（London, UK：T. Fisher Unwin, 1914），128-129.

② 转引自 W. C. Lowdermilk, "Forestry in Denuded China," *The Annals of the American Academy of Political and Social Science* 152（November 1930），138。

图 6 - 3　黄土高原的水土流失

资料来源：John Lossing Buck, *Land Utilization in China*（Shanghai：The Commercial Press, 1937），第 186 页插图。

淮河流域

269　　据戴维·艾伦·佩兹（David A. Pietz）的研究，在 1194 年黄河改道南流（参见第四章）之前，淮河流域的经济曾经非常繁荣和发达。其庞大的灌溉水系和运河使得当地的人们从汉代开始就种植水稻，不仅"鱼蚌富饶，盛产稻米"，还拥有密集的市场体系。[①] 1194 年黄河改道从山东半岛以南夺淮

---

① David A. Pietz, *Engineering the State*：*The Huai River and Reconstruction in Nationalist China*, *1927 - 1937*（New York, NY and London, UK：Routledge, 2002），7. 中译本见戴维·艾伦·佩兹：《工程国家：民国时期（1927—1937）的淮河治理及国家建设》，姜智芹译，江苏人民出版社，2011。

入海，黄河、淮河和长江水系由此交织在了一起，严重影响了淮河流域。由于淮河河口经常被大运河和黄河携带的泥沙所堵塞，导致"泛滥的洪水进入农业平原地区，当地农民别无他法，只有依赖自然蒸发和土壤渗透，结果造成严重的土地盐碱化"①。

尽管 16 世纪后期明朝政府曾试图采取新方法改善黄河与淮河交汇地区的水流状况，但在 1400 年到 1900 年间，淮河流域还是发生了 350 次大型洪涝灾害。这一地区日益严重的森林砍伐，意味着不是肥沃的冲积层泥土沉积下来，而是频繁的洪水导致农田被沙砾覆盖，有时泥沙可达七八米厚。一些在两千年前的汉代曾以稻香鱼肥而著称的县，已经"大片土地盐碱化，成为草茅不生的赤地"②。而继洪涝之后丛生的杂草，又成为蝗虫的繁殖之所，令当地人民的生活雪上加霜。③

蝗虫，当然一直以来都是农民担心的一大祸害。它们会定期蜂拥而至，一个县接着一个县地吞噬庄稼。明代的人们就已经对蝗虫的习性进行了深入研究，并最终形成了徐光启的《除蝗疏》。徐光启通过研究蝗虫的生命周期，得出结论，如果能在蝗虫处于幼虫阶段或在地面散漫跳跃时"集众扑灭"，就可以把威胁降到最小。他在文中还指出，人们的治蝗对策应该从对损害的控制转向预防（先事消弭），并对具体的做法进行了详细的说明。后来人们还发现，鸭子在这方面特别有用，因为它可以吃掉几乎所有的蝗虫幼虫。但这些控制蝗灾的方法需要官员、当地士绅和百姓的共同努力，才能遏制蝗虫的威胁。④ 而到 20 世纪初时，地方官员非常稀少，"良"绅又成了地主，只剩下农民自己，既没有知识，也没有组织来消灭蝗虫，更不用说抵御洪水或干旱了。

---

① David A. Pietz, *Engineering the State: The Huai River and Reconstruction in Nationalist China, 1927 - 1937* (New York, NY and London, UK: Routledge, 2002), 10.

② Ibid., 15.

③ Elizabeth Perry, *Rebels and Revolutionaries in North China, 1845 - 1945* (Stanford, CA: Stanford University Press, 1980), note p. 16. 中译本见裴宜理:《华北的叛乱者与革命者，1845—1945》，池子华、刘平译，商务印书馆，2007，第 24 页。

④ Tim Sedo, "Environmental Governance and the Public Good in Xu Guangqi's Treatise on Expelling Locusts," paper presented at 2011 AAS annual conference, Honolulu, HI.

这样，淮河流域也就变得越来越贫困，人口也趋于下降，成为裴宜理笔下农民不断骚动的地区。① 土地所有权日益集中到少数富有家庭的手中，甚至连当地的教育和文化水平都出现了下降。② 由于灌溉条件的不足，农业种植只能限于冬小麦、高粱和大豆这几种耐旱的作物；由于缺乏市场体系，当地也就很少有赚钱的机会。到 19 世纪时，绝大多数农民的生活标准很少能超过"最低温饱线"。③

黄河与大运河流域

270

整个华北平原的地势都非常平坦，自西向东平均每英里仅下降一英尺左右，因此被形容为"地平得像个台球桌"④，河流向东汇入大海的速度也总是非常缓慢。黄河从位于现在郑州西面的山区奔流而下，本应该在华北平原蜿蜒逶迤。至少从公元前 8 世纪的周朝起，中国已经开始修筑堤坝以抵御黄河的泛滥和开垦耕地，如果黄河没有携带大量的泥沙，这些堤坝本身并不会产生问题（参见图 6-4）。⑤ 但在黄河的上游流经的黄土高原，周代以来的农业生产已经破坏了表面的自然植被，被侵蚀的黄色泥沙不断流入河中，黄河泛滥的次数也越来越多。黄河进入平坦的华北平原后，流速逐渐放缓，淤泥也日益沉淀下来，使得河床被抬得越来越高，堤防建设也只好与日俱增，才能防御住洪水。

华北平原的森林早在汉代就已经被大量采伐（参见第三章），到 20 世纪时，"旷野上却根本没有任何树木或灌木，每一寸可利用的土地上都种着谷物"⑥。正

---

① Perry, *Rebels and Revolutionaries in North China*. 中译本见裴宜理《华北的叛乱者与革命者，1845—1945》。

② Pietz, *Engineering the State*，15-16. 中译本见戴维·艾伦·佩兹：《工程国家》，第 18-19 页。

③ Perry, *Rebels and Revolutionaries in North China*，42. 中译本见裴宜理：《华北的叛乱者与革命者，1845—1945》，第 53 页。

④ 转引自 Perry, *Rebels and Revolutionaries in North China*，19. 中译本见裴宜理：《华北的叛乱者与革命者，1845—1945》，第 27 页。

⑤ 黄河在古代称为"河"，大约在汉代或唐代变成了"黄河"，对于这一转变的具体时间，学界尚有争论，参见 Rotz, "On Nature and Culture in Zhou China," in Vogel and Dux eds., *Concepts of Nature*，203，n. 20.

⑥ 转引自 Joseph W. Esherick, *The Origins of the Boxer Uprising* (Berkeley and Los Angeles, CA: University of California Press, 1987), 1. 中译本见周锡瑞：《义和团运动的起源》，张俊义、王栋译，江苏人民出版社，1998，第 1 页。

如我们在第四章中所看到的，12 世纪政治的动荡和宋金军队之间的战争导致双方都曾经掘开黄河大堤以增加己方的军事优势，造成了 1194 年以后黄河的大规模改道南流。此后，一部分河水继续通过大清河向北流，但元代对大运河取直疏浚、使之直达大都的举措，在 1288 年以后将大清河也纳入了运河的体系。在明代中期，所有剩下的黄河水都向南直接进入了淮河的河道。①

图 6 - 4　黄河堤坝的维修

资料来源：Charles K. Edmunds, "Shan-tung—China's Holy Land," *The National Geographic Magazine* 35, no. 3 (1919)：237—238.

接下来的问题是，曾经缓慢流过平坦而缺乏植被的华北平原的黄河，被大运河一分为二，进而在淮阴附近形成一个极其复杂的交汇处，并夺走了淮

---

① Tim Wright and Ma Junya, "Sacrificing Local Interests：Water Control Policies of the Ming and Qing Governments and the Local Economy of Huaibei, 1495－1949," *Modern Asian Studies* 47, no. 4 (2013)：1348－1376.

河下游的河道，"将淮河水分流并挤入洪泽湖，进而沿着洪泽湖及其延伸出的湖泊向南流向长江"①。大运河进一步阻滞了流速已经很缓慢的黄河，一方面迫使淮河水倒灌入上游流域地区；另一方面，富含泥沙的黄河水也很难通过淮河水道汇入大海，入海口泥沙的不断淤积成为一个越来越麻烦的问题。

在明朝和清朝前期的大部分时间里，洪泽湖的水位都比黄河高，于是随着洪泽湖的放水，南方运载漕粮的船只也可以省下很多力气，这种定期开闸放水（束水归漕）的举措，是 16 世纪后期总理河道大臣潘季驯治水政策体系的一部分。他认为黄河（至少是黄河下游）与大运河、淮河水系交汇地区出现泛滥的根本问题在于泥沙的淤积，他的解决办法就是收窄堤坝以提高流速，不断冲刷下游的河床（束水攻沙）。由此我们可以看到，华北地区的很多水文地理已经成为一个庞大而且相互联系的体系。②

对于中国政府而言，大运河的畅通要比淮河入海口淤塞的环境问题更重要。大运河对中国政府一直有着重要的战略意义，它将长江下游地区的农业财富运到北方，有力地支持了政府和军队的蓬勃发展，以捍卫和控制帝国的北部和西北部边疆。如果没有南方向北方输送的大量漕粮，明朝就没有办法修筑长城和在那里驻军，清朝也很难把亚洲内陆地区包括西北偏远的准噶尔纳入到帝国当中。这两项重要的事业的完成，也说明大运河在凝聚和统一帝国的战略框架中具有关键的地位。因此，自元代以来的历朝历代政府都不敢忽视对大运河的维护。③

---

① Jane Kate Leonard, *Controlling from Afar：The Daoguang Emperor's Management of the Grand Canal Crisis，1824−1826*（Ann Arbor, MI：Center for Chinese Studies, University of Michigan Press, 1996），9.

② Randall A. Dodgen, *Controlling the Dragon：Confucian Engineers and the Yellow River in Late Imperial China*（Honolulu, HI：University of Hawai'i Press, 2001），11−23.

③ 在 1684 年康熙皇帝沿大运河第一次南巡时，看到因黄河/大运河水系崩溃而导致的大规模洪水和灾民，于是向随驾的河道总督询问灾的原因、对策和大致的成本，并被告知"约用钱粮一百多万"，而如果由地方官员召集当地劳力承担疏浚工作，"必得十余年方可告成"。但鉴于大运河的重要性，康熙皇帝仍决定从速予以治理。参见 Antonia Finnane, *Speaking of Yangzhou：A Chinese City，1550−1850*（Cambridge, MA：Harvard University Press, 2004），149−150. 中译本见安东篱：《说扬州——1550—1850 年的一座中国城市》，李霞译，中华书局，2007，第 140 页。

　　但是，平坦的地势，蜿蜒曲折而且饱受堤坝和泥沙干扰的黄河，再 *272*
加上具有重要战略意义的大运河所需要的建设和维护，这些因素组合在
一起，对整个华北平原的生态产生了重要的影响。大运河的开通延缓了
所有华北地区大小河流的排放，沉积物的不断增加造成了周期性的洪水
和内涝，因为水无法及时排出。而且，由于河水含有溶解的盐分（大部
分都被冲入了大海），内涝的土地很容易盐碱化而变得低产甚至完全无法
耕种。"最严重的地区会变成沼泽，而这又会滋生蝗虫"[1]，进而吞噬
庄稼。

　　因此，淮河流域长达几个世纪的生态退化并不完全是黄河改道这个单一
原因造成的。虽然这种提法肯定会引起争议，但真正的原因在于长期以来华
北地区的森林砍伐和对大运河的建设与维护。由于大运河对帝国政府具有重
要的战略意义，中国政府不能放弃它，而必须努力改善日益恶劣的环境状
况。正是由于大运河与帝国的重大利益息息相关，而且"大运河的通畅与否
又直接影响着国家治理黄河的能力"[2]，中华帝国投入了庞大的人力、物力和
财力来维持黄河/大运河的水文生态系统，尤其是苏北的黄河、大运河和淮
河/洪泽湖交汇地区。[3]

　　正如李欧娜（Jane Kate Leonard）对 1824—1826 年大运河危机的研究所
指出的，这一生态系统在 19 世纪已经出现了残酷的退化。[4] 她向我们展示了
为治理黄河和大运河而开发的各种技术，包括堤坝、水闸、由绞盘控制的开
闭装置、辘轳、根据水位调节的绞车、单门船闸、拖曳运河船只的堰和斜
堤、斗渠、引水渠、挖沙船、防止水土流失的石笼和浆砌石护坡以及无数其
他巧妙的创新。然而，随着 18 世纪后期环境压力的日益增加，不仅预防洪
水，而且连维护黄河南部的河道也变得越来越困难了。

　　问题在于黄河、淮河、洪泽湖和大运河交汇水域一些复杂水利设施

---

　　① Phillip C. C. Huang, *The Peasant Economy and Social Change in North China*
(Stanford，CA：Stanford University Press，1985)，60. 中译本见黄宗智：《华北的小
农经济与社会变迁》，中华书局，1986，第 58 页。

　　② Leonard, *Controlling from Afar*，41.

　　③ 关于黄河的好几次洪水、"儒家工程师"的作用以及遏制水患与改善水文状况
的政策实施情况，可参见 Dodgen，*Controlling the Dragon*，esp. chs. 4-5。

　　④ 以下部分主要参考了 Leonard, *Controlling from Afar*，ch. 1。

中的泥沙淤积。到 18 世纪时，数百年来修筑的堤坝已经使得黄河水位比大运河南段（淮扬运河）高出了好几米，水流携带着泥沙，开始从洪泽湖向南面的长江流动，危险变得越来越大。16 世纪后期以前的水利工程都服从于"分黄导淮"的思路，通过开挖疏浚河道来对黄河洪水进行分流，然而所有这些努力，实际上都是在减缓河水的流速和增加淤泥的沉积。

在 16 世纪后期出现了前述束水攻沙的先进治水理念，用增高和收窄堤坝的办法加速水流，将清水引入黄河冲刷河床的淤泥。[①] 1579 年，潘季驯主持修建了横跨淮河的高家堰，将淮河和另外两条小一些河流的清水蓄积在洪泽湖中。不断加高洪泽湖东岸的高家堰，可以保证洪泽湖的水位高于黄河，但这样做很容易产生后患，为了确保该系统能够抵御洪水的侵袭，高家堰的修筑采用了坚固的条石护坡，并在内部设有好几道闸门。还在南面安装了另外五个减水坝，应急时向长江泄洪。[②]

在洪泽湖的东北角有五道水闸[③]，在淮扬运河北部的咽喉位置也有水闸，而黄河、洪泽湖和大运河三者交汇的这一段水流被称为"清口"。秋收以后，当运送漕粮的船只沿大运河北上经过这里时，洪泽湖的水闸将会关闭蓄水，待船只进入清口后，通过北面的御黄坝阻挡住黄河水，再放洪泽湖水进入清口，而漕船也会随着这里水位的上升而高出黄河水位。当御黄坝再度打开时，湖水随即涌入并冲刷黄河的泥沙，漕船也由此而更便捷地通过黄河进入大运河。

但随着时间的推移，洪泽湖也开始淤积，其中从淮河等水系流入的

---

① 关于这些办法的发明者、明代官员潘季驯的情况，可参见 Pietz, *Engineering the State*，11–15（中译本见戴维·艾伦·佩兹《工程国家》）；Randall Dodgen, "Hydraulic Evolution and Dynastic Decline: The Yellow River Conservancy, 1796–1855," *Late Imperial China* 12, no. 2（1991）：36–63；亦可参见 Dodgen, *Controlling the Dragon*, chs. 1–2。

② 除了李欧娜的研究（Leonard, *Controlling from Afar*）外，还可参见 Finnane, *Speaking of Yangzhou*，152–171（中译本见安东篱：《说扬州》，第 140–153 页），书中不仅论及了水利基础设施，还对治理黄河、疏通大运河的复杂官僚体系以及盐务在地方经济中的地位进行了介绍。

③ 这个极其复杂的交汇水域的地图，可参见 Leonard, *Controlling from Afar*，xix。

淤泥量比较少，更多的还是来自因黄河周期性泛滥而通过其支流汇入洪泽湖的水以及黄河水向洪泽湖的回流。疏浚工作可以解决一部分的淤泥，但随着洪泽湖和黄河同时淤积和河床不断升高，要保障洪泽湖的水位高于黄河，就只好不断加高其东部的堤堰。用李欧娜的话说，"尽管运河的水利控制已经形成了大规模的复杂网络，也有官僚系统的先进管理，但（到 18 世纪后期时）清政府还是在治理淤泥的战斗中遭遇了失败。运河、湖泊、河流和排水渠都出现了淤塞，河床不断上升，溢流的闸门都已经陷入了淤泥之中①。洪泽湖已经"达到了危险的高度"，1824 年末的暴雨"在大堤上撕开了两个巨大的缺口"，洪水向东倾泻到大运河，并漫过河岸，淹没了地势平坦低洼的江苏省东部地区。李欧娜的著作详细介绍了道光皇帝为遏制洪水和修复大运河而付出的巨大努力和英勇成就。

然而，无论人们付出多大的努力，都无法阻止黄河漫流并最终改回1194 年之前的北方故道。"最后一次改道发生在 1851 年至 1855 年间，其中黄河干流的北移是在 1852 年。由于山东半岛北部的新河床正在逐渐形成之中，大洪水在 19 世纪后半期时有发生。"② 黄河的北移给华北平原带来了破坏性的影响，导致了长达一个世纪的洪水、苦难、叛乱和起义。但由于这一时期的中华帝国还要应对军事上更先进的欧美列强的新威胁，国库紧张，政府的注意力也随之而转移，因此大运河的问题始终未能得到有效治理。

虽然 1855 年以后黄河离开了淮河流域，但如戴维·艾伦·佩兹所说，"它已经对淮河造成了危害"③。淮河从它原来的河道（后来又因黄河改道而废弃）被完全截断，而且由于这段河床比淮河本身高，于是迫使淮河水涌入洪泽湖，并通过洪泽湖东南角的出口进入长江（再汇入大海）。而这种入海方式不足以吸纳淮河的水流，于是河水经常会溢出并淹没周边的地区。要解决这一问题，只有疏通淮河的故道或者拓宽在长江的入水口，但由于清朝政府已经失去了治理这一地区的兴趣，而地方精英又没有足够的资源，这两种

274

---

① Leonard, *Controlling from Afar*, 48.

② Ibid. , 49.

③ Pietz, *Engineering the State*, 17. 中译本见戴维·艾伦·佩兹《工程国家》。

方案都没能付诸实施。① 我们在第七章中将会看到，直到 1949 年中国共产党取得胜利以后，政府才掌握了足够的人力、财力和专业知识，并试图解决因淮河缺乏足够出海口而造成的生态灾害。

华北平原

随着大运河的废弃，两千年来一直作为中华帝国战略中心的华北平原，完全陷入了一个经济、人口和环境恶化的时期。彭慕兰将 19 世纪后半期到 20 世纪的这一进程称为"腹地的构建"②，在这一过程中，帝国的注意力从传统的治国方略转向了中国沿海地区所面临的西方列强的威胁。

在黄河改道和大运河不再承担漕运任务之前，华北平原的一部分内陆地区由于对维护大运河具有重要的战略意义，而被彭慕兰称为"黄运"（黄河和大运河）。这一地区所需要的建筑材料和燃料主要依靠外地输入，本地已经不足以自给。当地很少有参与市场交易的家庭农业生产方式，使得大量密集的人口所消耗的燃料量，要多于他们所能从周围乡村收集到的数量。加固堤坝所需要的石头等也来自外地，帝国政府从其他地区向这里输入这些资源就是为了对大运河进行维护。

---

① Pietz, *Engineering the State*, 17-18. 在第七章中，我们将探讨中华人民共和国成立以后对淮河的治理。简单地说，在 1950 年春，毛泽东掀起了一场目标宏伟的淮河治理群众运动，号召"要高山低头，叫河水让路"，数百万农民挖掘和建设了进入长江的新入水口、蓄洪的水库和防洪的堤坝，但 1954 年的大洪水，再度促使人们反思这些努力的成效究竟如何。参见 James Nickum, *Hydraulic Engineering and Water Resources in the People's Republic of China* (Stanford, CA 1977); Robert Carin, *River Control in Communist China* (Hong Kong, HK 1962); and Jasper Becker, "The Death of China's Rivers," *Asia Times Online*, August 26, 2003. 在毛泽东之后的改革开放时期，一些曾经是稻田的土地上建起了化工厂，并将数以吨计的有毒废水排放到不合格的废料排放池中，2001 年洪水期间，这些废水流入淮河下游，引发了严重的污染和大量的反对声音，也成为易明（Elizabeth Economy）一部著作的题目，*The River Runs Black*: *The Environmental Challenge to China's Future* (Ithaca, NY: Cornell University Press, 2004. 中译本见易明：《一江黑水：中国未来的环境挑战》，姜智芹译，江苏人民出版社，2011)，参见该书第一章关于淮河的论述。

② Kenneth Pomeranz, *The Making of a Hinterland*: *State, Society, and Economy in Inland North China, 1853-1937* (Berkeley and Los Angeles, CA: University of California Press, 1993). 中译本见彭慕兰：《腹地的构建：华北内地的国家、社会和经济（1853—1937）》，马俊亚译，社会科学文献出版社，2005。

　　1855年大运河被废置之后，石头以及高粱秆等燃料都变得稀缺起来，这导致了日益增多的大洪灾，取暖和做饭的燃料也越来越少，甚至渐趋于无。很自然地，"人们会从生态上极为关键的村外地区——河堤、山坡、荒地和以前的林地——榨取资源"①，从那些已经很贫瘠的资源环境中剥夺土壤的养分，导致作物产量的下降。"由于农民们不但很快就用完了木材，而且很快就用完了其作物的糠秕及周围土地上的树枝、树根和杂草，他们被迫燃烧畜粪这类效果极差的燃料，而且这还是一种绝对必需的肥料。"② 到20世纪初，"无论是外国的还是中国的观察者均注意到，即使是山东的山区，也没有森林了"③。正如罗德民（Walter Clay Lowdermilk）在1920年代所看到的山东山区，"每年冬天，贫穷的村民在把草割完之后都会进山，挖……夏季生长植物的草根"作为他们的燃料。④

　　然而在彭慕兰看来，华北地区日趋严重的生态危机并不完全是由人口压力所导致的，也不完全是大运河带来的环境问题；事实上，"是过去水利体制"——由国家维护的黄河、大运河、淮河、洪泽湖复杂体系——"的废弃损害了黄运地区"⑤。也就是说，帝国为了应对来自西方列强更大的威胁，放弃了维护大运河这个传统的治国方略。而且，由于市场体系的缺乏，华北的人民无法通过专业化种植经济作物如棉花（甚至鸦片）来交易生活必需品，生态上的贫困也就导致了人民生活的困苦。

　　然而，李明珠（Lillian Li）对华北地区的另一项研究则表明，即使帝国中央政府把全部资源都倾注在黄运地区的问题上，同样的生态问题似乎还是会出现。在首都北京周围，尽管中央政府对维护水道和防止洪水予以强烈关注，最终仍然无济于事。在20世纪初，海河流域，包括流经北京的永定河，情况并不比黄运地区更好，两者有着类似的基本地理和生态特征。李明珠注

---

　　① Kenneth Pomeranz, *The Making of a Hinterland：State，Society，and Economy in Inland North China，1853-1937*, 122. 中译本见彭慕兰：《腹地的构建》，第118页。

　　② Ibid., 127. 中译本见彭慕兰：《腹地的构建》，第125页。

　　③ Ibid., 137. 中译本见彭慕兰：《腹地的构建》，第137页。

　　④ Lowdermilk, "Forestry in Denuded China," 137.

　　⑤ Pomeranz, *The Making of a Hinterland*, 151. 中译本见彭慕兰：《腹地的构建》，第156页。

意到，"虽然永定河不像黄河那样是帝国的中心问题，但其所处的关键位置决定了它的问题也不可小觑"①。

在从约 1700 年到 1900 年这近二百年的时间里，清朝历任皇帝和督抚都耗费了巨大的财力和人力通过筑堤、引渠和挖泥来稳定首都地区的河流。李明珠教授在她的著作中详细介绍了他们的努力，并复制了一幅令人印象深刻的 18 世纪中期标注有无数防洪水利工程项目的地图。② 最终的结果，用她的话说，"清朝康熙、雍正、乾隆时期（1661—1795 年），共计花费了超过 1 000 万两的国家和私人资金用于水利建设，但仍然无法消除水患"③。此后，从 19 世纪后期到 20 世纪上半叶，"（这一地区）河流的状况持续恶化，再加上异常的强降雨，导致了无尽的灾患"。同样的情况也出现在华北平原的其他地区，随着更多的自然植被和森林被砍伐开垦，泥沙不断淤积，洪水也日趋频繁和严重。在 20 世纪初的一场洪水中，一位西方传教士曾描述道："这个地方变成一片汪洋，看不到边际……一年多的时间水都根本不可能流得出去。"④ 内涝及随之而来的土地的盐碱化不仅困扰着北京地区，而且也出现在华北平原的很多地方。

京畿地区为解决淤塞问题而开展的工程之一，是在位于天津和保定之间绵延约 80 英里的两大湿地"东淀"和"西淀"之间，以及其南、北约 20 英里的地方挖掘引河，以排放淤泥，同时也（希望）能引出水泊中的清水。从水文角度而言，湿地可以作为集水盆地，像一个巨大的肺一样张开以吸纳每年的洪水。但对于中华帝国晚期的水利专家而言，这些湿地则成了河流淤泥的定期排放之所。然而，这些湿地本身也是一个物种丰富的大型生态系统，它们已经存在了三千多年，很可能是华北平原最富于生物多样性的地区。这里一定曾经生活着各种鹿群，包括梅花鹿和原麝，甚至也可能有过成群的麋鹿，因为残存的麋鹿就曾经被饲养在湿地北部的皇家猎苑里。同时存在的还可能有鹿的天敌狼、豹子甚至老虎，以及各种各样的水鸟，包括现在已经濒危的天鹅、野鸡和其他喜欢在沼泽地带生活的鸟类，如红翅黑鸟和黄鹂。像

---

① Lillian Li, *Fighting Famine in North China：State，Market，and Environmental Decline，1690s-1990s* (Stanford，CA：Stanford University Press，2007)，41.

② Ibid.，46-47.

③ Ibid.，67.

④ Ibid.，68.

东淀和西淀这样巨大的水面，肯定也是候鸟迁徙路线上的一个栖息地，以及各种贝类、鱼类和龟类的乐园。

随着东淀和西淀的日益淤塞，农民开始将其垦为农田。事实上，到 19 世纪后期时，该地区的富户已经对这些肥沃的河底泥进行了开垦和耕作，东淀的规模也缩减到了先前的三分之一，当时一位重要的督抚曾经预测这里最终会消失，事实的确如此。今天，北京周围的河流已经很少有水流了，它们绝大部分都在更上游的位置就被拦截和储存到了为首都北京而建设的水库里。

李明珠书中的这段话值得我们在这里转述：

> 在经过了几个世纪的环境变迁之后，结果就是如此。18 世纪水利管理的成功——包括永定河的平稳，千里堤周边的有序灌溉，携带着淤泥的河水得以排入水泊等——都在鼓励着人们进一步密集地开垦利用水泊和堤坝或其附近的土地。由于淤积的土壤非常肥沃，农民们也就愿意承担这些偶然发生洪水的风险，政府也通过诸如减免税收等赈济饥荒的方法对这些风险起到了缓冲的作用。随着定居人口的日益密集，每次自然灾害的风险和救灾成本也越来越高。在很大程度上，19 世纪的生态危机也是由 18 世纪帝国工程所导致的，体现了工程的效果。1890 年代洪水中（传教士）描述的河床变化和奇怪的地形，正是几个世纪以来挖掘引河和修筑堤坝遗留下来的产物。每场暴雨过后，地面"一片汪洋"的描述在 1890 年代以后至少半个世纪的时间里被经常使用……尽管自清代初期以来花费了数百万两白银，搬运了数以吨计的土石和稻草，消耗了无数繁重的劳工，但河水的状况仍在日趋恶化，"一劳永逸"的希望最终还是化作了泡影。①

当然，由于华北地区包括淮河流域自汉代以来就一直进行农业耕作，宋代又砍伐了大量森林，所以这里成为中国最早出现环境退化迹象的地区也并不令人吃惊。人类治水的愿望往往以各种不同的方式适得其反，导致更大的环境问题和生态破坏，有时还不如不去干涉这些河流和周边的生态系统。但

---

① Lillian Li, *Fighting Famine in North China: State, Market, and Environmental Decline, 1690s-1990s*, 72-73.

至少自公元前 8 世纪以来，中国的汉族人民就已经开始在华北平原的河流上筑造堤坝了，这种可以控制而且应该控制自然的思想在中国的历史上由来已久，但有时候也会对自然生态和人类自身带来危险。华北平原在古代曾经有过数以百计的湖泊和湿地，但到 1980 年代时只剩下了 20 个。位于北京南面的皇家围场在乾隆时期还有 117 处泉水和 5 个大湖，今天已经全都没有了。[①]

华北平原的环境退化对社会、经济和政治都产生了影响。我们首先来看水泊和湿地的损失，该地区的野生动物和生物多样性当然受到了影响；而且，当地人的生活也依赖于这些湿地，更直接地说，他们需要其中的动物和植物作为食物和药物——鹿和鱼都是人类营养物质的重要来源。但和中国其他一些地区一样，随着这些湿地自然生态系统的单一农业化，人们也就失去了这些可以提供多种补充营养物质的自然膳食蛋白质来源。于是，华北的人口就变得越来越依赖于耕地出产的粮食，而一旦庄稼歉收——随着华北发生洪水和旱灾频率的增加，这种情况也越来越多——人们就会面临粮食短缺，整个地区都会遭受饥荒的打击。1876—1879 年、1917 年、1920—1921 年，以及 1928—1930 年所发生的大饥荒，都造成了数以百万计人口的疾病和死亡，也带来了"饥荒的中国"这一称谓。[②]

因此，各地出现的匪患也就不足为奇了。这些盗匪会以不同形式与其他一些当地和全国性事件相结合，进而形成叛乱或起义，其中起源于华北平原、规模最大的起义就包括捻军（1851—1863 年）、义和团（1899—1900 年）和红枪会（1911—1949 年间零星发生）。1940 年代，中国共产党在这一地区建立了抗日根据地，并在日本战败后继续与国民党军队作战。[③] 事实上，生态退化是农村贫困化的重要原因，因而，毫不奇怪，中国农村最贫困的地区

---

① Zuo Dakang and Zhang Peiyuan, "The Huang-Huai-Hai Plain," in B. L. Turner et al. eds., *The Earth as Transformed by Human Action：Global and Regional changes in the Biosphere over the Past 300 Years*（New York, NY：Cambridge University Press, 1990), 476.

② Li, *Fighting Famine in North China*, ch. 10. 李明珠还论述了中国政府最初曾向大量的灾民提供了高效的赈济，但这些努力在 19 世纪末 20 世纪初最终遭遇了失败，以及国际组织是如何进行赈灾的。

③ 关于捻军起义、红枪会组织和中国共产党的革命，可参见裴宜理《华北的叛乱者与革命者，1845—1945》；关于义和团运动，可参见周锡瑞《义和团运动的起源》。

也向共产党人提供了重要的支持。①

　　华北平原的社会动乱、起义和革命并不完全是由环境条件所导致的，但正如裴宜理和周锡瑞所指出的，我们对于这些社会运动的理解或解释，也不能脱离相关的环境条件和生态退化过程。

　　长江流域

　　在第五章中我们已经考察了华中地区和长江下游地区所面临的生态变迁和挑战，这里就不再重复相关史料了，只简要回顾一下结论：山区的森林砍伐导致了水土流失和洞庭湖沼泽地区的泥沙淤积，随着洞庭湖周边地区对沿岸低地的不断开垦，湖面积和蓄水量不断下降，洞庭湖也因此而逐渐失去了吸纳周期性（和可预测）洪水的能力。　　　　　　　　　　　　*278*

　　在位于洞庭湖北面、长江及其支流汉水之间的江汉平原，长期以来的水文变化也引起严重的生态问题（部分内容参见第五章）。这里原本是一片巨大的水泊，但也已经逐渐被长江和汉水的沉积物所填充，到宋代时，已经成为"成千上万个星罗棋布的湖泊和小沼泽"。堤坝和圩垸将该地区转变成为高产量和输出稻米的农田，但由于这些稻田在开垦前原本都是沼泽地，比河面更为低洼，因而随着泥沙在河床的不断沉积，堤坝和圩垸也必须越修越高，这个农业区每年所面临的防洪排水困难也在与日俱增。因堤坝失修而导致的决口日益增多，洪水的危险也不断增加，到 18 世纪时，有些田地已经成为永久性的涝区。19 世纪里的洪水淹没了更多的地区，当地农民于是开始种植那些能在汛期洪水到来之前成熟的作物或水生植物，有些人则完全放弃了农耕，转而从事渔业。②

　　在长江中下游流域，南岸山区的森林砍伐导致了越来越多贫瘠的沙石被冲入山下肥沃的稻田，为保护这些资源，官员禁止对山地再进行任何开垦，

---

　　①　关于环境退化、农村贫困和共产党根据地的关系，可参见 Yan Ruizhen and Wang Yuan, *Poverty and Development：A Study of China's Poor Areas*（Beijing, CN：New World Press, 1992）。中文版参见严瑞珍、王沅：《中国贫困山区发展的道路》，中国人民大学出版社，1982。

　　②　Jiayan Zhang, "Environment, Market, and Peasant Choice：The Ecological Relationships in the Jianghan Plain in the Qing and the Republic," *Modern China* 32, no. 1（2006）：31–63. 张家炎还强调指出，首先是环境变迁和因此造成的生存需要，其次是市场机会，这些因素对农民的作物选择产生了越来越重要的影响。

但其效果值得怀疑。类似的情况一直蔓延到杭州及其湖泊和山区①，位于长江南岸萧山平原上的湘湖就非常具有代表性。如第四章所述，这里的稻米种植最早是在高地地区，后来随着人口的增加和修筑堤坝资金的积累，逐渐转移到了沼泽平原地带。根据萧邦齐（Keith Schoppa）的研究，在宋朝，该地区曾拥有217处湖泊，"是中国湖泊分布最稠密的地区"。宋朝后期，人们修筑了一个名为湘湖的人工湖来蓄积山上流下来的水，并用以提供和调节稻田的灌溉。

在随后的几个世纪中，围绕着湘湖地区的泥沙淤积，各种政府机构的定期清淤，以及一些有钱有势的地主为扩大农田而侵占湖面，展开了一幕幕的悲喜剧。这个脆弱的生态系统在18世纪时已经非常紧张，到19世纪中叶，又遭受了太平天国运动（1851—1864年）所造成的社会动荡和人口损失，加上此后的洪水冲毁了水闸和堤坝，最终陷入了崩溃。萧邦齐认为，如果官员能够为公益投入更多的精力或拥有重建资金的话，湘湖还有可能被挽救。然而，这些条件在当时都不具备。于是，以前的沼泽和湖底变成了茂盛的稻田；到1937年时，"在曾经是50英尺水深的地方，建了许多茅屋和草棚"②。

华南地区

令人费解的是，中国环境退化最为严重的一些地区居然位于热带和亚热带。16世纪中叶以来，和长江南岸丘陵地带的情况一样，那些善于开垦山区的农民也逐渐迁移到了华南各地的丘陵和山区。他们中的一部分特别是客家人，意识到了山区环境的脆弱性，于是更加注意补种树木，以弥补那些被砍伐和卖到河流下游地区的木材。然而，后来由于人口压力而从低地流域被排挤到这里的汉族移民，则在砍伐树木之后，种植了玉米和烟草之类对养分要求很高的作物。例如，据1819年的《南雄州志》记载，在广东北部的南岭山脉，烟草种植"旧志未载，近四五十年日渐增植，春种秋收，每年约货银百万两，其利几与禾稻等。但种烟之地，俱在山岭高阜，一经垦辟，土性浮松，每成水患。然大利所在，趋之若鹜，是惟有土者严禁新垦，庶可塞其流

---

① 可参见 Lyman P. Van Slyke, *Yangtze：Nature，History，and the River* (Reading，MA：Addison-Wesley Publishing Co.，Inc.，1988)，esp. 20-27。

② Keith Schoppa, *Xiang Lake—Nine Centuries of Chinese Life* (New Haven，CT：Yale University Press，1989)，6，65，190. 中译本见萧邦齐《九个世纪的悲歌》。

而端其本耳"①。

官方的禁令对制止森林砍伐和土地退化几乎没有产生什么效果，华南各地的农民"习惯于在每年的旱季放火焚烧自家附近的山坡，这种做法的持续毁灭了绝大部分的木本植物，也把原来茂盛的森林变成了满山遍野的草地"②。西方观察者认为人们放火烧山是为了搜集草木灰肥料用于自家的农田；但当地农民却告诉研究人员他们的目的是为了把蛇、老虎和盗贼驱逐出藏身之所；而克里斯·考金斯（Chris Coggins）则在福建发现，这种做法有助于一种在饥荒时期可以食用的蕨类植物的生长。③ 然而这些森林植被一旦被清除，尤其是在浙江南部、广东各地和云南南部的山区，季风带来的大雨就会立即冲走那些土壤中留存的所有营养物质，使得当地的树木再也无法重新生长了。④

---

① 转引自 Marks，*Tigers*，311。中译本见马立博：《虎、米、丝、泥》，第 309 页注引《南雄州志》卷九 35a。

② Albert N. Steward，"The Burning of Vegetation on Mountain Land，and Slope Cultivation in Ling Yuin Hsien，Kwangsi Province，China，"*Lingnan Science Journal* 13，no. 1（1934）：1.

③ Chris Coggins，*The Tiger and the Pangolin*：*Nature*，*Culture*，*and Conservation in China*（Honolulu，HI：University of Hawai'i Press，2003），147-148.

④ 地质学者裴含（Walter Parham）认为："退化的过程总是会遵循一定的路径。随着这些地区植被的清除，裸露的土地会被阳光暴晒，而温度升高则会导致种子和幼芽的死亡或发育不良。因为新植被很难成长起来，土壤中的有机质会逐渐减少以至于干化。随着土壤温度的升高和生物分解速度的加快，土壤中的有机质也会迅速减少。而且，农民将植被和枯枝落叶用作燃料也会抑制新有机质的积累。土壤有机质对植物营养物质的蓄积起着非常重要的作用，即使是土壤有机质很小的下降，也会对土壤肥力产生显著的负面影响。华南的很多地区都是花岗岩岩体，原来的表土被剥蚀后，表面就会成为富铝黏土和石英砂的混合物，其中仅含有极微量植物生长所需的矿物质。植被和土壤有机质的减少还会使土壤更容易受到热带强降雨的破坏，因为土壤中如果没有了有机质，黏土颗粒就会因雨滴撞击而移动并堵住土壤的孔隙，从而阻止雨水向下渗透，增加地表径流和水土流失。有时候，如果周围较软的已风化物质遭到了大雨的冲刷，一些汽车那么大的花岗岩会因为松动断裂而滚下山坡。因水土流失而形成的小颗粒沉积物则会降低水生动物的产量和破坏淡水与近海海水养殖场。花岗岩风化形成的粗糙沙粒，也会使土壤变得贫瘠。清除那些可以吸收或减缓水流的植被，还会导致水流迅速进入溪涧和河流，进一步冲蚀深谷中那些已经深度风化得较软的花岗岩。"Walter Parham，"Degraded Lands：South China's Untapped Resource，"*FAS Public Interest Report*：*The Journal of the Federation of American Scientists* 54，no. 2（2001）. www. fas. org/faspir/2001/v54n2/resource. htm.

而且，烧掉热带和亚热带森林还会导致一种非常坚韧的茅草到处生长并扼杀其他的植被，这样虽然会让山看上去还是绿色的，但却没有了森林①，而且这些茅草的存在，也无法阻止暴雨导致的大规模山体滑坡。

西南地区：云南

前面的章节已经对云南和贵州的环境变迁做了一些介绍，在下一章中我们还将继续详细考察在西南很多河流上建设的水电站大坝。在这里，我只想对战争和疾病传播环境特别是疟疾（瘴疠）做几点说明。② 如前所述，18 世纪的疟疾曾经挫败了清朝对缅甸的军事行动。紧随 1931 年日本侵占东北和土地革命战争之后，在 1932 年暴发的长江下游洪灾，导致了受灾地区 60％的疟疾发病率和 30 万人死亡。1933 年，在云南的一个县就有 3 万人因患疟疾而死亡。③ 在 1937 年日本开始全面侵略中国和 1941 年美国加入太平洋战争之后，美国政府承诺，为帮助国民党蒋介石政府（当时已内迁到四川盆地的重庆）抵抗日军，将协助修筑从缅甸东北部到云南的滇缅公路以输送战争物资。

280

来到这里的美国工程师和军事人员均遭遇了疟疾，发病率高达 50％，对人员健康和工程进度都造成了严重的威胁，美国于是派遣公共医务人员到这一地区（主要在遮放盆地）进行检查。这里看上去是一个典型的中国南方稻田环境（参见图 6-5 左），只是另外多了按蚊和疟疾。美方医务人员向各村庄派发了肥皂，因为肥皂水可以驱走溪流中"约 100 码范围内的蚊子"，他们还挖掘排水沟，向积水上喷油，并在稻田中放养食蚊鱼。此外，美国人还注意到"这里的山很高，那里没有蚊子"，这显然也促使了一些当地人在更高的山坡上开垦梯田以摆脱这些致命的蚊子（参见图 6-5 右）。④ 这样做是

① Marks, *Tigers*, 319-321. 中译本见马立博：《虎、米、丝、泥》，第 316-318 页。

② 在中国，战争、瘴疠和治疗疟疾的药品之间有着历史悠久而有趣的故事，可以从 4 世纪一直延续到越南战争，中国从两种蒿属植物（青蒿和黄蒿）中提取出了一种治疗疟疾的新药青蒿素。Elisabeth Hsu, "The History of *qing hao* in the Chinese *materia medica*," *Transactions of the Royal Society of Tropical Medicine and Hygiene* 100 (2006), 505-508.

③ James L. A. Webb, *Humanity's Burden: A Global History of Malaria* (New York, NY: Cambridge University Press, 2009), 156.

④ 本段中的引文来自图 6-5 照片背面的手写文字，照片存放在美国国会图书馆印品与照片部"印度与中国的疟疾控制（1929—1940）"栏目下，编号为 LOT 1786 (M) [P&P]。

否有用，抑或将山坡林地改造成稻田实际上更有助于传播按蚊，我们不得而知。我们也不知道，那些开垦梯田的人们是不是因为日本侵略而新近来到这里的还没有抵御疟疾经验的汉人。①

图 6-5　云南遮放盆地

资料来源：美国国会图书馆印品与照片部 "印度与中国的疟疾控制（1929—1940）（Malaria Control in India and China, 1929-40）" 栏，编号 LOT 1786（M）[P&P]。

西部地区：四川

关于 1949 年以前连续的森林砍伐，我们还可以举出好几个环境退化的例子。② 如果山区和丘陵地带被冲刷下来的总是越来越多、数以吨计贫瘠的沙土，而不是肥沃的淤积层，就会堵塞河道，淹没低地的农田，即使是长江下游和珠江三角洲那青翠茂盛的稻田，遇到这种情况也是会出现问题的。我所见到的唯一一个没有出现环境退化的人类农业生态系统，就是成都周围的四川盆地（红盆地）（参见图 6-6）。根据 20 世纪初对中国森林砍伐影响的一份报告：

> 这一地区人口稠密，农业精耕细作。这种精细的精神还延伸到了实用型和观赏型植物的栽培上，如竹子、油桐、桑树、杉树、漆树和各种果树。红盆地中最重要的部分是成都平原，这里被描述成了地球上人口

---

① 关于疟疾的历史，可参见 Webb, *Humanity's Burden*，以及 Russell, *War and Nature*，112-117。

② Shaw, *China's Forest Trees*；Vaclav Smil, *The Bad Earth*（Armonk, NY：M. E. Sharpe, 1984（中译本可参见瓦克雷夫·史密尔：《恶劣的地球：中国的环境恶化》，中国环境科学研究院情报所编译，气象出版社，1984；或瓦格纳·斯密尔：《中国生态环境的恶化——美国瓦格纳·斯密尔的报告》，潘佐红等译，中国展望出版社，1988）；Richard Louis Edmonds, *Patterns of China's Lost Harmony：A Survey of the Country's Environmental Degradation and Protection*（London：Routledge, 1994）.

最密集的地方。由于气候极为潮湿，盆地的绝大部分地区都有像热带一样繁茂的植被，这也赋予了成都平原（两千多年来）极其优良的灌溉系统。从高处看，成都平原就像一片森林，每个农场都有自己的一小片竹子、杉树、棕榈树和果树林，油桐和漆树更比比皆是。在嘉定（乐山）和重庆之间的岷江沿岸也生长着很多树木，被称为"绿意盎然，不生虫害，看不到残枝败叶"，使（四川）这一地区也成为远东地区的典范。①

281

图6-6　四川被精心照料的农田

资料来源：Dr. Joseph Beech，"The Eden of the Flowery Republic," *The National Geographic Magazine* 38，no. 5（1920）：366.

四川盆地没有因山区水土流失而遭遇明显的淤泥问题是颇有些令人费解的，因为它的北面和西面就是青藏高原东段的山脉，我们在接下来就会看到，居住在青藏高原大部分地区和四川北部、西部山区的藏民，其实早已经将那里的森林砍伐殆尽了。但严重的泥沙淤积并没有给四川盆地的农民造成麻烦，秦代建成的都江堰水利工程也仍然运行良好。②

---

① Shaw, *China's Forest Trees*, 141.

② Ruth Mostern, "The Dujiangyan Waterworks," Association for Asian Studies annual meeting, March 26–29, 2009, Chicago, IL. 较简短的介绍可参见 Mark Edward Lewis, *The Early Chinese Empires：Qin and Han*（Cambridge, MA：Harvard University Press, 2007），35–36。

青藏高原

青藏高原的历史及其与中央政府的关系复杂而且充满争论，这里我们只需要了解，清朝在 18 世纪巩固了对青藏高原的统治，并将青藏高原的一部分纳入了中央政府的行政结构，其中有些地区被并入相邻的省份，有些则被另外设立为青海省。

青藏高原的有些山区特别是喜马拉雅山脉，气候极其干燥恶劣，树木的确很难存活。但在青藏高原的大部分地区，还是可以支持森林生长的，现代生态学家也发现，这里很可能确实存在过桦树和桧树林。这确实有点让人惊喜，因为绝大部分学者或观察者都认为广袤的青藏高原及其一直延伸到云南、四川的南坡，所覆盖的植被都不是森林，而是藏民用以放牧成群牦牛、绵羊和山羊的草场。藏民和其他观察者也都以为那些草场从来都是如此，一直没有存在过树木，但这些假想最终被证明并非事实："喜马拉雅山内侧原来长着森林的广大地区，已被人和牲畜消除了。"①

千百年来，藏民已经——很可能是用火——清除了这里曾经茂密的原始森林，而代之以各种可以喂养牧群的低矮植物。"经常的放牧助长了那些具有高度再生能力的植物物种，如禾科植物或丛生植物以及匍匐植物或具有匍匐茎的植物。"② 而另一些地方，"在适度放牧之下，可能形成一个种类丰富、高度大约及膝的低草植被，我们称之为花卉草地，因为它并不是由禾草类植物而是由草本植物占优势。它是喜马拉雅山植物群中最美丽的一种"③。贺子诺（Wolfgang Holzner）和柯蕾苞（Monika Kriechbaum）认为，是藏民几个世纪以来一直持续的放牧活动维持了他们的草地和牧场。"为了这种放养牲畜的方式，对动物与植被以及最佳的放牧与游牧周期，需要有更多的了解，或者也许是一种感觉，这是一种从远古代代相传下来的知识……"④ 换句话说，尽管藏民很可能清除了青藏高原和山区的原始森林，但他们的生活方式也建立和维护了草场、草原和牧场这些能保持水土的植被，他们虽然砍

①　Wolfgang Holzner and Monika Kriechbaum, "Man's Impact on the Vegetation and Landscape in the Inner Himalaya and Tibet," in *Sediments of Time*, eds. Elvin and Liu, 100. 中译本见刘翠溶、伊懋可主编：《积渐所至》，第 140 页。

②　Ibid., 71. 中译本见刘翠溶、伊懋可主编：《积渐所至》，第 124 页。

③　Ibid., 73. 中译本见刘翠溶、伊懋可主编：《积渐所至》，第 124-125 页。

④　Ibid., 89-91. 中译本见刘翠溶、伊懋可主编：《积渐所至》，第 134 页。

伐树木并使用沼泽泥炭作为燃料，但这还可以持续下去。不过，现有的证据表明，几个世纪以来——通过孢粉分析，甚至约两千年前就曾出现过一次森林的急剧减少①——高原地区的藏民或其他人民，一直都在把森林转变成适合放牧山羊、绵羊和牦牛的草原环境。

在青藏高原更接近四川盆地的地区，特别是在岷江和毛尔盖河以北约一百英里的地方，杰克·海斯（Jack Hayes）发现了 19 世纪末藏民用火来改变和维护牧场的明确证据。虽然来自欧洲的一些观察者认为森林是美丽的，藏民和汉人纵火清除森林以形成牧场或农田的做法非常令人惋惜，但海斯则认为："在整个中国帝制社会晚期直至 1930 年代末和 1940 年代初，藏民在广泛使用火的基础上创造了一个农牧结合的社会。"② 因此，虽然森林被清除了，但山坡并没有变成不毛之地，而是成为藏民放牧畜群的草场，也避免了过度的水土流失和把生态问题带给下游的四川盆地。在第七章中我们会看到，这种状况到 20 世纪后期变得越来越严重起来，国家林业部门采用功能强大的设备，对四川西部和北部山区的森林进行了广泛的采伐，直到 1998 年暴发的长江流域大洪灾，才促使中华人民共和国的总理下令立即停止对这些原始森林的一切采伐。

第三节　农业发展的可持续性

现代生态学家常常把水稻田和下面将要讨论的桑基鱼塘系统看作农业可持续生态系统的典范。诚然，中国一些地区的水稻种植已经有了上千年的历史，如第四章所述，稻田本身也已经成为一种生态系统。但这些观察者并没有注意到，这些看似可持续的系统，需要投入大量系统以外的资源来进行维护。如果这些系统以外的资源，特别是人类需要的食物，无法得到持续的供应，系统就会出现退化。事实上，正如我们将在下一章中看到的，科学研究

---

① Jack Hayes, "Rocks, Trees and Grassland on the Borderlands: Tibetan and Chinese Perceptions and Manipulations of the Environment along Ecotone Froniers, 1911-1982," paper presented at March, 2011 AAS Annual Meeting, Honolulu, HI.

② Jack Hayes, "Fire Disasters on the Borderland: Qing Dynasty Chinese, Tibetan and Hui Fire Landscapes in Western China, 1821-1911," paper presented at the AAS Annual Meeting, March 2010, Philadelphia, PA.

表明，到 1950 年时，中国几乎所有的耕地都缺乏一些关键的营养物质，特别是氮。① 下面就让我们近距离考察一下桑基鱼塘系统，进而揭示出其中的一些原因。

桑基鱼塘系统

远在国家形态形成之前的农业早期阶段（可能是公元前三四千年时），中国的丝织业就已经出现了。埃德蒙·罗素讲述过蚕、桑树和人类在中国长期"共同进化"这一引人入胜的故事。尽管很多种蛾类都可以吐丝结茧，从而被人们抽取和用于纺织，但中国的先民们还是选择了以特定种类桑树的叶子为食的中国野桑蚕（bombyx mandarina）。从事狩猎采集的人们偶然发现桑树的果实非常美味（很甜），可能还含有抗氧化剂，于是他们开始偏爱这些种类的桑树，不仅为了它们的果实，更是因为蚕也爱吃这些桑树的叶子。被人类驯化的白桑树吸引来了野桑蚕，于是人类又花费了相当长的时间来学习如何"驯养"这些野桑蚕，学习如何在家庭农场种植桑树和用桑叶喂蚕，进一步带来了中国的手工丝织业，这也是人类对蚕和桑树的适应过程。②

在珠三角的水稻种植区，当地人首先在沙田上发展了他们的蚕桑业，后来又形成了一种鱼塘与果树的特殊组合，这引起了 20 世纪科学家的重视并被看作农业生态可持续发展的例证。③ 自宋代以来，人们就开始在珠江三角洲上游的沼泽地带开挖鱼塘④，挖出的泥土被堆砌在鱼塘四周作为塘基，可以防止水患，较高水位的地下水可以引入塘中，池塘里养着各种从当地网来

---

① Jung-Chao Liu, *China's Fertilizer Economy* (Chicago, IL: Aldine Publishing Co., 1970), 104-105.

② Edmund Russell, "Spinning Their Way into History: Silkworms, Mulberries, and Manufacturing Landscapes in China," *Global Environment* 10, no. 1 (special edition on Manufacturing Landscapes, edited by Helmuth Trischler and Donald Worster, 2017).

③ 钟功甫在《珠江三角洲的桑基鱼塘——一个水陆相互作用的人工生态系统》（《地理学报》1980 年第 3 期，第 200-209 页）中，将其称为"一个完整的、科学的人工生态系统"。

④ 钟功甫：《珠江三角洲的桑基鱼塘——一个水陆相互作用的人工生态系统》，《地理学报》1980 年第 3 期。

的鲤鱼苗。① 在 1400 年前后，农民开始在堤岸上种植以果树为主的树木，逐渐形成了"果基鱼塘"的组合。鱼苗主要以掉落和扔进水塘的有机物为食，而鱼塘产生的淤泥则可以用来给果树和稻田施肥，也可以增筑塘基以加固鱼塘。

"果基鱼塘"为市场需求正在不断扩大的蚕桑业提供了一个良好的发展基础。16 世纪后半叶，随着国际市场对广东蚕丝的需求日益扩大，农民用桑树替代了果树，由此产生了"桑基鱼塘"系统，同时也将更多的稻田改成了"桑基鱼塘"系统。到 1581 年时，一些县 18％的可耕地都变成了鱼塘，再加上种植桑树的塘基，共计约占可耕地总面积的 30％。② 这种组合系统持续到了 1990 年代，直到附近工厂造成的空气污染杀死了这些蚕。

284 "桑（或果）基鱼塘"系统常常被当作前近代农业生态系统可持续发展的典范。在所有可持续的生态系统中，无论是自然还是非自然的，生命所必需的矿物质和能量都是可循环的，系统的流失非常小，以至于可以轻而易举地通过阳光、岩石侵蚀或固氮细菌来替代。桑基鱼塘系统就是这样，农民把蚕粪、落叶和其他有机质投入鱼塘喂鱼，每年捕鱼后再挖出鱼粪和其他被分解的有机质作为桑树和稻田的肥料。用现代生态学家的话来说，"通过果园、农田和鱼塘的分解和矿化，形成了一个封闭的营养物质的循环，养分只有通过蒸发作用和售卖动植物产品才会从系统中流失"③。

生态学家关于桑基鱼塘的观点听起来很有道理，但是却忽略了这个能量循环中生态系统的一个关键部分：人及其能量和营养需要主要都来自食物的摄入。养鱼和养蚕的农民必须吃饭，而他们的主要食物是米，在近四百年的大部分时间里，珠江三角洲丝织地区的稻米消费基本可以由本地生产或者比较容易地通过市场由周边区域满足。但到 16 世纪末期，高效的市场体系开

---

① 20 世纪时的这些鱼塘中主要养着五种鱼，都来自本地的河流中。参见 William E. Hoffman, "Preliminary Notes on the Fresh-Water Fish Industry of South China, Especially Kwangtung Province," *Lingnan Science Journal* 8 (Dec. 1929)：167-168。

② Marks, *Tigers*, 119. 中译本见马立博：《虎、米、丝、泥》，第 115 页。

③ E. F. Bruenig et al., *Ecological-Socioeconomic System Analysis and Simulation：A Guide for Application of System Analysis to the Conservation, Utlization, and Development of Subtropical Land Resources in China* (Bonn：Deutsches Nationalkomitee für das UNESCO Programm de Mensch und die Biosphäre, 1986), 176.

始把稻米的产地转移到了数百里以外。因此，桑基鱼塘并不是一个封闭的生态系统，而是需要输入食物来维持珠江三角洲的人口消费。

当然，最初的大部分稻米还是来自附近的产区，可能是一些还没有转变为鱼塘的稻田。但是随着时间的流逝，特别是 18 世纪以后，越来越多的稻田被改造成了桑田，这些农民就要通过市场从越来越远的地方购进稻米。向系统外部输出有机物往往会导致生态系统的失衡，这就需要额外的投入来保持其可持续性。从经济的角度来看，产品从一个地区向其他地区的输出意味着市场运行和经济发展，而在农业经济中，所有的产品都是有机物。商业化的发展成为生态变迁的一个重要推动力：向系统之外输出的营养必须通过一定形式的输入来弥补，否则它就不是可持续的。水稻田也是一样。

到 19 世纪时，中国的农业生态系统很可能已经达到了为人类摄取能量和营养物质的极限，这也就构成了它对人口规模的限制。而中国人口从 1800 年前后的约 4 亿持续增长到 1953 年的 5.83 亿，如第四章所述，在很大程度上是农业生产日益向边缘地区扩展的结果。这一过程贯穿 20 世纪，一直延续到中华人民共和国的前几十年。华北平原、长江下游和岭南等核心区的人口增长速度要低于全国人口的总增速①，而山区和丘陵地带的耕作则导致了这些边缘区环境的退化，并给下游核心区带来了泥沙淤积的问题。

285

资源约束、环境管理与社会冲突

随着环境问题的日益紧张，各种社会冲突也开始显现出来，包括对水资源控制权的争夺，导致洪水的生态原因在当地各种利益群体间产生的矛盾，以及地方实力派和国家领导人之间的分歧等。大量的人口从那些人烟稠密、耕作密集的地区迁移到西南、东北和内陆山区等边缘地区，这或许有助于缓解迁出地的紧张状况，但这些迁移又引起了汉民与所遭遇的土著族群之间的

---

① Bozhong Li, *Agricultural Development in Jiangnan*, *1620 – 1850* (New York, NY: St. Martin's Press, 1998), 19–22; Marks, *Tigers*, 279–281; Pomeranz, *The Great Divergence*, 287–288 (中译本见李伯重：《江南农业的发展，1620—1850 年》，王湘云译，上海古籍出版社，2006，第 21–22 页；马立博：《虎、米、丝、泥》，第 274–276 页；彭慕兰：《大分流》，第 269 页）。关于中国人口体系和农村家庭控制家庭规模的办法，可参见 James Z. Lee and Wang Feng, *One Quarter of Humanity: Malthusian Mythology and Chinese Realities* (Cambridge, MA: Harvard University Press, 1999) (中译本见李中清、王丰《人类的四分之一》)。

冲突。而且，随着内陆山区人口的增加，他们与低地地区人民之间的利益冲突也在不断激化。在帝国的核心区，人们正在为日趋减少的土地、水或森林等资源而展开激烈竞争，并导致了南方和东南地区宗族之间的世仇、地方组织之间的法律纠纷和其他斗争，以及村落间的相互猜忌和为增加内聚力而建立的宗教仪式。到18世纪后半期，人口的增加、高效的市场和国家的利益，促使中国更加集约地利用现有自然资源，并因使用这些资源而发生社会冲突，同时也日益接近帝国的极限。在本章的后面，我们还会看到，甚至连海洋渔业资源也正在日趋枯竭并引起了人们的争夺。①

砍伐森林不仅导致了环境的退化，也带来木材短缺这个严峻的问题，而在农业经济中，燃料仍然主要来自树木和其他有机物。早在1850年，就已经有明确的证据表明，中国正在经历着资源短缺和过去一千年来环境广泛变化带来的巨大挑战，而且这些环境问题在下一个世纪里还会进一步加剧。

曾经得到过官方重视的一个领域，就是帝国建设项目所需要的日益稀缺的木材。明代皇帝曾向中国的大部分省份指派了一定的木材配额，这意味着北京和南京皇宫所需要的大量木材可以在全国范围内获取。但到了清初，珍贵的楠木已经不敷使用了，于是康熙皇帝只好用松木来代替。不过在18世纪初，皇帝又可以从西部的四川征用一些楠木了。②

艾兹赫德曾指出，从明代大规模建造宫殿和庞大的船队来看，中国当时可能还拥有充足的木材资源，但到18世纪，可以供应这种项目的木材来源已经减少到了仅有三个地区（福建、湖南和四川）。因此，清朝不得不缩减了帝国的建设规模，"中国必须通过永久性地减少需求来解决木材供应危机……大幅度地退回到更为早期的（较低）水平，而没能通过新的资源和能源来实现跃升"③。

---

① Micah Muscolino, "The Yellow Croaker War: Fishery Disputes between China and Japan, 1925−1935," *Environmental History* 13 (April 2008): 305−324; Micah Muscolino, *Fishing Wars and Environmental Change in Late Imperial and Modern China* (Cambridge, MA: Harvard University Press, 2009).

② Vermeer, "Population and Ecology along the Frontier," 247−251. 中译本见刘翠溶、伊懋可主编：《积渐所至》，第398−399页。

③ S. A. M. Adshead, "An Energy Crisis in Early Modern China," *Ch'ing-shi wen-t'i* [*Late Imperial China*] 3, no. 2 (1974): 20−28.

而在孟泽思的研究中，同样的木材日益短缺现象则导致了矛盾纷繁的结果，"仅存的一小部分森林仍然在遭到无情的大肆砍伐……在某些社会、经济和生态环境中，一方面存在着广泛的毁林和将林地转化为农田的现象，而另一方面也在对林地进行保护、维护和管理"①。孟泽思考察了森林管理体系的六种个案：（1）皇家狩猎的木兰围场，（2）寺院森林，（3）宗族、村落的公共森林，（4）农业林，（5）经济林和（6）原始森林。

286

孟泽思的书中有很多森林管理方面的重要内容，但我们在这里所关注的主要是，他所援引的几乎所有森林管理（和森林保护）案例到 19 世纪后期都陷入了崩溃。皇家狩猎的木兰围场在 1820 年以后废止了秋狝并允许百姓入围垦荒；一些寺院的方丈、僧人和木材商合谋卖掉了他们的木材；即使是一些宗教圣地也无法置身事外，其林地最终还是被大肆砍伐和开垦成了农田。此外，"在 1911 年辛亥革命和随后接二连三对宗教权威和传统社会等级秩序的冲击中，村有森林和宗族森林大部分都消失了"②，除了一些地处偏远、交通不便和采伐成本过高的地区以外，原始森林也遭到了砍伐。森林管理中似乎比较成功的两个例子都是针对某些特定市场需求而与经济紧密联系的森林类型（农业林和经济林）。江西和福建北部的森林是由当地的富商管理的，这主要是因为他们为景德镇的官窑提供燃料，因此保有和管理森林比开垦农田具有更高的经济价值。类似的还有杉树等一些特殊树种，因为成长速度快和可以向附近城市提供燃料而具有经济价值。

第五章中引述的伊恩·米勒和周绍明的近期研究成果表明，在安徽和江西宗族势力进行的商业性采伐活动中，很多山区可能保持了森林的覆盖并一直延续到 20 世纪。前引张萌关于贵州的著作也详细描述了苗人同样会维持对杉树的不断补种，以供应市场需要。那么，这些制度在中国山区的存在究竟有多普遍？它们又是否能经受得住 20 世纪政治的动荡变化呢？这还有待进一步的考察。

到 20 世纪初，只有一些特殊环境、得到专门保护或具有经济价值的森

---

① Nicholas K. Menzies, *Forest and Land Management in Imperial China*（New York，NY：St. Martin's Press，1994），1–2. 中译本见孟泽思：《清代森林与土地管理》，赵珍译，中国人民大学出版社，2009，第 2 页。

② Ibid.，87. 中译本见孟泽思：《清代森林与土地管理》，第 89 页。

287　林还能幸存下来，其他的树木都已经遭到了砍伐。而那些 20 世纪仍然残存的，特别是少数寺院周边的森林有着非常重要的意义，因为这些森林遗迹可以为研究者提供线索，以考察中国森林在被竹子、杉树等有经济价值的次生林取代以前的面貌。

即便如此，人们可以用于烧饭和取暖的燃料还是在不断减少。农民们到处收集秸秆、干草或动物粪便以取代木材用作燃料。[1] 那些残存的树木，人们会把所有他们够得着的枝叶砍断，与掉在地上的枯枝落叶一起捡作燃料，而这也进一步剥夺了土壤的有机养分，导致环境更加贫瘠。

在 19 世纪晚期和 20 世纪初来到中国的外国游客，都会看到中国的森林砍伐并对此进行评论。有人说"中国人厌恶树"，而另一些人则回答："恰恰相反，没有人比他们更喜欢树了：每户人家都会在院子里种一棵或好几棵树，如果你在某个地方看到树木和宝塔，那儿很可能就会出现一个村庄，因为人们总会聚集在这里，塔周围也总会有一片年代久远的树林。总之，树木在邻里的宅院中到处都是，这足以证明它们并不被人们讨厌。那么，这些喜欢在家中种树的中国人，为什么会这样无情地砍伐那些远处的树木，以至于造成童山濯濯呢？"[2]

在这样一个世界里，食物、燃料、衣物和住所这四种维持生命的必需品，大都是"由各种生物质转化而成的，这些生物质有的来自对树木、灌木和草本植物的采伐、加工或燃烧，有的来自粮食、饲料和燃料作物的种植，有的来自食用、饲料用或药用的野生植物"[3]，都依赖植物通过光合作用将太阳能转化为可以直接或间接被人类消耗的能量。在这种旧生态体制下，上述过程主要是通过人力或畜力来完成的，也就是 J. R. 麦克尼尔所说的"肉体能源的社会"（somatic society）。[4] 随着森林的减少或消失，这些能量水平也都会出现下降。

根据罗德民在 20 世纪初的估计，水土流失和河流淤积"毫无疑问已经

---

[1]　相关的例子可参见 Marks，*Tigers*，320。中译本见马立博：《虎、米、丝、泥》，第 317 页。

[2]　参见 Shaw，*China's Forest Trees*，21。

[3]　Vaclav Smil，*China's Environmental Crisis*，36.

[4]　McNeill，*Something New under the Sun*. 中译本见 J. R. 麦克尼尔《阳光下的新事物》。

降低了耕地的总产量"，特别是在华北和华中地区。① 尽管人们不断采取措施
让养分循环回农田（参见第四章），但到 1949 年时，中国几乎所有的耕地都
处于缺氮的状态。中国共产党取得政权时，农民已经没有多少办法可以继续
向耕地中补充氮肥以提高粮食产量了，因此既不能为工业化提供盈余的资
金，也无法提高现有人口的生活水平，甚至以既有的耕地规模来养活不断增
长的人口都很成问题。② 事实上，20 世纪上半期的资料表明，食物供应量已
经不足以维持现有人口了：高达 15％的男性都因非常贫困而结不起婚，因而
也就无法生育子女从而实现自我的再生产。③ 人们对土地和水这些日益稀缺
的资源展开了激烈的竞争，引致了不断增多和日益尖锐的社会矛盾。农村的
贫困化也激起了千百万中国农民寻求变革和支持中国共产党人的热情。然
而，贫瘠的自然环境却告诉我们，这绝不是一件容易的事情。抛开别的不
论，中国共产党人所继承的是一个已经严重退化了的自然环境。

作为食物储备库的森林

健康的森林不仅可以提供栖息地以保护生物多样性，只要有正确的管理 *288*
和可持续的开发，还可以提供建筑、采矿和住房用的木材，造纸的纸浆，以
及取暖和做饭的燃料。除此之外，森林还提供了许多生态性的效益，其中最
重要的是保持和净化水流，控制洪水并提供安全的饮用水，防止土壤流失和
侵蚀，以及通过碳封存来减缓当地和全球的气候变化。④

而对于农业社会和人民而言，森林还是一个食物储备库，可以预防不可
预见的气候变化或战争破坏导致的食物短缺或危机。⑤ 正如约阿希姆·拉德
卡所指出的："从经济和生态层面对一种文化进行衡量的一个绝对尺度，就
是它能否以一种持久的方式保证其居民的粮食供给，为此，这种文化必须储

---

① Lowdermilk, "Forestry in Denuded China," 129.

② 关于氮肥在中国农业中地位的更多情况，可参见 Vaclav Smil, *China's Past*, *China's Future：Energy，Food，Environment*（New York，NY：Routledge Curzon, 2004），109-120。

③ Edwin Moise, "Downward Social Mobility in Pre-Revolutionary China," *Modern China* 3，no. 1（1977）：8.

④ 简要的评论可参见曲格平、李金昌：《中国人口与环境》，中国环境科学出版社，1992，第 67-68 页。

⑤ 具体的例子可参见 Elvin, *The Retreat of the Elephants*，ch. 9，esp. 307-318。

备资源，这也是森林格外受到重视的原因之一。"那些不保护森林的文化其实是在冒自然资源的风险，"把需要长期看护的乔木林（有着不同年代和高度的多层乔木和灌木，可以为其他物种提供许多小生境）作为一个社会在多大程度上具有未来供给能力的标志，是完全有理由的"。"在世界的许多地区，森林的毁灭引起了一连串的灾难。因此，总体而言，我们应该把保护森林作为环境保护的核心工作"①。

如果用这些标准来衡量，中国并没有保护重要的森林，而是更看重农田——但还是没能完全做到向农民提供持久的粮食供给。在 1750 年，中国土地的森林覆盖率大约为 25％，而到 1950 年已经显著缩小到了 5％～10％。② 在今天看来，部分的原因在于人们对森林满不在乎和疏忽大意的态度，而这也与帝制晚期在遭遇粮食短缺时提供赈济的能力有关。在清朝的大部分时间里，曾经建立并运行着一个了不起的常平仓系统，这是一个全国性的粮食储备制度，由政府在粮食价格便宜的收获季节买入，并在春季青黄不接粮价上涨时再向市场卖出。③ 后文中我们将会看到，在一些特殊情况下，国家还会对一些因旱灾而严重歉收的地区提供资金和谷物赈济。在这些令人印象深刻的救济资料中，清政府大概从来没有想到过，其实森林也可以为农民提供一个在危机时期维持生计的储备库。

但在 19 世纪后半期，清政府因国内叛乱和外国侵略者的压力而失去了应对粮食短缺的能力，同时又遭遇了五百年来最严重的一次全球气候波动——科学家现在称之为厄尔尼诺-南方涛动（ENSO）事件。到 20 世纪初，华北森林砍伐及其导致的森林储备缺乏，政府赈灾能力的下降，与厄尔尼诺-

---

① Radkau, *Nature and Power*, 21，24。中译本见约阿希姆·拉德卡：《自然与权力：世界环境史》，第 25、30 页。

② 1750 年的数据引自凌大燮：《我国森林资源的变迁》，《中国农史》1983 年第 2 期，第 26—36 页；1950 年的官方统计为中国森林覆盖率 13％，但有人认为实际只有这一数据的一半，参见 Vaclav Smil, *The Bad Earth*, 10—12（中译本见瓦格纳·斯密尔：《中国生态环境的恶化》，第 12 页）；Richardson, *Forests and Forestry in China*, 89；and Smil, *China's Environmental Crisis*, 60。

③ 参见 Pierre-Etienne Will and R. Bin Wong, *Nourish the People：The Civilian State Granary System in China*, 1650—1850（Ann Arbor, MI：University of Michigan Press, 1991）；and Marks, *Tigers*, ch. 8（中译本见马立博：《虎、米、丝、泥》，第八章）。

南方涛动引起的旱灾结合到了一起，最终导致了殃及数百万人口的大灾难。

第四节　进入 20 世纪之后

厄尔尼诺-南方涛动干旱与中国的饥荒

　　中国人很早就知道，每年气团在大地上的摆动——我们所说的季风——　*289*
会在春季和夏季从东南面的太平洋上带来暖湿的气流，于是，滋养生命的雨
水从热带的南方来到相对干燥的北方地区；而到了冬季，又会吹来干冷的西
北季风。华北平原和黄土高原靠雨水浇灌的农业非常依赖规律的夏季季风和
降雨，通常的情况是，夏季季风—降雨—庄稼生长—秋收，从而支撑起华北
地区的人口。如果季风没有到来，庄稼就会枯萎，从而面临歉收和危机的逼
近。如果第二年的雨季如期来临，或许还能避免一场极其严重的饥荒；但如
果干旱持续到第二年甚至第三年，那么大规模的饥荒就几乎是肯定的了。[①]

　　气候学家已经指出，季风性气候广泛影响着非洲、欧亚大陆和南美洲的
东西海岸，并在数十年来一直努力寻找着一种能将它们联系到一起的解释，
这就是在 1980 年代提出的厄尔尼诺-南方涛动现象。美洲人更熟悉的厄尔尼
诺现象，是指 12 月中下旬秘鲁海岸出现的周期性异常暖流（因为在圣诞节
前后，因此命名为"厄尔尼诺"，即圣子耶稣），会给北美洲的部分地区带来
强降雨。

　　麦克·戴维斯（Mike Davis）曾对厄尔尼诺-南方涛动给出过一个简明的
解释："在季节性周期的背后，厄尔尼诺-南方涛动是全球气候最重要的变动
原因……能够给五个大陆四分之一的人口带来麻烦。"[②] 在太阳能推动全球气
候变动并通过信风、季风与洋流在全球重新分配的过程中，影响这一过程的
某些因素导致太平洋两侧原本相互独立的寒流和暖池汇聚成为一个巨大的暖
池，于是厄尔尼诺现象就出现了。但厄尔尼诺现象并不仅仅会给北美地区带

———————
　　① 关于厄尔尼诺-南方涛动与中国作物产量之间的联系，可参见 Robert B. Marks
and Georgina Endfield, "Environmental Change in the Tropics in the Past 1000 Years,"
in *Quaternary Environmental Change in the Tropics*, eds. Sarah Metcalf and David
Nash（Oxford, UK: Blackwell Publishing, 2012）。

　　② Mike Davis, *Late Victorian Holocausts: El Niño Famines and the Making of
the Third World*（London, UK and New York, NY: Verso Press, 2001）, 239.

来强降雨，太平洋水温的变化还会中断东亚、南亚以及东北非和巴西海岸正常的夏季风，这就是厄尔尼诺-南方涛动的"全球遥相关"过程。

气候学家发现了厄尔尼诺-南方涛动的机制之后，随即开始在秘鲁和其他地方搜索其迹象的历史记录，并提出了代理测度厄尔尼诺-南方涛动事件强弱的方法：与厄尔尼诺-南方涛动事件的遥相关越显著，其影响也就越强。① 对历史数据的重建表明，强烈的厄尔尼诺-南方涛动事件导致了中国在 19 世纪后期和 20 世纪初的好几次干旱，分别发生在 1876 年至 1878 年，1891 年，1899 年至 1900 年，1920 年至 1921 年，以及 1928 年至 1930 年。这些旱灾有时还会与洪水接踵而至，于是在那些国外赈灾人员那里，为中国带来了"饥荒的中国"的称谓。

我们无法深入考察每一次灾荒，但我想至少可以先指出这些旱灾的严重性及其造成的死亡情况。1876 年至 1878 年的旱灾首先发生在华北的山东和直隶两省，然后蔓延到山西、河南和陕西，这些省份的人口合计大约有 8 000 万，其中估计有 950 万～1 300 万人死亡。1920 年至 1921 年的旱灾导致了大约 3 000 万人民受灾，其中约 50 万人死亡。在 1928 年至 1930 年，旱灾覆盖了北方的八九个省份，共有 5 700 万灾民和 1 000 万人死亡。②

这些数字是非常惊人的，而如果我们把它们与同样受厄尔尼诺-南方涛动造成旱灾影响的印度及其他地区加总起来的话，那么 19 世纪全世界因旱灾而导致饥荒的总死亡人数为 3 170 万～6 130 万。③ 但这么严重的灾难和死亡并不是厄尔尼诺-南方涛动引起旱灾这个单一原因所导致的，在中国，从 1840—1842 年鸦片战争开始长达一个世纪的帝国主义侵略，再加上内战和叛乱造成的损耗，导致清帝国元气大伤，失去了向灾区调动资源提供救济的能力。在 1911 年清帝国崩溃以后，中国又长期缺乏任何形式的中央政府管理，地方各自为政且只能依靠本地资源，使得两者都不堪重负。国际赈灾机构从 20 世纪初开始向中国提供援助，在一定程度上缓解了旱灾造成的严重影响。即使是在 1927 年相对有力的南京国民政府建立以后，蒋介石虽然通过一系

① Mike Davis, *Late Victorian Holocausts*: *El Niño Famines and the Making of the Third World* (London, UK and New York, NY: Verso Press, 2001), 240–245, 270–272.

② 数据引自 Li, *Fighting Famine in North China*, 284。

③ Davis, *Late Victorian Holocausts*, 7。

列的交易将各省军阀纳入了中央政府的管辖，但他们之间的混战更加剧了
1928 年至 1930 年的旱灾。

　　厄尔尼诺-南方涛动引起的严重干旱并不一定就会导致大量的人口死亡，
清政府应对 1742 年至 1743 年那场同样严重的旱灾的成功就证明了这一点。
但那时的清政府相对年轻而富有朝气，既没有国内的起义，西方帝国主义的
侵略也要等到八十年后才会到来，国家的资源丰富，政府的能力又很强，自
然环境方面的压力也还没有形成危机。事实上，李明珠就将这一时期称为
"清朝盛世"（The High Qing Model）。① 清政府不仅派出好几批官员调查山
西省的旱情，还组织了钱粮的输送以提供救济，设立粥棚，从国家粮仓中发
放粮食以平抑粮价，并在灾后提供种子、农具和税收减免来恢复农业生产与
运行。②

　　近年来魏丕信、麦克·戴维斯和李明珠对中国赈灾措施（或缺乏措施）
的研究，都集中阐释了处在 19 世纪晚期和 20 世纪初政治与社会大变局中的
中国政府，无力再像 18 世纪清朝黄金时期那样调动资源了。但在 19 世纪时，
还有另一个因素也加剧了这种高死亡率，那就是可以为野生物种提供栖息地
的森林和湿地都已经被砍伐或填充了，这或许产生了更多的耕地，但遭受旱
灾的农民家庭再也无法从这种自然储备库找到鹿、鱼、龟或其他可以吃的东
西了。因此，随着 1876 年至 1878 年干旱的加剧，粮食价格暴涨，"难民们只
好以那些没有任何营养价值而只能提供饱腹感的所谓食物来充饥，人们把那
些松软的石头捣碎成黏土，和糠皮混合在一起再烘烤食用。（房屋周围的）
树皮都被剥光了，做成的饼子可以卖到 5～7 个大钱一个，但摄入这类食品
会使人因便秘而死亡。粮食的价格是往常的三到四倍"③，这意味着有钱人可
以买到食物而在旱灾和饥荒的蹂躏中活下来。

291

---

　　① Li, *Fighting Famine in North China*, ch. 8.

　　② 关于这部分的详细情况可参见 Pierre-Etiennne Will, *Bureaucracy and Famine in Eighteenth-Century China*（Stanford, CA：Stanford University Press, 1990；中译本见魏丕信：《18 世纪中国的官僚制度与荒政》，徐建青译，江苏人民出版社，2003）；更具体的介绍可参见 Li, *Fighting Famine in North China*, ch. 8；and Davis, *Late Victorian Holocausts*, 280–285。

　　③ Li, *Fighting Famine in North China*, 273.

华北饥荒与向东北和内蒙古的移民

东北地区是满族的故乡，这些生活在长城最东端以北的人们在 17 世纪成功地实现了民族统一，随后于 1644 年南下并征服了整个中华帝国。所谓的满洲，包括现在被称为东北三省的辽宁、吉林、黑龙江，以及内蒙古的一部分，是满族的力量源泉和后盾。在统一全国之后，满人希望能够保护自己和蒙古盟友的家园不受汉人的影响——在这里可以保留他们传统的习俗，定期回到这里举行年度的狩猎大典，或者和他们的祖先一起埋葬在这里。1644 年满族征服全国的时候，人口或许为 100 万左右，其中的几十万人占领和统治了中国其他地区。到了 18 世纪中叶，这一地区大约居住有 100 万人，而总面积相当于美国中西部北边的 6 个州（密歇根、俄亥俄、印第安纳、伊利诺伊、威斯康星和艾奥瓦），真是一片广袤无垠的土地。

而且，据詹姆斯·雷尔登-安德森（James Reardon-Anderson）的研究，"东北有着独特的自然禀赋，远超过与中国中心区相邻的其他地区。在地形上，广阔的中央平原被四周马蹄形的山脉所围绕，山区拥有丰富而珍贵的木材、毛皮、药材和矿产等自然资源……在平原地区，西部的风化土壤和东部、南部的冲积土都非常肥沃而且很少有石头。一直到最北面中俄边境的黑龙江（阿穆尔河），夏天的温度和时长都足以支持单季作物生长，作物生长季节充足的降水也可以提供丰收的保障"[1]。

汉人很久以前就已经定居在东北最南部的沈阳（奉天）周围，但清统治者禁止汉人移民继续深入这一地区，并在 1680 年代修筑和种植了"柳条边"来把南面的汉人和北面满人的"龙兴之地"隔绝开来。为了确保东北和内蒙古能留在满人和蒙古人的手中，满人还设计了一种土地所有权制度，将所有的土地都划为（一般）旗地和满洲贵族拥有的不可转让的庄田。其目的是让满人拥有和控制土地，并在必要时佃给汉族租户或奴仆耕种。这在后来被证明是一项失败的政策：汉人比满人耕作努力得多，也更能适应并通过土地和劳动力的自由市场来进行组织经营。到 1850 年时，满人的旗地或庄田已经所剩无几了，汉人通过私人财产制度和市场体系取而代之，并获取了满人土地的所有权。

---

① James Reardon-Anderson, *Reluctant Pioneers：China's Expansion Northward，1644-1937* (Stanford，CA：Stanford University Press，2005)，9.

之后，闸门打开了。为了解决因镇压国内叛乱（其中规模最大、花费最多的是 1851—1864 年的太平天国运动）而导致的债台高筑，以及应对西方列强威胁——也包括北面俄国对东北地区的压力，清政府决定改弦易辙，采取"移民实边"的政策，同时也可以增加税基。"从 1860 年开始，清朝在北方领土的政策转而由财政和战略的需要所主导。"①

汉人于是开始大量迁入东北，起初只是短期移居，在每年收获后还回到家乡，但随着华北平原特别是山东和河北遭受了自然灾害的严重打击，当地农民开始越来越多地全家迁往东北。东北地区的人口也从 1781 年的约 100 万增加至 1820 年的 250 万左右，并在此后的九十年中激增至 1 700 万。从 1910 年到 1940 年，人口再次增加到了近 4 000 万。据雷尔登-安德森的研究，这些增加的人口几乎全都来自关内的移民。②

西边内蒙古的情况也大致相同。1912 年内蒙古的人口为 200 万出头，其中汉民略多于蒙古人。到 1990 年，总人口已经攀升到了 2 100 万，汉人和蒙古人的比例为 6∶1。汉人大批移民内蒙古开始于 1911 年，新建立的中华民国发布公告，宣布蒙古全境属于中国。③ 在汉人迁居的几乎所有地区，"与其农业开垦相联系的土地利用的大规模转变和人口压力的增加，都加剧了草原区域的生态变化"。据欧文·拉铁摩尔的研究，到 1930 年代时，汉族移民"由于经济上的需要，必须把那些甚至在自然条件上更适于放牧的土地也都开垦出来，表层良好的土壤被大风吹走之后，剩下的就只有沙子"④。在下一章中，我们还会继续探讨东北和内蒙古地区环境变化的情况。

东北地区人口的激增在很大程度上源自 1876—1878 年厄尔尼诺-南方涛动引起的旱灾和饥荒，大约有 100 万的汉人移民到了东北。⑤ 在 20 世纪，1920—1921 年和 1928—1930 年的旱灾（尤其是后者）发生后，旱情蔓延到

---

① James Reardon-Anderson, *Reluctant Pioneers*: *China's Expansion Northward*, *1644–1937* (Stanford, CA: Stanford University Press, 2005), 73.

② Ibid., 97–101.

③ Dee Mack Williams, *Beyond Great Walls*: *Environment*, *Identity*, *and Development on the Chinese Grasslands of Inner Mongolia* (Stanford, CA: Stanford University Press, 2002), 28.

④ Ibid., 28–29.

⑤ Reardon-Anderson, *Reluctant Pioneers*, 110.

了 9 个省，影响 5 700 万人，最终有 1 000 万人死亡。我们可以通过相关文字描述和照片了解这些灾难的惨状，饥民遍野，流离载道，他们很容易患上痢疾等各种各样的疾病，男性家长被迫卖掉妻子儿女，人们挖掘各种草根和树根为食，甚至还有人吃人的报道。国民政府主席、总司令蒋介石和军阀之间的军事冲突又进一步加剧了饥荒的局势，打断了国际和国内的救灾工作。①

逃到北方的难民有的进入了城市，有的步行前往东北，有的则跳上火车或乘船逃离饥荒的噩梦，来到辽东半岛。在今天看来有些奇怪的是，这些难民更倾向于留在辽东半岛的农业区，而不是去平原周边富饶的山区寻找机会。雷尔登-安德森认为："对于那些愿意冒险的人们来说，东北的山区拥有各种各样值钱的东西……在 18 世纪中国中心区大多数森林已经被砍伐的时候，北部边疆地区仍然笼罩在似乎无穷无尽的密林之中。东北海拔较高的山区覆盖着亚寒带针叶林（靠近北极圈，较为潮湿），其西部以落叶松为主，东部以价值更高的雪松和云杉为主，而海拔较低的山区则常常会有大片的橡树、胡桃树、桦树和枫树。"森林里还有很多紫貂、鹿和老虎，河流中也有大量的鲟鱼和出产珍珠的牡蛎。②

但汉族移民还是更愿意在低洼地带重建自己熟悉的农场和乡村，因为这些可以带来农业可靠的最大回报。他们根据家族和籍贯聚集成紧凑的村落，"先是用泥土，后来又用砖石建筑起保护村落的围墙，四周的田地从中心区不断向外扩展，一直延伸到旷野边缘"③。一位欧洲探险家发现："这些汉人每两三年就开垦出一片新的土地，而农民占有这块土地之后，耕种的边界又会继续向前推进。在过去的七年（1918—1925 年），他们已经向北前进了 40 英里，而曾经占据边境地区的蒙古人则被迫随着汉人的前进而不断后撤。"④

汉族移民并没有进入东北的旷野，像商朝祖先那样清理森林的地块，也没有像其他民族那样采取刀耕火种式的游耕农业。但这并不是说，那些因华北旱灾和饥荒而移居这里的人们已经意识到了，森林可以在粮食歉收时提供一些生活保障。雷尔登-安德森认为，实际上是因为华北农民的生活习惯非

① Li, *Fighting Famine in North China*, 303-307.
② Reardon-Anderson, *Reluctant Pioneers*, 103-104.
③ Ibid., 140.
④ Ibid., 142.

常根深蒂固，以至于没有人愿意率先去开发旷野；他也没有发现有任何证据表明，汉族移民已经以某种显著的方式适应了新环境。相反，"（东北）的社会和文化更多来自中国中心区生活模式和习惯的复制或移植，而不是新边疆生活方式的发明或创新"①。

所以到 1930 年代时，"东北地区仍有超过一半的宜耕地尚未开垦，而尚未被耕种的可耕地比例也从南向北依次递增，辽宁（奉天）为 27%，吉林为 52%，黑龙江则为 68%"②。换言之，在 1937 年日本全面侵略中国的前夕，虽然有汉族移民的涌入和向北方旷野的不断推进，但东北仍保留有大片的森林。这些汉族移民建立了一个又一个的农业村落，也把他们的习惯、制度和风俗从华北带到了东北，他们没有去保护这些森林，而只是在缓慢而稳步地砍伐森林。

福建的森林和林业

东北并不是 1937 年日本全面侵华前夕中国唯一一个尚留有部分森林的地区，我们在上一章中曾讨论过云南，那里的森林一直保留到了 20 世纪；在第七章我们还会介绍到西藏东部、四川西部和云南西北部的森林。这里我想先看一看福建这个中国中心区的省份，这里直到 1930 年代也仍然保留有一些森林。汉族移民在福建定居的时间晚于在长江以南的其他地区，部分原因在于内陆的山脉将这一沿海地带与大部分南北通道（人们由这些通道进入广东）隔开了，部分则是因为这里的地形导致了没有多少好的可耕地。在第四章中，我们已经看到了人们为排干那些藏有凶猛咸水鳄的沿海沼泽而付出的努力。此外，福建发源于山区的几条河流，大都只经过很短的距离就迅速汇入大海了，没能在流域中形成洪泛平原。当然，这些河流，特别是闽江及其支流，灌溉了福建西北部三分之一的地区，也确实为运输那些从山区采伐的木材提供了便利，使之能一直漂流到海边城市福州。

到 20 世纪初，闽江流域已经形成了一个发达的木材销售体系，由专业的雇佣型伐木工人和木材经纪人或锯木厂老板，把砍伐的木料沿着专门修建的溢水道和斜槽滑入河中。历史学者艾伦娜·宋丝特（Elena Songster）曾用

①　转引自 Reardon-Anderson, *Reluctant Pioneers*, 100.
②　Ibid., 107.

这些斜槽来解释"靠近河流地区森林不成比例的高消耗"①，她认为，福建的木材生意还促使人们补种了那些经济价值最高的杉树以及少量的樟树。②

1911年清朝被推翻之后，那些希望能塑造一个新民国的政治精英们很快就意识到了中国森林资源枯竭的问题，于是在1914年颁布了新的《中华民国森林法》，呼吁各省制定造林计划，福建省就在1916年通过了一项计划。新政府显然认为，就中华民国的困窘状况而言，充足的木材供应对于经济现代化和增加税收来源都是十分必要的。问题在于，新建立的民国非常羸弱，无法将这些计划真正付诸实施，整个北洋时期的国家实权都落到军阀们的手中。因此，福建"精心制定的造林计划在实施和植物管理上都需要现代化的基础设施，而1916年的福建不仅缺乏这样的基础设施，而且政治秩序也非常混乱"③。旧的木材销售体系还是和以前一样运转着。

1927年蒋介石的国民政府成立以后，政治环境开始发生改变。在破坏了国共第一次合作之后，蒋介石开始着手建立新的政府机构，并试图实现政治秩序和经济的现代化。和他的前辈们一样，蒋介石也认识到了木材对建设现代化经济的重要价值，于是设立了全国植树节，并在福建建立苗圃以提供造林用的树苗。虽然这一过程"的确培育了树木"，但宋丝特指出，新政府对整个木材业的管制和对福州木材的高税收，再加上世界经济大萧条的冲击，最终扼杀了木材业。不过，植树造林还是持续到了1930年代，并在闽江沿岸的绿化中取得了一定的成功。1937年日本全面侵略中国之后，国民政府和它的森林政策都消失了，旧的木材销售网络于是再次出现，但为了避免被日本船只发现，大量的木材都被切成短棒，装入小型船只运输。而且，"大规模的造林工程也无法在战火中继续维持下去了"④。

渔业

福建森林日益密集开采、资源日趋稀缺，以及希望能通过现代科学手段的资源管理来予以缓解的历史过程，与位于浙江沿海、长江入海口南面的舟

① E. Elena Songster, "Cultivating the Nation in Fujian's Forests: Forest Policies and Afforestation Effort in China, 1911-1937," *Environmental History* 8 (July 2003): 456.

② Ibid., 457-458.

③ Ibid., 462.

④ Ibid., 468.

山群岛的近海渔业有着很多相似之处。① 由长江水携带而下的营养物质与从
深海涌上来的营养物质在舟山群岛交汇，形成了一个鱼类的养殖场，大黄 *295*
鱼、小黄鱼、带鱼和墨鱼这四种主要鱼类，也正在被长江下游三角洲越来越
多的人放进他们的菜单。

　　舟山群岛的捕鱼业最早出现在南宋迁都杭州之后（参见第四章），但大
量渔民进入这片水域的时间——以及原因——和浙江人口过密地区的农民放
弃河谷耕地转入山区成为棚民基本是一样的。据穆盛博（Micah Muscolino）
的研究，"开发山区和到近海捕鱼都是对中国自然资源压力不断增加的类似
反应。在这两种情况中，都是生态变化促使着人们迁移到以前未开发过的地
区……随着内陆水体的逐渐消失，渔民们日益转向了利润丰厚的海洋渔
场"②。

　　随着渔民组织、资金和获得支持的增强，越来越多的鱼类被送入了市
场。到 19 世纪后期，鱼类存量正在渐趋耗尽，一个重要的证据就是，渔民
用越来越细密的渔网打上来的鱼却越来越小，尺寸较大的鱼已经很少见到
了。与此同时，在来自不同地区的渔民群体之间，也不断出现竞争和冲突。
进入 20 世纪以后，新技术特别是舷外马达的出现，以及孙中山国民党及其
后蒋介石国民政府的现代政治精英，共同推动了渔业的进一步开发。虽然有
证据表明鱼类资源正在日益耗竭，但对"理性管理"的现代主义信仰使得这
些精英们相信，科学技术可以在保护自然资源的同时，创造更高的产出以及
随之而来的更多税收。然而这种理想所遭遇的现实是，国民政府并没有足够
的能力来实施这些科学的计划。

　　与此同时，一个拥有足够资源去实现现代化目标的邻国——日本在 1920
年代和 1930 年代向渔场中引入了新建成的钢结构拖网渔船，捕获量非常大，
于是与舟山渔民和国民政府之间出现了冲突。由于日本拖网渔船占有武力上
的优势，中国渔民只好进入更远和更深的水域进行捕捞。据穆盛博的研究，

---

　　①　本部分内容主要参考了 Micah S. Muscolino, *Fishing Wars and Environmental
China in Late Imperial and Modern China* （Cambridge, MA: Harvard University
Press, 2009）。

　　②　Micah S. Muscolino, *Fishing Wars and Environmental China in Late Imperial
and Modern China*, 22.

"到1930年代中期，中国和日本捕鱼活动的叠加，已经导致了舟山黄鱼产量的明显下降"[1]。中国渔民的过度捕捞和不同捕鱼群体乃至各省间的竞争与冲突，都加剧了渔业的枯竭。但日本侵华战争和太平洋战争的先后爆发，中断了几乎所有的沿海捕鱼活动，从而在1940年代给当地的鱼类提供了一段恢复的时间。[2]

战争造成的环境灾难

在1937年日本全面侵华战争爆发后的几个月里，日军迅速占领北京并向南推进，直指蒋介石国民政府的军政指挥中心武汉，但第一个军事目标是郑州。郑州不仅是一个古都，而且正位于新建的具有重要战略意义的京汉铁路上。关于日军暴行特别是南京大屠杀（1937年12月—1938年1月）的报道，在平民中间不断传播着惊慌与恐惧，而因战斗导致大量减员的中国军队也已无法阻止日军的前进。[3]

在中日日益激烈的战争中，黄河及其富于象征意义的水文特点再次被派上了军事用途。我们在第四章中曾经看到，黄河在宋代被用作防御工事来抵挡北面契丹辽国的军事威胁，北宋政府还曾决开开封北面的黄河大堤，人为制造洪水以阻止金兵进攻开封，结果却适得其反，导致黄河在1194年之后改道向南侵占淮河河道，最终通过长江下游入海。此后一直到19世纪上半叶，由于淤积问题不断加剧，黄河再次改道，在1855年北上移回故道，抛下淮河流域让那些亟须土地的农民去开垦。与此同时，大量的资源也被投入到修筑黄河堤防的工程中，以保持黄河在北方河道的流动。而到了1938年6月，中国军队正面临着阻止日军进军郑州及其重要铁路枢纽的任务。

为了减缓日军前进的速度，蒋介石命令他的军队在1938年6月9日扒开了郑州东北面的黄河大堤，导致洪水一直倾泻到淮河、洪泽湖和大运河流域

---

[1]　Micah S. Muscolino, *Fishing Wars and Environmental China in Late Imperial and Modern China*, 122.

[2]　Ibid., 151, 174-178.

[3]　Diana Lary, "The Waters Covered the Earth: China's War-Induced Natural Disasters," in *War and State Terrorism: The United States, Japan, and the Asia-Pacific in the Long Twentieth Century*, eds. Mark Selden and Alvin Y. So (Lanham, MD: Rowman & Littlefield, 2004), 143-147. 中译本见马克·赛尔登、埃尔文·Y.索主编：《战争与国家恐怖主义》，张友云译，社会科学文献出版社，2012。

约 7 万平方公里的土地上。由于花园口黄河堤防的规模很大，修筑得也很坚硬牢固，因此两次尝试用炸药都没能成功，最后在官兵的奋力挖掘之下，堤防才终于打开缺口。结果导致近 100 万人淹死，至少 200 万人流离失所。日军的坦克和部队虽然因此而被阻挡了一段时间，但后来又继续前进。即使数年之后，黄河河道仍在继续变动，据美国记者杰克·贝尔登（Jack Belden）报道，"在它那前途未卜的旅程中，新的河道不断横冲直撞，已经通过了 3个省和 11 个县"①。数十万个村庄被冲毁，数百万英亩的农田都淤积着河水和泥沙。当积水慢慢被太阳烤干之后，"土地变成像砖一样硬，再也无法种庄稼了"②。这场战争导致的人为的环境灾难规模非常巨大：有 400 多万受害者，还有数百万人在等待救济或流离失所。③

历史学者穆盛博认为，黄河的这次大改道是"世界历史上战争行为对环境造成的最严重破坏"。这不仅包括洪水本身直接造成的死亡，还包括这一地区持续遭受的洪水肆虐，交战军队从当地人民和他们的农场中掠取食物和其他能源，以及政府无法继续维持对黄河的控制。在 1942—1943 年厄尔尼诺-南方涛动导致的干旱压力下，这些灾难结合到一起并造成了一场大饥荒，导致另外 200 万人死亡和数百万人流离失所。④

有大约 170 万的河北难民向西逃往日军没能占领的陕西省和渭河流域，起初大都集中在洛阳和西安这两个城市，后来被国民党官员迅速安置到了黄龙山一带开垦土地和农场。该地区在六十年前的回民起义中曾被摧毁，有很多当地官员眼中的"荒地"有待重新开垦，到 1938 年底，已经有 25 000 名 *297*

---

① 转引自 Micah Muscolino，"Violence against the People and the Land：Refugees and the Environment in China's Henan Province，1938-45"，*Environment and History*，17（2011）：291-311。

② Ibid.，299.

③ 在战争结束以后和联合国善后救济总署的帮助下，花园口得以堵口合龙，黄河也在 1946 年末回到了北面的故道，相关介绍可参见 Lary，"The Waters Covered the Earth"，156。

④ Micah S. Muscolino，*The Ecology of War in China：Henan Province，the Yellow River，and Beyond，1938 - 1950*（New York，NY：Cambridge University Press，2015），2. 穆盛博提出了一种新的研究思路，通过考察军队、农业人口和黄河的变动情况来分析战争对华北环境的影响，因为所有这些因素都需要消耗已经陷入环境退化的华北地区的稀缺的能源供应。

难民被安置到了这里。在此后 1942—1943 年又一场旱灾和饥荒中①，更多的难民从河北涌入陕西，又有 20 万人迁到了黄龙山垦区。

在 1942—1943 年曾访问这里的美国土壤保持局官员罗德民认为，黄龙山地区的草场最适合发展畜牧业，但难民们在这里清除了大片的树木、灌木和草，广泛植谷物、玉米、马铃薯和荞麦。在短短的几年间，就出现了水土流失和土壤养分的耗尽，人们也遭遇了与硒缺乏相关的疾病。中国国内的一份报道也指出："随着山区的侵蚀和河流因淤积而日益浑浊，农业的产量也不再丰足，水土流失问题出现了。"并且预测，以当时的开垦速度，黄龙山的森林很快就将被砍伐殆尽。② 对于这些难民和森林同样幸运的是，在 1945 年战争结束了。

虽然蒋介石的国民政府在参战抗击日本时还是公认的中国政府，但到抗日战争结束时，毛泽东领导的中国共产党已经大大提升了自己的力量和威望，并足以挑战蒋介石对中国的统治了。蒋介石和他的部队的确曾经正面迎击日本的侵略，但在试图挽救南京而遭遇失败之后撤退到了群山环绕中的四川。中国共产党人则以黄土高原上的延安为根据地，组织农民开展敌后战争，在赢得农民信任的同时，也获得了那些看到共产党抗日而蒋介石撤退的城市知识分子的支持。到 1945 年，中国共产党已经控制了北方地区，人口接近一亿。1945 年 9 月日本战败后，国民党和共产党未能达成协议组织联合政府，随后内战爆发。中国共产党人最终取得了胜利，并在 1949 年 10 月 1 日，由毛泽东主席宣布中华人民共和国成立。

小结

在中国共产党 1949 年取得胜利之前的一个半世纪里，中国各地广泛出现了明显的环境危机。③ 人口增长、商业化以及政府的战略和财政需求等动

---

① 较简明的介绍可参见 Lary，"The Waters Covered the Earth，" 158-162。

② Ibid.，18-19.

③ 围绕着"环境危机"这一概念的使用，历史学者中还存在一些不同意见，一个深入而具有启发性的讨论可参见 Richard C. Hoffman，Nancy Langston，James C. McCann，Peter C. Perdue，and Lise Sedrez，"AHR Conversation：Environmental Historians and Environmental Crisis，" *The American Historical Review* 113，no. 5 (Dec. 2008)，1431-1465。

因，促使一批又一批移民迁入边疆和内陆边缘地区，他们不断砍伐森林、排
干或填充沼泽湿地以开垦农田。森林的砍伐导致了越来越多的泥沙淤积和平
原地带的洪水泛滥，也造成了土壤中营养物质的流失和保水能力的下降，还
加剧了能源短缺和建筑用木材供应量的减少。随着能量水平的下降，中国农 *298*
业生态系统的代谢速度也不断放缓，人民和他们的环境一样变得日趋贫困。
对于土地和水这些日益稀缺资源的竞争，引致了日益增加和日趋尖锐的社会
矛盾。贫困化可能会激发中国亿万农民寻求变革和支持中国共产党的热情，
但贫困化的自然环境则意味着这不是一项容易完成的任务。抛开别的不论，
中国共产党人所继承的是一个已经严重退化了的自然环境。

第七章
中华人民共和国时期对自然环境的"治理"，公元 1949 年以来

　　本章考察 1949 年以来中华人民共和国土地、水和大气等环境变化的历程。由于中华人民共和国建立了新的政治、经济和社会制度，并通过这些制度与环境互动改变着环境，本章将首先介绍这些环境变迁的制度背景，然后再考察土地、森林、草原、河流和大气的变化情况，最后以当前中国的环境保护主义运动作为总结。

第一节　社会主义工业化与征服自然

　　中国共产党在 1949 年的胜利和新中国的建立，标志着一个由国家意志推动迅速实现工业化的新时代的开始，改变了之前三千年以来将中国式农作推广到全国各地而驱动的环境变化模式。尽管是建立在一个农村占绝大多数、饱受森林砍伐和环境退化之苦、历经战争蹂躏的旧中国基础之上，但毫无疑问，中华人民共和国在 1949 年以来的六十年中已经从一个农业社会转变成为全世界规模最大，然而也可以说是污染最严重的工业经济体之一。①
　　事实上，在共产党领袖毛泽东领导下的中华人民共和国前三十年，与其

---

　　①　到 21 世纪初，全世界污染最严重的 20 个城市中有 16 个在中国，可参见 Eduard Vermeer，"Industrial Pollution in China and Remedial Policies," *the China Quarterly* no. 156 (December 1998)：952-985；"Smoggy Skies：Environmental Health and Air Pollution," Woodrow Wilson International Center for Scholars，China Environment Forum，2008。其他有关工业污染的例子可参见本章后面的"水资源的治理"和"大气污染"两节。对毛泽东时代污染情况的考察，可参见 Vaclav Smil，*The Bad Earth*：*Environmental Degradation in China*（Armonk，NY：M. E. Sharpe，1984；中译本见瓦克雷夫·史密尔《恶劣的地球：中国的环境恶化》，或瓦格纳·斯密尔《中国生态环境的恶化——美国瓦格纳·斯密尔的报告》）。

继任者邓小平时期的政策与实施情况，都有着显著的差异。虽然他们都提出要建立一个社会主义的中国，但毛泽东并不信任市场和官僚体制，而是要寻找一个迅速实现社会主义的中国独特道路；邓小平则认为共产党领导的国家可以利用市场和其他"资本主义的工具"，来为社会主义目标建立物质基础。　　*308*
尽管这两种观点之间差异显著，但双方都是为了以最快的速度来发展中国经济。无论在1949年是否还宣告过别的现代化目标或理想，马克思主义和社会主义都在中国共产党领导下的主权国家里发挥了重要的作用，为迅速实现工业化提供了思想上的支撑。

社会主义工业化与原材料的约束

中国的工业化有赖于农业产生的盈余，但农业自身也处于困境之中。早在汉代，华北平原的小麦和小米等旱地作物可能就已经达到了产量的顶点，而水文问题引起的内涝、盐碱化、泥沙淤积和土壤沙化则降低了这些作物的产量，特别是近代中国持续的战乱更加剧了这些环境问题。水稻的收获量虽然要大得多，但也已经在不迟于18世纪达到了极限。[①] 最基本的问题还是土壤中关键养分特别是氮的耗竭。

1. 土壤的耗竭　　　　　　　　　　　　　　　　　　　　　　　　*309*

尽管人们采取了各种让养分循环回农田的措施（参见第四章和第六章），但到1949年时，中国几乎所有的耕地都处于缺氮的状态。[②] 当中国共产党1949年掌握政权时，农民们通过既有的方法，已经很难继续向耕地中增加氮肥以提高粮食产量了，因此既不能为工业化提供盈余的资金，也无法提高现有人口的生活水平，甚至连继续养活不断增长的人口都很成问题。[③] 事实上，20世纪前半期就已经有证据表明粮食供应不足以维持现有人口：高达15％

---

① Li Bozhong, "Changes in Climate, Land, and Human Efforts: The Production of Wet-Field Rice in Jiangnan during the Ming and Qing Dynasties," in *Sediments of Time*, eds. Elvin and Liu, 447-484. 中文版见李伯重：《"天"、"地"、"人"的变化与明清江南的水稻生产》，《中国经济史研究》1994年第4期。

② Jung-Chao Liu, *China's Fertilizer Economy* (Chicago, IL: Aldine Publishing Co., 1970), 104-105.

③ 更多关于氮肥在中国农业中地位的资料，可参见 Vaclav Smil, *China's Past, China's Future: Energy, Food, Environment* (New York, NY: Routledge Curzon, 2004), 109-120。

的男性都因非常贫困而结不起婚，因而也就无法生育子女从而实现自我的再生产。[1] 总之，在 1970 年代中期以前，农业生产力因缺乏工业化肥而无法迅速提升的状况，严重制约了中国工业化的努力。

2. 外国势力对中国社会主义事业的反对

第二个制约因素来自国际环境。即使新的共产党政府拥有外汇或信用贷款从国际厂商那里购买化肥，但美国当时正打算抑制世界范围内的共产主义威胁，再加上中国帮助朝鲜在朝鲜战争（1950—1953 年）中抗击美国，这显然意味着中国加入了美国敌对的阵营，所以美国对中国实行贸易禁运的措施，切断了中国从资本主义世界获得信贷和技术的渠道。苏联于是成为中国工业化唯一的外援，然而这些援助最终证明不仅数额很小，而且时间也很短暂。

3. 庞大而且不断增长的人口规模（被认为是好事）

更复杂的是，中国共产党的领袖毛泽东（1893—1976 年）认为，一个庞大且不断增长的人口规模是件好事，他在 1949 年新政府还不知道确切的人口数字时曾写道："中国人口众多是一件极大的好事。再增加多少倍人口也完全有办法，这办法就是生产。"[2] 作为一位马克思主义者，毛泽东认为更多的人口意味着更多的劳动者，他们的劳动和创造可以促进经济的增长。他认为中国人口增长给环境和自然资源带来问题的观点是马尔萨斯主义的谬论。当 1953 年中国第一次现代人口普查得出全国人口为 5.83 亿时，毛泽东非常高兴。除了可以形成更多的劳动者，他认为众多的人口还是一项军事资产，即使是美国的核打击也无法完全消灭中国。他领导下的政府鼓励家庭生育，对那些子女多的家庭配给更多的口粮，同时压制那些反对这些政策的人。因此，在毛泽东执政期间，中国人口增长了近 2.5 亿，在他去世的 1976 年已经超过了 8 亿（参见图 7-1）。然而这一时期的农业生产率并没有——在没有化肥投入的情况下，也不可能——增长，农业总产量确实增加了，但正如我们将看到的，这是以向更加边缘地区拓展农业生产和进一步破坏森林、草原

---

[1]　Edwin Moise, "Downward Social Mobility in Pre-Revolutionary China," *Modern China* 3, no. 1 (1977): 8.

[2]　转引自 Shapiro, *Mao's War against Nature*，31。译者注：毛泽东《唯心历史观的破产》。

和水域环境为代价的。

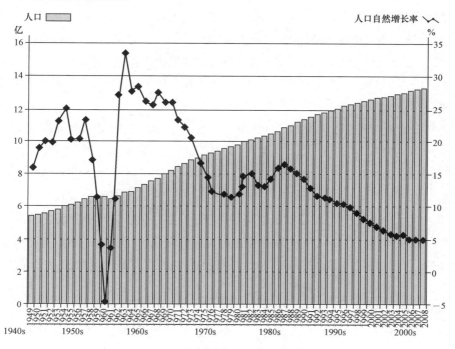

图 7-1　中国的人口规模与增长率

资料来源：国家统计局国民经济综合统计司：《新中国 60 年统计资料汇编》，中国统计出版社，2009，第 6 页。

在中华人民共和国的前期，虽然毛泽东有着强大的意志要改变他所继承的物质基础，但几个世纪以来的动因——中国政府对农业和从事农业大家庭相结合的重视，推动了传统农业生产方式向更边远的地区拓展——仍然在继续塑造着中国的历史。

尽管现实的物质条件严重限制了实现工业化的努力，但毛泽东和他最热切的追随者仍然认为这些物质条件的困难并不那么重要，因而决定无论如何都要努力克服一下。这种思想影响了中华人民共和国在毛泽东执政近 30 年时间里的很多问题，也包括在此期间对环境造成的巨大压力。虽然在苏联帮助下的第一个五年计划（1953—1957 年）里，中国取得了年均 18％的工业增长率，但毛泽东并不满足于继续追随苏联模式，因为他发现这样做的实际结果将导致中国越来越远离而不是更接近所追求的社会主义蓝图。他认为，通过迅速实现农业集体化，不仅可以释放农民压抑已久的社会主义热情，还可

311 以在不需要化肥投入的情况下，大幅提高农业的生产率。毛泽东的主观愿望随即得到了河北省官员夸大报告农业产量的迎合，最终导致了 1958 年的"大跃进"和灾难性的结局①，毛泽东也在此后几年"退居二线"。但他不久又回到政治权力的中心，并以他认为正确的方式来推动社会主义的发展，最终随着工业化的"三线建设"和"文化大革命"的十年（1966—1976 年）破坏而达到了顶点。

无论中国要寻求怎样的工业发展，它在数十年的时间里都要依靠农业的生产力，并受限于农业的客观条件。正如经济学者巴里·诺顿（Barry Naughton）所指出的："这里形成了一种体制，使得所有战略性和体制性政策都为最大限度地让资源流入工业部分而服务。这一体制的决策权集中在顶端，因此，中央领导人可以根据自己认为的轻重缓急来调拨资源。换句话说，这一体制可以使'跃进'的潜能最大化。但是，每当这一体制真正开始加速运行的时候，都会出现根本性的问题，导致经济因超调而撞上天花板。那么，什么是这个'天花板'呢？这个'天花板'就是农业无力迅速生产出足够的粮食盈余。"② 但为什么中国的农业生产力无法得到提升呢？毛泽东和中国共产党人肯定曾经多次反思过这个问题。虽然中国农民在过去两千年的历史中找到了一些将营养物质循环返回农田来保持土壤肥力的方法，但到 20世纪时，中国的农田也已经到了严重缺乏必要营养物质的程度。

4. 化肥的短缺

化肥是解决这个问题的一个重要因素。这并不是说毛时代的中国领导层不知道去增加人工合成化学肥料来解决农业问题，而是因为，这本身就是工业化的一部分，需要建设可以生产化肥的现代工厂。20 世纪初，德国的科学家用化学方法成功合成了富含氮的肥料，德国的企业家则实现了对化肥的大规模商业化生产。由于 20 世纪上半期世界大战和经济大萧条的破坏，直到

---

① 有两本书讲述了这段残酷的历史：Jasper Becker, *Hungry Ghosts：Mao's Secret Famine*（New York, NY：Henry Holt and Co., 1996）；and Frank Dikkoter, *Mao's Great Famine：The Story of China's Most Devastating Catastrophe*, *1968–1962*（London：Bloomsbury, 2010）.

② Barry Naughton, *The Chinese Economy：Transitions and Growth*（Cambridge, MA：The MIT Press, 2007）, 79. 中译本见巴里·诺顿：《中国经济：转型与增长》，安佳译，上海人民出版社，2010，第 70 页。

1950 年，以哈伯-博施法（"the Haber-Bosch" process）合成氨为基础的化肥生产才缓慢地推广开来。①

当中国共产党 1949 年夺取政权时，中国只有两家化肥厂——其中一家是日本人在 1930 年代占领东北时建立的；另一家在南京附近，是由一位曾经留美的中国化学家创办的。中国虽然制定了相关计划来扩大这两家化肥厂的产量，也在"大跃进"期间启动了几家新的化肥厂建设并进口了一些昂贵的原材料②，但由于几乎所有的农田都需要补充氮肥，国内的产能仍然无法供应足够的化肥。这种物质条件的限制意味着，只有增加劳动力投入或耕地数量才有可能提升农业产出。在毛泽东时代，我们的确看到了两种巨大投入的结合。

虽然通过大规模群众运动来鼓励农民投入更长的劳动时间和更大的劳动强度，可能会使农业生产力有所增加，但正如"大跃进"所表明的，这种高度的劳动热情只能保持很短的时间就会耗尽。因此，要真正增加农业产量，以维持既有人口增长并实现盈余、为工业生产提供投资，就必须扩大耕地面积，而开垦土地也必将与之前的两千年一样带来严重的环境后果。 *312*

在中国共产党人所继承的农业经济中，有大约 8 000 万公顷（近 2 亿英亩）的耕地，其中约 40％是稻田。到 1980 年时，耕地总量增加了 50％左右，达到 1.2 亿～1.3 亿公顷③，这些新增的耕地主要来自中国东北和西南地区（特别是云南）的森林，以及北部（内蒙古）和西北（甘肃和新疆）的草原。换言之，在毛泽东领导下的中华人民共和国前三十年中，新垦耕地的数量几

---

① Vaclav Smil, *Enriching the Earth*: *Fritz Haber, Carl Bosch, and the Transformation of World Food Production* (Cambridge, MA: The MIT Press, 2004). 斯密尔估计，如果没有合成氨方法的发明和将氮转化成一种可利用的形式被农民用于作物施肥，全世界的人口不会超过 25 亿。换言之，化肥使用带来的食物增加，养活了另外的 35 亿多人口，其中相当一部分是中国人。

② Liu, *China's Fertilizer Economy*，5-10，50.

③ 这些耕地数据主要是根据以下资料计算所得：Kang Chao, *Man and Land in Chinese History*: *An Economic Analysis* (Stanford, CA: Stanford University Press, 1986), 87; Vaclav Smil, *China's Environment Crisis*: *An Inquiry into the Limits of National Development* (Armonk, NY: M. E. Sharpe, 1993), 52-56。如斯密尔所指出的，这些耕地数据仍然存在着很多问题；中国官方统计中则对耕地和播种面积进行了区分，这些数据表明，在 1949 年到 1976 年间，中国的耕地面积增加并不大（停留在 1 亿公顷左右），但播种面积则从 1.2 亿公顷增加到了 1.5 亿公顷。具体数据详见国家统计局国民经济综合统计司：《新中国 60 年统计资料汇编》，第 6 页。

乎相当于第一个千年期间（汉代至宋代）所开垦土地的总数。

正如我们在第五章和第六章中所看到的，早在 18 世纪末，中国农民对边缘地区土地的大量开垦，就已经对环境造成了越来越多的破坏。在共产党人建立政权时，山坡、干旱草原和热带森林的面积都已经出现了下降。尽管如此，在新中国的前三十年里，毛泽东还是把农业进一步推向了更加贫瘠（至少对农业而言是这样）的地区，而这——我们将在后面几节对森林、草原和水资源的考察中看到——也成为一个继续改变中国环境的重要力量。

总之，由于缺乏足够数量的化肥，加上思想和政策上倾向于拥有庞大且不断增长的人口规模，以及以最快速度推进工业化发展的愿景，共同促使着新中国的领导人采取了迅速增加农业耕地的政策。即使是这些新开垦的土地，包括丘陵、坡地或草原，也已经导致了环境的退化。

就中国人与环境的物质关系而言，1949 年在很大程度上并没有成为一个分水岭。事实上，共产党的胜利造就了一个强大的新国家，它拥有实现工业化的意愿和能力，也提供了和平与安全的保障。新中国与前一个世纪的一个显著差别在于，政府高度稳定和有能力掌握自己的边界与命运。但是，养活不断增长人口的需要——或者用李明珠的话说，"征服饥饿"[①]——以及持续了数百年之久的土壤养分耗竭、清除森林和草原以种植农作物、将农场推向更边缘的地区包括坡度超过 40 度的易侵蚀的山坡，这些都没有变。而且，还要加上美国因朝鲜战争而施加的贸易禁运的影响，认为庞大且不断增长的人口是一件好事的信念，以及从农业积累盈余资金以促进工业化的需要。

由于贫困、技术落后和国际孤立（除了苏联，但其援助也只持续到 1960 年），中国共产党人基本没有什么选择，只好把工作重点放在尽可能迅速发展农业上。全国仅有两个化肥厂，几乎没有任何农业机械设备，缺乏驱动水泵的电力或小型发动机，这些现状意味着只有期望农业和农民来肩负起改造中国经济、实现工业现代化的重任。当然，这也意味着自然环境将不得不为此而付出代价，不幸的是，很大程度上也是由于缺乏化肥，这种状况一直持续了整个 1970 年代。我们在本章后面将会看到，直到国际形势因美国和理查德·尼克松总统而发生了突然的转变之后，这种约束在毛泽东的继任者那里才得到了缓解。

在这样的背景下，我们可以理解，中国共产党人逐渐意识到了自然的力

---

① Lillian Li, *Fighting Famine in North China*, 342.

量既不怎么仁慈，也不怎么帮得上忙。旱灾、洪水、土壤养分的耗竭、山区的水土流失、侵蚀、泥沙淤积和燃料与建筑用木材的短缺，以及其他各种环境的梦魇，不断地引发新中国领导人的忧虑。对他们来说，自然环境成为一个敌人——一个同样需要群众动员和军事打击才能征服并使之为我所用的对立面。这种有关自然的思想导致了对中国森林与河流的持续性冲击，将森林转变为农业所需的耕地和可用于工业发展动力的燃料、木材，在河流上筑坝以储存水量和用于水力发电。他们怒吼着："人定胜天！"

中国共产党的自然思想

与中国共产党迅速实现工业化的理想相伴随和相嵌入的（有些明确，有些则比较含混）自然思想还来自马克思主义、中国共产党人的自身发展历程、帝制中国的文化传统和西方的科学。尽管这些思想之间存在着显著的差异，所有的传统也都包含有一些相互矛盾的元素（因而我们无法抽象总结出一个"中国人的自然观"）①，但它们总体而言都接受一种人类与自然相分离的现代主义倾向，认为来自自然的资源都应被用于支持人类和人类社会，人应该支配和控制自然。

1. 治理环境的思想

帝制中国及更早时期中国的中央政府，一直以来都相信要通过征服或至少驯服自然来证明和展现自己的能力②，政治、军事和经济行动的目的都是建立以人为中心的合理的社会和管理秩序。在对中国自然观念的研究中，魏乐博（Robert Weller）和包弼德（Peter Bol）指出："政府有维护社会与环

---

①　在任何历史时期，中国人都有着互不相同的很多种对自然和人与自然关系的看法。正如伊懋可所指出的："系统考察中国的自然思想……至少在史料丰富的帝制晚期，几乎什么样的观点都可以看到。清朝就有对巨型工程的狂热追求者，其程度甚至还要超过三峡工程；有人相信应该采取军事方式征服自然环境；也有些人认为，人类应该遵循大自然的运行模式而不应该勉强行事；有一些人把自然看作有待人类开发的蛮荒之地……也有一些人则将大自然视为上天的恩赐……并不存在一种可以称作'中国人的'单一的自然观。"Mark Elvin, "The Environmental Legacy of Imperial China," *The China Quarterly* no. 156 (December 1998)：755. 对于"西方的"环境和自然观的经典阐述，可参见 Lynn White, "The Historical Roots of Our Ecological Crisis," *Science*, New Series 155, no. 3767 (1967)：1203–1207。

②　Robert B. Marks, "Asian Tigers：The Real, the Symbolic, the Commodity," *Nature and Culture* 1, no. 1 (2006)：63–87.

境之间和谐关系的基本责任的思想在中国有着悠久的历史，但这种思想观念并没有促使人们有意识地建立起一种无害于环境的行为方式。这主要是因为人们首先考虑的总是人类自己的效用。"① 最终的结果就是我们在第六章中看到的，中国出现了大面积森林砍伐和环境退化的景象。

马克思主义关于自然和科学的观点也是中国共产党思想的一部分。在马克思和恩格斯对自然在人类世界或者更准确地说——在资本主义世界地位的评论中，最清晰易懂的大概就是 1848 年的《共产党宣言》了，他们指出："资产阶级在它的不到一百年的阶级统治中所创造的生产力，比过去一切世代创造的全部生产力还要多，还要大。自然力的征服，机器的采用，化学在工业和农业中的应用，轮船的行驶，铁路的通行，电报的使用，整个整个大陆的开垦，河川的通航，仿佛用法术从地下呼唤出来的大量人口——过去哪一个世纪料想到在社会劳动里蕴藏有这样的生产力呢?"②

① Robert P. Weller and Peter K. Bol, "From Heaven-and-Earth to Nature: Chinese Concepts of the Environment and Their Influence on Policy Implementation," in *Energizing China: Reconciling Environmental Protection and Economic Growth*, eds. Michael B. Elroy, Chris P. Nielsen, and Peter Lyon (Cambridge, MA: Harvard University Press, 1998), 473. 正如他们所深刻指出的，"中国并不是唯一一个用社会和自然是统一整体的观念来支持以人类为中心活动的国家，把人类和自然看作统一系统的不同组成部分，有助于为人类有权利改造这一系统提供支撑"（497 n. 2）。

② Karl Marx and Frederick Engels, *Manifesto of the Communist Party*, in *The Marx-Engels Reader*, ed. Robert C. Tucker (New York, NY: W. W. Norton, 1978), 477（中译本见《马克思恩格斯选集》（第 3 版），第 1 卷，人民出版社，2012，第 405 页）。直到最近，绝大多数关于马克思和恩格斯的解读都把他们限定为保罗·伯克特所说的"普罗米修斯式的工业化展望，把人类的进步等同于人类越来越强有力地统治和控制自然"。Paul Burkett, *Marx and Nature: A Red and Green Perspective* (New York, NY: St. Martin's Press, 1999), 5. 伯克特试图从生态学和对环境问题的分析与批评的角度重新阐释马克思主义，进而批评那些认为马克思的一般性观点要么与生态无关，要么对环境保护持敌视态度的观点。类似的著作还有 John Bellamy Foster, *Marx's Ecology: Materialism and Nature* (New York, NY: Monthly Review Press, 2000)。这种新的诠释（主要是基于《资本论》和马克思对资本主义农业和因食物和纺织品从农村向城市迁移而带来的土壤日益贫瘠问题的关注，特别参见 Foster 著作第 5 章）虽然具有说服力，但并不妨碍我们理解那些希望尽可能迅速发展生产能力的中国共产党人（和其他人）的确从马克思那里接受了普罗米修斯式的观念。马克思似乎区分了资本主义生产关系下对自然的不合理开发和社会主义条件下对自然的理性控制（Foster, *Marx's Ecology*, 159-165），但无论哪种方式，在我看来，人类对自然的控制都是马克思所关注的中心问题：劳动＋自然＝价值。亦可参见 Howard L. Parsons, *Marx and Engels on Ecology* (Westport, CT: Greenwood Press, 1977)。

　　中国共产党还和其对手国民党一样，接受了形成于 19 世纪和 20 世纪初，并在 1920 年代和 1930 年代由欧美科学家和他们新训练出的中国博士们（参见第六章关于福建林业和舟山渔业的内容，以及第二章中的气候学家竺可桢）引入中国的用现代科学工具来控制自然的思想，这也就是鲁晓鹏（Sheldon Lu）最近指出的"通过对自然的支配来表达中国的现代性"①。这种观念在毛泽东时代唯意志论的信念——用劳伦斯·施奈德（Laurence Schneider）的话说，相信自然和人类社会一样具有"无限的可塑性"——中得到了进一步的强化，认为运动起来的大众可以自己学习和掌握科学，自然也是如此。在这种毛泽东主义的话语体系中，"自然和社会成为同样可以被改造和控制的对象，两者都不再需要任何永久性的结构、本质或趋势，都可以通过环境的重塑来从外部进行改造和指导。科学研究和社会革命具有同样的政治意义……"② 由此，马克思主义、西方科学和毛泽东思想共同催生了这种建立以人类为中心的科学掌控自然的现代主义必胜信念。

　　这些思想在中国共产党 1949 年掌握政权后的十年里逐渐结合起来，形成了始于罗兹·墨菲（Rhoads Murphey）所说的共产党人"对自然的战争"③ 和夏竹丽（Judith Shapiro）后来更精确界定的"毛泽东对自然的战争"④。墨菲具有先见之明地指出（他的文章写于 1967 年），中国共产党人认为"对于自然的态度不再应该是接受，而必须是藐视和征服"。他们为农业和工业设计并实施的政策不断向环境烙下人类的印记，例如，消灭麻雀，因为他们认为麻雀是害虫；用飞机向塔里木盆地周围的高山冰雪撒煤灰，以加速其融化用于灌溉；建设宏伟的三门峡大坝，拦截泥沙淤积的黄河，以及将沿海地区的工业迁往边缘地区。就中国与西方发达国家之间存在的巨大差距而言，墨菲认为征服自然的群众运动赋予农民们一种"圣战"式的"民族自

　　① Sheldon H. Lu, "Introduction: Cinema, Ecology, Modernity," in *Chinese Ecocinema: In the Age of Environmental Challenge*, eds. Sheldon H. Lu and Jiayan Mi (Hong Kong, HK: Hong Kong University Press, 2009), 11.

　　② Laurence Schneider, *Biology and Revolution in Twentieth-Century China* (Lanham, MD: Rowman & Littlefield, 2003), 3, 272.

　　③ Rhoads Murphey, "Man and Nature in China," *Modern Asian Studies* 1, no. 4 (1967): 313–333.

　　④ Shapiro, *Mao's War against Nature*.

豪感"，而在这一过程中，勇于献身和参与行动要好于"无所作为"。

2. 苏联的李森科主义

在上述思想被制度化的同时，由斯大林的农学家米丘林（I. V. Michurin）和特罗菲姆·李森科（Trofim Lysenko）所提出的学说也被纳入中国高等教育体系，并在1950年代引起了生物学领域的重要变化。中国的大多数生物学家都曾在欧洲和美国大学学习过遗传学、进化论和实验生物学。*315* 这种西方的科学方法遭到了李森科及其追随者的驳斥，用施奈德的话说："（西方科学方法）对于实现科学唯一正确的目标——控制自然并使之为国家和人民大众的利益服务——完全没有任何用处。"[①] 李森科主义将"老生物学"斥为资产阶级学说，认为它只是片面追求对自然的理解，然而生物学的真正目的——根据马克思主义关于哲学的一个著名命题[②]——是改造自然。

李森科"相信整个有机自然界都具有无限可塑性和可以被人类掌控的进化论观点"配合了毛泽东关于社会革命的思想，因此，李森科主义也在1952年被接受为正式的指导性学说。在植物学这一关键领域，遗传学和试验田研究方法都被抛弃，取而代之的是相信粮食作物可以迅速实现在先前恶劣的环境中成长，或者在原来的环境中实现更大的产量，而其部分原因就是同一种类的植物之间不会争夺养分。这些今天看来完全不足采信的观点，对于当时正在努力寻求提高农业产量而无从获得化肥的中国领导人来说，无疑是具有吸引力的。在林业方面，李森科主义者的植物学理论也"导致了一些异乎寻常的造林和生态观念与做法……（例如）种子的丛播法和成簇生长，在幼苗之间仅留有极小的间隙……"[③]

虽然遗传学在1956年开始的"百花齐放"期间得以恢复，并在1960年代初取得了重要的成就，培育出与化肥、新型农业机械和灌溉方式相适应的新品种，但"文化大革命"的十年冲击了整个科学界，导致了遗传生物学（以及所有其他科学）的停顿。劳伦斯·施奈德认为，毛泽东之后的领导人

① Schneider, *Biology and Revolution*, 4-5.

② 马克思《关于费尔巴哈的提纲》："哲学家们只是用不同的方式**解释**世界，问题在于**改变**世界"（Tucker, *The Marx-Engels Reader*, 145）。中译本见《马克思恩格斯文集》，第1卷，人民出版社，2009，第502页。

③ S. D. Richardson, *Forestry in Communist China* (Baltimore, MD: The Johns Hopkins Press, 1966), 144.

可能需要相当长的时间才能"消除'文化大革命'时期轻视和不信任科学的不良影响,进而恢复科学界的地位"①。虽然毛泽东之后改革开放时期的中共领导人改变了毛泽东对科学家的控制意图,但他们和毛泽东(以及其他人,就此而言)有着同样的现代主义信念,相信科学的意义在于了解、控制和操纵自然以获得人类的更大进步。

毛泽东之后的改革开放时期,1978 年以来

中国的工业化在后毛泽东时代取得了更为迅速的发展,1980 年以后的年均经济增长率在 8%～12%之间。这一快速发展主要归功于 1978 年底以后中国新领导人邓小平开创的改革开放时期,改革开放最终向世界市场敞开了中国的大门,打破了土地和工厂的国有制,减少了国家的行政性计划和控制,建立和维护了私有产权制度,并利用市场机制来决定绝大部分劳动力、土地和商品的价格。在社会主义政府主导工业化所奠定的基础上,中国的工业在1980 年代和 1990 年代取得了迅速的发展,到 21 世纪初已经跃升为全球性的工业强国。如果说毛泽东的唯意志论导致了无限可塑性的自然观,那么邓小平的唯发展主义思想,则把自然看作为人类需要而准备的一个庞大的储备库,两者都具有现代主义者的工具观,认为人类可以也应该通过科学来掌控自然。

1. **对毛泽东时代的改变**

如果说现实的物质条件限制了毛泽东时代迅速实现工业化的能力,并导致了毛泽东认为物质约束可以通过纯粹的意志来克服的唯意志论倾向,那么,对毛泽东时代经济发展物质约束的放松,也就应该是促进后毛泽东时代经济发展的一个重要因素。一个很少被关注的因素就是化肥工业,正如我们在本章前面看到的,毛泽东时代化肥的不足阻碍了农业生产力的改善和为工业投资积累资金,而这一约束被解除的方式也颇为突然。 *316*

这个故事与美国总统理查德·尼克松 1972 年对中国的历史性访问有关,尼克松访华在很大程度上是当时地缘政治背景导致的结果:美国深陷越南战争,因而急欲摆脱这一状况,同时也希望能以某种方式对苏联施加压力,迫使其接受更多的核军控协议;而中国当时也与苏联存在军事方面的矛盾。因

---

① S. D. Richardson, *Forestry in Communist China* (Baltimore, MD: The Johns Hopkins Press, 1966), 205-206.

此，"敌人的敌人就是我们的朋友"的逻辑，常常被用于解释理查德·尼克松和中国共产党领导人周恩来总理与毛泽东主席之间历史性的会晤。

2. 化肥厂

从环境史的视角来看，中美建交的一个直接结果是缓解了中国环境的紧张状况。尼克松访华后立即签署的第一份商业协议，就是为中国引进 13 套世界最大规模、最先进的生产氮基合成化肥的合成氨装置。中国在 1970 年代还购买了相关的其他设备，并在 1980 年代形成了自建化肥厂的能力，到 1990 年代基本实现了自给自足，新千年之际已经开始出口化肥了。瓦格纳·斯密尔认为，正是通过进口的合成氨和尿素生产设备，中国开始突破他提出的"氮肥障碍"，通过大量使用化肥成功实现了农业产量的大幅增加。[1] 这一突破恰好遇上了毛泽东时代的结束和改革开放时期的开始，也为中国此后的高速工业化提供了农业生产力大幅提升这一必要条件（参见图 7 - 2）。正如马克思主义者所说的，这一切并非偶然，中国在 1970 年代最急于寻求这项技术，也正是为了解决环境状况对快速工业化的限制这一根本问题。事实上，这一突破发生在毛泽东的任期之内。

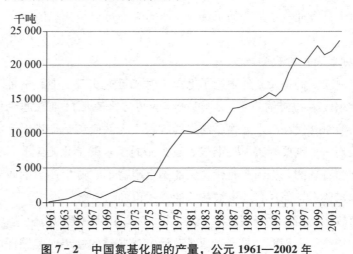

图 7 - 2　中国氮基化肥的产量，公元 1961—2002 年

资料来源：联合国粮食及农业组织。

---

① Vaclav Smil, *China's Past*, *China's Future*: *Energy*, *Food*, *Environment* (New York, NY: Routledge Curzon, 2004), 115-116.

3. 人口控制

毛泽东时代的另一项遗产是庞大且不断增长的人口，虽然"大跃进"之后所发生的那场大饥荒导致了多达 3 300 万～4 500 万人的死亡。① 很多中国经济学者和人口学者都认为，迅速增长的人口在理论上会消耗掉农业产生的所有盈余，从而阻碍中国的经济增长，但毛泽东并不同意，还批判了一位在 1950 年代曾提出限制中国人口增长的著名人口统计学家。② 于是，"人多力量大"的口号，在 1970 年代后期毛泽东去世和改革开放开始之前，都作为官方的人口政策统领着整个中国。③

随着毛泽东逝世后邓小平成为中国共产党第二代领导集体的核心，共产

---

① 这一范围主要依据近期两项研究中对人口非正常死亡的估计，参见曹树基：《大饥荒：1959—1961 年的中国人口》（时代国际出版有限公司，2005）和 Frank Dikötter, *Mao's Great Famine：The History of China's Most Devastating Catastrophe, 1958-1962* (New York, NY：Walker and Co., 2010)。我们也可以从环境的角度来考察 1959—1961 年的饥荒，从各地饥荒的报告来看，包括河南、河北和安徽等省份的状况确实非常悲惨。用贾斯珀·贝克尔的话说："（信阳的）农民除了树皮、野草和野菜以外，没有什么可吃的。"在淮河平原的安徽部分，公社食堂只有野草、花生壳和红薯皮，甚至还有人吃人的报道 (Becker, 117，118-119，135，137-140)。据李明珠的研究，河北省"人们吃野菜、野草、树皮、玉米芯和谷壳，其他的粮食替代品……包括黄豆粉、红薯梗、棉籽饼以及用树叶和草磨的粉。农民们会把玉米芯和树皮等'代食'磨成粉，再经过蒸、煮，这样才能吃得下去，绿草、叶子和草根则可以直接煮着吃。由于感到肚子里太空，饥民们往往会去吃那些无法消化的东西，结果导致了更糟糕的后果。其中之一就是观音土，其他还有棉布或木屑。这些饥荒中的食物只能提供暂时的饱腹感，但会对消化系统造成极其严重的影响" (Li, 360-361)。农村尤其华北地区的农村极其贫瘠，连老鼠都找不到，农民们甚至用棍棒四处戳捣以寻找老鼠洞和它们存储的任何食物。所有这些关于寻找食物的报告都表明华北平原的自然环境已经极为退化和贫穷。除了农田，已没有足够的土地或栖息地来维持任何其他野生动物的生存，我没有见到任何报告提到人们吃青蛙、鸟类、蜥蜴、昆虫甚至蠕虫。就算有的话，肯定也已经被抓住吃掉了。野生物种的缺失，不仅证明了这场人类引起的饥荒的残酷，也意味着整个自然生态系统的彻底崩溃。毛泽东或许有错误，但如果自然生态系统更加稳固的话，或许会有更多的人能够幸存下来。译者注：中共中央党史研究室著《中国共产党历史》第二卷（1949—1978）下册对此表述为："据正式统计，1960 年全国总人口比上年减少 1 000 万。"（中共党史出版社，2011，第 563 页）

② 详见 Shapiro, *Mao's War against Nature*, 36-48。

③ 关于人口增长与环境关系的探讨，亦可参见 Vaclav Smil, *China's Environmental Crisis：An Inquiry into the Limits of National Development* (Armonk, NY：M. E. Sharpe, 1993)；曲格平、李金昌《中国人口与环境》。

党人听到了越来越多对人口增长速度的担忧，于是从 1980 年开始正式实施
一系列政策以减缓人口增长。限制家庭规模的"独生子女政策"，因其主要
在城市实施，确实放慢了中国人口的增长速度，但中国的总人口仍在持续增
长，这既是因为在此之前已经拥有了一个庞大的人口基数，也是由于严格的
独生子女政策在 1990 年代出现了松动，这也体现了政府对女性，特别是农
村地区女性生育控制的愿望和能力都出现了下降。因此，自 1980 年以来，
中国人口增长了近 5 亿，2008 年约为 13 亿人（参见图 7－1）。[1] 此外，中国
人口也在越来越城市化，已经有约 50％的人口生活在城市里。换句话说，在
过去三十年中，有数以亿计的农村人口迁移到了城市，在现有城市规模不断
膨胀的同时，也在原先的耕地上催生了数百个百万人口以上的新城市建设，
这个过程很可能还会持续相当长的一段时间。

318 　　虽然毛泽东时代和改革开放时期有着显著的区别——读者也应该记住这
些重要的区别，但本章后面的部分都会把中华人民共和国时期作为一个整体
来考察土地和森林、草原和沙漠、水和大气的环境变迁，最后以环保主义运
动的发展和政府对环境危机日益严重的反应作为总结。

第二节　森林与土地利用的变迁

　　如第六章所述，在 1949 年共产党取得胜利之前的一个世纪里，中国已
经出现了大范围的生态危机，这主要源自森林砍伐及其引起的一系列后果，
包括日益增多的泥沙淤积、河流泛滥、土壤养分耗竭和储水能力下降、能源
短缺以及建筑用木材供应量的萎缩。随着能量水平的下降，中国农业生态系
统的代谢速度也不断放缓，人民和他们的环境一样变得日益贫困。

　　虽然有很多关于森林砍伐和环境退化的记录，但并不是说中国东半部分
丘陵和山区的森林到 1949 年时都已经被砍伐了。广阔的森林仍存在于东北
地区北部、云南西南部、川西与藏东交界、鄂西与川东北交界、福建中南部
以及秦岭山脉位于陕西南部和四川北部的部分地区。此外，至少还有两处山

区的人们也正在种植和收获林木：在浙江和江西交界的山区，商人们种植树木并作为燃料卖给下游的景德镇窑厂；在湖南南部，可能还有广西和广东北部的岭南山区，苗民和已经适应山区生活的汉人（如第五章中的客家人和棚民）也会在砍伐森林之后再补种那些二十年左右就能够成材的树木。

不过，就这些剩余量而言，1949 年的中国的确是一个森林严重破坏的国家，仅有 5％～9％的森林覆盖率。森林资源的破坏向新中国的管理者提出了两个问题：应对环境退化的后果，以及妥善利用森林资源以支持其发展经济的宏伟计划。在新中国成立的前夕，中国的森林资源不仅远远少于苏联，而且以人均水平而言，也仅能在全世界 160 个国家中排在第 120 位。如瓦格纳·斯密尔所说，"显然，森林资源匮乏使中国在环境和经济方面都处于不利境地，此外，林场空间分布极不均衡又造成了其他的困难"①。

中国官方的森林覆盖统计

中国的新领导知道他们的森林已被消耗殆尽，所以决定要统计出实际上究竟还有多少森林，同时也要开始在荒地和山坡上造林。而这两项努力都给 *319* 新的政府带来了无数的困难和不很确定的成就。

中国官方统计和定义方面的一些问题使得对新中国森林资源利用和滥用情况的考察非常复杂。研究过中国官方森林覆盖率数据的西方学者都发现，在森林的定义等主要方面存在着解释方面的重要问题。对本书所采用的明确的"天然林"概念（即使是这个概念，也还有歧义），中国官方的统计数据既包括原生的天然林，也包括经人为破坏后又恢复起来的森林（详见下文）。而这些重新恢复的森林数据在过去也是根据整个区域的树苗而不是成活率统计的。正如理查德森指出的："在 1950 年代和 1960 年代春秋季节植树运动中的那些浮夸宣传，极少会提及未能存活的树木情况，这破坏了来访林业工作者对中国数据的信任。"② 瓦格纳·斯密尔则认为实际的成活率低于 30％。③

即使是那些存活下来的树苗，它们什么时候（以及是否）能构成森林也是问题。直到 1986 年，中国林业部都以树冠遮蔽 40％的地面（郁闭度）这

---

① 相关统计数据参见 Vaclav Smil, *The Bad Earth*, 11。中译本见瓦格纳·斯密尔：《中国生态环境的恶化》，第 14 页。

② Richardson, *Forests and Forestry in China*, 89.

③ Smil, *China's Environmental Crisis*, 60.

一标准作为森林的定义，但后来将这一标准下调到了目前的 30%，大笔一挥就显著提高了中国的森林覆盖率。① 即使是那些满足目前这个新的、更低标准的森林，也常常是由单一树种构成，或者不同树种被种植在相邻的区域里，而不是像天然林那样的多树种混合。在评估森林是不是一个可以承载大量、多种动植物的健康生态系统时，这个问题非常重要。单一树种的森林，无论是用于造纸的松树或杨树，还是提炼精油的桉树，抑或橡胶树②，都更像是一个人工林，而无法支撑很多种野生物种的生存。事实上，在云南用橡胶林来取代热带雨林，虽然可以为中国的军用轮胎提供具有重要战略意义的橡胶，却破坏了长臂猿的栖息地，当然也对长臂猿及相关物种和环境造成了恶劣影响。③ 这样的植被虽然也可以实现诸如保养水土和碳封存这些重要的生态功能，但很少有动物能在其中健康成长，更不用说繁衍了。

320

　　带着这些问题，让我们来对中华人民共和国时期森林覆盖率的官方统计数据做一个概要的考察（参见图 7-3）。

　　图中表达的这个故事相当简单，从中国共产党所继承的森林破坏相对严重的情况开始，毛泽东时代的造林和保护工作使中国的森林覆盖率增长到了 12.7%。但在 1977—1981 年，由于邓小平改革开放初期林地和树木产权的不确定性，农民家庭砍伐了大量的森林。2000 年前后森林覆盖率攀升到 18%，这是因为私有产权制度的确立促进了造林工作，也是由于三北防护林或"绿色长城"这一巨大工程，在从黑龙江到新疆跨越近 5 000 公里、总面积 3 700万公顷的干旱草原上开展了大量的人工造林工作。

321

　　根据这些官方统计数据，除 1980 年代初以外，新中国的森林面积一直在持续扩大，森林砍伐及其恶劣影响正在得到抑制，建设可持续绿色未来的工作也正在不断取得进展。然而问题在于，每当官方出版森林统计数据和宣布更大的植树造林计划时，中国森林的实际状况几乎可以肯定都是在恶化，实

---

　　①　Richardson, *Forests and Forestry in China*, 89.

　　②　Ken-Ichi Abe, "Collaged Landscape: History and Political Ecology of Forests in Yunnan," in *The Good Earth*, eds. Abe and Nickum, 124-135; Shaoting Yin, "Rubber Planting and Eco-Environmental/Socio-cultural Transition in Xishuangbanna," in *The Good Earth*, eds. Abe and Nickum, 136-143.

　　③　关于橡胶树的种植及其对环境的影响，可参见 Shapiro, *Mao's War against Nature*, 169-185。

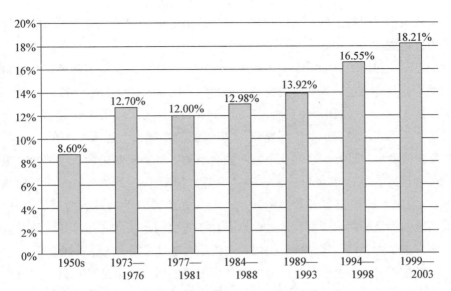

图 7 - 3 中国官方统计的森林覆盖率，公元 1950 年代—2003 年

资料来源：中国驻印度大使馆科技参赞王启明，"Environmental Bio-remediation Programmes in China," March 7，2008，www. chinaembassy. org. in/eng/kj/P020080313486177342453. ppt。

际森林面积远远低于官方公布的数据。例如，1950 年代公布的森林覆盖率 8.60%，实际大约只有 5%，而 1979 年的实际数字也要比公布的少三分之一。①

下面这些在 1990 年代——当时官方公布的森林覆盖率已增加到了 16%——做出的评论，有助于我们理解官方统计数据和实际情况之间的差距。

瓦格纳·斯密尔认为："林业部 1984 年到 1988 年间的第三次森林资源普查发现，不仅一些地区的森林覆盖面积急剧减少，而且存量增幅和木材质量也都出现了下降。"他在 1993 年总结指出："由中国政府设立的环境基金极其不足，而且还在因高利率而持续贬值。"②

一年以后，理查德·路易·埃德蒙德（Richard Louis Edmonds）写道："中国的植被退化已经达到了非常严重的地步……在 1993 年，中国的年均木

① Vaclav Smil，*The Bad Earth*，10-12. 中译本见瓦格纳·斯密尔：《中国生态环境的恶化》，第 12-16 页。

② Vaclav Smil，*China's Environmental Crisis：An Inquiry into the Limits of National Development*（Armonk，NY：M. E. Sharpe，1993），62-63，66.

材采伐量似乎仍超过每年的增长量，而一些偏远山区的造林也不太可能在短期内取得成功……中国希望当前植树造林的努力可以在 2040 年实现国内木材的自给……但关键的问题是，在政府改革、新技术或人口下降足以制止目前的恶化趋势之前，森林的退化是否会将整个国家带进生态的深渊。"①

到 1990 年代后期，郝克明（James Harkness）认为，尽管中国似乎已经接受了生态多样性保护的国际规范，"但中国的森林和生物多样性在 1990 年代仍遭受着来自计划经济时代遗留问题和当前不良物质刺激的双重威胁。毛泽东时代的森林砍伐（和缺乏效率的造林）留下了一个严重枯竭的资源基础，（现在）高浪费且低效益的伐木产业又在威胁着中国最后的原始森林，而当地新种植的树木要取代这些原始森林还需要相当长的时间。经济增长进一步加速了野生动植物种群的枯竭，这些远远超过了国家的监管能力"②。

森林不仅可以提供建筑、采矿和住房所需的木材，造纸的纸浆，以及取暖和做饭的燃料，只要采取可持续的开发方式——这一点在当代中国很值得怀疑——森林还是一种可再生的资源。除此之外，森林还具有许多生态性的效益，其中最重要的是保持和净化水流，以控制洪水并提供安全的饮用水，防止土壤流失和侵蚀，以及通过碳封存来减缓当地和全球的气候变化。③ 正如中国国家环保局首任局长曲格平所说："森林具有如此重大的经济效益、生态效益和社会效益，理应得到人类的保护。"④ 但问题是，森林的这些效益很少能够在市场经济中体现为一定的价格，更不要说在社会主义经济中进行估量了。在绝大多数情况下，自然都被视为免费的资源，唯一的成本就是开发提取的费用，所以 1949 年以后的中国仍在快速开发和消耗着森林资源，中国的自然环境也仍旧在不断地退化。

森林产权制度

在毛泽东时代，森林和林地的产权被越来越简化成两类：国有林和集体

---

① Richard Louis Edmonds, *Patterns of China's Lost Harmony：A Survey of the Country's Environmental Degradation and Protection* (London, UK and New York, NY：Routledge, 1994), 58–59.

② James Harkness, "Recent Trends in Forestry and Conservation of Biodiversity in China," *The China Quarterly* no. 156 (December 1998)：929.

③ 详细的讨论参见曲格平、李金昌：《中国人口与环境》，第 67–68 页。

④ 同上书，第 68 页。

林。国有林由社会主义国家的政府管理，主要来自帝制时期与民国时代的遗留，但总体规模也相当大，且绝大多数都是位于东北、云南、川西和藏东的高品质原生或次生林。在后面我们将会看到，随着生态和自然保护区的建立，还产生了另一类国有林地，这些保护区最早设立于 1956 年，并在 1978 年改革开放以后有了显著的增加。不过首先，我们还是来看一下集体所有制的林地和森林。

1. 集体所有制

随着农业集体化生产的迅速发展，到 1956 年时，许多森林都划归集体所有。最早在土地改革时期（1950—1952 年），私人拥有的森林像其他财产一样都被重新分配给自耕农。华北大部分地区的森林已经被砍伐殆尽，因而该问题在这里其实并没有多大的实际意义；而在长江以南各省和四川、云南，则已经设立了森林保护区。这些森林有的是村落或家族所有，剩下的则大都为地主或富农所有，如果没有被新政府国有化，那么就会被没收并与其他土地一起重新分配。

那些预料到土地改革的地主和富农们，都已经把"他们的"树木砍掉并换成收入保存到自己家人手中，这一点并不奇怪，然而，那些作为土地改革受益者的贫农和佃农也是这样做的。莱斯特·罗斯（Lester Ross）指出，这些新的所有者"迅速砍掉了那些甚至没有长成的树木，他们之所以这样做不仅是因为木材的高价格和对自己土地所有权合法性的担忧，也是由于新政权明确地强调粮食生产，这迫使许多农民把所有甚至边际上的土地都用到了粮食作物的生产中"[①]。

为生产性农业耕地和森林建立私有产权制度并不是社会主义建设的一部分，毛泽东也并不急于让私有制牢固确立。土地改革完成之后，共产党的干部就开始组织最贫穷的农民结成互助组，并在 1953 年建立了初级合作社。在毛泽东的鼓励下，它们在 1956 年又进一步结成高级合作社，所有的农业生产性财产包括农具、耕畜和森林，都不再是私人所有，而被纳入集体所有制当中。所有权的变化引发了新一轮的砍伐，因为树木原来的所有者只得到了木材价格 15%～20%的补偿，原因在于树木是自然的产物，而不是劳动的成果。[②]

---

① Lester Ross, *Forestry Policy in China* (University of Michigan Ph. D., 1980), 79-80.

② Ibid., 94.

　1958年，中国开展了以农村群众运动为主的"大跃进"，提出实现工业化，用15年赶上英国，而作为这一运动的制度载体，农村地区又组织合并了更大规模的"人民公社"。"这是森林产权体系在不到十年的时间里所经历的第四次改变。在这次森林产权从小型农业生产合作社转出的过程中，许多地方都首先清算了它们的木材储备，以避免自己的财产被外人共享。单个家庭也都用类似的办法来处理自家和自留地里的小片树木，因为这些都已经变成了小生产者社会的非法残余。"① 在下一部分，我们还会更详细地考察"大跃进"对中国森林的灾难性影响。

随着"大跃进"的迅速结束，林地所有权和管理权再一次从公社移交给了较低级别的集体所有者，特别是地方政府或生产大队。从1960年代初开始，经过动荡的"文化大革命"岁月，国有和集体所有的基本结构一直维持到了毛泽东1976年去世。唯一的例外或许就是农民家庭被允许在房前屋后和小块自留地里种植果树及其他非材用树种，并拥有对这些资源的控制权，但即使是这些树木，在"文化大革命"期间还是被再次收归集体所有。

根据刘大昌的研究，这种激烈而迅速的林地和森林产权更迭，"导致农村人民完全丧失了对所有权保障的信心"②，因此也促使他们在每次感到自己的所有权将要被取消时，就用砍伐树木的方式来保障自己的财产。在那些私人种植的小片树木逐渐长成"森林"的时候，以及"文化大革命"期间人们失去对房屋周围树木的产权保障时，都发生过这些情况。即使是在林地所有权向更上一级集体转移时，原先的小集体也会把树木砍倒换钱。因此，就砍伐森林而言，毛泽东时代产权的不断变更，比所有权制度本身造成的影响还要大。不过，与（后面将要探讨的）为迅速实现工业化而进行的四次大规模森林砍伐相比，这些还都是小巫见大巫。

对专家的不信任导致了处理环境特别是造林问题的毛泽东主义方式。虽然毛泽东赞同并呼吁全国各地迅速植树以实现绿化，但他并没有责成林业部来负责这项工作，而是依靠大规模的群众运动。在土改时期，是在植树节发

---

① Lester Ross, *Forestry Policy in China* （University of Michigan Ph. D., 1980），133.

② Liu Dachang, "Tenure and Management of Non-State Forests in China since 1950：A Historical Review," *Environmental History* 6 （April 2001）：239-263.

动市民；在集体化（即使在第一个五年计划当中）时期，是发动农民群众；有时还是共青团。就中国林业专家稀缺的状况而言，发动群众有时也是必要的，因为据罗斯估计，1950 年的中国或许仅有一二百名林业专家，而且他们基本都在北京的林业部。① 但绝大部分对于农民运动的使用还是反映了毛泽东主义者对于大规模动员的偏好，只是在这种情况下，主要是通过植树这种形式来获得对日益恶化的环境的控制而已。②

　　李森科生物学和农民群众运动相结合，并没有给中国带来社会主义的绿　*324*化高潮，而只是造成了人力和树苗的巨大浪费。据理查德森估计，在这些群众运动中栽种的树苗，成活率不足 10%，而且，即使是那些存活下来的树木，也被迅速修剪掉了较低的枝杈以充作燃料。在他 1960 年代初拍摄的一张广东农村"森林"的照片中③，同时呈现出了大规模植树造林运动和持续水土流失的后果，与我本人在 1980 年拍摄的那张照片（参见图 7-4）有很多相似之处，都被算作了"森林"。④

图 7-4　广东东部的一片"森林"，1980 年

资料来源：作者拍摄。

---

　　①　Ross, *Forestry Policy in China*, ch. 3.

　　②　毛泽东的方式与苏联和斯大林有所区别，参见 Stephen Brain, "The Great Stalin Place for the Transformation of Nature," *Environmental History* 15（October 2010）：670-700。

　　③　Richardson, *Forestry in Communist China*，一张未编号也无页码的广东省森林照片。

　　④　亦可参见马立博《虎、米、丝、泥》第 35 页照片。

2. 家庭承包经营责任制

与毛泽东时代国有林或集体林相对清晰（但不稳定）的产权制度相比，邓小平改革开放时期的森林产权制度则更为复杂而多样化。虽然林地和耕地一样在 1980 年代初就由集体和农户签订了承包协议（责任山），由集体保留林地的所有权，但对承包户采伐树木权利的规定却并不清晰。还有一些被归为荒地或低产地的土地则被拍卖给农户并鼓励其植树（自留山），但这些制度安排中也存在一些问题。① 由于这些制度中存在的不确定因素，林地承包在 1980 年代出现了多次变化，1987 年又规定了集体所有林地凡没有分到户的不得再分。

刘大昌指出，新承包责任制的主要困难仍然和毛泽东时代的问题一样，在于农民家庭对其林地承包期限和所有权没有确定性的预期，因而导致了1981—1988 年间的大规模非法砍伐森林。"他们希望能够在政府收回林地控制权之前尽可能快地砍掉树木。因此，家庭承包经营责任制引入之后所带来的是一场急剧的毁林运动。"② 刘大昌认为，是产权保障的缺乏，而不是承包责任制本身，导致了承包土地上的非法砍伐和没有及时补种新树。③

为了解决这些问题，最终在邓小平的过问和支持下，县乡两级政府从1992 年开始推行可继承的五十年至一百年期承包合同。这似乎解决了承包期限的安全问题，但承包林地的农民家庭还面临着另外两个问题。首先，大多数承包的地块都不是整片林地，而是有时候甚至分散在好几处山上的无数小地块，彼此距离也就不会很近了，这使得管理和保护各种林产品都非常困难。到 1990 年代末，农民相互之间以及农民与集体或其他公司之间的合作协议，才使得人们有可能种植和管理比较大型的林场。几个世纪前产生的木材期货市场和股份交易的做法（详见第五章）能够随之得以重现，还是将消

---

① 例如在云南省，这种国有资源拍卖本应该向所有能购买这些土地的人公开，但实际却采取了秘密的形式，以便将这些国有资源输送到利益相关者的手中，参见 Janet Sturgeon, *Border Landscapes: The Politics of Akha Land Use in China and Thailand* (Seattle, WA: University of Washington Press, 2005), 91-94。

② Liu, "Tenure and Management," 250.

③ 另一种不同的观点可参见 Maurice Meisner, *The Deng Xiaoping Era: An Inquiry into the Fate of Chinese Socialism 1978-1994* (New York, NY: Hill and Wang, 1996), 248。

逝在历史的长河中呢？

　　然而，与木材权利相关的一些法规和政策也限制了个人种植和收获林木的积极性。1985年，为应对非法的乱砍滥伐现象，政府建立了森林采伐限额和许可制度。由市、县级林业行政主管部门每隔五年编制一次森林采伐限额，上报到省级林业主管部门汇总平衡和编制省级计划，再上报国家林业部，林业部根据资源开发的可持续性计算出国家采伐限额，并以此修订全国　*325*
方案，提请国务院批准，最后，修订调整后的配额计划再逐级下发到县林业部门。配额不仅是对采伐总量的设置，同时也细分到五种类型的森林（经济林、防护林、用材林、薪炭林和特种用途林）上。

　　为了对配额进行保障，中国还建立了一整套的许可证制度。即使承包户得到了采伐许可证，他们还需要拥有木材运输证才能把木料运到市场上。而木材和木材制品的市场也受到限制，为了遏制砍伐森林的浪潮，1987年政府关闭了木材自由交易市场，只允许国家木材公司和林业部门收购木料和经营批发业务，所有其他个人和公司都被禁止从拥有采伐许可证的人那里直接购进林木。刘大昌对此总结道："现有的证据表明，对采伐、运输和销售木材的管理和控制可能会有助于保护现有的森林，但并不利于提高农民培育新树　*326*
林的积极性。"[1]　相反，由于农民自留地、房前屋后土地和树木的承包权与使用权都更加确定和清晰，他们会把更多的时间和精力都投入到这些地块当中。"不幸的是，自留地面积太小，主要都用来种植蔬菜……这些地块上的树木对森林覆盖率的贡献极为有限。"[2]

　　非国有林（原来的集体林）占中国已公布森林总面积的58%，大部分都集中在中国南部的十个省区（安徽、福建、广东、广西、贵州、海南、湖北、湖南、江西和浙江），这些省区的非国有林比例可以高达90%，四川和云南的非国有林也能占到当地森林总面积的65%。这些林地在21世纪初的情况，大致就如刘大昌教授所说的这样，即使承包期限有了保障，这些承包林地的农民在中国的绿化和退化环境生态恢复方面也并不是最主要的力量。[3]

---

　　[1]　Liu, "Tenure and Management," 256.

　　[2]　Ibid.

　　[3]　Sen WANG et al., "Mosaic of Reform: Forest Policy in Post-1978 China," *Forest Policy and Economics* 6 (2004)；在世界银行的网站上列有详细的环境项目名单。

3. 国有林

如前所述，国有林大都是集中在东北和西南地区的天然林，占中国已公布森林总面积的 42％。在邓小平改革开放之前，毛泽东时代的经济发展（包括苏联式的五年计划）总是把森林看作一种廉价的原材料来源，以支持工业化和实现"地区发展或提供低成本建筑材料等社会目标"①。国家林业部门迅速地转战于东北大兴安岭、云南和四川金沙江林区等地，大量采伐森林。王森等认为，林业部门的"这项工作在 1949—1979 年间提供了超过十亿立方米的木材，摧毁了中国的森林资源基地"②。

邓小平改革开放之后，开始将对森林等生产资源的控制权转移给个人和资本主义性质的企业，国家林业部门逐渐处于某种劣势，没有再砍伐或出售多少森林资源。部分原因在于政府对木材和其他林产品的定价过低，另一部分原因则如我们上面所看到的，木材市场中已经充斥了大量从新近个人承包的林场中非法砍伐的木材。

新中国时期的森林采伐："三大伐"与市场驱动下的大规模采伐

中国森林覆盖率的官方统计模糊了新中国成立以来的四次大规模森林砍伐，其中在毛泽东时代和邓小平时代各有两次：（1）"大跃进"（1958—1960年），（2）"以粮为纲"和"文化大革命"期间（1966—1976 年）的"学大寨"运动，（3）解散农业集体化并引入家庭承包责任制的 1980 年代前中期（可能至 1988 年），以及（4）国有林场和国家自然保护区以森林资源牟利的 1990 年代。中国农民将前三次称为超过正常砍伐速度的"三大伐"③。例如，在第一个五年计划期间，国家林业部明确公布有 133.2 万公顷国有林遭到采伐，但只有 24.2 万公顷得到了补种（18％）。④ 和前述因林地产权制度变更而导致的间歇性砍伐一样，这些大规模的采伐更加剧了由国家支持的森林砍伐进程。

1. 第一次大规模采伐——"大跃进"，1958—1960 年

在"大跃进"时期，全国的农业生产被合并进 2.4 万个人民公社中，毛泽

---

① Sen WANG et al., "Mosaic of Reform: Forest Policy in Post-1978 China," *Forest Policy and Economics* 6 (2004): 77.

② Ibid., 74.

③ James Harkness, "Recent Trends in Forestry and Conservation of Biodiversity in China," *The China Quarterly* no. 156 (1998): 914.

④ Vaclav Smil, *The Bad Earth*, 16.

东认为这种社会组织形态有利于释放潜藏在农民群众中的生产力，进而推动农村地区的工业化，在十五年内赶上或超越英国的钢产量。这一运动的关键技术"后院炼钢炉（新生炉）"非常原始，经常"把好钢炼成坏钢"，将农民收集来的犁、盆等金属制品回炉成含有大量杂质的钢锭，实际都是废品。尽管如此，到 1958 年 10 月时运转的炼钢炉就有大约 60 万座，它们所需要的大量木炭几乎都是通过砍伐当地森林而提供的。在广西的一个例子中，村民们点起 190 个烧炭炉，消耗了大片的亚热带常绿阔叶林，只剩下少量品质较差的次生林。① 我们不清楚究竟有多少森林被充作了炼钢炉的燃料，但从流传的轶事来看，应该有很多。此外，在水库工程的建设中，也砍伐了大量的林木。② 在云南西部，村民们也讲述了"大跃进"时期对森林的破坏，那里的木材主要被用于供应附近煤矿的采矿工具和炼钢炉的燃料。③

从毛泽东的观点来看，人民公社和农村工业化当然是处理当时出现的城镇与农村、工人与农民、脑力劳动与体力劳动之间一系列问题的理想解决方法。马克思也曾经哀叹城镇与农村的分离和土壤的日益贫瘠问题，后者是因为，一方面，食物与纺织品（携带着土壤中的养分）从农村向城市输出；另一方面，（城市）人类排泄物中的营养物质又污染了水道且无法循环回到农田中。不过相对于这些营养物质的循环，毛泽东更关心的还是如何增加工业产值——而顾不上环境成本。

2. 第二次大规模采伐——"三线建设"与"文化大革命"，1966—1976 年

紧随"大跃进"发生的严重饥荒④，加上之后中苏关系破裂和美国对越南战争的升级，促使中共领导人认识到，中国必须实现工业化和保障粮食安全，

---

① Liu Dacheng, "Reforestation after Deforestation in China," in *The Good Earth*：*Regional and Historic Insights into China's Environment*, eds. Ken-ichi and Nickum, 90-105，亦见 Judith Shapiro, *Mao's War against Nature*, ch. 2.

② 曲格平、李金昌：《中国人口与环境》，第 69 页。

③ Nicholas Menzies, "'The Villagers' View of Environmental History in Yunnan Province," in *Sediments of Time*, eds. Elvin and Liu, 115，118. 中译本见刘翠溶、伊懋可主编：《积渐所至》，第 185、188 页。

④ 对于饥荒的原因——是自然原因还是政治原因——仍有很多争论，其中对毛"大跃进"的批评，可参见 Jasper Becker, *Hungry Ghosts*：*Mao's Secret Famine*（New York, NY：First Owl Books, Henry Holt and Co., 1998）。最新的研究可参见 Dikötter, *Mao's Great Famine*。

以防止苏联或美国的核打击。这种担忧导致中国政府制定和实施了高度机密的"三线"计划，在中国西部和西南的偏远地区建立起自给自足的工业基地，这也需要大量的木材来修建厂房和铁路。[①]"三线建设"还倡导"自力更生"的精神，呼吁全国各地在粮食上做到自给自足，而这又导致了"以粮为纲"口号的流行，以及毛泽东将山西省东南部山区贫困而且环境退化的大寨生产大队树立为全国农业典型。

328

大寨是一个只有 160 户人家的小村庄，在 1963 年的大洪水中，大寨村的房屋、田地、农具甚至果树都被严重冲毁。水土流失的山丘无疑是导致这场洪水的主要因素，大寨村的状况大概与我们在第六章中看到的桥梁和门楼被泥沙淤积的照片（参见图 6-2）差不多。当地大队党支部书记陈永贵提出不要国家的救济粮、救济款和救济物资，并动员村民不仅要把大寨从洪水里挖出来，还要建设一个能抵御未来灾难的新大寨。他们用自己的劳动在疏松的黄土上修筑梯田，在山间挖掘灌溉水渠，自己兴建化肥厂给农田的作物施肥，并实现了农业产量的不断攀升。

1964 年年底，毛泽东选择大寨作为典型，号召全国农业"学大寨"，并在几年内又将"学大寨"和"以粮为纲"联系到了一起。陈永贵和其他党员一样，把征服自然看作一种英雄主义的正确行为，甚至也可能怀有李森科主义的想法，相信粮食可以在任何地方生长，长满所有的冲积平原、草原、陡峭的山坡和沙滩。

到"文化大革命"中期，在中央的鼓励下，增加农业生产的运动发展成了一场对自然的大规模劳动密集型进攻，迅速砍伐了大片的森林。"在'文化大革命'时期……政府公开认为森林是一种低效率的土地使用方式，森林要么应该被利用，要么就应该让出土地来种植粮食作物或果树等经济作物。"[②] 国家环保局首任局长曲格平也认为："片面提倡'以粮为纲'……不论山区、林区或平原农区，一律提出'以粮为纲'、向荒山要粮……实施这种战略的一种严重

---

① 关于"三线建设"的总体情况，可参见 Barry Naughton, "The Third Front: Defence Industrialization in the Chinese Interior", *the China Quarterly* no. 115 (1988): 351-386。夏竹丽在她的书中也考察了这一战略对环境的影响，参见 *Mao's War against Nature: Politics and the Environment in Revolutionary China* (New York, NY: Cambridge University Press, 2001), ch. 4。

② Sturgeon, *Border Landscapes*, 152.

后果是大范围的毁林开荒。大面积森林被毁，加剧了水土流失。"①

其结果是，华北、西北的草原无论有没有灌溉设施，都被用于耕作，然而随着大风对土壤的侵蚀，那些开垦出的农田很快变成了沙漠。而青海省的官员则称："在党的领导下，坚强的人们……终于征服了自然，把千年荒寂的草原变成了良田。"② 人们甚至在一些坡度超过 25 度的山区，沿着斜坡砍伐森林和成排地种植庄稼，结果更加速了水土流失和环境的退化；重庆附近山区的梯田也没有能够阻挡住这种土壤流失；湖北各地又都出现了围湖造田；云南昆明附近著名的滇池湿地也被填充成了耕地，不过后来又成为国家级旅游度假区。③ 正如刘大昌所总结的，这些政策"导致大面积的森林和草地被清理，土地被用于种植粮食作物……由于人口不断增加对土地的压力，休耕期被显著缩短，游耕农业也无法继续下去了。这在云南、四川等西南省份造成了尤其严重的森林损失"④。

云南部分地区的森林损失，主要是因为当地山民原本从事刀耕火种的游耕 *329* 农业，在一两年的耕种后还能留出十二到十五年的休耕期，从而生长出一片相对健康的森林；而农业集体化则引入了定居农业，把这些土地全都转变成了由集体所有和耕种的稻田。⑤

人们或许会想，如果毛泽东时代能够通过使用化肥来提高农业产量这一替代方法的话，可能就不必将这些森林和草原转变成农场了。不过，在 1980 年代和

---

① 曲格平、李金昌：《中国人口与环境》，第 74 页。与大寨截然不同的观点可参见 William Hinton's, *Shenfan*: *The Continuing Revolution in a Chinese Village*（New York, NY：Random House, 1983），682–693（中译本见韩丁：《深翻：中国一个村庄的继续革命纪实》，中国国际文化出版社，2008）；"Dazhai Revisited", *Monthly Review* 39, no. 10 (1988)；Judith Shapiro, *Mao's War against Nature*, ch. 3。

② 转引自 Peter Ho, "Mao's War against Nature? The Environmental Impact of the Grain-First Campaign in China," *The China Journal*, no. 50（July 2003）: 51。译者注：青海省农业厅：《盛开在草原的红花——记全面大丰收的德令哈农场》，《中国农垦》1959年第 1 期。

③ 上述及更多的例子参见 Judith Shapiro, *Mao's War against Nature*, ch. 3；曲格平、李金昌《中国人口与环境》；Vaclav Smil, *The Bad Earth*, ch. 1；而相反的观点则可参见 Peter Ho, "Mao's War against Nature?" 37–59。

④ Liu, "Reforestation after Deforestation," 91.

⑤ Sturgeon, *Border Landscapes*, 18–21.

1990 年代，这些化肥（和农药）的大量应用又将对农田和附近水源造成污染。

3. 第三次大规模采伐——邓小平改革开放初期，1978—1988 年

如前所述，随着制约农民决策的农业集体化的瓦解和家庭联产承包责任制的出现，耕地和林地都转移到了签订承包合同的农户手中，然而与此同时，特别是在中国南部和西南省份，也发生了严重的非法砍伐森林事件。这在 1980 年代的前中期绝不是小事，刘大昌认为，这是"全国森林砍伐中最具灾难性的一个时期"①。虽然中央政府有意鼓励私营农民在退化的土地上植树造林和有节制地收获他们新种植的木材，但"林业改革的结果绝不是政策制定者当初曾计划或预期到的，在中国南方大部分村庄所发生的，不是植树和改进森林管理，而是严重的森林砍伐"②。"这是农民们第一次被允许建设自己的家园，于是有超过一半的农村家庭确实这样做了。从 1981 年到 1985 年，单是房屋建筑一项就消耗了 1.95 亿立方米的木材，这相当于中国一年的全部林木生长量。"③ 在云南，当村民们确定他们的村庄和房屋不会再被重新分配时，都纷纷去砍伐木材，建造更牢固持久的新木屋。④

4. 市场驱动下的森林砍伐，1992—1998 年：最后的大规模采伐？

邓小平时代的改革开放扩大了国有林及其产品的市场需求，不过 1980 年代木制品价格的上涨并没有带来国有林市场供应的增加，其部分原因在于市场上充斥着大量从集体承包林地中非法采伐的林木。直到 1992—1998 年市场经济体制在全国确立之后，国有林业公司从林业部（1998 年降为国家林业局）获得了更大的自由度，王森等认为："随着政府干预的减少，林业公司可以自行应对市场需求，从而提高自己的经济效益。"⑤ 通过重型机械和成排的电锯，国有林业公司在四川西部、长江源头、云南西北部、秦岭和黑龙江流域大片大片地砍伐山林，将这些原始森林在市场上变成了现金。⑥

---

① Sturgeon, *Border Landscapes*, 18-21.

② Ibid., 92.

③ Sandra Postel and Lori Heise, *Reforesting the Earth*, Worldwatch Paper 83 (Washington, DC: Worldwatch Institute, 1988), 51-52.

④ Sturgeon, *Border Landscapes*, 163, 153-156.

⑤ Wang et al., "Mosaic of Reform: Forest Policy in Post-1978 China," 74, 77.

⑥ 李波：《云南吉沙：旅游开发中的环境与文化保护》，载梁从诚主编：《2005 年：中国的环境危局与突围》，社会科学文献出版社，2006。

　　这一切造成的后果在 1998 年终于显现出来，异常的气候状况导致了中国　*330*
中南部从 6 月一直延续到 8 月初的大暴雨——广东沿海和景德镇的降雨量分别
达到了 68 英寸和 50 英寸，进而引发了长江沿岸的洪水。官员报告有 3 656 人
死亡，1 400 万人无家可归，2 500 万公顷的土地被洪水淹没。① 原本应该承担长
江流域调节每年过剩水量任务的洞庭湖和鄱阳湖，都未能吸纳 1998 年的洪水。

　　异常的大量降雨的确是洪水的直接原因，但另一个更长期的原因，则是四
川西部山区原始森林的大面积砍伐，造成强降雨没有遇到山区森林的阻挡就直
接倾入了长江。为了应对洪灾及其引起的不满和长期影响，朱镕基总理宣布立
即禁止四川西部的森林砍伐，随后又将这一禁令扩大到其他一些省市自治区。②

　　事实上，中国的原始林和次生林占所有木材储量的 93%，主要位于东
北、云南和川西、藏东一带，是最健康和最富于多样性的生态系统，它们均
属于国家所有，分配给 135 个森林工业管理局负责采伐。在改革开放时期的
市场冲击下，这些国有森工企业也和大多数国有企业一样，面临着资金紧张
和负债累累的局面。所以，它们并没有按照可持续采伐的规定进行小面积成
片采伐并在伐块之间留出保留带，以便采伐区域重新播种和更新郁闭成林，
而是沿着山脊一直进行皆伐（clear-cutting），只剩下几棵树来重新播种生长。
不用说，这样的皆伐肯定会导致相关集水区的环境退化并加剧洪涝灾害。据
估计，在 1979 年以前，约有三分之一的林地在遭遇砍伐后成为退化的山坡。
郝克明估计，在 1998 年，135 家森林工业管理局中有 30 家已经无树可砍了，
而按照这样的速度下去，到 2000 年时，这一数字还会增加到 90 家。雪上加
霜的是，本应该采取措施保护森林资源的地方官员，也在鼓励森林砍伐，以
便获得最大可能的税收收入。③

　　种种迹象表明，1998 年颁布的森林砍伐禁令是有效的，而且，它的成功
还影响了其他地方的森林。中国现在是世界第二大木材进口国（排在第一的

----

　　① 美国国家气候资料中心，http://lwf. ncdc. noaa. gov/oa/reports/chinaflooding/
chinaflooding. html。

　　② Elizabeth Economy，*The River Runs Black*：*The Environmental Challenge to
China's Future*（Ithaca，NY：Cornell University Press，2004），121. 中译本见易明：
《一江黑水》，第 62 页。

　　③ James Harkness，"Recent Trends in Forestry and Conservation of Biodiversity
in China," *the China Quarterly* no. 156（December 1998）：924-926.

是几乎所有自然资源的全球主要消费国——美国）。"在避免国内生态灾难的过程中，中国对国外造成了广泛的破坏性影响，为了弥补木材的不足，中国吞噬了缅甸、西伯利亚和印度尼西亚的大片森林，其中很多都是非法的采伐。"① 中国的木材大亨们——有些很可能就是以前国有企业的经理——或者直接派遣员工进入该国进行采伐，如缅甸；或者签订非法的采伐合同，特别是苏门答腊和西伯利亚，付钱给当地的政府，通过其他方式把木材运往中国②，从而将中国的生态阴影延伸到世界的另一地区。

在云南和缅甸接壤的边远地区，砍伐森林的故事似乎已经发生了逆转。尽管在 1980 年代集体土地回到私人手中时人们曾经大量砍伐木材修筑新房，来自政府和外部机构的压力也曾促使村民们采取更为高效的定居农业生产方式，但集体所有制的瓦解使得西双版纳的一些阿卡人——大部分是女性——开始恢复传统的游耕农业生产。这种回归传统也意味着部分山区被划定为游耕区域，村民们又会在耕种一两年之后，离开十二至十五年，以使森林得到恢复。此外，那些具有经济或宗教意义的林木也逐渐得到了重视和护理，这些工作到目前为止已经取得了令人鼓舞的成效。一位研究者在 1990 年代末曾指出："那些曾经在不同时间——有的 2 年，有的 5 年，有的 20 年——以前被烧荒过的土地，现在都在不同程度地生长着新的树林。"与泰国类似的阿卡人村庄相比，中国更加多样化的土地利用方式也造就了更为丰富的物种资源。③ 这些生活在中国偏远地区的阿卡村落无疑具有自己的独特之处，在中国其他地区的生态正在日益趋向单一化时，这里的人们和物种即使还没能扭转，至少也已经制止了这一趋势。

从中国森林砍伐的长期历史来看，最近发生在中国共产党领导时期的森林砍伐有一些新的变化。显然，在"文化大革命"的"以粮为纲"政策之下，耕地的大量增加只是延续了森林被开垦为农田的故事。但"大跃进"期

---

① Brook Lamer and Alexandra A. Seno, "A Reckless Harvest: China Is Protecting Its Own Trees, But Has Begun Instead To Devour Asia's Forests," *Newsweek*, January 27, 2003. http://newweek.com/id/62877. 实际上，中国的木材需求只是苏门答腊低地地区热带雨林砍伐日益严重的原因之一，造纸用纸浆和棕榈油生产是更主要的原因，参见常理：《"APP 风波"备忘录》，载梁从诚主编：《2005 年：中国的环境危局与突围》。

② Lamer and Seno, "A Reckless Harvest."

③ Sturgeon, *Border Landscapes*, 166, 193–195, 209–215.

间的大量森林砍伐，则是由后院炼钢炉和通过激发农村人民热情来快速实现工业化的（不切实际的）愿望所驱动的。20世纪80年代，摆脱了共有产权束缚的农村人民建起了数以百万计的新私人住宅，也带来了新一轮砍伐森林的热潮。其中，对中国日益减少的森林资源造成破坏程度最大的，还是砍伐森林以推广中国式农作的传统做法。

草原与荒漠化

荒漠化是指曾经有草皮或灌木等植被覆盖的干旱或半干旱地区土地，由于沙丘移动或别的原因而失去植被，成为毫无生产力的土地的过程。大部分发生荒漠化的地区都曾经拥有足够的植被和/或降雨，然而正是这些条件使得人们认为可以密集使用这些土地，于是或者增加了放牧动物的数量或种类，或者对其进行开垦耕种。在汉代和18世纪中华帝国向北部和西北地区扩张的过程中，将大量先前曾经由游牧民族控制的草原纳入了中央政府的管辖，这种关系一直持续存在到今天从内蒙古向西穿过甘肃直到新疆的广大地区。荒漠化问题最严重的就是这些地区，这也是前述建设"绿色长城"的首要原因，其目的就在于制止准荒漠化生态环境继续向东南延伸，进而威胁首都北京。 *332*

事实上，中国的北部和西北地区也有天然的沙漠地区，在被中国地理学家称为"新疆-内蒙古干旱区"的整个地区[1]，有两种不同类型的荒漠：覆盖砾石的戈壁和覆盖流沙的沙漠。大部分的戈壁偏西，而沙漠区则更靠东。[2]最西面是位于新疆塔里木盆地的塔克拉玛干沙漠，"绝大部分区域都是无法居住、毫无生气的荒漠和移动沙丘，现在人们因为石油而对这里产生了兴趣。在沙漠的边缘静卧着一线肥沃的绿洲，水源来自……山上流淌下来的河流"[3]。由此向东是横跨甘肃、陕西北部和内蒙古的戈壁滩、巴丹吉林沙漠、腾格里沙漠和库布齐沙漠。这里的人们沿着河流生活和耕作，上千年来一直在广阔的草原上放牧着马匹和其他牲畜。但在过去六十多年不断增加的压力

[1]　Xu Guohua and L. J. Peel, eds., *The Agriculture of China* (Oxford, UK: Oxford University Press, 1991), 4.

[2]　Williams, *Beyond Great Walls*, 25.

[3]　James A. Millward and Peter C. Perdue, "Political and Cultural History of the Xinjiang Region through the Late Nineteenth Century," in *Xinjiang: China's Muslim Borderland*, ed. S. Frederick Starr (Armonk, NY: M. E. Sharpe, 2004), 30.

下，这些边际土地逐渐变成了对人类没有什么用处的沙漠。

这一转变的数字是惊人的。草原面积的年均损失量从 1970 年代的约 1 560 平方公里不断增长到了 1990 年代的 2 460 平方公里。到 2000 年时，中国超过四分之一的陆地面积都成为荒漠，而在七年前，这一比例还只是 15.9%。威廉姆斯指出，"几乎所有研究都认同中国沙漠的扩张是人为原因造成的"①，但在不同的政治时期有着不同的具体原因，包括人口的增长，"大跃进"和"文化大革命"时期将草原开垦为农田，城市化，土壤的退化，清朝的政策，毛泽东时代的体制，以及最近国际市场的力量和土地的承包。威廉姆斯认为，在所有这些问题的背后，还存在着一种更深层次的倾向认为，与汉人或国际科学的观点相比，蒙古人关于环境的风俗、做法和观念是落后和不合理的。②

18 世纪以来，内蒙古虽然曾经在 20 世纪前半期的几年里试图独立，并且在新中国拥有"自治区"的地位，但总体一直处于中央政府的直接管辖之下。广袤的草地在海拔约 1 000 米的内蒙古高原上起伏伸展，西北面是阿尔泰山脉，东面是兴安岭，南面是长城。三千年来，蒙古草原一直都是游牧民族的家园，前面各章所提到的很多著名民族，特别是第三章的匈奴和第四章成吉思汗统一的蒙古，都曾在这无垠的草原上放牧它们的马匹、绵羊、山羊和骆驼。

清朝末年，蒙古草原向汉族移民敞开了大门。在 1912 年，这里大约有 100 万汉民和人数相当的蒙古人；经过汉族移民的长期拓殖，到 1990 年，已经达到了 1 700 万汉人和 300 万蒙古人。在 20 世纪，外蒙古首先宣布独立，并在实际上成为苏联的一部分，直到 1991 年苏联解体。内蒙古则留在中国境内，并成为国民党、共产党和日本争夺的对象。外蒙古势力曾企图策动内蒙古独立，但中国共产党的部队在 1949 年以后迅速巩固对这一地区的控制，内蒙古也在此后一直作为"自治区"而接受中央的管理。

因为蒙古人带着牧群不断地在草原上迁徙，所以游牧经济的财富和社会地位并不以土地所有权为基础，而是基于一个人所拥有牧群的大小。在新中国的前三十年里，内蒙古的牧群也实现了农业集体化，各种各样增加农业生

① Williams，*Beyond Great Walls*，15.
② Ibid.，ch. 2.

产的运动集中在如何增加牧群的规模以及青草和干草的产量上。各种牲畜的总数确实从1957年的1600万头迅速增加到了1965年的3000万头，但根据戴维·斯尼斯（David Sneath）的研究，我们不能只根据牲畜数量的增加来理解这一增长，因为"是由于对这些牲畜的消费受到了严格的限制，才导致了其总数的迅速增加"。在集体化之前，牧民消费了大约40％的牲畜，但后来消费量下降到了25％左右。[1]

1950年代的农业集体化特别是"大跃进"，加速了草原的退化。除了农业耕作的尝试遭遇失败之外，"牲畜数量的增加对草原造成了压力，迫使牧民使用更多边际上的草地"[2]，最终导致草原面积减少了600万公顷（从9300万公顷降至8700万公顷），而"退化草地"的面积则从1965年的100多万公顷急剧增加到了1989年的接近3000万公顷。据戴维·斯尼斯的估计，"有85％的这种退化都是由于开垦农田、过度放牧和砍伐树木等破坏性行为造成的"[3]。

1978年以后邓小平的改革开放政策在内蒙古的进展相对较慢，与大部分地区的耕地和林地在1980年代就已经由私人承包经营相比，内蒙古的牧民家庭直到1990年代才分到特定面积的牧场。牧场的私人经营不仅扭转了毛泽东时代中国的集体所有权，同时也改变了几千年来以家族为单位的传统经营结构。其结果是，在国际市场需求和价格信号的影响下，绵羊和山羊的养殖数量大幅增加，达到了内蒙古当地政府"认为牧场已经饱和"的程度，而且维持这样的牲畜数量会造成内蒙古草原三分之一以上面积的草地退化。[4]

戴维·斯尼斯认为草地退化的原因并不仅仅是过度放牧，也在于管理畜牧业的方式。"过去五十年来农耕的扩张已经使得一些最肥沃的土地不再用于放牧，这就增加了那些处于边际地位的草原的放牧压力。（'大跃进'和）'文化大革命'时期农耕尝试的失败也破坏了大量的草地……最后，传统牧民流动性的下降很可能也是草原退化的原因之一。"[5] 虽然威廉姆斯指出"土地退化"概念的内涵还很模糊，但他也同意草原正在发生着退化，并认为这 *334*

① David Sneath，*Changing Inner Mongolia：Pastoral Mongolian Society and the Chinese State*（Oxford：Oxford University Press，2000），83，85.

② Ibid.，85.

③ Ibid.，86.

④ Ibid.，135-136.

⑤ Ibid.，136.

主要是因为与中国政治经济相关的现代化事业的扩张，以及所谓对草原的"科学管理"和从蒙古族传统游牧生活方式向定居生活方式的转变。①

　　一个典型的例子就是河套地区的鄂尔多斯沙漠或毛乌素沙漠的历史。我们在前文特别是第五章曾讨论过这个地区，战国时期的赵国国君曾采取过游牧的方式并以骑兵与匈奴交战，秦始皇所建早期的长城也曾圈入一部分的游牧地区，汉朝曾派军队从西面包抄匈奴，而明代在面对是否以黄河作为北部边界这一战略决策时，最终选择了修筑穿过鄂尔多斯的长城来保护南面的农业和汉人生活方式。由此来看，"在历史上，长城以北的蒙古游牧民族长期在草原上过着骑马牧羊的生活，而长城以南的汉族农民则围绕着黄土坡地种植庄稼"②。

　　清朝末年，统治者允许汉人到长城以北从事农耕。"起初，农民们砍去固定沙丘上的植被，在那里很薄的一层黄土上进行耕作，他们在春天播下小米的种子并任其自行生长，秋天再回来收获，但由于当地土壤非常贫瘠，产量也很稀少。到第二年春天，强劲的大风轻易地吹走了表层的泥土，曾经隐藏在下面的沙子随之裸露出来并开始随风飞扬，农民们于是只好放弃这片被侵蚀的地区并继续前行。随着这种游耕式农业的推进，荒漠化也得以迅速发展。"③

　　清王朝1911年覆灭后，蒙古人试图阻挡汉人进一步深入草原地带，并在1943年与国民党军队发生了战争。"1950年，蒙古士兵再度对抗共产党的新中国政府，经过毛乌素沙漠的最后一战，这些蒙古军队才最终被全部歼灭。"④ 于是汉族农民再度迁入，尤其是在"大跃进"时期，开垦了大片的土地。游牧生活方式在1950年代末遭到了禁止，人们用围栏把草原围了起来，不再在开放的草原上放牧牲畜。就这样，汉族人民向草原地区的不断迁入从两千年前的汉代一直延续到了20世纪后期。

　　1980年代改革开放后，农民们获得了封闭牧场的使用权，随着国际市场

　　① Williams, *Beyond Great Walls*, ch. 3.
　　② Kobayashi Tatsuaki and Yang Jie, "Eco-historical Background and the Modern Process of Desertification in the Mu-us Sand Land with Reference to Pastoral Life," in *The Good Earth*, eds. Abe and Nickum, 243-244.
　　③ Ibid., 249. 姜戎的《狼图腾》用文学的形式反映了内蒙古草原变迁的某些真实情况。
　　④ Ibid., 250.

对羊绒需求的暴涨，他们开始用山羊取代绵羊，并不断增加放牧的数量。随着县级政府管制的放开，羊绒价格在 1980 年代上涨了八倍；而当时受到管制的羊毛价格则只上涨了一倍。我们可以想象，其结果必然是山羊代替绵羊。① 与绵羊只吃草不同，"山羊吃草时还会把灌木的根茎也带上来一起吃掉"，因而也就成为这些地区发生荒漠化的一个主要原因。②

　　2001 年开展的调查确实发现有些农民"因为山羊会破坏土地而不再饲养山羊"，中国政府也在 2002 年颁布了《中华人民共和国草原法》，鼓励可持续的土地利用和制止进一步的荒漠化，但这些似乎并不足以阻止荒漠化的进程。2000 年曾看到"毁坏的房屋"和"被移动沙丘吞没的平原"的调查者，*335* 在 2006 年返回这一地区时发现荒漠化仍在继续。他们采访了那些坚持生活在巴音郭楞——蒙古语的意思是"富饶的河流"——的居民，这里直到最近的 1980 年代还有草地、柳林和狐狸、狼等野生动物，但到 2006 年时，它们都已经消失了。③

　　国际市场的力量还会通过其他方式导致荒漠化。麻黄草在干旱的沙地可以自然生长，它有着多种药用价值，由此提炼的麻黄碱可以治疗哮喘和感冒，还被制成减肥药在欧洲和北美洲市场销售。随着 2000 年以后国际市场需求的迅速增长，麻黄草的种植也不断增加，麻黄草种植的扩大压低了价格，也迫使那些采集天然麻黄草的人进一步增加了他们的努力，一些农民还为此而放弃了牧羊。但无论是人工种植的麻黄草还是产量日增的天然麻黄草，都加剧了植被的消耗和荒漠化的进程。④ 总体而言，朗沃斯（John Longworth）和威廉姆森（Gregory Williamson）认为，"几乎所有中国的天然牧场，目前都存在一定程度的（退化）"，"一些曾经非常茂密的大草原已经变为荒漠，剩下的那些草原也已经出现了严重的退化"⑤。

---

① John Longworth and Gregory J. Williamson, *China's Pastoral Region：Sheep and Wool*，*Minority Nationalities*，*Rangeland Degradation and Sustainable Development* (Canberra，AU：The Australian Centre for International Agricultural Research，1993)，311.

② Ibid.，254.

③ Ibid.，258-261.

④ Ibid.，260-263.

⑤ Ibid.，82，332-333.

几千年来，中国西部的恶劣气候与地理条件限制了人类对草原环境造成的影响，然而新中国致力于发展经济的努力，以及新兴的生产和通信技术，不仅冲击了人们的游牧生活，而且对野生动植物的生存构成了威胁。为制止这一状况的蔓延，中国设立了一些野生动植物保护区，但目前尚未取得明显的成效。中国西部"种类极其丰富多样的陆生脊椎动物"包括各种猛禽，有蹄类哺乳动物如羚羊，以及大型食肉动物如豹、狼等，都正在因经济发展的推动而濒临灭绝。[①]

蒙古人在这一地区的传统游牧生活也正在消失之中[②]，"有些人承包土地并从事畜牧业，有些人种植农作物和开办奶牛场，还有一些人则开始喂养一直由汉人畜养的猪来作为长期的生意，绝大多数人都已经不再养马了"[③]。就这样，另一种基于非汉族农耕生态系统而发展起来的异于汉人的生活方式正在逐渐趋于消失，而这种游牧生活方式其实更适应当地草原与沙地相混杂的地形。[④] 随着发电对煤炭的需求不断增长（详见本章后文），汉人在蒙古到处开采煤矿，也给这里带来了紧张和矛盾。这对于其他牧区人民特别是藏民而言，也是一个重要的参考，因为它代表了过去两千年来汉人对其他族群及其环境影响和"改变"的令人清醒的延续。

本节小结

336

过去一个世纪的历史，已经无情地证明了中国森林和草原所面临的日益严峻的压力。尽管帝制时代、民国时期和共产党的新中国在执政能力上有着巨大的差异，但都把森林和草原生态系统看作有待控制和利用以增强国家实力的资源。汉族人口的增长促使谷物耕种的生产方式不断向周边地区拓展，同时也将草原和热带雨林变成了可以为政府提供税收的耕地和农场。来自工业生产和日益增长的国内消费的需求，促使越来越多的农民家庭等不及成材就砍伐了自家附近山上的所有树木，或者用来换钱，或者用作烧饭或取暖的燃料。快速的工业化、不断变化的土地产权制度以及或多或少地摆脱了束缚

---

① Richard B. Harris, *Wildlife Conservation in China：Preserving the Habitat of China's Wild West* (Armonk, NY：M. E. Sharpe, 2008).

② 斯尼斯认为大约有 50 万蒙古人仍然在内蒙古的其他地区过着游牧生活 (Sneath, *Changing Inner Mongolia*, x)。

③ Ibid., 264-265.

④ Williams, *Beyond Great Walls*, ch. 4.

的市场力量，共同推动了对森林的采伐。

其结果是，中国的天然林已经被砍伐殆尽，草原也被铁丝网围了起来。几个世纪以来，人们阻止森林砍伐、环境退化和维护人与自然之间和谐关系的努力，最终并未能够阻挡住越来越严重的森林砍伐、环境退化以及栖息地和物种的消失。现在，曾经在这里一度繁盛的亚洲象已经退却到了中国最西南的地区，华南虎正在濒临灭绝，白鳍豚很可能已经灭绝，而目前饲养在两个动物园里的一对黄斑巨鳖很可能也是这一物种最后的孑遗。这些只是我们所知道的"明星物种"，此外还有数百个物种已经灭绝了。据生物学家估计，中国现存近40％的哺乳动物种类和70％～80％的植物物种正在遭到生存威胁。本章后面我们还会看到，在云南西北部，人们为建立生物多样性的保护区还发生了特别激烈的斗争，因为根据某些计划，要在这一地区的河流上建筑数十个水坝。

第三节　国家自然保护区与生物多样性保护

虽然中国政府和环境都受制于工业化所需要的森林砍伐，一些政府官员和党的干部还是意识到有必要建立森林保护区和野生动植物保护区，并通过自己的力量或影响将其付诸实施。我们尚不了解这一过程的全部情况，但可以简单地介绍一下中国的自然保护区体系。最早于 1956 年成立的鼎湖山保护区（之前是一个佛教寺院）位于广州上游、西江沿岸的肇庆附近[1]；1980年代，保护区的数量迅速增加[2]，到 2004 年底，已经建立了两千多个，合计

---

[1]　中国最重要的森林保护区大多是南方的佛教寺院，北方地区的森林到宋代就已经遭到严重的砍伐，唐代修建的佛教寺院实际正是当地砍伐森林的一个重要原因。而南方的寺院虽然始建于 7 世纪，但都位于深山之中，其中的好几个寺院还将它们数千公顷的森林一直保护到了 20 世纪。当然，并不是说这些寺院和它们的森林一直没有遭受过冲击，在 19 世纪中叶，太平天国的军队就因为"偶像崇拜"而袭击并烧毁了广州附近的佛教寺院；"文化大革命"期间，大部分寺院也都被关闭了，随着寺院的废弃，它们的森林也遭到了砍伐或烧毁。一个有趣的例外是广东北部的南华寺，这里是唐代早期禅宗六祖惠能大师弘法的道场，由于某些原因，周恩来总理通过自己的地位和威望亲自干预并保护了南华寺及其土地。南华寺和其他通过各种办法保留下来的森林，也为中国的植物学家重建原始森林生态环境提供了重要的知识和树种的宝库。参见 Marks，*Tigers*（1998）。

[2]　Harkness，"Recent Trends in Forestry and Biodiversity in China," 918.

354

337 占中国陆地总面积的近 14%。① 但和森林覆盖率的统计一样，这些自然保护区的状况有着很大的差异，其中一些接近于我们所认为的自然保护区，而另一些，如福建西南部的梅花山华南虎保护区②，虽然在尽力保护和改善森林栖息地，以维持老虎的健康种群数量，但也要帮助当地贫困的村民在这样一个退化的环境中努力维持生计，村委会和县政府有着各自的目标和压力，中央政府也只能尽可能使之达到 1992 年《生物多样性公约》的生物多样性要求。

自然保护区

在中国自然保护区中最受国际关注的就是大熊猫了。③ 在一部即将出版的新书中，艾伦娜·宋丝特讲述了大熊猫在 19 世纪被西方博物学家发现并于 1950 年代成为中国国宝这一引人入胜的故事。"1962 年，中国政府正式确认了大熊猫对于国家的重要性，中国的最高行政机关国务院把大熊猫定为珍稀动物和国家一级保护动物，同时设立自然保护区，专门用于保护大熊猫和 18 个其他特有的珍稀物种。"④ 三年以后，王朗自然保护区在四川平武县成立，该保护区以大熊猫及其栖息地而闻名，位于海拔 2 800 米至 4 000 米的山区，分布着大片几乎是大熊猫唯一食物来源的竹林。⑤ 而值得一提的是，大熊猫保护区始建的时间正是"文化大革命"当中"学大寨"运动的兴起之际，而后者又导致了大片竹林的砍伐。据大熊猫繁育基地的四川科学家说："我清楚地记得我们当时是怎样砍伐竹子和树木来仿照大寨修筑梯田和尽一

---

① "Nature Reserves," http://english. gov. cn/2006-02/08/content_182512. htm.

② Chris Coggins, *The Tiger and the Pangolin*: *Nature*, *Culture*, *and Conservation in China* (Honolulu, HI: University of Hawai'i Press, 2003).

③ 特别参见乔治·夏勒 (George Schaller) 的两本著作, *The Great Pandas of Wolong* (Chicago, IL: University of Chicago Press, 1985) and *The Last Panda* (Chicago, IL: University of Chicago Press, 1993)。

④ E. Eleana Songster, *Panda Nation*: *Nature*, *Science*, *and Nationalism in the People's Republic of China*, ch. 1, 56-57.

⑤ 然而奇怪的是，竹林会周期性地开花然后枯死，科学家观测到的 1975 年和 1983 年大面积箭竹开花直接导致了大熊猫陆续被饿死。由于与中国现代国家形象之间构建起了重要联系，大熊猫和它们的栖息地得到了中央政府的特别关注，但别的野生动物保护区就没那么幸运了。关于竹子的死亡，参见 Songster, ch. 5。

切可能种植粮食作物的，当时完全没有意识到失去这些资源的重要性。"①

　　虽然中国已经建立了两千多个自然保护区和越来越多的"国家公园"，但很多其实并没真的这样运作。② 郝克明曾提出他的"保护区政治经济学"，认为 1980 年代和 1990 年代不断扩张的自然保护区并没有国家配套资金的支持，其中三分之一都只是"纸上的公园"而已，其他很多也没有实质上的结构、标识或边界；还有很多负责管理保护区的官员都居住在县城而不是保护区里。由于缺乏资金，林业部只好要求管理者和员工们"充分利用自然保护区的资源优势，在加强保护的基础上合理利用，发展自己的产业并提高保护区的自我积累和自我发展能力"③。

　　这种指令导致了恶劣的后果。生态旅游引来了对野生动植物的非法盗采、盗猎，修建于偏远地区的公路干扰了当地的生态系统，宾馆的建设也占用了保护区稀缺的资金。保护区的管理者不仅与那些伐木、采石或捕鱼者公开签订合同，开发利用保护区的资源，还允许在保护区内设立营利性的公司，诸如将湖泊和沼泽改造成为鱼虾的养殖场。那些率先采取这些经营策略的保护区官员"由于为保护区实现了正向现金流而获得了官方的表扬，进而也为他人树立了榜样"④。这种为保护公共资源而推行的政府政策，最终却沦为私人牟利工具的故事，和第四、五章中所讲述的那些帝制晚期的情形如出一辙。

338

　　因此，自然保护区的建立产生了自相矛盾的结果。在云南，村民们蜂拥而上砍伐那些他们之前一直维护的森林，是因为担心自己将会失去这些资源的所有权。在中国南方的其他一些地区，原来高效的宗族或社区管理制度被相对薄弱的政府管理机构取代后，导致了实际上的无人负责和对保护区资源的过度开发。当地人几个世纪以来一直倚为食物来源的森林，现在也成为盗猎的目标。在动物肢体市场的强大作用下，老虎等国家保护动物在过去十多

----

① 转引自 Shapiro, *Mao's War against Nature*, 109。

② 根据近期对云南西部老君山国家公园的一次实地考察报告，当地几乎没有专业的护林员，生活在这里的 8 000 名居民也不知道自己是居住在国家公园里，参见 Mike Ives, "Scoping Out New Playgrounds," *Los Angeles Times*, January 9, 2011, L1, L5。

③ Harkness, "Recent Trends in Forestry and Biodiversity in China," 919.

④ Ibid., 920.

年的时间里遭到了非常猖獗的盗猎。正如郝克明所指出的："中国虽然有《野生动物保护法》，但在保护区并没有建立相配套的法规体系。因此，在保护区优先吸引游客进入的情况下，自然保护区的工作人员除非真的抓住已经盗猎保护动物的罪犯，基本没有什么别的办法……而且，就算抓住了盗猎者，除了少数用作宣传的案件外，法院对这些罪犯的处理通常也非常宽松。"[①]

此外，很多保护区在建立时都没有意识到生态系统对于维护这些被保护动植物的必要性，因此保护区域都设置得太小了。伐木、修路和养鱼把保护区的生态系统分割得支离破碎。只有在保护区中长期存在的森林中，各种动植物才能茁壮成长。然而大部分的情况是，"中国各保护区周边的森林正在被迅速地转变为其他用途，于是它们也日益成为四面楚歌的生态多样性孤岛"[②]。

全世界最大的自然保护区——西藏西北部的羌塘自然保护区正面临着这些压力。羌塘自然保护区 1993 年由中国政府批准建立，面积 28.4 万平方公里，基本无人居住，是野牦牛、藏野驴、藏原羚、藏羚羊、盘羊和岩羊（除最后一种外均为西藏特有）这六种野生有蹄类动物的家园。乔治·夏勒（George Schaller）在 1980 年代研究羌塘时曾描述道："到处都可以看到大量的藏羚羊和牦牛，有的在吃草，有的躺卧着。没有树木，没有人迹，这个安详宁静的湖泊……似乎就是这些野生动物欢乐的牧场。"即便如此，夏勒还是感觉到了变化。"羌塘自然保护区的绝大部分区域在 20 年前都是无人居住的，荒凉的北部至今仍然没有人烟，南部则拥有着全世界唯一一片未曾遭到破坏的草原生态系统，但超过 3 000 户家庭和 100 万头牲畜现在已经占据这一区域，有些牧民正在从帐篷搬进固定房屋并修筑着围墙。保护区内草原、野生动物以及传统游牧生活的未来，都将取决于适当的管理政策和管理办法。"[③]

而从中国其他自然保护区的经验来看，这可能是一个非常艰巨的任务。截至 2010 年，中国已建成自然保护区 2 541 个，国家级风景名胜区 208 个，国家级森林公园 660 个。除了西部偏远地区的 8 个自然保护区——例如夏勒

① Harkness，"Recent Trends in Forestry and Biodiversity in China," 922.

② Ibid.，923.

③ George B. Schaller and Gu Binyuan，"Ungulates in Northwest Tibet," *National Geographic Research & Exploration* 10，no. 3 (1994)：267，268，285，274.

在西藏调查的羌塘自然保护区以外,很多其他保护区都因为规模太小而缺乏生态发展空间,或者正面临着生态退化。此外,根据叶婷的研究,保护区的边界也并没能阻止那些对中国经济发展具有重要价值的矿产的开采。甚至在云南西北部新建成的国家公园里,也已经出现了采矿活动。[①] 可以说,即使在中国的自然保护区和国家公园中,仍然无法避免不同观点之间的矛盾冲突,有人认为必须开发自然来推动经济发展,有人希望保护中国现存的生物多样性,还有人认为可以通过"生态旅游"来同时实现这两方面的目标。本章后文在介绍围绕云南水电站建设的斗争时,还会对这些问题做进一步的讨论。

339

"绿色长城"等造林工程[②]

今天,中国大约有2‰的原始森林被保留下来,这也是本书所探讨的漫长历史过程的结果。为了解决森林砍伐和环境退化所造成的问题,中国已经开展了大量的植树造林工程。总体而言,目前的状况仍然是"树多,森林少,木材更少"。面对上千年来一直延续到新中国的森林砍伐,由国家、集体和私人组织的各种造林工程已经种植了数量巨大的树苗,并取得了不同程度的成功。但即使是这些成功种植的树木,也更像是农场而非森林,随着那些扦插的树苗取代了健康的森林和成材的树木,出材率也不断下降,有数十万英亩的树苗——无论是死是活——都被算作了森林覆盖面积。

虽然毛泽东时代的群众造林运动存在着一些问题,但一些分析者仍然寄希望于各种政府和私人的造林工程(有些也得到了世界银行资助)能够产生良好的效果。在2000年10月启动天然林资源保护工程之前,中国政府就曾经出台过六项国家主持的大型工程,目标是到2000年将中国的森林覆盖率

[①]　Emily T. Yeh, "The Politics of Conservation in Contemporary Rural China," *The Journal of Peasant Studies* 40, no. 6 (2013): 1165–1188. 亦可参阅 China Dialogue 上的文章节选: https://www.chinadialogue.net/article/show/single/en/6696-Do-China-s-nature-reserves-only-exist-on-paper-. Accessed August 14, 2016。

[②]　由政府主持的造林工程并不是新中国才有的,曾任中华民国第一任大总统并在复辟帝制中遭遇失败的袁世凯,就曾在1914年颁布过中国的第一部森林法——《中华民国森林法》,而政府植树造林计划与实际结果相脱节的情况同样由来已久,参见 E. Elena Songster, "Cultivating the Nation in Fujian's Forests: Forest Policies and Afforestation Efforts in China, 1911–1937," *Environmental History* 8 (July 2003): 454, 468。

358

提高到 20％。其中最早的是 1950 年代开始的沿海防护林体系建设，旨在稳
定广东等沿海省份荒芜的海岸山地。另一项长江中上游的造林工程始于 1990
年代中期，如前所述，1998 年的大规模洪水导致了森林保护政策的显著变
化。1980 年代的太行山绿化工程建设——如第三章所述，为了建筑黄河堤
坝，太行山区的森林早在 11 世纪就已经遭到了砍伐——收效甚微，"植被覆
盖率很低，水土流失严重，环境正在持续恶化，农民也非常贫困"，1949 年
以前文献记载的严重环境退化仍然困扰着这一地区。此外，还有一项华北平
原农村地区的经济林建设工程和一项通常作为城市发展规划的一部分并由城
镇居民负责的植树工程。①

中国规模最大和预计改善环境面积最广的绿化工程是三北防护林，被誉
为"绿色长城"，从西部的喀什直到东部黑龙江和内蒙古交界的大兴安岭，
绵延 4 500 公里，总覆盖面积 400 多万平方公里。这项工程的规划要求恢复
340 山区的森林植被，通过灌木林保持黄土地区和沙漠的水土，为绿洲和其他乡
镇人口提供薪炭材，总体上制止沙漠继续向东南方向蔓延进入包括北京在内
的华北地区。埃德蒙德在该工程开始后不久的 1994 年曾对这一地区的树木、
灌木或草皮绿化进行了提醒，"最初的报告……虽然比较乐观"，但这将需要
几十年的时间，到 2050 年时才能判断这一工程究竟是否成功。②

一项更近期的评估则相对乐观一些，这在很大程度上是因为 1998 年的
长江洪水引起了中央政府的关注。大自然保护协会的研究人员刘大昌认为，
长江上游和黄河中上游流域的采伐禁令已经得到了执行："森林消耗得到有
效控制，森林面积和储量也得以增加。经济林的采伐在长江上游和黄河中上
游地区已经基本停止。东北国有林地区的全年木材产量减少了近四成……人
工种植了大约 350 万公顷的森林，同时由于封山育林，还有 410 万公顷的次
生林得以自然恢复起来。"③

刘大昌还提供了其他造林项目的数据，也都取得了类似的成功。④ 不过
这些森林绝大部分都是人工林，虽然也能产生重要的环境效益，如控制水

---

① Edmonds, *Patterns of China's Lost Harmony*, 51-57.
② Ibid., 55-56.
③ Liu, "Reforestation after Deforestation," 95-96.
④ 关于十项主要的森林工程及其目标，亦可参见 Wang et al., "Mosaic of Reform," 76。

土流失、碳封存、调节当地气候和阻止荒漠化等，但保护生物多样性还只是在少数地区得以实现的附带效益，特别是云南，保护国际基金会已经将这里确定为世界生物多样性热点地区（包含至少 1 500 种独有物种，并且已失去了至少 70％原生植被的地区）。对农户积极植树的奖励措施所收获的也大多是经济型林木（如果树），而不是健康森林的重建。于是，国家又制定政策，规定这类林木的种植不应超过总量的 20％，但这一政策是否能被实际执行还存在疑问。因此，虽然有数百万公顷这样令人印象深刻的数字，但这种新种植的人工林在保护生物多样性方面还算不上是真正的"森林"。

　　此外，在三北防护林地区仍然持续发生的荒漠化，也令人怀疑这一工程是否能取得最终的成功。在黄土高原，世界银行向一个为干旱和水土流失地区进行绿化和改善人们生活的项目提供了部分资金，纪录片的镜头展示了已经退化和水土流失的黄土山丘戏剧性地变成了绿树环绕的小山和山谷，表明世行贷款项目取得了成功，并暗示到 2050 年三北防护林建成时，中国北方干旱地区的沙漠化是可以被控制的。① 另一份报告称，中国已经种植的 10 万平方英里"森林"在 2003 年以来吸收了大气中的大量二氧化碳。②

　　但批评该项目的人也有很多。一项经过同行评议的研究指出，由于包括黄土地区在内的北方非常干旱，缺乏作为造林基础的原始森林，而种植欧洲山杨、油松和刺槐等速生的外来树种会"耗尽土壤的水分，因为它们的蒸腾速率要高于那些被它们取代的本地原生植物和土壤补充水分的速度"。作者 *341* 认为这种造林方法会导致"长期土壤干化和植株死亡"，并呼吁更合适的方

---

　　① "Restoring China's Loess Plateau," The World Bank, March 15, 2007, http://www. worldbank. org/en/news/feature/2007/03/15/restoring-chinas-loess-plateau. Accessed July 27,2016. 其中一个赞扬的视频是"黄土高原的神奇故事，也被誉为中国的绿色长城"，https://www. youtube. com/watch? v ＝ bjLV _ aVRUmQ ♯ t ＝ 5. 140508412,and "BBC Future Building the Great Green Wall of China," https://www. youtube. com/watch? v＝VS-v0b8GkFs。

　　② Coco Liu, "China's Great Green Wall Helps Pull CO2 Out of Atmosphere," Scientific American online, April 24, 2015, http: //www. scientificamerican. com/article/china-s-great-green-wall-helps-pull-co2-out-of-atmosphere/. 作者提到了那些对绿色长城的长期成功及其对全球二氧化碳生物质封存贡献表示怀疑的科学家的研究和评论。

法应该是重新种植本地原生植物以及限制放牧和农业。[①] 其他的报告也证实这些新种植的树木成活率很低，地下水位也在严重下降。[②] 因此，绿色长城的长期成功仍缺乏保障，它也可能会带来未曾预料到的不良生态后果。

野生动物、消费与流行病

野生动物保护区及其法律框架的建立，还有对盗猎和杀害濒危物种的禁令[③]，都清楚地表明中国政府已经意识到，许多中国特有的动物物种都亟待保护，毋庸置疑，其中一些保护区在将来会运行得更好。1998年的洪水也让大家认识到，砍伐森林是这场灾难的一个重要原因，必须停止在西南和东北地区的森林采伐。而后面我们将看到的关于怒江流域水坝建设的争执，则表明中国已经没剩下多少森林来继续为人类提供生态效益和为野生动物提供栖息地了。

对野生动物的另一个威胁来自人类的消费和灯红酒绿的欢宴。由于一部分中国人已经先富了起来（套用邓小平的话），许多暴发户都想通过举办奢侈盛宴招待朋友、家人和生意伙伴来炫耀自己的财富。很多宴席都特别添设有珍稀奇异的野生动物菜肴以表现主人的财富和能力，包括眼镜蛇羹、穿山甲、鸵鸟、亚洲鳖、娃娃鱼、暹罗鳄、熊掌和果子狸，有的还和木材一样是从国外走私入境的，根据一份报告，在中俄边境"每天都有熊掌、熊胆（因其医用和壮阳特性而价格高昂）、林蛙、虎骨、麝香和鹿鞭被走私到中国"[④]。

中国野生动物消费市场的规模相当可观，根据1999年对16个中国城市

---

① 参见曹世雄等的两篇论文 "Excessive Reliance on Afforestation in China's Arid and Semi-Arid Regions: Lessons in Ecological Restoration," *Earth-Science Reviews* 104 no. 4 (February 2011): 240–245; "Greening China Naturally," *Ambio* 40, no. 7 (November 2011): 828–831。

② 有关概述参见 Jon R. Luoma, "China's Reforestation Programs: Big Success or Just an Illusion," *Environment* 360, Yale University, January 12, 2012, http://e360.yale.edu/feature/chinas_reforestation_programs_big_success_or_just_an_illusion/2484/。

③ 在与缅甸接壤地区，中国对猎杀保护动物的禁令导致了至少有一位猎人经常进入缅甸境内猎杀豹子，还有一些人则越境猎杀鹿和其他小型动物，参见 Sturgeon, *Border Landscapes*, 161。

④ Andrew E. Kramer, "At the Russia-China Border, Bear Paws Sell Best," *The New York Times*, June 29, 2010, http://nytimes.com/2010/06/30/world/asia/30animals.

市民的一份调查，有接近一半的受访者都在过去的一年时间里吃过野生动物。据报道，有相当数量的餐馆也都在经营各种野生动物制作的菜肴。有些动物的肢体在进入中国之前就已经被拆解了，例如熊掌；另一些野生动物则在被捕获后送到城市里的市场，再由餐馆老板们挑选新鲜的食材。在市场里，有很多蛇在篮子里扭动着，还有穿山甲，以及最近的果子狸。①

果子狸原产于华南和西南地区的热带雨林，被用作菜肴已经有很长时间了。果子狸栖息地附近的村民或专业捕猎者在捉到它们后，便将其送到市场上出售，华南地区的一些供应商甚至开办了果子狸养殖场——不仅用作食物，还从果子狸身上提取麝囊，以制作包括香奈儿 5 号在内的香水。但 2002 年底，一位餐馆的食客突然生病并死于一种神秘的新型传染病——后来很快被命名为"非典"（SARS）——"严重急性呼吸道综合征"，进而形成了全 *342* 球性的恐慌，因为它从华南地区的第一个案例极其迅速地传播到了中国的 24 个省、自治区和直辖市。从疑似感染地区出发，甚至仅仅是经过疑似感染地区而飞往国外的航班，在到达目的地后都要接受隔离检查。科学家怀疑并在后来证实，"非典"病毒是经由果子狸传染给人类的，于是从市场和餐馆查找、检验和杀死果子狸。随着"非典"与果子狸之间的关系被证实和公开报道，到 2006 年，有报告称，吃果子狸的人数下降了大约 30%，但并未完全消失，这表明这些动物仍在被捕捉、饲养和出售给餐馆。②

近年来的另一项传染病禽流感（H5N1），则是经由野生迁徙水禽传染给家禽，然后再传染给人类的。从 2004 年到 2009 年，在中国和泰国已经发生了好几起人类感染禽流感的病例，有数以百万计的鸟类因预防疾病传播而被杀死。虽然 H5N1 病毒并不会在人与人之间传播，但传染病专家担心这种病毒有可能会发生变异，并最终具有人际传播能力，进而掀起全球的大流感。

"非典"和禽流感表明，野生动物的栖息地并未被全部摧毁，无论是果子狸和野生水禽，都可以在中国找到继续生存的地方。但它们也表明，位于食物链顶端的人类与中国的各种野生动物有着非常紧密的联系，这种联系正

① "Civets, Other Wildlife Off the Chinese Menu," *Associated Press*, April 18, 2006, http://www. msnbc. com/id/12371160/.

② Qiu Quanlin, "Scientists Prove SARS-Civet Cat Link," *China Daily*, November 23, 2006, http://www. chinadaily.com. cn. china/2006−11/23/content.

是通过人类的消费、市场和流行病而实现的。

野生动物和野生动物器官的交易不仅是为了炫耀性的消费和享用，也是为了满足人们对药材的需求，这些药用物质会危及某些物种，特别是老虎、犀牛和大象。为了限制这些非法的国际贸易，中药从业者们明确表示他们的药物不需要老虎的器官或犀牛角并已经停止对它们的使用。但中国对野生动物器官的需求仍然增加，就像黑熊被活体提取胆汁一样，老虎也被养殖起来以获取身体器官，特别是用来酿酒的虎骨和制作地毯或壁挂的虎皮。

尽管联合国《濒危野生动植物种国际贸易公约》（CITES）宣布在国际贩卖濒危动植物（无论是死的还是活的）为非法行为，但将它们像牛和猪那样进行养殖却并未被视为非法，虽然这种情况可能正在发生变化。在中国有数以千计的老虎被养殖和杀死，以满足对老虎身体器官的需求。这种"合法"的老虎养殖的不合理之处在于，它推动了人们在其他地方猎杀野生虎并将其器官走私到中国的行为，因为野生虎在这里的市场价格高于人工养殖的老虎。野生虎在中国境内已经基本绝迹，因而也不会被这种器官市场所威胁，但这种市场却确实威胁到了印度的野生虎。随着中国消费者所拥有财富的不断增长，中国大陆和台湾、香港对野生动物的非法需求使得老虎器官的价格飞涨，令看好这一市场的富有投资者们获利更丰，从而加速了濒危物种特别是老虎的灭绝进程。[1]

第四节　水资源的治理

治理淮河

343　　在第六章中我们曾看到，淮河及其洪泛平原在 19 世纪中叶黄河移回到北方故道之后一直处于废弃状态。几个世纪以前黄河的南移和占据淮河河道，造成泥沙不断淤积并最终导致了 19 世纪大运河、黄河和淮河的严重危

---

[1]　J. A. Mills, *Blood of the Tiger: A Story of Conspiracy, Greed, and the Battle to Save a Magnificent Species* (Boston, MA: Beacon Press Books, 2015). 曾参加 2016 年 9 月在南非约翰内斯堡举行的联合国《濒危野生动植物种国际贸易公约》大会的 J. A. 米尔斯告诉我，参会的 180 多个国家同意开始逐步停止对老虎的商业性养殖。中国目前有大约 5 000 只老虎被人工饲养，由于该行业既得利益者的极力反对，制止商业性养殖在未来能否以及如何实现，目前还很难判断。

机。淮河原来的出海口已经淤塞，因而只能缓慢地向南汇入长江，一旦遭遇严重的强降雨，就很容易导致整个流域地区发生洪水；而且，由于淮河流域总体地势平坦并有一些低洼地带，因而也很容易出现积水和盐碱化。如第四章和第六章所述，华北平原的这些问题至少可以追溯到一千年以前，也包括最近发生在 20 世纪 40 年代的大洪水。

到 20 世纪中叶，淮河流域的人口已经相当稠密，约 5 500 万人耕种着中国七分之一左右的可耕地，淮河沿岸就是一个重要的农业区。此外，在国共内战的最后阶段，共产党人在淮海战役（1948 年 11 月 6 日—1949 年 1 月 10 日）中获得了当地民众的热情支持，因此，当 1950 年夏季淮河发生洪灾时，中国共产党的主席毛泽东立即发出号召"一定要把淮河修好！"并要求集中新中国的各种资源来完成这一目标。

由于缺乏土方机械和技术专家（一项需要 1 400 名技术人员的计划结果只能找到 270 人），共产党政府在此后的七年中动员数百万农民，用铁锹铲走了超过修建巴拿马运河（当时使用的是蒸汽挖土机）两倍的土方，清理了通向大海的 170 公里河道，长度相当于苏伊士运河——然而是用手工在十分之一的时间里挖掘的。虽然最初的任务只是为了能够让洪水排入大海，但水利部部长认为这样浪费了宝贵的水资源，应该将这些水蓄积起来并在干旱时期用于灌溉。于是，除了挖掘淮河新河道，该项目又在淮河的支流上增建了很多土坝以形成水库，同时也在淮河干流的关键河段筑堤以防止洪水。但罗伯特·卡恩（Robert Carin）认为，共产党人"并没能有效地控制住淮河的淤积"①。淮河发源于河南南部缺乏树木的山区，还有黄河之前遗留下来的大量泥沙，因此，尽管投入了大量劳动，挖走了堆积成山的土方，淮河还是在1954 年、1956 年和 1957 年再度发生了严重的洪水。土坝并没能阻挡住洪水，堤防也不够高，洪水再次淹没了这一地区。

经过七年的努力，治淮委员会的官员称已经取得了一些进展，也承认了他们任务中存在的难度："淮河平原……以前曾经多次因黄河泛滥而发生淤塞，自然排水系统已经遭到了破坏。一旦出现强降雨，就会因积水无法排出而形成内涝。由于淮河存在的这种复杂性，通过已经完成或在建的这几个水

---

①　Robert Carin, *River Control in Communist China*（Hong Kong, HK: Union Research Institute, 1962), 13.

344　库显然不足以应对这些情况。而且，过去对支流的治理也不够。"此外，他们还承认："治淮委员会在开始时并没有完全意识到治理淮河的复杂性和长期性。"①

　　治淮委员会请求国家在已经花费的 10 多亿元之外，继续向这项工程投入大量的资金，然而用卡恩的话说，"中国水利工程所需要的资金必须主要通过群众自己来解决"，官方的《人民日报》明确提出"必须坚持多快好省的建设方针"，这种口号很快就融入了"大跃进"这一解决中国贫困问题最激进的运动之中。②

　　尽管存在一些问题，但治理淮河已经成为中国其他地区官员效仿的榜样。在水利工程所面临的大量问题中，尤为重要的是工程主要目标究竟应该选择防洪和排水，还是应该选择蓄水和灌溉。之所以会面对这样的选择，是因为几百年前祖先们排干沼泽和湖泊而开垦出的农田现在正需要灌溉。所以，蓄水灌溉成为主要政策目标，防洪退居次要位置也就不足为奇了。于是，在淮河各条支流的上游都建设了水坝和水库，1957—1959 年间，仅河南省的一个县就修建了 100 多座水库，这些工程还延伸到了平原地区，在整个淮河流域一共建设了大约 4 000 座。③ 实际上，全国各地都在修建各种水坝和水库，截至 1990 年，中国共有 83 387 座水库，各主要河流中除了两条以外都修筑了各种不同类型的水坝。④

　　从长时期的历史视角来看，如果不是因为蓄水灌溉的重大影响，这一政策导向本来可能具有一些讽刺性的意味。因为如我们在前面各章所看到的，正是由于将许多低洼地区如池塘、湖泊和湿地都围垦和填充成了农田，才削弱了一些大型湖泊的蓄水能力。到 1949 年时，中国的许多湖泊和池塘都已

---

　　①　Robert Carin, *River Control in Communist China* （Hong Kong，HK：Union Research Institute，1962），23.

　　②　Ibid.，30-31.

　　③　Yi Si，"The World's Most Catastrophic Dam Failures：The August 1975 Collapse of the Banqiao and Shimantan Dams," in *The River Dragon Has Come！The Three Gorges Dam and the Fate of China's Yangtze River and Its People*，ed. Dai Qing（Armonk，NY：M. E. Sharpe，1998），30.

　　④　Shui Fu，"A Profile of Dams in China," in *The River Dragon Has Come！*，ed. Dai Qing，18-24.

经消失了，所以才会需要国家来建设人工水库来蓄积雨水和灌溉农田。

黄河筑坝

黄河长期以来一直被当作中国的代名词，早在商周时代，先民们就已经开始在华北平原上清除森林以开垦农田，从公元前8世纪起，他们就用泥土修筑堤坝来抵御黄河的洪水。有关黄河和中国人民治理黄河的故事贯穿于本书的每一章内容，也包括本章。

对于中国刚刚形成的大坝工程师队伍而言，治理淮河可能是他们的第一项重要任务，而黄河则有着更为重大的历史意义。甚至有人传说"圣人出，黄河清"。黄河三门峡大坝是在苏联顾问的大力指导下，于1957年开始动工修建的。在此之前，曾经有一些反对的声音质疑在黄河干流上修建大型水库（取代在黄河支流上修建多个小型水库）的主张，但在短暂"百花齐放"之后的反右运动中逐渐归于沉默。[①]

反对者曾指出，黄河巨大的泥沙淤积量不仅会导致水电站无法正常运行发电，还会迅速在水库中淤积；但三门峡水电站的设计建造忽视了这些意见，高达360米的大坝正位于渭河汇入黄河之后的河段，原来设计的导流底孔也全都被混凝土堵塞起来。1962年初三门峡水电站投入运行后，渭河下游两岸数十万亩的农田被淹没，近三十万农民被搬迁到了西部较贫瘠的安置地。结果正如反对者所预警的，泥沙迅速在水库中淤积下来，并进一步向上游堵塞了渭河，导致了西安周围地区的洪水泛滥。淤泥还造成发电机组无法正常工作，虽然后来重新打开了导流底孔，但仍无法排放出足够的淤泥。于是又对大坝的部分结构进行改扩建，增加了泄流排沙管道，但还是无法解决问题。夏竹丽认为："大坝最终已经变得千疮百孔，对防洪或发电几乎都没有什么重要价值了。"[②]

大坝建设对环境的影响

在河流上建造水库、蓄水灌溉的政策会产生两个严重的后果。首先，许多水坝的建造要么没有经过充分的水文研究来指导设计规模，要么在设计建造上存在问题，或者两者兼而有之。据反对建坝者转述一位官员的话："领

[①]　关于水利专家黄万里特立独行的故事，他对三门峡大坝的反对意见以及这些对他和他的家庭的影响，可参见 Shapiro, *Mao's War against Nature*，48-62。

[②]　Shapiro, *Mao's War against Nature*，63。

导只是用手一指某个地方，就决定在两山之间建起一座水坝。"① 如果只是说大坝建设存在危险，那也许有些轻描淡写了，到 1981 年，中国政府已经承认有 3 200 座水坝发生过溃决，稍后我们还会论及其中最严重的事件。

蓄水灌溉政策的另一个后果体现在环境方面，特别是在华北平原，水位的升高导致了盐碱化和内涝的加剧。对这两方面影响的预警，不仅来自水利专家——他们的警告被置若罔闻，而他们自己也因此而遭受打击——还来自中国的总理周恩来，他在 1962 年的会议上对党员干部说："我问过医生，一个人几天不吃饭可以，但如果一天不排尿，就会中毒。土地也是这样，怎能只蓄不排呢？"② 然而，这样的政策仍在持续。

淮河流域的低洼地区新建了数百座水坝和水库，从而使那些预留作分洪的土地也可以被用于居住和耕作。1975 年 8 月，这种筑坝蓄水政策最终酿成了世界历史上规模最大也是最具破坏性的水库垮坝惨剧。这一事件确实也有异常天气变化这个突发原因，8 月 4 日，猛烈的台风在河南引发了特大暴雨，（驻马店）地区短短三天内降雨量就超过了三英尺。到 8 月 7 日午夜，淮河两条支流上的水库——汝河的板桥水库和洪河的石漫滩水库——均达到了最大库容。在一个小时的时间里，这两个水库的大坝相继漫决，由此形成的水墙以每小时 30 英里的速度倾泻而下，席卷所到之处，一座座村庄瞬间荡然无存。下游的分洪区无法吸纳大量的洪水，而堤坝也纷纷倒塌，形成了一个近100 英里长的湖泊，1 100 万人受灾，85 600 人死亡。

洪水因被淮河下游的堤坝阻挡而形成了大面积的积水，上百万人被围困在水中，还有数十万人正面临着饥饿和痢疾、肝炎等介水传染病的威胁。8月 13 日，河南省委书记请求中央炸开几个主要的堤坝以释放积水，两天后，这些大坝被炸开，洪水向淮河下游倾泻，随即淹没了安徽省的一些地区。一年以后，受灾地区出现了农作物的丰收。"仔细看去，沉默着的大地上，庄稼高低错落，厚厚薄薄，色彩浓浓淡淡，最令人心颤的是银璨璨的田野中那一小块一小块格外厚实格外茂密的庄稼。"③

---

① Shui Fu, "A Profile of Dams," 20-21.
② Ibid., 21.
③ Yi Si, "The World's Most Catastrophic Dam Failures," 25-38.

淮河变成黑水

然而,人们并未从这场灾难中吸取教训,因而除了后文要提到的建设三峡大坝外,还有 1980 年代和 1990 年代基本缺乏监管的高速工业化对淮河沿岸地区持续造成的严重环境灾害。在这二十年间,淮河流域建成了数以万计污染严重的小型造纸厂、味精厂、印染厂、皮革厂和化工厂。据易明的研究,"这些工厂公然把污水排入河中,使淮河成为中国第三个污染最严重的水系"①。与淮河流域污染程度相当的还有华南的珠江三角洲地区,造成污染的原因也类似。

在对利润最大化的追求和当地官员的保护下,大多数工厂并没有正常开启污水处理系统,而是直接将污水排放到淮河及其支流中,随后又在水库里聚集,浓度也越来越高。水库定期放水排污,既毒死了下游的鱼类,又污染了水源,使之不能饮用。1994 年中央政府宣布了关闭污染工厂和清理淮河的计划,但仅仅两个月后,淮河流域的"一批工厂直接将污水排进淮河,形成一条混有氨氮化合物、高锰酸钾和酚类的有毒污染带……河水变黑……渔业遭受毁灭性打击……几千人因此而患上痢疾"②。

1998 年,政府宣布了第二阶段清理淮河的计划,但仍然没有多少实际效果,淮河水系的水质被评为"重度污染",但最糟糕的还在后头。随着水库污染物的不断蓄积,到 2001 年 7 月,暴雨导致了淮河支流的泛滥,数十亿加仑污染严重的水排入淮河,位于下游的安徽省"河水充斥着垃圾,泛着黄色泡沫,漂浮着死鱼"③。淮河也由此而被《纽约时报》、《亚洲时报》、Stephen Voss 在线摄影专题和美国公共电视网等媒体以"中国河流之死"等题目进行报道④,成为中国污染河流的标志。2003 年,淮河的水质仍不适于饮用或养

347

① Economy, *The River Runs Black*, 2. 中译本见易明:《一江黑水》,2 页。

② Ibid., 4.

③ Ibid., 1.

④ 参见 Jim Yardley, "Industrial Pollution Destroys Fish Farms in Rural Area," *The New York Times*, September 12, 2004; Jasper Becker, "The Death of China's Rivers," *Asia Times*, August 26, 2003; Stephen Voss, "Industrial Pollution Kills Hundreds along the Huai River Basin in China," http://www.stephenvoss.com/stories/ChinaWaterPollution/story.html;美国公共电视网一部四集纪录片 "China from the Inside" 中的第三集 "Shifting Nature"。

鱼，某些情况下甚至达不到工业或农业用水的标准——而如前所述，修建水库的政策原本就是为了蓄水灌溉。①

由于工业污染物被排放到中国村民饮用、清洗和灌溉的水道，导致各种癌症的大量增加，尤其是胃癌、食道癌和消化道癌。在一些村庄，不少居民都感染并死于这些工业产生和传播的致癌物，因此被称为"癌症村"。现在这种癌症村的数量已经超过 600 个。②

华北平原的地下水开采

如前所述，在淮河北面的海河流域，包括首都北京，也曾因蓄水灌溉的政策而发生过积水内涝。但在 1960 年代中期洪水造成的内涝和盐碱化之后，中央政府动员了 30 万劳动力挖掘泄洪和排沥的一系列"新河"，到 1979 年，大规模根治海河的工程基本完成。

1960 年代中期，由于水库蓄水灌溉能力的不足，国家开始在华北平原各地开凿机井抽取地下水。到 1985 年，电力机井数已接近 70 万眼，灌溉面积也从 11 万亩扩大到了 54 万亩，较中华人民共和国成立之初增长了 400%；进入 21 世纪时，整个华北平原用于灌溉排水的机井已经达到了 360 万眼。但这种灌溉增加了土壤中的盐分含量，导致了 1980 年代初的"土壤盐渍化"问题。③

一些专家认为，把机井打到 300 米的深度就可以越过盐渍化和受污染的浅层地下水，从而解决土壤盐渍化问题，但其他人则担心这样做会导致深层地下水的枯竭。历史学者李明珠认为，可以通过构建一个包括深水井、浅水井、运河和沟渠在内的复杂灌溉系统来解决这一问题，但这个复杂系统的运行需要农学家、土壤化学家、气候学家和工程师们组成一个庞大的网络，还需要大量的电力和其他现代投入："就强度和复杂程度而言，（华北）土壤的这种现代化管理，都可以与……数百年前曾经转变南方地区土地和农业生产方式的传统水利控制相提并论。"④ 不同之处在于，华北农业现在主要依赖的是大量资金和现代科学知识的投入，这种解决方案是否可以一直持续下去，我们还不知道。

即使有了这些对水和土壤的精心管理，水资源短缺在华北地区仍然是一

---

① Economy，*The River Runs Black*，8.

② Lee Liu，"Made in China：Cancer Villages，" *Environment：Science and Policy for Sustainable Development* 52，no. 2 (2010)，8–21.

③ Li，*Fighting Famine in North China*，367–369.

④ Ibid.，369.

个严重的问题。河流日渐干涸，湖泊面积不断缩小，以至于生态系统变得无法支持鱼类的生存。1989 年，政府对一个大型湖泊进行调水补给后，芦苇又得以生长，并可以用于编织苇席和篮筐了。除灌溉外，作为用水大户的城市和工业用水也非常紧缺，特别是北京和天津周边的地区，在过去的二十年间发展都十分迅速。[1] 黄河的入海年径流量正在逐渐变小，经常出现长达 500 英里河段的断流，一些地区的地下水位已经降到了地表以下 90 米，而且还在继续下降。部分河流已经干涸，石家庄附近的地下水位每年下降约 4 英尺，使得一些人担心华北平原的地下水可能会在三十年内出现枯竭。[2]

南水北调工程

为了解决缺水的问题，中国在 1983 年通过引滦入津工程将滦河的水输送到了 100 多英里以外的天津，但更具有雄心壮志、规模更大而争议也更多的计划，则是 2002 年开工的南水北调工程。这是一项与三峡大坝类似的庞大工程，其历史至少可以追溯到 1950 年代，当时毛泽东就感叹道："南方水多，北方水少，能不能从南方借点水给北方？"

这项计划是通过东、中、西三线将长江流域的水资源抽调输送到北方地区。东线主要是利用大运河从江苏提水北送，2002 年开工建设，原计划 2013 年完成，但由于淮河等支流水系受污染而被延迟，这些污染的江水甚至连灌溉用水的标准都达不到。中线第一阶段从汉江的丹江口水库调水，远景是从长江三峡调水，政府原本希望该工程能够在 2008 年奥运会将水引至北京和天津，但也被推迟到了 2014 年，主要是考虑这一工程对三峡大坝和水库的环境影响，而且，2008 年和 2009 年的干旱也降低了长江流域的供水能力。西线将从青藏高原向黄河上游引水，以灌溉那里更多的农田。作为世界历史上规模最大的水利工程，南水北调工程预计花费 500 亿美元，比我们下面将要讨论的三峡工程还要多。[3]

[1] Li, *Fighting Famine in North China*, 370.

[2] Jim Yardley, "Beneath Booming Cities, China's Future Is Drying Up," *The New York Times*, September 28, 2007.

[3] Zhang Quanfa, "The South-to-North Water Diversion Project," *Frontiers in Ecology and the Environment* 3, no. 2 (2005): 76; Shai Oster, "Water Project in China Is Delayed," *The Wall Street Journal*, December 31, 2008, A4; Jasper Becker, "The Death of China's Rivers"; "Factbox: Facts on China's South-to-North Water Transfer Project," Thomson Reuters, http://reuters.com/assets, February 26, 2009.

南水北调和三峡工程一样引起了人们对环境的广泛关注与反对声音。据刘昌明教授的分析，虽然北方能由此而获得更多水资源，"（但）在输水渠渗透或通过水利设施供水的地区，如果排水状况不好，就会形成一个高水位，从而可能会影响地下水平衡并导致土壤的次生盐渍化"。刘教授还列举了水体污染和长江口盐水入侵可能造成的后果，这些都会对当地的渔业和城市供水及其质量产生影响。但他认为，谨慎周密的计划和施工可以解决这些问题，从而"平衡（中国）水资源的自然分布差异，实现水资源时空再分配带来的净收益"①。这种对于科学的过度自信，三峡工程以及对环境的影响或许可以提供某种具有启发性的预警。

三峡工程

2006年竣工、2009年基本完成水库蓄水的三峡工程，被中国政府看作控制和利用水资源以供人类使用的最高成就。三峡大坝建于宜昌市的西部，长江从上游著名的三峡奔涌而出，经过大坝后在较平坦的河道中绵延1 000多英里，最终汇入大海。大坝的高度超过600英尺，宽1.5英里，身后是长达350英里、世界最大的水库，工程的主要目的是长江流域的防洪和通过32台水轮发电机组为华中地区的4亿居民和工业企业供电。

三峡工程最初是孙中山在20世纪初提出的设想，毛泽东在1950年代也曾对三峡工程建设进行了展望，直到1992年才最终由曾经就读于苏联水电专业的李鹏总理提交人大会议审议通过。考虑到工程的规模、成本和对人类及环境的影响，三峡工程从一开始就引发了众多争议，甚至世界银行也拒绝对该工程提供支持，但中国仍然通过自己的资源继续前进，虽然李鹏总理也承认中国还没有足够的技术来修建大坝，需要依靠美国、日本和欧洲的建筑公司。

三峡工程选择的是在长江干流建设一个大型的水利枢纽工程，而不是在支流水系建造更多小规模的水坝，虽然可以将库区的130万居民安置到指定的地区，但不可避免的是，当地的很多文物将会被淹没，也必然会忽视环保人士所关注的库区物种和栖息地问题。随着三峡工程的运行发电和收回巨额投资成本，栖息地破碎化和物种损失等环境方面的后果也已经显现出来。一个科研课题组曾指出："该地区在生物多样性方面的特点就在于，拥有着丰富的古代、

349

---

① Liu Changming, "Environmental Issues and the South-North Water Transfer Scheme," *The China Quarterly* no. 156 (December 1998)：904-906.

稀有、当地特有和濒危的物种。"然而，山峰成为水库中的岛屿，大型食肉动物已经消亡，一些远古特有的鱼类包括中华鲟和中华匙吻鲟（白鲟）很可能也已经灭绝，要全面了解三峡工程对生态系统的影响，我们可能还需要好几十年 *350* 的时间。① 这个课题组还曾以三峡来隐喻我们的世界，展现出一幅令人惊异的景象："各种生物物种生活在日益破碎化而且镶嵌在人类文明基体上的栖息地孤岛之中。"② 而我想补充的是，物种生存的风险因而也在不断增加。

随着三峡工程的完成和水库的蓄水，2003 年开始出现了一系列的山体滑坡和堤坝坍塌事故，引起了中国政府对地震等工程潜在环境影响的关注。水库蓄水后，水流会渗入疏松的土壤并导致土层的不稳定，在夏季风带来的大量降水被用于发电和向下游放水灌溉的过程中，水库水位下降诱发的山体滑坡已经导致了数十人死亡。此外，由于三峡库区正位于两个地震主断层上，人们也担心水库水位的变化可能会引发地震，一位大坝工程师就曾报告称，水库水位提升后的 7 个月内就发生了有记录的地震 822 次，但尚未产生严重灾害。③ 2009 年西南地区的大旱推迟了水库的 175 米试验性蓄水，但官员或许很愿意接受因此而出现的暂停。这场严重的干旱还导致了南水北调中线工程建设的延期。④

对工程环境影响的担忧还包括气候的变化。三峡水库巨大的规模使得一些人担心它有可能会改变当地的气温和降雨模式，从而增加发生洪水和干旱的风险。不知道是不是与三峡工程有关，2008 年的干旱就导致长江出现了有水文记录 142 年以来罕见的低水位，并发生了多起船舶搁浅事故。此外，也有报道指出，库区回水形成的洲滩正在成为钉螺孳生的温床，从而使得三峡库区面临着血吸虫病的潜在威胁。⑤

---

① Jianguo Wu, Jianhui Huang, Xingguo Han, Xianming Gao, Fengliang He, Mingxi Jiang, Zhigang Jiang, Richard B. Primack, Zehao Shen, "The Three Gorges Dam: An Ecological Perspective," *Frontiers on Ecology and the Environment* 2, no. 5 (2004): 241-248.

② Jianguo Wu, Jianhui Huang, Xingguo Han, Zongqiang Xie, Xianming Gao, "Three Gorges Dam—Experiment in Habitat Fragmentation?" *Science* 300 (May 23, 2003): 1239-1240.

③ Mara Hvistendahl, "China's Three Gorges Dam: An Environmental Catastrophe?" *Scientific American*, March 25, 2008.

④ James T. Areddy, "Drought Poses Obstacle for Giant Chinese Dam," *The Wall Street Journal*, November 18, 2009, A12.

⑤ Hvistendahl, "China's Three Gorges Dam".

作为历史遗产的都江堰

虽然国际和国内强烈的反对意见并没能阻止三峡工程的建设，但各种因素的综合影响，的确制止了四川岷江一系列水电站项目中杨柳湖大坝的建设。杨柳湖大坝的选址位于世界文化遗产——都江堰灌溉工程上游不到一英里的地方，我们在第三章中曾提到，都江堰水利工程建成于公元前 251 年，主要用于控制洪水和灌溉肥沃的四川盆地，令人吃惊的是，这一工程直到现在仍在继续发挥着作用，而且只需要进行很少量的维护。

2000 年，都江堰灌溉工程已经被联合国教科文组织正式列入世界遗产名录，但 2003 年，据毛学峰（Andrew Mertha）说，当杨柳湖大坝这个位于都江堰视线范围之内的水电站建设正在不断推进时，负责都江堰保护管理的四川省文物局官员还都"被蒙在鼓里"。[①] 他们发现这一工程计划后，立即在媒体舆论上掀起了轩然大波。反对者认为，这项工程将会对都江堰的生态系统乃至四川盆地的长期灌溉系统产生负面的影响，但这些论据似乎并不非常具有说服力，最终让他们取得胜利的理由是，这项位于都江堰灌溉工程视野之内的水电站会造成"视觉污染"，毁了中国人的历史遗产。于是，大坝没能动工建设。[②]

云南三江并流地区

351　　本节关于水资源的讨论将以云南省西北部三江并流地区的环境问题来作为总结，这里是中国最为偏远、最具生态多样性和遭受环境威胁最严重的地区之一，拥有着独特的地质环境和动植物区系。

五千万年前，印度洋板块与欧亚板块的碰撞造成青藏高原和喜马拉雅山脉的迅速抬升，由此形成的地壳褶皱构成了现在夹在缅甸和四川之间的西藏东南部和云南北部地区。这里有三条发源于青藏高原冰川的世界著名大河——金沙江（长江）、澜沧江（湄公河）和怒江（萨尔温江），向南经过因地壳褶皱而形成的 6 000 英尺深的峡谷，并行而不交汇地奔流 170 多公里，彼此间最近的距离仅有十几公里。[③]

---

①　Andrew C. Mertha, *China's Water Warriors*: *Citizen Action and Policy Change* (Ithaca, NY: Cornell University Press, 2008), 99.

②　关于都江堰的介绍与分析，参见 Mertha, *China's Water Warriors*，94–109。

③　长江（云南境内的上游为金沙江）折向东流；澜沧江则继续向南，全长 3 000 多英里，经云南出境后成为老挝和缅甸、泰国的界河并改称湄公河，再流经柬埔寨和越南南部的湄公河三角洲，最后汇入南海；怒江的中国部分长约 1 250 英里，经云南流入缅甸后改称萨尔温江，再经过 500 英里后注入马达班海湾。

三江并流地区除了在 2003 年被联合国教科文组织列入世界遗产名录①外，在环境方面也特别重要，根据联合国世界保护监测中心的资料，"这个巨大而复杂的地区包括八个山地保护区群落……地形、地质和气候丰富多样，风景优美，具有无与伦比的生物多样性。这里有 118 座海拔 5 000 米以上的雪山、冰川、瀑布和数百个冰蚀湖泊。由于这一地区在海拔上的差异，加上正处于东亚、东南亚和青藏高原三大生物地理区的交界处，还有南北方生态走廊的位置特点，使三江并流地区拥有着从高山地区到南亚热带的绝大部分古北区温带生物群落。作为中国最富于生物多样性的地区，这里拥有超过6 000 种植物……和……世界 25% 以上的动物物种，其中很多都是孑遗和濒危物种"②。

三江并流地区丰富的生物多样性，很可能是这一地区海拔上存在的巨大差异与印度洋西南季风和太平洋东南季风带来的特殊气候条件合并作用的结果。在这个相对并不算大的区域里（南北约 200 英里，东西约 100 英里），涵盖了从高山到接近热带的各种气候类型。这些都使得这一地区拥有了"全世界生物多样性最丰富和受外界影响最少的温带生态系统"，包括热带常绿阔叶林、温带落叶针叶林、高山草甸和很多介于这些气候条件之间的生态系统。这里不仅在中国动物物种中占有很高的比例，而且"中国绝大部分珍稀和濒危动物都曾在这一地区被发现过"，包括三种猴类、小熊猫、雪豹、云豹和"中国种类最丰富的鸟类"③。

但保护区并不是原始的荒野，通过这里支撑生物多样性的大量小生境，我们不难想象，这一地区也是大量少数民族的聚居区，生活着大约三十万的藏族、彝族、苗族、白族、傈僳族、普米族、怒族、独龙族和纳西族人口。④我们在本书的其他地方也曾提到过，不同的民族会在不同的时间来到这一地

352

---

① UNESCO World Heritage Centre, "Three Parallel Rivers of Yunnan Protected Areas," http://whc. unesco. org/en/list/1083.

② United Nations Environment Programme, World Conservation Monitoring Center, "Three Parallel Rivers of Yunnan Protected Areas," www. unep-wcmc. org.

③ Ibid.

④ 在这些少数民族的名称中包含着非常复杂的历史和政治因素，对此较详细的探讨可参见 Jonathan Unger, "Not Quite Han: The Ethnic Minorities of China's Southwest," *Bulletin of Concerned Asian Scholars* 29, no. 3 (1997): 67-98。

区，并学会开发不同的小生境，通过改造环境来维持它们的生存和繁衍。①
在云南的一个地区，"白族和汉族农民占据了最好的山谷地带，彝族村落位
于海拔更高、面积更小一些的谷地，一个贫困的苗族小村庄则独自坐落在山
顶附近"。在云南的其他地区，也都看到过类似三层分隔的山区生态系统。
据一个当地居民说："傣族占据了山谷，傈僳族住在山脚下，景颇人的生活
区域则更高。据说这三个民族在过去曾经有过残酷的争斗，直到最后定居到
现在的居住地点和海拔高度。"②

　　最弱小的民族会被不断地推向海拔更高、土壤更贫瘠的地方。人类学者
安戈（Jonathan Unger）在 1980 年代末曾访问过一个位于 10 000 英尺高地区
的村庄，这里只有"一片荒凉的山坡和一小块土壤，饥饿的农民艰辛地种植着
星星点点的土豆，许多这样的地块都位于倾斜角度 45 度以上的地方，农民有
时要用绳索捆住自己，以防掉落到下面的峡谷中"。除了种植土豆外，这些山
区的人民还养羊以便用羊毛换钱。"每个家庭都拼命增加自己羊群的数量，结
果过度放牧耗尽了山坡上的草皮，已经……在高山牧场造成了水土流失……这
种状况在高地地区的扩张正在使这一地区迅速滑向不可逆转的生态灾难。"③

　　一位对"经济发展"具有浓厚兴趣并支持在三江并流地区修筑大坝的中
国观察者曾说："我没有看到多少原始森林……我见到在非常陡峭的山坡上
的很小块的土地……他们用刀耕火种的方式耕种这些土地……斜坡太陡，在
那种地方没法犁地。怒江沿岸的土壤太贫瘠了，当地居民买不起化肥，所以
只能用火烧这些野草，种几年以后肥力没了，就再到别的地方烧一片去。此
外，那里的田地产量特别低，一亩能产四五十公斤就算好的，平均五亩地才
能养活一个人。"④ 这些评论的背景是关于怒江建坝的争论，支持者认为经济
发展可以纾缓当地的贫困状况，但显然，他们并没有清楚地了解中国其他地
区市场经济蓬勃发展的后果。

---

　　① 一个位于怒江上方，海拔 1 600 米村庄的农作月历，可参见 Nicholas K. Menzies,
"Villagers' View of Environmental History," in *Sediments of Time*, eds. Elvin and Liu,
120-122（中译本见刘翠溶、伊懋可主编：《积渐所至》，第 192 页）。

　　② Unger, "Not Quite Han," 70.

　　③ Jonathan Unger, "Life in the Chinese Hinterlands under the Rural Economic
Reforms," *Bulletin of Concerned Asian Scholars* 22, no. 2（1990）：9.

　　④ Fang Zhouzi, quoted in Mertha, *China's Water Warriors*, 137.

直到最近,还很少有道路通往这一地区。这里偏远的位置、险峻的地势和对云南汉人陡峭的疾病传播梯度,都为当地的人口和自然多样性提供了某种程度的保护。但这种自然生态的多样性正面临着经济发展带来的威胁,特别是水电站的大坝和把世界遗产地及周围地区开发成旅游景点的做法。

"西部大开发":支配自然的努力仍在继续

为贯彻邓小平中国现代化建设的战略思想,朱镕基总理在 2000 年提出实施西部大开发战略,为西部的宁夏、甘肃、陕西、四川、西藏、青海、新疆、贵州和云南等省区增加投资和就业,推动经济发展和现代化建设。实施这一战略的逻辑是,东部和沿海地区在邓小平"让一部分人先富起来"的方针下已经实现了经济发展,那么在朱镕基总理看来,现在是时候要关注贫困的西部地区了。西部大开发战略将由国家投资建设高速公路、铁路、机场、管线和电信等基础设施工程,特别是利用从青藏高原奔涌而出的河流建设水电站,向工业最发达(同时也是电力短缺)的中东部地区输电。① 在这些计划中,云南省的建设规模尤其大。

麦达凌(Darrin Magee)认为:"云南水电事业的发展就像是在发动一场战争,西部成为中国发展水电力量和战略的根据地。"回应着毛泽东时代"人定胜天"的豪言壮语,中国的官方媒体和水电公司在提到 1980 年代第一个水电站时都用了"抢滩"这样的词汇,此后,工程人员"进军"云南,驯服奔腾的河流,建立了一个"电力航母"来保障沿海特别是广东珠三角地区工业经济的高速发展。麦达凌提到,"人们几乎可以想象出这样一幅图景,水电工程师的队伍走出新近完成的三峡工程,拍拍手上的灰尘,踏着胜利的脚步,继续向西"进入云南。②

另一些人则把 1990 年代末到 21 世纪初中国各地的修筑水坝和争夺水电资源称为"盲目抢建"。③ 中国科学院的一位研究员曾评价说是"一哄而上,

---

① 关于西部大开发战略的简要介绍,可参见 Williams, *Beyond Great Walls*, 52。

② Darrin L. Magee, *New Energy Geographies*:*Powershed Politics and Hydropower Decision Making in Yunnan*, *China*(University of Washington Ph. D. thesis, 2006), 112-114.

③ 关于修建第一个大型水利枢纽工程——黄河三门峡水电站反对意见被压制所造成的后果,可参见 Shapiro, *Mao's War against Nature*, 62-65。

遍地开花，不顾后果，不留空间，不听劝告，无河不坝"①。对西南地区水电资源的争夺源于 2002 年国家电力体制改革组建的五家营利性企业集团，它们的大多数领导均与共产党高级干部有着密切的联系，也正是它们揭开了中国水电大开发和分占中国主要江河的序幕。② 在三江并流保护区，华电集团得到了怒江，华能集团获得了澜沧江，三峡集团则控制了长江上游（金沙江）。③

征服疟疾与建筑大坝

354　　18 世纪汉人和满人对云南和缅甸的冲击，遭到了陡峭的疾病特别是疟疾传播梯度的限制或阻挡。虽然西方科学已经对疟疾及其治疗有了长时间的了解和大量的文献记录，但当时的中国人对此了解的还不多。

不过，如前所述，早在好几个世纪之前，中国人就已经知道了青蒿素的药性，它主要来自两种蒿类植物（青蒿和黄蒿④），对于它的使用至少可以追溯到 4 世纪对各种发热的治疗。1967 年越南战争期间，胡志明请求中国的周恩来总理帮助开发治疗疟疾的药物，以便部队能够穿越 90％路段都滋生有耐药性疟原虫的胡志明小道。在翻阅大量古代医学文献的基础上，中国科学家于 1971 年成功提取了能够杀死那些已经具有耐药性疟原虫的青蒿素，这项研究结果发表在 1979 年的《中华医学杂志》上。从此以后，中国拥有了以青蒿素为基础的强有力的抗疟药物，使得中国的年疟疾病例从 1980 年的 200 万例下降到 1990 年的 9 万例。⑤ 这一中国自行研制的特效抗疟药，也为云南省大坝建设的突击部队提供了安全保障。领导青蒿素研发这项秘密任务的女科

---

①　薛野、汪永晨：《备受争议的西南水电开发》，载梁从诚主编《2005 年：中国的环境危局与突围》。

②　Mertha, *China's Water Warriors*，45—48.

③　Ibid.

④　Elisabeth Hsu, "The History of *qing hao* in the Chinese *materia medica*," *Transactions of the Royal Society of Tropical Medicine and Hygiene* no. 100（2006）：505—508，该文讨论了青蒿的历史以及青蒿和黄蒿的区别。

⑤　关于中国治疗疟疾药物发展历程的简要介绍，可参见 Sonia Shah, *The Fever：How Malaria Has Ruled Humankind for* 500,000 *Years*（New York, NY：Sarah Crichton Books, Farrar, Strauss and Giroux, 2010），110 – 114；以及 Randall M. Packard, *The Making of a Tropical Disease：A Short History of Malaria*（Baltimore, MD：Johns Hopkins University Press, 2007）。

学家屠呦呦博士，终于分享了 2015 年的诺贝尔生理学或医学奖，从而为全世界所知。①

　　就在三江并流保护区南面的澜沧江中下游，"自 1986 年以来……建设了八个梯级水电站"。据麦达凌计算，这些梯级水电站的总发电量仅略小于三峡大坝。② 其中第一座漫湾水电站在建设时虽然没有遭遇什么反对意见，但也造成了数万人的搬迁和后续遗留问题，直到 2003 年当地政府又宣布要在小湾建设第三个梯级水电站时，这些移民的扶持资金和生产生活困难问题仍未得到解决，于是有 3 000 人在一个新成立的非政府组织"绿色流域"的带领下，集体上访表达他们对电力公司的不满。③

　　但在三江并流地区，公众对官方水电工程反对最为激烈的还是在怒江流域，分析者毛学峰将其称为"2003 年至今的怒江战役"。在三江并流地区规划的 28 座水坝中，有 13 座都在怒江上。而作为中国目前仅存的两条原始生态大河之一，怒江也是世界自然遗产保护区的组成部分，但从该地区的地图来看，海拔 2 000 米以下的流域都被有意地没有划入保护区。曾有报告提到，"当中国官员要求将虎跳峡这一国家公园中的重要景区划出保护区范围时，联合国的官员深感困惑，并询问道，为什么这样壮丽的峡谷不应该被包括在内呢？他们得到的回答是，为了能建造水电站"④。联合国还发现，"2006 年（云南提交的）拟改保护区边界的地图与最初申报世界遗产的地图相比，在边界和面积上都有了很大的变化"⑤。 *355*

　　虽然地方政府想出了很多办法，但至少到目前为止，怒江电站项目的反对者似乎取得了胜利，在这些峡谷地带建设大坝的计划虽然没有被取消，但也都被搁置或推迟，后文还将详细介绍这些反对意见。即使怒江将来都不建设水坝，三江并流保护区生物和人的多样性也还是可能会受到其他威胁。该

---

　　①　 "Nobel Prize Goes to Modest Woman Who Beat Malaria for China," *New Scientist*, October 5, 2015, https://www. newscientist. com/article/mg21228382 – 000-the-modest-woman-who-beat-malaria-for-china/. Accessed October 6,2015.

　　②　 Magee, *New Energy Geographies*, 125–155.

　　③　 Mertha, *China's Water Warriors*, 110–115.

　　④　 Ibid. , 116.

　　⑤　 United Nations Environment Programme, World Conservation Monitoring Center, "Three Parallel Rivers of Yunnan Protected Areas," www. unep-wcmc. org.

地区已经被列入世界旅游地图，道路的铺设也已经完成，就连联合国教科文组织世界遗产中心的官方网站也在推广该地区的旅游业。① 如前所述，海拔2 000 米以下的流域已经被排除在世界遗产保护区的边界之外，中国政府显然已经有计划重新安置这一地区的数万甚至数十万少数民族居民，保护其中31 个"传统村落以开发旅游潜能"②，同时为那些愿意继续穿着本民族传统服装的人们提供就业机会。

最近，两个符合世界自然保护联盟（IUCN）标准的国家公园已经建立。与西藏相邻的普达措国家公园建成于 2007 年，不久后的 2009 年又有了老君山国家公园。另外还有一大片区域被指定为自然保护区。正如我们在本章后面将要看到的，有可能在怒江沿岸还要建立第三个国家公园。所有这一切的建立过程充分体现了当地人民，开发者，本地、地区和国家的政治精英，以及致力于保护自然环境的中国和国际非政府组织之间复杂的利益纠葛。此外，还有相当多的批评认为，这些国家公园的兴趣更多在于将自然环境商业化而不是保护它。③

自 18 世纪以来云南的森林砍伐（参见第四、五章），再加上水电站的建设和急于开发旅游景点，使得作为"具有全球保护意义的陆地生物多样性关

---

① UNESCO World Heritage Centre, "Three Parallel Rivers of Yunnan Protected Areas," http://whc. unesco.org/en/list/1083.

② United Nations Environment Programme, World Conservation Monitoring Center, "Three Parallel Rivers of Yunnan Protected Areas," www. unep-wcmc. org.

③ 有关概述可参阅 Guangyu Wang et al., "National Park Development in China: Conservation or Commercialization?" *Ambio* 41 (2012): 247-261. Accessed on JSTOR, http://www. jstor. org/stable/41510579? seq=1&cid=pdf-reference#references_tab_contents. 有关云南北部国家公园的详细信息，可参考 John Aloysius Zinda, "Making National Parks in Yunnan: Shifts and Struggles within the Ecological State," in Emily T. Yeh and Chris Coggins, eds., *Mapping Shangrila: Contested Landscapes in the Sino-Tibetan Borderlands* (Seattle, WA: University of Washington Press, 2014), 107-108, and Setsuko Matsuzawa, "A National Park Becomes a Growth Machine: Transnational Politics of Conservation in Southwest China," paper presented at the 2014 Annual Meeting of ISA World Congress of Sociology, 18-19, 感谢松泽（Matsuzawa）教授与我分享她的论文。关于亚丁自然保护区，可参阅 Travis Klingberg, "A Routine Discovery: The Practice of Place and the Opening of the Yading Nature Reserve," in Yeh and Coggins eds, *Mapping Shangrila*, 75-94.

键地区之一"① 的三江并流地区正危如累卵。在三江并流保护区的战斗所要维护的，可能不仅是中国，也是全世界最后一个生态多样性栖息地孤岛。这一地区之所以这么珍贵，也不仅仅在于其特殊的地质和环境特点及其造就的丰富的生物多样性，从中国环境史的长时段视角来看，四千年来的森林砍伐和在政府及其军事保护（或者早期的土司制度）下的农业扩张，已经在很大程度上造成了生态系统的单一农业化，人类与环境的互动方式的多样性也已经单一地汉民族化，而三江并流地区也就成为硕果仅存的生物多样性孤岛。

在云南南部的西双版纳，随着国际非政府组织、政府、生物学家和当地人民为中国仅存的亚洲象建立起保护区，这些问题也纷纷显露出来。在 20 世纪 60 和 70 年代，寻找中国大象的中国生物学家们估计，大约有 100 头大象仍生活在与老挝接壤的西南边境地区。到了 80 年代，他们开始强调这些大象亟待保护，需要建立保护区才能维持它们的生存。这个自然保护区的存在引起了国际社会特别是世界野生生物基金会（WWF）的注意，后者在 1986 年开始了一项保护热带雨林和大象的项目。

由此引发了一个漫长、复杂而有趣的过程，在此期间，中国专家、世界野生生物基金会的工作人员、当地人民、政府和大象之间相互作用，力图找到一个能让大象与当地居民在自然保护区共存下去的办法。争执的焦点在于，谁的"知识"和利益更重要？当大象因寻找稻米谷物而毁坏当地农民的农田时，它们是否以及怎样才能有权继续生存？在使用电围栏阻止大象进入农田遭遇失败和没收农民枪支以防止他们射杀大象之后，当地人认为大象已经变得越来越"厚颜无耻"，也不再惧怕人类了。村民们开始放弃在固定土地上的耕种，转而选择像前文所说的阿卡人的游耕方式。为了满足城市游客对大象的观赏兴趣，还从泰国引进了专业的驯兽师和饲养员，并安置在生态旅游设施"野象谷"中。尽管野生大象的数量确实有所增加，但对于大象和西双版纳的人们来说，这一切最终将走向何方，仍有待观察。②

357

---

①　UNESCO World Heritage Centre，"Three Parallel Rivers of Yunnan Protected Areas，" http：//whc. unesco. org/en/list/1083.

②　Michael J. Hathaway，*Environmental Winds*：*Making the Global in Southwest China*（Berkeley and Los Angeles，CA：University of California Press，2013），esp. ch. 5，"On the Backs of Elephants，" 152-184.

第五节　大气污染

为高速的经济发展供电——以煤炭为主

为了推动工业化的迅速发展，中国需要供应大量的电力，这也的确是建设三峡工程等水电工程最主要的原因。水能、风能和太阳能是中国用于发电的三大主要可再生能源，但即使有了用于加热水的太阳能和各种高效节能方法的运用，可再生能源总计也只能满足 2020 年中国预计能源总需求量的 20％。[1] 因此，中国不仅需要在现有的 2.2 万座大坝的基础上继续修建水电站，还要在已经投入运营的 37 座核电站的基础上再新建 20 座核电站。[2] 尽管如此，煤炭对中国的工业化仍然至关重要。

中国仍在继续建设大量燃煤电厂以满足其电力需求，虽然其中一些新厂采用了清洁燃烧技术并正在逐渐取代那些低效率的电厂，但仍然需要开采大量的煤炭并运到这里（中国有一半的铁路系统都与全国各地的煤炭运输紧密相关）；而且，无论这些技术多么先进，燃煤电厂总还是会排放温室气体，加剧全球变暖。即使是在中国具有很大发展潜力的新型绿色发电技术，如巨型风力涡轮机[3]，也需要配合建设更多的燃煤电厂以备无风时供电。[4] 因此，到 2009 年中国已经超过美国成为全世界最大的二氧化碳排放国和全球变暖的最主要贡献者[5]，

---

① 参见世界观察研究所的两份报告："Renewable Energy and Energy Efficiency in China：Current Status and Prospects for 2020," Worldwatch Report 182（Washington，DC：Worldwatch Institute，2010），table 16，37；and "Powering China's Development：The Role of Renewable Energy," Worldwatch Special Report（Washington，DC：Worldwatch Institute，2007）。

② "Nuclear Power in China," World Nuclear Association, updated 29 July 2016, http://www. world-nuclear. org/information-library/country-profiles/countries-a-f/china-nuclear-power. aspx. Accessed August 3,2016.

③ Michael B. McElroy，Xi Lu，Chris P. Nielsen，Yuxuan Wang，"Potential for Wind-Generated Electricity in China," *Science* 325（September 11，2009）：1378-1380.

④ "China's Wind Farms Come with a Catch：Coal Plants," *The Wall Street Journal*，September 28，2009.

⑤ Elisabeth Rosenthal，"China Increases Lead as Biggest Carbon Dioxide Emitter," *The New York Times*，June 14，2008；水泥厂的排放量占到了中国二氧化碳总排放量的 20％。

这一惊人的转变反映了中国在过去六十年特别是近三十年中工业化的高速发展。

　　煤炭和钢铁已经成为 19 世纪西欧工业革命和 1930 年代斯大林领导下苏联工业化的代名词。中国拥有巨大的煤炭储量，主要集中在华北和西北地区，对于这些能源的开发可以追溯到一千多年前的宋代那场流产的工业革命时期（参见第三章），19 世纪后期中国开展洋务运动时，为建立起能够抵御西方和日本帝国主义者的强大军事防御能力，也开办了一些煤矿。但对中国煤炭资源的长期大规模开采利用还是在 1949 年以后中国共产党制定的第一个五年计划期间（1953—1957 年）。1978 年改革开放以后，在邓小平"致富光荣"的号召下，小型煤矿和小型燃煤电厂迅速发展起来，中国也开始生产出数量庞大的工业产品，不仅满足了国内市场的需要，还出口到世界各地。

　　到 1989 年，中国已经超过苏联成为世界最大的煤炭生产国，工业和城市用电的 75％都源自燃烧近十亿吨的煤炭，"其中大量都没有经过清洁和充分燃烧，或者缺乏对空气污染的控制"[1]。在邓小平改革开放之前，绝大部分煤炭都来自大型国有企业，而在此之后，成千上万的小煤窑（绝大部分是非法的）开始供应着激增的市场需求。 *358*

　　无论规模大小，中国的煤矿和燃煤电厂都对本地和全球的环境产生着重要的影响。劣质和未经洗选的煤炭是造成细颗粒物污染的主要原因，低效燃烧则会向空气中排放大量的二氧化碳和二氧化硫。最近的一项研究表明，燃煤造成的空气污染对中国人健康有着最大的影响，每年导致数十万人过早死亡。[2] 对矿工身体的影响也非常严重，他们的肺部和面孔，以及当地的水资源和景观都变得黢黑。正如瓦格纳·斯密尔所指出的："中国的大型煤矿要达到可以接受的煤尘和工作安全水平，还有很长的路要走。当前的状况确实令人震惊，慢性支气管炎和尘肺病导致矿工们三十多岁就丧失了劳动能力，煤炭开采百万吨死亡率至少是美国的 30 倍。"[3] 非法小煤矿的状况可能还要

---

[1]　Smil，*China's Environmental Crisis*，117.

[2]　Edward Wong，"Coal Burning Causes the Most Air Pollution Deaths in China，Study Shows," *The New York Times*，August 17，2016，http：//www. nytimes. com/2016/08/18/world/asia/china-coal-healths…lution. html？ emc＝edit_tnt_20160820&nlid＝45825615&tntemail0＝y&_r＝0. Accessed August 20，2016.

[3]　Smil，*China's Past，China's Future*，16.

更糟，由于地方官员的贪污受贿，煤矿安全完全没有保障；此外，煤矿开采后的废渣也会被露天丢弃在地上，经过一段时间之后，有毒有害成分逐渐向地下渗透，还会污染当地的水源。

与各种大小发电厂排放二氧化碳、造成全球变暖相比，细颗粒物（PM2.5）不仅会污染中国的城市空气——世界十大污染最严重的城市中七个都在中国，还会进入全球大气环流并沉降到世界各地，位于美国加州太浩湖（Lake Tahoe）附近山区的空气过滤器都因煤烟而变黑了，洛杉矶地区的绝大部分细颗粒空气污染物据说也都来自中国。[1]

不仅是中国，所有造成全球变暖的国家都日益面临着抑制温室气体排放的国际压力（详见后文关于全球气候变化的内容）。中国表示愿意减少排放，同时也已经开始投资开发风电和其他绿色技术。但即使如此，到 2013 年时，中国每年的煤炭消费量几乎仍相当于世界其他国家的总和[2]，而这些还没有将汽车排放对环境的影响考虑在内。

汽车王国

中国的能源需求和消费的激增，不仅是因为它正在快速转型成为一个生产和出口钢铁、水泥、铝等初级产品和大量服装、玩具（主要出口美国）以及消费电子产品等的工业化强国，还因为它的小汽车和卡车拥有量正在飞速增长。这些汽车并非来自进口，2009 年，中国已经超越美国成为全球最大的汽车制造国，年产量接近 1 400 万辆，2015 年，中国乘用车产量达到 2 100 万辆。当然，美国汽车产量由于 2008—2010 年的全球经济衰退而有所下降，但中国的汽车产量的确增长迅猛，美国也不太可能在近期内达到 1 600 万辆的生产规模。为使汽车能在全国各地畅通无阻，中国已经掀起了一股高速公路的建设热潮，总里程自 2001 年以来翻了一番，达到 2.3 万英里，仅次于美国。[3]

虽然中国的一些小汽车是高里程汽车，全电动车在 2010 年也已经进入

[1] Keith Bradsher and David Barboza, "Pollution from Chinese Coal Casts Shadow around Globe," *The New York Times*, June 6, 2006, 1.

[2] U. S. Energy Information Administration, "Today in Energy," January 29, 2013.

[3] 关于在中国省际高速公路上驾车经历的饶有兴趣（有时也惊心动魄）的描述，可参见 Peter Hessler, *Country Driving: A Journey through China from Farm to Factory* (New York, NY: HarperCollins Publishers, 2010)；以及 Ted Conover, "Capitalist Roaders," *The New York Times Magazine*, July 2, 2006, 32.

了市场，但要真正让所有这些车辆都能正常开动起来，还需要建设全国性的省际公路体系，也需要全球性的石油和天然气勘探、钻井、炼油和分销产业链的支持。J. R. 麦克尼尔曾经分析过这一系统的环境后果，并发现中国对此有着重要的影响。[①] 中国国内的油田目前大约可以供应全国需求量的一半，这就已经对西北的新疆进行了密集的开采，因此中国已经开始在全世界探索新的石油供应地，与加拿大、俄罗斯、伊拉克、委内瑞拉、苏丹等国家的石油公司都签订了合同。[②]

中国不仅发展了汽车产业，还形成了一种与美国更相似，而不同于日本或西欧的主要依赖小汽车的交通模式，在这里，我并不打算详细探讨中国汽车产业和交通模式对环境的影响，而只需要简单提一下，这些车辆拥堵的街道和围绕城市的高速公路都给当地增加了有害的雾霾，也进一步加速了全球变暖。中国正在形成的"汽车文化"看起来和美国很相似——最具代表性的就是中国公司收购通用汽车下属的悍马 SUV 品牌[③]，而这正是中国城市空气污染的重要贡献者。[④] 这里我将多介绍一点的是，中国的卡车车队及其对中国污染问题的影响。

和美国一样，从在城市间运送物资的小型短尾卡车到遍布中国所有高速

[①] McNeill, *Something New Under the Sun*, 296–324. 中译本见 J. R. 麦克尼尔:《阳光下的新事物》，第 302–331 页。

[②] Smil, *China's Past, China's Future*, 21.

[③] John Stoll, Sharon Terlep, and Neil King Jr., "China Firm to Buy Hummer," *The Wall Street Journal*, June 3, 2009, http://online.wsj.com/article/SB124393928530076283.html. 另一个具有代表性的方面是大面积的交通堵塞：在 2010 年 9 月 17 日晚上，北京拥堵路段的峰值超过了 140 条；2010 年 8 月末，京藏高速公路进京方向，上万辆车绵延近百公里，拥堵持续了十天。详见 *The New York Times*, September 25, 2010, A6。

[④] 参见 Conover, "Capitalist Roaders," 32。康诺弗（Conover）曾总结道："这使人联想到那已经褪色的美国生活中的浪漫情调，这些拥堵的汽车看上去也变得有趣起来。不过在这方面，美国文化似乎比中国的更成熟，而且拜后见之明和统计概率所赐，在中国汽车方兴未艾之际要遭遇一场多辆汽车连环相撞并不难。我在北京的时候，《自然》杂志报告说这里的空气污染比先前以为的要严重得多。二氧化氮的浓度在过去的十年里已经增加了 50%，而且还在加速积累之中……北京 2004 年二氧化硫的浓度更超过纽约一倍多，空气中的颗粒物含量则要高出六倍以上。去年（2005 年），中国颁布了第一部全面的汽车污染物排放限值及测量方法，但估计不会对交通运输业的大量二氧化碳排放产生多大影响……"

公路网的大型货车，都属于柴油动力车。由于大多数城市的道路在白天都非常拥堵，货车进入市区范围的时间通常会被限定在夜间和清晨的几个小时。"每天晚上，庞大的蓝色和红色大货车队伍都会涌入中国的主要城市，在回荡着的发动机轰鸣声中，柴油发动机排放出黑烟，连汽车大灯都变得暗淡模糊了。"①

由于多种原因，中国卡车使用的燃油质量非常差且含有大量的污染物，在中国城市居民的门阶和家具上都可以看到这种尾气颗粒物的沉积，当然很多也被吸进了肺里。其中最重要的原因是，中国为了保持经济的高速增长而将石油、天然气和柴油的价格控制在低位，这样既可以保证商品在全国各地的运输，又能对中国的出口品制造商提供一种实质上的补贴；而面对这种政府制定的低价，中石化等营利性石油企业，就会在购买原料炼油时寻找那些低品质、硫含量很高——相当于美国的 130 倍——的原油，来降低自己的成本。中国的柴油还会排放出比美国或欧洲标准更多的二氧化氮，从而形成光化学烟雾的污染。② 而等待进入城市或排队加油时出现的长时间柴油机空转，更进一步加重了这些污染。

由此带来的环境和健康后果是可以预见的："国际专家认为，有数以亿*360* 计的中国人每天都在接触有很大潜在危险的烟尘颗粒和烟雾。"炼油厂没有动力去提升自己的设施，因为它们在柴油提炼当中已经亏了。中国虽然有能力生产高排放标准的卡车，但却并没有这样做，因为这虽然更新，但会比那些便宜的、污染较严重的卡车成本更高。中国政府也一直对施行更高的排放标准不感兴趣，这显然也是因为担心油价上涨导致农民和卡车司机的不满。③

工业和发电大量使用煤炭，加上越来越多的轿车和卡车使用石油和天然气作为燃料，已经给中国几乎所有的城市都造成了严重的空气污染问题，被当局有意无意地称为"雾"或"霾"。这种说法在 2010 年开始改变，当时美国驻华大使馆发布了收集到的关于"PM 2.5"——空气中细颗粒物和烟雾的有害成分——的数据，（根据美国的空气质量标准）表明北京的空气确实受

---

① Keith Bradsher, "Trucks Power China's Economy, at a Suffocating Cost," *The New York Times*, December 8, 2007.

② Ibid.

③ Ibid.

到了污染。[①]

中国与全球气候变化

对全球变暖问题的国际努力主要依据的是两个基本命题：（1）过去一百五十年来全球气温的上升，在很大程度上是因为人类的活动向我们的大气层中排放了温室气体；（2）如果人类不采取措施减缓并扭转温室气体的排放趋势，全球气温就会继续上升，并带来无法预知的环境后果。绝大多数的关注主要集中在工业和交通运输业使用化石燃料释放的二氧化碳上，不过，甲烷也是一种重要的温室气体，其排放来源包括美国超过十亿头的牲畜以及中国稻田的有机物腐烂。如上所述，中国已经超过美国成为全世界最大的二氧化碳温室气体排放国。

第一个对温室气体排放进行限制的国际框架公约是 1999 年的《京都议定书》，但效果有限，部分原因在于美国退出了这项公约，中国也因为是发展中国家而非发达工业化国而获得了豁免。而碳排放仍在继续增加，一些人认为排放量已经超过了维持目前气候状况所要控制的水平，这些担忧导致了 2009 年 12 月哥本哈根联合国气候变化大会的召开。哥本哈根会议并没能在 193 个与会国之间形成书面公约或其他具有约束力的国际协议，许多观察者都认为通过国际努力控制温室气体已经宣告失败。[②] 但在 2010 年墨西哥的坎昆全球气候峰会之后，大部分国家和观察者相信，国际合作已经重新建立起来，并有可能在限制温室气体排放方面取得进展。

到 2015 年时，这似乎已经实现了，主要因为中美两国努力达成了一项温室气体减排的协议。这项由中美两国领导人习近平和奥巴马共同签署的协议于 2014 年 11 月 12 日宣布。其中，美国同意到 2025 年温室气体排放较 2005 年整体下降 26%～28%，中国同意将在 2030 年左右使二氧化碳排放达到峰值，并争取尽早实现。[③]

361

---

① Ed Wong, "On a Scale of 0 to 500, Beijing's Air Quality Tops 'Crazy Bad' at 755," *The New York Times*, January 12, 2013.

② Jeffrey Ball, "Summit Leaves Key Questions Unresolved," *The Wall Street Journal*, December 21, 2009, A17.

③ David Biello, "Everything You Need to Know about the U. S. -China Climate Change Agreement," *Scientific American*, November 12, 2014, http://www. scientificamerican. com/article/everything-you-need-to-know-about-the-u-s-china-climate-change-agreement/. Accessed July 28, 2016.

这项协议本身非常重要，但就短期而言，它的主要意义在于，为 2015 年 12 月在巴黎举行的联合国气候变化大会达成国际协定铺平了道路。《巴黎协定》得到了全世界所有联合国成员国的签署，其长期目标是将全球平均气温较前工业化时期上升幅度控制在 2 摄氏度以内，并尽快达到温室气体排放的全球峰值。协定要求每个缔约国都制定本国的气候行动计划，并从 2020 年开始，每五年对这些计划进行一次全面盘点并重新设定进一步的目标。①

正是中美两国 2014 年达成的协议为《巴黎协定》铺平了道路。一些观察人士将《巴黎协定》称为应对全球变暖危险的"转折点"②，部分原因就是中美这两个全世界最大的温室气体排放国达成了这项双边协议。这两个国家出于各自的原因，过去都曾经反对过对限制温室气体排放进行承诺。在美国，国内的政治因素阻碍了对全球变暖采取行动；而中国则认为限制温室气体排放会不公平地阻碍其工业发展，因为早在中国之前，欧洲和美国就已经在其工业化过程中自由地向大气中排放了近二百年的温室气体。所以中国认为，那些首先造成排放问题的国家应该先约束自己的行为，并允许中国继续发展，直到赶上西方国家之后再开始限制温室气体排放。

中国在过去两个世纪工业时代之前的行为也对长期环境史和全球变暖产生了影响。气候学者威廉·拉迪曼认为，早在数千年前，稻作农业的发展就开始向大气中排放了大量甲烷，这可能阻止了全球气候转向另一次冰期。③拉迪曼关于"早期人类活动"的观点受到了其他气候科学家的批评，但仍不失为一个待验证的假说。此外，中国长期的森林砍伐过程也向大气中排放了大量的二氧化碳。一位历史学者认为，19 世纪的中国和美国在森林砍伐过程中向大气排放的二氧化碳比工业化早期阶段还要多。④

---

① European Commission, Climate Action, "Paris Agreement," http://ec. europa. eu/clima/policies/international/negotiations/paris/index_en. htm. Accessed July 28,2016.

② Fred Pearce, "Turning Point: Landmark Deal on Climate Is Reached in Paris," *Environment 360*, Yale University, http://e360. yale. edu/feature/a_landmark_agreement_on_climate_is_reached_in_paris_to_cap_warming/2939/. Accessed August 7,2016.

③ William Ruddiman, *Plows, Plagues, and Petroleum: How Humans Took Control of Climate* (Princeton: Princeton University Press, 2010), esp. chs. 7-9, and 200-205.

④ James L. Brooke, *Climate Change and the Course of Global History: A Rough Journey* (New York: Cambridge University Press), 478-479.

不过，由于现在中国、美国和欧盟加起来已经占到全球二氧化碳排放量的一半以上（可能一百五十年前也是如此），他们各自关于限制温室气体排放的承诺和实施情况，对于将全球平均气温较前工业化时期上升幅度控制在 2 摄氏度以内都非常重要。中国对全球变暖威胁的态度似乎也非常 *362* 认真，并已开始采取一系列行动来实现其目标，包括规划建立全国性的碳排放"总量控制与交易"体系，很多观察人士都认为，这是降低碳排放总量的有效工具。①

在"十三五"规划中，环境问题的中心地位体现了中国在应对气候变化方面的承诺和行动。根据斯科特·肯尼迪和克里斯托弗·约翰逊的分析，"最令人印象深刻的量化目标也许就是那些与环境和资源相关的部分。它们不仅占了所有目标的将近一半，而且每一个都是强制性的，这意味着我们可以确信将会有大量的行政资源投入，以保障这些目标的实现"②。

因此，中国正在积极地替换作为发电主要来源的煤炭，煤炭占总发电量的比例已从 1989 年的 75％下降到了 2012 年的 66％和 2015 年的 63％。这并不意味着燃煤绝对吨数的下降，而是其他发电来源在近年来有所增加的结果。中国在太阳能和风能发电方面投入了大量资金，促使这些可再生能源的装机容量持续增长。核电站数量和容量也同样如此，中国计划到 2030 年将其增加两倍以上。③ 尽管如此，水力发电的发电量几乎超出核电的六倍，而且中国仍计划在 2030 年前增加更多的水电站。④ 中国所有这些能源计划的目标是在不迟于 2030 年达到温室气体排放峰值，此后中国对全球变暖的贡献

---

① 可参阅如 Josh Margolis and Daniel J. Dudek，"Carbon Emissions Trading：Rolling Out a Successful Carbon Trading System，"The Paulson Institute，2015。

② Scott Kennedy and Christopher K. Johnson，*Perfecting China*，*Inc.*：*The 13th Five-Year Plan*，Center for Strategic and International Studies（Lanham，MD：Rowman & Littlefield，2016），22.

③ "Nuclear Power in China，"World Nuclear Association，July 29，2016，http://www. world-nuclear. org/information-library/country-profiles/countries-a-f/china-nuclear-power. aspx. Accessed August 3,2016.

④ Solidiance，"Hydropower in China，"Ecology Global Network，March 28，2013，http://www. ecology. com/2013/03/28/hydro-power-in-china/，accessed August 14,2016.

将会减少。

西藏、冰川和荒漠化

中国政府关注全球变暖的原因之一在于，这一问题可能会对西藏的冰川产生影响，这不仅是长江，还是另外三条东南亚和印度都高度依赖的重要河流——湄公河、萨尔温江和雅鲁藏布江的源头，其中雅鲁藏布江的下游还与恒河汇流。正如历史学者利·费贡（Lee Feigon）所指出的："这些河流的汇聚意味着，西藏山区的径流不断地向外漫溢，灌溉着全世界最肥沃、人口最密集地区之一的植被和农业，也滋养了全世界一半的人口。西藏地区即使是轻微的生态变动，也可能会对大量人口产生重要的影响。"[①]

西藏地处青藏高原，首府拉萨的海拔更超过了 11 000 英尺，拥有典型的高海拔生态系统。整个西藏地区都被群山环抱，喜马拉雅山脉的主峰远超 29 000 英尺，是全世界最高的山峰。在这样的高度，一年只有 50 天的无霜生长期，所以农业发展非常有限，进而也限制了人口的规模，在今天的西藏，只有 200 多万人口。西藏在 18 世纪时被纳入清帝国的直接控制，经过 20 世纪初的短暂分裂，在 1950 年重新融入了新中国的版图。今天的西藏面积和西欧（狭义）相当，但在被纳入中央管辖之前还要更大，部分地区在后来划归了周边的一些省份。西藏中部和南部地区主要从事农业，而其他地区的藏民则大多是牧民。

青藏高原是除地球两极以外地势最高、面积最大的高原，这里的冰川是世界上最大的冰沉积物。不过根据中国冰川学家姚檀栋的研究，全球气候变暖已经使中国的冰川面积在过去的四十年中减少了 7%，而且在未来二十五年内，冰川融化的速度还会更快，"过去三十年的青藏高原冰川退缩幅度相当于之前二百年（的总和）"。他预测，到 2100 年中国的冰川将减少 45% 以上，由于超过 20 亿的亚洲人都依赖发源于这些冰川的河流，青藏高原的变化可能会"最终导致无法估量的危机"[②]。迅速融化的冰川给新疆的一些绿洲带来了更多的水，让草原和湖泊至少在当下得以恢复生机，但与此同时，另

---

① Lee Feigon, *Demystifying Tibet：Unlocking the Secrets of the Land of the Snows* (Chicago, IL：Ivan R. Dee, Inc., 1996), 8.

② 转引自 Michael Zhao and Orville Schell, "Tibet：Plateau in Peril," *World Policy Journal* (fall 2008)：172-173。

一些（青海湖周边的）河流的数目却正在减少。①

　　与内蒙古和本章前述其他地区的草原一样，西藏也正在经历着不同程度的土地退化。中国政府认为这主要是牧民们过度放牧造成的（参见第六章），为此，国家已经采取相关措施，鼓励牧民们放弃他们的游牧生活方式，迁入城市，或者至少在固定住所定居下来。政府还在一些牧场修筑了围栏，以避免牧群破坏更为脆弱的草场地带。无论牧场是在农田之上的山坡上还是在城市市场附近，大量的山羊、牦牛和绵羊都会使"稀薄的冰积土……更容易受侵蚀……随着缺乏营养的杂草侵入营养丰富的牧草草场，牧场的质量也会下降"②。

　　自经济改革以来，市场力量和城市主要是拉萨市人口的增长，对能源的需求也在不断增加，而这也给青藏高原的环境带来了变化。不幸的是，这种需求主要是通过当地的生物资源来满足的，包括森林中的木材和从草地中挖出来的泥炭。由于缺乏煤炭或其他化石燃料，要获取能源的唯一其他选择就是建设水电站，但有很多的反对意见。在牧区，"对灌木的过度采伐和人口的增长导致越来越多的人收集动物粪便作为燃料，使之无法再像过去那样'良性循环'，用作草地的肥料"③。土地利用的改变，土壤的退化，再加上供水的减少，使得一些人担心青藏高原的大片地区可能会遭遇荒漠化。

　　但与蒙古和低海拔草原地区不同，科学家认为西藏荒漠化的原因是全球变暖带来的气温上升和降雨模式的变化。过去哺育草原的连绵小雨现在变成了短暂的倾盆大雨，草地开始干燥起来。气温的上升也已经使永久冻土层开始融化，以往停留在土壤表面的融雪和降雨曾经给草地提供着湿润的生长环境，现在则向土壤深层渗透，降低了草地的水位。缓慢推进的沙漠和以前没有见到过的沙尘暴现在开始横扫青藏高原。④

　　青藏高原并不完全都是草原，在高原东部和南部的斜坡上还有一些中

①　转引自 Michael Zhao and Orville Schell，"Tibet：Plateau in Peril," *World Policy Journal* （fall 2008）：179.

②　Graham E. Clark，"Tradition，Modernity，and Environmental Change in Tibet," in *Imaging Tibet：Perceptions，Projections，and Fantasies*, eds. Thierry Dodin and Heinz Räther （Boston，MA：Wisdom Press，2001），350.

③　Ibid.

④　Ibid.，178-179.

364 国最大的森林保护区。西藏东部康巴地区的森林在 1950 年代并入四川省之后，也被纳入了中国林业部门的管辖之下。据利·费贡的研究，"1990 年代初，西藏东南部地区还保留着中国最大的一片林区，（到 1996 年）对这些森林的皆伐已经砍掉了其中的一半。唯一可以庆幸的是，西藏的伐木工人仍在使用手锯和绞车，而不是电锯和重型吊车，也没有用重型推土机深翻这片土地"[1]。

西藏生态变化的另一个重要原因是汉人响应中央政府经济发展政策而向高原地区的移民。汉人早已知道了西藏地区的生态系统很容易被破坏的脆弱状况，发明了持续几个世纪的耕作和放牧方式的藏民也深知这一点。[2] 早在 18 世纪初，2 000 名被派来平乱御寇的满族士兵就已经造成了当地资源的供应紧张和商品价格的大幅上涨；1950 年代中国共产党的部队也产生了类似的影响。因此，西藏自 1950 年代以来就一直是中国科学研究的对象，不断有科考队被派往这里研究地理、气候和生物情况。1980 年代初，中国科学院主办了一场关于西藏的国际科学会议，并出版了两卷本的会议论文集，通过研究海拔高度对中国人身体的影响，以及各种动植物能够健康生长的最高位置等问题，为汉人在西藏的拓展提供了科学的基础。正如中科院副院长在欢迎辞中所说的，中国对西藏进行科学研究的目的是"要找到探索和利用西藏自然资源的科学基础"[3]。

城市化与猪

中国自 1980 年以来的高速工业化已经使其成为仅次于美国的世界第二大经济体，这推动了城市化的进程和温室气体的排放，也改变了土地利用的形式，包括为适应城市扩张而对农田进行的改造。

在中国改革开放时代的工业化刚启动时，城市人口的比例约为 18%。到 2003 年，这一比例上升到 40%；2015 年时略高于 50%；预计到 2030 年将升

---

[1]　Feigon, *Demystifying Tibet*, 152.

[2]　一个特别的例子可参见 Toni Huber, *The Cult of Pure Crystal Mountain：Popular Pilgrimage and Visionary Landscape in Southeast Tibet* (New York, NY：Oxford University Press, 1999), esp. 196-201, 208-210, 218。

[3]　Qian San-qiang, "Opening Speech for Symposium on Qinghai-Xizang (Tibet) Plateau," in *Geological and Ecological Studies of Qinghai-Xizang Plateau* (Beijing, CN：Science Press, 1981), vol. 1, xv.

至 60％。尽管其他一些国家的城市化程度比中国更高，但中国已经——而且将继续——拥有最大规模的城市居民，因为到 2015 年时，中国已经拥有了近 14 亿的庞大人口，所以中国的城市居民也从 1980 年的大约 3 亿增长到了 2015 年的 7 亿左右，比美国的总人口还多。

　　自 1980 年以来，中国的城市发展一直受到高速工业化的驱动。工作机会总是因工业发展而增加，而工业企业又总是位于城市中。中国现有城市的规模已经有了急剧的扩大，以承载工业企业和工人所需的住房和服务，而容纳数百万工人及其家人的新城市也如雨后春笋般不断涌现。① 中国的农业已经相当高产，用不到世界 9％的耕地养活了世界 22％的人口。但工业化和城市化则加剧了这些压力，一些农业用地正在被转化为工业用地或其他城市用地。由于自古以来中国 90％的人口和耕地都集中在东部三分之一的地区，大部分耕地流失也发生在这些地区。 *365*

　　工业化和城市化也对环境产生了重要影响。工业废弃物排放污染了土壤和淡水，特别是被排放到废水中或堆积在工厂附近垃圾场里的重金属、农药和多氯联苯，其有毒物质会被风吹散或渗透到地下水中。除了温室气体（最典型的是二氧化碳）外，二氧化硫也被排放到大气中并导致酸雨和淡水资源与土壤的酸化。城市固体垃圾每年以 9％的速度不断增长，其中只有约五分之一能够在美国和欧洲被称为"卫生垃圾处理设施"中处理，五分之四的垃圾则被简单地堆放在工业用地和市政用地的"垃圾场"里。

　　城市化也影响土地利用模式，因为中等收入群体的增加使饮食习惯和食品偏好发生了变化。在 1978 年毛泽东时代刚结束时，中国人每天平均消耗大约 2 250 卡路里，大部分来源于谷物和蔬菜。到 2002 年，人均卡路里摄入量增加到每天 2 950，其中增加最多的就是肉类消费。②

　　大部分消费的肉类都来自猪。随着毛泽东时代的结束和 1978 年经济市场化改革的开始，中国的猪肉生产大幅增加。自 1979 年以来，猪肉已迅速

　　① 有很多新城是为尚未到达的居民而提前建造的，房屋空置率很高，因而被媒体称之为"鬼城"，参见如 William Pesek, "Big Trouble in China's Little Zombie Cities," *Barron's*, April 14, 2016, http://www. barrons. com/articles/big-trouble-in-chinas-little-zombie-cities-1460596009. Accessed August 20,2016.
　　② 本节上述内容大部分来源于 Jie Chen, "Rapid Industrialization in China：A Real Challenge to Soil Protection and Food Security," *Catena* 69 (2007), 1–15.

超过牛肉，成为全世界消费量最大的肉类。这一全球趋势的变化主要是由中国的猪肉行业造成的。2015 年，全球一半的生猪、猪肉生产和消费都在中国。①

但是猪本身也经历了改变，从中国驯养了几千年的一种动物，变成了更适宜在工厂化养猪场生产肉类的经过基因改良的动物。

猪从一开始就成为了中国农业的组成部分（参见第一、二章）。每个地区和村庄都有与之相应的地方猪品种，吃当地的粮食、厨房垃圾和其他各种各样的废物，到处翻找食物，在让农场和村庄更干净的同时，将废物转化成猪肉，而猪粪作为肥料也可以被收集和施用到农田中。许多农家每年都会饲养几头猪，并在农历新年期间享用这些适应当地环境长大的猪。

为了让猪的某些性状能够以比自然选择和进化更快的速度遗传下去，世界各地的人们已经对猪进行了长时间的杂交以对其品种进行选择。事实上，有人可能会说，猪和人在过去几千年里是共同进化的。早在中国的第一个帝制王朝——秦朝（公元前 221—前 207 年，参见第三章）时，罗马人就（通过丝绸之路的长途旅行）从中国南方进口了猪，以便与他们自己的猪进行杂交。中国猪的遗传物质由此进入欧洲猪的育种当中，产生了非常重要的英国约克郡和伯克郡猪种。在 18 和 19 世纪英国东印度公司垄断对华贸易（参见第六章）期间，英国又进口了更多的中国猪进行杂交。20 世纪 70 和 80 年代，欧洲和美国的养猪者从中国进口了更多品种的猪，以选择如繁殖速度快或数量多等特定的品质。到 20 世纪末，中国农民在杂交育种过程中也使用了进口的猪种，从而产生了大量新的中国品种。

在社会主义建设的早期，猪有时归集体所有，有时则是私人拥有，但猪的品种仍然和 20 世纪早期村民们能买到的完全一样。猪粪不仅被认为是农家肥，而且还是"生物转化器"的重要组成部分，后者是一种简单的桶状装

366

---

① 这里关于猪的内容主要基于荷兰国际社会研究所谢敏怡（Mindi Schneider）的研究工作，特别是 "From Resourceful Pig to Resource-full Hogs: Shifting Natures in China's Modern Food System," paper presented at "Resourceful Things: A Symposium on Resource Exploitation in China," April 20–22, 2016, Harvard University and Boston College; 以及 Mindi Schneider, "Wasting the Rural: Meat, Manure, and the Politics of Agro-Industrialization in Contemporary China," *Geoforum* (2015), http://dx. doi. org/10. 1016/j. geoforum. 2015. 12. 001。

置，可以收集猪粪分解时释放的甲烷气体，用于农家生火和照明。

而 1978 年由邓小平发起并持续至今的改革开放，则几乎改变了猪和猪肉在中国社会中的所有地位，也包括猪和猪肉本身。原来本地化的猪种已经被适应工厂生产的外来品种所取代。前者体型较大，肉质松弛，行动迟缓，背部倾斜，肥胖的腹部拖着地面，很符合乡村生活和它们在农村社会中的角色。而现代版的猪则脂肪更少，肉质更白，比肥壮的本地猪出栏更快。

进口到中国的外来猪种不再在乡村街道上游荡和翻食垃圾，而是被放在集中式动物养殖场（CAFO）中进行喂养，饲料被专门送到这里，喂养设施也保持卫生以将疾病风险降到最低，体重达到约 120 磅时就可以被宰杀。它们的食物现在几乎全是玉米和大豆，排泄物则形成无用的绿色垃圾，被冲进小溪和河流。这些巨大规模的集中式动物养殖已经促使中国一些城市为保护水源而对它们发布了禁令。[①]

中国农村居民养猪大多也不再是为了食用，而主要是为了出售。集中式养殖场的生猪生产已经达到了产业化的规模，每年可生产 4.45 亿头猪或 5 500 万吨猪肉。大豆是集中式养殖场中猪的主要食物，这些集中式养猪场不仅是中国国产大豆的主要消费者，还使得大豆成为中国最重要的进口农产品，其中很多来自美国中西部农场。中国不仅在改变自己的环境，也在改变世界的环境。

第六节　环境抗议、环境意识、环保激进主义与环保运动

中国的空气、水和土地的污染[②]，再加上征用耕地建设工厂，以及为给这些工厂提供能源而征用河流沿岸地区建设水电站等行为，引起了成千上万大大小小的抗议活动——其中有些收到了成效，也有很多徒劳无功，也促使

---

① Mark Godfrey, "Pig Farm Restrictions Slash Pork Production in Southern China," *GlobalMeatNews.com*, July 16, 2015, http://www. globalmeatnews. com/Industry-Markets/Pig-farm-restrictions-slash-pork-production-in-southern-China. Accessed August 16,2016.

② 一个较早时期的评论可参见 Clear Water, *Blue Skies：China's Environment in the New Century* (Washington，DC：The World Bank，1997)。

367 了环保激进主义的发展。在全面考察中国对环境问题的反应之前，我们首先通过几个记录在案的事件来了解一下普通民众对中国日益严重的环境问题的反应。

太湖与"环保卫士"吴立红

2007 年 4 月 13 日晚上，当地警方包围了吴立红的家，随后爬上梯子撬开二楼的窗户并将其逮捕。有人认为对他的指控可能是捏造的，他真正的获罪原因是十年来代表村民进行的环保激进主义行动。当地村民的生活用水都依赖中国的第三大湖泊太湖，它位于距离上海不远的长江三角洲工业基地的中心。

和淮河流域一样，太湖北岸的化工厂数量自 1980 年代以来迅速增加，到 21 世纪初已经达到了 2 800 家。它们也和淮河流域的化工厂一样，将工业废水大量排入太湖。刺鼻的气味使吴立红在晚上散步的时候感到恶心，这引起了他的注意，于是决定对这些工厂的排污证据进行记录。多年来，他一直在搜集太湖环境退化的证据，并在 1998 年至 2006 年间给江苏省环保局写了 200 封举报信。

2001 年中央政府对太湖污染进行调查时，由于当地的操纵掩盖，结果一无所获。2005 年，吴立红得知中央电视台的记者到当地调查时，随即与他们取得联系并承诺向他们展示真实的情况，据《纽约时报》报道，"吴先生成为这一报道的明星和环保界的名人"。2005 年，他被评为"中国民间环保优秀人物"。随着太湖环境状况的继续恶化，2007 年，中国国家主席胡锦涛和国务院总理温家宝命令关闭一半污染最严重的化工厂以对太湖进行清理。虽然我们不知道当地官员是否严格执行了这些命令，但吴立红所在的宜兴市虽然过去存在严重的污染问题，还是在 2007 年初被授予了"国家环保模范城市"的称号。这一奖项激怒了吴立红，促使他继续搜集污染的证据，并准备把这些证据带到北京，起诉国家环境保护总局。

就在这时，吴立红被当地警方逮捕。2007 年 5 月吴立红被羁押期间，太湖出现了大面积的蓝藻污染，这主要是化工厂污水排放造成氮、磷含量提高和富营养化现象的结果。无锡市的 200 万居民随之失去了他们的饮用水水源，周边城市也都关闭沿湖水闸，导致了严重的航运阻塞。中央政府再次介入，对地方官员进行了撤职或降职处分。对于那些能够给本地带来收入的工厂企业，当地法院和官员通常总是更愿意提供保护，而不是起诉它们对供水造成的污染。①

为了清洁水，甘肃农民对化肥厂的抗议

位于西北的甘肃省大川村与太湖相距遥远，但生活在这片干旱土地上的 *368*
农民却与吴立红等太湖周围的村民们一样面临着饮用水污染的问题。大川村
的村民起初由于牲畜的死亡而开始怀疑它们之前所饮用的水，之后又将婴儿
死胎等事件的原因不断集中到水污染问题上。大川村的故事牵涉时间更长，
要追溯到至少四十年以前。

有些具有讽刺意味的是，造成大川村污染问题的工厂所生产的正是提高
农业产量所急需的化肥。自从这个化肥厂 1971 年建成投产以来，就将生产
废水排放到穿过大川村及其耕地的一条小溪中，并最终汇入黄河。到 1981
年，这一段为大川村提供饮用水的黄河已经变得相当污浊了。村民们在无法
通过法律途径捍卫自己清洁饮用水的情况下，开始采取集体行动，包括堵住
工厂的大门不让厂里的卡车进出运输等。1980 年代，出生缺陷和婴儿死胎现
象的出现促使村里的孔姓家族成员（他们将自己的远祖追溯至孔子）四处求
医。"来到大川村的医生们反复告诫当地妇女饮用污染的黄河水很危险，会
导致流产、死胎，也会导致儿童的智力障碍和发育不良。"同是孔姓家族的
成员，而且妻子也经历过几次流产的村支书开始相信水污染才是造成他痛苦
的根源，于是领导村民对工厂进行抗议。从 1980 年代中期到 1990 年代中期，
村民们每年都会进行抗议活动。

1996 年的一次抗争事件被来访的一位社会学者记录了下来。当时一场突
如其来的洪水涌进那条排污的小溪并摧毁了一座桥梁，村民们堵住工厂大
门，要门卫转告厂领导出来谈判并喝掉他们带来的一些污水。工厂领导拒绝
了这两个要求，村民们随后开始了为期十天的示威，还把胶皮管子甩过工厂
围墙，将污水放入厂区。最终工厂答应给大川村建一座新桥，同时提供资金
开挖新井以供应安全的饮用水。

景军在 1996 年观察到这一事件，并撰文介绍了上述情况。他认为，大
川村村民与化肥厂污染间的长期斗争体现了一种"认知革命"，"这一过程的
累积效果是将当地农民对水污染危害的认识扩展到一个综合的认知，而不仅

① Joseph Kahn, "In China, a Lake's Champion Imperils Himself," *The New York Times*, October 14, 2007.

仅像过去那样止于问题的某一方面。健康问题……在各个阶段始终都是最容易引起村民对工厂抗争的问题"①。

一个大规模的"环境群体性事件"

2005 年 4 月，浙江东阳市农村发生的一次有三四万村民聚集的大规模群体性事件，"震惊了中国政府、新闻媒体和广大公众"②。1999 年以来进入东阳的 13 家化工企业不断排放废气并对农作物造成了严重的损害，在几年的协调无果之后，2005 年 3 月，村民们在东阳市市长接待日前去反映污染问题时，又没得到有关领导的接见。于是，长期积压的挫折感开始爆发，数千村民在化工园区附近搭建了毛竹棚堵塞路口，直到百余名警察和政府官员放火烧掉了竹棚。但村民们随后又搭起竹棚继续设置路障。4 月 10 日，3 500 名警察和政府官员试图强行清理竹棚和抗议者，结果导致了另外三四万村民的加入。事件中有数十人受伤，其中两人被谣传死亡，多名村民被逮捕。③

面对这种可能会危及国家安全的大规模群体性事件，国家环境保护总局责令将违规化工厂关停或异地搬迁，很多官员也受到处罚。此外，杭州的一群环保激进主义者还成立了一个新的非政府组织"绿色观察"，监督浙江省的工业污染。

马天杰从一个更宽广的视角对 2005 年的东阳群体性事件进行了探讨，他的研究也有助于我们更好地了解本节的三个事件。通过挖掘公安部的官方数据和国家环境保护总局副局长的评论，马天杰指出，农村群体性事件总体而言已经从 1994 年的每年 10 000 起左右跃升至 2004 年的 74 000 起④；据他估计，其中 5 000 起都是环境群体性事件。他还帮助我们引述了中国政府对

---

① Jun Jing, "Environmental Protests in Rural China," in *Chinese Society：Change，Conflict，and Resistance*，eds. Elizabeth J. Perry and Mark Selden（New York，NY：Routledge，2000），148.

② Ma Tianjie, "Environmental Mass Incidents in China：Examining Large-Scale Unrest in Dongyang，Zhejiang," in Woodrow Wilson International Center for Scholars，*China Environment Series 10*（*2008-2009*）（Washington，DC：Woodrow Wilson Center，2009），33-49.

③ 更详细的介绍亦可参见 Mark Magnier，"As China Spews Pollution，Villagers Rise Up"，*Los Angeles Times*，September 3，2006，A9.

④ Howard French，"Land of 74,000 Protests（but Little Is Ever Fixed），" *The New York Times*，August 24，2005.

"群体性事件"的定义，并将其按规模大小划分为四个等级，从最小的一般性群体事件（5～30 人）到特别重大群体性事件（1 000 人以上）。换言之，在这三个有记录的事件发生的同时，还有另外 5 000 个未被记录的与环境相关的群体性事件正在中国各地发生。①

　　不过，这些数字还只是中国公众环境意识和环保行动的冰山一角。根据国家环境保护总局的报告，全国发生的环境污染纠纷从 2004 年的 5.1 万起上升到了 2005 年的 12.8 万起，而环境信访则从 2001 年的 37 万件（封）上升到了 2006 年的 61.6 万件（封）。② 这些数字体现了中国人在新千年所面临环境问题的巨大规模。

　　正如马天杰所指出的，环境退化已经成为农村民众和中国政府之间冲突的一个主要原因，这也引起了政府的一些担忧和相关环境政策的变化。但农村污染和环境退化的根本原因并不能简单地归咎于中国的快速工业化、超过 13 亿人口日益增长的消费驱动或是全球市场对中国产品的需求。事实上，在过去三十年中的一个重要原因在于，存在着一系列特殊的政治和经济力量，影响着中国应该怎样实现工业化，以及如何处理由此带来的环境问题。

　　上述解释在很大程度上与一种矛盾的现象有关。虽然中华人民共和国是共产党执政的国家，但中央政府往往向地方发出相互抵触的工业与环境信号，而在地方，这两种利益之间则会频繁地发生冲突。中央政府仍然是一个发展导向型的政府，从 1980 年代以来一直保持着国民经济接近两位数的增长，最近又为可预见的未来几年设定了 6%～8% 的年增长率。中央政府还向 *370* 企业主和地方政府放权以实现这种经济增长，从而使地方政府与工商业界之间的利益攸关，忽视国家的环境标准，甚至掩盖过失。只是在甘肃大川村等少数几个案例中，地方官员才会出于各种原因而站到农村居民的一边，共同反对工厂的行为并赢得一定程度的让步。

　　然而用马天杰的话说，大多数的情况是，"地方政府会欢迎重污染企业到人口稠密的农业地区设厂，表现得就像一个经典的'企业化政府'，把创造收入（企业的角色）放在比环境保护（调节者或公共品提供者的角色）更

---

① 　Ma Tianjie，"Environmental Mass Incidents in China，" 33−34.

② 　Ibid. ，35.

优先的地位"，以便增加当地的税收，进而获得奖励或升迁。① 另一项研究也表明，本来应该是理顺各种矛盾冲突的市长办公室，"在面临经济和环境目标相冲突的情况时，经常会更倾向于工业增长而不是降低污染"②。因此，1990 年代工业增长并导致污染和环境退化的结果也是意料之中的。

国家对环境问题的反应

因此，并不是中国政府不打算解决日益严重的环境问题。事实上，本章中所引述的国家环境保护总局的各种资料足以表明，中国政府已经成立了正式的环境保护部门并开始构建内部的法律框架以保障这一机构的运行，不过，这一部门究竟能否有效运行，在很大程度上还是取决于它所处的政治结构。③

在改革开放刚开始的 1979 年，中国就颁布了第一部环境保护法（试行）。十年后，又对这项法律进行了修订并正式施行，成立了国家环境保护局。1998 年，该局升级为国家环境保护总局（SEPA）并被列入国务院的部级直属单位，但只配备了数百名工作人员，承担的职责也只是监督国家级的机构和计划，正如马小英和奥托兰诺（Leonard Ortolando）所指出的，"它主要扮演的是日常贯彻执行环境法规这一有限的角色"④。2008 年 3 月，国家环境保护总局再次升格为环境保护部。⑤

全国人民代表大会还通过了很多项环境保护法律以及各种治理污染和保护环境的"行动计划"和"五年规划"。⑥ 其中一些在前文讨论森林砍伐时已经引述过，其他还有很多，包括 2006 年国家环境保护总局发布的《国家农村小康环保行动计划》，要求切实解决农村环境"脏、乱、差"问题，包括设立在农村地区的污染工厂，过量使用化肥和农药导致的土壤污染，以及水

371

---

① Ma Tianjie, "Environmental Mass Incidents in China," 44.

② Xiaoying Ma and Leonard Ortolando, *Environmental Regulation in China：Institutions，Enforcement，and Compliance* (Lanham，MD：Rowman & Littlefield，2000)，63.

③ 例如可参见 Christina Larson, "In China, a New Transparency on Government Pollution Data," *Yale Environment 360*，http：//e360. yale. edu/content/print. msp? id=2352.

④ Ma and Ortolando, *Environmental Regulation in China*，9.

⑤ Ma, "Environmental Mass Incidents in Rural China," 35.

⑥ Michael S. Liu, *Environmental Protection in China：International Influence and Policy Change*，M. A. thesis，San Diego State University，2003.

资源短缺和污染等。①

不过,这些国家法律法规的执行责任则被下放到了省、市、县三级,其中大部分都已经设立了环保局,但这些地方环保局的资金并不由国家环境保护总局(环境保护部)拨付,而必须自行解决。乔纳森·施瓦茨(Jonathan Schwartz)指出:"因此,地方环保局必须更多地依赖于对所辖地区污染企业征收各种费用,这种依赖关系使环保局处于一种窘境:它们的任务是减少污染排放,但要完成这一任务就意味着它们的主要收入来源将不复存在,由此产生了一种对环境保护积极性的奇怪的阻碍。"②

中国的基本问题在于中央政府和地方的政策执行者之间存在的脱节。正如马小英和奥托兰诺所思考的,"为什么在中国政府已经建立了一套复杂的监管机制之后,中国的环境还在继续退化呢?"③ 最基本的原因就是上面所说的,地方对这些政令很少甚至根本不贯彻执行。④ 这也是那些由公众组成的环境保护非政府组织(NGO)开始发挥作用的原因。

绿色非政府组织

中国第一个环保非政府组织"自然之友"成立于 1994 年;十年后,国家环境保护总局已经注册了 2 000 家环境保护非政府组织,但有人认为其中只有大约 40 家仍然保持活跃。在本章的前面,我们已经遇到了另外的两家——绿色流域和怒江非政府组织。⑤

包括环境方面在内的所有中国非政府组织,运行的结构都与美国、欧洲或日本的有着很大的不同。它们虽然叫"非政府"组织,但必须经过登记注册,而要通过注册,就必须由中国政府部门发起成立或者挂靠在相关机构内部。环保非政府组织大部分都是由国家环境保护总局(环境保护部)发起成

① Xiaoqing Lu and Bates Gill, "Assessing China's Response to the Challenge of Environmental Health," in Woodrow Wilson International Center for Scholars, *China Environment Series* 9 (2007) (Washington, DC: Woodrow Wilson Center, 2007), 3–18.

② Jonathan Schwartz, "Environmental NGOs in China: Roles and Limits," *Pacific Affairs* 77, no. 1 (2004): 33.

③ Ma and Ortolando, *Environmental Regulation in China*, 8.

④ Ibid., 126–129.

⑤ 其他的环境保护非政府组织,可参见 Green Earth Volunteers, http://eng.greensos.cn;and Christina Larson, "China's Emerging Environmental Movement,"*Yale Environment 360*,http://e360.yale.edu/content/print.msp? id=2018。

立的。施瓦茨认为，中国的非政府组织不仅受制于"天生的对政府的依赖"，而且缺乏训练有素的工作人员和独立的资金来源，也无法获得那些被政府归入机密类的真实数据和报告。①

除了非政府组织，中国还有一些看起来有点矛盾的"官办非政府组织"（GONGO），可以从政府机构那里获得资助和支持，但在运作中保持一定的独立性。此外，在大学中也有一些"半非政府组织"，其中比较重要的两个环境方面的组织是中国人民大学的北京环境与发展研究会（BEDI）和中国政法大学的污染受害者法律帮助中心（CLAPV）。②

中国的环保激进主义者也可以借助于法律的援助。正如我们在吴立红事件中看到的，他确实曾经威胁要起诉国家环境保护总局以及或许别的一些人。从数十万件（封）环境信访的投诉来看，很可能也会有大量的环境问题被诉诸法律。2007 年，各地法院成立了首批专门受理环保案件的环保法庭，但直到 2009 年，还只有公民个人可以起诉污染者。然而，和其他国家一样，这些法律诉讼所需要的资金和专业技术都远远超出了普通民众的能力。终于，在 2009 年 7 月下旬，两个省级法院同意受理由非政府组织中华环保联合会提起的诉讼案件，值得注意的是，这两个法院也都位于前面提到过的太湖流域。③

这些案件的受理还只是第一步，目前也只有 4 个法院对环境案件开放审理。而涉及 2009 年案件的公司之一在尚未审结的诉讼期间又开始了严重污染的经营。对于这些环保非政府组织而言，要想通过法律手段来阻止那些它们注意到的破坏环境的行为，除了法律场所有限之外，还面临着其他一些障碍。法律诉讼的成本高昂，而非政府组织需要依靠无偿的法律代理。此外，为了获得水或空气污染的证据，非政府组织还需要向政府机构支付检测费用。例如，"自然之友"为检测云南一条河流的污染需要支付 700 万元人民币，而他们的年度总收入只有 500 万人民币。因此，中国的环保非政府组织不得不转向与国际非政府组织合作以获取资源，而这又可能会带来政治和其

372

① Schwartz, "Environmental NGOs in China," 38-42.

② Ibid., 42-45.

③ Jonathan Shieber, "Courting Change: Environmental Groups in China Now Have the Ability to Sue Polluters: But Will They?" *The Wall Street Journal*, December 7, 2009, R11.

他方面的复杂问题。① 此外，2016 年初通过的《中华人民共和国境外非政府组织境内活动管理法》也对国际非政府组织在中国的活动和影响进行了限制。②

环保与民主

中国政府批准设立非政府组织的目的，并不是要建立一种反对力量，而是将其作为一种沟通的手段来更好地联系社会和国家政府。由于国家政府的环境目标与地方有问题的贯彻执行之间存在着矛盾，政府愿意向环境非政府组织开放一些政治空间，以便对地方政府施加压力。中国政府并没有把这些组织看作民主的表现形式或某种预示，尽管看上去似乎是这样。正如一位国家环境保护总局的负责人对施瓦茨所说的："西方人认为，中国的环境非政府组织是在一系列更广泛议题上实现更多公众参与的一条通道，是开启最终民主化大门的一道缝隙。"③ 施瓦茨指出，中国政府非常清楚地意识到了这一点，只要有可能的话，"会尽一切努力以确保不让这种民主化进程得以发展"④。

对一些要求开启更多民主化改革的激进分子的逮捕和关押，起到了不断警示环保激进主义者、限制其活动程度的作用。虽然也有一些评论者将这些环境抗议活动和越来越多的绿色非政府组织看作一场"环保运动"的开端，但即使中国的这些新兴环保人士代表了某种新的社会运动，这种运动的开展也将受到非常严格的限制。杨国斌指出："环保运动已经不再明确或主要针对政府……（也不）直接挑战政治权力，它的目的在于提高公众的环保意识、推动文化变革和解决环境问题。"⑤ 他认为，如果环保人士不能直接挑战 *373*

---

① Ruge Gao, "Rise of Environmental NGOs in China: Official Ambivalence and Contested Messages," *Journal of Political Risk* 1, no. 8 (Dec. 2013), http://www.jpolrisk.com/rise-of-environmental-ngos-in-china-official-ambivalence-and-contested-messages/. Accessed August 14, 2016.

② Edward Wong, "Clampdown in China Restricts 7,000 Foreign Organizations," *The New York Times*, April 28, 2016, http://www.nytimes.com/2016/04/29/world/asia/china-foreign-ngo-law.html. Accessed August 14, 2016.

③ Schwartz, "Environmental NGOs in China," 46.

④ Ibid.

⑤ Guobin Yang, "Is There an Environmental Movement in China? Beware of the 'River of Anger,'" in *Active Society in Formation: Environmentalism, Labor, and the Underworld in China* (Washington, DC: Woodrow Wilson Center International Center for Scholars, Asia Program Special Report no. 124, September 2004), 6.

政府或鼓吹（在他们看来）更有效保护中国环境所必需的民主化改革，"环保运动中的激进主义者就会有意识地尝试通过对民主价值观的实践而不是说教，来寻求一些渐进性的改变，如民众参与、自我责任和理性的辩论等"①。

回到怒江

就目前中国公众和非政府组织在推进环境保护方面所受到的限制而言，三江并流保护区尤其是怒江地区在阻止修筑大坝方面所取得的成就是非常难得的。毫无疑问，非政府组织明智的行动包括在国际国内媒体上的大量报道，以及联合国和其他国际非政府组织的介入，吸引了中国国家主席胡锦涛和国务院总理温家宝的关注，也给了他们充分的理由来推迟电力集团及其在政府中支持者的筑坝计划。但这种暂停究竟是永久的取消计划，抑或只是大坝建设者重新积聚力量之前暂时的喘息，还有待观察。但是怒江的"战斗"的确产生了一些非常有趣的争论，也启发了中国公众的环境意识以及对人与环境、环境保护与民主之间关系的思考，这也是值得本章深入探讨的一项内容。

怒江建坝问题被提出的方式对它的最终结果而言或许并不是一个好兆头。这一事件的核心人物方是民（方舟子），是一位曾获密歇根州立大学博士学位的生物化学和物理学学者。毛学峰认为，方舟子是"一个有些离经叛道的人"，"已经成为一个对那些在他看来不理性或不科学的人的尖刻批评家"②。在方舟子看来，那些环保人士只是在以牺牲其他人的需要为代价来对自然进行崇拜。2004 年印度洋海啸之后，中国发生了一场关于"理性主义与情感主义"的大争论，发起者是一位重要的环保记者汪永晨和一位撰文主张"人类无须敬畏大自然"的中科院院士。

在谈到这次争论的 31 篇相关文章时，方舟子认为，大多数都是汪永晨这样的"敬畏派"，他批评他们把大自然当成人格化的神灵和信奉伪科学，反对像他自己这样的人们所从事的"真正的科学"。他还抨击"汪永晨自然崇拜的实质在于对大自然的崇拜和畏惧，反对用科学方法认识自然，反对应

① Guobin Yang, "Is There an Environmental Movement in China? Beware of the 'River of Anger'," in *Active Society in Formation*: *Environmentalism*, *Labor*, *and the Underworld in China* (Washington, DC: Woodrow Wilson Center International Center for Scholars, Asia Program Special Report no. 124, September 2004), 6.

② Mertha, *China's Water Warriors*, 135.

用科学原理利用和改造自然，更与科学研究和应用发生了冲突"①；认为感性的环保主义者是"跨专业"的"胡说"②。如果中国的现代化就是人类对大自然的支配，那么这些现代化专家则是通过压制反对派的话语权对现代性进行了定义。

方舟子不仅试图边缘化汪永晨和怒江水坝争论中的环保主义者，还想颠覆对怒江了解最为全面的科学家——云南大学亚洲国际河流中心主任何大明教授的观点和声誉。据毛学峰介绍，"何大明教授几十年来一直活跃于云南的河流研究领域，他对于怒江的了解在中国可能无人能出其右"③。虽然何大明最初站在反对怒江水坝的一边，而且观点也非常有影响力，但他在随后的争论中变得非常沉默，这很可能是因为云南政府官员或大学的领导曾建议过他保持安静。 *374*

何大明发表的科学研究报告的确足以使他成为方舟子在云南大学演讲中强烈攻击的对象。方舟子对他提出的"原生态河流"概念嘲讽道："光是在炒作一个新的概念，把自己打扮成一个新的学科的开创人，一个新的概念的提出人，然后就可以去申请国家经费？"方舟子指出，当地的少数民族人民因从事游耕农业而烧掉了这些峡谷地区的大片森林。他还抨击何大明的另一个概念"纵向林谷地区生物多样性"，声称他从来没有听说过这个术语，奚落何大明弄出这个新名词就是为了申请研究经费，"最后是不是要弄出一门'林谷学'，自己作为'林谷学'的开创人呢？"④

随着怒江问题科学家的沉默和边缘化，赞成经济发展的一派现在可以声称，科学已经站到了自己的一边。对于那些希望获得这些科研成果的环保组织，这些资料被列为"仅供内部使用"的秘密文件，公开这些资料将被控以泄露国家秘密罪。这就使得那些赞成经济发展的人更容易确保自己的优势地位，占据强有力的"客观、科学"基础。

尽管怒江筑坝的斗争仍在进行，但到 2015 年，这场争论的背景已经从"环境保护与经济发展"转变为应对全球变暖带来的挑战（参见本章前文关

---

① 转引自 Mertha, *China's Water Warriors*，136。
② Ibid. , 138.
③ Ibid. , 119.
④ Ibid. , 137–138.

于气候变化的部分）。中国在 2015 年的《巴黎协定》中承诺降低温室气体排放，在此背景下，水电被视为一种解决方案，而不是一个问题。因此，中国计划在全国范围内新建几十座水电站，以大幅提高水力发电的份额，怒江计划中的十三座大坝中有五座将继续建设。

怒江计划修订的批评者并没有沉默。2014 年，一些中国非政府组织发布了他们所谓的关于中国江河的"最后报告"。尽管报告的作者认同限制温室气体排放对中国和世界的重要性，但他们还是提出"中国人民和经济的健康与中国河流的健康息息相关……我们希望确保江河的多重价值不会牺牲在对可再生能源的追求和节能减排的压力下……江河维持生态系统的健康，提供多种生态服务，哺育伟大古老的文化，并且带来巨大的经济价值"①。

375　　在怒江问题上，他们主张政府"暂时搁置怒江五个梯级的开发计划，寻求已建电站中增加发电出力的潜力，同时帮助怒江峡谷的人民寻求与自然、文化更加协调发展的新出路。出台新的河流保护法规，赋予原生态自由流淌的河流和河段新的价值。给中华民族世代继承和享受的河流自然遗产留有余地"②。

虽然保护怒江不被筑坝的努力能否足以阻拦这些计划尚未可知，但其他一些事件也许已经决定了它们的命运。2014 年，云南省政府还没有发布必要的环境影响报告书，一位坚定支持大坝的官员已经因腐败指控而被捕。关于从怒江峡谷修建输电线路非常困难的报道也已浮出水面。在 2016 年初，云南省委书记宣布禁止在怒江支流建设水电站和采矿项目，取而代之的是建立一个新的国家公园，以保护怒江和促进国际旅游业。"它会成功的，"他在中央人民广播电台上说，"将会超过美国的科罗拉多大峡谷。"③ 关于怒江和滇

---

① Bo Li, Songqiao Yao, Yin Yu, and Qiaoyu Gao. The "Last Report" On China's Rivers, Executive Summary (English translation supported by the China Environment Forum of the Wilson Center, March 2013), 4. 中文版参见李波、姚松乔、于音、郭乔羽《中国江河的"最后"报告》。

② Ibid. , 10.

③ Stuart Leavenworth, "China May Shelve Dams to Build Dams on Its Last Wild River," *National Geographic News*, May 12, 2016. http://news. nationalgeographic. com/2016/05/160512-china-nu-river-dams-environment/. Accessed online 8/11/16.

西北生物多样性保护的斗争仍在继续。

生态文明

随着中国环境退化和因太湖污染或三江并流地区生物多样性保护之类的环境问题而产生的社会与政治斗争的日益加剧,中国共产党和中国政府也越来越强调"人与自然和谐共生"。考虑到1998年的大洪灾、黄河入海之前几乎每年长达500英里左右河段的断流以及为2008年奥运会所做的准备工作,我们不难理解《人民日报》报道的中国将在第十个五年计划(2001—2005年)中"优先重视环境保护",文章还引用了一位院士的话:"'十五'计划让人们看到一幅美好图景:经济繁荣、人口控制、资源保护、环境优美"①。2003年,环境保护被纳入了中国的小学课程体系;2006年,中国共产党提出"将实现人与自然和谐相处作为构建和谐社会的一项重要内容"。

最近,中国政府和中国共产党开始使用"生态文明"概念来表达一个与自然更加和谐的可持续发展的中国形象。在2007年中国共产党第十七次全国代表大会上,首次提出了"生态文明"一词,它标志着中国领导人对三十年来无限制的工业增长对中国和世界环境影响的关注。② 在之后于2015年发布的一份文件中,中国共产党明确了遏制破坏环境行为的计划和承诺的具体实施方式,要求官员不仅要对经济增长负责,而且要对国家环境保护法规的贯彻执行负责。

观察者们期待这种对纠正环境问题的高度关注能够取得成功。但几十年来,中国一直将经济发展作为首要任务的做法也给大家留下了不可磨灭的印象。的确,习近平主席高度评价了中国引领世界走向"生态文明"的愿景,以及将民族自豪感与不断上升的生活水平相结合的"中国梦",还有"两个百年目标"——到中国共产党成立100年时全面建成小康社会,到新中国成立100年时建成富强民主文明和谐美丽的社会主义现代化强国。但与"绿色长城"一样,中国关于未来建设"生态文明"的理念仍面临着许多内在的矛

376

① *People's Daily*,http://englishpeoplesdaily. com. cn,March 13,2001.

② Ma Jun,"Ecological Civilisation Is the Way Forward," *China Dialogue*,October 31,2007,https://www. chinadialogue. net/article/1440-Ecological-civilisation-is-the-way-forward. Accessed August 16,2016.

盾。这些矛盾如何解决，还有待观察。①

小结

中华人民共和国的环境史充满了大规模的变化与挑战。森林砍伐一直持续到了 20 世纪末，直到长江上游的伐木引发了中央政府的禁令，不过从缅甸、印度尼西亚和俄罗斯向中国的非法走私木材来看，这项禁令似乎的确得到了执行。邓小平执政时期的土地私人承包经营，加上对"科学管理"的信任，使得之前开阔的牧场被围了起来，大片的草原也进一步退化并逐渐变成了荒漠。

中国的野生动物种群数量仍在不断下降，大多数中国原产的物种现在都被挤到了云南省偏远然而仍旧面临激烈竞争的角落里。中国主要的河流除一条外，其他全都已经被修筑了水坝和水库，以便提供农业灌溉和饮用水，近年来又用于发电以推动中国经济的快速发展。但无论是水力还是中国储量巨大的燃煤发电，都无法满足中国以指数形式增长的能源需求，迅速发展的私人汽车文化以及在中国各地从事运输的柴油动力卡车，都带动了中国的石油消费。在过去十年中，如此巨大的化石燃料使用量，已经使得中国成为全世界最大的温室气体排放国之一。

在情理之中而且有些令人鼓舞的是，环保组织不断涌现出来，向当地和上级地方政府提出抗议，反对那些造成土地、水源和空气污染的经济发展计划。中央政府也表达了对环境问题的关注，设立了国家环境保护总局和后来的环境保护部，并鼓励媒体对这些问题进行曝光。过去的三个五年计划，已经将环境保护列为一项重要内容并设置了量化的投资目标。除了将环境保护列入小学的课程体系外，中国共产党和中国政府还提出了促进"人与自然和

---

① 如要了解更为深刻的分析和评论，请参阅 Sam Geall, "Interpreting Ecological Civilisation," in *China Dialogue* (July 6, 2015, July 8, 2015, and July 20, 2015), https://www. chinadialogue. net/article/show/single/en/8018-Interpreting-ecological-civilisation-part-one-; https://www. chinadialogue. net/article/show/single/en/8027-Ecological-civilisation-vision-for-a-greener-China-part-two-; https://www. chinadialogue. net/article/show/single/en/8038-Ecological-civilisation-vision-for-a-greener-China-part-three-. Accessed August 16, 2016。

谐相处"和构建和谐社会的重要目标。

　　这种提法看上去很容易让人联想起中国古代的"天人合一"和天命观下的"天人感应"思想。而且，正如这些思想往往是在人类与环境之间关系受到干扰时才被一次次重新阐明一样，大规模的环境危机以及由此引起的数以千计的群体性抗议事件，似乎也为现在倡导的"和谐"和"生态文明"理念提供了社会背景。*377*

　　我们将在最后一章中考察中国长时段历史中的变化和连续性这一庞大的问题，在这里，我只想探讨中华人民共和国时期乃至 20 世纪中的变化和连续性问题。一方面，中国的政治、社会和经济都发生了巨大的变化，最后一个封建王朝让位于短暂的中华民国，此后，社会和地缘政治的力量又帮助共产党人成功地取得了政权并从 1949 年一直发展到今天。毛泽东时代（1949—1976 年）和改革开放时期（1979 年至今）的中国一直都在追求以最快的速度发展经济。

　　然而另一方面，环境变化的规模和节奏并不一定会和通常的历史分期保持同步，环境史的视角至少可以帮助我们从三个维度来重新审视中华人民共和国的历史。首先，中国共产党取得政权的时间正处于一场大规模环境危机的过程中，在这一时期，随着中国环境的退化，能够被循环回到农业生产以支撑人口规模的营养物质正在不断减少。伴随"大跃进"而发生的那场本应可以避免的大饥荒表明农村地区的营养物质已经极度耗竭，以至于无法容纳野生动物的生存，因为几乎没有资料记载当时的数百万饥民能找到哪怕是老鼠或虫子之类的东西来充饥。在能够工业化生产化肥之前，中国共产党领导人面临着和帝国时期的先辈们同样的生态约束，也只好使用同样的办法来增加食物供应量——把更多的森林和草原开垦成耕地。化肥特别是氮化合物的大规模应用当然可以增加农业的产量，但这些化合物现在也在从耕地渗透流失并对水体造成了污染。

　　其次，中国几千年来以农业为基础的经济发展逐渐削弱了环境的恢复能力。最清楚反映出这一点的就是，原来在中国庞大复杂的水文系统中担负天然水库职能的湿地、湖泊和河流三角洲，逐渐被改造成了易发洪水的农田和村庄。随着这些天然蓄水区被填充，中国只好建造大量的（根据最近的一次统计有 8 万多个）水坝和水库，以蓄水、灌溉和提供饮用水。这种人造水利系统的脆弱性会时不时地体现为水坝的崩溃和由此引起的大规模破坏，以及由（并非无法预料的）季风强降雨导致的洪水。

最后，中华人民共和国在经济、科学和生态方面的目标和举措，与中华民国时期国民党的领导人之间存在着某种连续性，都与现代化工程有着显著的联系。两者也认为环境存在的意义在于满足人类的需求，通过现代理性的科学和管理方法，国家可以控制自然并使之创造出更大的可以缴纳赋税的财富，而无须耗尽这些资源。中华民国时期和中华人民共和国时期的一个主要区别在于，共产党政府拥有了足够的能力来实现其现代化的目标。

今天的中国正在摆脱旧生态体制的束缚和限制，迅速地进入一个化石燃料和化学肥料的时代，也面临着与工业化和城市化相伴随的各种环境挑战与承诺。

第八章

结论：世界史视角下的中国与环境

虽然中国政府已经开始呼吁"人与自然和谐相处"并实施了环境保护的
相关法律来创建"生态文明"，但仍有报告指出，"在新的控制措施下，污染
状况还在恶化"①。存在着显而易见的环境意识和继续恶化的现实状况之间的
脱节，让我们回想起两千五百年前的中国历史。正如我们在第二章中所看到
的，那时的华北平原已经明显出现了砍伐森林、填充湿地沼泽以开垦更多的农
田从而导致一些物种日益稀少的状况。于是，各种思想家建议政府限制人们对
于自然的开发，保护这些资源以便用于对抗其他国家的战略性用途。同样对于
资源枯竭的担忧在环境危机日益加剧的 19 世纪也曾出现过（参见第六章）。

这些相似之处是发人深省的。中国当前的环境问题已经引起了公众的关
注和不满，也促使政府颁布和采取了相关的法规和措施。而且，和过去的环
境危机一样，现在也出现了一些担心中国资源——特别是水和土地资源——
是否已经达到了极限的声音。② 中国历史上的历次环境危机都引起了人们对

---

① Andrew Jacobs, "As China's Economy Grows, Pollution Worsens Despite New Efforts to Control It," *The New York Times*, July 29, 2010, A4.

② 对于水资源的担忧主要体现在第七章所论述的黄河每年断流和"南水北调"大型水利工程上，关于中国的土地是否不敷使用的问题则主要与外国媒体所报道的中国在非洲的活动有关。罗洛·霍达（Loro Horta）的两篇在线文章引起了这方面的猜测："Food Security in Africa: China's New Rice Bowl," *Ocnus Net*, http://ocnus. net/ artman2/publish/Africa_8/Food_Security; "The Zambezi Valley: China's First Agricultural Colony?" The Center for Strategic and International Studies, http://csis. org/ print/18426,originally posted June 8, 2008。他的观点也得到了《金融时报》（Jamil Anderlini, "China Eyes Overseas Land in Food Push," May 8, 2008)、《卫报》（David Smith, "The Food Rush: Rising Demand in China and West Sparks African Land Grab," July 3, 2009）和合众国际社（"Food and Water Drive African Land Grab," April 29, 2010）相关文章的支持和继承。一方面，这些报道提供了中国可耕地数量下

于营造人与自然和谐关系的呼吁，然而，这在现实中并未实现过。

在本书所涉及的数千年时间里，中国人口占世界总人口的比重大体在 25％～40％，而今天大约有 14 亿。[①]无论是就其本身规模还是占世界的比重而言，中国的人口一直以来都非常庞大。与陆地面积大体相当的美国相比，这意味着要在美国现有的人口规模上再增加 10 亿人。由此可能给美国带来的环境挑战，我们不需要太多的想象力也能体会得到。而这正是中国今天所面临的状况。

中国的执政者需要在提高中国人民生存机会和生活水平的经济政策与认识和改善环境日益恶化的趋势之间寻求平衡。正如我们在第七章中所看到的，这两种政策取向在当前均有所体现。而近期发生的两件事则为中国环境史中的变化和连续性问题，以及造成环境变化的人类和自然因素提供了新的注脚。第一件是国际能源署公布，2010 年中国已经超过美国成为全世界最大的能源消费国。据该机构的首席经济学家说，这一变化"标志着能源史上新时代的开始"[②]。

中国能源消费超过美国的确是一个大新闻。因为在 20 世纪的大部分时间里，美国都消耗了世界各国出产的大部分能源，对于这一现象的全球性意义，其他历史学家已经进行过阐述，既包括美国的工业和军事实力，也包括美国工厂和发电厂释放温室气体的影响。而现在，所有这些都落到了中国的身上。

第二件是 2010 年夏天打破历史纪录的特大暴雨，造成汇入长江的水量

降的看似真实的报告；但另一方面，相关的学术调查却并不支持中国"抢夺非洲土地"的观点，参见 Deborah A. Bräutigam and Tang Xiaoyang, "China's Engagement in African Agriculture：'Down to the Countryside'," *The China Quarterly* 199（Sep. 2009）：686 - 706；以及 Deborah A. Bräutigam, *The Dragon's Gift：The Real Story of China in Africa*（New York, NY：Oxford University Press, 2009；中译本见黛博拉·布罗蒂加姆：《龙的礼物：中国在非洲真实的故事》，沈晓雷、高明秀译，社会科学文献出版社，2012），特别是第十章"外国农民：非洲农村的中国定居者"。

① 今天，中国虽然拥有超过 14 亿的人口，但占世界总人口的比例却逐渐下降到了 20％左右，这主要是因为中国自身人口增长速度的放缓，也与世界其他地区人口的迅速增加有关。

② *The Wall Street Journal*，July 20，2010，A1，C10. 这一总量数据包括了各种形式的能源，但在能源的构成和人均使用量上，结果则有着明显的不同。美国 22％的能源来自煤炭，而中国对煤炭的依赖则从 2000 年的 57％上升到了 2010 年的 2/3；美国人均每年消费能源当量为 7～8 吨标准油，而中国仅为 1.7 吨，这意味着，中国的能源消费和生产与人民的生活水平一样，都还有很大的增长空间。

急剧增长，导致了三峡水库水位的上涨和人们对三峡大坝可能无法抵御华中地区洪水的恐慌。与此同时，国家还对淮河流域下达了防汛准备工作的紧急命令，因为这里的降水也较往年增加了50%。① 这再一次引起了我们的思考，它体现的究竟是变化还是连续性？其原因究竟是人为的还是自然的？正如第六章所指出的，虽然厄尔尼诺-南方涛动事件和周期的确会影响到每年季风给中国带来的降雨量，但无论怎么"打破历史纪录"，洪水在很大程度上都是中国长时期以来砍伐森林和水文系统对周期性降雨的蓄水能力下降所导致的。

第一节　中国环境史中的主要议题

土地利用与土地覆盖的变化

走出当下的这些兴趣点，我们还可以把当代中国的发展放到其更长期的环境史背景中进行考察。毫无疑问，中国的环境在过去的一万年里发生了广泛的变化，其中大部分变化都是人类行为所造成的。而且直到最近，这些行为大多数是为了扩大中国的耕地以用于农业耕作。事实上，农业本身首先就是因为将多年生野生稷种和稻种转变为依赖人工繁殖的一年生作物才成为可能的。自新石器时代的农业革命以来，土地利用的变化引致了土地覆盖的显著变化，也把中国的自然山水生态转变为农业生态系统。②

气候变迁

此外，中国的气候的确是越来越趋于寒冷和干燥。因此，即使没有人类，那些四千年前生活在华北平原森林里的犀牛、鳄鱼、老虎和大象，现在也不太可能还在原地生存。但在长江流域以南直到广东、广西的这些地区，气候条件是适合它们继续生存的，之所以在这些地区也看不到这些动物，主要是因为人们在为适应以谷物为基础的农业生产方式而砍伐了华北平原的森

395

---

① *The Wall Street Journal*，July 20，2010，A12. 亦可参见 Edward Wong，"Water Levels Near Record at Three Gorges Dam in China," *The New York Times*，July 19，2010。

② 关于这一问题在世界范围的情况和相关的案例，可参见 B. L. Turner II and William B. Meyer，*Changes in Land Use and Land Cover：A Global Perspective*（New York，NY：Cambridge University Press，1994）。

林之后，又继续向南部和西部拓展，清除了挡在他们前进道路上的各种森林。这种大量的森林砍伐在世界历史中都可以算是最大规模的人类持续性活动之一。①

在中国的历史上，气候变化与人类历史进程之间有着复杂的关系。一方面，突然性的气候变化，特别是像三千年前商朝终结时遭遇的寒冷时期，或者17世纪的小冰期，都可能会对历史进程产生戏剧性的影响。这在一定程度上是因为气候变冷降低了收成，减少了人民和政府可用的资源和能源。如果此时的国家正处于战争状态，就像上面提到的两个时期那样，统治者很少能够明智地降低税收来保障他们的臣民拥有更多的粮食供应。结果，饥荒、死亡和毁灭降临到老百姓身上，政权也会随之垮台或被推翻。

另一方面，人类能够也确实已经适应了不断变化的气候条件。有时候，气候变化的发生会伴随着人们的迁徙，在公元前300年到1300年这漫长的一千多年中，有数以百万计的汉人为躲避游牧民族的入侵而逃往南方。这些难民适应了新的环境，袭用了当地土著的农业技艺，并在其政权的支持下将这些技艺广泛传播开来。特别是在那些气候变化较为缓慢的时期，中国人还会通过选择性地培育那些能够更好适应气候变化的新动植物来让自己适应变化的气候条件。

气候和气候变化是中国环境史上的行动者，但人类也并不只是在简单被动地做出反应。正如威廉·拉迪曼所指出的，更为复杂的是，中国的森林砍伐和水稻种植都可能在六千到八千年前就开始向大气中排放温室气体，而这又阻止了可能的气温下降，并为末次冰期以来所有人类社会的发展创造了更温暖的条件。

水利控制

控制水利的理想也吸引人们投入了大量的精力和心血。从大约两千五百年以前黄河最早修筑的水坝，到大运河及其对中国中部和北部地区水文状况所造成的改变，再到过去六十余年来中国在除一条以外所有主要河流上修建

① 在过去五十年中，对热带雨林的迅速砍伐很可能在速度和规模上都超过了中国的森林采伐，参见 Michael Williams, *Deforesting the Earth*: *From Prehistory to Global Crisis* (Chicago, IL: University of Chicago Press, 2003)，特别是第13章；之所以说"很可能"，是因为威廉姆斯并没有将20世纪中国的数据统计在内，因此很难在两者之间进行比较。

的 8 万多个水坝，中国一直在根据各种"治水"的思想而进行着努力。然而正如我们所看到的，矛盾的是，几乎所有的治水努力结果都成为某种权宜之计，伴随着这些举措，又会出现新的、更大的挑战。一些历史学家将这些举措归结为长时段的"水利周期"，并发现它们往往与王朝的兴衰循环相对应。他们的解释是，新王朝有能力动员必要的资源来解决水利问题，并能在一定程度上控制住洪水或干旱引发的问题；然而，随着时间的流逝，维护这些系统所需要的资金、时间和人力状况不可避免地会趋于恶化，于是又出现了新的洪水和干旱，并进而加剧了王朝的衰落。[①] 厄尔尼诺-南方涛动事件和周期有可能与这种洪水和干旱的水利周期发生重合，但这种"自然"灾害的影响肯定是通过人为的制度因素而实现的。

396

森林砍伐

与中国可能存在的水利周期相比，持续长达四千年的森林砍伐则更为严重。不断将森林转变为农田的活动或许出现过一些间断，但在这一进程的背后有着巨大的推动力。在寻求更多资源以用于对外战争的进取型政府和人数不断增加的汉族农民之间，形成了一种连锁的反馈机制，促使着中国人不断向边疆地区推进，直到 18 世纪时达到了帝国疆域的极限。

拓殖

中国环境史中的很多内容都涉及汉人与新的、陌生的环境、地理和族群之间的邂逅，这些相遇是复杂而且并非单向的。我们可能永远都无法知道，汉族人民为了适应新环境而采取的各种办法，以及他们从当地人民那里学到的各种生存技巧，这主要是因为我们所能看到关于这些交往的记录大多是由汉人书写和留存下来的。不过，这些相遇的总体结果还是很清楚的：以家庭为单位的小面积谷物种植在中国政府行政和军事的支持下，遍布全国各地。

当 18 世纪中华帝国的疆域面积达到顶点时，它不仅幅员辽阔，而且极为富于生物多样性。从北部、西部的草原和东北的密林，到热带的海南岛和云南生态状况各异的山区，在中华帝国的治下，拥有了几乎可以称得上空前

[①]　Pierre-Etienne Will, "State Intervention in the Administration of a Hydraulic Structure: The Example of Hubei Province in Late Imperial Times," in *The Scope of State Power in China*, ed. Stuart Schram (New York, NY: St. Martin's Press, 1985), 295-347；中译本见魏丕信：《水利基础设施管理中的国家干预——以中华帝国晚期的湖北省为例》，载陈锋主编：《明清以来长江流域社会发展史证》。

绝后的大量资源。这种多样性也赋予帝国以力量和适应能力，使统治者可以最大限度地汲取和利用这些资源。不过，中国的不断拓殖所造成的一个后果就是，并没有保护和维持这些丰富的生态系统，而是把它们变得越来越单一化。

生态系统的单一化

过去四千年来中国环境史最重要的趋势，就是自然生态系统被简单化成了一种特定形式的农业生态系统。中国的人口或许在世界上占据了很大的比重，但中国人与环境之间的相互作用关系则从至少两千五百年以前甚至更早的时候开始，就表现为一种对特定形式的不断自我复制。曾经被数以百计不同生态系统中的动植物摄取并用以维系大量物种生存的太阳能，越来越被那些由人类种植和收获的农作物所独享。自然生物多样性的丧失同时也伴随着人类文化和政治多样性的减少。除了西南地区的阿卡人（参见第七章）这个可能的例外，这种互动造成的单一化一直持续到了今天，特别是内蒙古原来的牧民以及云南西南、西藏和新疆的各族人民。

正如我们在本书中已经看到的，从森林或草场到农田的这些土地利用方式上的变化，的确对环境变迁产生了显著的影响，包括因栖息地被清除而导致的大量物种灭绝或局部灭绝，以及大面积的水土流失和荒漠化。但自然进程本身并不会因为自然环境单一化为物种很少的农业生态系统而发生改变，而只会因为人类的目的而被削弱和利用。除了那些已经成为沙漠而几乎没有剩下任何营养成分的土地之外，只要人类活动所造成的退化进程停止或逆转，大部分的农业用地仍然具有足够的恢复弹性。

第二节　局部消失、种群灭绝与保护

在过去的四千年里，汉人和其他族群的活动都改变了他们的地貌，这导致我们知道的一些物种灭绝了，另一些物种也被迫从它们原来的栖息地迁徙到远离人类的更偏僻的地方。这种局部地区种群消失和灭绝的情况大部分是由动植物栖息地被转变为农田而导致的。目前来看，中国史料中记载最早的因人类活动导致种群灭绝的动物是那些古老的野生原牛和野生水牛（详见第二章）；咸水鳄在唐代从福建的湿地消失（第四章）；老虎和大象在宋代的华北地区灭绝（第四章），到 1900 年时已经全部迁徙进入深山（第五、六章），而这些还只是我们所熟知的"明星物种"。随着森林、湿地和草原被改造成农田，中国的土地上究竟消失了多少种动植物呢？

这些局部地区种群的消失和灭绝很可能发生在人类活动加剧从而给当地环境和资源带来压力的时期。与商朝建立相伴随的城市建设和农田开垦，就是其中的一次。战国时期再度出现的类似情况，促使人们开始关注资源的短缺问题并形成了政府对他们的环境应该怎样做和不该怎样做的政治话语。受到佛教思想影响的唐代环境观察者们，则表达了他们对各种动物处境和命运的关切。到了晚清时期，在担忧资源耗竭的同时，至少有一位官员已经提到了物种灭绝的问题（详见第六章）。当然，过去三十年来中国工业高速发展和资源开采对植物、动物和人的影响，也激发了新一轮对环境问题的担忧。

对资源可得性的大量担忧已经让位于人们赶在种群灭绝之前为濒危动植物建立自然保护区的努力。中国西南和西部的自然保护区和国家公园为野生动植物保护带来了希望。但是，地方官员对经济发展的追求，以及当地居民对改善生计的需求，又导致了生态旅游的出现，越来越多的人穿梭于保护区之中观赏动物，将这些保护区物化成为某种新奇的或被捕获和变了性的"自然"。福建梅花山自然保护区的老虎生活在铁丝电网的双重围栏之中，云南南部野象谷的数百头大象虽然在充分的保护之下得以繁衍，但也要忍受一些从泰国输入的类似马戏团的管理行为。① 云南和西藏的这些明星物种之所以如此珍贵，正是因为中国四千年的环境史已经把它们变得稀有和濒危。

农业的可持续性

事实上，中国历史中的一个悖论就在于，虽然环境的退化是长期而且明显的，但中国的农作制度又确实具有非凡的可持续性。两千年前清理出来的耕地到现在仍然可以耕种，一千多年前排干的沼泽、湿地和圩田在今天还在生产稻米。在历史上，中国农民通过定期而大量地把从城市人家和公共厕所中收集来的粪肥循环到耕地中的办法来补充营养物质、维持生产力和土壤的肥力，但到 19 世纪以后特别是 20 世纪，有明确的证据表明这一循环系统正在缓慢地流失越来越多的营养物质。到 1950 年时，中国几乎所有的耕地都

398

---

① 关于大象的引人入胜的故事，可参见 Michael J. Hathaway, *Environmental Winds：Making the Global in Southwest China* （Berkeley：University of California Press，2013），第五章。

缺乏植物生长所必需的大部分营养物质。如果不是化肥的加入延长了中国农田的生命，这种能量平衡的状态将无法一直维持下去。即使如此，我仍然担心中国长期以来的环境退化，再加上过去三十年来工业和化肥对土壤、水和空气造成的污染，很可能会导致中国自然环境日益失去从人类造成的损害中得以恢复的能力。

1949 年问题：三千年与三十年

在中国的历史上，很少发生像 1949 年中华人民共和国成立这样重大的变革。新中国的成立标志着中国近代史上的一次重要变化和一个新时代的到来，主导这个新时代的政府拥有足够强大的力量来贯彻自己的政策，追求以最快的速度实现工业化。因此，绝大多数的历史学家都认为 1949 年不仅在中国历史上至关重要，而且在世界历史上也有着非凡的意义。[①]

的确，在实现社会主义社会的号召下，新的共产党政府开展了一次彻底的社会革命，将政治权力集中到自己手中，并开始了迅速的工业化。但就中国环境史而言，1949 年本身可能并不意味着大规模或者立即发生的变化。一些环境史学家已经提出，划分人类与环境相互作用时期的一个重要方法是使用"能量体制"概念，即一个社会开发和使用能量的主要方式。[②] 在本书所涉及的几乎全部时间里，中国人主要是从生物质那里获取能量：燃烧木柴用以取暖，锻造金属工具，煮水以纺织或制盐，种植作物以供应粮食。通过一系列自然过程，植物储存了太阳能并最终为人类所用，中国人也成为这些生物质储存能量非常高效的使用者。但随着时间的推移，这些能量的储存量逐渐减少并变得供不应求，于是华北地区在 11 世纪开始越来越多地使用煤炭，到 19 世纪时，森林砍伐又进一步加剧了其他地区燃料的短缺。风力和水力也都曾被用作船舶和机械的动力来源，但和生物质一样，它们也受限于太阳能每天和每年的周期变动。大部分的工作是由人力完成的，此外，公元前

399

---

① Clive Ponting, *The Twentieth Century* (New York, NY: Henry Holt, 1999).

② Edmund Burke III, "The Big Story: Human History, Energy Regimes, and the Environment," in *The Environment and World History*, eds. Edmund Burke III and Kenneth Pomeranz (Berkeley and Los Angeles, CA: University of California Press, 2009); I. G. Simmons, *Global Environmental History* (Chicago, IL: University of Chicago Press, 2008).

1200 年时增加了马匹的使用，公元 1000 年前后又使用了水牛耕犁稻田。在这种旧的生态体制下，主要的动力还是人力和畜力。[1]

　　中国 1949 年的共产主义革命最初并没有改变这些状况，中国共产党人在城市工业化方面的努力或许取得了一定的成功，但旧生态体制的局限性决定了他们只能像过去几千年来一样，通过开发森林储备来增加能量的来源。农业生产力的提高也受到缺乏现代肥料的约束，直到 1970 年代中期中美关系取得突破之后才实现了化肥生产技术的引进。和共产党人开始的其他现代工业一样，化肥生产也依赖于主要通过燃煤供应的电力；但和其他产业不同的是，化肥打破了旧生态体制限制工业化高速发展计划的天花板。这些变化恰巧与中国从毛泽东时代向邓小平时代的转变同时发生，大部分研究者都把这一社会转变看作 1980 年以后中国工业迅速发展的原因（当然，对此的态度有褒有贬），但如果没有化肥提高了农业产量，邓小平的致富口号也很可能会像毛泽东时代建设社会主义的"大跃进"一样遭遇失败。

　　中国的生态恢复弹性

　　使用化肥提高农业产量只是人类试图解除环境对自己活动的约束然而最终却导致了一系列有待解决的新生态问题的一个例子。类似的例子还有很多，如黄河筑坝，造成了河床的不断抬升并给华北平原带来了很多水利问题；京杭大运河，沟通了自然水系，但却加剧了原有的生态压力并带来了土壤盐碱化等新的问题；砍伐森林、开垦农田，导致了山区的土壤流失，并最终加剧了旧生态体制下日益严重的能源危机；还有开垦草原以种植更多的作物和拓殖中华帝国新的边疆地区，以及南方河流沿岸和三角洲地区的圩田等。上述每一项人类行为都产生了各自的生态后果，也通过各种不同的动因 *400* 推动着中国历史走向新的方向。

　　这些人类行为对生态环境造成的破坏，也会因土地敏感性和弹性的不同，以及土地管理措施的差异而得到不同程度的缓解。堤坝维修、运河疏浚、耕地施肥和稻田养护等一系列管理办法，都至少在一段时间内减轻了灾难性的环境后果，而这些工作的开展程度则取决于维护那些因人类而改变的生态系统所需要消耗的能量。物理学的熵定律也适用于生态系统，即如果没

---

　　[1]　Vaclav Smil, *Energy in World History* (Boulder, CO: Westview Press, 1994), esp. ch. 6.

有等量或更多的能量补充来维持"秩序"，系统就会趋于紊乱。在自然系统中，太阳能维系着地球生态系统的运转，而为了保持人类建立的社会、经济和农业生态系统，人类自身必须为此提供额外的能量补充，否则系统就会趋于恶化。因此，在几千年来中国持续发展和扩大的过程中，必须增加越来越多的投入，才能保护这一系统不受损伤。

一位历史学者把这种情况称为"技术锁定"，指的是走出一个特定的技术系统所需要消耗的成本要大于继续向该系统投资的费用。这是对中国历史长期连续性的一种解释，因为技术是人类与自然互动和改造自然的基本手段，伊懋可还进一步指出，这种技术锁定最终总会碰到各种形式的环境或物理约束。①

化肥、以化石燃料为基础的新能源体制，以及中国近年来创纪录的工业化步伐打破了这些约束条件，并由此构成了中国环境史的新篇章。中国古代环境史的影响主要是本地或区域性的——除了那些传染性疾病和消费者对食物的需求，而在今天，虽然主要和直接感受到工业污染和土地利用变化冲击的还是中国人民，但中国的举措已经产生了全球性的环境影响，中国日渐累积的环境危机也已经成为一个全球性的问题。

第三节　中国环境变迁的驱动因素

正如生态学家所指出的，环境变化的驱动因素可以分为直接和间接两类。直接驱动因素包括进化、气候变迁和火山活动等自然进程，以及由自然或人类原因引起的其他进程，如土地利用和土地覆盖的变化、物种引进或清除、技术变革、肥料的使用（和滥用）和其他农业实践。间接驱动因素则包括人类活动和制度、机构因素如社会经济结构与进程、政府行为、技术、文化实践、信仰和人口发展进程等。② 此外，这些驱动因素自身也在发展变化，而不是一成不变或确定的。

---

① Mark Elvin, "Three Thousand Years of Unsustainable Growth: China's Environment from Archaic Times to the Present," *East Asian History* 6 (1993), 7-46.

② 相关总结可参见 Millennium Ecosystem Assessment, *Ecosystems and Human Wellbeing*, *Synthesis* (Washington, DC: Island Press, 2005), vii。中译本见《千年生态系统评估——生态系统与人类福祉：综合报告》。

这些直接和间接的驱动因素正在日益相互交织地引起广泛的环境变化。例如，地球的气候原本主要是与地球形成和演变相关的复杂自然力量以及地球系统与太阳能相互作用的结果，而近年来，人类的工业化活动以及向新的化石燃料能源体制转变所释放出的大量温室气体，也已经成为驱动气候变化的一个新要素。

401

与之类似的是，人类的活动也已经导致了本地、区域性乃至全球性的环境变化。具体而言，本书所提到的中国历史上驱动环境变迁的几种因素包括：新石器时代向农业社会的过渡、中国农业体系和政府权力发展之间有趣的互动关系、市场与商业、技术变革、文化信仰与实践、人口变动。在从全球史视角对中国环境史进行总结之前，让我们先对这些驱动因素做一个探讨。

农业与中国政府

个人、家庭和其他社会群体确立和行使土地使用权的方式与人类和自然交流并改变自然生态系统的方式之间有着紧密的联系。就中国环境史而言，可以据此分为两大类，一类将特定地块（无论大小）的使用权赋予具体的人，另一类则并不认为有必要或者应该拥有固定的土地。从最宽泛的视角来看，前一类方式代表了汉人与土地的关系以及由此发展出的私有财产观念和制度①，而后一类方式则对应于本书所提到的很多其他民族，有的（特别是草原游牧）民族按照年度进行周期性的迁徙，而另一些在山区和森林采取刀耕火种方式进行游耕的民族则有着更长的迁徙周期，往往会每隔二三十年才回到原来的地区。

在成为中国的这片土地上所发生的一个重大变化，就是中华帝国的不断扩张并将其法律和文化规范推广到了幅员之内的所有地区，同时也用汉人关于土地及其最高效使用方式的观念取代了土著族群原有的思想。这显然是一个非常漫长的过程，从三千五百年前的商朝开始，一直持续到今天内蒙古自治区内曾经的牧民身上。受到影响的这些人民，不只是社会、经济和环境发生了变化，连他们对自身的文化认知也因此而发生了改变。在这里，环境与

①　参见一本早前出版的有些古怪然而在这种关系上又颇具洞见的著作，Leon E. Stover, *The Cultural Ecology of Chinese Civilization*: *Peasants and Elites in the Last of Agrarian States* (New York, NY: Mentor Books, 1974)。

身份的认知交织到了一起。

此外，中国人的理解和实践也在随着时间的推移而发生变化。新石器时代，由于黄土的特殊性，在黄土和森林交错区耕种的农人可以年复一年地耕作很多年，因此他们必须捍卫自己对于土地的排他性所有权。公元前 5000 年到公元前 4000 年的气候变化虽然促使人民迁往更宜居的地区，但农业剩余的出现和对剩余的保护最终催生了统治阶层和商王朝，商朝的王室也确立了拥有土地和役使奴隶为其劳动的权利。随后的周朝采取了封建制度，委派贵族以周王的名义开拓华北平原的其他地区，这些土地的合法权益并不属于开垦者和耕作者，而是属于诸侯和贵族。诸侯国之间的竞争在不断削弱周王室权威的同时，也催生了军事、社会和法律制度的革新，其中，秦国确立了私有财产的原则和农户拥有土地——当然，也要向政府缴纳税收——的权利。

中央政府从农民家庭收税这一制度安排成为中国环境史的基本内容和特性。虽然有时也会有一些豪强富室积累大量的土地并迫使农户成为自己的农奴或准农奴，就像汉朝后期和明朝末年那样；但隋朝通过根据家庭规模和田地肥力对农民家庭重新分配土地的均田制度，有效地消除了大地主，这种做法一直延续到了唐代，直到 8 世纪中叶的安史之乱削弱了政府的能力。在宋朝，富户强族再度兴起并积累和控制大量的土地；但明朝初年又重新确立了小农户对土地的所有权，虽然这也没能阻止后来大地产者的土地积聚和大量小农家庭再度失去自由。到 18 世纪中期，清政府通过保障所有农户均拥有人身自由和财产、迁徙权利的方式解决了这一问题。中华人民共和国在前三十年里消除了土地的私有制，但 1980 年代以后又确立了土地承包经营权并对其赋予了法律保障。

纵观中国帝制时期和近代的历史，对小农家庭农业的压力可能会导致土地所有权集中到极少数人手中和小农失去人身自由，但在绝大部分情况下，从事农业的基本经济单位仍然是家庭农户。正如第一章所述，这有一个潜在的生态原因。无论是华北平原的旱作农业还是长江流域和华南地区的水稻种植，都有一个共同的特点，就是粮食生产中对土地的密集使用。因此，管理土地最有效的方法就是让农户——而不是贵族、地主或政府官员——直接负责制定最关键的种植决策。由此引起的另一个后果就是，用于放牧牛马的草场被限制到最小规模，而粮食作物所摄取的能量也支撑了人口的进一步

402

增长。

　　家庭农业的生产方式也是早期帝国政府决策的产物。如第三章所述，战国时期虽然战乱频仍，但城市、商业、商人财富和商人文化也在迅速发展，并完全有可能把中国导向另一条截然不同的发展道路。但秦汉时期的统治者更希望把土地税作为国家财政收入的基础，而不是去解决征收商业税可能遇到的那些麻烦。

　　中国政府在很早的时候就已经清楚地意识到了家庭农业对国家财政良性运转的重要意义。汉朝统治者还发现家庭农业是拓殖新征服地区并改变其环境的极佳工具，于是最早使用屯田政策，把西北地区的环境从草原转变成了耕地。此后的每个王朝几乎都沿用了这一政策来巩固对边疆地区的统治，唐代在岭南，宋代在四川，明代在西南地区，清代在台湾岛和海南岛都是如此。很显然，中国政府非常明白，家庭农业生产方式可以把异族的人民和环境转变为自己更熟悉的形式，从而有助于提高政府对土地和人民的控制能力。此外，农民家庭不仅自行决定种植的作物，还会控制家庭规模和结构，而这正是影响中国人口规模和密度（下面要讨论的另一个环境变迁驱动因素）的核心问题。 *403*

　　拓殖和耕种新的土地需要单个农民家庭所无法调配的大量资源，因此，中国政府会向这些移民提供种子、工具和耕畜，往往还会蠲免数年的税收。不过，通过农民来开垦新耕地的并不仅仅是朝廷，在唐宋时期，拥有众多资本和劳动力的富室豪族也在长江流域建造了大面积的堤围，为水稻农业提供了灌溉基础设施，从而将大片的沼泽湿地变成了稻田。此外，还有佛教寺院，在大量土地和金钱捐赠的支持下，也将很多森林开垦成了农场。

　　这种中国政府战略需要和农业体系的组合对环境产生了重要的影响。最典型的就是国际自然保护联盟描绘的老虎的分布范围，它清楚地表明，（野生）虎在中国境内甚至包括詹姆斯·斯科特称为 Zomia 的西南地区和东南亚接壤的大片山区都已经灭绝了。老虎分布边界线两侧的环境基本是一样的，所以中国境内不再有老虎栖息的原因只有一个——政府保护和支持下的人类活动，改变了老虎的栖息地（主要是开垦农田）；而边界线另一边的人则采取了和汉人不同的另一种可以与老虎共存的生活方式（虽然需要小心和敬畏）。

市场与商业

尽管稳定的农业社会更受古代中国人偏爱，但市场和私人产权也一直在中国的经济和环境中扮演着重要的角色。李安敦认为，两千多年前的汉代就已经是市场经济了，而另一些历史学家则认为中国向市场经济的过渡发生在 8 世纪中叶安史之乱削弱了唐朝政府之后。虽然李安敦关于汉朝的评论可能是正确的，但汉王朝的崩溃和 4 世纪初游牧民族的入侵导致了中国历史上的一次断裂；隋朝和唐初，政府对财产和市场的控制再次得到了强化，直到唐朝统治者失去掌控两者的能力之后，中国历史才走上了一条日益依靠私人财产权利而不是国家控制的道路，同时，也越来越通过市场的力量来分配商品、服务和开发自然资源。

到 16 世纪时，中国已经完全成为市场和商品社会。[①] 在玉米、马铃薯、烟草和番茄等美洲作物的引入，以及市场对木材和纸张需求的拉动下，大量移民进入中国中部和南部的丘陵和山区，对那里的森林和林产品造成了大规模的冲击（详见第五章）。有趣的是，那里出现了比荷兰更早的期货和股份交易市场，从而对世界史叙述中一直以来认为欧洲是这些金融工具唯一产生地点的论点提出了质疑。在 18、19 世纪，市场网络也引起了西南地区瘟疫的传播，并导致了东部沿海渔业资源的枯竭。1980 年代中国重新融入世界市场之后，对中国商品的全球性需求在推动中国高速工业化的同时，也加剧了中国土地、空气和水资源的污染。市场经济加速了中国对自然环境的开发利用，在过去两千年中的大部分时间里，市场一直是驱动中国环境变迁的重要因素。

技术变革

如果说技术是用于人类不同目的的工具或手段，那么环境史学家感兴趣的则是那些用于人类与自然或自然进程之间相互作用的技术。有控制地使用火进行烧荒就是一项曾被无数中国人使用过的重要技术，推动了中国不同历史时期游耕农业的发展。火对于烧饭、取暖和矿冶也都必不可少，尤其是促

---

① Timothy Brook, *The Confusions of Pleasure*：*Commerce and Culture in Ming China*（Berkeley and Los Angeles, CA：University of California Press, 1998）．中译本见卜正民：《纵乐的困惑：明代的商业与文化》，方骏、王秀丽、罗天佑译，生活·读书·新知三联书店，2004。

进了四千年前青铜铸造技术在中国好几个地区的独立发展①，这又促使锄头、犁和斧头等的制作材料从木材和锋利的石块转向了青铜和铁，从而丰富了农业的生产工具。

水利控制在中国人发展定居农业进而大面积改造环境的过程中也是一项非常重要的技术。秦汉时期的道路体系最早将中国广阔的疆域（或多或少地）纳入到了一个整体当中，虽然维护这一道路体系所需要的人力和资源很可能超越了此后历朝政府的意愿或能力。7 世纪隋朝开通的大运河，进一步沟通了华北平原和长江流域，使得整个帝国内部实现了更加频繁的经济联系和交流，也将资源的开发从中国核心地区推向了更遥远的北部和东部地区。此后，中华帝国历朝政府的很多治国方略都与维护大运河有关。直到 19 世纪中期，长期的生态退化、大规模社会和政治动乱以及外国蒸汽轮船进入的共同作用，才导致了大运河重要性的消失和政府维护管理的废弛。

在中国从新石器时代到 20 世纪的数千年中，与农业种植和水路航道相关的技术驱动了许多环境方面的变迁；而在 20 世纪中期以后，高速的工业化和化石燃料的使用又催生了一整套极其强有力的新技术，并在过去六十余年里驱动了一系列新的环境变化。而这两种环境变迁的技术模式，又都受限于特定的文化观念和实践，以及中国的人口规模和分布情况。

文化观念与实践

与前几个因素相比，评估文化观念和思想对环境变迁的影响程度要更难一些。一方面，历史是通过一系列人类的决策而创造出来的，而这些决策总是人们所持观念的产物；但另一方面，"文化"又是一个含混不清的概念，它可以包括一切，而又没有任何确指。就中国环境史而言，我们已经探讨了早期中国关于人与自然和谐关系的思想（第三章），唐代人造自然的思想（第四章），以及中国共产党人对自然的态度和观念（第七章）。

在大多数情况下，人类与自然和谐共存的观念总是人们在遭遇环境困难时产生的一种反思。在早期中国，对森林和湿地的开发和滥用催生了很多限制人类对植物和动物影响的思想观念，但却并没有改变中国社会更密集利用自然资源的发展方向。在唐宋时期，佛教和儒教对于动物的命运和福祉的忧

---

① 关于火的历史，可参见 Stephen J. Pyne 的多部著作，特别是 *World Fire：The Culture of Fire on Earth*（Seattle，WA：University of Washington Press，1997）。

虑也没有能够制止对森林的砍伐。而近年来中国又提出了建设生态文明路线图的思想，以应对中国乃至世界各地工业污染所造成的巨大有害影响。

文化观念和实践确实在中国环境史中产生了两个重要的影响。一个是中国共产党人征服自然、使之服从于人类需要的理想；另一个则是在历史上曾无数次发生的，将汉人的思想和制度应用于其他拥有不同环境文化和思想的人们的做法，其中文献资料记载最多的就是贯穿中国环境发展史的汉人与草原游牧民族的交往历程。

人口规模与变动

最后，中国人口的规模、分布和增长速度也是驱动环境变迁的一个重要因素。公元前 1200 年前后，商代人口的最高值约为四五百万；到公元元年时，中国人口增长到了将近 6 000 万；1200 年前后，达到约 1.2 亿；1950 年接近 6 亿；现在是 14 亿。隐含在这些数字中的实际人口增长率可能会稍低一些，因为部分的人口增长是由其他不同民族并入中华帝国而带来的，人口的规模也会出现周期性的下降，因此中国的人口增长历程看上去应该更像是有多次起伏的波浪式推进而非单一的直线上升。几次主要的人口下降发生在 4 世纪早期帝国崩溃、14 世纪蒙古征服和 17 世纪危机时期。在公元前 5 世纪到早期帝国建立这一时期，人口显著增加，社会和技术方面也出现了一系列的革新；在 10—13 世纪，中国的人口中心逐渐向南推移，同时伴随着水稻农业的技术改良和推广；17 世纪晚期以后美洲作物的广泛种植，以及 1949 年中国共产党胜利之后社会重新恢复和平，也都带来了人口的不断增长。

为了维持这一庞大且不断增长的人口规模，国家需要获取和改造大量的资源来为人民所用。在中国特色的定居农业和高效的国家机器共同作用下，中国在相当长的时间里非常成功地保持了人口的增长，同时也改变了环境。中国政府对于创造"税收明晰"的人口税基的重视，以及文化上对大家庭的推崇，造成了华北、西北和东部地区很高的人口密度，并迫使这些低地地区的农民迁往新的地区，进一步推动了拓殖活动的开展。

因此，我们不应把中国人口规模孤立起来看作环境变迁的单一驱动因素。而且，人口学者对 18 世纪以来中国人口规模和增长情况的研究也表明，过去那种认为中国人口增长缺乏抑制的观点是错误的，至少在过去的两千年里，中国家庭已经采用了各种手段来对家庭规模进行控制和管理。① 和绝大多数其他地区的家庭一样，中国家庭也会根据总体社会和经济状况以及食物供应特别是食品价格来进行生育计划。因此，中国的人口增长实际体现了中国人有能力提供足够的食物供应以支撑现有人口的更替水平乃至未来人口的发展。正是这些因素在历史上的组合和相互作用，而不仅仅是单一的人口增长，驱动着中国的环境变化。

第四节　世界史视角下的中国环境史

在本书所探讨的这数千年里，中国始终是世界的一部分，其历史也构成了世界史的一个组成部分。我后半句话的意思是，中国可以被看作世界上众多彼此相似的独立实体之一，因此也可以与其他文明实体进行比较；而前半句话的意思则是指，中国和其他文明共处于同一个世界，共同创造了世界史。要把中国环境史置于世界史的背景下进行考察，我们需要同时借助于这两种视角。

从比较的视角来看，中国环境史在世界史中即使不是独一无二的，也在许多方面都有着与众不同之处。世界上任何其他地区都没有这样悠久、连续而且由同一种语言文字记录的历史。事实上，如果没有这些连续性，本书的构思和写作也无从谈起。从第二章所述四千年前中国相互作用圈的形成，直到今天的中华人民共和国，中国总是以这样或那样的某种状态掌控着东亚这一地区。虽然具体的形式会因时而异，但毫无疑问的是，这里始终保持着中国历史的独特风格。而且，用 J. R. 麦克尼尔的话说："在比较的视角下，中国政府……在生态上的角色也显得不凡。帝制中国的政府（以及现代政府）喜欢干预社会……主动地寻求开发资源和治理自然，以便使确实而可征税的财富最大化。"②

407

① James Z. Lee and Wang Feng, *One Quarter of Humanity: Malthusian Mythologies and Chinese Realities*, *1700 – 2000* (Cambridge, MA: Harvard University Press, 1999). 中译本见李中清、王丰《人类的四分之一》。

② J. R. McNeill, "China's Environmental History in World Perspective," in *Sediments of Time*, eds. Elvin and Liu, 36. 中译本见刘翠溶、伊懋可主编：《积渐所至》，第 46 页。

在世界历史上，没有任何其他国家能够在这样长的时间里，拥有如此丰富而广袤的生态系统，也没有任何其他国家能够将自己的水利系统重新整合成一个如此庞大的内河航运体系，进而在这样长的时间里促进对生态资源的开发利用；没有任何其他地区能够像中国这样让土壤连续几千年仍然保持着生产力，也没有任何其他人民曾经拥有过如此漫长的传染病历史经验①，不仅适应了这些病菌（当然，病菌也在发生变异），也将其带到了世界其他地区。从中国悠久历史中看到的这些证据沉重而又令人印象深刻，它们揭示了地球上人类的发展以及我们与自然环境之间的关系。

中国及其历史在很长的时间里都不只是世界历史趋势的一部分，而常常是世界历史发展的推动力。② 由密集的谷物种植方式和强大而外向型的政府所构成的独特组合，不仅产生了相对于世界其他地区更多的人口，而且发展了旧生态体制下的丝织、瓷器和茶叶等产业，把中国经济乃至环境与世界其他地区广泛地联系了起来。一些历史学者绘制出了罗马和汉代全盛时期以及 13 世纪时这些国际密切联系的地图③；近年来，贡德·弗兰克（Andre Gunder Frank）等历史学家也已经指出，在约 1400—1800 年间造就了历史学家所说的"早期近代世界"的世界经济、社会和文化振兴过程中，中国具有中心的地位。④ 中国对白银、檀香、毛皮、海参和其他物品的需求对从东南亚和太平洋岛屿到欧洲和美洲的广大地区都产生了生态方面的影响。或者我们也可以换句话说，中国在地球上的环境足迹正在变得越来越

---

① J. R. McNeill，"China's Environmental History in World Perspective," in *Sediments of Time*，eds. Elvin and Liu，31−37.

② 除了本书中提到的一些例子以外，威廉·H. 麦克尼尔还指出，全球性市场的兴起就发端于宋代的中国，参见 "The Rise of the West' after Twenty-five Years," *Journal of World History* 1，no. 1 (1991)。

③ 参见 Janet Abu-Lughod, *Before European Hegemony* (New York，NY：Oxford University Press，1989)；Sing C. Chew, *World Ecological Degradation：Accumulation，Urbanization，and Deforestation，3000 B.C.-A.D. 2000* (Lanham，MD：AltaMira Press，2001)，75。

④ Andre Gunder Frank, *ReOrient* (Berkeley and Los Angeles，University of California Press，1999)；Kenneth Pomeranz, *The Great Divergence：China，Europe，and the Making of the Modern World Economy* (Princeton，NJ：Princeton University Press，2000). 中译本见贡德·弗兰克《白银资本》；彭慕兰《大分流》。

大，也越来越深。①

这些独特之处对于中国和世界都有着重要的意义。但中国的环境史也不完全是与众不同的，至少在两个非常显著而且相互影响的方面也呈现出了和世界其他地区类似的地方：森林砍伐和与土著族群（或者说在汉人到达之前生活在当地的族群）之间的关系，它们也是本书中一直强调的两个问题。在末次冰期之后和农业兴起并得到推广之前，世界上的几个文明彼此独立地发展，人口很少而且主要依靠森林和稀树草原的采集活动为生。但农业生产和食物剩余的出现带来了人口规模的扩大，也开始了将森林开垦成耕地的漫长历史进程。② 而在世界上的很多地区，这种扩张都导致了与土著族群间的对抗，这些对抗的结果绝大多数不尽如人意，遗憾的是，中国的历史在这些方面也不例外。

在《滥伐地球》一书中，迈克尔·威廉斯（Michael Williams）考察了世界各地的人们砍伐地表森林的漫长历史进程。在开始时，由于人口相对稀少，森林砍伐的速度也较为缓慢；而且由于可用技术手段（如火或手斧）的限制，森林砍伐主要集中在农业已经成为人类主要生存方式的温带地区。在欧洲，到18世纪时，用于燃料和造船的木材的日益短缺引发了人们对于继续砍伐森林可能导致后果的担忧，进而产生了一些重要的植树造林工程。③就欧洲森林所面临的压力而言，约阿希姆·拉德卡认为，一些欧洲国家政府日益增强的保护本国原始森林的能力，可以被看作"一个社会在多大程度上具有未来供给能力（或者说，可持续发展能力）的标志"④。日本在17、18世纪也敏锐地意识到岛国自然资源的约束，因而停止了对森林的砍伐并开始

①　Anthony N. Penna, *The Human Footprint*: *A Global Environmental History* (Malden, MA: Wiley-Blackwell, 2010). 中译本见安东尼·N. 彭纳《人类的足迹：一部地球环境的历史》。

②　相关概述可参见 Clive Ponting, *A New Green History of the World* (New York, NY: Penguin Books, 1997). 中译本见克莱夫·庞廷：《绿色世界史》，第1—4章，王毅、张学广译，上海人民出版社，2002。

③　Michael Williams, *Deforesting the Earth*, esp. ch. 7.

④　Joachim Radkau, *Nature and Power*: *A Global History of the Environment* (New York, NY: Cambridge University Press, 2008), 21. 中译本见约阿希姆·拉德卡：《自然与权力：世界环境史》，第25页。

植树造林。① 但在中国，对于森林砍伐后果和各种自然资源有限性的认识，并没能减缓森林砍伐的步伐。

由于历史学家现在逐渐开始认识到的各种原因，到 18 世纪，不只是中国，世界上的很多地区都遭遇了环境条件的限制。历史学者约翰·理查兹在《无尽的边疆》中指出，有四种全球性的主要趋势推动着人类不断耗尽早期近代世界的各种自然资源和空间。第一种，"人口数量的增加给土地利用带来了越来越大的压力"，不仅推动了对现有耕地更加密集的使用，还特别导致了对边疆地区土地的大面积开垦。第二种，商业化推动了贸易网络的扩大和人口流动性的增强，进而促使农人在迁移到陌生的边疆地区之后会继续种植农作物和饲养熟悉的动物，从而将这些特定的动植物物种也带到了边疆地区。在这里我想补充的是，最重要的物种入侵还是人类自己。前两个进程又导致了第三种全球性趋势，"大型动物、鸟类和海洋哺乳动物的大量减少"，其部分原因在于栖息地的破坏，部分则是因为理查兹所说的"世界性捕猎"（如 17、18 世纪的东北）。第四种，早期近代的全球性趋势是世界各国人口密集地区日益严重的资源稀缺和能源不足。② 中国环境史的发展与这些全球性趋势基本同步，但也有一些显著的偏离。

"无尽的边疆"当然是一个具有反讽意味的标题，无论是边疆还是自然资源，都不是"无尽"的，而是已然达到了极限。约阿希姆·拉德卡也对早期近代世界所面临的环境约束评论道："在中国，和欧洲一样，人们可以在 18 世纪感受到一种竭尽利用自然资源而不留下任何空地和未来储备的努力；也和欧洲一样，由于美洲作物特别是马铃薯和玉米的传入，这些才得以相对缓解。"③ 但我们从第六章中已经了解到，中国对环境约束的挤压一直持续到 19 世纪，并由此进入了一段由大面积环境退化带来的生态危机时期。正如约翰·理查兹所指出的，不仅中国和欧洲，而且全世界的大部分地区，都已经达到了自然的极限，整个世界都在不断加剧的生态紧张中努力前进着。

---

① Conrad Totman, *The Green Archipelago: Forestry in Pre-Industrial Japan* (Columbus, OH: Ohio University Press, 1998).

② John F. Richards, *The Unending Frontier: An Environmental History of the Early Modern World* (Berkeley and Los Angeles: University of California Press, 2003), 4-11.

③ Ibid., 111.

但世界并没有停留在这条彭慕兰所说的生态死胡同里。[①] 工业革命和向化石燃料新能源体制的转变首先为欧洲开辟了一条出路，此后又扩展到了世界其他地区，包括中国。但是，关于向工业世界转变的原因则一直存在着激烈的学术争论，一些人认为它的出现是欧洲长期以来各种因素不断积累的必然性结果；而另一些人则认为工业化的突破更富于偶然性，而并非必然性的发展，换句话说，工业革命完全有可能永远也不会发生。如果是这样的话，*409* 也许整个世界都将不得不跟随中国走上这条密集开发利用自然资源的发展道路，就像中国在 19 世纪那样跌入到越来越低的能源利用和人类生活水平上——这本来完全可能会成为世界其他地区的未来，就算是那些试图保护本国资源的国家也无法摆脱这一趋势。

然而，工业化的世界出现了，首先是在英国的一个角落，然后拓展到西欧的其他地区，再进一步扩张到北美洲和欧亚大陆的其他部分。在过去三十多年里，中国一直在以极快的速度追赶世界最先进的工业国家，并在能源利用和国民经济规模等方面超越了它们。如果说 18、19 世纪的中国向世界展示了没有工业化突破情况下的未来将会怎样，那么 21 世纪初的中国则很可能再一次向世界展示，化石燃料驱动的工业化在未来将会如何继续改变人类与环境的关系。正如中国绝大部分仅存的生物多样性都被挤到了云南三江并流地区的小角落这样痛苦的经验所表明的，以牺牲自然生态系统为代价的经济增长最终是不可持续的。究其原因，J. 唐纳德·休斯认为："任何生物在数量上的增长以及空间分布上的扩散达到一定程度后，某种环境因素便会抑制其进一步发展。发展会受到环境因素的制约，因为任何资源都是有限的。"[②]

在中国的历史上，至少曾经出现过三次对生态约束的清醒意识。但就像两千五百年以前那些对于环境约束的思想观点几乎没能对此后中国的历史进程产生影响一样，我也很怀疑近年来中国对于构建人与自然之间和谐关系的呼吁能否制止——更不要说扭转——生态破坏的继续。中国的生态系统正在

[①] Pomeranz, *The Great Divergence*. 中译本见彭慕兰《大分流》。

[②] J. Donald Hughes, *An Environmental History of the World*：*Humankind's Changing Role in the Community of Life* (London, UK and New York, NY：Routledge, 2001), 5, 209-211. 中译本见 J. 唐纳德·休斯：《世界环境史：人类在地球生命中的角色转变》，第 5 页。

日益失去其恢复弹性，因此，土地、空气和水污染对人类造成的影响越来越严重，而留给中国试错的机会则越来越少。但与其他国家一样，中国人的行动仍然表现出，他们愿意承担巨大的环境风险——包括全球气候变化——以继续推动经济的高速发展。其原因如 J. 唐纳德·休斯曾指出的，在于"许多人，特别是那些当权者，总是把眼前利益看得比长远利益和可持续发展更为重要……在大多数社会中，那些开发利用资源的少数群体滥用了大多数人赋予他们的权力，破坏了生态环境，而社会多数群体的真正利益是要维护资源的可持续利用，但并不是每个人都能清醒地认识到这一点"①。

面对共同的环境挑战，中国漫长的环境史并不能提高我们对于中国或世界应对能力的期望。但是，根据我们有限的历史知识和预测能力，在巨大的未知面前，我们应当保持谦恭的态度。只有时间才能证明，2015 年《巴黎协定》能否成为我们限制温室气体排放、遏制全球变暖的转折点，创建"生态文明"对中国和世界来说是不是一个现实的选择。这样，我们就可能会意外地从我们共同的历史中打开新的天地，得到新的洞见，也会从人们为保护地球生物多样性、维护人类和其他生物长期可持续发展以及子孙后代在将来继续享有这个美丽的自然世界而采取的集体行动中收获惊喜。

---

① J. Donald Hughes, *An Environmental History of the World：Humankind's Changing Role in the Community of Life*，8-9.

参考文献

Abe, Ken-ichi, and James Nickum, eds. *Good Earths: Regional and Historical Insights into China's Environment*. Kyoto: Kyoto University Press, 2009.

Adshead, S. A. M. "An Energy Crisis in Early Modern China." *Ch'ing-shi wen-t'i* [Late Imperial China] 3, no. 2 (1974): 20-28.

Allen, Sarah. *The Formation of Chinese Civilization: An Archeological Perspective*. New Haven, CT: Yale University Press, 2005.

Anderson, E. N. *The Food of China*. New Haven, CT: Yale University Press, 1988.

Anthony, David W. *The Horse, the Wheel, and Language: How Bronze-Age Riders from the Eurasian Steppes Shaped the Modern World*. Princeton, NJ: Princeton University Press, 2007.

Atwell, William S. "Time, Money, and Weather: Ming China and the 'Great Depression' of the Mid-Fifteenth Century." *Journal of Asian Studies* 61, no. 1 (2002): 83-113.

Averill, Stephen. *Revolution in the Highlands: China's Jinggangshan Base Area*. Lanham, MD: Rowman & Littlefield, 2006.

Balazs, Etienne. *Chinese Civilization and Bureaucracy*. Edited and introduced by Arthur F. Wright. New Haven, CT: Yale University Press, 1977.

Banister, Judith. *China's Changing Population*. Stanford, CA: Stanford University Press, 1987.

Barbierri-Low, Anthony J. *Artisans in Early Imperial China*. Seattle: University of Washington Press, 2007.

Barfield, Thomas J. *The Nomadic Alternative*. Upper Saddle River, NJ: Prentice Hall, 1993.

Barnes, Gina L. *The Rise of Civilization in East Asia: The Archeology of China,*

Korea and Japan. London, UK: Thames and Hudson, 1999.

Barrett, T. H. *The Woman Who Discovered Printing*. New Haven, CT: Yale University Press, 2008.

Baumler, Allan. *The Chinese and Opium under the Republic: Worse Than Floods and Wild Beasts*. Albany: State University of New York Press, 2007.

Becker, Jasper. *Hungry Ghosts: Mao's Secret Famine*. New York, NY: First Owl Books, Henry Holt and Co. , 1998.

Beckwith, Christopher. *Empires of the Silk Road: A History of Central Eurasia from the Bronze Age to the Present*. Princeton, NJ: Princeton University Press, 2009.

Bello, David A. *Across Forest, Steppe, and Mountain: Environment, Identity, and Empire in Qing China's Borderlands*. New York: Cambridge University Press, 2015.

——. "The Cultured Nature of Imperial Foraging in Manchuria." *Late Imperial China* 31, no. 2 (2010): 1–33.

——. *Opium and the Limits of Empire: Drug Prohibition in the Chinese Interior, 1729–1850*. Cambridge, MA: Harvard University Press, 2005.

——. "To Go Where No Man Could Go for Long: Malaria and the Qing Construction of Ethnic Administrative Space in Frontier Yunnan." *Modern China* 31, no. 3 (2005): 283–317.

Benedict, Carol. *Bubonic Plague in Nineteenth-Century China*. Stanford, CA: Stanford University Press, 1996.

Biodiversity Committee of the Chinese Academy of Sciences. "Biodiversity in China: Status and Conservation Needs. " http://www. brim. ac. cn/brime/bdinchn/1. html.

Blaikie, Piers, and Harold Brookfield, eds. *Land Degradation and Society*. New York: Methuen, 1987.

Botkin, Daniel B. *Discordant Harmonies: A New Ecology for the Twenty-first Century*. New York: Oxford University Press, 1990.

Bräutigam, Deborah A. *The Dragon's Gift: The Real Story of China in Africa*. New York: Oxford University Press, 2009.

Bräutigam, Deborah A. , and Tang Xiaoyang. "China's Engagement in African Agriculture: Down to the Countryside. " *The China Quarterly* 199 (September 2009): 686–706.

Bray, Francesca. *Agriculture*, vol. 6, part II of Joseph Needham, *Science and*

Civilization in China. Cambridge, UK: Cambridge University Press, 1984.

——. *The Rice Economies: Technology and Development in Asian Societies*. Berkeley: University of California Press, 1994.

Brook, Timothy. *The Confusions of Pleasure: Commerce and Culture in Ming China*. Berkeley: University of California Press, 1998.

Bruenig E. F. , et al. *Ecological-Socioeconomic System Analysis and Simulation: A Guide for Application of System Analysis to the Conservation, Utilization, and Development of Subtropical Land Resources in China*. Bonn: Deutsches Nationalkomitee für das UNESCO Programm de Mensch und die Biosphäre, 1986.

Brunson, Katherine, Xin Zhao, Nu He, Xiangming Dai, Antonia Rodrigues, and Dongya Yang. "New Insights into the Origins of Oracle Bone Divination: Ancient DNA from Late Neolithic Chinese Bovines." *Journal of Archaeological Science* 74 (October 2016): 35–44.

Burke, Edmund, III, and Kenneth Pomeranz, eds. *The Environment and World History*. Berkeley: University of California Press, 2009.

Cahill, James. *Hills Beyond a River: Chinese Painting of the Yüan Dynasty*. New York: Weatherhill, 1976.

——. *Painter's Practice: How Artists Lived and Worked in Traditional China*. New York: Columbia University Press, 1994.

Carin, Robert. *River Control in Communist China*. Hong Kong, 1962.

Chang, Chun-shu. *The Rise of the Chinese Empire*. 2 vols. Ann Arbor: The University of Michigan Press, 2000.

Chang, K. C. , ed. *Food in Chinese Culture: Anthropological and Historical Perspectives*. New Haven, CT: Yale University Press, 1977.

——. *Shang Civilization*. New Haven, CT: Yale University Press, 1980.

Changming, Liu. "Environmental Issues and the South-North Water Transfer Scheme." *The China Quarterly*, no. 156 (December 1998): 899–910.

Chao, Kang. *Man and Land in Chinese History: An Economic Analysis*. Stanford, CA: Stanford University Press, 1986.

Chen, Jung. *Zhongguo senlin shiliao* [Historical source materials on China's forests]. Beijing: Zhongguo Linye Chubanshe, 1983.

China's Diversity: A Country Study. Beijing: China Environmental Science Press, 1998.

Clark, Hugh R. "Frontier Discourse and China's Maritime Frontier: China's Frontiers and the Encounter with the Sea through Early Imperial History." *Journal of World History* 20, no. 1 (March 2009): 1-33.

Coggins, Chris. *The Tiger and the Pangolin: Nature, Culture, and Conservation in China.* Honolulu: University of Hawai'i Press, 2003.

Crawford, Gary W., and Chen Shen. "The Origins of Rice Agriculture: Recent Progress in East Asia." *Antiquity* 72 (1998).

Crosby, Alfred W. *Ecological Imperialism: The Biological Expansion of Europe, 900-1900.* New York: Cambridge University Press, 1986.

——. *The Columbian Exchange: Biological and Cultural Consequences of 1492.* Westport, CT: Greenwood Press, 1972.

Crossley, Pamela Kyle, Helen F. Siu, and Donald S. Sutton, eds. *Empire at the Margins: Culture, Ethnicity, and Frontier in Early Modern China.* Berkeley: University of California Press, 2006.

Csete, Anne Alice. *A Frontier Minority in the Chinese World: The Li People of Hainan Island from the Han through the High Qing.* SUNY-Buffalo Ph. D. dissertation, 1995.

Dai Qing, ed. *The River Dragon Has Come! The Three Gorges Dam and the Fate of China's Yangtze River and Its People.* Armonk, NY: M. E. Sharpe, 1998.

——. *Yangtze! Yangtze! Debate over the Three Gorges Project.* London: Earthscan, 1994.

Davis, Mike. *Late Victorian Holocausts: El Niño Famines and the Making of the Third World.* London: Verso Press, 2001.

Di Cosmo, Nicola. *Ancient China and Its Enemies: The Rise of Nomadic Power in East Asian History.* New York: Cambridge University Press, 2002.

Dikötter, Frank. *Mao's Great Famine: The History of China's Most Devastating Catastrophe, 1958-1962.* New York: Walker and Co., 2010.

Dodgen, Randall A. *Controlling the Dragon: Confucian Engineers and the Yellow River in Late Imperial China.* Honolulu: University of Hawai'i Press, 2001.

Dodin, Thierry, and Heinz Räther, eds. *Imaging Tibet: Perceptions, Projections, and Fantasies.* Boston: Wisdom Press, 2001.

Domros, Manfred, and Peng Gongping. *The Climate of China.* Berlin: Springer, 1988.

Dunstan, Helen. "The Late Ming Epidemics: A Preliminary Survey." *Ch'ing-shih wen-t'i* [Late Imperial China] 3, no. 3 (1975): 1–59.

Ebrey, Patricia. *The Cambridge Illustrated History of China*. Cambridge, UK: Cambridge University Press, 1999.

Economy, Elizabeth. *The River Runs Black: The Environmental Challenge to China's Future*. Ithaca, NY: Cornell University Press, 2004.

Edmonds, Richard Louis. *Patterns of China's Lost Harmony: A Survey of the Country's Environmental Degradation and Protection*. London: Routledge, 1994.

Elroy, Michael B., Chris P. Nielsen, and Peter Lyon, eds. *Energizing China: Reconciling Environmental Protection and Economic Growth*. Cambridge, MA: Harvard University Press, 1998.

Elvin, Mark. "The Environmental Legacy of Imperial China." *China Quarterly* no. 156 (December 1998): 733–756.

——. *The Pattern of the Chinese Past*. Stanford, CA: Stanford University Press, 1971.

——. *The Retreat of the Elephants: An Environmental History of China*. New Haven, CT: Yale University Press, 2004.

——. "Three Thousand Years of Unsustainable Growth: China's Environment from Archaic Times to the Present." *East Asian History* 6 (1993): 7–46.

Elvin, Mark, and Liu Ts'ui-jung, eds. *Sediments of Time: Environment and Society in Chinese History*. New York: Cambridge University Press, 1998.

Enderton, Catherine Schurr. *Hainan Dao: Contemporary Environmental Management and Development on China's Treasure Island*. UCLA Ph. D. dissertation, 1984.

Fan Sheng-chih Shu: An Agricultural Book of China written by Fan Sheng-chih in the First Century B. C. Shih Sheng-han trans. Beijing: Science Press, 1959.

Feigon, Lee. *Demystifying Tibet: Unlocking the Secrets of the Land of the Snows*. Chicago: Ivan R. Dee, Inc., 1996.

Fiskesjö, Magnus. "On the 'Raw' and the 'Cooked' Barbarians of Imperial China." *Inner Asia* 1 (1999): 139–168.

Fletcher, Joseph. "The Mongols: Ecological and Social Perspectives." *Harvard Journal of Asiatic Studies* 46, no. 1 (1986): 11–50.

Flynn, Dennis O., and Arturo Giraldez. "Cycles of Silver: Global Economic Unity through the mid-18th Century. " *Journal of World History* 13 (2002): 391–428.

Fong, Wen C. , and James Y. C. Watt, eds. *Possessing the Past: Treasures from the National Palace Museum, Taipei*. New York: The Metropolitan Museum of Art, 1996.

Frachetti, Michael. *Pastoral Landscapes and Social Interaction in Bronze Age Eurasia*. Berkeley: University of California Press, 2009.

Frank, Andre Gunder. *ReOrient: Global Economy in the Asian Age*. Berkeley: University of California Press, 1998.

Franke, Herbert, and Denis Twitchett, eds. *The Cambridge History of China*, vol. 6, *Alien Regimes and Border States*. New York: Cambridge University Press, 1995.

Gardella, Robert. *Harvesting Mountains: Fujian and the China Tea Trade, 1757–1937*. Berkeley: University of California Press, 1994.

Gernet, Jacques. *Buddhism in Chinese Society: An Economic History from the Fifth to the Tenth Centuries*, trans. Franciscus Verellen. New York: Columbia University Press, 1995.

Giersch, C. Patterson. *Asian Borderlands: The Transformation of Qing China's Yunnan Frontier*. Cambridge, MA: Harvard University Press, 2006.

Goldstone, Jack A. "Efflorescences and Economic Growth in World History: Rethinking the 'Rise of the West' and the Industrial Revolution. " *Journal of World History* 13, no. 2 (2002): 323–389.

Graff, David A. *Medieval Chinese Warfare, 300–900*. London: Routledge, 2002.

Grove, Jean. *The Little Ice Age*. London: Methuen, 1988.

Hamashita, Takeshi. *China, East Asia and the Global Economy: Regional and Historical Perspectives*. New York: Routledge, 2008.

Harkness, James. "Recent Trends in Forestry and Conservation of Biodiversity in China. " *The China Quarterly*, no. 156 (December 1998): 911–934.

Harrell, Stevan. *Ways of Being Ethnic in Southwest China*. Seattle: University of Washington Press, 2001.

Harris, Richard B. *Wildlife Conservation in China: Preserving the Habitat of China's Wild West*. Armonk, NY: M. E. Sharpe, 2008.

Hartwell, Robert. "A Cycle of Economic Change in Imperial China: Coal and Iron in Northeast China, 750–1350. " *Journal of the Economic and Social History of the*

Orient, no. 10 (1967): 102−159.

——. "Demographic, Political, and Social Transformations of China, 750−1550." *Harvard Journal of Asiatic Studies* 42, no. 2 (December 1982): 365−442.

——. "Markets, Technology and the Structure of Enterprise in the Development of the Eleventh-Century Chinese Iron and Steel Industry." *The Journal of Economic History* 26, no. 1 (March 1966): 29−58.

——. "A Revolution in the Chinese Iron and Coal Industries during the Northern Sung, 960−1126 A. D." *Journal of Asian Studies* 21, no. 2 (1962): 153−162.

Hathaway, Michael J. *Environmental Winds: Making the Global in Southwest China*. Berkeley: University of California Press, 2013.

Hayes, Jack. "Fire Disasters on the Borderland: Qing Dynasty Chinese, Tibetan and Hui Fire Landscapes in Western China, *1821−1911*." Paper presented at the 2010 AAS Annual Meeting, Philadelphia, PA.

——. "Rocks, Trees and Grassland on the Borderlands: Tibetan and Chinese Perceptions and Manipulations of the Environment along Ecotone Frontiers, *1911−1982*." Paper presented at the 2011 AAS Annual Meeting, Honolulu, HI.

Herman, John E. *Amid the Clouds and Mist: China's Colonization of Guizhou, 1200−1700*. Cambridge, MA: Harvard University Press, 2007.

Ho, Peter. "Mao's War against Nature? The Environmental Impact of the Grain-First Campaign in China." *The China Journal*, no. 50 (July 2003): 37−59.

Ho, Ping-ti. *The Cradle of the East: An Inquiry into the Indigenous Origins of Techniques and Ideas of Neolithic and Early Historic China, 5000−1000 B. C.* Chicago: The University of Chicago Press, 1975.

——. "Early-Ripening Rice in Chinese History." *The Economic History Review*, New Series 9, no. 2 (1956): 37−59.

——. "The Introduction of American Food Plants into China." *American Anthropologist*, New Series 57, no. 2, part 1 (1955): 191−201.

——. "The Loess and the Origin of Chinese Agriculture." *The American Historical Review* 75, no. 1 (October 1969): 1−36.

——. "Lo-yang A. D. 495−534: A Study of Physical and Socio-economic Planning of a Metropolitan Area." *Harvard Journal of Asiatic Studies* 26 (1966): 52−101.

Hoffman, Richard C. , Nancy Langston, James C. McCann, Peter C. Perdue, and Lise Sedrez. "*AHR* Conversation: Environmental Historians and Environmental Crisis."

The American Historical Review 113，no. 5 (December 2008)：1431−1465.

Hostetler，Laura. *Qing Colonial Enterprise：Ethnography and Cartography in Early Modern China*. Chicago：University of Chicago Press，2001.

Hsu，Cho-yun. *Ancient China in Transition*. Stanford，CA：Stanford University Press，1965.

——. *Han Agriculture：The Formation of Early Chinese Agrarian Economy*. Seattle：University of Washington Press，1980.

Hsu，Elisabeth. "The History of *Qing Hao* in the Chinese *Materia Medica*." *Transaction of the Royal Society of Tropical Medicine and Hygiene* 100 (2006)：505−508.

——. "Reflections on the 'Discovery' of the Antimalarial *Qinghao*." *British Journal of Clinical Pharmacology* 61，no. 6 (2006)：666−670.

Huang，Phillip C. C. *The Peasant Economy and Social Change in North China*. Stanford，CA：Stanford University Press，1985.

Huber，Toni. *The Cult of Pure Crystal Mountain：Popular Pilgrimage and Visionary Landscape in Southeast Tibet*. New York：Oxford University Press，1999.

Hughes，J. Donald. *An Environmental History of the World：Humankind's Changing Role in the Community of Life*. New York：Routledge，2001.

Jagchid，Sechin，and Van Jay Symons. *Peace，War and Trade along the Great Wall*. Bloomington：Indiana University Press，1989.

Jahiel，Abigail R. "The Contradictory Impact of Reform on Environmental Protection in China." *The China Quarterly*，no. 149 (March 1997)：81−103.

——. "The Organization of Environmental Protection in China." *The China Quarterly*，no. 156 (1998)：757−787.

Jun Jing. "Environmental Protests in Rural China." In *Chinese Society：Change，Conflict，and Resistance*，edited by Elizabeth J. Perry and Mark Selden，143−160. New York：Routledge，2000.

Keightley，David N. *The Ancestral Landscape：Time，Space，and Community in Late Shang China（ca. 1200−1045 B. C.）*. Berkeley：University of California-Berkeley Center for Chinese Studies，2000.

——，ed. *The Origins of Chinese Civilization*. Berkeley：University of California Press，1983.

King，Frank H. *Farmers of Forty Centuries，or Permanent Agriculture in China，*

Korea, and Japan. Madison, WI: Mrs. F. H. King, 1911.

Lander, Brian. *Environmental Change and the Rise of the Qin Empire: A Political Ecology of Ancient North China.* Columbia University Ph. D. dissertation, 2015.

———. "State Management of River Dikes in Early China: New Sources on the Environmental History of the Central Yangzi Region." *T'oung Bao* 100, nos. 4−5 (2014): 325−362.

Lary, Diana. "The Waters Covered the Earth: China's War-Induced Natural Disasters." In *War and State Terrorism: The United States, Japan, and the Asia-Pacific in the Long Twentieth Century*, edited by Mark Selden and Alvin Y. So, 143 − 170. Lanham, MD: Rowman & Littlefield, 2004.

Lattimore, Owen. *The Inner Asian Frontiers of China.* Boston: Beacon Press, 1967.

———. *Studies in Frontier History: Collected Papers, 1928−1958.* London: Oxford University Press, 1962.

Lee James Z. , and Wang Feng. *One Quarter of Humanity: Malthusian Mythology and Chinese Realities.* Cambridge, MA: Harvard University Press, 1999.

Lee, James. "Food Supply and Population Growth in Southwest China, 1250 − 1850." *Journal of Asian Studies* 41, no. 4 (1982): 711−746.

Leeming, Frank. "Official Landscapes in Traditional China." *Journal of the Economic and Social History of the Orient* 23, no. 1 (1980): 153−204.

Leonard, Jane Kate. *Controlling from Afar: The Daoguang Emperor's Management of the Grand Canal Crisis, 1824−1826.* Ann Arbor: Center for Chinese Studies, University of Michigan Press, 1996.

Leong, Sow-Theng. *Migration and Ethnicity in Chinese History: Hakkas, Pengmin, and Their Neighbors.* Edited by Tim Wright. Stanford, CA: Stanford University Press, 1997.

Lewis, Mark Edward. *The Early Chinese Empires: Qin and Han.* Cambridge, MA: Harvard University Press, 2007.

———. *The Flood Myths of Early China.* Albany: State University of New York Press, 2006.

———. *Sanctioned Violence in Early China.* Albany: State University of New York Press, 1990.

Li, Bozhong. *Agricultural Development in Jiangnan, 1620−1850.* New York:

St. Martin's Press, 1998.

——. "Was There a 'Fourteenth-Century Turning Point'? Population, Land, Technology, and Farm Management." In *The Song-Yuan-Ming Transition in Chinese History*, edited by Paul Jakov Smith and Richard von Glahn, 135 – 175. Cambridge, MA: Harvard University Asia Center, 2003.

Li, Lillian. *Fighting Famine in North China: State, Market, and Environmental Decline, 1690s–1990s*. Stanford, CA: Stanford University Press, 2007.

Li, Xiaoxiong. *Poppies and Politics in China: Sichuan Province, 1840s to 1940s*. Newark: University of Delaware Press, 2009.

Liang Conjie and Yang Dongping, eds., *The China Environment Yearbook* (2005): *Crisis and Breakthrough of China's Environment*. Leiden, Netherlands: Brill, 2007.

Liang, Fangzhong. *Zhongguo lidai hukou, tiandi, tianfu tongji* [China's historical statistics on population, land, and taxes]. Shanghai: Renmin Chubanshe, 1980.

Lin, D. Y. "China." In Stephen Haden-Guest, John K. Wright, and Eileen M. Teclaff, eds., *A World Geography of Forest Reserves*. New York: The Ronald Press Co., 1956: 529–550.

Ling, Daxie. "Wo guo senlin ziyuan de bianqian" [Changes in our country's forest resources]. *Zhongguo nongshi* [Chinese agricultural history], no. 2 (1983): 26–36.

Liu Dachang. "Tenure and Management of Non-State Forests in China since 1950: A Historical Review." *Environmental History* 6 (April 2001): 239–263.

Liu, Jung-Chao. *China's Fertilizer Economy*. Chicago: Aldine Publishing Co., 1970.

Liu, Li. *The Chinese Neolithic: Trajectories to Early States*. Cambridge, MA: Cambridge University Press, 2004.

Longworth, John, and Gregory J. Williamson. *China's Pastoral Region: Sheep and Wool, Minority Nationalities, Rangeland Degradation and Sustainable Development*. Canberra: The Australian Centre for International Agricultural Research, 1993.

Lowdermilk, W. C. "Forestry in Denuded China." *The Annals of the American Academy of Political and Social Science* 152 (November 1930): 127–141.

Lowe, Michael, and Edward L. Shaughnessy, eds. *The Cambridge History of Ancient China: From the Origins to 221 B. C.* New York: Cambridge University Press, 1999.

Lu, Sheldon H., and Jiayan Mi, eds. *Chinese Ecocinema in the Age of Environ-*

mental Challenge. Hong Kong: Hong Kong University Press, 2009.

Lu, Xiaoqing, and Bates Gill. "Assessing China's Response to the Challenge of Environmental Health." Woodrow Wilson International Center for Scholars, *China Environment Series* 9 (2007). Washington, DC: Woodrow Wilson Center, 2007: 3-18.

Ma, Tianjie. "Environmental Mass Incidents in China: Examining Large-Scale Unrest in Dongyang, Zhejiang." Woodrow Wilson International Center for Scholars, *China Environment Series* 10 (*2008 – 2009*). Washington, DC: Woodrow Wilson Center, 2009: 33-49.

Ma Zhongliang, Song Chaogang, and Zhang Qinghua, *Zhongguo senlin de bianqian* [Changes to China's forests]. Beijing: Zhongguo Linye Chubanshe, 1997.

Ma, Lawrence J. C. *Commercial Development and Urban Change in Sung China (960 –1279)*. Ann Arbor: University of Michigan Department of Geography, 1971.

Ma, Xiaoying, and Leonard Ortolando. *Environmental Regulation in China: Institutions, Enforcement, and Compliance*. Lanham, MD: Rowman & Littlefield, 2000.

MacKay, Kenneth T., ed. *Rice-Fish Culture in China*. Ottawa: International Development Research Centre, 1995.

Mackinnon, John, et al. *A Biodiversity Review of China*. Hong Kong: World Wide Fund for Nature International China Programme, 1996.

Madancy, Joyce A. *The Troublesome Legacy of Commission Lin: The Opium Trade and Opium Suppression in Fujian Province, 1820s –1920s*. Cambridge, MA: Harvard University Press, 2003.

Magee, Darrin L. *New Energy Geographies: Powershed Politics and Hydropower Decision Making in Yunnan, China*. University of Washington Ph. D. dissertation, 2006.

Marks, Robert B. "Asian Tigers: The Real, the Symbolic, the Commodity." *Nature and Culture* 1, no. 1 (2006): 63-87.

——. "Geography Is Not Destiny: Historical Contingency and the Making of the Pearl River Delta." In *Good Earths: Regional and Historical Insights into China's Environment*, edited by Abe Ken-ichi and James Nickumm, 1-28. Kyoto: Kyoto University Press, 2009.

——. *The Origins of the Modern World: A Global and Environmental Narrative from the Fifteenth to the Twenty-first Century*. Lanham, MD: Rowman & Littlefield，2015.

——. "People Said Extinction Was Not Possible：2,000 Years of Environmental Change in South China. " In *Environmental History：World System History and Global Environmental Change*, edited by Alf Hornberg, 41－59. Lanham, MD：AltaMira Press，2007.

——. *Tigers，Rice，Silk，and Silt：Environment and Economy in Late Imperial South China*. Cambridge, UK：Cambridge University Press，1998.

Marks，Robert B. ，and Georgina Endfield. "Environmental Change in the Tropics in the Past 1000 Years. " In *Quaternary Environmental Change in the Tropics*, edited by Sarah Metcalf and David Nash, 360－391. Oxford, UK：Blackwell Publishing，2012.

McNeill，J. R. "Of Rats and Men：A Synoptic Environmental History of the Island Pacific. " *Journal of World History* 5，no. 2 (1994)：299－349.

——. *Something New under the Sun：An Environmental History of the Twentieth-Century World*. New York：Norton，2000.

McNeill，William H. *Plagues and Peoples*. Garden City, NY：Anchor Books，1976.

Menzies，Nicholas K. *Forest and Land Management in Imperial China*. New York：St. Martin's Press，1994.

——. *Forestry*，vol. 6，part III，*Biology and Biological Technology*，*Agro-Industries and Forestry*, of Joseph Needham, *Science and Civilization in China*. Cambridge, UK：Cambridge University Press，1996.

Mertha，Andrew C. *China's Water Warriors：Citizen Action and Policy Change*. Ithaca, NY：Cornell University Press，2008.

Mihelich，Mira Ann. *Polders and the Politics of Land Reclamation in Southeast Chinese during the Northern Sung Dynasty (960-1126)*. Cornell University Ph. D. dissertation，1979.

Millennium Ecosystem Assessment. *Ecosystems and Human Well-Being：Synthesis*. Washington, DC：Island Press，2005.

Miller，Ian M. *Roots and Branches：Woodland Institutions in South China，800－1600*. Harvard University Ph. D. dissertation，2015.

Mills，J. A. *Blood of the Tiger：A Story of Conspiracy，Greed，and the Battle to Save a Magnificent Species*. Boston：Beacon Press，2015.

Mote, F. W. *Imperial China*, *900 – 1800*. Cambridge, MA: Harvard University Press, 1999.

Murphey, Rhoads. "Deforestation in Modern China." In *Global Deforestation and the Nineteenth Century World Economy*, edited by Richard P. Tucker and John F. Richards, 111–128. Durham, NC: Duke University Press, 1983.

———. "Man and Nature in China." *Modern Asian Studies* 1, no. 4 (1967): 313–333.

Muscolino, Micah. *The Ecology of War in China: Henan Province, the Yellow River, and Beyond, 1938–1950*. New York: Cambridge University Press, 2015.

———. *Fishing Wars and Environmental Change in Late Imperial and Modern China*. Cambridge, MA: Harvard University Press, 2009.

———. "Violence against the People and the Land: Refugees and the Environment in China's Henan Province, 1938–1945." *Environment and History* 17 (2011): 291–311.

———. "The Yellow Croaker War: Fishery Disputes between China and Japan, *1925 – 1935*." *Environmental History* 13 (April 2008): 305–324.

Naughton, Barry. *The Chinese Economy: Transitions and Growth*. Cambridge, MA: The MIT Press, 2007.

Needham, Joseph. *Science and Civilization in China*, vol. 4, part III, *Civil Engineering and Nautics*. New York: Cambridge University Press, 1971.

———. *Science and Civilization in China*, vol. 6, *Biology and Biological Technology*, part 1: *Botany*. New York: Cambridge University Press, 1988.

Nickum, James. *Hydraulic Engineering and Water Resources in the People's Republic of China*. Stanford, CA: Stanford University Press, 1977.

———. "Is China Living on the Water Margin?" *The China Quarterly*, no. 156 (1998): 880–898.

Osborne, Anne. *Barren Mountains, Raging Rivers: The Ecological and Social Effects of Changing Landuse on the Lower Yangzi Periphery in Late Imperial China*. Columbia University Ph. D. dissertation, 1989.

Penna, Anthony N. *The Human Footprint: A Global Environmental History*. Malden, MA: Wiley-Blackwell, 2010.

Perdue, Peter C. *China Marches West: The Qing Conquest of Central Eurasia*. Cambridge, MA: The Belknap Press of Harvard University Press, 2005.

———. *Exhausting the Earth: State and Peasant in Hunan, 1500 – 1850*. Cambridge, MA: Harvard University Press, 1987.

——. "Lakes of Empire: Man and Water in Chinese History." *Modern China* 16, no. 1 (1990): 119–129.

——. "Military Mobilization in Seventeenth-and Eighteenth-Century China, Russia, and Mongolia." *Modern Asian Studies* 30, no. 4 (1996): 557–793.

——. "Nature and Nurture on Imperial China's Frontiers." *Modern Asian Studies* 43, no. 1 (2009): 245–267.

Peters, Heather. "Tattooed Faces and Stilt Houses: Who Were the Ancient Yue?" *Sino-Platonic Papers* no. 17 (1990): 1–27.

Pietz, David A. *Engineering the State: The Huai River and Reconstruction in Nationalist China, 1927–1937*. New York: Routledge, 2002.

——. *The Yellow River: The Problem of Water in Modern China*. Cambridge, MA; Harvard University Press, 2015.

Pomeranz, Kenneth. *The Great Divergence: China, Europe, and the Making of the Modern World Economy*. Princeton, NJ: Princeton University Press, 2000.

——. *The Making of a Hinterland: State, Society, and Economy in Inland North China, 1853–1937*. Berkeley: University of California Press, 1993.

Ponting, Clive. *A New Green History of the World*. New York: Penguin Books, 1997.

Qu Geping and Li Jinchang. *Population and the Environment in China*, trans. Kiang Batching and Go Ran. Boulder, CO: Lynne Rienner, 1994.

Radkau, Joachim. *Nature and Power: A Global History of the Environment*. Cambridge, UK: Cambridge University Press, 2008.

Rawski, Evelyn. *Agricultural Change and the Peasant Economy of South China*. Cambridge, MA: Harvard University Press, 1972.

Reardon-Anderson, James. *Reluctant Pioneers: China's Expansion Northward, 1644–1937*. Stanford, CA: Stanford University Press, 2005.

Richards, John F. *The Unending Frontier: An Environmental History of the Early Modern World*. Berkeley: University of California Press, 2000.

Richardson, S. D. *Forestry in Communist China*. Baltimore, MD: The Johns Hopkins Press, 1966.

——. *Forests and Forestry in China: Changing Patterns of Resource Development*. Washington, DC: Island Press, 1990.

Rickett, Allan. *Guanzi: Political, Economic, and Philosophical Essays from*

Early China: *A Study and Translation*. Princeton, NJ: Princeton University Press, 1985.

Rong, Jian. *Wolf Totem*. Howard Goldblatt, trans. New York: The Penguin Press, 2008.

Ross, Lester. *Forestry Policy in China*. University of Michigan Ph. D. dissertation, 1980.

Rowe, William T. "Water Control and the Qing Political Process." *Modern China* 14, no. 4 (1988): 353–387.

Russell, Edmund. *Evolutionary History*: *Uniting History and Biology to Understand Life on Earth*. New York: Cambridge University Press, 2011.

Saburo Miyasita, "Malaria (*yao*) in Chinese Medicine during the Chin and Yuan Periods." *Acta Asiatica*: *Bulletin of the Institute of Eastern Culture* 36 (March 1979): 90–112.

Sage, Stephen F. *Ancient Sichuan and the Unification of China*. Albany: State University of New York Press, 1992.

Sanft, Charles. "Environment and Law in Early Imperial China (Third Century BCE-First Century CE): Qin and Han Statutes Concerning Natural Resources." *Environmental History* 15 (2010): 701–721.

Schafer, Edward H. "The Conservation of Nature under the T'ang Dynasty." *Journal of the Economic and Social History of the Orient* 5, no. 3 (1962): 279–308.

——. "Hunting Parks and Animal Enclosures in Ancient China." *Journal of Economic and Social History of the Orient* 11, no. 3 (1968): 318–343.

——. *Shore of Pearls*. Berkeley: University of California Press, 1970.

——. *The Vermilion Bird*: *T'ang Images of the South*. Berkeley: University of California Press, 1967.

Schaller, George. *The Great Pandas of Wolong*. Chicago: University of Chicago Press, 1985.

——. *The Last Panda*. Chicago: University of Chicago Press, 1993.

Schaller, George B., and Gu Binyuan. "Ungulates in Northwest Tibet." *National Geographic Research and Exploration* 10, no. 3 (1994): 266–293.

Schneider, Laurence. *Biology and Revolution in Twentieth-Century China*. Lanham, MD: Rowman & Littlefield, 2003.

Schneider, Mindi. "Wasting the Rural: Meat, Manure, and the Politics of Agro-

Industrialization in Contemporary China." *Geoforum* (December 2015).

Schoppa, Keith. *Xiang Lake—Nine Centuries of Chinese Life*. New Haven, CT: Yale University Press, 1989.

Schurman, Herbert Franz, trans. *Economic Structure of the Yuan Dynasty*. Cambridge, MA: Harvard University Press, 1956.

Schwartz, Jonathan. "Environmental NGOs in China: Roles and Limits." *Pacific Affairs* 77, no. 1 (2004): 28–49.

Scott, James C. *The Art of Not Being Governed: An Anarchist History of Upland Southeast Asia*. New Haven, CT: Yale University Press, 2009.

Sedo, Tim. "Environmental Governance and the Public Good in Xu Guangqi's *Treatise on Expelling Locusts*." Paper presented at 2011 AAS annual conference, Honolulu, HI.

Shapiro, Judith. *Mao's War against Nature: Politics and the Environment in Revolutionary China*. New York: Cambridge University Press, 2001.

Shaw, Norman. *Chinese Forest Trees and Timber Supply*. London: T. Fisher Unwin, 1914.

Shepherd, John Robert. *Statecraft and Political Economy on the Taiwan Frontier, 1600–1800*. Stanford, CA: Stanford University Press, 1993.

Shiba, Yoshinobu. *Commerce and Society in Song China*. Ann Arbor: The University of Michigan Center for Chinese Studies, 1970.

Shih, Sheng-han. *A Preliminary Survey of the Book Ch'i Min Yao Shu, an Agricultural Treatise of the Sixth Century*. Beijing: Science Press, 1962.

Shin, Leo. *The Making of the Chinese State: Ethnicity and Expansion on the Ming Borderlands*. New York: Cambridge University Press, 2006.

Skinner, G. William. "Marketing and Social Structure in Rural China," part I. *Journal of Asian Studies* 24, no. 1 (November 1964): 3–43.

—— "Marketing and Social Structure in Rural China," part II, *Journal of Asian Studies* 24, no. 2 (February 1965): 195–228.

——. "Marketing and Social Structure in Rural China," part III. *Journal of Asian Studies* 24, no. 3 (May 1965): 363–399.

Slack, Edward R. *Opium, State, and Society: China's Narco-economy and the Guomindang, 1924–1937*. Honolulu: University of Hawai'i Press, 2001.

Smil, Vaclav. *The Bad Earth: Environmental Degradation in China*. Armonk,

NY: M. E. Sharpe, 1984.

——. *China's Environment Crisis: An Inquiry into the Limits of National Development*. Armonk, NY: M. E. Sharpe, 1993.

——. *China's Past, China's Future: Energy, Food, Environment*. New York, NY: Routledge Curzon, 2004.

——. *Enriching the Earth: Fritz Haber, Carl Bosch, and the Transformation of World Food Production*. Cambridge, MA: The MIT Press, 2004.

Smith, Joanna Handlin. *The Art of Doing Good: Charity in Late Ming China*. Berkeley: University of California Press, 2009.

Smith, Paul J. "Commerce, Agriculture, and Core Formation in the Upper Yangzi, 2 A. D. to 1948. " *Late Imperial China* 9, no. 1 (1988): 1–178.

——. *Taxing Heaven's Storehouse: Horses, Bureaucrats, and the Destruction of the Sichuan Tea Industry, 1074 – 1224*. Cambridge, MA: Harvard University Press, 1991.

Sneath, David. *Changing Inner Mongolia: Pastoral Mongolian Society and the Chinese State*. Oxford, UK: Oxford University Press, 2000.

Songster, E. Elena. "Cultivating the Nation in Fujian's Forests: Forest Policies and Afforestion Effort in China, 1911–1937. " *Environmental History* 8 (July 2003): 452–473.

——. *Panda Nation: Nature, Science, and Nationalism in the People's Republic of China* (book manuscript in preparation).

Sturgeon, Janet C. *Border Landscapes: The Politics of Akha Land Use in China and Thailand*. Seattle: University of Washington Press, 2005.

Tan, Qixiang, ed. *Zhongguo lishi ditu ji* [Historical atlas of China], 8 vols. Beijing: Ditu Chubanshe, 1982–1987.

Teng, Emma Jinhua. *Taiwan's Imagined Geography: Chinese Colonial Travel Writing and Pictures, 1683 – 1895*. Cambridge, MA: Harvard University Press, 2004.

Totman, Conrad. *The Green Archipelago: Forestry in Pre-Industrial Japan*. Columbus: Ohio University Press, 1998.

——. *Pre-industrial Korea and Japan in Environmental Perspective*. Leiden, Netherlands: Brill, 2004.

Townsend, Colin R. , Michael Begon, and John L. Harper. *Essentials of Ecology,*

3rd ed. Malden, MA: Blackwell Scientific, 2008.

Trocki, Carl. *Opium, Empire, and the Global Political Economy: A Study of the Asian Opium Trade*. London: Routledge, 1999.

Tuan, Yi-fu. *China*. Chicago: Aldine, 1969.

Tucker, Mary Evelyn, and John Berthrong, eds. *Confucianism and Ecology: The Interrelation of Heaven, Earth, and Humans*. Cambridge, MA: Harvard University Press, 1998.

Turner, B. L., et al., eds. *The Earth as Transformed by Human Action: Global and Regional changes in the Biosphere over the Past 300 Years*. New York: Cambridge University Press, 1990.

Twitchett, Denis, ed. *The Cambridge History of China*, vol. 3, *Sui and T'ang China, 589–906*, Part I. Cambridge, UK: Cambridge University Press, 1979.

——. "Chinese Social History from the Seventh to the Tenth Centuries: The Tunhuang Documents and Their Implications." *Past and Present*, no. 35 (1966): 28–53.

——. *Land Tenure and the Social Order in T'ang and Sung China*. London: University of London School of Oriental and African Studies, 1962.

——. "The Monasteries and China's Economy in Medieval Times." *Bulletin of the School of Oriental and African Studies* 19, no. 3 (1957): 535–541.

——. "Population and Pestilence in T'ang China." In *Studia Sino Mongolia: Festschrift für Herbet Franke*, edited by Wolfgang Bauer, 35–68. Weisbaden, Germany: Steiner, 1979.

Unger, Jonathan. "Life in the Chinese Hinterlands under the Rural Economic Reforms." *Bulletin of Concerned Asian Scholars* 22, no. 2 (1990): 4–17.

——. "Not Quite Han: The Ethnic Minorities of China's Southwest." *Bulletin of Concerned Asian Scholars* 29, no. 3 (1997): 67–98.

Van Slyke, Lyman P. *Yangtze: Nature, History, and the River*. Reading, MA: Addison-Wesley Publishing Co., Inc., 1988.

Vermeer, Eduard B. *Economic Development in Provincial China: The Central Shaanxi since 1930*. Cambridge, UK: Cambridge University Press, 1988.

——. "The Mountain Frontier in Late Imperial China: Economic and Social Developments in the Bashan." *T'oung Pao* 77, nos. 4–5 (1991): 300–329.

Vogel, Hans Ulrich, and Gunter Dux, eds. *Concepts of Nature: A Chinese-European Cross-Cultural Perspective*. Leiden, Netherlands: Brill, 2010.

von Falkenhausen, Lothar. *Chinese Society in the Age of Confucius* (1000 – 250 BC): *The Archeological Evidence*. Los Angeles: Cotsen Institute of Archeology, University of California, 2006.

von Glahn, Richard. *The Country of Streams and Grottoes: Expansion, Settlement, and the Civilizing of the Sichuan Frontier in Song Times*. Cambridge, MA: Harvard University Press, 1987.

Wagner, Donald B. *Iron and Steel in Ancient China*. Leiden, Netherlands: Brill, 1993.

Wakeman, Frederick. *The Great Enterprise: The Manchu Reconstruction of Imperial Order in Seventeenth-Century China*, 2 vols. Berkeley: University of California Press, 1985.

Waldron, Arthur. *The Great Wall of China: From History to Myth*. Cambridge, UK: Cambridge University Press, 1990.

Wang, Chi-wu. *The Forests of China*. Cambridge, MA: Harvard University Press, 1961.

Ware, James R. *Alchemy, Medicine, Religion in the China of A. D. 320: The Nei P'ien of Ko Hung (Pao-p'u tzu)*. Cambridge, MA: The MIT Press, 1966.

Webb, James L. A. , Jr. *Humanity's Burden: A Global History of Malaria*. New York: Cambridge University Press, 2009.

Weller, Robert P. *Discovering Nature: Globalization and Environmental Culture in China and Taiwan*. Cambridge, UK: Cambridge University Press, 2006.

Whyte, Robert Orr, ed. *The Evolution of the East Asian Environment*, 2 vols. Hong Kong: The University of Hong Kong Centre of Asian Studies, 1984.

Wiens, Herold J. *Han Chinese Expansion in South China*. Hamden, CT: The Shoe String Press, 1967.

Will, Pierre-Etienne. *Bureaucracy and Famine in Eighteenth-Century China*. Stanford, CA: Stanford University Press, 1990.

——. "State Intervention in the Administration of a Hydraulic Structure: The Example of Hubei Province in Late Imperial Times. " In *The Scope of State Power in China*, edited by Stuart Schram, 295–347. New York: St. Martin's Press, 1985.

Will, Pierre-Etienne, and R. Bin Wong. *Nourish the People: The Civilian State Granary System in China*, 1650 – 1850. Ann Arbor: University of Michigan Press, 1991.

Williams, Dee Mack. *Beyond Great Walls: Environment, Identity, and Development on the Chinese Grasslands of Inner Mongolia*. Stanford, CA: Stanford University Press, 2002.

Williams, Michael. *Deforesting the Earth: From Prehistory to Global Crisis*. Chicago: University of Chicago Press, 2003.

Wong, R. Bin. *China Transformed: Historical Change and the Limits of European Experience*. Ithaca, NY: Cornell University Press, 1997.

Wright, Arthur F. *Buddhism in Chinese History*. New York: Atheneum, 1969.

——. *The Sui Dynasty*. New York: Knopf, 1978.

Wright, Tim, and Ma Junya. "Sacrificing Local Interests: Water Control Policies of the Ming and Qing Governments and the Local Economy of Huaibei, 1495—1949." *Modern Asian Studies* 47, no. 4 (July 2013): 1348-1376.

Xu Dixin and Wu Chengming, eds. *Chinese Capitalism, 1522-1840*. Edited and annotated by C. A. Curwen. New York: St. Martin's Press, 2000.

Xu Guohua and L. J. Peel, eds., *The Agriculture of China*. Oxford, UK: Oxford University Press, 1991.

Xu, Jiongxin. "A Study of the Long-Term Environmental Effects of River Regulation on the Yellow River of China in Historical Perspective." *Geografiska Annaler, Series A, Physical Geography* 75, no. 3 (1993): 61-72.

Xue, Yong. "'Treasure Nightsoil as if It Were Gold': Economic and Ecological Links Between Urban and Rural Areas in Late Imperial Jiangnan." *Late Imperial China* 6, no. 1 (2005): 41-71.

Yan Ruizhen and Wang Yuan. *Poverty and Development: A Study of China's Poor Areas*. Beijing: New World Press, 1992.

Yang, Bin. "Horses, Silver, and Cowries: Yunnan in Global Perspective." *Journal of World History* 15, no. 3 (2004): 281-322.

Yang, Guobin. "Is There an Environmental Movement in China? Beware of the 'River of Anger'." In *Active Society in Formation: Environmentalism, Labor, and the Underworld in China*. Washington, DC: Woodrow Wilson Center International Center for Scholars, Asia Program Special Report no. 124, September 2004.

Yang, L. S. *Studies in Chinese Institutional History*. Cambridge, MA: Harvard-Yenching Institute, 1961.

Zhang, Jiacheng. *The Reconstruction of Climate in China for Historical Times*.

Beijing: Science Press, 1988.

Zhang Jiacheng and Lin Zhiguang. *Climate of China*. New York: Wiley, 1992.

Zhang, Jiayang. "Environment, Market, and Peasant Choice: The Ecological Relationships in the Jianghan Plain in the Qing and the Republic." *Modern China* 32, no. 1 (2006): 31-63.

Zhang, Ling. "Changing with the Yellow River: An Environmental History of Hebei, 1048-1128." *Harvard Journal of Asiatic Studies* 69, no. 1 (2009): 1-36.

——. "Manipulating the Yellow River and the State Formation of the Northern Song Dynasty (960-1127)." In *Nature, Environment, and Culture in East Asia: The Challenge of Climate Change*, edited by Carmen Meinert, 137-160. Leiden, Netherlands: Brill, 2013.

——. "Ponds, Paddies and Frontier Defence: Environmental and Economic Changes in Northern Hebei in Northern Song China (960-1127)." *Journal of Medieval History* 14, no. 1 (2011): 21-43.

——. *The River, the Plain, and the State: An Environmental Drama in Northern Song China, 1048-1128*. New York: Cambridge University Press, 2016.

Zhang, Meng. *Timber Trade along the Yangzi River: State, Market, and Frontier, 1750-1911*. UCLA Ph. D. dissertation, 2017.

Zhao Songqiao. *Geography of China: Environment, Resources, Population and Development*. New York: Wiley, 1994.

索 引 *

Adshead, S. A. M. , 285–286 艾兹赫德

afforestation projects: ineffective, 341 缺乏效率的造林工程; National Forest Law and, 294 《中华民国森林法》与造林工程; state and, 321 政府的造林工程; Three Norths Shelter project, 320, 339–341 三北防护林. *See also* reforestation 亦见绿化

agricultural-military colonies. See tun-tian 屯田

agricultural productivity: early empire, 81, 97 帝制早期的农业生产力; grain types and, 36 作物类型与农业生产力; late imperial period, 211 帝制晚期的农业生产力; middle imperial period, 151, 154 帝制中期的农业生产力; modern period, 287 近代中国的农业生产力; PRC, 311–113 新中国的农业生产力; rice and, 131 稻米与农业生产力; Shang and, 52–53 商代的农业生产力; in Warring States period, 77 战国时期的农业生产力

agricultural sustainability, 3, 398, 409–410 农业的可持续性; cities and, 181–183 城市与农业的可持续性; fertilizer (energy inputs) and, 283 肥料与农业的可持续性; forests and, 288 森林与农业的可持续性; issues with, 285–287 农业的可持续性问题; modern period, 282–288 近代的农业可持续性; mulberry tree, fish pond combination, 283–285 桑基鱼塘; in Tibet, 282 西藏的农业可持续性

agriculture, 1: early empire, 93–96 帝制早期的农业; environmental effects of, 40–43, 401–403 农业对环境的影响; and environmental history, 27 农业与环境史; Hainan, 217 海南的农业; middle imperial period, 129–132, 148–158 帝制中期的农业; New World crops, 229 美洲作物; origins of, 27–28 农业的起源; Pearl River delta and, 172–177 珠三角的农业; PRC, 308–313 新中国的农业; in Southwest, 203–205 西南地区的农业; sustainable, 3, 398 农业的可持续性; swidden, 139–140 游耕农

业；typical Chinese style（peasant family farms plus central state），38，68，131-132，164，401-403 典型的中国式农业（家庭农场加中央政府）

agro-ecosystem（s）：limits and slowing of，284，298，318 农业生态系统的极限与代谢速度的放缓；replacing natural，96，132，184，245，356，394，396 农业生态系统取代自然；rice paddies and，132 稻田与农业生态系统；viable，280 农业生态系统的实现

air pollution，6，284，357-366 空气污染

Akha people，200-201，331 阿卡人

All-China Environmental Federation，372 中华环保联合会

Allsen，Thomas，192-193 托马斯·爱尔森

aloeswood，218，221 沉香木

ancient China，65-102 上古中国；and creation of first empire，77-79 上古中国与第一个王朝的出现；iron and steel in，79-80 上古时期中国的钢铁业；nomadic pastoralists in，68-72；82-85，87-90 上古时期的草原游牧民族；war in，81-82 上古中国的战争；Warring States period，76-79，78f，82-85 战国时期；Zhou period，73-77 周朝

Anderson，E. N.，50 尤金·N.安德森

Anhui，230-231，233f，346-247 安徽

animals：bears，214，341-342 熊；disease and，108，341-342 疾病与动物；domesticated，and disease，108 家养禽畜与疾病；endangered，1-2，7，157-158，335，349，351-352 濒危动物；extinction of，1，6-7，49-50，246，260，264-265，342，397-398 动物种类的灭绝；first-level national protection，337 国家一级保护动物；furs，259-260 动物皮毛；Hainan，217 海南的动物；late imperial period，198，213，246 帝制晚期的动物；middle imperial period，125，157-158，165-166，180 帝制中期的动物；PRC，336-338，341-342 新中国的动物；pandas，337，352 熊猫；poaching，190，295 盗猎；star species，1，20-21 明星物种；steppe，69-70，335 草原上的动物；in Three Parallel Rivers region，352 三江并流地区的动物. See also nature preserves 亦见自然保护区

An Lushan Rebellion，154 安史之乱

annuals，development of，28，30 一年生植物

Anopheles mosquitoes，32，143-145，153 按蚊

Anyang，48-49 安阳

areca palm，142 槟榔

artemisia，32–33，127，354 青蒿

atmospheric pollution，6，284，357–366 大气污染

Attila the Hun，69 匈奴王阿提拉

aurochs，49 野生原牛

automobiles，358–360 汽车

Averill，Stephen，230–231 韦思谛

avian influenza，342 禽流感

Badian Jaran Desert，332 巴丹吉林沙漠

Bagley，Robert，46–47，54 罗伯特·巴格利

Bai people，200，352 白族

Banpo，35 半坡遗址

banyan（yong），30 榕树

Ba people，162 巴国人

barbarians，5，128，139，198，201 蛮夷；raw versus cooked，165，220，225，235 生番与熟番；Shang and，50–51 商代与蛮夷；term，72 对蛮夷的称谓；Zhou and，82 周朝与蛮夷. See also nomadic pastoralists；non-Chinese peoples 亦见游牧民族、汉人之外的其他民族

Barbieri-Low，Anthony，80 李安敦

Barfield，Thomas，69 托马斯·巴菲尔德

barley，28，51，75 大麦

Barnes，Gina，66 吉娜·巴恩斯

barnyard millet，152 稗

bears，213，341–342 熊

beaver，259–260 海狸

Beijing，207 北京；Manchu and，212–213 满人进入北京；Mongol capital at，136，178，193 元朝定都北京

Beijing Environment and Development Institute，371 北京环境与发展研究会

Belden，Jack，296 杰克·贝尔登

Bello，David，198，213–214，241–242，263 贝杜维

Benedict，Carol，243 卡罗尔·本尼迪克特

benxing，102，104 本性

Bering Strait land bridge，18 白令海峡大陆桥

betel nut，142 槟榔果

Big Dog Hou，204 侯大狗

biodiversity，18 生态多样性；of China，importance of，1–13 中国生态多样性的重
要意义；in Manchuria，213 东北地区的生态多样性；modern period，264–265，321 近
代的生态多样性；protection of，336–342 对生态多样性的保护；in Southwest，202 西
南地区的生态多样性；in Three Gorges region，349 三峡的生态多样性；in Three Paral-
lel Rivers region，351–352，356 三江并流地区的生态多样性；wetlands and，275–276
湿地与生态多样性

birds：avian influenza，342 禽流感；middle imperial period，132 帝制中期的鸟类；
modern period，276 近代的鸟类；steppe，69 草原上的鸟类

black locust，340 刺槐

Blaikie，Piers，265–266 布莱基

Bol，Peter，313 包弼德

borderlands 边疆. See frontiers and borderlands 亦见边疆和边境地带

boreal forest，19 寒温带林

Boxer Uprising，277 义和团运动

Bray，Francesca，36，52，75，96，131–132 白馥兰

bridled and haltered districts，165 土著族群的羁縻区

British，259–263 英国

bronze，70 青铜；and iron，79 青铜和铁 nature of，45 青铜的特性

Bronze Age，45–51 青铜时代. See also Shang state 亦见商代

Brookfield，Harold，265–266 布鲁克菲尔德

Buboc marmots，69 旱獭

bubonic plague，193，261–262 鼠疫；late imperial period，212，242–243 帝制晚
期的鼠疫；middle imperial period，146–148 帝制中期的鼠疫

Buddhist ideas about nature，157–158，180 佛教对自然的看法

Buddhist monasteries，154–157 佛教寺院；and forests，286–287 佛教寺院与森林

built environment，177–183 塑造的环境；Chang'an，as example，178–181 作为城
市典范的唐长安；cities，and waste management，177–181 城市与垃圾管理；and dis-
ease transmission，146 塑造的环境与疾病传播；Han Chinese farmers and，90 汉人农
民与对环境的塑造；and nutrient cycles，181–183 塑造的环境与养分循环

Bulang people，202 布朗族

bureaucracy：early empire，79，86 帝制早期的官僚体系；middle imperial period，

165 帝制中期的官僚体系

Burma，93，198 缅甸；deforestation in，330－331 缅甸的森林砍伐；Qing and，242 清朝与缅甸

Burma Road，279 滇缅公路

camels，69 骆驼

camphor，30，226，294 樟树

canals：early empire，96－97 帝制早期的运河；Grand Canal，135－137，135f，168，269－274 大运河；Ling Canal，98，98f 灵渠；Magic Canal，136，145f 灵渠；middle imperial period，131，134－137，135f 帝制中期的运河；Zheng Guo Canal，96－97 郑国渠

Cao Cao，124 曹操

carbon dioxide，55，360－361 碳排放

Carin，Robert，344 罗伯特·卡恩

carp，132，153 鲤鱼；and mulberry，283－284 鲤鱼与桑树

cars，358－360 汽车

cashmere，334 羊绒

cavalry，early empire，87，89 帝制早期的骑兵

cedar，30 柏树

Center for Legal Assistance to Pollution Victims，371 污染受害者法律帮助中心

Central Asian peoples：and chariots，54 中亚民族与战车；trade with，92－93 与中亚的贸易

Central region，18，19f 中部地区

ceramics，46 陶瓷

Chang，Chun-shu，87，89 张春树

Chang，K. C. ，36，43－44，53－54，100 张光直

Chang'an，100，122 长安；Han dynasty，86－87，100 汉代的长安；sacking of，110，122－123 长安的浩劫；Tang dynasty，120，146，157，168 唐代的长安；waste management in，178－181 唐代的垃圾管理

Chang Tang Reserve，338 羌塘国家自然保护区

chaotic systems，5 混沌理论

charcoal，206 木炭；and backyard steel furnaces，327 后院炼钢炉使用的木炭；and deforestation，80，236 砍伐森林和烧炭；and iron and steel production，80，160，237

木炭与钢铁生产；modern period，327 近代的木炭；and refining，206 木炭与炼铜；and smelting，80 木炭与冶炼

chariots，54，70 战车

chemical fertilizer，3，183，377，399 化肥；fossil fuels and，399－400 化石燃料与化肥；and pollution，368，398 化肥与污染；production of，316，317f，368 化肥产量；shortages，311－313 化肥的短缺

Chengdu，280－281 成都

Chen Yonggui，328 陈永贵

Chew，Sing，125 周新钟

China：ancient，65－102 上古中国；civil war，263，277，297 解放战争；early empire，67，77－79，85－110 帝制早期的中国；environmental history，1－13，393－412 中国环境史；geographic regions，18－19 中国的地理区域；historiography，4－5，23－24 中国的史学；late imperial period，191－255 帝制晚期的中国；middle imperial period，119－190 帝制中期的中国；modern，257－305 近代中国；People's Republic，297，307－392 中华人民共和国；prehistoric，15－63 史前的中国；term，15 中国的概念；uniqueness of，406－407 中国的独特性

Chinese，term，3，15 中国人的概念

Chinese Communist Party，263－264，277，297 中国共产党；and nature，313－315 中国共产党与自然；and People's Republic of China，307－392 中国共产党与中华人民共和国

Chinese fir，191，231，232，286，294 杉树

Chinese interaction sphere：formation of，43－45 中国相互作用圈的形成；term，43 中国相互作用圈的概念

Chinese paddlefish，349 中华匙吻鲟

Chinese sturgeon，349 中华鲟

Chinghis Khan，69，120，134 成吉思汗

chlorophyll，36 叶绿素

cholera，146，261 霍乱

Chu people，75，78，232 楚国人

cinnabar，206 朱砂

cinnamon，93，100，142 肉桂

cities：development of，44－45 城市的发展；and disease，146 城市与疾病；early empire，79，100 帝制早期的城市；middle imperial period，177－181 帝制中期的城市；

Shang and，47-49，52 上海；term，44 城市概念；Zhou and，74 周代的城市. See also urbanization 亦见城市化

civet cats，341-342 果子狸

civilization：China and，4-5 中国与文化；Daoism on，104 道家文化；early empire and，72 帝制早期的文化；ecological，375-376 生态文明；middle imperial period，165-166 帝制中期的文化；Shang and，50-51 商代文化

civil service examination system，159 科举考试

civil war，263，277，297 解放战争

Clark，Hugh，142 柯胡

climate，22-26 气候；middle imperial period，126 帝制中期的气候；modern period，289-291 近代的气候

climate change，5，394-395 气候变迁；China and，360-362 中国与气候变迁；and early agriculture，43 气候变迁与早期农业；history of，25-26，25f 气候变迁史；late imperial period，196，210-211 帝制晚期的气候变迁；and Shang，56-57 气候变迁与商代；Three Gorges dam and，350 三峡大坝与气候变化. See also global warming 亦见全球变暖

coal：middle imperial period，160-161 帝制中期的煤炭；and pollution，357-358 煤炭与污染；replacing，362 对煤炭的替代

Coggins，Chris，279 克里斯·考金斯

cogon，220 白茅草

collectivization，310 集体化；and forests，322-324 集体化与森林

colonization，396 拓殖；Han dynasty，87-90 汉代的拓殖；and land use，228 拓殖与土地利用模式；late imperial period，215-216 帝制晚期的拓殖；middle imperial period，137-143，162-166 帝制中期的拓殖；Shang and，53 商代的拓殖；Zhou and，73-77 周代的拓殖. See also tun-tian 亦见屯田

Columbian exchange，229 哥伦布大交换

commerce 商业. See trade 亦见贸易

compost，182 堆肥

confined animal feeding operations (CAFOs)，366 集中式动物养殖场

conflict：modern period，285-287 近代中国的社会冲突. See also war 亦见战争

Confucianism，86，103，134，157 儒家；late，and nature，105-106 孔子之后的儒家与自然；and nature，104，180 儒家与自然；and water control，99 儒家与水利控制

Confucius，104，368 孔子

congee，50 粥

consumption：cities and，179-181 城市消费；of energy，394 对能源的消费；middle imperial period，157-158 帝制中期的消费；modern，257-264 近代的消费；PRC，341-342 新中国的消费

contagious disease，5 传染性疾病；early empire，108-109 帝制早期的传染性疾病；famine and，292 饥荒与传染病；Han dynasty，93 汉代的传染病；late imperial period，211-212，216 帝制晚期的传染病；middle imperial period，122，143-148 帝制中期的传染病；modern，260 近代的传染病；opium and，261-262 鸦片与传染病；PRC，347 新中国的传染病；war and，279-280 战争与传染病；wildlife consumption and，341-342 野生动物消费与传染病

contour canals，96-97 等高水渠

Convention on Biological Diversity，337《生物多样性公约》

cooked barbarians，165 熟番（蛮）

copper，45-46，206-207 铜钱

Crosby，Alfred，229 艾尔弗雷德·克罗斯比

Csete，Anne，219，221 蔡红

Cultural Revolution，307，311，315 "文化大革命"；and deforestation，327-329 "文化大革命"与森林砍伐

culture：and environmental change，405 文化与环境变迁；nature of，5-6 文化的特性；southern migration and，128 南渡与文化

cutting tong tree，30 刺桐

cypress，30 杉树

Dabenkeng culture，36 大坌坑文化

Dadu，178，193 大都

Dali kingdom，199-200 大理国

dams：collapse of，345-346 堤坝的崩塌；early empire，96-97 帝制早期的水坝；environmental effects of，345-346 筑坝对环境的影响；malaria and，354-357 疟疾与水坝；middle imperial period，131 帝制中期的水坝；PRC，344-346，349-350，354-357 新中国的水坝

dang tree，30 桜树

Dan people，138 疍民

Daoism，103，127，157 道家；and nature，104-105，180 道家与自然；and water control，99 道家与水利控制

Davis，Mike，289 麦克·戴维斯

Dawenkou people，36 大汶口文化

Dazhai production brigade，328 大寨生产大队

deer，50，54，223，276 鹿

deforestation，1，20，396 森林砍伐；Bronze-Age，47 青铜时代的森林砍伐；Deng and，329 邓小平时代的森林砍伐；early empire，93-96 帝制早期的森林砍伐；effects of，330 森林砍伐的后果；and erosion，80，231，239，265，321，324，328 森林砍伐与水土流失；First Great Cutting，326-327 第一次大规模采伐；Great Cuttings，324，326-331 三大伐；iron and，80 冶铁与森林砍伐；late imperial period，231-232 帝制晚期的森林砍伐；market-driven，329-331 市场驱动的森林砍伐；middle imperial period，159-160 帝制中期的森林砍伐；modern period，257-305 近代的森林砍伐；monasteries and，156 佛教寺院与森林砍伐；non-Chinese peoples and，140，164，239，241；非汉族群的森林采伐；in North，66-67 北方的森林采伐；PRC，326-331 新中国的森林采伐；prehistoric，40-41 史前的森林采伐；regulation and，325-326 对森林采伐的限制；Second Great Cutting，327-329 第二次大规模采伐；and siltation，247，318 森林采伐造成的淤积；Shang and，55，66-67 商代的森林采伐；Third Great Cutting，329 第三次大规模采伐；in Tibet，281-282 西藏的森林采伐；United States and，330 美国与森林采伐；and world history，407-408 世界史上的森林采伐；Zhou and，74-75 周代的森林采伐

degradation，environmental，6 环境退化；and crisis，in modern China，264-282 环境退化与近代中国的生态危机；ecological shadows of consumption，257-264 消费的生态影响；flooding and，171 洪水和环境退化；foraging and，213 帝国觅食与环境退化；foreign imperialism and，264 外国帝国主义与环境退化；grasslands，333-334 草原的生态退化；Huai River Valley，269 淮河流域的环境退化；Lake Tai，367 太湖的环境退化；modern China and，257-305 近代中国的环境退化；in mountain areas，239，281-282 山区的环境退化；in north，274-277 北方的环境退化；in northwest，266-268，267f-268f 西北地区的环境退化；PRC，307，321，327-328，330，333-334，339，363，367，369-370 新中国的环境退化；Sichuan，280-281 四川的环境退化；in south，278-279 南方地区的环境退化；versus sustainability，282-288 环境退化与可持续发展；Tibet，281-282，363 西藏的环境退化；Yangzi River Valley，277-278 长江流域的环境退化；Yellow River and Grand Canal region，269-274，271f 黄河和大运河

流域的环境退化；Yunnan，279−280，280f 云南的环境退化

democracy, environmental movement and，372−373 环保运动与民主

Deng Xiaoping，307 邓小平；and forests，324−326，329 邓小平与森林；and nature，315−318 邓小平与自然

desertification，89，101，397 荒漠化；glaciers and，362−364 冰川与荒漠化；grasslands and，311−335 草原与荒漠化；Han dynasty and，87−90 汉代与荒漠化；late imperial period，213 帝制晚期的荒漠化；PRC，311−335，340，362−364 新中国的荒漠化；term，331 荒漠化的概念；Three Norths Shelter Project and，340 三北防护林与荒漠化

deserts，16 沙漠；Gobi，16，332 戈壁；Ordos，207−210，334 鄂尔多斯；Takla-makan，92−93，214，332 塔克拉玛干

Dian people，162，164 滇人

Di Cosmo, Nicola，82−83，85 狄宇宙

dikes，233−234，236−237 堤坝；early empire，99 帝制早期的堤坝；middle imperial period，131，150f，168−169 帝制中期的堤坝；modern period，270，271f 近代的堤坝

Dinghu Mountain preserve，336 鼎湖山保护区

Di people，72，82−83 狄人

disease，5 疾病；early empire，108−109 帝制早期的疾病；famine and，292 饥荒与疾病；Han dynasty，93 汉代的疾病；late imperial period，211−212，216 帝制晚期的疾病；middle imperial period，122，143−148 帝制中期的疾病；modern，260 近代的疾病；opium and，261−262 鸦片与疾病；PRC，347 新中国与疾病；war and，279−280 战争与疾病；wildlife consumption and，341−342 野生动物消费与疾病

dogs，36 狗

Dong people，203 侗族

Dongting Lake，232，235−237 洞庭湖

Dongyang，368−370 东阳

Dou Guangguo，80 窦广国

drilling, for water，347−348 钻井取水

drought：ENSO and，289−291 厄尔尼诺-南方涛动与干旱；and famine，289−297 干旱与饥荒；middle imperial period，211−212 帝制中期的旱灾；modern period，289−291 近代中国的旱灾；PRC，348，350 新中国的干旱

dry-land farming，28，65，74，131，308 旱地农作. See also maize；millet 亦见玉

米、稷

Dujiangyan，97，350 都江堰

Dunstan，Helen，211 邓海伦

dust storms，17 沙尘暴

Dutch，222-223 荷兰

early empire，85-110 帝制早期；agriculture and deforestation，93-96 帝制早期的农业与森林砍伐；cities，100 帝制早期的城市；colonialism and desertification，87-90 帝制早期的拓殖与荒漠化；creation of，77-79 帝制早期的诞生；end of，109-110 帝制早期的结束；hunting parks，100-101 帝制早期的猎苑；nature beliefs of，81-82，101-109 帝制早期关于自然的信仰；roads and new lands，90-93 帝制早期的道路和新疆域；term，67；water control，96-99 帝制早期的水利控制．See also Han dynasty；Qin dynasty 亦见汉代和秦代

Eastern Hu people，73 东胡人

Eastern Swamp，275 东淀

ecological civilization，375-376 生态文明

ecological degradation：modern，264-282 近代的生态退化；nature of，265，333-334 生态退化的性质；protests of，366-376 与生态问题有关的抗议；in Tibet，363 西藏的生态退化

ecological shadow, of Chinese consumption，257-264，330-331 中国人消费的生态影响

economy：and environment，2，6 经济与环境；late imperial period，194-196，257 帝制晚期的经济；middle imperial period，160-161 帝制中期的经济；monasteries and，155-156 寺院经济；of nomadic pastoralism，70 游牧经济；and pollution，357-358 经济与污染；PRC，312，364 新中国的经济

Economy，Elizabeth，346 易明

ecosystems，19-21 生态系统；climax，5 顶级生态系统；diversity of，7，9，198，276，352 生态系统的多样性；exploitation of，52，336 对生态系统的开发；forests as，19-21，320，330 森林生态系统；Hainan Island，217，222 海南岛的生态系统；preservation attempts and，337-338 保护生态系统的努力；resiliency，loss of，409 生态系统弹性的丧失；simplification of，7，111，195，265，277，331，396-397 生态系统的单一化．See also agro-ecosystems 亦见农业生态系统

ecotourism，355 旅游；effects of，337 生态旅游

Edmonds，Richard Louis，321，340 理查德·路易·埃德蒙德

elaphures，54 麋鹿

electricity，357，362 电

elephants，21 大象；late imperial period，200，246 帝制晚期的大象；middle imperial period，165-166 帝制中期的大象；PRC，356-357 新中国的大象；Shang and，54，66 商代的大象

Elvin，Mark，53，151-152，161，166，181，204，246，400 伊懋可

empathy，106，158 同情

emperor，title，86 皇帝的头衔

empire，nature of，93-96 帝国的性质

enclosure，middle imperial period，150f 帝制中期的圩田

endangered species，1-2，7，157-158，335，349，351-352 濒危物种

energy：China and，394 中国与能源；cities and，181-183 城市与能源；industrialization and，263 工业与能源；middle imperial period，160 帝制中期的能源；regimes，56，257，399 能源体制；Shang and，55-56 商代的能源；shortages，160 能源短缺；storage of，55-56 能源储存；technology and，45 技术与能源；Engels，Friedrich，313-314 恩格斯论能源

ENSO（El Niño-Southern Oscillation），288-291 厄尔尼诺-南方涛动；nature of，289 厄尔尼诺-南方涛动的性质

entropy，183 熵

environmental change：in ancient China，65-102 上古时期中国的环境变迁；Bronze-Age，45-51 青铜时代中国的环境变迁；driving forces of，6，400-406 环境变迁的驱动力；early empire，85-87 帝制早期的环境变迁；human action and，1-2，7 人类活动与环境变迁；markets and，195 市场与环境变迁；middle imperial period，122-132，148-158，170-172 帝制中期的环境变迁；Neolithic，38-43，51-57 新石器时代的环境变迁；nomadic pastoralists and，71 游牧民族与环境变迁；non-Chinese peoples and，163 非汉族群与环境变迁；state power and，65-66 政权与环境变迁

environmental crisis，modern，264-282 近代环境危机

environmental history，1-13，393-412 环境史；ancient，65-102 上古时期的环境史；development of agriculture and，27 农业发展与环境史；early empire，85-110 帝制早期的环境史；historiography of，4-5，9，23-24 环境史学；late imperial period，191-255 帝制晚期的环境史；middle imperial period，119-190 帝制中期的环境史；modern，257-305 近代中国环境史；PRC，307-392 新中国环境史；prehistoric period，15－63 史前时期的环境史；study of，importance of，7 环境史研究的重要性；themes in，394－397 环境史的主题

environmental limitations：early empire and，81－82 帝制早期的环境约束；late imperial period，240－246 帝制晚期的环境约束；and world history，408－409 环境约束与世界史

environmental management，modern period，285－287 现代的环境管理

environmental movement，366－376 环保运动

Environmental Protection Agency（China），370－371 国家环境保护局

environmental protests，354，366－376 环保抗议；and democracy，372－373 环保抗议与民主；Dongyang，368－370 东阳的环保抗议；Gansu fertilizer factory，368 甘肃农民对化肥厂的抗议；LakeTai，367 太湖的环保抗议；Nu River，373－375 怒江的环保抗议

environmental systems，6 环境系统．See also ecosystems ephedra，335 亦见麻黄草与生态系统

epidemic disease，5 传染病；early empire，108－109 帝制早期的传染病；famine and，292 饥荒与传染病；Han dynasty，93 汉代的传染病；late imperial period，211－212，216 帝制晚期的传染病；middle imperial period，122，143－148，147f 帝制中期的传染病；modern，260 近代的传染病；opium and，261－262 鸦片与传染病；PRC，347 新中国的传染病；war and，279－280 战争与传染病

equitable fields system，154－155，158，166 均田制

Erlitou，47 二里头

erosion（soil）：early empire，99 帝制早期的水土流失；and flooding，39－40 水土流失与洪水；middle imperial period，168，171 帝制中期的水土流失；modern period，268，268f，270，287，297 近代的水土流失；plowing technique and，75 耕作技术与水土流失；PRC，327－328，334，339 新中国的水土流失；prevention efforts，244－245，282，288，321 防止水土流失的努力；tea and，241 茶树与水土流失

Esherick，Joseph，277 周锡瑞

extinction，1，6－7，49－50，246，260，342，397－398 物种灭绝；modern，264－265 近代的物种灭绝；PRC，349 新中国的物种灭绝

family farms，in typical Chinese style of agriculture，38，68，131－132，164，401－403 中国典型农业模式中的家庭农场

famine：late imperial period，211－212 帝制晚期的饥荒；middle imperial period，

122 帝制中期的饥荒；modern period，277，289–291，296–297，316–317 近代的饥荒

　　Fang Shimin，373–374 方是民（方舟子）

　　farmland：Han dynasty，90–93 汉代的农田；late imperial period，204，215–216，233 帝制晚期的农田；middle imperial period，124，149，151，159f，166–172，167f 帝制中期的农田；modern period，280–281，281f 近代的农田；monasteries and，156 寺院与农田；PRC，312 新中国的农田；reclaimed，176–177，176f，239 开垦农田；Shang and，52–53 商代的农田；Zhou and，74–75 周朝的农田

　　Far West，18，19f 遥远西部

　　fengshui，84，227 风水

　　fertilizer，36–37 肥料；animal，38，94 粪肥；cities and，181–183 城市与肥料；green manure，38，152 绿肥；human waste，94，182 人粪肥；shortages，311–313 肥料短缺；silt，97，276 淤积．See also chemical fertilizer 亦见化肥

　　fire：early humans and，26–27 早期人类的刀耕火种；non-Chinese peoples and，140，163 非汉族群的刀耕火种；Shang and，52，55 商代的刀耕火种；in Tibet，282 西藏的刀耕火种

　　fish：middle imperial period，132，152–153 帝制中期的鱼类；pond，and mulberry tree，283–285 桑基鱼塘；PRC，349 新中国的鱼类

　　fisheries：modern period，294–295 近代中国的渔业；PRC，346 新中国的渔业

　　Fiskesjö，Magnus，72，200 马思中

　　Five Dynasties，149 五代十国时期

　　Five-Foot Way，92 五尺道

　　floods and flooding：deliberate，396–397 人为导致的洪水和泛滥；early empire，99 帝制早期的洪水与泛滥；late imperial period，234，236 帝制晚期的洪水与泛滥；middle imperial period，149，169，171，174 帝制中期的洪水与泛滥；modern period，257–305 近代的洪水与泛滥；myths，40 大洪水神话；PRC，330，343，345，347 新中国的洪水与泛滥；prehistoric，39–40 史前的洪水；river shifts and，38，119，169，171，273 洪水与改道；and weed control，152 杂草与水淹；Yellow River，38，99，119，169，171，273，296–297，345 黄河洪水

　　food：cities and，181–183 城市与食物；early empire，100 帝制早期的食物；forests and，288 森林与食物；Han dynasty，93 汉代的食物；middle imperial period，160 帝制中期的食物；New World crops，229 美洲作物；non-Chinese peoples and，82 非汉族群的食物；PRC，341，365 新中国的食物；Shang and，50 商代的食物；shortages，287 食物短缺．See also famine 亦见饥荒

forests，7，19-21 森林；boreal，19 寒温带林；Buddhist monasteries and，156-157 佛教寺院与森林；definitional issues，319-320，324，325f，340 森林的概念问题；as food reservoirs，288 作为食物储备库的森林；in Fujian，293-294 福建的森林；Great Cuttings，324，326-331 三大伐；on Hainan，220 海南岛的森林；importance of，20 森林的重要性；late imperial period，213，227 帝制晚期的森林；management of，modern period，286-287 近代中国的森林管理；in Manchuria，293 东北地区的森林；National Forest Law and，294《中华民国森林法》；official statistics on，318-322，320f 官方对森林的统计；ownership regimes，322-326 森林的所有制；PRC，318-336 新中国的森林；reforestation，125，339-341 补种的森林；Shang and，55，66 商代的森林；in South，141-142 南方的森林；subtropical，20 亚热带林；tea and，241 茶叶与森林；temperate，19-20 森林与气温；Three Norths Shelter Project and，320，339-341 三北防护林；in Tibet，363-364 西藏的森林；tropical，20 热带森林；Zhou and，73-77 周代的森林. See also deforestation 亦见森林砍伐

France，264 法国

Frank，Andre Gunder，407 贡德·弗兰克

Franklin，U. M.，46 富兰克林

Friends of Nature，371 自然之友

frogs，132 青蛙

frontiers and borderlands：Great Wall，207-210 长城；late imperial period，197-216 帝制晚期的边疆；Ordos Desert，207-210 鄂尔多斯沙漠；Southwest，198-207，244 西南边疆；West，214-216 西部边疆

fuel：middle imperial period，160-161 帝制中期的燃料；shortages，160-161，287 燃料短缺. See also energy 亦见能源

Fu Hao，51 妇好

Fujian，forests in，293-294 福建的森林

furs，259-260 皮毛；demand for，407 对皮毛的需求；Manchurian，213，291 东北的皮毛

Galdan，214 噶尔丹

Galdan Tseren，215 噶尔丹策零

game：early empire，100-101 帝制早期的狩猎；PRC，341-342 新中国的狩猎

Gansu，368 甘肃

gao tree，30 槁树

garro，218，221 沉香

Ge Hong，127 葛洪

Gelao people，203 仡佬族

general crisis of the seventeenth century，210-212 17 世纪普遍性危机

genetics，314-315 遗传学

Germany，264 德国

Gernet，Jacques，155-156 谢和耐

giant panda，337 大熊猫

gibbon，320 长臂猿

Giersch，C. Patterson，240 纪若诚

ginkgo biloba，18，32 银杏

ginseng，213 人参

gir，70 穹庐

glaciers，362-364 冰川

global warming：China and，357 中国与全球变暖；and Tibet，363 西藏与全球变暖. See also climate change 亦见气候变化

goats，71，125，334 山羊

Gobi Desert，16，332 戈壁沙漠

Golas，Peter，154 葛平德

government. See state（s）政府

government NGOs（GONGOs），371 官办非政府组织

grains：evolution of，28 谷物的演变；nomads and，85 游牧民族与粮食

Grand Canal，135-137 大运河；middle imperial period，168 帝制中期的大运河；modern period，269-274 近代的大运河

grasslands，33，52 草原；early empire，68-72 帝制早期的草原；late imperial period，215-216 帝制晚期的草原；loss of，332 草原的减少；non-Chinese peoples and，163 非汉族群与草原；PRC，311-335 新中国的草原；zones of，69 草原地区

grassland wolf，69 草原狼

great bustard，69 鸨

Great Green Wall，320，339-341 绿色长城

Great Leap Forward，311-312，316-317，323 "大跃进"；and deforestation，326-327 "大跃进"与森林砍伐

Great Vine Gorge，204 大藤峡

Great Wall (Ming), building of, 207-210 明长城的修筑；as dividing line between agrarian and pastoral China, 210, 212-213, 228 明代长城作为中国农耕地区与游牧地区的分界

Great Wall (Qin), 84-87, 93 秦长城；as dividing line between different ways of life, 87, 123 秦代长城作为两种生活方式的分界线

greenhouse gases, 357-358 温室气体

green manure, 37, 181 绿肥

Green Watch, 369 绿色观察

Green Watershed, 354, 371 绿色流域

Guangdong, 339 广东

guang lang tree, 30 桄榔

Guangxi, 141, 198, 202 广西

Guanzhong, 74 关中

Guanzi, 81, 106 《管子》

Guilin, 137 桂林

Guizhou, 197, 201-203 贵州

Guomindang, 263-264, 279 国民党

Hai Rui, 220 海瑞

Hainan, 217-222 海南岛；characteristics of, 217 海南岛的特点

Hakka people, 22, 228-232, 278 客家人

Han Chinese：and land ownership, 226-228 汉人的土地所有权；migrations of, 120-121, 122-123, 127-128, 169, 193, 203-204, 225, 291, 332, 364 汉人的迁徙；term, 3 汉人的概念

Han dynasty, 6, 67-68, 84-93 汉代；territory of, 87 汉代的疆域

Han Fei Zi, 106 韩非子

Hangzhou, 120, 178, 182 杭州

Hani people, 202 哈尼族

Han River, 232-233 汉水

Han Yong, 204 韩雍

Hao, 74 镐京

Harkness, James, 321, 330, 337-338 郝克明

Hartwell, Robert, 160-161 郝若贝

He Daming，373-374 何大明

Heilongjiang，291 黑龙江

hemp，230 麻

Hemudu culture，36 河姆渡文化

Herman，John，200-201，203 约翰·荷曼

He Xi，89 河西

Himalayas，16 喜马拉雅

Hmong people，235，241-242 赫蒙族

Ho Chi Minh，354 胡志明

Holocene period，31 全新世时期

Holzner，Wolfgang，282 贺子诺

Hong Liangqi，245 洪亮吉

Hongwu，emperor，201，203，235 洪武皇帝

Hongze Lake，270，272-274 洪泽湖

Ho Ping-ti，35，44，151，229 何炳棣

Hopkins，Donald，108 唐纳德·霍普金斯

horses：domestication of，69-70 驯养马；early empire，89 帝制早期的马；late imperial period，199 帝制晚期的马；middle imperial period，125 帝制中期的马；nomads and，68，85 游牧民族与马；obsolescence of，335 过时的马；in South，134 南方的马

Hsu，Cho-yun，75，79，93-94，100，107-108 许倬云

Huai River，17，65 淮河；course changes and，169-170，270，272 淮河改道；modern period，269，273-274 近代的淮河；pollution and，346-348 淮河的污染；water control and，343-344 淮河的水利

Huai River Valley，66，269，273，276，343，394 淮河流域；pollution and，367 淮河流域的污染；water control and，345-346 淮河流域的水利

Huang Chao，179 黄巢

Hubei，232-237 湖北

Hughes，J. Donald，181，409 唐纳德·休斯

Hu Jintao，367，373 胡锦涛

humans：and environmental change，1-2，7 人类与环境变迁；evolution of，26 人类的进化；settlement in China，26-38 中国人类的定居

Hunan，232-237 湖南

hunting：early empire，100－101 帝制早期的狩猎；late imperial period，213－214 帝制晚期的狩猎；middle imperial period，180 帝制中期的狩猎；Shang and，54 商代的狩猎

huoluan，146 霍乱

Hu people，84 胡人

hydropower，344－346，349－350，353，357 水电

ideas about nature 关于自然的理念. See nature, beliefs about identity，environment and，197－198 亦见自然环境与身份认知

Igler，David，260 戴维·伊格勒

Ili River valley，214 伊犁河谷

imperialism，foreign，and environment，264 外国帝国主义与环境

India，260－261 印度

indigo，230 靛蓝

industrialization，1，399 工业化；British and，263 英国与工业化；middle imperial period，158－161 帝制中期的工业化；PRC，307－318，364－365 新中国的工业化；Soviet Union and，357 苏联与工业化；and world history，408－409 工业化与世界史

Inner Mongolia，214，332－333 内蒙古；modern period，291－293 近代的内蒙古

inoculation，216 接种

iron，77，79－80 铁；Han dynasty，93 汉代的冶铁；late imperial period，204 帝制晚期的冶铁；middle imperial period，160－161，163 帝制中期的冶铁

irrigation：middle imperial period，142－143 帝制中期的灌溉；types of，96 灌溉的种类

Isenberg，Andrew，70 安德鲁·伊森伯格

islands，217－226 岛屿

jade，93 玉

Japan，226，263－264，295－297 日本

Jiang Kaishek，279，292，294－296 蒋介石

Jiankang，128 建康

Jiaqing emperor，234 嘉靖皇帝

Jilin，291 吉林

jimi districts，165 羁縻区

Jin dynasty，109-110，122-123，129 晋朝

Jin people，83 晋人

Jinsha River，207 金沙江

Jinuo people，202 基诺族

Johnson，Christopher，362 克里斯托弗·约翰逊

Jurchen people，161，169 女真人

Kaifeng，120，169，178 开封

Kammu people，200 克木人

Kam people，72 侗族

kang，55 炕

Kangxi emperor，205，214，216 康熙皇帝

kapok，30 木棉

karst，137，138f，202 喀斯特

Keightley，David，51，56 吉德炜

Kennedy，Scott，362 斯科特·肯尼迪

Khitan Liao people，149 契丹辽国

Khitan people，161 契丹人

Kiakhta，Treaty of，214《恰克图条约》

Korea，18 朝鲜

Korean War，309 朝鲜战争

Kriechbaum，Monika，282 柯蕾苞

Kubilai Khan，134，193，201 忽必烈汗

Kubuqi Desert，332 库布齐沙漠

kulan，69 蒙古野驴

kumis，71 奶酒

Kuvulan people，226 噶玛兰族人

Kyoto Protocol，360《京都议定书》

labor：and bronze，46 青铜与劳动力；maize and，238 玉米与劳动力；middle imperial period，123-124，129，131-132，135，164，168 帝制中期的劳动力；monasteries and，155 寺院劳动力；Shang and，47 商代的劳动力；and weed control，152-153 杂草控制与劳动力；Zhou and，76 周代的劳动力. See also unfree labor 亦见非自由

劳动力

lacquer tree, 30 漆树

Lahu people, 202-203 拉祜族

Lake Dian, 162 滇池

Lake Tai, 367 太湖

Lamouroux, Christian, 169 蓝克利

land cover, 394 土地覆盖; late imperial period, 226-228 帝制晚期的土地覆盖; prehistoric, 20 史前的土地覆盖

Lander, Brian, 101 布赖恩·兰德尔

landforms, 16-18 地形

land ownership, 402 土地所有权; bannerlands, 291 旗地; equitable fields system, 154-155, 158, 166 均田制; and forests, 322-326 森林与土地所有制; household responsibility system, 324-326, 329 家庭承包责任制; land reform and, 106 土地改革; late imperial period, 226-228 帝制晚期的土地所有制; Manchus and, 291 满人与土地所有制; middle imperial period, 158 帝制中期的土地所有制; non-Chinese peoples and, 331 非汉族群的土地所有制; privatization, effects of, 158 土地私有化的后果; wealthy/Great Families and, 93, 101, 109-110, 123 世家大族的土地所有权

land reform, 323 土地改革

landscape: middle imperial period, 166-177, 167f 帝制中期的地貌景观; painting, Chinese, 103, 157 中国山水画

land tenure, middle imperial period, 154 帝制中期的土地所有权

land use, 394 土地利用; late imperial period, 226-228 帝制晚期的土地利用; PRC, 318-336, 365 新中国的土地利用

Laojunshan National Park, 356 老君山国家公园

Lao people, 162-164 佬人

late imperial period, 191-255 帝制晚期

Lattimore, Owen, 93, 209, 292 拉铁摩尔

Learn from Dazhai campaign, 326-328 学大寨运动

Lee, James, 205 李中清

Lee Feigon, 362, 364 利·费贡

Leeming, Frank, 166 弗兰克·利明

Legalism, 103 法家; and nature, 106-107 法家与自然

legumes, 37, 177, 181 蔬菜

Leonard，Jane Kate，272－273 李欧娜

Leong，Sow-Theng，230 梁肇庭

levees，175 堤围（垸）

Lewis，Mark Edward，101 鲁威仪

Li，Hui-lin，31，33 李惠林

Li，Lillian，275－276，290，312，347 李明珠

Liaoning，291 辽宁

Liao people，128－129 僚人

Li Liu，38－40，54 刘莉

Ling Canal，98，98f 灵渠

Lingnan，138－142 岭南

Ling Zhang，171 张玲

Lin Shuangwen uprising，225 林爽文起义

Linzi，79 临淄

Li Peng，349 李鹏

Li people，128－129，138，217－222 黎族

Li River，138f 漓江

Li Si，86 李斯

Lisu people，202－203 傈僳族

Little Ice Age，196，210－211 小冰期

Liu Bang，86－87 刘邦

Liu Changming，349 刘昌明

Liu Dachang，323，326，328－329，340 刘大昌

Liu Xun，143 刘恂

locusts，269 蝗虫

loess，16－17 黄土；distribution of，33 黄土的分布；early empire，99 帝制早期的黄土地区；and millet cultivation，33－35 黄土与小米种植；modern period，270 近代的黄土地区

logging：ban on，330，340 伐木的禁令；late imperial period，266 帝制晚期的伐木；modern period，325－326 近代的伐木. See also deforestation 亦见森林砍伐

Longshan culture，40 龙山文化

long walls，207 长城；Warring States period，83－84 战国时期的长城

Longworth，John，335 朗沃斯

loosely governed districts，165 羁縻地区

Lowdermilk，W. C.，274，297 罗德民

Lu，Sheldon H.，314 鲁晓鹏

lumber 木材. See deforestation；forests 亦见森林砍伐、森林

Luoluo people，203，205 倮倮（彝族）

Luoyang，109-110，120，121f，122-123，126，135 洛阳

Lu people，74 卢人

Lysenko，Trofim，314 特罗菲姆·李森科

Lysenkoism，314-315 李森科主义

Ma，Xiaoying，370-371 马小英

Magee，Darrin，353 麦达凌

Magic Canal，136，145f 灵渠

maize，229-230，238-239 玉米

malaria，32 疟疾；carp and，153 鲤鱼与疟疾；clinical manifestations of，144 疟疾的临床表现；conquest of，354-357 征服疟疾；middle imperial period，127-128，141-146 帝制中期的疟疾；treatment of，32，127 疟疾的治疗；upland peoples and，241-243 山区族群与疟疾；war and，279-280 战争与疟疾

Malthus，Thomas，245 马尔萨斯

Manchuria，291-293 东北地区

Manchus 满族. See Qing dynasty 亦见清朝

Mandate of Heaven，57，76 天命

Man people，72，128-129，138-139 蛮夷

manure，37，181 肥料

Mao people，74 髳人

Mao Zedong，297，307 毛泽东；and famine，316-317 毛泽东与饥荒；and material constraints，310-311 毛泽东与物质条件约束；and nature，314 毛泽东与自然；and Nixon，316 毛泽东与尼克松；and population，309 毛泽东与人口；and water control，343-344，348-349 毛泽东与水利控制

markets：and deforestation，329-331 市场与森林砍伐；and desertification，334-335 市场与荒漠化；and environmental change，195，403-404 市场与环境变迁；on Hainan，222 海南岛的市场；late imperial period，194-196，229-231 帝制晚期的市场；middle imperial period，158 帝制中期的市场；PRC，307 新中国的市场. See also trade 亦见贸易

Marx, Karl，313-314 卡尔·马克思

Marxism，313-315，374 马克思主义

mass incidents，368-370 群体性事件；definition of，369 群体性事件的概念

Ma Tianjie，369-370 马天杰

McDermott, Joseph，231 周绍明

McNeill, John R.，8，56，181，261，287，359，407 麦克尼尔

meat，38 肉；early empire，100 帝制早期的肉食；PRC，365 新中国的肉食；Shang and，50，54 商代的肉食

Meiling Pass，138，139f 梅岭关

Mencius，105-106 孟子

Meng Tian，84 蒙恬

Meng Zhang，232，286 张萌

Menzies, Nicholas，19，33-34，286 孟泽思

mercantilism，261 重商主义

mercury，206 汞

Mertha, Andrew，350，354，373-374 毛学峰

metallurgy，45 冶金

methane，360 甲烷；wet-rice agriculture and，31-32，42，361 水稻农业与甲烷

Miao people，72，138，203，235-236，241-242 苗族

Michurin, I. V.，314 米丘林

middle imperial period，119-190 帝制中期

military 军事. See war 亦见战争

military-agricultural colonies 军事-农业拓殖. See tun-tian 亦见屯田

Miller, Ian，227 伊恩·米勒

millet，28，35f 小米；cultivation of，33-36，44 小米的种植；Shang and，50，52 商代与小米；types of，34 小米的种类；Zhou and，75 周朝与小米

Ming dynasty，90，177，193-194，197，201 明朝；and economy，95，196，199，229 明朝的经济；end of，210-212 明朝的灭亡；establishment of，177，201，203 明朝的建立；and Hainan，219-220 明朝与海南；and Southwest，204-205 明朝与西南地区；territory of，197，203-210，228 明朝的疆域；and water control，131，134-137，142-143，148，151-152，166-177 明朝的水利控制

mining，79-80 采矿；Bronze-Age，45-46 青铜时代；late imperial period，205-

206，231 帝制晚期的采矿；in Mongolia，335 蒙古的采矿

Ministry of Environmental Protection，370–371 环境保护部

Minnan，142 闽南

Min people，138 闽人

Min River，97，294，350 闽江

Mirror Lake，131，239 镜湖

Mithen，Steven，31 斯蒂文·米森

monasteries 寺院．See Buddhist monasteries 佛教寺院

Mongols，4，119–120 蒙古；conquest of China，192–193，201，209–210 蒙古征服中国；and Grand Canal，136 元朝与大运河；and Hainan，219 蒙古人与海南岛；middle imperial period，161 帝制中期的蒙古；and nature，4 蒙古与环境．See also Yuan dynasty monsoons，17，38 亦见元代的季风

Mo people，73 貊

mosquitoes，32，143–145 蚊子；carp and，153 鲤鱼和蚊子

mountains and upland regions：and land ownership，227 山区与土地所有权；late imperial period，197，200–201 帝制晚期的山区；lower Yangzi，237–240 长江下游山区；modern period，278–279，281–282，292–293 近代的山区；specialist peoples in，228–232 山区开垦专家

Mo Yao people，140 莫徭人

Mu'ege kingdom，201 慕俄格王国

mulberry，49 桑树；and fish pond combination，283–285 桑基鱼塘

mu mian tree，30 木棉

Murphey，Rhoads，314 罗兹·墨菲

Muscolino，Micah，295–296 穆盛博

Mu-us Sandy Land，334 毛乌素沙漠

Nanjing，296 南京

Nanling，137 南岭

nanmu tree，285 楠木

Nanzhao，200 南诏

National Environmental Protection Agency，370–371 国家环境保护局

Nationalists government，263–264，294–295，297 国民政府

natural environment，16–26 自然环境

nature, beliefs about：cities and, 179-181 城市与关于自然的信仰；concept of nature and, 102-103 自然和有关自然信仰的概念；early empire, 81-82, 101-109 帝制早期的自然理念；late imperial period, 244-246 帝制早期的自然理念；Mongols and, 4 蒙古人关于自然的理念；PRC, 313-318, 373-374 新中国关于自然的理念；Tang dynasty, 157-158 唐代有关自然的理念；Zhou and, 76-77 周朝有关自然的理念

nature preserves, 336-342 自然保护区；Chang Tang Reserve, 338 羌塘自然保护区；definitional issues, 336-337 自然保护的界定问题；Dinghu Mountain preserve, 336 鼎湖山自然保护区；imperial hunting parks as, 54, 100-101, 180, 213-214 作为自然保护区的帝国猎苑；Wangland Nature Reserve, 337 王朗自然保护区

Naughton, Barry, 311 巴里·诺顿

Needham, Joseph, 84, 92, 99, 136 李约瑟

Nerchinsk, Treaty of，214《尼布楚条约》

NGOs. See nongovernmental organizations 非政府组织

Nian rebellion, 277 捻军起义

nitrogen, 36-37 营养；cities and, 181-183 城市与营养；millet and, 35 小米和营养；modern period, 287 近代的营养问题；PRC, 308-313, 316, 317f 新中国的营养问题

Nixon, Richard, 316 理查德·尼克松

nomadic pastoralists, 120 游牧民族；early empire, 68-72 帝制早期的游牧民族；Han dynasty and, 87-90 汉朝与游牧民族；and iron, 80 游牧民族与铁骑；middle imperial period, 122-126, 161 帝制中期的游牧民族；in Tibet, 363 西藏的游牧民族；Warring States and, 82-85 战国时期的游牧民族. See also Mongols 亦见蒙古

nomadic peoples：and chariots, 54 游牧民族与战车；and early empire, 67-68 帝制早期的游牧民族

non-Chinese peoples, 3-4 非汉族群；early empire, 72-73 帝制早期的非汉族群；and environment, 278 非汉族群与环境；of islands, 217-226 岛屿上的族群；land use, 226 非汉民族的土地利用；late imperial period, 197-198, 200-203, 205, 215, 235-236, 241-242 帝制晚期的非汉民族；middle imperial period, 138-143, 162-166 帝制中期的非汉民族；and preservation, 356-357 少数民族与保护区；Shang and, 50-51 商代与非汉民族；in Three Parallel Rivers region, 352 三江并流地区的少数民族；types of, 165 非汉族群的种类；Warring States and, 82-85 战国时期的非汉族群. See also nomadic pastoralists 亦见游牧民族

nongovernmental organizations（NGOs）, 354, 369, 371-372 非政府组织

Nong people，138，203 侬族

North，18 北方；and Chinese interaction sphere，44 中国相互作用圈；deforestation in，66-67 华北地区的森林采伐；development of agriculture in，33-36 华北地区农业的发展；disease in，146-148 华北的疾病；middle imperial period，122-127，166-172，167f 帝制中期的华北；modern period，274-277 近代的华北；PRC，347-348 新中国的华北

North China plain，18 华北平原；ancient，33，36，38，40，44-45 上古时期的华北平原；and Chinese interaction sphere，51 中国相互作用圈；deep well drilling on，347-348 华北地区钻井取水；deforestation and，55，96，108，166 华北地区的森林采伐；and disease，212 华北地区的疾病；in early imperial era，75，85，89，94，119 帝制早期的华北；environmental decline of，170-172 华北地区的环境退化；fuel issues，55 华北地区的燃料问题；in middle imperial era，122-126，129 帝制中期的华北；modern period，274-278 近代的华北；Mongols and，193 蒙古人与华北；rectilineal field system，166-168，167f 华北平原的直线型农田；reforestation efforts，339 华北地区造林的努力；Shang and，47，50，52，56 商代华北地区；water control and，96，99，135，137，269-270，343-345 华北地区的水利

Northeast，18 东北

Northern Song period，169 北宋时期

Northwest，18，266-268 西北

Nuoso people，163 诺苏（彝族）

Nurhaci，212 努尔哈赤

Nu River，354-355 怒江；protests，373-375 怒江的抗议

nutrient cycles：cities and，181-183 城市与养分循环；and sustainability，284 养分循环与可持续性

oases，90，93 绿洲

Obama，Barack，361 奥巴马

oil，359 油

One-Child Policy，317 独生子女政策

opium，260-264 鸦片

oracle bones，23-25，24f，48-49 甲骨文

oranges，156 橙

Ordos Desert，207-210，334 鄂尔多斯沙漠

Oriental vole，243 田鼠

Ortolano，Leonard，370-371 奥托兰诺

Osborne，Anne，238-239 安·奥思本

Outer Mongolia，214，333 外蒙古

oxen，52，75，204 牛

Pacific Islands，258-259 太平洋群岛

palms，142 棕榈

pandas，337，352 熊猫

pandemics. See disease 传染病

Pan Jishun，270 潘季驯

Paris Agreement，361《巴黎协定》

Parker，Geoffrey，211 杰弗里·帕克

pastoralists，82，333，335. See also nomadic 游牧民族

pasture，89，125，156，282 牧场

Pearl River delta，172-177，172f 珠江三角洲

pearls，142 珍珠

peasant family farms, in typical Chinese style of agriculture，38，68，131-132，164，401-403 典型的中国式农业中的家庭农场

Peking Man，26 北京猿人

pengmin. See shack people 棚民

Peng people，74 彭人

peonies，180 牡丹

People's Republic of China（PRC），297，307-392 中华人民共和国；and historical context，398-399 中华人民共和国的历史背景；official statistics, issues with，318-322 中华人民共和国的官方统计问题

Perdue，Peter，215-216，236 濮德培

Perry，Elizabeth，269，277 裴宜理

Peters，Heather，72 白海思

Pietz，David，269，273 戴维·艾伦·佩兹

pigs，36，335，364-366 猪

pine，30，340 松树

plague：late imperial period，193，212，242-243 帝制晚期的瘟疫；middle imperial period，146-148 帝制中期的瘟疫；modern，261-262 近代中国的瘟疫

Plasmodium，143-144 疟原虫

plows，52，75，94 犁；early empire，94-96 帝制早期的犁；late imperial period，204 帝制晚期的犁；types of，94 犁的种类

pneumonic plague，243 肺鼠疫

Poivre, Pierre，182 皮埃尔·普瓦沃

polders，130，149，151，175，236-237 圩垸（圩田）

political organization, nomadic pastoralists and，71-72 游牧民族与政治组织；Zhou，74 周朝的政府组织

pollution，6 污染；effects of，358 污染的后果；middle imperial period，161 帝制晚期的污染；PRC，284，346-347，357-366 新中国的污染；protests of，368-370 关于环境污染的抗议

Pomeranz, Kenneth，274，408 彭慕兰

poplar，340 杨树

population (change)，393 人口（变化）；of Chang'an，179 长安的人口；density, by region，227-228，227f 分地区的人口密度；disease and，148 人口与疾病；drought and，290 干旱与人口；early empire，79，94，95f 帝制早期的人口；and environmental change，405-406 人口与环境变迁；of Hainan，221 海南岛的人口；Han dynasty，122 汉代的人口；of Hunan，235 湖南的人口；of Inner Mongolia，292 内蒙古的人口；late imperial period，191-194，192f，205，210 帝制晚期的人口；Malthus on，245 马尔萨斯的人口理论；of Manchuria，292 东北地区的人口；middle imperial period，125，151，159-160f，161 帝制中期的人口；modern period，284-285，316-318 近代的人口；of nomadic pastoralists，71 游牧民族的人口；One-Child Policy，317 独生子女政策；PRC，309-311，310f 新中国的人口；Shang，52-53 商朝的人口；in South，119-120，119f，122 南方的人口；of Taiwan，225 台湾人口；of Tibet，362 西藏人口；and world history，408 世界史中的人口；Zhou and，76 周朝的人口

population movements：late imperial period，193，203-204 帝制晚期的人口迁移；middle imperial period，127-128 帝制中期的人口迁移；modern period，291-293 近代中国的人口迁移；to Mongolia，332-333 移民内蒙古；Neolithic，38-40 新石器时代的人口迁移；rural-to-urban，317 农村人口迁入城市；to South，120-121，122-123；南渡 to Taiwan，225 移民台湾；to Tibet，364 移民西藏

porcelain，258 瓷

pottery，46 陶器

PRC.　See People's Republic of China 中华人民共和国

printing，153 印刷

private property：forests as，324-326 森林作为私有财产；late imperial period，226-228 帝制晚期的私有产权；middle imperial period，158 帝制中期的私有产权

protests，354，366-376 抗议；and democracy，372-373 抗议与民主；Dongyang，368-370 东阳抗议事件；Gansu fertilizer factory，368 甘肃化肥厂的抗议；Lake Tai，367 太湖的抗议；Nu River，373-375 怒江的抗议

Pudacuo National Park，355-356 普达措国家公园

Pulleyblank，E. G.，72 蒲立本

Pu people，74 濮人

qi，198 气

Qiang people，51，73 羌人

Qianlong emperor，215，242 乾隆皇帝

Qin dynasty，67-68，77，84-87，91，96-98 秦朝

Qing dynasty，90，197-198，210，212-213，246-247 清朝；and barbarians，198，203，235，242 清朝与蛮夷；and Burma，242 清朝与缅甸；documentation of，23-25 清朝的历史档案；drought and，290 清朝的旱灾；and economy，195-196，229 清朝的经济；and land ownership，228 清朝的土地所有权；and Manchuria，291-292 满人与清朝；and Russia，214 清朝与俄国；and Southwest，205 清朝的西南地区；and Taiwan，224-225 清朝的台湾；territory of，197，205，207，208f，224-225，228，234 清朝的疆域；and Tibet，281 清朝的西藏；warnings of environmental crisis，245 清朝对环境危机的认识；and water control，131，134-137，142-143，148，151-152，166-177，234，275 清朝的水利；and Zunghars，214-216 清朝的准噶尔

Qinghai plateau，281-282 青藏高原

qinghao，32，127，354 青蒿

Qing-lian-kang culture，36 青莲岗文化

Qu Dajun，177 屈大均

Qu Geping，321-322 曲格平

Radkau，Joachim，288，408 拉德卡

rain forest，28-30 雨林

rain shadow，16 雨影区

ramie，230 苎麻

raw barbarians，165 生番（蛮）

Reardon-Anderson，291-293 雷尔登-安德森

rebellions 叛乱．See uprisings and rebellions 亦见起义

Red Spears，277 红枪会

reforestation：middle imperial period，125 帝制中期的植树造林；PRC，339-341 新中国的植树造林

religion，86，103-106 宗教．See also Buddhist monasteries 亦见佛教寺院

reservoirs，96，131，344 水库

resilience，399-400，409 弹性

resource constraints：early empire and，107-108 帝制早期的资源约束；modern period，285-287 近代中国的资源约束；socialism and，308-313 社会主义与资源约束

responsibility system，324-326，329 责任制

rhinoceros，54 犀牛

rice，29f 米；early empire，97 帝制早期的稻米；middle imperial period，151 帝制中期的稻米；Shang and，50 商代的米；species of，31 米的种类；Zhou and，75 周朝的米．See also wet-rice agriculture 亦见水稻农业

Richards，John，259，408 约翰·理查兹

Richardson，S. D.，19，319，324 理查德森

Rickett，Allan，81 李克

ring-barking，40 环剥（树皮）

River．See Yellow River 黄河

roads：and disease，147 道路与疾病传播；Han dynasty，90-93 汉代的道路；middle imperial period，136 帝制中期的道路；PRC，359 新中国的道路

Rong people，72，82-83 西戎

Ross，Lester，322-323 莱斯特·罗斯

Ruddiman，William，31-32，55，361 威廉·拉迪曼

Russell，Edmund，283 埃德蒙·罗素

Russia，214，259，264 俄国

Sage，Stephen，97 斯蒂芬·塞奇

saiga，69 高鼻羚羊

salinization，269，272 盐碱（渍）化

salt，163，269 盐

saltwater crocodile，142 咸水鳄

sandalwood，258-259 檀香

sandization，171 土地沙化

Sang Yuan Wei，175 桑园围

SARS，342 "非典"（严重急性呼吸道综合征）

Schafer，Edward H.，141-142，157-158，166，180-181 薛爱华

Schaller，George，338 乔治·夏勒

schistosomiasis，182，350 血吸虫

Schneider，Laurence，314-315 劳伦斯·施奈德

Schoppa，Keith，278 萧邦齐

scientific management：and deep wells，347-348 科学管理与深水井；environmental movement and，373-374 环保运动与科学管理；and fisheries，294-295 渔业与科学管理；and forests，293-294 森林与科学管理；Marxism and，313-315 马克思主义与科学管理；and Tibet，364 西藏与科学管理

Scott，James C.，165，201，228，244 詹姆斯·C.斯科特

sealskins，258 海豹皮

sea otter，259-260 海獭

sea slugs，258 海参

sea trade，Han dynasty，93 汉代的海上贸易

seventeenth-century crisis，210-212 17 世纪危机

shack people，228-232，236，238-239，241，294-295 棚民

Shang，44-45，47-52 商朝；beliefs about nature，103 商朝关于自然的理念；fall of，56-57 商朝的灭亡；Zhou and，73 商与周

Shang Yang，106 商鞅

Shanxi，266，267f 山西

Shaoxing period，175 绍兴年间

Shapiro，Judith，314，345 夏竹丽

shatian，176-177，176f，283 沙田

sheep，71，125 绵羊

She people，229-230 畲族

Shepherd，John，223-224，226 邵式柏

shi，103 士人

Shih Sheng-han，95-96 石声汉

Shijiazhuang，348 石家庄

Shi Lu，98 史禄

Shu people，74-75，162 蜀人

Siberia，214，259 西伯利亚

Sichuan，97，162-166，280-281，281f 四川

silk，49，93 丝；and sustainability，283-285 丝与可持续性

Silk Road，92-93，154 丝绸之路

silt：early empire，97，99 帝制早期的水土流失；modern period，266，267f，270，272，287 近代的淤积；and Pearl River delta，172-175 珠三角与淤积；in Shang period，54 商代的淤积

silver，199，205-206，258，261 银

sinking aromatics，218，221 沉香

Sino-Japanese War，First，226 中日甲午战争

Sinopec，359 中国石化

Skinner，G. William，238 施坚雅

slash-and-burn agriculture，174 刀耕火种的农业

slavery 奴隶. See unfree labor 亦见非自由劳动力

smallpox，108-109，146，216 天花

smelting，46，79-80 冶炼

Smil，Vaclav，316，318-319，321，358 瓦克雷夫·史密尔

Sneath，David，333 戴维·斯尼斯

socialism，307-318 社会主义；foreign opposition to，309 反对社会主义的外国势力

society：and agriculture，53 农业社会；development of，44 社会发展；middle imperial period，124，159，164 帝制中期的社会；modern period，285-287 近代社会；nomadic pastoralists and，71 游牧民族社会；PRC，314 新中国的社会；Shang，48-49 商代社会；typical Chinese，38，68 典型的中国式社会；Zhou，75 周朝社会

soil（s）：diversity of types in China，18 中国土壤的种类；loess，16-17，33-35，99，270 黄土；modern management of，347-348 近代中国对土壤的管理；in mountain areas，238-240 山区的土壤；pollution of，365，371 对土壤的污染；types of，81，94-96，291 土壤的种类；wet-rice agriculture and，131，152 水稻农业与土壤. See also chemical fertilizers；fertilizers 亦见化肥、肥料

soil erosion: early empire, 99 帝制早期的水土流失；and flooding, 39-40 洪水与水土流失；middle imperial period, 168, 171 帝制中期的水土流失；modern period, 268, 268f, 270, 287, 297 近代中国的水土流失；plowing technique and, 75 耕作技术与水土流失；PRC, 327-328, 334, 339 新中国的水土流失；prevention efforts, 244-245, 282, 288, 321 防止水土流失的努力；tea and, 241 茶叶与水土流失

soil nutrients, 3 土壤的养分；cycle of, 181-183 土壤养分的循环；depletion of, 181, 240, 274, 279, 287, 297, 308 土壤养分的消耗；nitrogen, 35-37, 177, 181-183, 287, 308-313, 316, 317f 氮与土壤养分；selenium, 297 硒与土壤养分

solar power, 357, 362 太阳能

somatic energy regimes, 56, 287, 399 肉体能源模式

Song dynasty, 6, 72, 90, 120, 132-137, 149, 159, 168-169 宋朝；and colonization, 162 宋朝与拓殖；divisions of, 169 宋朝的划分；end of, 161 宋朝的灭亡；markets in, 196 宋朝的市场

Songster, Elena, 294, 337 艾伦娜·宋丝特

Song Taizu, emperor, 159 宋太祖

South, 18 南方；horses in, 134 南方的马；middle imperial period, 143-146, 166, 168-169, 172-177 帝制中期的南方；modern period, 278-279 近代的南方；population of, 119-120, 119f 南方的人口；term, 137 南方的界定

Southeast, 18, 142-143 东南地区

Southern Song period, 169 南宋时期

South-to-North Water Transfer Project, 348-349 南水北调工程

Southwest, 18, 244 西南地区；late imperial period, 197-207 帝制晚期的西南地区；modern period, 279-280 近代的西南地区

Soviet Union, 312, 314-315, 333, 345, 357 苏联

soybeans, 37, 50, 100 大豆

star species, 20-21 明星物种

state（s）：ancient, 65-102 上古的国家；Chinese model (peasant family farms plus central state), 38, 68, 131-132, 164, 401-403 中国国家模式（家庭农场加中央政府）；Communists and, 307-318 共产主义国家；and disaster relief, 289-290 政府与赈灾；emergence of, 44-45 国家的出现；and environment, 65-66 政府与环境；and environmental change, 401-403 政府与环境变迁；and environmental problems, 370-371 政府与环境问题；and famine relief, 288 政府与赈济饥荒；and forests, 326 政府与森林；middle imperial period, 168 帝制中期的政府；monasteries and, 156 寺院与政

府；and nature reserves, 336–342 政府与自然保护；Shang, 47–51 商朝政府

State Environmental Protection Agency, 370–371 国家环境保护总局

statism, 103 国家主义；and nature, 106–107 国家主义与自然

steady-state model, 5 稳态顶级生态系统模型

steel, 79–80, 160–161, 327 钢

steppe, 4, 16, 193, 334 草原；adaptations to, 126, 209–210 对草原的适应；animal life of, 69–71 草原上的动物；degradation of, 334–335 草原的退化；desertification and, 89–90 草原的荒漠化；and disease, 108 草原的疾病；early empire, 68–72 帝制早期的草原；Han dynasty and, 87–90 汉代的草原；lack of resilience, 266 草原缺乏生态弹性；PRC, 334–335 新中国的草原；resources of, 85 草原的资源；Three Norths Shelter Project and, 320 三北防护林与草原；Warring States and, 82–85 战国时期的草原. See also Mongols; nomadic pastoralists 亦见蒙古、游牧民族

subtropical forest, 20 亚热带林

sugarcane, 230 甘蔗

Sui dynasty, 120, 126, 132–137 隋朝

Sumatra, 383n80 苏门答腊

Sun Yat-sen, 295, 349 孙中山

sustainability 可持续性. See agricultural sustainability 亦见农业可持续发展

sweet wormwood. See Artemisia 青蒿

swidden agriculture, 139–140, 244, 331 游耕农业

taiga, 292 针叶林

Taihang Mountains, 339 太行山

Tai people, 72, 143, 145, 198, 202 操泰语的族群

Taiping Rebellion, 263, 278, 291 太平天国运动

Taiwan, 197, 199f, 217, 218f, 222–226 台湾；characteristics of, 217, 223 台湾的特点

Take Grain as the Key Link campaign, 326, 328 以粮为纲的口号

Taklamakan Desert, 92–93, 214, 332 塔克拉玛干沙漠

Tan Dihua, 175 谭棣华

Tang dynasty, 90, 120, 132–137, 200 唐代；and Hainan, 218 唐代的海南岛；ideas about nature, 157–158 唐代关于自然的理念；landscape painting, 103, 157 唐代的山水画；markets in, 195–196 唐代的市场

Tangut people，161 党项人

taxes：early empire，79 帝制早期的税收；middle imperial period，149 帝制中期的税收；monasteries and，155 寺院与税收；tea，156，226，230，240－241 茶叶与税收

technology：agricultural，36，52－53，75，94－96 农业技术；Bronze-Age，45－51 青铜时代的技术；definition of，45 技术的定义；diffusion of，153－154 技术的扩散；early empire，94－96 帝制早期的技术；and environmental change，404－405 技术与环境变迁；iron industry，79－80 冶铁技术；and lock-in，400 技术锁定；middle imperial period，148－158 帝制中期的技术；Zhou and，75 周朝的技术

temperate forest，19－20 温带林

Tengger Desert，332 腾格里沙漠

Third Front，311，327－329 三线建设

Three Gorges region，162，394 三峡地区；dam，349－350 三峡大坝

Three Norths Shelter Project，320，339－341 三北防护林工程

Three Parallel Rivers region，3，202，351－353，356 三江并流地区；protests，373－375 三江并流地区的抗议

tiandi，103 天地

tian di ren，103 天地人

Tibet，16，200，214，281－282，362－364 西藏

tigers，21 老虎；late imperial period，213，246 帝制晚期的老虎；middle imperial period，132，165－166 帝制中期的老虎；modern，265 近代的老虎；PRC，336，342 新中国的老虎；range of，1 老虎的活动区域；Shang and，54 商代的老虎

timber and wood：aloeswood（garro；sinking aromatics），218，221 沉香木；bronze industry and，47 青铜铸造与木材；camphor，30，226，294 樟脑；Chinese fir，191，232，286，294 杉树；demand for，178，195，227 对木材的需求；futures market for，231－232 木材的期货市场；labor and，164 伐木的劳动力；in modern era，264 近代的木材；monasteries and，286 寺院与木材；National Forest Law and，294《中华民国森林法》；PRC，321，324－325，329－331 新中国的木材；sandalwood，258－259 檀香；Shang and，55 商代的木材；shortages of，285－286 木材的短缺；state control and，325－326 政府对木材的控制；varieties of，30 木材的种类. See also deforestation；forests 亦见森林砍伐、森林

tin，45－46 锡

tobacco，230，279 烟草

tong-oil tree，30 油桐树

trade：Bronze-Age，46 青铜时代的贸易；and disease，146－147，216 贸易与疾病；ecological shadow of，257－264，330－331 贸易对生态的影响；and environmental change，403－404 贸易与环境变迁；Han dynasty，92－93 汉代的贸易；late imperial period，198－199 帝制晚期的贸易；Shang and，50 商代的贸易. See also markets 亦见市场

trees 树. See deforestation；forests；timber and wood 亦见森林砍伐、森林、木材

tropical forest，20 热带林

Tsewang Rabdan，214 策妄阿拉布坦

tuberculosis，146 肺结核

tun-tian：Han dynasty，90 汉代的屯田；late imperial period，203－204，215－216 帝制晚期的屯田；middle imperial period，141，149 帝制中期的屯田

tusi system，201，203，219 土司制度

Tu Youyou，354 屠呦呦

Twitchett，Denis，146－147，156 崔瑞德

typhoid，212 伤寒

typhus，12 斑疹伤寒

umbrella species，20－21 伞护种

unfree labor：and bronze，46 非自由劳动与青铜铸造；iron and，80 非自由劳动与冶铁；late imperial period，205－206 帝制晚期的非自由劳动；middle imperial period，123－124 帝制中期的非自由劳动；Shang and，50－51，53 商代的非自由劳动

Unger，Jonathan，352 安戈

United States：and China，316 美国与中国；and climate change，360－361 美国与气候变化；and deforestation，330 美国与森林砍伐；and energy consumption，394 美国的能源消耗；and socialism，309 美国与社会主义；west coast，and fur trade，259－260 美国西海岸的皮毛贸易；and WWII，279－280 美国与第二次世界大战

uprisings and rebellions：An Lushan Rebellion，154 安史之乱；Huai Valley，269 淮河流域的骚乱；Lin Shuangwen uprising，225 林爽文起义；Miao，235 苗民起义；middle imperial period，141 帝制中期的起义和叛乱；modern period，277 近代的起义和叛乱；Taiping Rebellion，263，278，291 太平天国运动

urbanization：modern period，317 近代中国的城市化；PRC，364－366 新中国的城市化. See also cities 亦见城市

variolation，216 天花接种

Vermeer，Eduard B.，264 费每尔

von Glahn，Richard，163 万志英

Wagner，Donald，79-80 华道安

wagons，70 马车

Waldron，Arthur，207，209 林蔚

walls：early states and，45 帝制早期的城墙；environmental effects of，52 城墙的环境影响；Shang and，48 商代的城墙；Warring States period，83-84 战国时期的城墙．See also under Great Wall 亦见长城

Wang Chi-wu，28-30 王启无

Wang Fuzhi，197-198 王夫之

Wanglang Nature Reserve，337 王朗自然保护区

Wang Linting，146 王临亨

Wang Taiyue，245 王太岳

Wa people，200，203 佤族

war：in ancient China，45，65-102 上古时期的战争；and disease，279-280 战争与疾病；early empire，87 帝制早期的战争；environmental effects，78-79，81-82，295-297 战争对环境的影响；iron and，80 铁器与战争；late imperial period，204 帝制晚期的战争；middle imperial period，122-129，149，160-161，169 帝制中期的战争；modern period，295-297 近代中国的战争；nomads and，68，70-72 游牧民族与战争；opium and，262-264 鸦片与战争；Sui dynasty，134-135 隋朝的战争；water control and，169，296-297 战争与水利

Warring States period，76-79 战国时期；and non-Chinese peoples，82-85 战国时期的非汉民族

waste disposal：cities and，181-183 城市与垃圾处理；middle imperial period，177-181 帝制晚期的垃圾处理；PRC，346，365 新中国的垃圾处理

water control，395-396 水利；canals，96-97，98f，131，134-137，135f 运河；Confucianism and，99 儒家对水利控制的观点；dams，96-97，131，344-346，349-350，354-357 大坝；Daoism and，99 道家关于水利控制的观点；early empire，96-98 帝制早期的水利设施；effects of，274-277 水利工程的影响；Grand Canal，135-137，168，269-274 大运河；Han River，232-233 汉水；Huai River，343-347 淮河；late imperial period，232-237，275 帝制晚期的水利设施；Ling Canal，98，98f 灵渠；

Magic Canal，136 灵渠；Mao and，343-344，348-349 毛泽东与水利工程；middle imperial period，131，134-137，142-143，148，151-152，166-177 帝制中期的水利工程；modern period，269-278 近代的水利设施；Nu River，354-355 怒江的水利设施；PRC，343-357 新中国的水利设施；Sui dynasty，134-135 隋朝的水利工程；Three Gorges Dam，349-350 三峡大坝；Three Parallel Rivers region，351-353，356 三江并流地区；and war，169，296-297 水与水利工程；Xiang River，232 湘江；Yangliuhu Dam，350 杨柳湖大坝；Yangzi River，277-278 长江的水利工程；Yellow River，98-99，269-274，344-345 黄河的水利工程；Yongding River，275 永定河的水利工程；Zheng Guo Canal，96-97 郑国渠

water pollution，6，346-347，368 水污染

water shortages，348 水资源短缺

way of life：in Hainan，217-218 海南人的生活方式；lowland versus upland，293 低洼地带与山区的生活方式比较；nomadic pastoralism，70-71 游牧民族的生活方式

weather events，345，394 气象灾害

weeds，152-153 杂草

Wei people，74 微人

Wei Yuan，237 魏源

Weller，Robert，102，313 魏乐博

wells，deep，347-348 深井

Wen-di，emperor，134-135，178-179 隋文帝

Wen Huan-Jan，19 文焕然

Wen Jiabao，367，373 温家宝

West，18 西部地区；late imperial period，214-216 帝制晚期的西部；modern period，280-281 近代的西部；PRC，353 新中国的西部

Western Quan people，138 西爨

Western Swamp，275 西淀

West River，17 西江

wetlands：loss of，effects of，277 丧失湿地的后果；modern period，275-276 近代的湿地

wet-rice agriculture：development of，28-33 水稻农业的发展；late imperial period，236；帝制晚期的水稻农业 and methane，31-32，42，361 水稻农业与甲烷；middle imperial period，120，129-132，151-152 帝制中期的水稻农业；non-Chinese peoples and，140 少数民族与水稻；and sustainability，282-288 水稻农业与可持续性

wheat，28，51，75，100 小麦

Wheatley，Paul，47 保罗·惠特利

Whyte，Robert，28 罗伯特·怀特

wild cattle，49-50 野牛

wildlife：PRC，336-338，341-342 新中国的野生动物．See also animals；game 亦见动物、狩猎

wild water buffalo，49 野生水牛

Will，Pierre-Etienne，233 魏丕信

Williams，Dee Mack，4，332-334 迪马克·威廉姆斯

Williams，Michael，407-408 迈克尔·威廉斯

Williamson，Gregory J.，335 威廉姆森

Willow Palisade，213，291 柳条边

Wilson，E. O.，20-21 威尔逊

wind power，357，362 风能

wood 木料．See timber and wood 木材

world history，China's environmental history and，406-410 中国环境史与世界史

World Wildlife Fund，356 世界野生生物基金会

Wright，Arthur F.，122-123，134，136 芮沃寿

writing，45，48，126 书写系统；non-Chinese peoples and，163 非汉民族与文字

Wu，emperor，86-87，89，91-92，94，100 汉武帝

Wu Ding，48-49 武丁

Wu-hu people，138 乌浒人

wu lan wood，30 乌婪木

Wu Lihong，367 吴立红

Wu people，75，78，79 吴国人

Wu Xing，142 吴兴

Xianbei，126 鲜卑

Xiang Lake，278 湘湖

Xiang River，232 湘江

Xia state，44 夏朝

Xie people，138 獬人

Xi Jingping，361，376 习近平

Xin'gan，46 新干县

Xinjiang，215 新疆

Xiongnu federation，84，87-90，110，123 匈奴联盟

Xi people，72，128（五）溪人

Xishuangbanna，200-201，331，356 西双版纳

Xuanzong emperor，157 唐玄宗

Xunzi，106 荀子

Xu Songshi，143 徐松石

Yang，emperor，135 隋炀帝

Yang，Guobin，372-373 杨国斌

Yang，L. S.，122 杨联陞

Yang Jian，126，132，134-135 杨坚

Yangliuhu dam，350 杨柳湖大坝

Yangshao culture，36，40 仰韶文化

Yangzi River，17 长江；hydrology of，235 长江上的水电站；lower region，237-240 长江下游地区；PRC，349-350 新中国的长江；Three Gorges region，162 长江三峡地区

Yangzi River valley：late imperial period，231-237 帝制晚期的长江流域；middle imperial period，127-132 帝制中期的长江流域；migration to，121 长江流域的移民；modern period，277-278 近代的长江流域；rice cultivation in，30-33 长江流域的水稻种植

Yao people，72，138，146，203-204 瑶民

Yao Tandong，363 姚檀栋

Yeh，Emily，338 叶婷

yellow-chested rat，243 黄胸鼠

Yellow River，17 黄河；course shifts，38，119，169，171，273 黄河改道；early empire，98-99 帝制早期的黄河；military uses，296-297 黄河的军事用途；modern period，269-274，271f 近代的黄河；PRC，344-345 新中国的黄河；Shang period，54 商代的黄河；Zhou period，74 周朝的黄河

Ye Xian'en，175 叶显恩

Yi people，72-74，82，163-164，201，203 彝族

Yongding River，275 永定河

Yoshinobu，Shiba，132 斯波义信

Yuan dynasty，120，197 元代；and Hainan，219 元代的海南岛

yuan tree，30 杬树

Yue culture，36，72，78 越文化

Yue people，138，142–143 越人

Yunnan：biodiversity in，7，340 云南；late imperial period，197，199–200 帝制晚期的云南；modern period，279–280，280f 近代的云南；PRC，331，351–353 新中国的云南．See also Three Parallel Rivers region 亦见三江并流地区

yurt，70 穹庐（蒙古包）

zerenshan system，324–326 责任山制度

Zhao To，140，143 赵佗

Zhefang Valley，279，280f 云南遮放盆地

Zhejiang，368–370 浙江

Zheng Guo canal，96–97 郑国渠

Zheng state，75 郑国

Zhengzhou，296 郑州

Zhentong，emperor，210 正统帝

Zhongjia people，203 仲家人

Zhou，44，49，51，57，73–77 周朝；beliefs about nature，103 周朝关于环境的理念；end of，67，77，82–83 周朝的灭亡

Zhou Enlai，316，345，354 周恩来

Zhou Qufei，30，144 周去非

Zhuang people，72，138，203 壮族

Zhu Kezhen，25 竺可桢

Zhu Rongji，330，353 朱镕基

Zhu Yuanzhang，177 朱元璋

ziliushan system，324 自留山制度

ziran，103 自然

Zongzhou，74 宗周

Zunghar people，214–216 准噶尔人

图书在版编目（CIP）数据

中国环境史：从史前到现代：第 2 版/（美）马立
博（Robert B. Marks）著；关永强，高丽洁译. --北
京：中国人民大学出版社，2022.1
（海外中国研究文库）
书名原文：China：An Environmental History，
Second Edition
ISBN 978-7-300-29896-2

Ⅰ. ①中… Ⅱ. ①马… ②关… ③高… Ⅲ. ①环境-
历史-研究-中国 Ⅳ. ①X-092

中国版本图书馆 CIP 数据核字（2021）第 190237 号

海外中国研究文库
中国环境史：从史前到现代（第 2 版）
［美］马立博（Robert B. Marks）　著
关永强　高丽洁　译
Zhongguo Huanjingshi：Cong Shiqian Dao Xiandai

出版发行	中国人民大学出版社	
社　　址	北京中关村大街 31 号	**邮政编码**　100080
电　　话	010 - 62511242（总编室）	010 - 62511770（质管部）
	010 - 82501766（邮购部）	010 - 62514148（门市部）
	010 - 62515195（发行公司）	010 - 62515275（盗版举报）
网　　址	http://www.crup.com.cn	
经　　销	新华书店	
印　　刷	北京联兴盛业印刷股份有限公司	
规　　格	160 mm×230 mm　16 开本	**版　　次**　2022 年 1 月第 1 版
印　　张	32.5 插页 3	**印　　次**　2023 年 12 月第 2 次印刷
字　　数	534 000	**定　　价**　109.00 元